Spezielle und allgemeine Relativitätstheorie

T0225001

Springer Nature More Media App

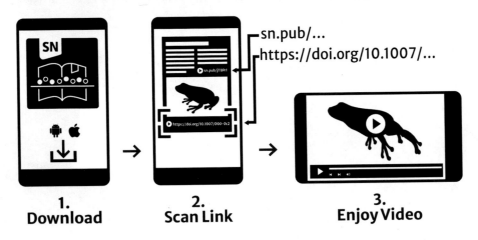

sn.pub/...
https://doi.org/10.1007/...

1.
Download

2.
Scan Link

3.
Enjoy Video

Support: customerservice@springernature.com

Sebastian Boblest · Thomas Müller
Günter Wunner

Spezielle und allgemeine Relativitätstheorie

Grundlagen, Anwendungen
in Astrophysik und Kosmologie sowie
relativistische Visualisierung

2. Auflage

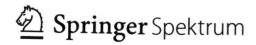 Springer Spektrum

Sebastian Boblest
Dürnau, Deutschland

Günter Wunner
1. Institut für Theoretische Physik
Universität Stuttgart
Stuttgart, Deutschland

Thomas Müller
Haus der Astronomie
Max-Planck-Institut für Astronomie
Heidelberg, Deutschland

ISBN 978-3-662-63351-9   ISBN 978-3-662-63352-6 (eBook)
https://doi.org/10.1007/978-3-662-63352-6

Die Deutsche Nationalbibliothek verzeichnet diese Publikation in der Deutschen Nationalbibliografie; detaillierte bibliografische Daten sind im Internet über http://dnb.d-nb.de abrufbar.

Springer Spektrum
© Springer-Verlag GmbH Deutschland, ein Teil von Springer Nature 2016, 2022

Einbandabbildung: Sebastian Boblest, Thomas Müller, Günter Wunner

Planung/Lektorat: Margit Maly
Springer Spektrum ist ein Imprint der eingetragenen Gesellschaft Springer-Verlag GmbH, DE und ist ein Teil von Springer Nature.
Die Anschrift der Gesellschaft ist: Heidelberger Platz 3, 14197 Berlin, Germany

Vorwort zur 2. Auflage

Die äußerst positive Resonanz auf die Erstauflage dieses Lehrbuchs hat uns veranlasst, eine um aktuelle Entwicklungen erweiterte Auflage in Angriff zu nehmen. Bei den Anwendungen der Allgemeinen Relativitätstheorie in der Astronomie und der Astrophysik hat es in den letzten fünf Jahren riesige Fortschritte gegeben.

Im Jahre 2015 gelang der erste direkte Nachweis der von Einstein vorhergesagten Gravitationswellen durch das Laser Interferometer Gravitational-Wave Observatory (LIGO) (Nobelpreis für Physik 2017).

Mit dem Event Horizon Teleskop wurde 2017 das erste Bild eines Schwarzen Lochs im Zentrum der Galaxie Messier 87 aufgenommen. Das Bild fand nicht nur in der Fachwelt, sondern auch in der breiten Öffentlichkeit große Beachtung.

Das GRAVITY-Instrument der ESO konnte die Gravitationsrotverschiebung und die Schwarzschild-Präzession der hochgradig elliptischen Bahn eines Sterns um das Schwarze Loch im Zentrum unserer Milchstraße nachweisen. Dies lieferte zugleich den endgültigen Beweis für die Existenz des Galaktischen Schwarzen Lochs (Nobelpreis für Physik 2020).

Der als so gesichert geltende Wert der Hubble-Konstanten, der aus der Analyse der Anisotropie der kosmischen Mikrowellenhintergrundstrahlung gewonnen worden war, steht im Widerspruch zu dem signifikant größeren Wert, der aus Messungen im lokalen Universum folgt (Hubble-Kontroverse).

All diese Fortschritte haben ihren Niederschlag in dieser Auflage gefunden.

Die Visualisierungen zur speziellen und allgemeinen Relativitätstheorie wurden auf den neuesten Stand gebracht. Zu einigen Abbildungen stehen Videos zur weiteren Visualisierung zur Verfügung. Mit der Springer Nature More Media App können Sie schnell und bequem auf diese Videos zugreifen. Sie haben in der App die Möglichkeit, zwischen dem Scannen der Abbildungen und dem Scannen der zugehörigen Links zu wählen. Videos und Software zu den relativistischen Simulationen finden Sie auch unter der Adresse https://www.itp1.uni-stuttgart.de/go/boblest-mueller-wunner-2021. Wir danken Herrn Johannes Reiff, MSc., für das Einrichten der Webseite.

Viele Leser haben uns auf Druckfehler hingewiesen, die in dieser Auflage korrigiert sind. All diesen Lesern herzlichen Dank.

Dank geht wieder an Frau Maly und Frau Schmoll vom Springer-Verlag für die hervorragende Zusammenarbeit.

Stuttgart im Januar 2021   Die Autoren

Vorwort zur 1. Auflage

Dieses Buch ist aus Vorlesungen über spezielle und allgemeine Relativitätstheorie sowie über Astrophysik hervorgegangen, die Günter Wunner in den vergangenen Jahren an der Universität Stuttgart für Physikstudierende gehalten hat. In keiner Wissenschaft ist die allgemeine Relativitätstheorie präsenter als in der Astrophysik. Es lag daher nahe, Relativitätstheorie und Astrophysik in einem Buch zusammenzufassen und die Querbezüge aufzuzeigen. Dabei ist die Astrophysik aber ein so breites Forschungsgebiet, dass eine umfassende Darstellung in einem einführenden Buch nicht möglich ist. Der Fokus des vorliegenden Textes liegt innerhalb der Astrophysik auf der Entstehung und Entwicklung von Sternen bis hin zu ihren Endprodukten, den weißen Zwergen und Neutronensternen, sowie auf der Kosmologie.

Inspiriert sind die Inhalte von Vorlesungen, die Hanns Ruder an der Universität Tübingen gehalten hat, sowie von dem Buch „Spezielle Relativitätstheorie", das er gemeinsam mit Margret Ruder geschrieben hat, und durch das Büchlein „Weiße Zwerge – schwarze Löcher" von Roman und Hannelore Sexl aus dem Jahre 1975.

Speziell in der Astrophysik wurden in den letzten Jahrzehnten bahnbrechende Neuentdeckungen gemacht. Während etwa 1975 die Entdeckung des ersten Neutronensterns erst 7 Jahre zurücklag, kennt man heute weit über 1000 dieser Objekte, und ihre Eigenschaften werden sowohl durch Beobachtungen als auch durch theoretische Betrachtungen umfassend studiert. So musste natürlich weit über die damaligen Darstellungen hinausgegangen werden, und selbst innerhalb der behandelten Themengebiete kann nur eine kleine Auswahl der Phänomene diskutiert werden, mit denen sich die Astrophysik heute beschäftigt. Natürlich gibt es heute eine Vielzahl von Lehrbüchern zu den in diesem Buch behandelten Themen, und teilweise haben wir unsere Diskussion an andere Texte angelehnt. Hervorheben möchten wir die Bücher „Introduction to Cosmology" von Barbara Ryden, „Astronomie und Astrophysik – Ein Grundkurs" von Weigert, Wendker und Wisotzki, „Stellar Evolution and Nucleosynthesis" von Sean Ryan und Andrew Norton und „Geometry, Topology and Physics" von Mikio Nakahara.

In diesem Buch versuchen wir einen ersten Einblick in einige faszinierende Teilgebiete der Physik zu geben, ohne aber den Anspruch zu erheben, diese im Stile spezialisierter Lehrbücher erschöpfend abzudecken. Insbesondere ist das Buch kein Grundkurs in Astronomie, vielmehr stehen die physikalischen und vor allem theoretisch-physikalischen Grundlagen, die in der traditionellen und der modernen

Astrophysik für das Verständnis der Vorgänge im Kosmos von Bedeutung sind, im Vordergrund.

Die Relativitätstheorie behandelt Situationen weit jenseits unseres alltäglichen Erlebens und viele ihrer Vorhersagen sind nur schwer mit unserer Vorstellungskraft in Einklang zu bringen. Helfen kann hier die Visualisierung relativistischer Effekte am Computer. Hanns Ruder hat diesen Forschungszweig in Tübingen angestoßen, und heute ist sie ein aktives Forschungsgebiet am Visualisierungsinstitut der Universität Stuttgart. Durch die rasante Weiterentwicklung der Computertechnik ist es heute möglich, sehr detaillierte und komplexe Visualisierungen zu erzeugen. Mit diesen Methoden werden relativistische Effekte auf eine Weise fassbar, wie es sonst kaum möglich wäre. Deshalb widmen wir der relativistischen Visualisierung zwei eigene Kapitel.

Der mathematische Hintergrund wird jeweils soweit eingeführt, wie es für die weitere Diskussion nötig ist, der Fokus des Textes liegt klar auf der Behandlung physikalischer Effekte und dem Vergleich mit Beobachtungen und Experimenten.

Mit dieser Themenzusammenstellung richtet sich das Buch an Studierende der Naturwissenschaften in höheren Semestern, aber auch an den interessierten Laien. Da wir an vielen Stellen interessante Details nicht ansprechen können, finden sich im gesamten Text Verweise auf weiterführende Literatur. Wir haben dabei insbesondere auch Fachartikel berücksichtigt. Der Leser kann sich mit Hilfe dieser Referenzen über Themen, die ihn besonders interessieren, ein umfassenderes Bild verschaffen. Zu einigen Themengebieten haben wir Übungsaufgaben hinzugefügt. Natürlich helfen Übungen dabei, sich ein Thema noch besser zu erarbeiten. Wir haben aber darauf geachtet, dass der Leser dem Text auch folgen kann, ohne die Übungen zu lösen, d. h. wichtige Rechnungen behandeln wir ausführlich direkt im Text und beschränken uns in den Übungen auf zusätzliche Aspekte. Die Lösungen zu den Aufgaben befinden sich ebenfalls auf der im Vorwort zur 2. Auflage genannten Webseite.

Während der Entstehung dieses Textes haben wir sehr von Diskussionen mit Kollegen profitiert. Auch sind wir all denjenigen Kollegen am 1. Institut für Theoretische Physik und am Visualisierungsinstitut dankbar, die Teile des Textes korrekturgelesen haben. Insbesondere möchten wir uns bei Holger Cartarius und Jörg Main bedanken. Daneben bei Michael Bußler, Dennis Dast, Daniel Haag, Rüdiger Fortanier, Robin Gutöhrlein, Markus Huber, Andrej Junginger, Andreas Löhle, Dirk Meyer, Katrin Scharnowski und Christoph Schimeczek.

Außerdem haben uns auch viele Studenten wertvolle Hinweise gegeben. Namentlich erwähnen möchten wir Michael Bauer, Daniel Krüger und Nicolai Lang. Teile des Textes gehen außerdem auf frühere Ausarbeitungen zur Vorlesung von Swantje Bebenburg, Dominique Dudowski, Alexander Herzog und Michael Klas zurück.

Erläuterungen zum Titelbild

Das Titelbild zeigt eine Akkretionsscheibe um ein statisches Schwarzes Loch; dabei erscheinen heiße Bereiche bläulich und kühlere Bereiche rötlich. Neben der scheinbaren geometrischen Verzerrung durch die gekrümmte Raumzeit wird insbesondere der Dopplereffekt deutlich. Sich auf den Beobachter zubewegendes Material erscheint heißer als sich von dem Beobachter wegbewegendes Material. Eine Beschreibung der geometrischen Verzerrung wird in Abschn. 16.2.4 gegeben.

Anmerkungen zur Notation

Gewöhnliche Dreiervektoren $\mathbf{v} = (v_1, v_2, v_3)^\mathsf{T}$ schreiben wir fettgedruckt, und ihre Komponenten v_i, $i = \{1, 2, 3\}$, kennzeichnen wir durch einen tiefgestellten lateinischen Index. Die Notation $(\ldots)^\mathsf{T}$ repräsentiert den transponierten Vektor. Zur besseren Unterscheidung stellen wir Vierervektoren $\underline{x} = x^\mu \partial_\mu$ zusätzlich durch einen Unterstrich dar, und ihre Komponenten x^μ, $\mu = \{0, 1, 2, 3\}$, erhalten griechische Indizes. Wenn wir uns nur auf die Raumkomponenten eines Vierervektors beziehen, verwenden wir wie üblich lateinische Indizes. Eine ausführliche Beschreibung zu Vierervektoren geben wir in Kap. 5.

Weiter wählen wir in der speziellen und allgemeinen Relativitätstheorie den metrischen Tensor mit Signatur +2, d. h. z. B. $\eta_{\mu\nu} = \mathrm{diag}(-1, 1, 1, 1)$ (s. Kap. 5). Diese Vorzeichenwahl hat Auswirkungen auf verschiedene Gleichungen in diesem Text. Leser, die beim Vergleich mit anderer Literatur auf abweichende Vorzeichen stoßen, sollten dies berücksichtigen. Einen Überblick über die zahlreichen möglichen anderen Konventionen findet sich im Buch „Gravitation" von Misner, Thorne und Wheeler (W.H. Freeman and company, New York, 1973).

Die Autoren

- Sebastian Boblest war Postdoktorand am Visualisierungsinstitut der Universität Stuttgart. Er studierte Physik mit anschließender Promotion an der Universität Stuttgart. Seine Forschungsinteressen waren die Visualisierung in der speziellen und allgemeinen Relativitätstheorie, sowie die Visualisierung von Strömungssimulationen auf Höchstleistungsrechnern. Er arbeitet nun bei der ETAS GmbH im Bereich der künstlichen Intelligenz.
- Thomas Müller ist wissenschaftlicher Mitarbeiter am Haus der Astronomie und am Max-Planck-Institut für Astronomie in Heidelberg. Er studierte Physik mit anschließender Promotion an der Eberhard-Karls Universität Tübingen. Danach ging er als Postdoktorand an das Visualisierungsinstitut der Universität Stuttgart. Seine Forschungsinteressen sind die Visualisierung in der speziellen und allgemeinen Relativitätstheorie, sowie in Astronomie und Astrophysik, die Visualisierung hochaufgelöster LIDAR-Daten für geomorphologische Analysen und die Entwicklung von Lehrsoftware.
- Günter Wunner studierte Physik an der Universität Erlangen-Nürnberg, wo er sich 1982 habilitierte. Von 1984 bis 1990 war er am Lehrstuhl für Theoretische Astrophysik der Universität Tübingen tätig, hatte von 1990 bis 1997 einen Lehrstuhl für Theoretische Plasma- und Atomphysik an der Ruhr-Universität Bochum inne und leitete von 1997 bis 2018 das 1. Institut für Theoretische Physik der

Universität Stuttgart. Zu seinen Forschungsgebieten zählen nichtlineare Dynamik und Quantenphysik, nicht-hermitesche Quantenmechanik sowie Atom- und Astrophysik.

Abkürzungsverzeichnis

ART	allgemeine Relativitätstheorie
BB	Big Bang
BC	Big Crunch
CDM	Cold Dark Matter
CMB	Cosmic Microwave Background
COBE	Cosmic Background Explorer
CPU	Central Processing Unit
EHT	Event Horizon Telescope
FLRW-Metrik	Friedmann-Lemaître-Robertson-Walker-Metrik
FV	False Vacuum
GPU	Graphics Processing Unit
GUT	Grand Unified Theory
HDM	Hot Dark Matter
HRD	Hertzsprung-Russell-Diagramm
LIGO	Laser Interferometer Gravitational-Wave Observatory
LISA	Laser Interferometer Space Antenna
PBF	Photon-Baryon-Fluid
PK	Post-Kepler'scher Parameter
PSR	Pulsar
SDSS	Sloan Digital Sky Survey
SN	Supernova
SRT	spezielle Relativitätstheorie
TOV-Gleichung	Tolman-Oppenheimer-Volkoff-Gleichung
WMAP	Wilkinson Microwave Anisotropy Probe

Inhaltsverzeichnis

Abbildungsverzeichnis

Tabellenverzeichnis

Einführung

1

Inhaltsverzeichnis

In diesem Kapitel möchten wir einen ersten Eindruck von den Fragestellungen vermitteln, mit denen wir uns im Folgenden befassen wollen. Außerdem legen wir uns einen Grundstock an Begriffen und Zusammenhängen an, auf den wir dann später immer wieder zugreifen können. Einige jetzt angesprochene Themen sind nicht zentral Thema dieses Textes, etwa der Aufbau des Sonnensystems oder die Entstehung der Jahreszeiten. Gleichzeitig sind diese Themen aber so grundlegend, dass wir einige Fakten darüber zusammenfassend darstellen möchten.

1.1 Überblick

Der vorliegende Text ist in vier Teile gegliedert.

- Im ersten Teil behandeln wir die spezielle Relativitätstheorie (SRT). Wir erläutern anhand wichtiger Experimente, dass die Lichtgeschwindigkeit, genauer die Geschwindigkeit, mit der sich Licht im Vakuum ausbreitet, für jeden Beobachter gleich groß ist, unabhängig davon, ob er relativ zur Quelle ruht, sich auf sie zu- oder von ihr wegbewegt. Ausgehend von diesem widersprüchlich erscheinenden Befund diskutieren wir, dass Raum und Zeit keine voneinander

© Springer-Verlag GmbH Deutschland, ein Teil von Springer Nature 2022
S. Boblest et al., *Spezielle und allgemeine Relativitätstheorie*,
https://doi.org/10.1007/978-3-662-63352-6_1

unabhängigen Größen sind, sondern zur *Raumzeit* verknüpft werden müssen, um eine konsistente Theorie zu entwickeln, und diskutieren die physikalischen Konsequenzen dieser Theorie.

- In Teil II sehen wir, dass wir die SRT zur allgemeinen Relativitätstheorie (ART) erweitern müssen, um auch die Gravitation innerhalb dieser Theorie beschreiben zu können. Die ART sagt insbesondere für sehr massive Körper neue physikalische Phänomene voraus, die wir detailliert betrachten.

  Die Phänomene, die die SRT und die ART vorhersagen, sind völlig anders als unsere Alltagserfahrung und deshalb oft schwer vorstellbar. Mit Hilfe moderner Computer ist es aber möglich, darzustellen, was ein Beobachter in solchen Situationen sehen würde. Solche relativistischen Visualisierungen ermöglichen ein vertieftes Verständnis der Relativitätstheorie. Deshalb widmen wir in beiden Teilen der Visualisierung jeweils ein eigenes Kapitel und gehen auch auf einige Details zu möglichen Techniken ein.

- Teil III behandelt die Entwicklung von Sternen von ihrer Entstehung bis zu den Endprodukten, die am Ende ihres Lebens entstehen. Dieser Teil des Buches scheint auf den ersten Blick völlig unabhängig von den ersten beiden zu sein. Tatsächlich werden wir aber sehen, dass bei der Beschreibung von weißen Zwergen und besonders von Neutronensternen, die wir in den Kap. 20 und 21 betrachten, sowohl speziell- als auch allgemein-relativistische Effekte bedeutsam sind. Gleichzeitig liefern Neutronenstern-Doppelsysteme eine Möglichkeit, um die Vorhersagen der ART sehr genau zu testen. Auf die entsprechenden Beobachtungen gehen wir in Abschn. 21.5.2 ein.

- Im letzten Teil besprechen wir die Kosmologie, d. h. die Wissenschaft, die das Universum als Ganzes betrachtet. Auf kosmologischen Skalen ist die Gravitation die dominierende Kraft und deshalb benötigen wir auch hier die ART für eine korrekte Beschreibung.

1.2   Licht und Lichtgeschwindigkeit

Das Sehen ist für Menschen der wichtigste Sinn, und auch der überwiegende Teil der Informationen, die wir über andere Himmelskörper und letztlich das Universum als Ganzes in den letzten Jahrhunderten gewonnen haben, beruhen auf der Detektion von elektromagnetischen Wellen im gesamten Spektrum von Radiowellen bis hin zu Gammastrahlung.

Man benötigt keinerlei experimentelle Aufbauten, um festzustellen, dass die Geschwindigkeit, mit der sich Lichtstrahlen ausbreiten, sehr viel größer sein muss als beispielsweise die Schallgeschwindigkeit in Luft: $v_S \approx 343$ m s^{-1}. Allein durch den Zeitunterschied zwischen Sehen eines Blitzes und Hören des Donners bei einem Gewitter wird das klar. Ob Licht überhaupt eine endliche Geschwindigkeit hat oder im Gegenteil unendlich schnell ist, war jahrhundertelang ein Streitthema für die Gelehrten. *Galilei*[1] versuchte diese Frage durch ein Experiment zu beantworten, bei

---

[1] Galileo Galilei, 1564–1642, italienischer Mathematiker, Physiker und Astronom.

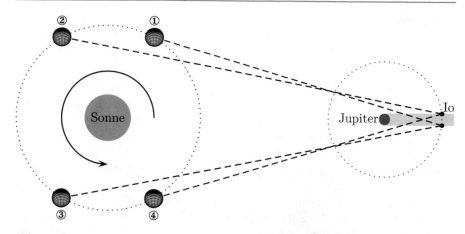

Abb. 1.1 Bestimmung der Lichtgeschwindigkeit von Rømer und Huygens durch Beobachtung des Jupitermondes Io. Wenn sich die Erde auf ihrer Bahn von Jupiter entfernt, während Io durch Jupiters Schatten läuft (Situationen ① und ②), so erscheint die Zeitspanne zum Durchlaufen des Schattens verlängert. Nähert sich die Erde dagegen Jupiter (Situationen ③ und ④), so erscheint die Dauer verkürzt. Aus diesem Zeitunterschied konnte Rømer ungefähr die Zeit bestimmen, die Licht braucht, um die Erdbahn zu durchlaufen

dem Lichtsignale zwischen zwei Hügeln in bekannter Entfernung voneinander hin- und hergesendet wurden. Mit diesem Aufbau konnte er aber lediglich zeigen, dass die Lichtgeschwindigkeit zumindest mehrere Kilometer pro Sekunde betragen muss.

Den ersten Beweis für die Endlichkeit der Lichtgeschwindigkeit lieferte *Rømer*[2] [12]. Er beobachtete die Zeitspanne, die der Jupitermond Io benötigt, um durch den Schatten seines Planeten zu wandern. Dabei ergaben sich jährliche periodische Veränderungen dieser Zeitdauer. Er beobachtete längere scheinbare Durchläufe, während sich die Erde auf ihrer Bahn um die Sonne von Jupiter entfernt, und eine Verkürzung, während sich die Erde auf Jupiter zubewegt (s. Abb. 1.1). Der Grund dafür liegt in der endlichen Lichtgeschwindigkeit. Wenn sich die Erde von Jupiter entfernt, so muss der letzte Lichtstrahl von Io vor dem Eintritt in Jupiters Schatten eine kürzere Strecke zur Erde zurücklegen als der erste nach dem Austritt. Die scheinbare Zeitdauer für den Schattendurchlauf verlängert sich daher um diesen Laufzeitunterschied. Das genaue Gegenteil passiert während sich die Erde auf Jupiter zubewegt: Die beobachtete Durchlaufdauer verkürzt sich um diesen Laufzeitunterschied.

Aus dieser Beobachtung lässt sich die Lichtgeschwindigkeit allerdings nicht direkt bestimmen, dazu muss man außerdem den Durchmesser der Erdbahn kennen. *Huygens*[3] verwendete die relativ ungenauen Messungen Rømers zusammen mit einer ebenfalls ungenauen Abschätzung des Durchmessers der Erdbahn und kam auf einen Wert von ungefähr 220.000 km s^{-1} [3].

---

[2] Ole Rømer, 1644–1710, dänischer Astronom.

[3] Christiaan Huygens, 1629–1695, niederländischer Astronom, Mathematiker und Physiker.

Seit 1983 ist der Wert für die Lichtgeschwindigkeit im Vakuum exakt festgelegt zu [6]

$$c = 299.792.458 \text{ m s}^{-1}. \tag{1.1}$$

Das bedeutet natürlich nicht, dass die Lichtgeschwindigkeit ohne Unsicherheiten
gemessen werden kann. Vielmehr wurde c aufgrund seiner zentralen physikalischen
Bedeutung zur Definition der Längeneinheit Meter verwendet. Genauere Messungen der Lichtgeschwindigkeit führen deshalb jetzt zu einer Änderung des Meters
statt zu einer Änderung des Wertes von c.

Natürlich ist es wichtig, die Lichtgeschwindigkeit möglichst genau zu kennen,
um etwa Beobachtungen von Sternen oder auch Experimente auf der Erde richtig
zu interpretieren. Die Bedeutung der Lichtgeschwindigkeit in der Physik geht
aber weit über ihren bloßen Zahlenwert hinaus. So hängt ihr Wert nicht davon ab,
ob sich der Beobachter einer Lichtquelle auf diese zu- oder von ihr wegbewegt, es
ergibt sich immer genau c. Diese *Beobachterunabhängigkeit* der Lichtgeschwindigkeit ist Ausgangspunkt der SRT. In Kap. 2 werden wir auf diesen
Aspekt noch detaillierter eingehen und in den anschließenden Kapiteln dann die
SRT eingehend diskutieren.

1.3   Kurzer Abriss der Elektrodynamik

Nach heutigem Kenntnisstand existieren in der Natur vier elementare Kräfte: die
Starke Wechselwirkung, die für die Bindung der Neutronen und Protonen im Kern
verantwortlich ist, die Schwache Wechselwirkung, die beim Betazerfall wichtig ist,
sowie Elektromagnetische Kräfte und die Gravitation.

Die Starke und Schwache Wechselwirkung sind kurzreichweitige Kräfte, sie wirken nur auf Längenabständen im Bereich des Durchmessers von Atomkernen.
Elektromagnetische Kräfte und Gravitation dagegen sind langreichweitig.

Das elektrische Feld E ist definiert über die Kraft F_{el}, die auf eine (ruhende)
kleine Probeladung q wirkt:

$$F_{el}(r) = qE(r). \tag{1.2}$$

Die magnetische Induktion ist definiert über die Kraft F_m, die auf eine sich mit Geschwindigkeit v bewegende Ladung q wirkt:

$$F_m = q[v \times B(r)]. \tag{1.3}$$

Daraus ergibt sich die *Lorentz-Kraft*, die Kraft auf eine Probeladung q im elektromagnetischen Feld, zu

$$F = q[E(r) + v \times B(r)]. \tag{1.4}$$

Für das elektrische Feld E und die magnetische Flussdichte B gelten Nebenbedingungen, die *Maxwell-Gleichungen*.[4] Die inneren Feldgleichungen oder *homogenen Maxwell-Gleichungen* lauten

$$\nabla \times E + \dot{B} = 0 \tag{1.5a}$$

und

$$\nabla \cdot B = 0. \tag{1.5b}$$

Nach (1.5a) erzeugen zeitabhängige Magnetfelder elektrische Wirbelfelder, während die Divergenzfreiheit der magnetischen Flussdichte in (1.5b) die Nichtexistenz magnetischer Monopole besagt. Die beiden *inhomogenen Maxwell-Gleichungen* oder Erregungsgleichungen lauten

$$\nabla \times B = \mu_0 (j + \varepsilon_0 \dot{E}), \tag{1.5c}$$

und

$$\nabla \cdot E = \frac{\rho_{\mathrm{el}}}{\varepsilon_0}. \tag{1.5d}$$

Dabei ist

$$\varepsilon_0 = 8{,}854187817\ldots \cdot 10^{-12} \; \mathrm{F \, m^{-1}} \tag{1.6}$$

die *elektrische Feldkonstante*, die wiederum mit der Lichtgeschwindigkeit und der *magnetischen Feldkonstante*

$$\mu_0 = 4\pi \cdot 10^{-7} \; \mathrm{N \, A^{-2}} \tag{1.7}$$

über den Zusammenhang

$$c = \frac{1}{\sqrt{\varepsilon_0 \mu_0}} \tag{1.8}$$

verknüpft ist. Wie c sind ε_0 und μ_0 als exakt definiert. Nach (1.5c) erzeugen elektrische Ströme j und zeitabhängige elektrische Felder wiederum magnetische Wirbelfelder. Gl. (1.5d) schließlich identifiziert elektrische Ladungsdichten ρ_{el} als Quellen elektrischer Felder. Die Maxwell-Gleichungen (1.5) zeigen, dass elektrische und magnetische Phänomene miteinander verknüpft sind und nicht sinnvoll in getrennten Theorien betrachtet werden können. In Kap. 7 werden wir sehen, wie sich

---

[4]James Clerk Maxwell, 1831–1879, schottischer Physiker. Neben den Maxwell-Gleichungen bekannt für seine Beiträge zur kinetischen Gastheorie. Die Maxwell-Boltzmann-Verteilung ist nach ihm und Ludwig Boltzmann benannt.

diese Zusammenhänge in der SRT sehr elegant und kompakt formulieren und verstehen lassen.

Da die elektrische Feldstärke in der Elektrostatik ein konservatives Kraftfeld ist, lässt sie sich als negativer Gradient des elektrostatischen Potentials ϕ_{el} schreiben über

$$E_{el} = -\nabla \phi_{el}. \tag{1.9}$$

Das Einsetzen von (1.9) in die Erregungsgleichung (1.5d) führt in der Elektrostatik auf die *Poisson-Gleichung*[5]

$$\Delta \phi_{el} = -\frac{\rho_{el}}{\varepsilon_0}. \tag{1.10}$$

Ein einfaches Problem der Elektrostatik ist die Kraft zwischen zwei Punktladungen. Wenn wir einen Körper mit elektrischer Ladung Q im Koordinatenursprung und eine ruhende Probeladung q im Abstand r davon annehmen, so wirkt auf die Probeladung q die *Coulomb-Kraft*

$$F_{el}(r) = \frac{1}{4\pi\varepsilon_0} \frac{qQ}{r^2} e_r. \tag{1.11}$$

Dabei bedeutet e_r den Einheitsvektor ausgehend von der Ladung Q hin zur Ladung q. Gl. (1.11) ist eine Konsequenz von (1.5d). Um das zu sehen, integrieren wir (1.5d) zunächst über ein beliebiges Volumen V. Dabei verwenden wir den *Gauß'schen Integralsatz*,[6] um das Volumenintegral über die Divergenz der elektrischen Feldstärke in ein Oberflächenintegral für den Fluss der Feldstärke durch die Volumenoberfläche ∂V zu überführen und erhalten

$$\int_V \nabla \cdot E \, dV = \oint_{\partial V} E \cdot df = \frac{1}{\varepsilon_0} \int_V \rho_{el} \, dV = Q(V)/\varepsilon_0. \tag{1.12}$$

Das Volumenintegral über die Ladungsdichte ergibt dabei die vom Volumen umschlossene Ladung und $df = n \, dS$ ist ein gerichtetes Flächenelement, d. h. ein Vektor, der auf der Oberfläche von V senkrecht steht (s. Abb. 1.2).

Dieses allgemeine Ergebnis können wir jetzt auf unseren Spezialfall anwenden. Für eine Punktladung Q im Ursprung ist

$$\rho_{el}(r) = Q\delta(r). \tag{1.13}$$

Wir wählen als Volumen eine Kugel K mit Radius r um den Ursprung und finden

---

[5] Siméon Denis Poisson, 1781–1840, französischer Physiker und Mathematiker.
[6] Carl Friedrich Gauß, 1777–1855, deutscher Mathematiker, Astronom und Physiker.

Abb. 1.2 Veranschau-
lichung zum Gauß'schen
Integralsatz

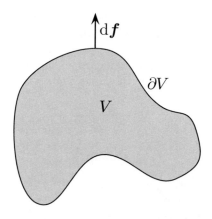

$$\int\limits_{K} \nabla \cdot \boldsymbol{E} \, dV = \oint\limits_{\partial K} \boldsymbol{E} \cdot d\boldsymbol{f} = 4\pi r^2 E(r) = Q/\varepsilon_0. \qquad (1.14)$$

Dabei ist die Kugeloberfläche $O = 4\pi r^2$. Nach Umformung und mit dem Zusammenhang $F(r) = qE(r)$ ergibt sich daraus der Ausdruck (1.11).

1.4   Kurzer Abriss der Newton'schen Gravitationstheorie

Völlig analog zur Coulomb-Kraft ist in der Newton'schen[7] Theorie die Gravitationskraft definiert. Zwischen einer Masse M im Ursprung und einer Probemasse m im
Abstand r wirkt die Kraft

$$\boldsymbol{F}_{\mathrm{m}}(r) = -G\frac{mM}{r^2}\mathbf{e}_{\mathrm{r}} \qquad (1.15)$$

mit der *Gravitationskonstante*

$$G = 6{,}67384(80) \cdot 10^{-11}\,\mathrm{m}^3\,\mathrm{kg}^{-1}\,\mathrm{s}^{-2}. \qquad (1.16)$$

Das Coulomb-Gesetz (1.11) geht in das Gravitationsgesetz (1.15) über, wenn man
die elektrischen Ladungen durch die Massen austauscht und die Ersetzung

$$\frac{1}{4\pi\varepsilon_0} \Leftrightarrow -G \qquad (1.17)$$

vornimmt. Die Quellen der Gravitationsfeldstärke sind also Massen, genauso wie
die Quellen der elektrischen Feldstärke elektrische Ladungen sind. Man nennt daher

---

[7]Isaac Newton, 1642–1727, englischer Physiker und Mathematiker. Sein Hauptwerk „Philoso-
phiæNaturalis Principia Mathematica" bildete die Grundlage der klassischen Mechanik.

die gravitationserzeugende Eigenschaft eines Körpers auch seine Gravitationsladung oder *schwere Masse* im Gegensatz zur *trägen Masse*, die wir gleich kennenlernen werden.

Wir können mit dieser Analogie noch einen Schritt weitergehen. Die Kopplungs-
konstante der Elektrodynamik ist die *Sommerfeld'sche*[8] *Feinstrukturkonstante*

$$\alpha = \frac{1}{4\pi\varepsilon_0}\frac{e^2}{\hbar c} = 7{,}2973525698\,(24)\cdot 10^{-3} \approx \frac{1}{137} \tag{1.18}$$

mit der *Elementarladung*

$$e = 1{,}602176565(35)\cdot 10^{-19}\,\mathrm{C} \tag{1.19}$$

und dem *reduzierten Planck'schen Wirkungsquantum*[9]

$$\hbar = \frac{h}{2\pi} = 1{,}054571726\,(47)\cdot 10^{-34}\,\mathrm{J\,s}, \tag{1.20}$$

in dessen Definition wiederum das *Planck'sche Wirkungsquantum*

$$h = 6{,}62606957(29)\cdot 10^{-34}\,\mathrm{J\,s} \tag{1.21}$$

auftritt. Mit der Ersetzungsvorschrift aus (1.17), abgesehen vom Minuszeichen,
können wir auch eine Feinstrukturkonstante für die Gravitation definieren. Statt der
Elementarladung brauchen wir dabei eine elementare Masse. Es ergibt Sinn, dabei
die Masse eines stabilen wichtigen Materiebausteines zu verwenden. Verwenden
wir dafür die Protonenmasse m_p, so ergibt sich

$$\alpha_\mathrm{m} = G\frac{m_\mathrm{p}^2}{\hbar c} = 5{,}90574\cdot 10^{-39}. \tag{1.22}$$

Wenn wir in Kap. 20 die Endprodukte von Sternen diskutieren, werden wir wieder
auf diesen Ausdruck stoßen.

Die Coulomb-Kraft ist sehr viel stärker als die Gravitation. Da es aber in der
Natur sowohl positive als auch negative elektrische Ladungen gibt, ist sie auf
makroskopischen Skalen weniger wichtig. Wenn ein Körper z. B. eine große negative Ladung angesammelt hat, so wird er nach (1.11) umliegende positive Ladungen
ansammeln und damit seine elektrische Ladung abbauen. Negative Masse gibt es
dagegen nicht, „Gravitationsladung" kann sich deshalb nicht neutralisieren. Aus
diesem Grund ist die Gravitation die im Weltall dominierende Wechselwirkung.
Wenn wir später im Kosmologieteil ab Kap. 23 über die Entwicklung des Uni-

---

[8]Arnold Johannes Wilhelm Sommerfeld, 1868–1951, deutscher Mathematiker und theoretischer
Physiker.
[9]Max Planck, 1858–1947, deutscher theoretischer Physiker, gilt als Mitbegründer der Quantenmechanik. Nobelpreis 1918.

versums als Ganzem sprechen, ist sie daher entscheidend. Wir weisen noch darauf hin, dass sich aufgrund des Minuszeichens in (1.15) Massen stets anziehen, während sich elektrische Ladungen gleichen Vorzeichens abstoßen.

Führen wir in derselben Weise wie in der Elektrostatik eine Gravitationsfeldstärke als Kraft pro Probeladung ein, d. h. $E_m = F_m/m$, dann folgt mit der Ersetzung (1.17) für E_m die analoge Erregungsgleichung

$$\nabla \cdot E_m = -4\pi G \rho_m. \tag{1.23}$$

Dabei bedeutet ρ_m gemäß den Ersetzungsregeln die *Massendichte*. Analog existiert für die konservative Gravitationsfeldstärke ein Gravitationspotential ϕ_m mit

$$E_m = -\nabla \phi_m. \tag{1.24}$$

Setzen wir genauso wie in der Elektrostatik (1.24) in (1.23) ein, gelangen wir zur Poisson-Gleichung der Newton'schen Gravitationstheorie

$$\Delta \phi_m = 4\pi G \rho_m. \tag{1.25}$$

Diese gestattet es, bei beliebiger vorgegebener Massendichteverteilung $\rho_m(r)$ das Gravitationspotential und daraus mit (1.24) die Gravitationsfeldstärke im Raum zu berechnen.

Die Erregungsgleichung (1.23) kann wie in der Elektrostatik in eine integrale Form gebracht werden:

$$-4\pi G \int_V \rho_m dV = \oint_{\partial V} E_m \cdot df = -4\pi G M(V). \tag{1.26}$$

Statt der vom Volumen umschlossenen Ladung ergibt sich hier die umschlossene Masse $M(V)$.

Im Fall der Coulomb-Kraft haben wir diesen Ausdruck für eine Punktladung ausgewertet. Ein weiterer sehr wichtiger, etwas allgemeinerer Fall ist eine kugelsymmetrische Dichte, hier also eine Massendichte, d. h.

$$\rho_m(\boldsymbol{r}) = \rho_m(r), \tag{1.27}$$

die ab einem Radius R verschwinden soll. Aufgrund der Kugelsymmetrie der Dichte kann auch das Gravitationsfeld nur vom Abstand zum Zentrum der Massenverteilung abhängen und radial gerichtet sein, d. h. es hat die Form

$$E_m = E_m(r)\mathbf{e}_r. \tag{1.28}$$

Wir betrachten als erstes den Fall $r \leq R$ innerhalb der Dichteverteilung (vgl. Abb. 1.3). Wir integrieren (1.26) über eine Kugel vom Radius r

$$\oint_{\partial K} E_m \cdot df = 4\pi r^2 E_m(r) = -4\pi G M(r), \tag{1.29}$$

Abb. 1.3 Veranschau-
lichung zur Berechnung
von E_m, an der Stelle r für
$r < R$. Nur die Masse, die
sich in der dunklen Kugel
mit Radius r befindet, trägt
zur Gravitations-
wirkung bei

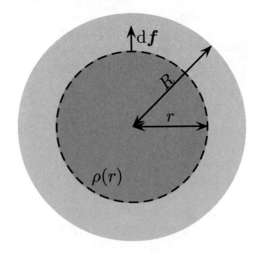

wobei $M(r)$ die bis zum Radius r umschlossene Masse bedeutet, d. h.

$$M(r) = \int_0^r 4\pi r'^2 \rho_{\mathrm{m}}(r')\mathrm{d}r'.$$

(1.30)

Wir finden also für die Gravitationsfeldstärke

$$E_{\mathrm{m}} = -G\frac{M(r)}{r^2}\mathbf{e}_{\mathrm{r}}.$$

(1.31)

Man beachte, dass die Gravitationswirkung nur von den Massenschichten unterhalb des Radius r herrührt, die Kräfte der darüber liegenden Schichten heben sich auf (s. Übung 1.6.1).

Außerhalb der Massenverteilung bei $r > R$ wird die umschlossene Masse gleich der Gesamtmasse und wir haben das bekannte Ergebnis, dass eine kugelsymmetrische Massenverteilung im Außenraum so wirkt, als wäre die Gesamtmasse in ihrem Zentrum vereinigt, d. h.

$$E_{\mathrm{m}} = -G\frac{M}{r^2}\mathbf{e}_{\mathrm{r}},$$

(1.32)

das gleiche Ergebnis wie für eine Punktmasse. Das zu diesem Kraftfeld gehörende *Gravitationspotential* hat die Form

$$\phi_{\mathrm{m}} = -G\frac{M}{r}.$$

(1.33)

1.4.1 Äquivalenzprinzip

Die in allen Formeln des letzten Abschnittes aufgetretene Masse ist die Gravitationsladung oder *schwere Masse*. Es gibt aber noch eine weitere Form der Masse. Diese tritt im zweiten Newton'schen Axiom

$$F = m\ddot{r} \tag{1.34}$$

auf, das die auf einen Körper wirkende Kraft F mit der Beschleunigung $\ddot{r}$ verknüpft, und wird als *träge Masse* bezeichnet. Diese Bezeichnung wird klar, wenn wir (1.34) als $\ddot{r} = F/m$ schreiben. Je größer die träge Masse, desto kleiner ist die Beschleunigung eines Körpers bei gegebener auf ihn wirkender Kraft. Die schwere und die träge Masse sind zunächst völlig unterschiedliche physikalische Größen. Bereits Galilei konnte durch seine Fallexperimente aber zeigen, dass das Verhältnis von schwerer zu träger Masse für alle Körper gleich ist, also insbesondere nicht von ihrer chemischen Zusammensetzung abhängt. Dieses *Äquivalenzprinzip* ist einer der Grundpfeiler der ART. In Kap. 10 diskutieren wir es umfassend.

1.4.2 Schwarzschild-Radius

Aus (1.32) erkennt man, dass die Gravitationsfeldstärke auf der Oberfläche eines kugelsymmetrischen Körpers mit vorgegebener Masse M umso größer ist, je kleiner sein Radius R ist, bzw. wegen $M = (4/3)\pi R^3 \rho_m$, je höher seine Dichte ist.

In diesem Abschnitt möchten wir eine charakteristische Länge für die Gravitationswechselwirkung herleiten, die uns angibt, ob die Gravitation eines Körpers stark oder schwach ist. Dazu müssen wir ein wenig vorgreifen. In Kap. 6 werden wir die berühmteste Formel der SRT

$$E = mc^2 \tag{1.35}$$

kennenlernen, die die Ruhemasse m eines Körpers mit der Ruheenergie verknüpft.

Die potentielle Energie einer Probemasse m, die sich im Potential (1.33) einer kugelsymmetrischen Massenverteilung befindet, ist

$$V_{\mathrm{m}}(r) = m\phi(r) = -\frac{GMm}{r}. \tag{1.36}$$

Wir können diese potentielle Energie auch in Einheiten der Ruheenergie angeben, d. h.

$$V_{\mathrm{m}} = -mc^2 \frac{GMm}{mc^2 r} = -\frac{1}{2}mc^2 \frac{r_{\mathrm{s}}}{r}. \tag{1.37}$$

Dabei haben wir den *Schwarzschild-Radius*[10]

$$r_{\mathrm{s}} = 2\frac{GM}{c^2} \tag{1.38}$$

---

[10] Karl Schwarzschild, 1873–1916, deutscher Physiker.

Tab. 1.1 Zahlenwerte für den Schwarzschild-Radius und die Fluchtgeschwindigkeit, die wir in Abschn. 1.4.4 besprechen, für verschiedene kosmische Objekte. Beteigeuze ist ein Riesenstern im Sternbild Orion

Objekt	Radius	Masse M	v_{K_2}	r_s
Kleiner Planetoid	3 km	$3{,}4 \cdot 10^{14}$ kg	$3{,}9$ m s^{-1}	$0{,}5$ pm
Mittlerer Planetoid	20 km	$1{,}0 \cdot 10^{17}$ kg	26 m s^{-1}	$0{,}15$ nm
Großer Planetoid	350 km	$5{,}4 \cdot 10^{20}$ kg	450 m s^{-1}	$0{,}8$ µm
Mond	1740 km	$7{,}53 \cdot 10^{22}$ kg	$2{,}4$ km s^{-1}	$0{,}11$ mm
Erde	6378 km	$5{,}973 \cdot 10^{24}$ kg	$11{,}2$ km s^{-1}	$8{,}9$ mm
Jupiter	$7 \cdot 10^4$ km	$1{,}9 \cdot 10^{27}$ kg	60 km s^{-1}	$2{,}8$ m
Sonne	$6{,}96 \cdot 10^5$ km	$1{,}99 \cdot 10^{30}$ kg	620 km s^{-1}	2950 m
Beteigeuze	$5{,}22 \cdot 10^8$ km	$4 \cdot 10^{31}$ kg	100 km s^{-1}	60 km

eingeführt. Der zusätzliche Faktor zwei wird sich in Kap. 13 erklären, wenn wir die kugelsymmetrische Massenverteilung in der ART diskutieren.

Die potentielle Energie lässt sich bis auf einen Faktor $1/2$ als Ruheenergie mal das Verhältnis von Schwarzschild-Radius durch den tatsächlichen Radius ausdrücken. Das probemassenunabhängige Gravitationspotential ϕ_m können wir analog als

$$\phi_m = -\frac{GM}{r} = -\frac{1}{2}c^2 \frac{r_s}{r} \tag{1.39}$$

schreiben. Der Schwarzschild-Radius ist somit das charakteristische Längenmaß für die Gravitationswirkung. Mit den Werten für die Gravitationskonstante aus (1.16) und der Lichtgeschwindigkeit aus (1.1) lässt sich der Schwarzschild-Radius bei gegebener Masse M ausrechnen. Tab. 1.1 gibt Beispiele für den Schwarzschild-Radius verschiedener kosmischer Objekte. Der Schwarzschild-Radius der Sonne beträgt etwa drei Kilometer, der der Erde knapp einen Zentimeter. Die Kleinheit des Schwarzschild-Radius der Erde verglichen mit ihrem Radius

$$R_{\oplus} = 6378 \text{ km} \tag{1.40}$$

(am Äquator) veranschaulicht, warum man die Gravitation eine sehr schwache Wechselwirkung nennt.

Das gilt analog für alle anderen Objekte in der Tabelle. Das Verhältnis zwischen zwei Schwarzschild-Radien ist vom Verhältnis der tatsächlichen Radien zweier Körper verschieden. Zum Beispiel gilt für das Verhältnis der wirklichen Radien und Schwarzschild-Radien von Erde und Sonne

$$\frac{r_s^{\oplus}}{r_s^{\odot}} = \frac{8{,}9 \text{ mm}}{2950 \text{ m}} \approx 3 \cdot 10^{-6} \quad \text{und} \quad \frac{R_{\oplus}}{R_{\odot}} = \frac{6378 \text{ km}}{696.000 \text{ km}} \approx 9 \cdot 10^{-3}. \tag{1.41}$$

Das rührt daher, dass die Schwarzschild-Radien linear, die tatsächlichen Radien jedoch über das Volumen mit der dritten Wurzel von der Masse abhängen.

1.4.3 Gravitative Bindungsenergie

Die gravitative Bindungsenergie ist ein Maß für den Energiegehalt, den eine Massenansammlung im Kosmos, z. B. eine Galaxie, eine Gaswolke, ein Stern oder ein Planetoid, aufgrund der gegenseitigen Anziehung seiner einzelnen Massenelemente besitzt. Sie entspricht zugleich der Energie, die nötig wäre, um die einzelnen Massenelemente zu trennen und ins Unendliche zu transportieren. Die potentielle Energie einer Punktmasse m im Abstand r zu einer anderen Punktmasse M ist $E_m = -GMm/r$. Die Bindungsenergie einer beliebigen Massenverteilung mit Gesamtmasse M sollte dementsprechend von der Form

$$E_m \sim \frac{\text{Gravitationskonstante} \cdot \text{Masse}^2}{\text{charakteristische Länge}} \tag{1.42}$$

sein. Man kann zeigen, dass allgemein für die Gesamtbindungsenergie einer Massenverteilung der Zusammenhang

$$E_m = \frac{1}{2} \int \phi_m(\mathbf{r}) \rho_m(\mathbf{r}) \, dV, \tag{1.43}$$

gilt. Dabei ist $\phi_m(\mathbf{r})$ das Gravitationspotential und das Integral ist über den gesamten von der Massenverteilung eingenommenen Raum auszuführen. Für beliebige Massenverteilungen ist das nur numerisch möglich.

Als einfaches, aber wichtiges, Beispiel wollen wir eine homogene Vollkugel mit Masse M und Radius R und dementsprechend konstanter Dichte

$$\rho_m = M/[(4/3)\pi R^3]$$

betrachten. In diesem Fall kann man sich den Prozess der Trennung der einzelnen Massenelemente und Separation mit unendlicher Distanz leicht so veranschaulichen, dass man jeweils die äußerste Kugelschale mit Masse $dM = (4/3)\pi \rho_m r^2 \, dr$ aus dem Potential $\phi_m(r) = -GM(r)/r = -G(4/3)\pi \rho_m r^2$ entfernt. In diesem Fall vereinfacht sich (1.43) zu

$$E_m = -\int_0^R G \frac{16\pi^2}{3} \rho_m^2 r^4 \, dr = -\frac{R^5}{5} G \frac{16\pi^2}{3} \rho_m^2 = -\frac{3}{5} G \frac{M^2}{R}. \tag{1.44}$$

Dieses Ergebnis entspricht genau der erwarteten Form (1.42). Wir können die gravitative Bindungsenergie der homogenen Vollkugel mit ihrer relativistischen Ruheenergie Mc^2 vergleichen und finden

$$\frac{E_m}{Mc^2} = -\frac{3}{5} \frac{GM^2}{RMc^2} = -\frac{3}{10} \frac{r_s}{R}. \tag{1.45}$$

Der Schwarzschild-Radius r_s aus (1.38) tritt wieder als charakteristische Längenein-heit auf. Die gravitative Bindungsenergie ist um das Verhältnis von Schwarzschild-Radius zu tatsächlichem Radius kleiner als die Ruheenergie.

Für die Sonne ergibt sich z. B. das Verhältnis

$$\frac{E_m}{Mc^2} = -\frac{3}{10}\frac{r_s^{\odot}}{R_{\odot}} = -\frac{3}{10}\frac{2950\,\text{m}}{6,9599\cdot 10^8\,\text{m}} \approx -1,3\cdot 10^{-6}. \tag{1.46}$$

Die gravitative Bindungsenergie beträgt also nur etwa ein Millionstel der Ruhe-energie. Man kann die Bindungsenergie als einen „Massendefekt" zur Ruhemasse auffassen.

Die Ruheenergie der Massenverteilung ist durch die gravitative Bindungsenergie um den Faktor (1.46) vermindert. Wenn sich z. B. eine Gaswolke zu einem Stern verdichtet, muss diese Energie freiwerden. In Kap. 17 werden wir sehen, dass dies in Form von Wärme und Strahlung geschieht.

1.4.4 Kosmische Geschwindigkeiten

In der Astrophysik gibt es einige wichtige Geschwindigkeitswerte, die mit der Gravitationswirkung zwischen Körpern zusammenhängen.

Wir betrachten wieder einen Körper mit kugelsymmetrischer Massenverteilung der Gesamtmasse M und mit Radius R und eine Probemasse m. Wir überlegen uns, mit welcher Geschwindigkeit die Probemasse losfliegen muss, um von einem Ab-stand r aus startend das Gravitationsfeld des Körpers überwinden zu können, d. h. bis ins Unendliche zu fliegen, ohne auf den Körper zurückzustürzen. Dazu muss sie beim Start mindestens eine kinetische Energie haben, die ihrer potentiellen Energie $m\phi_m$ mit dem Potential aus (1.33) am Ort r betragsmäßig gleich ist, oder anders ge-sagt, ihre Gesamtenergie muss mindestens Null sein, was die Bedingung für eine ungebundene Bewegung ist. Es ergibt sich also die Gleichung

$$\frac{1}{2}mv^2 = \frac{mMG}{r}. \tag{1.47}$$

Daraus folgt für die Startgeschwindigkeit

$$v_0 = \sqrt{\frac{2GM}{r}}, \tag{1.48}$$

bzw. ausgedrückt in Einheiten der Lichtgeschwindigkeit

$$v_0 = c\sqrt{\frac{2MG}{rc^2}} = c\sqrt{\frac{r_s}{r}}. \tag{1.49}$$

Wieder erweist sich der Schwarzschild-Radius als die entscheidende Längenskala. Startet die Probemasse direkt von der Oberfläche des Körpers mit Radius R, so ist v_0 die *Fluchtgeschwindigkeit* der Masse M

$$v_{K_2} = c\sqrt{\frac{r_s}{R}}. \qquad (1.50)$$

Wir verwenden den Index K_2, da man die Fluchtgeschwindigkeit auch die zweite kosmische Geschwindigkeit des Objekts nennt.

Zahlenwerte für Fluchtgeschwindigkeiten unterschiedlicher kosmischer Objekte sind auch in Tab. 1.1 angegeben. Wir sehen, dass im Falle der Erde eine Raumsonde, die z. B. zu einem anderen Planeten startet, annähernd die Anfangsgeschwindigkeit 11,2 km s^{-1} haben muss. Die Fluchtgeschwindigkeit gibt zugleich die Geschwindigkeit an, mit der ein ursprünglich im Unendlichen ruhender Körper im freien Fall auf die Oberfläche aufprallen würde.

Die erste kosmische Geschwindigkeit v_{K_1} ist notwendig, um das kugelförmige Objekt knapp über seiner Oberfläche umkreisen zu können. Aus der Bedingung, dass die dafür nötige Zentripetalkraft von der Gravitationskraft verursacht werden muss, d. h.

$$\frac{mv_{K_1}^2}{R} = \frac{mMG}{R^2} \qquad (1.51)$$

folgt unmittelbar

$$v_{K_1} = c\sqrt{\frac{MG}{Rc^2}} = c\sqrt{\frac{r_s}{2R}} = \frac{1}{\sqrt{2}}v_{K_2}. \qquad (1.52)$$

Dabei haben wir den Zusammenhang $v = \omega r$ zwischen Kreisfrequenz und Geschwindigkeit verwendet. Man beachte, dass wir beim Ansetzen des Kräftegleichgewichtes (1.51) in der Zentripetalkraft die *träge Masse*, in der Gravitation aber die *schwere Masse* einsetzen müssen. Wir sehen also an diesem einfachen Beispiel bereits die große Bedeutung des Äquivalenzprinzips aus Abschn. 1.4.1.

Die Kreisbahngeschwindigkeit ist um einen Faktor $1/\sqrt{2} \approx 0{,}707$ kleiner als die Fluchtgeschwindigkeit (s. a. Abb. 1.4).

Relativistische Fluchtgeschwindigkeiten

Für die in Tab. 1.1 betrachteten kosmischen Objekte sind die Fluchtgeschwindigkeiten aufgrund des kleinen Verhältnisses von Schwarzschild-Radius zu tatsächlichem Radius allesamt viel kleiner als die Lichtgeschwindigkeit. Anders verhält es sich bei Neutronensternen. Diese Endstadien der Sternentwicklung haben Massen in der Größenordnung der Sonne und damit auch Schwarzschild-Radien im Bereich $r_s \approx 3$ km. Die Radien dieser kompakten Objekte, die wir in Kap. 21 behandeln, betragen aber nur $r \sim 10 - 20$ km. Als Entweichgeschwindigkeit erhält man dann

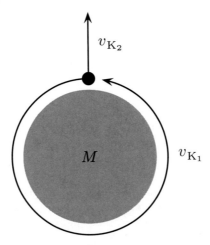

Abb. 1.4 Damit eine Probemasse einen kugelsymmetrischen Körper mit Masse M direkt über seiner Oberfläche umkreisen kann, benötigt sie die erste kosmische Geschwindigkeit $v_{K_1} = c\sqrt{r_s/2r}$. Damit sie das Gravitationsfeld des Körpers ganz verlassen kann, benötigt sie die Geschwindigkeit $v_{K_2} = c\sqrt{r_s/r}$

$$v_{K_2} = c\sqrt{\frac{r_s}{R}} \lesssim c\sqrt{\frac{3\,\text{km}}{10\,\text{km}}} \approx \frac{1}{2}c. \tag{1.53}$$

Befindet sich ein Neutronenstern z. B. in einem Doppelsternsystem, so kann er unter Umständen Material von seinem Begleiter „ansaugen". Dieses fällt dann mit etwa der halben Lichtgeschwindigkeit auf seine Oberfläche. Die dabei freigesetzten enormen Energiemengen werden in Form von Röntgenstrahlung bei akkretierenden (aufschüttenden) Röntgenpulsaren tatsächlich beobachtet, wie wir in Kap. 21 diskutieren werden.

Streng genommen müsste man bei solchen Geschwindigkeiten die relativistische Form der kinetischen Energie (6.39) in (1.47) verwenden. Unsere Ergebnisse liegen aber in der richtigen Größenordnung.

Schwarze Löcher

Für Neutronensterne ist der tatsächliche Radius nur um einen relativ kleinen Faktor größer als der Schwarzschild-Radius. Wenn wir uns ein noch extremeres Objekt denken mit $r = r_s$, so ergibt sich für die Fluchtgeschwindigkeit aus (1.50) $v = c$! Für noch kleinere Radien wäre nach dieser sehr einfachen Überlegung Überlichtgeschwindigkeit nötig, um aus dem Gravitationsfeld zu entkommen. Selbst Licht könnte sich also nicht mehr von einem solchen Objekt weg ausbreiten, es müsste uns also notwendigerweise dunkel erscheinen.

Der Begriff des *Schwarzen Lochs* (black hole) für solche Objekte wurde erstmals von John Archibald Wheeler 1967 etabliert.[11] Aber bereits *John Michell*[12] erkannte

---

[11] Quelle: http://www.worldwidewords.org/topicalwords/tw-bla1.htm.

[12] John Michell, 1724–1793, englischer Naturphilosoph.

1784, dass es so schwere Körper geben muß, dass nicht einmal Licht ihnen entweichen kann. Weitaus bekannter ist jedoch die Arbeit von *Laplace*.[13] Er stellte 1796 auf der Basis der Newton'schen Gravitationstheorie fest, dass bei genügend hoher Masse, konzentriert auf einen kleinen Raumbereich, die Fluchtgeschwindigkeit größer als die Lichtgeschwindigkeit wird [5]. Daraus schloss er, dass es massereiche Sterne geben muß, denen kein Licht entweichen kann und die demnach dunkel sein müssen. Ein Stern mit der mittleren Dichte der Erde wäre dann dunkel, wenn er einen Radius von etwa dem 250-fachen des Sonnenradius hätte (s. Übung 1.6.1).

Schwarze Löcher sind aufgrund ihrer extremen Gravitation im Rahmen der Newton'schen Gravitationstheorie nicht quantitativ beschreibbar. Wir besprechen sie im Rahmen der ART in den Kap. 13 und 14. Insbesondere ist es irreführend, von der Oberfläche eines solchen Objektes zu sprechen. Wie wir sehen werden, stürzt alle Materie, die den Schwarzschild-Radius überquert, unausweichlich in den Ursprung $r = 0$.

1.5 Astrophysikalische Grundlagen

Die in der Astrophysik vorkommenden Größenskalen, z. B. für Massen oder Entfernungen, unterscheiden sich erheblich von alltäglichen Größenordnungen. Dieser Abschnitt dient zu einer kleinen Einführung entsprechender Einheiten und der Diskussion weiterer Grundlagen, wie für in der Astronomie geeignete Koordinatensysteme.

1.5.1 Kleiner Überblick über unser Sonnensystem

Die Größe, Masse und einige weitere Eigenschaften der Sonne und ihrer Planeten dienen uns später als Vergleichswerte, wenn wir andere Objekte diskutieren.

Sonne
Die Sonne ist der uns nächstgelegene Stern und für uns von größter Bedeutung. Ohne sie wäre auf der Erde kein Leben in der uns bekannten Form möglich. Aufgrund ihrer im Vergleich zu anderen Sternen viel kleineren Entfernung zu uns können wir die Sonne sehr viel detaillierter untersuchen. Die Masse der Sonne beträgt [8]

$$M_\odot = 1,9885 \cdot 10^{30} \, \text{kg}, \tag{1.54}$$

man kann sich also sehr gut $M_\odot \sim 2 \cdot 10^{30}$ kg merken. Der Sonnenradius ist [8]

$$R_\odot = 6,96 \cdot 10^{8} \, \text{m}, \tag{1.55}$$

---

[13] Pierre Simon Laplace, 1749–1827, französischer Mathematiker, Physiker und Astronom.

also $R_\odot \sim 700.000$ km, wieder ein gut zu merkender Wert. Ein Eindruck von der Größe der Sonne ergibt sich beim Vergleich mit der Erde mit ihrem Radius $R_\oplus = 6378$ km aus (1.40) und der Erdmasse M

$$M_\oplus = 5{,}9726 \cdot 10^{24} \text{ kg.} \tag{1.56}$$

Der Sonnenradius entspricht also etwa 109 Erdradien und die Sonne hat eine um den Faktor $3{,}3 \cdot 10^5$ größere Masse als die Erde.

Die mittlere Entfernung zwischen Erde und Sonne beträgt etwa $149{,}6 \cdot 10^6$ km. Anhand dieser Entfernung wird die *Astronomische Einheit* (AE bzw. AU nach dem englischen „astronomical unit") definiert. Seit August 2012 ist diese exakt auf den Wert

$$1\,\text{AU} = 1{,}495978707 \cdot 10^{11}\,\text{m} \tag{1.57}$$

festgelegt [2].

Eine weitere für uns auf der Erde sehr wichtige Kenngröße der Sonne ist ihre *Leuchtkraft*

$$L_\odot = 3{,}86 \cdot 10^{26}\,\text{W,} \tag{1.58}$$

d. h. die gesamte Energie, die pro Zeiteinheit von der Sonne abgestrahlt wird.

Aus $L_\odot$ und dem Wert der astronomischen Einheit können wir berechnen, mit welcher Intensität die Sonne auf die Erde strahlt, also den über alle Wellenlängen integrierten Strahlungsfluss der Sonne pro Zeit- und Flächeneinheit. Dieser wird als *Solarkonstante* $S_\odot$ bezeichnet. Um $S_\odot$ zu berechnen, nutzen wir aus, dass die gesamte von der Sonne ausgestrahlte Energie durch die Oberfläche einer Kugel mit Radius $1\,\text{AU}$ strömen muss. Es ergibt sich dann

$$S_\odot = \frac{L_\odot}{4\pi(1\,\text{AU}\,[\text{m}])^2} = 1{,}372\,\text{kW m}^{-2} \tag{1.59}$$

(s. Abb. 1.5). Der Wert von $S_\odot$ schwankt allerdings leicht, da auch $L_\odot$ nicht exakt konstant ist. Der Literaturwert $S_\odot = 1{,}3608 \pm 0{,}0005$ kW m^{-2} resultiert aus Messungen um das Jahr 2008 herum, als die Sonnenleuchtkraft ein Minimum hatte und weicht von unserer Rechnung etwas ab [4]. Die Solarkonstante bildet die Grundgröße für alle Berechnungen zur Nutzung von Sonnenenergie auf der Erde. Ein Großteil dieser Strahlung, etwa 50 %, wird allerdings durch die Atmosphäre absorbiert oder reflektiert.

Mit dem Wert der astronomischen Einheit können wir auch bestimmen, unter welchem Winkeldurchmesser die Sonne von der Erde aus betrachtet erscheint. Wir finden

$$\alpha_\odot = \frac{2R_\odot}{1\,\text{AU}} \approx 0{,}0093\,\frac{180°}{\pi} \approx 0{,}53° = 32' \tag{1.60}$$

Abb. 1.5 Die auf der Erde
auf einem Quadratmeter
von der Sonne
ankommende Leistung
hängt mit der
Gesamtstrahlungsleistung
der Sonne über die
Oberfläche der Kugel mit
Radius $r = 1$ AU zusammen

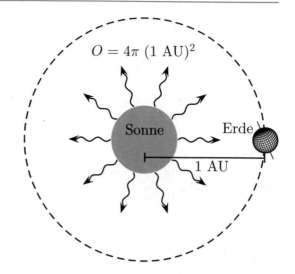

Tab. 1.2 Wichtige Eigenschaften der Sonne [4, 8]. Da die Sonne der uns nächste und bedeutendste Stern ist, vergleichen wir die Eigenschaften anderer Objekte mit ihr. Die scheinbare und absolute Helligkeit besprechen wir in Abschn. 1.5.3

Größe	Symbol	Wert
Radius	$R_\odot$	696.000 km
Masse	$M_\odot$	$1,9885 \cdot 10^{30}$ kg
Winkeldurchmesser bei 1 AU	–	32'
Mittlere Entfernung	1 AU	$149,6 \cdot 10^6$ km
Scheinbare Helligkeit	$m_\odot$	$-26,87^m$
Absolute Helligkeit	$M_\odot$	$4,7^m$
Leuchtkraft	$L_\odot$	$3,86 \cdot 10^{26}$ W
Solarkonstante	$S_\odot$	$1,3608 \pm 0,0005$ kW m^{-2}

also etwa ein halbes Grad und damit ziemlich genau gleich groß wie der Mond mit $R_\mathbb{C} = 1737$ km und einer ungefähren Entfernung von $d_\mathbb{C} = 384.400$ km.

Das Symbol $'$ kennzeichnet Bogenminuten. Dabei sind 60 Bogenminuten ein Grad und entsprechend 60 Bogensekunden (60″) eine Bogenminute (1′). Eine Bogensekunde ist im Bogenmaß

$$1'' = \pi/(180 \cdot 60 \cdot 60) \approx 1/206.265 \approx 4,85 \cdot 10^{-6}. \tag{1.61}$$

Eine Bogensekunde entspricht z. B. dem Winkel, unter dem ein 1 m großer Gegenstand in der Entfernung 206.265 m erscheint, also etwa ein solches Objekt in München von Stuttgart aus betrachtet.

Auf dem in einer mittleren Entfernung von 1,52 AU umlaufenden Mars beträgt der scheinbare Winkeldurchmesser der Sonne ca. 20′, auf dem Jupiter in 5,2 AU Entfernung noch 6′, auf Saturn (9,576 AU) ca. 3′ und auf dem fernen Pluto (30,14 AU) nur noch 1′. In Tab. 1.2 sind die wichtigsten charakteristischen Zahlenwerte der Sonne zusammengefasst.

Planeten des Sonnensystems

Ein Planet ist als nahezu kugelförmiges Objekt definiert, das seine Umlaufbahn dominiert, diese also von anderen Objekten „gesäubert" hat. Um die Sonne kreisen 8 Planeten, denn aufgrund dieser Definition ist der sonnenferne Pluto seit 2006 kein Planet mehr, sondern namengebendes Mitglied der Gruppe der *Plutoiden*, der Zwergplaneten, die außerhalb der Neptunbahn um die Sonne kreisen.

In Tab. 1.3 sind die Eigenschaften der Planeten sowie Pluto und des Erdmondes aufgelistet. Jupiter ist mit großem Abstand der massereichste und auch der größte Planet im Sonnensystem, seine Masse ist etwa dreimal so groß wie die der anderen Planeten zusammen, aber dennoch nur etwa 0,1 % der Sonnenmasse. Abb. 1.6 gibt einen Eindruck der Größenverhältnisse der Planeten im Sonnensystem.

Tab. 1.3 Die Planeten unseres Sonnensystems. Gezeigt ist das jeweilige astronomische Symbol, die Masse M in Erdmassen $M_\delta = 5{,}9726 \cdot 10^{24}$ kg, die Länge d der großen Halbachse der Bahn in AU, sowie die Exzentrizität ε der Bahn, die Umlaufzeit P und der Radius in Kilometern. Pluto ist nach neuer Definition ein Zwergplanet, gehört also strenggenommen nicht in diese Liste. Für den Mond ist die Entfernung zur Erde angegeben [7]

Planet	Symbol	$M\,[M_\delta]$	d [AU]	ε	P [y]	R [km]
Merkur	☿	0,0553	0,387	0,2056	0,24	2440
Venus	♀	0,815	0,723	0,0067	0,62	6052
Erde	♁	1	1	0,0167	1	6378
Mond	☾	0,0123	0,00257	0,0549	0,075	1738
Mars	♂	0,107	1,524	0,0935	1,88	3396
Jupiter	♃	317,83	5,204	0,0489	11,9	71.492
Saturn	♄	95,159	9,582	0,0565	29,4	60.268
Uranus	♅	14,536	19,201	0,0457	83,8	25.559
Neptun	♆	17,147	30,047	0,677	163,7	24.764
Pluto	♇	0,0022	39,482	0,2488	248,1	1195

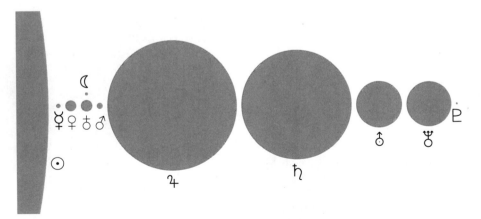

Abb. 1.6 Die Größe der Planeten des Sonnensystems sowie des Zwergplaneten Pluto und des Erdmondes im Vergleich zur Sonne

Kepler'sche Gesetze

Die Eigenschaften der Planetenbahnen um die Sonne werden bis auf kleine Korrekturen durch die *Kepler'schen Gesetze*[14] beschrieben.

Nach dem ersten Kepler'schen Gesetz sind die Bahnen Ellipsen, und die Sonne befindet sich in einem der Brennpunkte. Die Abweichung von einer Kreisbahn wird durch die numerische *Exzentrizität*

$$\varepsilon = \frac{\sqrt{a^2 - b^2}}{a} \in [0,1) \tag{1.62}$$

charakterisiert, wobei a und b die große und kleine Halbachse der Ellipse bezeichnen. Je kleiner ε, desto mehr ähnelt die Bahn einem Kreis. Der Abstand eines Planeten zur Sonne ändert sich aufgrund der Ellipsenform während eines Umlaufs. Der sonnennächste Punkt der Bahn wird als *Perihel*, der sonnenfernste als *Aphel* bezeichnet. Die Entfernung der Erde zur Sonne beträgt im Perihel $147,09 \cdot 10^6$ km und $152,10 \cdot 10^6$ km im Aphel bei einer Exzentrizität von $\varepsilon = 0,0167$ [7].

Das zweite Kepler'sche Gesetz sagt aus, dass die Verbindungslinie Sonne-Planet in gleichen Zeitintervallen Δt gleich große Flächen A überstreicht (s. Abb. 1.7).

Das dritte Kepler'sche Gesetz schließlich verknüpft die Umlaufzeiten und die großen Halbachsen der Bahnen. So gilt für jeden Planeten

$$GM = \omega^2 a^3 = \left(\frac{2\pi}{P}\right)^2 a^3. \tag{1.63}$$

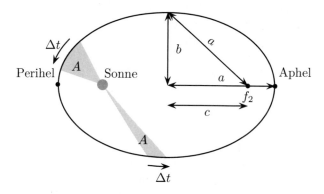

Abb. 1.7 Die Bahnen der Planeten sind Ellipsen mit großer und kleiner Halbachse a und b, sowie dem Abstand c der Brennpunkte vom Mittelpunkt. Dabei befindet sich die Sonne in einem der beiden Brennpunkte. Die Planeten durchlaufen die Bahn so, dass die Verbindungslinie Planet-Sonne in gleichen Zeiten Δt immer gleich große Flächen A überstreicht

---

[14]Johannes Kepler, 1571–1630, deutscher Mathematiker, Astronom und Theologe.

Setzen wir in (1.63) z. B. die Umlaufzeit der Erde um die Sonne $P = 3{,}15 \cdot 10^7$ s und den mittleren Sonnenabstand der Erde $a = 1$ AU ein, so führt uns das wieder auf eine Sonnenmasse von $M_\odot \approx 2 \cdot 10^{30}$ kg.

Das dritte Kepler'sche Gesetz ist zumindest für Kreisbahnen leicht herzuleiten. Wir betrachten dazu eine Kreisbahn mit Radius r eines Trabanten der Masse m, der um ein Zentralobjekt mit Masse M kreist. Wie bei der Herleitung der ersten kosmischen Geschwindigkeit muss die auf m wirkende Zentripetalkraft gleich der auf m wirkenden Anziehungskraft sein, d. h.

$$m\omega^2 r = \frac{GmM}{r^2}.$$ (1.64)

Nach Kürzen von m auf beiden Seiten und Durchmultiplizieren mit r^2 erhält man direkt

$$GM = \omega^2 r^3.$$ (1.65)

In dieser Form nennt man das dritte Kepler'sche Gesetz auch „123-Gesetz", der Name rührt von den Potenzen M^1, ω^2 und r^3 her.

1.5.2 Längeneinheiten in der Astronomie und Astrophysik

Aufgrund der riesigen Entfernungen im Weltraum ist der Meter hier nicht die geeignete Längeneinheit. Für Größenskalen des Sonnensystems wird meist die astronomische Einheit (1.57) als Längenmaß verwendet.

Für die noch weit größeren Entfernungen zu anderen Sternen oder Galaxien ist aber auch diese Einheit nicht gut geeignet. Hier bietet sich das *Lichtjahr* (1 ly) als Referenz an. Ein Lichtjahr ist die Strecke, die Licht während eines Erdjahres im Vakuum zurücklegt. Dabei wurde durch die Internationale Astronomische Union festgelegt, dass ein Julianisches Jahr mit 365,25 Tagen verwendet werden soll [14]. Aufgrund dieser Festlegung entspricht ein Lichtjahr einer ganzzahligen Meterzahl:

$$1\,\text{ly} = c \cdot 365{,}25\,\text{d} = 9.460.730.472.580.800\,\text{m} \approx 9{,}46 \cdot 10^{15}\,\text{m},$$ (1.66)

also ungefähr 10 Billionen Kilometer.

Noch häufiger wird in der Astrophysik die Einheit *Parsec* (1 pc) verwendet. Parsec ist die Abkürzung von „Parallaxensekunde" und ist als diejenige Entfernung definiert, in der der mittlere Abstand von Erde und Sonne, d. h. eine astronomische Einheit aus (1.57), unter einem Winkel von einer Bogensekunde mit der Definition in (1.61) erscheint (s. Abb. 1.8). Da eine Bogensekunde ein sehr kleiner Winkel ist, kann das in Abb. 1.8 gezeigte Dreieck durch ein rechtwinkliges Dreieck angenähert werden. Der Winkel α im Bogenmaß, unter dem eine Länge a dann in großer Entfernung d erscheint, ist, wegen $\tan(\alpha) \approx \sin(\alpha) \approx \alpha$ für $\alpha \ll 1$, gegeben durch $\alpha \approx a/d$. Bei den hier betrachteten kleinen Winkeln ist diese Näherung dabei völlig vernachlässigbar. Für $a = 1$ AU und $\alpha = 1''$ ergibt sich also

Abb. 1.8 In einer Entfernung von 1 Parsec erscheint der Abstand von der Erde zur Sonne von 1 AU unter einem Winkel von einer Bogensekunde (1″)

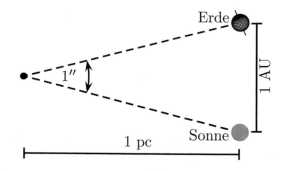

Tab. 1.4 Umrechnungsfaktoren der wichtigsten Längeneinheiten

	m	AU	ly	pc
m	–	$6{,}6846 \cdot 10^{-12}$	$1{,}0570 \cdot 10^{-16}$	$3{,}2408 \cdot 10^{-17}$
AU	$1{,}4960 \cdot 10^{11}$	–	$1{,}5813 \cdot 10^{-5}$	$4{,}8481 \cdot 10^{-6}$
ly	$9{,}4607 \cdot 10^{15}$	$6{,}3241 \cdot 10^{4}$	–	0,3066
pc	$3{,}0857 \cdot 10^{16}$	$2{,}0627 \cdot 10^{5}$	3,2616	–

$$1\,\mathrm{pc}_{\mathrm{geo}} \approx 3{,}086 \cdot 10^{16}\,\mathrm{m} \approx 206.265\,\mathrm{AU} \approx 3{,}2616\,\mathrm{ly}. \tag{1.67}$$

In leichter Abweichung von dieser geometrischen Definition des Parsec wurde durch die Internationale Astronomische Union exakt

$$1\,\mathrm{pc} = 3{,}0857 \cdot 10^{16}\,\mathrm{m} \tag{1.68}$$

festgelegt [14].

In Tab. 1.4 sind die Umrechnungsfaktoren zwischen den verschiedenen Längeneinheiten zusammengefasst.

1.5.3 Helligkeit von Sternen

Die Helligkeit eines Sterns, oder genauer die gesamte Strahlungsleistung, die er abgibt, ist eine wichtige Kenngröße. Wie hell uns ein Stern erscheint, hängt aber nicht nur von seiner Strahlungsleistung, sondern auch von seinem Spektrum, vor allem aber von seiner Entfernung von uns ab. Wie hell uns ein Stern am Himmel erscheint, sagt deshalb nichts über seine tatsächliche Leuchtkraft aus. Aus diesem Grund werden in der Astrophysik zwei verschiedene Helligkeitsmaße verwendet. Die *scheinbare Helligkeit* ist ein Maß dafür, wie hell ein Stern am Himmel erscheint. Die *absolute Helligkeit* dagegen misst seine Leuchtkraft.

Statt direkt die bei uns ankommende physikalische Strahlungsleistung eines Sterns anzugeben, wird die scheinbare Helligkeit in Größenklassen angegeben. Die scheinbare Helligkeit hat die Einheit *Magnitude* und wird durch ein hochgestelltes ^{m} gekennzeichnet.

Wenn uns von einem Stern S_1 mit Größenklasse m_1 auf der Erde der Strahlungsstrom I_1 erreicht und von einem Stern S_2 mit Größenklasse m_2 der Strahlungsstrom
I_2, dann ist der Unterschied in der scheinbaren Helligkeit definiert über

$$m_2 = m_1 - 2,5 \log_{10} \frac{I_2}{I_1}. \qquad (1.69)$$

Ist der Strahlungsstrom von Stern 2 beispielsweise 100-mal größer als der von Stern
1, d. h. $I_2/I_1 = 100$, so ist $\log_{10}(I_2/I_1) = \log_{10}(100) = 2$ und $m_2 = m_1 - 5$. Hellere
Sterne haben also eine kleinere Größenklasse als dunklere. Die Definition (1.69)
trägt einem psychophysischen Grundgesetz Rechnung: Die physiologisch *empfundene* Stärke, hier die empfundene Helligkeit, eines Reizes, hier die physikalische
Intensität des elektromagnetischen Spektrums, ist dem Logarithmus des Reizes proportional. Das gilt z. B. auch in der Akustik für die Lautstärke. Der in (1.69) vor
dem Logarithmus auftretende Faktor 2,5 sorgt dafür, dass die von arabischen und
babylonischen Astronomen auf der Grundlage der physiologischen Empfindung
festgelegten scheinbaren Helligkeitsstufen, die auch heute noch in Sternkarten verwendet werden, richtig wiedergegeben werden.

Beispiele für scheinbare Helligkeiten bekannter Himmelsobjekte finden sich in
Tab. 1.5. Die Grenze für die Sichtbarkeit mit bloßem Auge liegt bei Sternen sechster
Größenklasse (6^m), das Hubble-Weltraumteleskop kann Sterne der 30. Größenklasse
nachweisen, und die modernsten Erdteleskope können sogar noch lichtschwächere
Objekte erkennen. Die Spannweite der scheinbaren Helligkeit sichtbarer astronomi-
scher Objekte erstreckt sich beim bloßen Auge somit von der Sonne bis zu den
schwächsten gerade noch erkennbaren Sternen über 32 Größenklassen, entsprechend 12 Zehnerpotenzen im Strahlungsstrom $((10^2)^{32/5} \approx 10^{12})$.

Umformen von (1.69) führt auf

$$I_2 = I_1 \cdot 10^{0,4(m_1-m_2)} = I_1 \cdot 2,512^{(m_1-m_2)}. \qquad (1.70)$$

Die Abnahme bzw. Zunahme der Größenklasse um 1 bedeutet somit eine um einen
Faktor 2,512 größere bzw. geringere Strahlungsintensität. Dabei ist $2,512 \approx \sqrt[5]{100}$.
Tatsächlich ist die scheinbare Helligkeit vom betrachteten Wellenlängenbereich abhängig. Man betrachtet daher in der Astronomie neben der bis jetzt besprochenen
scheinbaren *visuellen Helligkeit* m_{visuell} eines Sterns auch seine Helligkeiten m_λ in
definierten Wellenlängenfenstern.

Tab. 1.5 Scheinbare Helligkeiten einiger Objekte. Die Daten der Sterne stammen aus dem
Hipparcos-Sternkatalog [9]. Sirius ist der hellste Stern am Nachthimmel

Objekt	Scheinbare Helligkeit
Wega	$0,03^m$
Polarstern	$1,97^m$
Sirius	$-1,44^m$
Vollmond	$-12,5^m$
Sonne	$-26,87^m$

Um eine vom Abstand unabhängige Kenngröße für die Leuchtkraft eines Sterns zu erhalten, berechnet man seine scheinbare Helligkeit in einem festgelegten Standardabstand von 10 Parsec und definiert diese als *absolute Helligkeit* M des Objekts.

Der für die Angabe der absoluten Helligkeit verwendete Normabstand von 10 pc = 32,6 ly ist so gewählt, dass er typisch für sichtbare Sterne in der näheren Umgebung der Sonne ist. So ist Sirius, der nächste Fixstern am Nordhimmel, etwa 8,6 ly [11] und der nächste Stern am Südhimmel, Proxima Centauri, ca. 4,22 ly [10] entfernt. Als *absolute Helligkeit der Sonne* erhalten wir mit diesen Definitionen aus (1.69)

$$ \mathrm{M}_\odot = \mathrm{m}_\odot - 2,5 \log_{10} \frac{I_{10\,\mathrm{pc}}}{I_{1\,\mathrm{AU}}} = \mathrm{m}_\odot - 2,5 \log_{10} \frac{(1\,\mathrm{AU})^2}{(10\,\mathrm{pc})^2} = +4,7^\mathrm{m}, \qquad (1.71) $$

wobei wir den Zusammenhang $I \sim r^{-2}$ wie in (1.59) verwendet haben. Die Sonne wäre also ein schwacher, mit bloßem Auge gerade noch wahrzunehmender Stern.

Die Differenz aus scheinbarer und absoluter Helligkeit m −M ist ein Maß für die Entfernung d eines Objekts. Die emittierte Intensität am Ort des Objekts betrage I_0. Nennen wir in (1.69) die scheinbare Helligkeit $\mathrm{m}_1 = \mathrm{m}$ und in der Entfernung 10 pc $\mathrm{m}_2 = \mathrm{M}$, dann folgt aus (1.69)

$$ \mathrm{M} = \mathrm{m} - 2,5 \log_{10} \frac{I_0 \, d^2}{(10\,\mathrm{pc})^2 \, I_0} = \mathrm{m} - 5 \log_{10} \frac{d}{10\,\mathrm{pc}} = \mathrm{m} - 5 \log_{10} \frac{d}{1\,\mathrm{pc}} + 5 \qquad (1.72) $$

Nehmen wir als Beispiel eine Galaxie in der Entfernung von 1 Mpc = 10^6 pc an, so folgt aus (1.72)

$$ \mathrm{M} = \mathrm{m} - 5 \log_{10} 10^6 + 5 = \mathrm{m} - 30 + 5 = \mathrm{m} - 25, \qquad (1.73) $$

d. h. m − M = 25. Die Galaxie ist also absolut um 25 Größenklassen heller als von der Erde aus beobachtet, entsprechend einem 10^{10} mal stärkeren Strahlungsstrom. Man nennt m − M das *Entfernungsmodul*.

1.5.4   Sternenhimmel im Jahresverlauf

Auch wenn wir uns nicht schwerpunktmäßig mit der Beobachtung von Sternen beschäftigen wollen, gehören die grundlegendsten Fakten der Bewegung der Erde im Sonnensystem zum Basiswissen der Astronomie, und wir besprechen sie deshalb. Es ist eine Alltagserfahrung, dass der scheinbare Lauf der Sonne über den Himmel sich jahreszeitenabhängig ändert. Gleichzeitig gibt es Sterne, die nur im Winter oder nur im Sommer sichtbar sind. Beide Phänomene haben die gleiche Ursache.

Wir haben bereits diskutiert, dass die Erde die Sonne in einem mittleren Abstand von 1 AU umkreist. Gleichzeitig rotiert die Erde während eines Tages um sich selbst. Die auf der Rotationsachse senkrecht stehende Äquatorebene und die Bahnebene der Bewegung um die Sonne fallen dabei aber nicht zusammen, sondern sind um einen Winkel $\xi = 23{,}44°$ gegeneinander gekippt.

Entstehung der Jahreszeiten

Die Ausrichtung der Erdrotationsachse zur Sonne ändert sich innerhalb eines Jahres, was zur Entstehung der Jahreszeiten führt. Wenn die Nordhalbkugel der Erde der Sonne zugewandt ist, so steigt auf der Nordhalbkugel die Sonne im Tagesverlauf hoch über den Horizont. Am Sommeranfang steht die Sonne dann am nördlichen Wendekreis bei 23,44° nördlicher Breite im *Zenit*, d. h. senkrecht über dem Beobachter, und die Tage sind länger als die Nächte. Am Nordpol geht die Sonne sogar überhaupt nicht unter. Am südlichen Polarkreis bei 66,34° südlicher Breite geht die Sonne an diesem Tag gar nicht auf und am Südpol sogar für ein halbes Jahr um diesen Tag herum nicht. Dort steht die Sonne also am Winteranfang den ganzen Tag 23,44° unter dem Horizont. Zum Winteranfang auf der Nordhalbkugel gelten alle diese Aussagen unter Vertauschung von Nord- und Südhalbkugel. In Abb. 1.9 ist dieser Zusammenhang skizziert.

Da die Erde keine perfekte Kugelform hat, bewirken Sonne und Mond ein Drehmoment auf ihre Rotationsachse. Dieses führt zu einer Präzession, und die Erdachse läuft einmal in etwa 25.800 Jahren auf einem Kegel um die Senkrechte zur Bahnebene, d. h. um die Polachse der Ekliptik, die wir im nächsten Abschnitt erläutern. Dadurch ändern sich auch langsam die scheinbaren Positionen der Sterne am Himmel. Aufgrund der langen Periodendauer dieser Bewegung hat diese aber keinen nennenswerten Einfluss auf die Entstehung der Jahreszeiten.

Scheinbarer Lauf der Sonne

Im vorangegangenen Abschnitt haben wir das System Erde-Sonne von außen betrachtet, dadurch lässt sich die Entstehung der Jahreszeiten gut verdeutlichen. Jetzt

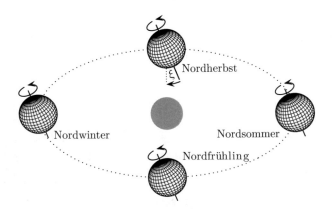

Abb. 1.9 Entstehung der Jahreszeiten durch die bezüglich der Bahnebene um $\xi = 23{,}44°$ gekippte Äquatorebene. Gezeigt ist jeweils die Erdposition am Anfang der jeweiligen Jahreszeit auf der Nordhalbkugel. Im Sommer ist die jeweilige Halbkugel der Sonne zugewandt. Die Sonne steigt im Tagesverlauf hoch am Himmel auf und die Tage sind länger als die Nächte, im Winter gilt das Gegenteil

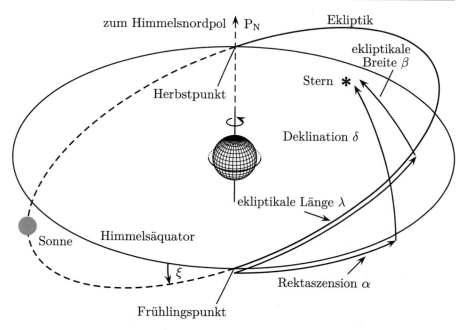

Abb. 1.10 Da die Ekliptik, d. h. die scheinbare Bahn der Sonne am Himmel gegen den Himmels-äquator innerhalb eines Jahres, um einen Winkel $\xi = 23{,}44°$ gekippt ist, ändert sich der tägliche Lauf der Sonne am Tageshimmel innerhalb eines Jahres. Entlang des Himmelsäquators und der Ekliptik sind außerdem verschiedene Koordinatensysteme zur Positionsbestimmung von Sternen definiert (s. Abschn. 1.5.7)

gehen wir auf den Standpunkt eines Beobachters auf der Erde zurück. Da die Erde sich um ihre Rotationsachse dreht, scheinen alle Sterne und auch die Sonne sich innerhalb eines Tages über den Himmel zu bewegen. Wenn wir uns die Sterne auf einer unendlich entfernten Kugel fixiert denken, so schneidet die verlängerte Erd-achse diese Himmelskugel am *Himmelsnordpol* bzw. *Himmelssüdpol*. Für einen Beobachter auf der Erde hat es den Anschein, die am Himmel sichtbaren Objekte würden sich um die Himmelspole drehen. Aufgrund der Verkippung der Bahnebene gegen die Äquatorebene scheint die Sonne sich innerhalb eines Jahres am Himmel entlang einer Kurve zu bewegen. Diese Kurve wird *Ekliptik* genannt (s. Abb. 1.10). Die Ekliptik schneidet den Himmelsäquator am *Frühlingspunkt* und am *Herbst-punkt*. Im Winter läuft die Sonne unterhalb, im Sommer oberhalb des Himmels-äquators. Damit wird sofort klar, dass den gesamten Nordwinter über die Sonne am Nordpol gar nicht auf- und den ganzen Sommer über gar nicht untergeht. Aus der Sicht eines Beobachters am Nordpol läuft die Sonne am Sommeranfang auf einem Kreis in einer Winkelhöhe $\xi = 23{,}44°$ über dem Horizont und wandert dann im Laufe des nächsten halben Jahres immer tiefer Richtung Horizont.

Entlang des Himmelsäquators und der Ekliptik werden vom Frühlingspunkt aus Winkel gemessen, mit denen die Positionen von Sternen bestimmt werden können. Der Winkel entlang des Himmelsäquators heißt *Rektaszension*, der Winkel entlang

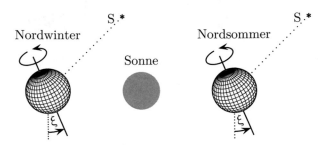

Abb. 1.11 Der Stern S kann im Nordwinter nicht beobachtet werden, da er gemeinsam mit der Sonne aufgeht. Im Sommer dagegen geht er in der Nacht auf und ist sichtbar

der Ekliptik *ekliptikale Länge*. Die zugehörigen senkrecht dazu stehenden Winkel werden *Deklination* und *ekliptikale Breite* genannt. Wir werden in Abschn. 1.5.7 die verschiedenen Koordinatensysteme detaillierter diskutieren.

Sichtbarkeit von Sternen

Aufgrund der sich im Jahresverlauf ändernden Position der Erde bezüglich der Sonne sind im Wechsel der Jahreszeiten unterschiedliche Sterne am Himmel sichtbar. Dies wird anhand von Abb. 1.11 klar. Der Stern S in der Abbildung geht im Nordwinter gemeinsam mit der Sonne auf und ist dann nicht sichtbar. Im Nordsommer dagegen geht dieser Stern in der Nacht auf und kann beobachtet werden. Diese Unterscheidung gilt nicht für *zirkumpolare Sterne*. Darunter versteht man solche Sterne, die am Himmel so nahe am Himmelsnord- bzw. Himmelssüdpol stehen, dass sie niemals unter den Horizont sinken. Welche Sterne zirkumpolar sind, hängt von der Position des Beobachters auf der Erde ab [13].

1.5.5   Aberration von Sternlicht

Wenn man einen Stern wiederholt über einen längeren Zeitraum beobachtet, so stellt man fest, dass sich seine Position im Verlauf eines Jahres periodisch verändert. Dies ist zum ersten Mal dem britischen Astronom *James Bradley*[15] im Jahr 1728 aufgefallen [1]. Die Veränderung der Position ist dabei proportional zum Verhältnis der Orbitgeschwindigkeit der Erde zur Lichtgeschwindigkeit. Ursache für diese scheinbare Positionsveränderung ist die endliche Lichtgeschwindigkeit. Wir betrachten der Einfachheit halber einen im Zenit stehenden Stern (s. Abb. 1.12). Würde der Beobachter relativ zum Stern ruhen, so müsste er ein Teleskop dementsprechend in einem Winkel von 90° gegen den Erdboden ausrichten, um diesen Stern zu beobachten.

Wenn der Beobachter sich dagegen mit einer Geschwindigkeit v bewegt, würde ein Photon, das in das Teleskop oben mittig hineinfällt, unten nicht mehr in der

---

[15] James Bradley, 1693–1762, englischer Astronom und Theologe.

Abb. 1.12 Aberration von Sternlicht. Aufgrund der Bewegung der Erde erscheinen Sterne um einen kleinen Winkel $\vartheta = \arctan(v/c) \approx v/c$ gegen ihre tatsächliche Position verkippt

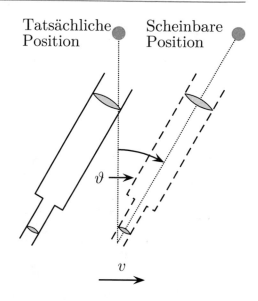

Mitte des Objektivs auftreffen, denn während der Zeit $t = l/c$, in der das Photon die Länge l des Teleskops zurückgelegt hat, hat sich das Teleskop um die Strecke $s = tv = lv/c$ weiterbewegt. Um diese Positionsveränderung auszugleichen, muss das Teleskop daher um einen Winkel $\vartheta = \arctan(v/c) \approx v_{\mathring{o}}/c$ in Bewegungsrichtung gekippt werden.

Da sich die Bewegungsrichtung der Erde im Jahresverlauf ändert, laufen Sterne am Himmel durch die Aberration scheinbar auf kleinen Ellipsen. Die genaue Form dieser Ellipsen hängt von der Position des Sterns am Himmel ab (s. Abb. 1.13). Ein Stern, der genau in der Bahnebene der Sonne, der *Ekliptik*, liegt, ändert seine Position nur innerhalb der Bahnebene. Eine Bewegung der Erde auf den Stern zu oder von ihm weg bewirkt natürlich keine Positionsänderung. Für Sterne, die nicht in der Ekliptikebene liegen, beschreibt die Positionsänderung eine Ellipse, deren Exzentrizität umso kleiner ist, je näher der Stern am *Ekliptikpol*, d. h. senkrecht über der Ekliptik, steht. Sterne, die genau senkrecht über der Ekliptik stehen, scheinen auf einem Kreis zu laufen. Der Winkeldurchmesser 2ϑ dieses Kreises ist durch das Verhältnis $\tan(\vartheta) = v_{\mathring{o}}/c$ gegeben. Mit der Geschwindigkeit der Erde

$$v_{\mathring{o}} \approx \frac{2\pi \, 1 \, \text{AU}}{1 \, \text{y}} \approx 30 \, \text{km s}^{-1} \tag{1.74}$$

ergibt sich

$$\vartheta_{\text{Aberration}} \approx 20{,}5''. \tag{1.75}$$

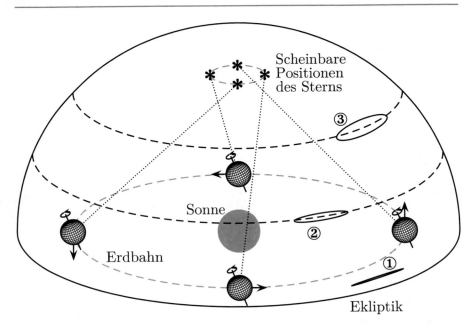

Abb. 1.13 Aberration von Sternlicht. Aufgrund der Bewegung der Erde mit Geschwindigkeit v_{δ} erscheinen Sterne um einen kleinen Winkel $\vartheta = \arctan\left(v_{\delta}/c\right) \approx v_{\delta}/c$ gegen ihre tatsächliche Position verschoben. Im Jahresverlauf durchwandern Sterne daher Ellipsen am Himmel. Je näher am Ekliptikpol der jeweilige Stern steht, desto mehr wird diese Ellipse zu einem Kreis (Fälle ①–③)

1.5.6 Entfernungsbestimmung auf astronomischen Skalen

Die Entfernung zu einem Stern oder auch zu einem Planeten oder einem anderen Objekt in unserem Sonnensystem genau bestimmen zu können, ist für viele Untersuchungen von zentraler Bedeutung. Möchte man etwa die absolute Helligkeit eines Sterns bestimmen, so benötigt man neben seiner scheinbaren Helligkeit vor allem eine sehr genaue Distanzbestimmung. Je nach der Größenordnung der Entfernung, die bestimmt werden soll, benutzen Astronomen unterschiedliche Methoden.

Radarmessungen innerhalb des Sonnensystems
Für Objekte innerhalb unseres Sonnensystems ist es möglich, Radarsignale z. B. auf den jeweiligen Planeten zu schicken. Diese werden dort reflektiert und das reflektierte Signal auf der Erde detektiert. Die Entfernung ergibt sich dann aus der Laufzeit Δt zu

$$d = c \frac{\Delta t}{2}. \tag{1.76}$$

Mit dieser Methode können Entfernungen sehr genau bestimmt werden. Unter Verwendung dieser Methode konnte *Irwin I. Shapiro*[16] den Abstand zur Venus genau bestimmen und Abweichungen vom klassisch erwarteten Wert messen, die sich mit Hilfe der ART erklären lassen (s. Abschn. 13.4.4).

Parallaxenmethode

Sterne sind so viel weiter von der Erde entfernt als selbst die entferntesten Objekte im Sonnensystem, dass die Radarmethode hier nicht anwendbar ist. Die reflektierten Signale wären mehrere Jahre unterwegs und vor allem auch so schwach, dass man sie nicht mehr nachweisen könnte.

Für nicht zu weit entfernte Sterne wird die *Parallaxenmethode* zur Entfernungsmessung verwendet. Beobachtet man einen Stern im Laufe eines Jahres, so scheint sich sein Beobachtungswinkel ϑ leicht zu verändern, was daran liegt, dass sich die Position der Erde auf ihrer Bahn verändert (s. Abb. 1.14).

Mit Hilfe der Radarmethode ist der Wert der Astronomischen Einheit sehr genau bekannt, bzw. heute exakt definiert (s. (1.57)) und daher lässt sich über diese Winkeldifferenz $\Delta\vartheta$ die Entfernung zu einem Stern sehr genau bestimmen, solange $\Delta\vartheta$ nicht zu klein ist. Nach Konvention wird die Winkeldifferenz bezüglich des Abstandes Erde-Sonne gewählt, ist also genau der halbe halbjährliche Winkelunterschied. Mit elementarer Trigonometrie findet man dann den Abstand

$$d = 1 \ \mathrm{pc}\left(\Delta\vartheta[\mathrm{arcsec}]\right)^{-1}. \tag{1.77}$$

Man sieht daran die Zweckmäßigkeit der Definition des Parsec in Abschn. 1.5.2. Die Entfernung eines Sterns in Parsec ist das Inverse seiner Parallaxe in Bogensekunden. Für den uns am nächsten Stern Proxima Centauri ergibt sich eine Parallaxe von etwa $0{,}772''$ [10] und damit eine Entfernung von

$$d = \frac{1}{0{,}772} \ \mathrm{pc} \approx 1{,}3 \ \mathrm{pc}. \tag{1.78}$$

Abb. 1.14 Bei der Parallaxenmethode wird ein Stern im Abstand von sechs Monaten beobachtet. Durch die Positionsänderung der Erde auf ihrer Bahn erscheint der Stern unter zwei leicht unterschiedlichen Winkeln

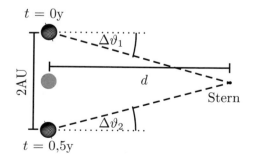

---

[16] Irwin Ira Shapiro, ⋆ 1929, US-amerikanischer Astrophysiker.

Alle anderen Sterne sind weiter von der Erde entfernt und haben demnach eine kleinere Parallaxe. In Sternkatalogen wie dem Hipparcos-Katalog ist statt der Entfernung meist die Parallaxe in Millibogensekunden angegeben.

Der Parallaxe ist die Winkelveränderung aufgrund der Aberration überlagert, die nach (1.75) deutlich größere Effekte als die Parallaxe verursacht. In der Tat wollte Bradley, der Entdecker der Aberration [1], eigentlich die Parallaxe eines Sterns messen.

Entfernungsbestimmung anhand der Helligkeit

Für Objekte, die weiter als etwa 100 pc entfernt sind, wird die Winkelveränderung $\Delta\vartheta$ unmessbar klein. Eine Möglichkeit, für solche Objekte eine Entfernung zu bestimmen, ergibt sich aus dem Strahlungsstrom, der von ihnen bei uns ankommt. Wenn wir die absolute Helligkeit eines Objektes kennen, ergibt sich seine Entfernung zu

$$d = \left(\frac{L}{4\pi S} \right)^{1/2} \tag{1.79}$$

mit der Leuchtkraft L des Objektes analog dem Zusammenhang zwischen der Leuchtkraft der Sonne und der Solarkonstante in (1.59).

Das Problem an dieser Methode ist, dass man die absolute Helligkeit eines Objektes im Allgemeinen nicht kennt. Um sie anwenden zu können, benötigt man sogenannte *Standardkerzen*. Das sind Objektklassen, deren absolute Helligkeit immer gleich, bzw. aus anderen messbaren Eigenschaften ableitbar ist.

Ein möglicher Typ von Standardkerzen sind die *Cepheiden*, veränderliche Sterne, deren Helligkeit mit einer bestimmten Periode schwankt (s. Abschn. 23.3). Man weiß, dass die Periodendauer mit der absoluten Helligkeit eines solchen Sterns verknüpft ist. Dennoch braucht man dann immer noch einen solchen Stern, bei dem man die Entfernung über die Parallaxenmethode bestimmen kann, um den Zusammenhang zwischen Periodendauer und absoluter Helligkeit zu eichen. Dies wird dadurch erschwert, dass diese Sterne relativ selten sind.

Eine weitere Art von Standardkerze sind Supernovae vom Typ Ia, die vor allem in der Kosmologie bei ganz weiten Entfernungen wichtig sind. Bei diesen sehr hellen Ereignissen explodiert ein weißer Zwerg (s. Abschn. 20.4).

1.5.7 Koordinatensysteme

Um die Position der Sterne zu kennzeichnen, können verschiedene Koordinatensysteme verwendet werden, die unterschiedliche Vor- und Nachteile haben. In diesem Abschnitt wollen wir, angelehnt an [13], die wichtigsten dieser Koordinatensysteme kurz vorstellen.

Wir haben in den vorangegangenen Abschnitten bereits erwähnt, dass entlang des Himmelsäquators und auf der Ekliptik Winkel definiert werden, die zur

Positionsbestimmung von Sternen auf der Himmelskugel bzw. Halbkugel oder *Hemisphäre* benutzt werden.

Horizontsystem

In diesem sehr einfach gewählten System wird die Position eines Sterns relativ zum Beobachter auf der Erde beschrieben. Für dieses System führt man den *Himmels-meridian* ein. Darunter versteht man einen Großkreis auf der Himmelskugel, der durch den Nordpunkt am Horizont, den Himmelsnordpol, den Zenit, den Südpunkt am Horizont, den Himmelssüdpol und den *Nadir*, den dem Zenit auf der Himmels-kugel gegenüberliegenden Punkt, verläuft (s. Abb. 1.15). Die Himmelsmeridiane sind eine Projektion der Meridiane, d. h. der Längenkreise der Erde auf die Himmels-kugel. Verschiedene Beobachter auf dem gleichen Längengrad auf der Erde teilen sich also auch den gleichen Himmelsmeridian, lediglich der Winkel φ zwischen Zenit und Himmelsnordpol P_N bzw. Himmelssüdpol P_S für Beobachter auf der Süd-halbkugel ändert sich. Im Horizontsystem gibt man die Position eines Sterns durch die *Winkelhöhe* $h \in [0, \pi/2]$ über dem Horizont und den *Azimut* $A \in [0, 2\pi]$ an. Dabei ist der Azimut der Winkel zwischen der Linie zum Nordpunkt und dem Vertikalkreis durch den Stern. Er wird vom Nordpunkt aus in östliche Richtung ge-messen. In Abb. 1.16 ist die Positionsbestimmung im Horizontsystem skizziert.

Das Horizontsystem hat zwei Nachteile. Zum einen verändern sich die Ko-ordinaten durch die Rotation der Erde. Zum anderen sind die Koordinaten für

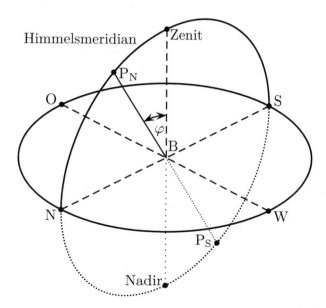

Abb. 1.15 Der Himmelsmeridian ist eine gedachte Projektion des jeweiligen Erdmeridians des Beobachters B auf die Himmelskugel. Er schneidet den Nord- und Südpunkt am Horizont in der Beobachtungsebene. Außerdem verläuft er durch Zenit und Nadir und den Himmelsnord-und -südpol P_N und P_S. Der Winkel φ in der Abbildung entspricht $\pi/2 - \phi$, wenn ϕ die nörd-liche Breite bezeichnet

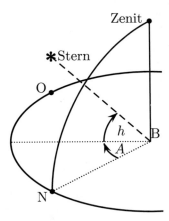

Abb. 1.16 Positionsbestimmung im Horizontsystem. Die Koordinaten A und h hängen vom jeweiligen Beobachter und aufgrund der Erdrotation auch von der Beobachtungszeit ab

verschiedene Beobachter unterschiedlich. Zur einheitlichen Beschreibung sind diese Koordinaten deshalb nicht geeignet. Um Himmelsobjekte zu katalogisieren, werden andere Koordinaten benötigt.

Äquatorsystem

Das Äquatorsystem ist durch die Erdachse und durch den Himmelsäquator gekennzeichnet. Den geographischen Längenkreisen entsprechen im Äquatorsystem die Stundenkreise und den Breitenkreisen entsprechen die Parallelkreise. Man unterscheidet das „feste" und das „bewegliche" Äquatorialsystem. Beide Systeme lassen sich anhand von Abb. 1.10 verstehen.

Beim *festen Äquatorialsystem* wird die Position eines Objekts durch die *Deklination δ* und den *Stundenwinkel t* beschrieben. Der Stundenwinkel wird längs des Himmelsäquators gemessen. Als Nullpunkt wird der Schnittpunkt von Himmelsäquator und Himmelsmeridian gewählt. Er ist deshalb von der geographischen Länge des Beobachters abhängig und kann in Abb. 1.10 nicht dargestellt werden. Da sich die Erde in 24 Stunden einmal um ihre eigene Achse, also um 360°, dreht, ändert sich der Stundenwinkel eines Sterns zusätzlich in einer Stunde um 15°, ist also auch zeitabhängig und ändert sich zusätzlich noch im Jahresverlauf. Gleichzeitig ist der Nullpunkt dieses Systems durch die Definition über den Himmelsmeridian fest an die Beobachterposition gekoppelt, deshalb die Bezeichnung „festes Äquatorsystem". Aufgrund der Zeit- und Ortsabhängigkeiten ist das feste Äquatorsystem wie das Horizontsystem nicht zu einer einheitlichen, beobachterunabhängigen Beschreibung des Sternenhimmels geeignet.

Beim *beweglichen Äquatorsystem* wird der Nullpunkt für den Stundenwinkel so gewählt, dass die Koordinaten eines Objektes zeitunabhängig sind, d. h. das System bewegt sich entsprechend der scheinbaren Bewegung der Himmelskugel, daher der Name „bewegliches Äquatorsystem". Es bietet sich dazu der Frühlingspunkt an, der

Stundenwinkel im beweglichen Äquatorsystem ist dann die Rektaszension α im Zeitmaß $\alpha \in [0h, 24h]$.

Zur Katalogisierung von Sternen und Galaxien wird dieses Koordinatensystem aufgrund der Beobachter- und Zeitunabhängigkeit verwendet.

Ekliptikalsystem

Auch die für dieses System benötigten Größen sind in Abb. 1.10 bereits eingeführt worden. Im Ekliptikalsystem dient als Bezugsebene die Ekliptik, also die Bahnebene der Sonne. Die ekliptikale Breite β entspricht in diesem System also der Deklination im Äquatorsystem. Die ekliptikale Länge λ wird längs der Ekliptik gemessen. Wie beim Äquatorialsystem ist der Frühlingspunkt der Nullpunkt für die ekliptikale Länge. Sie ist das Analogon zur Rektaszension im Äquatorsystem. Das Ekliptikalsystem ist wegen des Bezugs zur Sonne für Körper des Sonnensystems, also etwa Planeten, Asteroiden oder Kometen, von Bedeutung. Insbesondere wird der Bahnverlauf dieser Objekte, wie für die Erde bereits diskutiert, relativ zur Ekliptik beschrieben.

Galaktisches System

Das galaktische System benutzt die Ebene der Milchstraße, die *galaktische Äquatorebene*, als Grundkreis. Der Nullpunkt ist das Zentrum der Milchstraße. Die *galaktische Breite b* bezeichnet den Winkel zwischen dem Objekt und der Ebene durch die Milchstraße analog zur ekliptikalen Breite und zur Deklination, die *galaktische Länge l* ist der Winkel zwischen der Verbindungslinie Sonne – Zentrum der Milchstraße und dem Schnittpunkt des Längenkreises des Objektes mit der galaktischen Äquatorebene und entspricht damit der ekliptikalen Länge, bzw. der Rektaszension. Denkt man sich in Abb. 1.10 in der Bildmitte statt der Erde das Zentrum der Milchstraße und die Position der Sonne als Fixpunkt statt des Frühlingspunktes, so wird dieses Koordinatensystem klar. Galaktische Koordinaten werden hauptsächlich bei Untersuchungen verwendet, bei denen die Raumverteilung von Objekten in unserer Galaxie von Bedeutung ist.

Störungen der Koordinaten

Die Bewegung der Erde unterliegt Einflüssen, welche langzeitliche Schwankungen hervorrufen. Deshalb reicht es nicht aus, nur die Koordinaten anzugeben. Zusätzlich wird in Sternkatalogen auch noch das *Äquinoktium* angegeben, d. h. der Zeitpunkt oder die Epoche der Messung, auf welches sie sich beziehen. Zu den wichtigsten Störungsquellen gehört die durch die Gravitationskräfte des Mondes hervorgerufene *Präzessionsbewegung* der Erde, die wir bereits bei der Diskussion der Entstehung der Jahreszeiten erwähnt haben. Dieser Präzessionsbewegung ist zusätzlich eine *Nutationsbewegung* mit einer Periode von 18,6 Jahren überlagert. Diese wird hauptsächlich durch den Mond verursacht und führt zu einer zusätzlichen kleinen Störung. Auf diese Effekte wollen wir aber nicht weiter eingehen. Der interessierte Leser findet in [13] weitere Informationen. Durch diese Effekte (es gibt noch weitere Störungen, die allerdings nicht so drastisch sind) verändern sich Deklination

und Rektaszension eines Sterns mit der Zeit. Auch die Position des Frühlingspunktes, der Himmelspole und des Polarsterns verändern sich aus dem gleichen Grund.

1.6 Übungsaufgaben

1.6.1 Foucault'scher Drehspiegel

Die Lichtgeschwindigkeitsmessung von Rømer war mit sehr großen Unsicherheiten
behaftet. Eine sehr viel genauere Messung geht auf *Foucault*[17] zurück. Ein möglicher Aufbau ist in Abb. 1.17 skizziert. Ein Lichtstrahl geht von einer Lichtquelle
auf einen Drehspiegel, wird an einem Rundspiegel reflektiert und trifft wieder auf
den Drehspiegel. Da dieser in der Zwischenzeit weiterrotiert ist, wird der Lichtstrahl nicht genau zur Lichtquelle zurückreflektiert, sondern leicht versetzt.

Berechnen Sie, in welchem Abstand r Sie den Rundspiegel aufstellen müssen,
wenn Ihr Drehspiegel 20.000 Umdrehungen pro Sekunde erreicht und Sie mindestens eine Verschiebung $2\alpha = 1°$ erreichen wollen.

1.6.2 Gravitationspotential in einer Hohlkugel

Zeigen Sie, dass im Inneren einer Hohlkugel das Gravitationspotential konstant ist.

Abb. 1.17 Von der
Lichtquelle geht der
Lichtstrahl auf den
Drehspiegel und von dort
auf einen Rundspiegel im
Abstand r und wieder
zurück auf den Drehspiegel

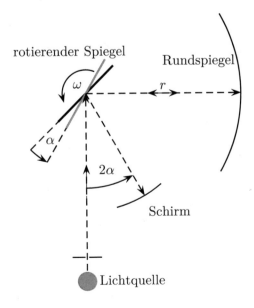

[17] Léon Foucault, 1819–1868, französischer Physiker.

1.6.3 Gravitation und Coulomb-Kraft im Wasserstoffatom

Wir haben in diesem Kapitel diskutiert, dass die Coulomb-Kraft viel stärker als die Gravitation ist. Berechnen Sie als Beispiel das Verhältnis von Gravitation zu Coulomb-Kraft zwischen Proton und Elektron im Wasserstoffatom im Grundzustand.

1.6.4 Schwarzes Loch aus Wasser

Der Radius einer Massekugel homogener Dichte steigt wie $r \sim M^{1/3}$, ihr Schwarzschild-Radius dagegen wie $r_s \sim M$. Man kann deshalb für jede homogene Dichte eine Kugel finden, für die $r < r_s$ gilt, wenn man sie nur groß genug macht.

1. Berechnen Sie, wie groß eine Wasserkugel sein muss, um diese Bedingung zu erfüllen.
2. Verifizieren Sie die Aussage in Abschn. 1.4.4, dass eine Kugel mit der Dichte der Erde und $r \approx 250 r_\odot$ die Bedingung $r = r_s$ erfüllt.
3. Wie wir in Kap. 26 sehen werden, beträgt die mittlere Massedichte im Universum etwa 2 Protonen pro Kubikmeter. Welcher Radius ergibt sich in diesem Fall?

Literatur

1. Bradley, J.: A new apparent motion discovered in the fixed stars; its cause assigned; the velocity and equable motion of light deduced. Phil. Trans. R. Soc. Lond. **8**, 308–321 (1728)
2. Brumfiel, G.: The astronomical unit gets fixed. Nature News (2012)
3. Huygens, C.: Traitée de la lumière. (1690)
4. Kopp, G., Lean, J.L.: A new, lower value of total solar irradiance: Evidence and climate significance. Geophys. Res. Lett. **38**(1), L01706 (2011)
5. Laplace, P.S.: Exposition du Système du Monde – Livre quatrième: De la théorie de la pesanteur universelle. Imprimerie du Cercle Social (1796)
6. Mohr, P.J., Taylor, B.N., Newell, D.B.: CODATA recommended values of the fundamental physical constants: 2010. Rev. Mod. Phys. **84**, 1527–1605 (2012)
7. Nasa Planetary Fact Sheet: http://nssdc.gsfc.nasa.gov/planetary/factsheet
8. Nasa Sun Fact Sheet: http://nssdc.gsfc.nasa.gov/planetary/factsheet/sunfact.html
9. Perryman, M.A.C., et al.: The Hipparcos Catalogue. Astron. Astrophys. **323**, L49-L52 (1997)
10. Perryman, M.A.C., et al.: Daten zu „Proxima Centauri" aus dem Hipparcos-Katalog am 12. Aug 2013, Identifier 70890. http://simbad.u-strasbg.fr/simbad/sim-id?Ident=Hip+70890
11. Perryman, M.A.C., et al.: Daten zu „Sirius" aus dem Hipparcos-Katalog am 9. Aug 2013, Identifier 32349. http://simbad.u-strasbg.fr/simbad/sim-id?Ident=Hip+32349
12. Rømer, O.: A demonstration concerning the motion of light, communicated from Paris, in the Journal des Scavans, and here made English. Phil. Trans. **12**, 893–894 (1677)
13. Weigert, A., Wendker, H.J., Wisotzki, L.: Astronomie und Astrophysik – Ein Grundkurs, 4. Aufl. VCH (2005)
14. Wilkins, G.A.: The IAU style manual (1989) – the preparation of astronomical papers and reports. IAU (1989). https://www.iau.org/static/publications/stylemanual1989.pdf

Teil I

Spezielle Relativitätstheorie

Weg zur speziellen Relativitätstheorie

2

Inhaltsverzeichnis

Die Veröffentlichung der speziellen Relativitätstheorie (SRT) durch *Albert Einstein*[1] 1905 [2] fällt in eine Zeit, in der die Physik durch revolutionäre Umbrüche, neben der speziellen durch die allgemeine Relativitätstheorie und die Quantenmechanik, innerhalb weniger Jahrzehnte komplett verändert wurde. Die SRT revolutionierte unser Bild von Raum und Zeit. Während zuvor Zeit und Raum strikt getrennte unabhängige Entitäten waren, wurden sie innerhalb der SRT zur Raumzeit verknüpft. Die ART, die Einstein in den folgenden 10 Jahren erarbeitete, verallgemeinert dieses Konzept noch weiter. Es liegt außerhalb des Rahmens und ist nicht Ziel dieses Textes, Einsteins Arbeit in den historischen Kontext der Arbeiten anderer Wissenschaftler einzubetten, auch wenn eine solche Einordnung sehr interessant ist. Zu diesem Thema sei der Leser z. B. auf einen Artikel von Darrigol [1] verwiesen.

Wir möchten aber in einer nicht chronologisch korrekten Form einige zentrale Experimente und theoretische Ergebnisse aufzeigen, deren Probleme und Widersprüche die Formulierung der SRT motiviert haben und die durch sie aufgelöst wurden.

---

[1]Albert Einstein, 1879–1955, deutsch-amerikanischer Physiker. Nobelpreis 1921 für die Erklärung des Photoelektrischen Effekts.

© Springer-Verlag GmbH Deutschland, ein Teil von Springer Nature 2022
S. Boblest et al., *Spezielle und allgemeine Relativitätstheorie*,
https://doi.org/10.1007/978-3-662-63352-6_2

2.1   Modell der Lichtausbreitung im 19. Jahrhundert

Wir wissen, dass Schall ein Wellenphänomen ist. Dichte- bzw. Druckvariationen breiten sich wellenförmig durch Luft, Wasser oder andere Medien aus. Man kann es auch so auffassen, dass Schall durch Vibrationen des jeweiligen Trägermediums erzeugt wird. Durch die Interferenzversuche von Hertz war man im 19. Jahrhundert schließlich davon überzeugt, dass auch Licht ein Wellenphänomen ist. Nur was ist dann das Trägermedium, dessen Vibrationen Licht erzeugen, insbesondere, wenn man weiß, dass etwa das Licht der Sonne oder von Sternen durch das Vakuum zu uns gelangt?

Um dieses Problem zu lösen, postulierte man ein solches Medium, den *Weltäther* oder Lichtmedium, wie er von Einstein bezeichnet wurde. Die Existenz dieses Lichtmediums wurde fast schon als gegeben vorausgesetzt. Zu den konkreten Eigenschaften des Lichtmediums gab es aber verschiedene Hypothesen. Maxwell etwa nahm an, dass Äther und Materie eine Einheit bildeten, so sollte sich bewegende, auch sehr dünne, Materie den Äther vollständig mit sich mitziehen. Dies ist die sogenannte *Mitnahme-Hypothese* (engl. ether-drag). Diese Vorstellung stand aber im Widerspruch zur in Abschn. 1.5.5 besprochenen *Aberration* von Sternlicht. Aus diesem Widerspruch heraus entwickelte sich die Alternativvorstellung, dass die Erde sich durch den ruhenden Äther hindurchbewegt. Der dadurch auf der Erdoberfläche auftretende „Ätherwind" hätte sich allerdings wiederum in optischen Experimenten feststellen lassen müssen, was nicht gelang. Um dieses Problem zu lösen, postulierte *Fresnel*[2] eine partielle Äthermitnahme.

Ein großes Ziel der Experimentalphysik des 19. Jahrhunderts war es nun, experimentell die richtige unter diesen Hypothesen zu finden. Bei diesen Versuchen tat sich besonders *Michelson*[3] hervor.

2.2   Michelson-Morley-Experiment

Das von Michelson 1881 [3] und in verbesserter Form zusammen mit Morley 1887 [5] durchgeführte Experiment ist sicherlich der berühmteste Versuch, dessen Ergebnis die Hypothese der Existenz eines Lichtmediums in große Schwierigkeiten brachte. Das eigentliche Ziel des Experiments war es aber, die Geschwindigkeit der Erde relativ zum Lichtmedium zu finden. Ausgangspunkt für das Experiment ist, dass die Zeit, die Licht auf der Erde benötigt, um eine bestimmte Strecke zurückzulegen, von der Laufrichtung des Lichts abhängen sollte. Nehmen wir an, ein Lichtstrahl soll von einem Punkt A zu einem anderen Punkt B laufen, der in der Entfernung l liegt. Dabei soll die Strecke parallel zur Bewegungsrichtung der Erde relativ zum Lichtmedium sein, die wir allerdings nicht kennen. Wenn sich die Erde

---

[2] Augustin J. Fresnel, 1788–1827, französischer Physiker und Ingenieur.

[3] Albert A. Michelson, 1852–1931, US-amerikanischer Physiker, der ursprünglich aus Deutschland stammte. Das in [3] beschriebene Experiment führte er in Potsdam durch. Nobelpreis für Physik 1907.

mit der Geschwindigkeit v relativ zum Lichtmedium bewegt, so verringert sich die Lichtgeschwindigkeit effektiv um den Anteil v, mit dem der Punkt B sich von der Lichtfront entfernt, und es ergibt sich die Laufzeit

$$t_{AB} = \frac{l}{c-v}. \tag{2.1}$$

In Gegenrichtung läuft der Punkt B der Lichtfront mit der Geschwindigkeit v entgegen, und wir erhalten die Laufzeit

$$t_{BA} = \frac{l}{c+v}. \tag{2.2}$$

Für Hin- und Rückweg zusammen ergibt sich also

$$t_{ABA} = 2l\frac{c}{c^2 - v^2}. \tag{2.3}$$

Wenn sich die Erde dagegen relativ zum Lichtmedium in Ruhe befindet, so haben wir für Hin- und Rückkreise jeweils einfach

$$t_0 = \frac{l}{c}. \tag{2.4}$$

Wenn man nun experimentell entweder die Differenz $t_{ABA} - 2t_0$ oder die Differenz $t_{AB} - t_{BA}$ bestimmen kann, so erhält man daraus die Geschwindigkeit v wegen

$$t_{AB} - t_{BA} = 2l\frac{v}{c^2 - v^2} \approx 2\frac{vl}{c^2}\left[1 + \mathcal{O}\left(\frac{v^2}{c^2}\right)\right] \approx 2t_0\frac{v}{c}, \tag{2.5}$$

wobei c und t_0 bekannt sind. Michelson erkannte nun, dass mit Hilfe eines Interferometers die Messung dieser Zeitdifferenz möglich sein sollte.

Sein Experiment bestand aus einem Interferometer mit aufeinander senkrecht stehenden Armen. Abb. 2.1 zeigt eine stark vereinfachte Skizze des Versuchsaufbaus. Von einer Lichtquelle wird ein Lichtstrahl auf einen Strahlteiler geleitet. Ein Teil des Lichts wird am Strahlteiler reflektiert, läuft die Strecke l auf den Spiegel S_1, wird reflektiert und trifft wieder auf den Strahlteiler. Ein Teil durchläuft nun den Strahlteiler und trifft auf ein Teleskop, der jetzt reflektierte Teil ist für das Experiment nicht von Bedeutung. Gleichzeitig durchläuft ein Teil des Lichts beim ersten Auftreffen auf den Strahlteiler diesen, trifft nach einer gleich langen Strecke l auf den Spiegel S_2, wird reflektiert und trifft wieder auf den Strahlteiler. Derjenige Teil des Lichts, der jetzt am Strahlteiler reflektiert wird, trifft mit dem anderen Lichtstrahl im Teleskop zusammen, und die beiden Teilstrahlen können dort miteinander interferieren. Der gesamte Aufbau ist um eine Achse senkrecht zur Bildebene drehbar. Bei der Rotation sollten sich die beobachteten Interferenzringe dann verändern. Um das zu verstehen, fangen wir mit dem Fall an, dass der Aufbau mit der Achse

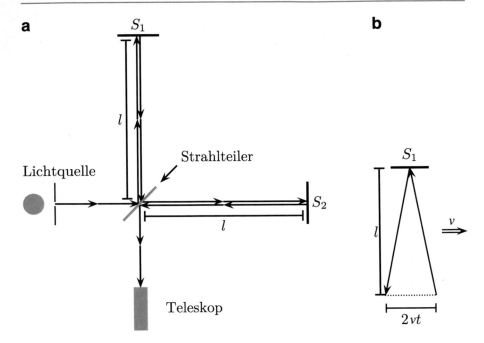

Abb. 2.1 Skizze zum Michelson-Morley-Experiment. **a** Vereinfacht besteht der Aufbau aus einer Lichtquelle, von der ein Lichtstrahl durch einen Stahlteiler aufgeteilt wird und die beiden Teil-strahlen je auf einen von zwei Spiegeln S_1 und S_2 geleitet werden. Danach interferieren die Teils-tahlen in einem Teleskop und man kann Interferenzringe beobachten. **b** Da sich das Interferometer gegen das Lichtmedium bewegt, ergibt sich auch für den senkrecht zur Bewegungsrichtung stehen-den Arm eine verlängerte Wegstrecke

von der Lichtquelle zum Spiegel S_2 genau parallel zur Bewegung der Erde aus-gerichtet ist. Der Lichtstrahl, der vom Strahlteiler zum Spiegel S_2 und zurück läuft, benötigt dafür genau die oben berechnete Zeit $t_{ABA} = 2lc/(c^2 - v^2)$. Die in dieser Zeit bezüglich des Lichtmediums zurückgelegte Strecke ist dann

$$d_{\parallel} = 2l \frac{c^2}{c^2 - v^2} \approx 2l \left(1 + \frac{v^2}{c^2} \right) + \mathcal{O} \left(\frac{v^4}{c^4} \right). \tag{2.6}$$

Für den Interferometerarm senkrecht zur Bewegungsrichtung ergibt sich ebenfalls eine Korrektur der Wegstrecke. Dies ist anhand von Abb. 2.1b leicht einzusehen. Da sich der Versuchsaufbau mit der Erde bezüglich des Lichtmediums bewegt, läuft der Lichtstrahl nicht gerade zum Spiegel S_1, sondern leicht schräg. Wenn er in der Zeit t bis zum Spiegel kommt, so hat sich der Versuchsaufbau um die Strecke vt weiter-bewegt. Für die vom Lichtstrahl zurückgelegte Strecke haben wir daher zwei Rela-tionen, die wir gleichsetzen können, um t zu eliminieren:

$$d = ct = \sqrt{l^2 + v^2 t^2}. \tag{2.7}$$

Daraus berechnen wir leicht

$$t = \frac{l}{c} \frac{1}{\sqrt{1 - v^2/c^2}}. \tag{2.8}$$

Die auf Hin- und Rückweg zurückgelegte Strecke ist also

$$d_\perp = 2l \frac{1}{\sqrt{1 - v^2/c^2}} \approx 2l \left(1 + \frac{1}{2}\frac{v^2}{c^2}\right) + \mathcal{O}\left(\frac{v^4}{c^4}\right). \tag{2.9}$$

Der Effekt der Bewegung auf die Laufstrecke ist beim senkrechten Fall also nur um die Hälfte kleiner als beim parallel laufenden Lichtstrahl. Dies erschwert die Detektion der Differenz zusätzlich. Diese beträgt dann nur

$$\Delta d = \left| d_\perp - d_\parallel \right| = l\frac{v^2}{c^2} + \mathcal{O}\left(\frac{v^4}{c^4}\right). \tag{2.10}$$

Nimmt man als Abschätzung der Geschwindigkeit der Erde relativ zum Lichtmedium ihre Bahngeschwindigkeit $v_\delta \approx 30 \text{ km s}^{-1}$ aus (1.74) an, so ergibt sich eine Differenz $\Delta d \approx 10^{-8}$ m. Bei einer Armlänge von $l = 1,2$ m und bei Verwendung von Licht mit einer Wellenlänge $\lambda \sim 600$ nm ist $l \approx 2 \cdot 10^6 \, \lambda$ und damit $\Delta d \approx 0,02 \, \lambda$.

Nach einer Drehung um 90° sind die Verhältnisse gerade umgekehrt, der Lichtlaufweg ist jetzt beim anderen Interferometerarm entsprechend länger. Während einer Viertelumdrehung erhalten wir daher eine Gesamtverschiebung

$$\Delta d \approx 0,04 \, \lambda. \tag{2.11}$$

Die Korrektur der Laufzeit wurde von Michelson bei der Auswertung seines ersten Experiments 1881 übersehen, er ging also von der doppelten Differenz aus. Dieses Experiment war sehr ähnlich der Skizze in Abb. 2.1 aufgebaut. Als Michelson auf seinen Fehler aufmerksam gemacht wurde, war klar, dass bei der Wiederholung des Experiments ein weiterentwickelter Aufbau nötig sein würde, um die entsprechenden Effekte nachweisen zu können.

Abb. 2.2 zeigt den Aufbau, den Michelson und Morley dann 1887 verwendeten. Durch Verwendung mehrerer Spiegel konnte der Lichtlaufweg vervielfacht und damit die Wegdifferenz im Vergleich zu (2.11), bzw. die Messgenauigkeit, dementsprechend erhöht werden. Die Erfahrungen mit dem ersten Aufbau hatten gezeigt, dass der kritische Punkt des Experiments die möglichst störungsfreie Drehung des Experiments war. Um so wenig Erschütterungen wie möglich zu verursachen, war der neue Aufbau auf Quecksilber schwimmend montiert. Der ganze Aufbau wurde dann kontinuierlich, mit einer Geschwindigkeit von einer Umdrehung in 6 Minuten, gedreht. Es wurde erwartet, dass sich während der Rotation des Apparates die beobachteten Interferenzringe periodisch verschieben würden. Trotz all dieser Bemühungen konnten Michelson und Morley keine Verschiebung der Interferenzringe beobachten. Die Hypothese eines ruhenden Lichtmediums, durch das sich die Erde

a   **b**

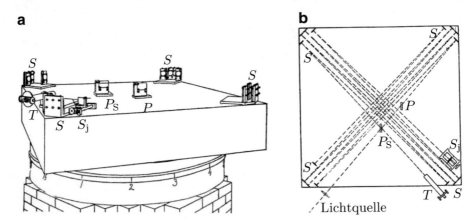

Abb. 2.2 Aufbau des Michelson-Morley-Experiments. **a** Perspektivische Ansicht, **b** Strahlenverlauf in Draufsicht. Das Interferometer ist auf einem quadratischen Stein der Seitenlänge $a = 1{,}5$ m angebracht. Der Stein ist auf einem ringförmigen Holzstück aufgestellt, das wiederum in Quecksilber schwimmt. Diese Anordnung ermöglicht es, das Experiment möglichst störungsfrei zu rotieren. Das eigentliche Interferometer besteht aus einer Anordnung von mehreren Spiegeln in den Ecken des Steins, um den Lichtweg zu maximieren.Aus Michelson und Morley [5], mit freundlicher Genehmigung

bewegt, war damit nicht mehr zu halten. Michelson erhielt für seine Arbeiten zur Spektroskopie 1907 den Nobelpreis.

2.3   Fizeau-Versuch zur Äthermitbewegung

Der in diesem Abschnitt vorgestellte Versuch wurde erstmals 1850 von *Fizeau*[4] durchgeführt und ist nach ihm benannt. In verbesserter Form wurde auch dieser Versuch von Michelson und Morley 1886 [4] wiederholt. Ziel dieses Experiments war es, die Mitbewegung des Äthers in optisch transparenten Medien zu testen. Abb. 2.3 zeigt eine Skizze des Versuchsaufbaus. Durch ein Rohr wird Wasser durch vier 90°-Kurven geleitet. Es entstehen so zwei parallele Teilabschnitte, in denen das Wasser in entgegengesetzter Richtung fließt. Dann wird ein Lichtstrahl durch einen Strahlteiler in zwei Teilstrahlen unterteilt, diese durchlaufen in entgegengesetzter Richtung diese beiden Teilabschnitte des Wasserlaufes. Dadurch läuft einer der Strahlen jeweils in und der andere entgegen der Fließrichtung des Wassers. Anschließend läuft ein Teil beider Lichtstrahlen durch den Strahlteiler zum Beobachter, wo die Teilstrahlen zur Interferenz gebracht werden.

Die Lichtgeschwindigkeit in einem Medium mit Brechungsindex n ist

$$c_{\text{Med}} = \frac{c}{n}. \tag{2.12}$$

---

[4]Armand Hippolyte Louis Fizeau, 1819–1896, französischer Physiker.

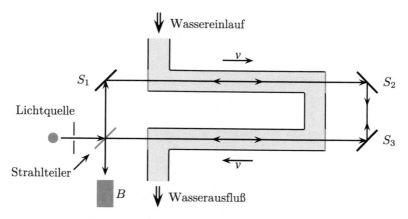

Abb. 2.3 Skizze des Fizeau-Experiments. Der Lichtstrahl einer Lichtquelle wird durch einen Strahlteiler in zwei Teilstrahlen aufgeteilt. Beide Teilstrahlen durchlaufen danach einen Aufbau von Wasserrohren. In diesen Rohren fließt das Wasser mit Geschwindigkeit v. Einer der Strahlen durchläuft das Wasser in, der andere gegen die Fließrichtung. Anschließend interferieren die Teilstrahlen beim Beobachter

Wenn wir davon ausgehen, dass das Licht vom Wasser „mitgenommen" wird, so erwarten wir in, bzw. entgegen der Fließrichtung die Geschwindigkeiten

$$c_{\text{Med}\pm} = \frac{c}{n} \pm v. \tag{2.13}$$

Stattdessen fanden Fizeau und auch Michelson und Morley aber

$$c_{\text{Med}\pm} = \frac{c}{n} \pm v\left(1 - \frac{1}{n^2}\right). \tag{2.14}$$

Dieses Resultat passte zwar zu Fresnels Ansatz der partiellen Äthermitnahme, der eine teilweise Äthermitführung im Medium angenommen hatte, diese Annahme steht aber wiederum im Widerspruch zum Michelson-Experiment. Im Rahmen der SRT lässt sich das Ergebnis des Fizeau-Experiments zwanglos erklären (s. Übung 3.6.1).

2.4   Relativitätsprinzip und Inertialsysteme

Das wiederholte Scheitern, den Weltäther experimentell nachzuweisen, führte Einstein zu dem Schluss, dass es gar keinen Weltäther gibt und die Lichtgeschwindigkeit für jeden Beobachter gleich groß ist, unabhängig von seiner Bewegung relativ zur Lichtquelle.

Wenn es einen Weltäther geben würde, könnte man damit Bewegung absolut definieren. Die Geschwindigkeit eines Körpers wäre dann Null, wenn er sich relativ zum Weltäther in Ruhe befände. Wenn wir nun mit Einstein davon ausgehen, dass es keinen Weltäther gibt, so müssen wir auch das Konzept der absoluten Bewegung aufgeben. Nehmen wir z. B. einen Raumfahrer an, der sich in einem Bereich des Universums befindet, in dem es keine Sterne gibt, die nahe genug sind, damit er sie beobachten kann. Die Triebwerke seines Raumschiffes sollen ausgeschaltet sein, er beschleunigt also nicht. Wie soll er entscheiden, mit welcher Geschwindigkeit er reist und relativ zu was? Nur die Relativbewegung zu einem anderen Körper lässt sich feststellen.

Einstein fasste dieses *Relativitätsprinzip* so zusammen [2]:

> [...] die mißlungenen Versuche, eine Bewegung der Erde relativ zum „Lichtmedium" zu konstatieren, führen zu der Vermutung, dass dem Begriffe der absoluten Ruhe nicht nur in der Mechanik, sondern auch in der Elektrodynamik keine Eigenschaften der Erscheinungen entsprechen, sondern dass vielmehr für alle Koordinatensysteme, für welche die mechanischen Gleichungen gelten auch die gleichen elektrodynamischen und optischen Gesetze gelten [...]

In Kap. 29 werden wir die *kosmische Mikrowellenhintergrundstrahlung* (cosmic microwave background radiation, CMB) kennenlernen. Sie ist ein Hinweis darauf, dass das Universum früher in einem Zustand sehr hoher Dichte war und sich seitdem ausgedehnt hat. Die CMB ist bis auf kleine Abweichungen sehr isotrop, aber z. B. auf der Erde aufgrund ihrer Bewegung und des dadurch hervorgerufenen Dopplereffektes, den wir in Abschn. 8.1 besprechen, auf Teilen der Himmelskugel rot- und auf anderen blauverschoben, siehe auch die Diskussion in Abschn. 29.1. Wir könnten den CMB also benutzen, um eine absolute Ruhe zu definieren. Um dem gegenüber zu treten, könnten wir von unserem Raumfahrer fordern, dass er in seinem geschlossenen Raumschiff durch ein physikalisches Experiment entscheiden soll, ob er in Ruhe ist oder sich mit einer konstanten Geschwindigkeit, etwa relativ zum CMB, bewegt. Die Aussage des Relativitätsprinzips ist, dass er an dieser Aufgabe scheitern wird.

Einer der wichtigsten Begriffe der Newton'schen Mechanik ist der des *Inertialsystems*. Diese sind darüber definiert, dass in ihnen das erste Newton'sche Axiom gilt:

> Jeder Körper verharrt im Zustand der Ruhe, bzw. der geradlinig-gleichförmigen Bewegung, solange keine äußere Kraft auf ihn wirkt.

Diese Aussage gilt z. B. nicht für die Erdoberfläche, auf der Scheinkräfte wie die *Corioliskraft* auftreten. Das Relativitätsprinzip sagt nun, dass wir kein Inertialsystem besonders auszeichnen können, nämlich solch eines, das in absoluter Ruhe ist. Somit sind alle Inertialsysteme gleich gut geeignet, um physikalische Gesetze zu formulieren, und sie nehmen auch in allen Inertialsystemen die gleiche Form an.

Mit dem Vorwissen zum Relativitätsprinzip und zur Beobachterunabhängigkeit der Lichtgeschwindigkeit können wir uns in den folgenden Kapiteln jetzt mit den Grundlagen der SRT eingehend befassen.

Literatur

1. Darrigol, O.: The Genesis of the theory of relativity. Séminaire Poincaré **1**, 1–22 (2005)
2. Einstein, A.: Zur Elektrodynamik bewegter Körper. Ann. Phys. **17**(10), 891–921 (1905)
3. Michelson, A.A.: The relative motion of the Earth and the luminiferous ether. Am. J. Sci. **22**(128), 120–129 (1881)
4. Michelson, A.A., Morley, E.W.: Influence of the motion of the medium on the velocity of light. Am. J. Sci. **31**(185), 377–386 (1886)
5. Michelson, A.A., Morley, E.W.: On the relative motion of the Earth and the luminiferous ether. Am. J. Sci. **34**(203), 333–345 (1887)

Lorentz-Transformation

3

Inhaltsverzeichnis

In diesem Kapitel überlegen wir uns, welche Konsequenzen das Postulat einer be-obachterunabhängigen Lichtgeschwindigkeit hat. Dazu fassen wir als Erstes kurz die wesentlichen Punkte der Newton'schen Mechanik und der Elektrodynamik zusammen.

3.1 Transformation zwischen Bezugssystemen

In der Newton'schen Mechanik ist jeder Raumpunkt durch einen Koordinatenvektor $r = (x, y, z)^\mathrm{T} \in \mathbb{R}^3$ in einem beliebig gewählten Koordinatensystem bestimmt. Jeder Zeitpunkt kann durch die Zeit t relativ zu einem beliebig gewählten Zeitnull-punkt (z. B. der Greenwichzeit) angegeben werden.

Für die Bewegung eines Punktteilchens mit konstanter Masse m gilt nach dem zweiten Newton'schen Axiom

$$F = m\ddot{r} \quad \text{bzw.} \quad \ddot{r}(t) = \frac{1}{m}F(r,t). \tag{3.1}$$

Die Beschleunigung $a = \ddot{r}$, die das Punktteilchen erfährt, hängt also von der äuße-ren Kraft F und seiner trägen Masse m ab. Aus diesem Differentialgleichungssystem

© Springer-Verlag GmbH Deutschland, ein Teil von Springer Nature 2022
S. Boblest et al., *Spezielle und allgemeine Relativitätstheorie*,
https://doi.org/10.1007/978-3-662-63352-6_3

ergibt sich die Bahnkurve $r(t)$ des Teilchens. Nach dem klassischen Verständnis von Raum und Zeit gelten die Gesetze der Newton'schen Mechanik in jedem *Inertialsystem* (s. Abschn. 2.4).

Ein Wechsel des Inertialsystems in ein relativ dazu mit der Geschwindigkeit v bewegtes System erfolgt durch die allgemeine *Galilei-Transformation*

$$\begin{aligned} r' &= D \cdot r - vt - r_0 \\ t' &= t - t_0. \end{aligned} \tag{3.2}$$

Dabei bezeichnet D eine Drehung des Inertialsystems, v die Relativgeschwindigkeit zwischen den Inertialsystemen und r_0 und t_0 sind Verschiebungen des Raum- und Zeitursprungs.

Die Galilei-Transformation (3.2) beinhaltet insgesamt 10 freie Parameter: drei Drehwinkel in D, drei Geschwindigkeitskomponenten in v, drei Translationskomponenten in r_0 und die Zeitverschiebung in t_0. Die Menge aller Galilei-Transformationen bildet eine 10-parametrige Gruppe, da je zwei Galilei-Transformationen wieder eine Galilei-Transformation ergeben. Das neutrale Element der Gruppe ist die identische Abbildung mit $D = 1$, $v = 0$, $r_0 = 0$ und $t_0 = 0$. Das inverse Element ist gerade die Umkehrtransformation. Wichtig zu bemerken ist, dass die Newton'sche Mechanik unter allen Transformationen dieser Gruppe invariant ist. Setzen wir die Galilei-Transformation in die Bewegungsgleichungen (3.1) ein, so ändert sich deren Form nicht.

Wie verhalten sich nun die Grundgleichungen der Elektrodynamik gegenüber Galilei-Transformationen? Die Maxwell'schen Gl. (1.5)

$$\begin{aligned} \nabla \times E + \dot{B} &= 0, \\ \nabla \cdot B &= 0, \\ \frac{1}{\mu_0} \nabla \times B - \varepsilon_0 \dot{E} &= j, \\ \nabla \cdot E &= \frac{\rho_{el}}{\varepsilon_0} \end{aligned} \tag{3.3}$$

sind ein Differentialgleichungssystem zur Bestimmung der elektrischen und magnetischen Felder $E(r, t)$ und $B(r, t)$ bei gegebener Verteilung der elektrischen Ladungen $\rho_{el}(r, t)$ und Ströme $j(r, t)$. Mögliche Lösungen sind beispielsweise statische Felder, die in der Elektro- und Magnetostatik behandelt werden, oder elektromagnetische Wellen, die sich im Vakuum mit der Lichtgeschwindigkeit $c = 1/\sqrt{\mu_0 \varepsilon_0}$ ausbreiten, die nach (1.8) mit der elektrischen Feldkonstante ε_0 und der magnetischen Feldkonstante μ_0 verknüpft ist.

Wie man durch direktes Einsetzen nachrechnen kann, sind die Maxwell'schen Gleichungen nicht invariant unter Galilei-Transformationen. Um dies klar zu machen, betrachten wir die Ausbreitung einer ebenen Welle in x-Richtung.

In einem bewegten System mit $r' = r - v\,e_x\,t$ würde sich die Welle mit der Geschwindigkeit $c' = c - v \neq c$ ausbreiten. Diese Welle mit Geschwindigkeit c' wäre aber keine Lösung der Maxwell'schen Gleichungen.

Wir wissen bereits, wo an dieser Argumentation das Problem ist: Die in Kap. 2 besprochenen Experimente und viele weitere ergeben, dass die Lichtgeschwindigkeit beobachterunabhängig ist, d. h. sie ist in beiden Inertialsystemen gleich. Die Maxwell-Gleichungen gelten demnach in jedem Inertialsystem. Es gibt dann aber nur eine mögliche Konsequenz: Der Wechsel zwischen Inertialsystemen in der Elektrodynamik erfolgt nicht über die Galilei-Transformation! Damit sind wir an einem widersprüchlichen Punkt angelangt. Bewegt sich ein Beobachter z. B. mit halber Schallgeschwindigkeit auf eine Schallquelle zu, was ein Problem der Mechanik ist, so beobachtet er nach der Galilei-Transformation eine Schallgeschwindigkeit $v_{\text{ges}} = 3v_{\text{S}}/2$ im Vergleich zu einem ruhenden Beobachter. Da die Lichtgeschwindigkeit konstant sein soll, gilt das Gleiche nicht bei einer Lichtquelle und einem sich darauf mit halber Lichtgeschwindigkeit zubewegenden Beobachter (s. Abb. 3.1). Es ist nicht zufriedenstellend, anzunehmen, dass die Transformationsvorschrift in der Newton'schen Mechanik eine andere sein soll als in der Elektrodynamik.

Wir können diesen Widerspruch auflösen, wenn wir annehmen, dass die Galilei-Transformation nur eine Näherung der korrekten Transformation ist, unter der sich die Gleichungen der klassischen Elektrodynamik transformieren. Diese heißt *Lorentz-Transformation*.[1] Einsteins Verdienst war es zu erkennen, dass die Lorentz-Transformation nicht auf die Elektrodynamik beschränkt ist, sondern eine allgemeine Eigenschaft von Raum und Zeit darstellt. Die mit der Galilei-Transformation verknüpften, uns vertrauten Eigenschaften von Raum und Zeit, z. B. die Existenz einer absoluten Zeit, gelten in der Relativitätstheorie nicht mehr. Das erkennen

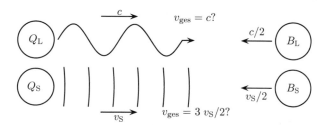

Abb. 3.1 Bewegt sich ein Beobachter mit halber Schallgeschwindigkeit auf eine Schallquelle zu, so beobachtet er nach der Galilei-Transformation eine Schallgeschwindigkeit $v_{\text{ges}} = 3v_{\text{S}}/2$ im Vergleich zu einem ruhenden Beobachter. Da die Lichtgeschwindigkeit konstant sein soll, gilt das Gleiche nicht bei einer Lichtquelle und einem sich darauf mit halber Lichtgeschwindigkeit zu bewegenden Beobachter. Diese Beobachtung bedeutet, dass die Galilei-Transformation nur eine Näherung der korrekten Transformation für kleine Geschwindigkeiten sein kann

[1] Hendrik Antoon Lorentz, 1853–1928, niederländischer Mathematiker und Physiker. Neben der Lorentz-Transformation ist er auch Namensgeber der Lorentz-Kraft in der Elektrodynamik.

wir an diesem einfachen Beispiel der Geschwindigkeitsaddition. Die Lorentz-Transformation muss so gestaltet sein, dass sich Geschwindigkeiten nicht zu einer Gesamtgeschwindigkeit über der Lichtgeschwindigkeit addieren können. Das ist nur möglich, wenn die Längen- oder Zeitmaßstäbe in verschiedenen Inertialsystemen unterschiedlich sein können.

3.2   Motivation der Lorentz-Transformation

Die Invarianz der Maxwell-Gleichungen gegenüber der Lorentz-Transformation war bereits vor Einsteins Arbeit „Zur Elektrodynamik bewegter Körper" [1] bekannt.

Wir wollen im Folgenden eine Motivation zur Herleitung der Lorentz-Transformation geben. Wir gehen aus von einem Spezialfall der Galilei-Transformation vom System S ins System S' mit $D = 1$, $v = v\mathbf{e}_x$, $\mathbf{r}_0 = \mathbf{0}$, $t_0 = 0$, also

$$x' = x - vt, \quad y' = y, \quad z' = z, \quad t' = t. \tag{3.4}$$

Wir betrachten einen im Raumzeit-Ursprung ($\mathbf{r} = \mathbf{0}$, $t = 0$) startenden Lichtstrahl. Dieser bewegt sich mit Lichtgeschwindigkeit und erreicht nach der Zeit t den Ort (x, y, z) mit $\sqrt{x^2 + y^2 + z^2} = ct$. Da nun die Lichtgeschwindigkeit in allen Systemen gleich groß sein soll, muss auch $\sqrt{x'^2 + y'^2 + z'^2} = ct'$ gelten, wobei (x', y', z') und t' zusammen den gleichen Punkt in Raum und Zeit, jedoch in anderen Koordinaten, beschreiben. Quadrieren und Umsortieren führt auf die beiden Beziehungen

$$x^2 + y^2 + z^2 - c^2t^2 = 0 \quad \text{und} \quad x'^2 + y'^2 + z'^2 - c^2t'^2 = 0, \tag{3.5}$$

wobei die erste Gleichung unsere Voraussetzung darstellt und die zweite Gleichung die Forderung an die Transformation angibt. Setzen wir die Galilei-Transformation (3.4) in die rechte Gleichung von (3.5) ein, so gelangen wir zu

$$\begin{aligned} x'^2 + y'^2 + z'^2 - c^2t'^2 &= (x - vt)^2 + y^2 + z^2 - c^2t^2 \\ &= x^2 + y^2 + z^2 - c^2t^2 - 2xvt + v^2t^2 \\ &= -2xvt + v^2t^2 \neq 0. \end{aligned} \tag{3.6}$$

Die Galilei-Transformation erfüllt also nicht die Konstanz der Lichtgeschwindigkeit. Um den Restterm $-2xvt + v^2t^2$ durch eine Transformation der Zeit auch noch zu eliminieren, werden wir zwei Ansätze ausprobieren.

Als ersten Ansatz lassen wir für die Zeit eine einfache Verschiebung zu, d. h. statt (3.4) haben wir

$$x' = x - vt, \quad y' = y, \quad z' = z, \quad t' = t - \alpha. \tag{3.7}$$

Einsetzen führt anstelle von (3.6) auf

$$x'^2 + y'^2 + z'^2 - c^2 t'^2 = x^2 + y^2 + z^2 - c^2 t^2 - 2xvt + v^2 t^2 + 2\alpha t c^2 - c^2 \alpha^2$$

$$= \left(1 - \frac{v^2}{c^2}\right) x^2 + y^2 + z^2 - \left(1 - \frac{v^2}{c^2}\right) c^2 t^2. \tag{3.8}$$

Dabei wurde in der letzten Zeile $\alpha = xv/c^2$ gesetzt. Nun treten aber Faktoren $\left(1 - v^2/c^2\right)$ auf, die wir auch noch loswerden müssen. Durch die Wahl für α haben wir aber erreicht, dass vor x^2 und $c^2 t^2$ der gleiche Faktor steht. Das hilft uns, einen verbesserten Ansatz zu finden.

Dieser zweite Ansatz lautet

$$x' = \frac{1}{\sqrt{1 - \dfrac{v^2}{c^2}}}(x - vt), \quad y' = y, \quad z' = z, \quad t' = \frac{1}{\sqrt{1 - \dfrac{v^2}{c^2}}}\left(t - \frac{xv}{c^2}\right), \tag{3.9}$$

der uns dann auch zum gewünschten Ergebnis führt,

$$x'^2 + y'^2 + z'^2 - c^2 t'^2 = x^2 + y^2 + z^2 - c^2 t^2. \tag{3.10}$$

Unter Lorentz-Transformationen ist damit die Größe

$$s^2 = -c^2 t^2 + x^2 + y^2 + z^2 \tag{3.11}$$

invariant, d. h. es gilt $s^2 = s'^2$. Die Wahl des Vorzeichens von s^2 ist rein willkürlich und kann auch anders gewählt werden. Wir folgen der Vorzeichenkonvention von Misner, Thorne und Wheeler [3].

Stünden in (3.11) nur positive Vorzeichen, so würde

$$\| \boldsymbol{x}' \|^2 = \| \boldsymbol{x} \|^2 \tag{3.12}$$

gelten, d. h. die Lorentz-Transformation würde als Drehmatrix die Norm des Vektors erhalten, wie in der *euklidischen Geometrie*.[2] Tatsächlich können wir Lorentz-Transformationen in einem erweiterten Sinn als Drehungen betrachten, allerdings mit einem imaginären Winkel (s. Abschn. 5.1.2).

Wir haben in (3.9) die spezielle Lorentz-Transformation für Geschwindigkeiten $\boldsymbol{v} = v\, \boldsymbol{e}_x$ in x-Richtung eingeführt. Speziell soll hier bedeuten, dass die Transformation in ein parallel zu einer Koordinatenachse bewegtes System, das nicht relativ zum ruhenden System gedreht ist, erfolgt.

Warum fallen uns im täglichen Leben die Effekte der Lorentz-Transformation nicht auf? Wenn wir sehr großzügig sind, können wir als maximale Geschwindigkeit, mit der wir im Alltag konfrontiert sind, die zweite kosmische Geschwindigkeit $v \approx 11$ km s^{-1} verwenden, die eine Rakete erreichen muss, die das Schwerefeld der

---

[2] Euklid von Alexandria lebte um 300 v. Chr. Sein Hauptwerk „Elemente" wurde bis in die Neuzeit als Lehrbuch verwendet.

Erde verlassen soll (s. Tab. 1.1). Selbst für diese im alltäglichen Sinn sehr hohe Geschwindigkeit ist immer noch $v/c \approx 4 \cdot 10^{-5}$ und damit $1/\sqrt{1-v^2/c^2} \approx 1+7 \cdot 10^{-10}$! Die Geschwindigkeiten, mit denen wir uns im Alltag bewegen, sind also viel zu gering, als dass der Unterschied zwischen Lorentz- und Galilei-Transformation zu erkennen wäre.

Andererseits sehen wir aber auch, dass für $v \to c$

$$\frac{1}{\sqrt{1-v^2/c^2}} \to \infty \tag{3.13}$$

geht. Es existiert also keine Lorentz-Transformation in ein sich mit Lichtgeschwindigkeit bewegendes Inertialsystem. Das bedeutet letztlich, dass ein Photon, das sich ja mit Lichtgeschwindigkeit bewegt, kein Ruhsystem hat, Licht bewegt sich in jedem System exakt mit Lichtgeschwindigkeit.

Die Invarianz der Maxwell-Gleichungen wird aus der Notation von (3.3) noch nicht deutlich. Die Gleichungen lassen sich aber auf eine mathematisch sehr elegante Form bringen, bei der die Lorentz-Invarianz klar zu erkennen ist, wie wir in Kap. 7 sehen.

3.3 Matrixdarstellung

In der SRT haben wir mit der Lichtgeschwindigkeit c eine wichtige Referenzgeschwindigkeit, keine Geschwindigkeit darf höher sein. Aus diesem Grund ist es zweckmäßig, Geschwindigkeiten direkt in Einheiten der Lichtgeschwindigkeit zu messen. Wir führen dazu den Parameter

$$\beta \equiv \frac{v}{c} \quad \text{mit} \quad 0 \le |\beta| < 1 \tag{3.14}$$

ein. Die Darstellung der Lorentz-Transformation (3.9) wird noch kompakter, wenn wir für den Wurzelausdruck ebenfalls ein eigenes Symbol einführen. Wir schreiben

$$\gamma \equiv \frac{1}{\sqrt{1-v^2/c^2}} = \frac{1}{\sqrt{1-\beta^2}}. \tag{3.15}$$

Dieser Ausdruck wird auch *Lorentz-Faktor* genannt. Für $\beta \to 1$ geht $\gamma \to \infty$ (s. Abb. 3.2). Des Weiteren ist es jetzt nicht mehr sinnvoll, die Ortskoordinaten und die Zeit getrennt voneinander zu notieren, da die Lorentz-Transformation diese Koordinaten miteinander verknüpft. Deshalb fassen wir von nun an Ort und Zeit zur 4-dimensionalen *Raumzeit* zusammen und schreiben für die Koordinaten

$$x^\mu = (x^0, x^1, x^2, x^3) \equiv (ct, x, y, z) \in \mathbb{R}^{1,3}. \tag{3.16}$$

Abb. 3.2 Der γ-Faktor ist
für Geschwindigkeiten
$\beta \ll 1$ nahezu 1, divergiert
aber für $\beta \to 1$

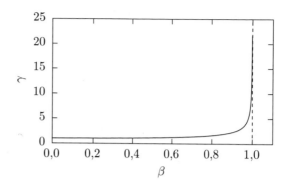

Dabei bezeichnet man x^μ als *Vierervektor* und es gilt $\mu \in \{0, 1, 2, 3\}$. Die Zeitkoordinate hat also den Index 0. Um gleiche Einheiten zu erreichen, haben wir die
Zeit außerdem mit der Lichtgeschwindigkeit durchmultipliziert. Griechische Indizes bezeichnen ab jetzt immer Vierervektoren, bzw. Komponenten von Vierervektoren je nach Kontext. Möchte man sich nur auf die Raumkoordinaten eines
Vierervektors beziehen, so werden lateinische Buchstaben verwendet, d. h. x^i mit
$i \in \{1, 2, 3\}$. Details darüber, weshalb wir den Index μ oben schreiben und warum
die Menge aller Punkte aus $\mathbb{R}^{1,3}$ und nicht einfach aus $\mathbb{R}^4$ ist, besprechen wir
in Kap. 5.

Die spezielle Lorentz-Transformation (3.9) lautet in dieser Schreibweise dann

$$x'^0 = \gamma(x^0 - \beta x^1), \quad x'^1 = \gamma(x^1 - \beta x^0), \quad x'^2 = x^2, \quad x'^3 = x^3. \tag{3.17}$$

Da die Lorentz-Transformation eine lineare Transformation in den Raumzeit-
Koordinaten ist, können wir (3.17) übersichtlich in der Form einer Matrix-Vektor-
Multiplikation schreiben,

$$\begin{pmatrix} x'^0 \\ x'^1 \\ x'^2 \\ x'^3 \end{pmatrix} = \begin{pmatrix} \gamma & -\beta\gamma & 0 & 0 \\ -\beta\gamma & \gamma & 0 & 0 \\ 0 & 0 & 1 & 0 \\ 0 & 0 & 0 & 1 \end{pmatrix} \cdot \begin{pmatrix} x^0 \\ x^1 \\ x^2 \\ x^3 \end{pmatrix}, \tag{3.18}$$

bzw. in Kurzschreibung

$$\underline{x}' = \Lambda \cdot \underline{x}. \tag{3.19}$$

Dabei verwenden wir für Lorentz-Transformationen generell den großen griechischen Buchstaben Λ (Lambda). Der Vierervektor $\underline{x}$ hat die Komponenten x^μ
aus (3.16).

3.3.1 Spezielle Lorentz-Transformationen

Gl. (3.9) ist natürlich nicht die einzige Lorentz-Transformation. Sie verknüpft zwei Inertialsysteme, von denen das eine sich mit einer Geschwindigkeit β in x-Richtung relativ zum anderen bewegt. Solche reinen Transformationen in ein System, das sich mit einer bestimmten Geschwindigkeit gegen das momentane Inertialsystem bewegt, werden *Lorentz-Boost* genannt. Wichtige Spezialfälle der Lorentz-Transformation sind die Boosts Λ_x, Λ_y und Λ_z in x-, y- und z-Richtung, sowie reine Drehungen Λ_{D_i}

$$
\Lambda_x = \begin{pmatrix} \gamma & -\beta\gamma & 0 & 0 \\ -\beta\gamma & \gamma & 0 & 0 \\ 0 & 0 & 1 & 0 \\ 0 & 0 & 0 & 1 \end{pmatrix}, \quad
\Lambda_y = \begin{pmatrix} \gamma & 0 & -\beta\gamma & 0 \\ 0 & 1 & 0 & 0 \\ -\beta\gamma & 0 & \gamma & 0 \\ 0 & 0 & 0 & 1 \end{pmatrix},
$$

$$
\Lambda_z = \begin{pmatrix} \gamma & 0 & 0 & -\beta\gamma \\ 0 & 1 & 0 & 0 \\ 0 & 0 & 1 & 0 \\ -\beta\gamma & 0 & 0 & \gamma \end{pmatrix}, \quad
\Lambda_{D_i} = \begin{pmatrix} 1 & 0 & 0 & 0 \\ 0 & & & \\ 0 & & D_i & \\ 0 & & & \end{pmatrix},
$$

$$(3.20)$$

mit einer Drehmatrix D_i, für die $D_i^{\mathrm{T}} D_i = D_i D_i^{\mathrm{T}} = 1$ gilt. Die Standard-(3×3)-Drehmatrizen um die x-, y- bzw. z-Achse lauten

$$
D_x(\alpha) = \begin{pmatrix} 1 & 0 & 0 \\ 0 & \cos(\alpha) & -\sin(\alpha) \\ 0 & \sin(\alpha) & \cos(\alpha) \end{pmatrix}, \quad
D_y(\alpha) = \begin{pmatrix} \cos(\alpha) & 0 & \sin(\alpha) \\ 0 & 1 & 0 \\ -\sin(\alpha) & 0 & \cos(\alpha) \end{pmatrix},
$$

$$
D_z(\alpha) = \begin{pmatrix} \cos(\alpha) & -\sin(\alpha) & 0 \\ \sin(\alpha) & \cos(\alpha) & 0 \\ 0 & 0 & 1 \end{pmatrix}.
$$

$$(3.21)$$

Die Determinanten der einzelnen Boosts sowie der reinen Drehungen sind alle Eins. Die Inversen ergeben sich durch Vertauschen des Vorzeichens der Geschwindigkeit, $\beta \mapsto -\beta$, bzw. des Winkels $\alpha \mapsto -\alpha$.

3.3.2 Vergleich mit der Galilei-Transformation

In der Form (3.2) erkennt man die Ähnlichkeit zwischen Galilei-Transformationen und Lorentz-Transformationen nur schlecht. Wir können aber auch die Galilei-Transformationen ohne Verschiebung des Koordinatenursprungs in einer reinen

Matrixform schreiben. Dem Boost in x-Richtung in (3.20) entspricht die Galilei-Transformation

$$G_x = \begin{pmatrix} 1 & 0 & 0 & 0 \\ -\beta & 1 & 0 & 0 \\ 0 & 0 & 1 & 0 \\ 0 & 0 & 0 & 1 \end{pmatrix}. \tag{3.22}$$

Tatsächlich ist $\beta\gamma \approx \beta$ für $\beta \ll 1$. Der „Boost" in der Galilei-Transformation ist aber keine symmetrische Matrix, weil die Kopplung der Zeit an die Raumkomponenten vernachlässigt wird. In diesem Sinn ergibt sich die Galilei-Transformation also nicht streng als mathematischer Grenzfall der Lorentz-Transformation.

3.3.3 Rapidität

Wir können eine Lorentz-Transformation auch mit Hilfe der Rapidität θ ausdrücken, die definiert ist über die Beziehung

$$\tanh(\theta) = \beta \quad \text{bzw.} \quad \theta = \operatorname{artanh}(\beta) \tag{3.23}$$

(s. Abb. 3.3). Der Sinn hinter dieser Definition wird deutlich, wenn wir berücksichtigen, dass aus (3.23) die Zusammenhänge

$$\cosh(\theta) = \frac{1}{\sqrt{1-\beta^2}} = \gamma \quad \text{und} \quad \sinh(\theta) = \frac{\beta}{\sqrt{1-\beta^2}} = \gamma\beta \tag{3.24}$$

folgen. Damit können wir z. B. den Lorentz-Boost Λ_x in der Form

$$\Lambda_x = \begin{pmatrix} \cosh(\theta) & -\sinh(\theta) & 0 & 0 \\ -\sinh(\theta) & \cosh(\theta) & 0 & 0 \\ 0 & 0 & 1 & 0 \\ 0 & 0 & 0 & 1 \end{pmatrix} \tag{3.25}$$

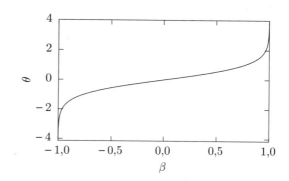

Abb. 3.3 Die Rapidität $\theta \in (-\infty, \infty)$ ist im Gegensatz zur Geschwindigkeit $\beta \in (-1, 1)$ eine unbeschränkte Funktion

schreiben. Zum Vergleich: Die elementare Drehmatrix einer Drehung um die
z-Achse im dreidimensionalen euklidischen Raum ist durch (3.21) gegeben, wobei
die Drehrichtung im mathematisch positiven Sinn gewählt wurde. Die inverse Drehmatrix folgt direkt aus der Rückdrehung um den selben Winkel, $D_z^{-1}(\varphi) = D_z(-\varphi)$.
Man erkennt die große Ähnlichkeit der Drehmatrix zum Boost (3.25). Wenn man
außerdem noch die Verwandschaft der trigonometrischen Funktionen „sin" und
„cos" und der hyperbolischen Funktionen „sinh" und „cosh" berücksichtigt, es
gilt ja z. B. $\cosh(\mathrm{i}x) = \cos(x)$, wird diese Ähnlichkeit noch größer. Die Lorentz-
Boosts sind also Drehungen um *hyperbolische Winkel* im Minkowski-Raum.

3.3.4 Hintereinanderschaltung von Lorentz-Transformationen

Natürlich lassen sich auch mehrere Lorentz-Transformationen hintereinander ausführen. Als Beispiel betrachten wir die Herleitung eines Lorentz-Boosts in ein Sys-
tem S', das sich mit der beliebigen Geschwindigkeit $v = (v_x, v_y, v_z)^{\mathrm{T}}$ bzw. $\boldsymbol{\beta} = (\beta_x, \beta_y,$
$\beta_z)^{\mathrm{T}}$ relativ zum System S bewegt. Die Achsen beider Systeme sollen dabei aber
parallel bleiben. Die Idee hinter der Berechnung ist, das System S so zu drehen, dass
die gedrehte x-Achse in Richtung der Geschwindigkeit $\boldsymbol{\beta}$ zeigt, dann einen Boost in
x-Richtung auszuführen und anschließend zurückzudrehen. Man startet mit einer
Rotation um die z-Achse mit Winkel φ_1, gefolgt von einer Rotation um die daraus
resultierende y-Achse mit Winkel φ_2 (s. Abb. 3.4). Mit der Definition

$$\beta_\perp = \sqrt{\beta_x^2 + \beta_y^2} \tag{3.26}$$

ergeben sich die Beziehungen

$$\sin(\varphi_1) = \frac{\beta_y}{\beta_\perp}, \quad \cos(\varphi_1) = \frac{\beta_x}{\beta_\perp} \tag{3.27a}$$

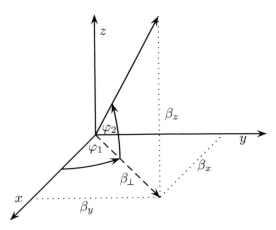

Abb. 3.4 Definition der Geschwindigkeitskomponenten β_x, β_y und β_z und ihr Zusammenhang mit
den Drehwinkeln φ_1 und φ_2

und

$$\sin(\varphi_2) = \frac{\beta_z}{\beta}, \quad \cos(\varphi_2) = \frac{\beta_\perp}{\beta} \tag{3.27b}$$

zwischen den Drehwinkeln und den Geschwindigkeitskomponenten. Dann erhalten wir direkt die Drehmatrizen

$$\Lambda_{D_z^{-1}} = \begin{pmatrix} 1 & 0 & 0 & 0 \\ 0 & \dfrac{\beta_x}{\beta_\perp} & \dfrac{\beta_y}{\beta_\perp} & 0 \\ 0 & -\dfrac{\beta_y}{\beta_\perp} & \dfrac{\beta_x}{\beta_\perp} & 0 \\ 0 & 0 & 0 & 1 \end{pmatrix} \quad \text{und} \quad \Lambda_{D_y^{-1}} = \begin{pmatrix} 1 & 0 & 0 & 0 \\ 0 & \dfrac{\beta_\perp}{\beta} & 0 & \dfrac{\beta_z}{\beta} \\ 0 & 0 & 1 & 0 \\ 0 & -\dfrac{\beta_z}{\beta} & 0 & \dfrac{\beta_\perp}{\beta} \end{pmatrix}. \tag{3.28}$$

Man beachte hier, dass die mathematisch positive Drehrichtung D_z umgekehrt werden muss, weil der Geschwindigkeitsvektor β auf die x-Achse zurück gedreht werden soll.

Der allgemeine Lorentz-Boost ist dann gegeben über

$$\Lambda_{\mathrm{B}} = \Lambda_R^{\mathrm{T}} \cdot \Lambda_x \cdot \Lambda_R, \tag{3.29}$$

mit der resultierenden Gesamtdrehung

$$\Lambda_R = \Lambda_{D_y^{-1}} \cdot \Lambda_{D_z^{-1}} = \begin{pmatrix} 1 & 0 & 0 & 0 \\ 0 & \dfrac{\beta_x}{\beta} & \dfrac{\beta_y}{\beta} & \dfrac{\beta_z}{\beta} \\ 0 & -\dfrac{\beta_y}{\beta_\perp} & \dfrac{\beta_x}{\beta_\perp} & 0 \\ 0 & -\dfrac{\beta_x \beta_z}{\beta \beta_\perp} & -\dfrac{\beta_y \beta_z}{\beta \beta_\perp} & \dfrac{\beta_\perp}{\beta} \end{pmatrix}. \tag{3.30}$$

Am Ende finden wir die explizite Form

$$\Lambda_{\mathrm{B}} = \begin{pmatrix} \gamma & -\gamma\beta_x & -\gamma\beta_y & -\gamma\beta_z \\ -\gamma\beta_x & & & \\ -\gamma\beta_y & \dfrac{\beta_i \beta_j (\gamma-1)}{\beta^2} & + \delta_{ij} & \\ -\gamma\beta_z & & & \end{pmatrix} = \begin{pmatrix} \gamma & -\gamma\beta_x & -\gamma\beta_y & -\gamma\beta_z \\ -\gamma\beta_x & & & \\ -\gamma\beta_y & \dfrac{\gamma^2}{\gamma+1} \beta_i \beta_j + \delta_{ij} & \\ -\gamma\beta_z & & & \end{pmatrix} \tag{3.31}$$

für diese Lorentz-Transformation. Die zum allgemeinen Lorentz-Boost (3.31) gehörende Matrix ist symmetrisch, jeder Boost ist dementsprechend durch eine symmetrische Matrix repräsentiert. Allerdings gilt das nicht für jede Lorentz-Transformation, da Rotationen keinen symmetrischen Matrizen entsprechen.

3.4   Additionstheorem der Geschwindigkeit

Gegeben seien drei Koordinatensysteme S, S' und S''. S' bewege sich relativ zu S mit Geschwindigkeit β_1 parallel zur x-Achse, und S'' bewege sich relativ zu S' mit Geschwindigkeit β_2 parallel zur x'-Achse. Die Frage, der wir nun nachgehen wollen ist, mit welcher Geschwindigkeit sich S'' relativ zu S bewegt.

Laut Galilei-Transformation müssten wir die Geschwindigkeiten einfach addieren, also $\beta_3 = \beta_1 + \beta_2$. In der SRT müssen wir jedoch die Lorentz-Transformationen berücksichtigen, wobei $\Lambda_3 = \Lambda_2 \cdot \Lambda_1$ gilt. Mit der Form des Boosts in x-Richtung aus (3.20) folgt dann für die relevanten $(ct\text{-}x)$-Komponenten

$$\Lambda_3 = \begin{pmatrix} \gamma_2 & -\beta_2\gamma_2 \\ -\beta_2\gamma_2 & \gamma_2 \end{pmatrix} \cdot \begin{pmatrix} \gamma_1 & -\beta_1\gamma_1 \\ -\beta_1\gamma_1 & \gamma_1 \end{pmatrix} \tag{3.32}$$

$$= \begin{pmatrix} \gamma_1\gamma_2(1+\beta_1\beta_2) & -\gamma_1\gamma_2(\beta_1+\beta_2) \\ -\gamma_1\gamma_2(\beta_1+\beta_2) & \gamma_1\gamma_2(1+\beta_1\beta_2) \end{pmatrix}.$$

Da Λ_3 eine symmetrische Matrix ist, liegt die Vermutung nahe, dass hiesige Hintereinanderausführung zweier Boosts wieder einen Boost ergibt. Aus (3.32) ergeben sich dann die Bestimmungsgleichungen

$$\gamma_3 = \gamma_1\gamma_2(1+\beta_1\beta_2), \tag{3.33a}$$

$$\beta_3\gamma_3 = \gamma_1\gamma_2(\beta_1+\beta_2). \tag{3.33b}$$

Gl. (3.33a) ergibt mit der Definition von γ in (3.15)

$$\gamma_3 = \frac{1}{\sqrt{1-\beta_3^2}} = \frac{1+\beta_1\beta_2}{\sqrt{(1-\beta_1^2)(1-\beta_2^2)}}. \tag{3.34}$$

Wir formen die rechte Seite entsprechend der linken Seite um über

$$\frac{1+\beta_1\beta_2}{\sqrt{(1-\beta_1^2)(1-\beta_2^2)}} = \frac{1}{\sqrt{\dfrac{(1-\beta_1^2)(1-\beta_2^2)}{(1+\beta_1\beta_2)^2}}} = \frac{1}{\sqrt{1-\dfrac{(\beta_1+\beta_2)^2}{(1+\beta_1\beta_2)^2}}}, \tag{3.35}$$

also

$$\gamma_3 = \frac{1}{\sqrt{1-\left(\dfrac{\beta_1+\beta_2}{1+\beta_1\beta_2}\right)^2}}. \tag{3.36}$$

Abb. 3.5 Addition zweier gleich großer Geschwindigkeiten β_1 und β_2 in der SRT und nach der Galilei-Transformation

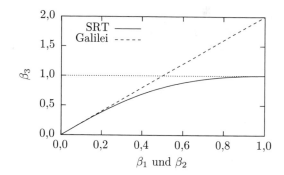

Die Relativgeschwindigkeit von S'' zu S ist demnach

$$\beta_3 = \frac{\beta_1 + \beta_2}{1 + \beta_1\beta_2}, \quad \text{bzw.} \quad v_3 = \frac{v_1 + v_2}{1 + (v_1 v_2)/c^2}. \tag{3.37}$$

Wir können durch Einsetzen in (3.33b) leicht überprüfen, dass der gefundene Wert β_3 auch diese Gleichung erfüllt. Gl. (3.37) nennt man das *Additionstheorem der Geschwindigkeit* in der SRT im Fall von parallelen Geschwindigkeiten.

Setzen wir z. B. $v_1 < c$ und $v_2 = c$, so ergibt sich

$$v_3 = \frac{v_1 + c}{1 + \dfrac{v_1 c}{c^2}} = \frac{v_1 + c}{\dfrac{v_1 + c}{c}} = c. \tag{3.38}$$

Die Geschwindigkeit v_3 kann also wie gefordert maximal gleich der Lichtgeschwindigkeit werden. Abb. 3.5 zeigt das Ergebnis der Addition zweier gleich großer Geschwindigkeiten β_1 und β_2 nach der Galilei-Transformation und anhand der Lorentz-Transformation. Für kleine Geschwindigkeiten liefern beide Transformationen natürlich das gleiche Ergebnis.

3.4.1 Geschwindigkeitsaddition und Rapidität

In (3.23) haben wir die Rapidität $\theta = \text{artanh}(\beta)$ eingeführt, mit der sich die Lorentz-Boosts analog zu Drehmatrizen mit dem hyperbolischen Winkel θ formulieren lassen. Für zwei hintereinander ausgeführte Drehungen, z. B. um die z-Achse, mit den Drehwinkeln φ_1 und φ_2 gilt

$$\boldsymbol{D}_z(\varphi_2) \cdot \boldsymbol{D}_z(\varphi_1) = \boldsymbol{D}_z(\varphi_1 + \varphi_2), \tag{3.39}$$

d. h. die Drehwinkel addieren sich einfach. Analog gilt für die Rapidität

$$\Lambda(\theta_1) \cdot \Lambda(\theta_2) = \Lambda(\theta_1 + \theta_2), \tag{3.40}$$

wie in Übung 3.6.1 gezeigt werden soll. Die Rapiditäten zweier paralleler Boosts addieren sich also ebenfalls einfach, was die Analogie zu Rotationen noch deutlicher macht.

3.4.2 Addition nicht paralleler Geschwindigkeiten

Bei der Addition nicht paralleler Geschwindigkeiten müssen wir bei der Galilei-Transformation die entsprechende Rechnung einfach vektoriell ausführen, also $v_3 = v_1 + v_2$.

Wir untersuchen jetzt diesen Fall bei der Lorentz-Transformation. Wir beschränken uns auf den Sonderfall der Kombination eines Boosts in x-Richtung mit einem anschließenden Boost in y-Richtung und folgen eng der Diskussion von Ferraro und Thibeault [2].

Die Lorentz-Matrizen Λ_x und Λ_y für die beiden Boosts lauten

$$
\Lambda_x = \begin{pmatrix} \gamma_x & -\gamma_x\beta_x & 0 & 0 \\ -\gamma_x\beta_x & \gamma_x & 0 & 0 \\ 0 & 0 & 1 & 0 \\ 0 & 0 & 0 & 1 \end{pmatrix} \quad \text{und} \quad \Lambda_y = \begin{pmatrix} \gamma_y & 0 & -\gamma_y\beta_y & 0 \\ 0 & 1 & 0 & 0 \\ -\gamma_y\beta_y & 0 & \gamma_y & 0 \\ 0 & 0 & 0 & 1 \end{pmatrix} \tag{3.41}
$$

wobei $\gamma_x = 1\big/\sqrt{1-\beta_x^2}$ und $\gamma_y = 1\big/\sqrt{1-\beta_y^2}$. Die Hintereinanderausführung dieser beiden Boosts ergibt

$$
\Lambda_y \cdot \Lambda_x = \begin{pmatrix} \gamma_y\gamma_x & -\gamma_y\gamma_x\beta_x & -\gamma_y\beta_y & 0 \\ -\gamma_x\beta_x & \gamma_x & 0 & 0 \\ -\gamma_x\gamma_y\beta_y & \gamma_x\beta_x\gamma_y\beta_y & \gamma_y & 0 \\ 0 & 0 & 0 & 1 \end{pmatrix}. \tag{3.42}
$$

Diese Matrix ist nicht symmetrisch und kann daher nicht als reiner Boost geschrieben werden, da jeder Boost nach (3.31) durch eine symmetrische Matrix dargestellt werden kann. Wenn wir jedoch eine zusätzliche Rotation einfügen, gelangen wir wieder zu einer Boost-Transformation. Um den zugehörigen Rotationswinkel ϑ zu finden, machen wir folgenden Ansatz

$$
\Lambda_{\text{Boost}} = \Lambda_{D_z} \cdot \Lambda_y \cdot \Lambda_x, \tag{3.43}
$$

mit der Drehung

$$
\Lambda_{D_z} = \begin{pmatrix} 1 & 0 & 0 & 0 \\ 0 & \cos(\vartheta) & -\sin(\vartheta) & 0 \\ 0 & \sin(\vartheta) & \cos(\vartheta) & 0 \\ 0 & 0 & 0 & 1 \end{pmatrix}, \tag{3.44}
$$

Wir müssen dann in dieser allgemeinen Matrix den Winkel ϑ so bestimmen, dass Λ_{Boost} symmetrisch wird und damit ein Boost ist. Die Rechnung ergibt.

$$\Lambda_{\text{Boost}} =$$
$$\begin{pmatrix} \gamma_y\gamma_x & -\gamma_y\gamma_x\beta_x & -\gamma_y\beta_y & 0 \\ -\gamma_x\beta_x\cos(\vartheta) + \gamma_y\gamma_x\beta_y\sin(\vartheta) & \gamma_x\cos(\vartheta) - \gamma_y\gamma_x\beta_y\beta_x\sin(\vartheta) & -\gamma_y\sin(\vartheta) & 0 \\ -\gamma_x\beta_x\sin(\vartheta) - \gamma_x\gamma_y\beta_y\cos(\vartheta) & \gamma_x\sin(\vartheta) + \gamma_x\gamma_y\beta_x\beta_y\cos(\vartheta) & \gamma_y\cos(\vartheta) & 0 \\ 0 & 0 & 0 & 1 \end{pmatrix} \quad (3.45)$$

Die Bedingung, dass diese Matrix symmetrisch ist, führt auf drei Gleichungen:

$$\cos(\vartheta) = \frac{\gamma_y(\beta_y\sin(\vartheta) + \beta_x)}{\beta_x} \tag{3.46a}$$

aus dem Vergleich der 01- und der 10-Komponente,

$$\cos(\vartheta) = \frac{\gamma_y\beta_y - \gamma_x\beta_x\sin(\vartheta)}{\gamma_y\gamma_x\beta_y} \tag{3.46b}$$

aus dem Vergleich der 02- und 20-Komponente und

$$\tan(\vartheta) = -\frac{\gamma_x\beta_x\gamma_y\beta_y}{\gamma_x + \gamma_y} \tag{3.46c}$$

aus dem Vergleich der 12- und 21-Komponente. Gleichsetzen von (3.46a) und (3.46b) führt auf

$$\sin(\vartheta) = \frac{(1 - \gamma_x\gamma_y)\gamma_y\beta_x\beta_y}{\gamma_x(\beta_x^2 + \gamma_y^2\beta_y^2)} = -\frac{\gamma_x\gamma_y\beta_x\beta_y}{\gamma_x\gamma_y + 1}. \tag{3.47}$$

Im zweiten Schritt wurde dabei mit γ_x erweitert und der Zusammenhang $\beta^2\gamma^2 = \gamma^2 - 1$, sowie die dritte binomische Formel verwendet. Mit $\cos(\vartheta) = \sqrt{1 - \sin^2(\vartheta)}$ für $\vartheta \in [0, \pi/2]$ erhält man dann noch

$$\cos(\vartheta) = \frac{\gamma_x + \gamma_y}{\gamma_x\gamma_y + 1}. \tag{3.48}$$

Mit $\sin(x) = \tan(x)/\sqrt{1 + \tan^2(x)}$ kann man zeigen, dass (3.46c) auf die gleiche Relation führt.

Einsetzen von (3.47) und (3.48) in (3.45) führt schließlich auf

$$
\Lambda_{\text{Boost}} = \begin{pmatrix} \gamma_y\gamma_x & -\gamma_y\gamma_x\beta_x & -\gamma_y\beta_y & 0 \\ -\gamma_y\gamma_x\beta_x & \left(1+\dfrac{\gamma_x^2\beta_x^2\gamma_y^2}{\gamma_x\gamma_y+1}\right) & \dfrac{\gamma_x\beta_x\gamma_y^2\beta_y}{\gamma_x\gamma_y+1} & 0 \\ -\gamma_y\beta_y & \dfrac{\gamma_x\beta_x\gamma_y^2\beta_y}{\gamma_x\gamma_y+1} & \dfrac{\gamma_y(\gamma_x+\gamma_y)}{\gamma_x\gamma_y+1} & 0 \\ 0 & 0 & 0 & 1 \end{pmatrix}. \tag{3.49}
$$

Diese Matrix ist wie gefordert symmetrisch und stellt daher einen Boost dar. Durch Vergleich mit dem Ausdruck für den allgemeinen Boost in (3.31) können wir die Richtung und den Betrag der zugehörigen Geschwindigkeit leicht finden, denn wir erhalten die Relationen

$$
\Lambda_{00} = \gamma, \quad \Lambda_{01} = -\gamma\beta_x, \quad \Lambda_{02} = -\gamma\beta_y, \quad \Lambda_{03} = -\gamma\beta_z, \tag{3.50}
$$

wobei $\beta_z = 0$ offensichtlich ist. Die Boostgeschwindigkeit ergibt sich aus Vergleich der 00-Komponenten, d. h.

$$
\gamma = \gamma_x\gamma_y, \quad \text{bzw.} \quad \beta = \sqrt{\beta_x^2 + \beta_y^2 - \beta_x^2\beta_y^2}. \tag{3.51}
$$

Aus den beiden verbleibenden Gleichungen ergibt sich

$$
\beta = \begin{pmatrix} \beta_x \\ \beta_y/\gamma_x \\ 0 \end{pmatrix}. \tag{3.52}
$$

Der Faktor $1/\gamma_x$ in der y-Komponente der Geschwindigkeit unterscheidet das Ergebnis vom nichtrelativistischen Fall.

Um uns diese Ergebnisse noch etwas zu veranschaulichen, betrachten wir wie bei der Addition paralleler Geschwindigkeiten den Sonderfall $\beta_x = \beta_y$. Aus der Galilei-Transformation folgt dann der Geschwindigkeitsbetrag $\beta = \sqrt{2}\beta_x$. Wir finden stattdessen $\beta = \beta_x\sqrt{2 - \beta_x^2}$. Wieder kann die Gesamtgeschwindigkeit natürlich maximal gegen den Wert $\beta = 1$ gehen. Abb. 3.6 dient dem Vergleich dieses Ergebnisses mit dem Fall paralleler Addition und der Galilei-Transformation. Nicht nur der Betrag der Geschwindigkeit, sondern auch ihre Richtung unterscheidet sich vom nichtrelativistischen Fall. Bei der Galilei-Transformation ist der Winkel des Geschwindigkeitsvektors relativ zur x-Achse immer $\varphi_{\text{Gal}} = \arctan(\beta_y/\beta_x) = \pi/4$. Da für große β_x der Faktor $1/\gamma_x$ gegen Null geht, finden wir als Grenzwinkel für große Geschwindigkeiten in der SRT dagegen $\varphi \to 0$, d. h. die resultierende Geschwindigkeit zeigt fast in Richtung der x-Achse. Gleichzeitig gilt für den Rotationswinkel mit (3.48)

Abb. 3.6 Betrag der Gesamtgeschwindigkeit bei Addition zweier gleich großer senkrecht stehender Geschwindigkeiten β_x und β_y in der SRT und nach der Galilei-Transformation

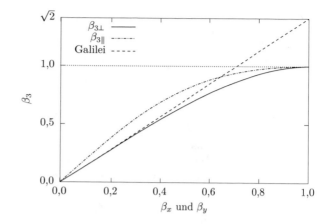

Abb. 3.7 Drehwinkel ϑ und Geschwindigkeitsrichtung φ bei Addition zweier gleich großer senkrecht stehender Geschwindigkeiten β_x und β_y

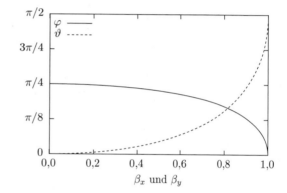

$$\vartheta = \arccos\left(\frac{2\gamma_x}{1+\gamma_x^2}\right). \tag{3.53}$$

Das Argument des Arkuskosinus geht für große Geschwindigkeiten gegen Null, d. h. der Grenzwinkel ist $\vartheta \to \pi/2$, das resultierende Koordinatensystem ist um 90° verdreht (s. Abb. 3.7).

3.5 Minkowski-Diagramm

Die graphische Darstellung von eindimensionalen Bewegungen erfolgt für gewöhnlich in Form eines Weg-Zeit-Diagramms mit der Zeit auf der Ordinate und dem zurückgelegten Weg auf der Abszisse. Einen Punkt innerhalb des Weg-Zeit-Diagramms nennt man auch ein Ereignis, welches zu einem bestimmten Zeitpunkt an einem bestimmten Ort stattfindet. Die jeweiligen Achsenabschnitte heißen *Koordinaten* des Ereignisses.

Im Hinblick auf die Relativitätstheorie müssen wir uns nun klar werden, dass ein Ereignis unabhängig von jedweden Koordinaten stattfindet. Um aber Berechnungen durchführen zu können, müssen wir uns auf ein Koordinatensystem einigen, sodass wir dem Ereignis Koordinaten zuweisen können.

Der genaue Ursprung des Koordinatensystems ist dabei willkürlich, und auch eine etwaige Bewegung kann, solange wir im Bereich der Newton'schen Mechanik bleiben, aufgrund der Galilei-Invarianz einfach wegtransformiert werden. Gehen wir zur SRT über, müssen wir dem Bewegungszustand eines Beobachters größere Aufmerksamkeit schenken.

Das *Minkowski-Diagramm*[3] ist die Erweiterung des gewöhnlichen Weg-Zeit-Diagramms hin zur Darstellung von Ereignissen in zwei sich relativ zueinander bewegenden Bezugssystemen. Die Koordinatentransformation zwischen beiden Systemen ist durch die Lorentz-Transformation gegeben, die im Minkowski-Diagramm veranschaulicht werden soll. Wir beschränken uns hier auf das $1+1$ D-Min-kowski-Diagramm bestehend aus einer Raum- und einer Zeitachse. Im Fall der Bewegung in x-Richtung lautet die zugehörige Lorentz-Transformation

$$ct' = \gamma\left(ct - \beta x\right), \quad x' = \gamma\left(x - \beta ct\right), \quad y' = y, \quad z' = z. \tag{3.54}$$

Multiplizieren wir die Zeit-Achse mit der Lichtgeschwindigkeit c durch und skalieren wir die x- und die ct-Achse gleich, so bewegen sich Lichtstrahlen auf Geraden mit Steigung $\pm 45°$. Zeichnen wir die in positive und negative x-Richtung laufenden Lichtstrahlen für ein bestimmtes Ereignis E ein, so wird das Minkowski-Diagramm in drei unterschiedliche Bereiche aufgeteilt, die die kausale Struktur der Raumzeit wiederspiegeln (s. Abb. 3.8).

Man bezeichnet diese separierenden Lichtstrahlen auch als zukunfts- beziehungsweise vergangenheitsgerichtete *Lichtkegel*. Alle Ereignisse, die sich innerhalb des zukunftsgerichteten Lichtkegels befinden, können von dem Ereignis E prinzipiell beeinflusst werden. Dies kann entweder durch ein massebehaftetes Teilchen, welches sich auf einer *zeitartigen* Trajektorie mit einer Geschwindigkeit $v < c$ bewegt, oder durch einen Lichtstrahl auf einer *lichtartigen* Bahn sein. Dementsprechend können alle Ereignisse innerhalb des vergangenheitsgerichteten Lichtkegels Einfluss auf E nehmen. Alle anderen Ereignisse sind kausal von dem Ereignis E entkoppelt und werden als *raumartig* zu E bezeichnet.

Wir wollen uns nun überlegen, wie zwei Bezugssysteme S und S', die über die Lorentz-Transformation (3.54) verknüpft sind, in ein Diagramm eingezeichnet werden können. Sei S das ruhende Bezugssystem mit den Koordinatenachsen ct und x, und S' das dazu bewegte System. Ein Beobachter, der im System S' im Ursprung ruht, erfüllt die Beziehung $x' = \gamma(x - \beta ct) = 0$. Seine zeitartige Trajektorie, auch *Weltlinie* genannt, wird daher durch die Gleichung $ct = x/\beta$ beschrieben. Alle Ereignisse, die gleichzeitig zu $t' = 0$ stattfinden, werden durch die Beziehung $ct' = \gamma(ct - \beta x) = 0$

---

[3] Hermann Minkowski, 1864–1909, russischstämmiger deutscher Mathematiker und Physiker.

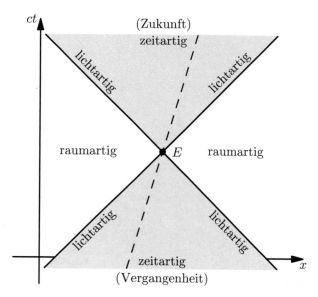

Abb. 3.8 Minkowski-Diagramm mit Ereignis E und zugehörigem Lichtkegel, der raumartige und zeitartige Ereignisse trennt. Die *gestrichelte Linie* zeigt die Weltlinie eines Beobachters, der sich mit konstanter Geschwindigkeit in positiver x-Richtung bewegt und das Ereignis E durchläuft

definiert, was uns zur Geradengleichung $ct = \beta x$ führt. Beide Geraden liefern uns bereits die Koordinatenachsen des Systems S', wobei der Winkel

$$\psi = \arctan(\beta) \tag{3.55}$$

zwischen der ct- und der ct'-Achse gleich dem Winkel zwischen der x- und der x'-Achse ist (s. Abb. 3.9).

Die Skalenstriche (engl. ticks) entlang der Koordinatenachsen können ebenfalls direkt aus der Lorentz-Transformation hergeleitet werden. Im Fall der ct'-Achse gilt weiterhin $x' = 0$, also $ct = x/\beta$, und zusätzlich ist $ct' = \gamma(ct - \beta x) = n$ mit $n \in \mathbb{N}$. Daraus folgen die Koordinaten ($ct = n\gamma$, $x = n\beta\gamma$) der Ticks bezogen auf S. Eine analoge Rechnung liefert uns die Koordinaten der Ticks entlang der x'-Achse, ($ct = n\beta\gamma$, $x = n\gamma$). Wir hätten die Ticks auch durch die Schnitte der Hyperbeln $s^2 = |ct^2 - x^2| = |ct'^2 - x'^2| = s'^2 = n^2$ mit den Koordinatenachsen bestimmen können.

Die Koordinaten eines Ereignisses E können wir nun sowohl bezogen auf das System S, als auch bezüglich S' ermitteln. Die orthogonale Projektion von E auf die Achsen x und ct liefert uns die Koordinaten in S. Die Achsenabschnitte bezogen auf S' erhalten wir durch Parallelverschiebung der x'- bzw. ct'-Achse durch das Ereignis E. Diese Konstruktion ergibt sich, da Ereignisse zur gleichen Zeit bzw. am gleichen Ort jeweils parallel zu den entsprechenden Achsen liegen müssen.

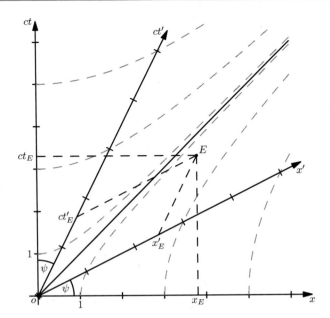

Abb. 3.9 Minkowski-Diagramm für ein Bezugssystem S', welches sich mit der Geschwindigkeit $\beta = 0{,}5$ relativ zu S bewegt. Die gestrichelten Hyperbeln repräsentieren die Invarianz-Beziehung $s^2 = |ct^2 - x^2| = |ct'^2 - x'^2| = s'^2$. Die Winkelhalbierende entspricht einem Lichtstrahl, der zur Zeit $t = t' = 0$ vom Beobachter im Ursprung in positive x-Richtung emittiert wird

3.6   Übungsaufgaben

3.6.1   Galilei-Invarianz der Newton'schen Bewegungsgleichungen

Zeigen Sie, dass die Newton'schen Bewegungsgleichungen (3.1) gegenüber der Galilei-Transformation (3.2) invariant sind.

3.6.2   Geschwindigkeitsadditionstheorem und der Fizeau-Versuch

In Abschn. 2.3 haben wir den von Fizeau durchgeführten Versuch zur Äthermitbewegung kennengelernt. Zeigen Sie, dass sich (2.14) aus dem Geschwindigkeitsadditionstheorem (3.37) ergibt.

3.6.3 Geschwindigkeitsadditionstheorem bei Verwendung der Rapidität

Zeigen Sie, dass der Zusammenhang (3.40) gilt, welcher besagt, dass bei zwei hintereinander ausgeführten Boosts in gleiche Richtung sich die Rapiditäten addieren. Verwenden Sie dazu die Additionstheoreme

$$\cosh(\theta_1)\cosh(\theta_2) + \sinh(\theta_1)\sinh(\theta_2) = \cosh(\theta_1 + \theta_2) \qquad (3.56a)$$

$$\cosh(\theta_1)\sinh(\theta_2) + \sinh(\theta_1)\cosh(\theta_2) = \sinh(\theta_1 + \theta_2) \qquad (3.56b)$$

für die hyperbolischen Funktionen, sowie die Definitionen

$$\operatorname{artanh}(x) = \frac{1}{2}\ln\left(\frac{1+x}{1-x}\right) \quad \text{und} \quad \tanh(x) = \frac{e^{2x}-1}{e^{2x}+1}. \qquad (3.57)$$

Literatur

1. Einstein, A.: Zur Elektrodynamik bewegter Körper. Ann. Phys. **17**(10), 891–921 (1905)
2. Ferraro, R., Thibeault, M.: Generic composition of boosts: an elementary derivation of the Wigner rotation. Eur. J. Phys. **20**(3), 143 (1999)
3. Misner, C.W., Thorne, K.S., Wheeler, J.A.: Gravitation. W.H. Freeman, New York (1973)

Physikalische Folgen der Lorentz-Invarianz

4

Inhaltsverzeichnis

Die Lorentz-Invarianz der physikalischen Gesetze führt zu einer Vielzahl von Phänomenen, die in der nichtrelativistischen, durch die Galilei-Transformation bestimmten Physik nicht auftreten. Praktisch alle diese Konsequenzen der SRT widersprechen unserem Alltagsverständnis, weil sie erst bei hohen Geschwindigkeiten große Effekte aufweisen.

4.1   Verlust der Gleichzeitigkeit

Wir haben alle ein elementares Verständnis, was es bedeutet, wenn zwei Ereignisse „gleichzeitig" stattfinden. Praktisch jeder von uns besitzt heute mindestens eine sehr genau gehende Uhr und wir müssen nur die jeweiligen Uhrzeiten vergleichen, die z. B. zwei Beobachter an unterschiedlichen Orten bei bestimmten Ereignissen gemessen haben, und können dann entscheiden, ob diese beiden Ereignisse, innerhalb der Messgenauigkeit, gleichzeitig stattgefunden haben.

Woher wissen wir aber, dass beide Uhren wirklich synchron gehen? Bei den Genauigkeiten, die im Alltag wichtig sind, ist diese Frage nebensächlich, wir können die beiden Uhren einfach zusammenbringen und vergleichen. Auf einer fundamentaleren Ebene ist diese Frage aber überhaupt nicht trivial, denn um die beiden Uhren zusammenzuführen, muss mindestens eine aus ihrem Ruhsystem heraus-

© Springer-Verlag GmbH Deutschland, ein Teil von Springer Nature 2022
S. Boblest et al., *Spezielle und allgemeine Relativitätstheorie*,
https://doi.org/10.1007/978-3-662-63352-6_4

Abb. 4.1 Schema zur Uhrensynchronisation. Zwei Uhren im Abstand d werden genau dann auf $t = 0$ gestellt, wenn der Lichtstrahl, der in der Mitte gleichzeitig zu beiden Uhren ausgesendet wurde, sie erreicht

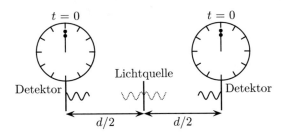

bewegt werden, dabei transformieren sich ihre Koordinaten entsprechend der Lorentz-Transformation. Weil dabei die Zeit mittransformiert wird, zerstört dieser Vorgang tatsächlich die Synchronität.

Eine Möglichkeit zwei Uhren an unterschiedlichen Orten zu synchronisieren ist in Abb. 4.1 gezeigt. Die beiden Uhren sollen in einem Abstand d ruhen. Eine Apparatur in der Mitte sendet gleichzeitig einen Lichtstrahl zu beiden Uhren aus. Beide Uhren werden dann auf $t = 0$ gestellt, wenn der Lichtstrahl sie erreicht. Nach einem ähnlichen Prinzip funktionieren auch Funkuhren, die ihren Gang regelmäßig mit einem Zeitzeichensender abgleichen. Die Ungenauigkeit aufgrund der unterschiedlichen Abstände zum Sender wird in diesem Fall vernachlässigt, ließe sich aber für ein genaueres Ergebnis auch nachträglich korrigieren.

Wir möchten jetzt untersuchen, wie sich die Gleichzeitigkeit von Ereignissen in verschiedenen Bezugssystemen darstellt. Dazu betrachten wir zwei Systeme S und S', wobei sich S' relativ zu S mit der Geschwindigkeit $\beta > 0$ entlang der x-Achse bewegt. In S' sollen zwei Ereignisse E_1 („Uhr 1 zeigt $t_1' = 3$") und E_2 („Uhr 2 zeigt $t_2' = 3$") gleichzeitig an verschiedenen Orten stattfinden. Es gilt also

$$E_1 : \left(ct_1', x_1' \right) \quad \text{und} \quad E_2 : \left(ct_2', x_2' \right) \quad \text{mit} \quad x_1' \neq x_2'. \tag{4.1}$$

Uns interessieren die Zeitkoordinaten der beiden Ereignisse bezogen auf das System S. Dazu verwenden wir die inverse Lorentz-Transformation

$$ct = \gamma \left(ct' + \beta x' \right), \quad x = \gamma \left(x' + \beta ct' \right). \tag{4.2}$$

Aus der Differenz der Zeitkoordinaten in S,

$$ct_2 - ct_1 = \gamma \left(ct_2' + \beta x_2' - ct_1' - \beta x_1' \right) = \gamma \beta \left(x_2' - x_1' \right) \tag{4.3}$$

folgt wegen $t_1' = t_2'$ und $x_1' \neq x_2'$, dass $t_2 \neq t_1$ ist. Im System S finden die beiden Ereignisse also nicht gleichzeitig statt (s. Abb. 4.2).

Wenn die Gleichzeitigkeit von Ereignissen vom Inertialsystem abhängt, so kann auch die zeitliche Abfolge von Ereignissen in unterschiedlichen Systemen verschieden sein. Auf den ersten Blick erscheint das unphysikalisch, denn eine willkürliche zeitliche Abfolge von Ereignissen scheint das Kausalitätsprinzip von Ursache und Wirkung zu verletzen. Die Lösung für dieses Problem liegt darin, dass die hier betrachteten Punkte jeweils raumartige Intervalle bilden. Zwei in einem Inertial-

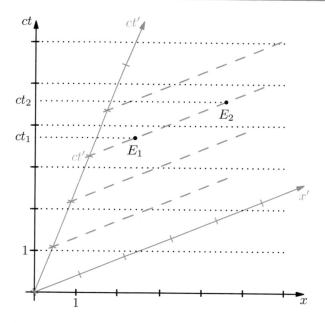

Abb. 4.2 Das System S' bewege sich mit der Geschwindigkeit $\beta = 0{,}5$ relativ zu S. Zwei Ereignisse E_1 und E_2, die im System S' zur gleichen Zeit, aber an unterschiedlichen Orten stattfinden, finden im System S nicht gleichzeitig statt. Die *grauen, gestrichelten Linien* geben Orte gleicher Zeit in S' an, wohingegen die *schwarzen, gepunkteten Linien* Orte gleicher Zeit in S bestimmen

system zur gleichen Zeit an verschiedenen Orten stattfindende Ereignisse sind nicht kausal verbunden. Die Abfolge zeitartiger, d. h. möglicherweise kausal verknüpfter, Ereignisse dagegen ist in jedem Inertialsystem gleich, auch wenn hier verschiedene Zeitdifferenzen möglich sind.

4.2   Lorentz-Kontraktion bewegter Maßstäbe

Der Effekt der *Lorentz-Kontraktion* ist mit dem Verlust der Gleichzeitigkeit aus dem vorherigen Abschnitt eng verbunden. Betrachten wir wieder ein System S', welches sich mit der Geschwindigkeit $\beta > 0$ bezüglich S bewege. Ein Stab mit der Länge $l' = |x_B' - x_A'|$ ruhe in S'. Seine beiden Endpunkte werden durch die Weltlinien $\mathcal{W}_A$ und $\mathcal{W}_B$ beschrieben (s. Abb. 4.3). Betrachten wir den Stab zur Zeit $ct' = 0$, so stellen wir fest, dass die beiden Ereignisse an den Endpunkten des Stabes, die wir zur Längenmessung verwenden, bezogen auf S nicht gleichzeitig stattfinden. Nun bedeutet aber eine Längenmessung, dass wir die Orte der Endpunkte zur *gleichen Zeit* bestimmen müssen, um aus deren Differenz die Länge ermitteln zu können. Für die Längenmessung in S heißt das, dass wir zwei Beobachter O_A und O_B finden müssen, die sich zur Zeit ct_0 an den jeweiligen Endpunkten des Stabes befinden. Aus deren räumlichen Abstand erhalten wir dann die gemessene Länge $l = |x_B - x_A|$ in S.

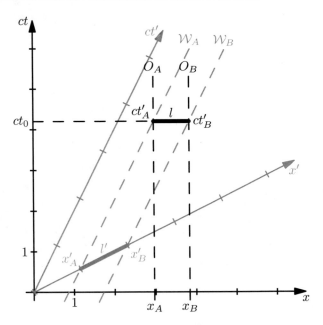

Abb. 4.3 Längenkontraktion eines in S' ruhenden Stabes der Länge l'. Die in S ruhenden Beobachter O_A und O_B messen zur Zeit ct_0 die Länge l. S' bewegt sich gegenüber S mit $\beta = 0{,}5$

Um den Zusammenhang zwischen der Ruhelänge l' und der in S gemessenen Länge l herzustellen, benötigen wir zunächst die Weltlinien $\mathcal{W}_A$ und $\mathcal{W}_B$ der beiden Endpunkte, die wir jeweils mit Hilfe der Koordinatenzeit t'_A beziehungsweise t'_B parametrisieren,

$$\mathcal{W}_A : ct_A = \gamma\left(ct'_A + \beta x'_A\right), x_A = \gamma\left(x'_A + \beta ct'_A\right), \tag{4.4}$$

$$\mathcal{W}_B : ct_B = \gamma\left(ct'_B + \beta x'_B\right), x_B = \gamma\left(x'_B + \beta ct'_B\right), \tag{4.5}$$

Die Längenmessung erfolgt gleichzeitig in S, was uns zu $t_A = t_B = t_0$ führt. Damit können wir die Zeiten t'_A und t'_B ermitteln und in die Gleichungen für die Orte x_A und x_B einsetzen. Deren Differenz führt uns auf

$$l = |x_B - x_A| = \frac{|x'_B + \beta t_0 - x'_A - \beta t_0|}{\gamma} = \frac{|x'_B - x'_A|}{\gamma} = \frac{l'}{\gamma}. \tag{4.6}$$

Da $\gamma > 1$ für $\beta > 0$ ist, ist die in S gemessene Länge l stets kürzer als die Ruhelänge l'.

Wir betrachten später noch genauer, was die Lorentz-Kontraktion für die Beobachtung schnell bewegter Körper bedeutet. Dabei wird durch unterschiedliche Lichtlaufzeit von verschiedenen Punkten eines Objektes die Lorentz-Kontraktion nicht direkt beobachtbar.

4.3   Bewegte Uhren: Zeitdilatation

Der Verlust der Gleichzeitigkeit, den wir in Abschn. 4.1 besprochen haben, widerspricht unserer alltäglichen Erfahrung vom Ablauf der Zeit. Noch unverständlicher wird es, wenn wir Zeitdifferenzen von unterschiedlichen Bezugssystemen aus untersuchen.

Dazu positionieren wir zwei baugleiche Uhren in den Koordinatenursprüngen von S und S', die jeweils in ihrem System ruhen. Das System S' bewege sich wieder mit der Geschwindigkeit $\beta > 0$ bezüglich S. Betrachten wir nun die in S' ruhende Uhr, deren Weltlinie der ct'-Achse entspricht (s. Abb. 4.4).

Bezogen auf das System S hat ihre Weltlinie die Koordinaten $(ct = \gamma ct', x = \gamma \beta ct')$. Dann können wir eine Zeitdifferenz $c\Delta t' = c\left(t_2' - t_1'\right)$ in eine Zeitdifferenz bezogen auf S umrechnen,

$$c\Delta t = ct_2 - ct_1 = \gamma ct_2' - \gamma ct_1' = \gamma c\Delta t'. \tag{4.7}$$

Das heißt aber, dass wir im bewegten System S' eine kleinere Zeitdifferenz messen als im System S.

Ohne weitere Anmerkungen würden wir mit dem bisher Gesagten in ein Paradoxon laufen, denn wir könnten die Situation auch so betrachten, dass S' ruht und S sich bewegt, was aufgrund des Relativitätsprinzips vollkommen legitim wäre. Dann würde aber die Zeitdifferenz im System S kürzer dauern als in S' und wir hätten

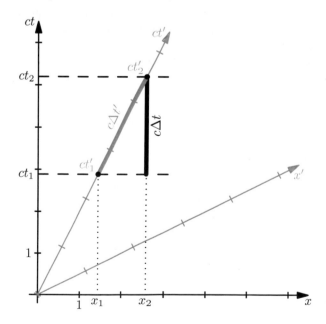

Abb. 4.4 Die Uhr, die im Koordinatenursprung des Systems S' ruht, zeigt eine Zeitdifferenz $c\Delta t'$ an. Im System S entspricht das einer Zeitdifferenz $c\Delta t$

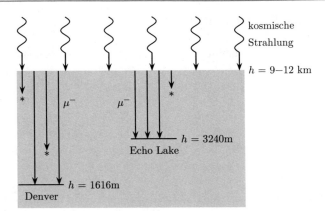

Abb. 4.5 Skizze zum Experiment von Rossi und Hall [5]. Beim Auftreffen der kosmischen Strahlung auf die Atmosphäre entstehen kurzlebige Myonen (μ^-) mit einer Lebensdauer von etwa $2 \cdot 10^{-6}$ s. Je nach Meereshöhe eines Beobachtungspunktes erreichen unterschiedlich viele dieser Teilchen den Erdboden

einen Widerspruch. Der entscheidende Punkt ist, dass wir die Zeitdifferenz in S nicht vom Ort der Uhr im Ursprung beurteilen können. Tatsächlich brauchen wir, wie im Beispiel der Lorentz-Kontraktion, mindestens zwei synchronisierte, ruhende Uhren in S, die an den Orten $x_1 = \gamma \beta c t_1'$ und $x_2 = \gamma \beta c t_2'$ die jeweilige Zeit $c t_1'$ und $c t_2'$ der bewegten Uhr ablesen.

Der Effekt der *Zeitdilatation* kann sehr gut bei kurzlebigen Elementarteilchen nachgewiesen werden. Beim Auftreffen der kosmischen Strahlung auf die Atmosphäre entstehen z. B. sich mit sehr hoher Geschwindigkeit bewegende Myonen. Diese haben eine mittlere Lebensdauer $\Delta t \approx 2 \cdot 10^{-6}$ s.

Rossi und Hall [5] haben 1941 diese Myonen benutzt, um erstmals die relativistische Zeitdilatation zu messen (s. Abb. 4.5). Ohne Zeitdilatation ergäbe sich aus der mittleren Lebensdauer der Myonen eine mittlere Reichweite von

$$L < \beta \Delta t \approx 600 \text{ m.} \tag{4.8}$$

Da die Myonen in einer Höhe von etwa $9 - 12$ km entstehen, sollten also praktisch keine dieser Teilchen auf dem Erdboden ankommen. Aufgrund der Zeitdilatation verlängert sich aus dem Ruhsystem der Erde aus gesehen aber die Lebenszeit der Myonen, und die mittlere Reichweite steigt auf

$$L = \beta \frac{\Delta t}{\gamma}. \tag{4.9}$$

Bei einer Geschwindigkeit $\beta = 0{,}995$ ergibt das etwa 6000 m, genug, damit ein merklicher Anteil der Myonen den Erdboden erreichen kann. Rossi und Hall haben die Abhängigkeit der Lebensdauer von der Geschwindigkeit ausgenutzt, um die Zeitdilatation nachzuweisen. Dazu haben sie an zwei Punkten mit unterschiedlicher Meereshöhe gemessen, wieviele Myonen bei ihnen ankommen. Zum einen in Denver auf einer Höhe von 1616 m und zum anderen beim nicht weit entfernten Echo Lake auf einer Höhe von 3240 m. Aufgrund der größeren Höhe sollten dort mehr Myonen gemessen werden, was auch tatsächlich gefunden wurde. Um noch weitere Informationen zu gewinnen, wurden bei einigen Messreihen Eisenplatten vor die Detektoren gesetzt, die nur Myonen mit genügend hoher Geschwindigkeit durchqueren konnten. Durch den Vergleich der Abnahme der Zahl der Myonen mit unterschiedlichen Geschwindigkeiten konnten die beiden mit der speziell-relativistischen Vorhersage vergleichen. Ähnliche Versuche wurden später mit erhöhter Genauigkeit durchgeführt und bestätigten die Vorhersagen der SRT sehr gut, siehe z. B. [2]. Eine kompakte Apparatur zur Bestimmung der Lebenszeit von Myonen wird auch in [1] beschrieben.

Ein sehr schöner Versuch mit echten Uhren wurde 1972 von Hafele und Keating [3, 4] durchgeführt. Sie schickten Atomuhren in Linienflügen um die Welt einmal in Ost- und einmal in Westrichtung. Bei diesem Versuch treten auch allgemein-relativistische Effekte aufgrund der Erdgravitation auf (s. Abschn. 13.4.6).

4.4   Paradoxa der SRT

Die Eigenschaften der Lorentz-Invarianz führen sehr leicht zu scheinbaren Widersprüchen. Widersprüchliche Vorhersagen würden die SRT aber „ad absurdum" führen, d. h. als physikalische Theorie unbrauchbar machen.

Die SRT ist vermutlich diejenige Theorie, in der die größte Anzahl solcher Paradoxa diskutiert wird. In diesem Abschnitt besprechen wir einige solcher scheinbaren Widersprüche. Mit den gerade diskutierten Problemstellungen sind wir aber gut gerüstet, diese aufzulösen.

4.4.1   Das Stab-Rahmen-Paradoxon

Wir betrachten einen bewegten Stab der Länge l und einen ruhenden Rahmen mit derselben Länge l. Wegen der Längenkontraktion hat der Stab im Ruhsystem des Rahmens die Länge l/γ und passt daher bequem in den Rahmen. Wir sehen jedoch sofort einen scheinbaren Widerspruch:

„*Im Ruhsystem des Rahmens erfährt der Stab eine Längenkontraktion und passt in den Rahmen. Im Ruhsystem des Stabes dagegen erfährt der Rahmen eine Längenkontraktion. Der Stab passt nicht in den Rahmen.*"

Um dieses Paradoxon aufzulösen müssen wir präzise darlegen, was die Sprechweise „passt in den Rahmen" bedeutet. Wir verstehen darunter, dass sich Anfangs- und Endpunkt *gleichzeitig* innerhalb des Rahmens befinden. Wie wir gesehen haben ist aber Gleichzeitigkeit eine inertialsystemabhängige Eigenschaft. Darin liegt der Schlüssel zur Auflösung unseres Problems.

Im Folgenden soll sich der Stab mit der Geschwindigkeit β relativ zum Ruhsystem S des Rahmens in positive x-Richtung bewegen. Dementsprechend bewegt sich der Rahmen, bezogen auf das Ruhsystem S' des Stabes, mit der Geschwindigkeit $-\beta$

in negative x'-Richtung. Die Randpunkte des Rahmens werden in dessen Ruhsystem S durch die Weltlinien

$$\mathcal{R}_l : \left(ct_{rl}, x_{rl}(t_{rl}) = r_l = \text{const}\right) \quad \text{bzw.} \quad \mathcal{R}_r : \left(ct_{rr}, x_{rr}(t_{rr}) = r_r = \text{const}\right) \quad (4.10)$$

parametrisiert, wobei der erste Index der Koordinaten für „Rahmen" und der zweite Index für „links" bzw. „rechts" steht. Die entsprechende Parametrisierung bezogen auf das Ruhsystem des Stabes erhalten wir durch eine Lorentz-Transformation zu

$$\mathcal{R}_l : \left(ct_{rl}', x_{rl}'(t_{rl}') = \frac{r_l}{\gamma} - \beta ct_{rl}'\right) \quad \text{bzw.} \quad \mathcal{R}_r : \left(ct_{rr}', x_{rr}'(t_{rr}') = \frac{r_r}{\gamma} - \beta ct_{rr}'\right) \quad (4.11)$$

mit $ct_{rl}' = \gamma(ct_{rl} - \beta r_l)$ und $ct_{rr}' = \gamma(ct_{rr} - \beta r_r)$. Für die Endpunkte des Stabes erhalten wir analog die Weltlinien

$$\mathcal{S}_l : \left(ct_{sl}', x_{sl}'(t_{sl}') = s_l' = \text{const}\right) \quad \text{bzw.} \quad \mathcal{S}_r : \left(ct_{sr}', x_{sr}'(t_{sr}') = s_r' = \text{const}\right) (4.12)$$

bezogen auf dessen Ruhsystem S'. Die inverse Transformation von S' nach S liefert

$$\mathcal{S}_l : \left(ct_{sl}, x_{sl}(t_{sl}) = \frac{s_l'}{\gamma} + \beta ct_{sl}\right) \quad \text{bzw.} \quad \mathcal{S}_r : \left(ct_{sr}, x_{sr}(t_{sr}) = \frac{s_r'}{\gamma} + \beta ct_{sr}\right) \quad (4.13)$$

mit $ct_{sl} = \gamma\left(ct_{sl}' + \beta s_l'\right)$ und $ct_{sr} = \gamma\left(ct_{sr}' + \beta s_r'\right)$.

Abb. 4.6 zeigt das Minkowski-Diagramm der Situation aus Sicht des Ruhsystems des Rahmens mit den zugehörigen Weltlinien $\mathcal{R}_l$ und $\mathcal{R}_r$ der Randpunkte. $\mathcal{S}_l$ und $\mathcal{S}_r$ beschreiben die Weltlinien der beiden Stabenden. Die Länge $\Delta s' = |s_r' - s_l'|$ des Stabes gemessen in S' ist gleich dem Abstand $\Delta r = |r_r - r_l|$ zwischen den Rändern des Rahmens gemessen in S; wir setzen daher $\Delta r = \Delta s' =: \ell$. Wie wir aus Abschn. 4.2 wissen, bedeutet *messen*, dass wir die Endpunkte des Stabes zur gleichen Zeit feststellen müssen. Dies hat zur Folge, dass im Ruhsystem des Rahmens der Stab eine gemessene Länge $\Delta s = \Delta s'/\gamma = \ell/\gamma$ besitzt und daher bequem in den Rahmen hineinpasst.

Die Ereignisse ①–④ in Abb. 4.6 kennzeichnen die vier wesentlichen Stationen der Bewegung. In ① trifft die rechte Seite des Stabes (dunkelgrauer Balken) den linken Rand des Rahmens. Zwischen den Ereignissen ② und ③ „befindet" sich der Stab innerhalb des Rahmens. In ④ hat der Stab den Rahmen komplett verlassen. Die zugehörigen Zeitpunkte können direkt durch Schnitt der jeweiligen Weltlinien des Stabes mit denen des Rahmens ermittelt werden. Für die Zeiten erhalten wir

$$ct_1 = \frac{r_l}{\beta} - \frac{s_r'}{\beta\gamma}, \quad ct_2 = \frac{r_l}{\beta} - \frac{s_l'}{\beta\gamma}, \quad ct_3 = \frac{r_r}{\beta} - \frac{s_r'}{\beta\gamma}, \quad ct_4 = \frac{r_r}{\beta} - \frac{s_l'}{\beta\gamma}. \quad (4.14)$$

Zu jedem Ereignis zeigen die hellgrauen Balken die Lage des Stabs an wo er sich bezogen auf sein Ruhsystem S' befindet. Das heißt zum Beispiel, wenn der rechte

Endpunkt des Stabes im Ereignis ③ den rechten Rand des Rahmens berührt, so befindet sich sein linker Rand noch gar nicht im Rahmen. Dieser scheinbare Widerspruch ist dadurch begründet, dass *Gleichzeitigkeit* abhängig vom System ist. Aus Sicht des Rahmensystems befindet sich der Stab zur Zeit ct_3 vollständig innerhalb des Rahmens. Bezogen auf das Ruhsystems des Stabes werden dessen Endpunkte jedoch zu unterschiedlichen Zeiten gemessen.

Abb. 4.7 zeigt die Situation aus Sicht des ruhenden Stabs mit den identischen Ereignissen ①-④. Deren Koordinaten folgen aus der Lorentz-Transformation vom System S in das System S',

$$ct_1' = \frac{r_l}{\beta\gamma} - \frac{s_r'}{\beta}, \quad ct_2' = \frac{r_l}{\beta\gamma} - \frac{s_l'}{\beta}, \quad ct_3' = \frac{r_r}{\beta\gamma} - \frac{s_r'}{\beta}, \quad ct_4' = \frac{r_r}{\beta\gamma} - \frac{s_l'}{\beta}. \quad (4.15)$$

Wieder kennzeichnet Ereignis ①, wann das rechte Stabende den linken Rand des Rahmens trifft. Die hellgrauen waagrechten Balken geben die Lage des Stabs in dessen Ruhsystem wieder, wohingegen die dunkelgrauen schrägen Balken dessen Position beschreiben, wie sie im Ruhsystem des Rahmens gemessen werden.

Bei den Ereignissen ② und ③ fällt sofort auf, dass sie zeitlich vertauscht sind und Ereignis ③ vor ② stattfindet. Dies lässt sich auch sofort aus den Zeitdifferenzen mit Hilfe der Beziehungen (4.14) und (4.15) herleiten,

$$c\Delta t_{3,2} = ct_3 - ct_2 = \frac{\ell}{\beta}\left(1 - \frac{1}{\gamma}\right) > 0 \quad (4.16)$$

und

$$c\Delta t_{3,2}' = ct_3' - ct_2' = \frac{\ell}{\beta}\left(\frac{1}{\gamma} - 1\right) < 0. \quad (4.17)$$

Das heißt, das rechte Ende des Stabes trifft zuerst den rechten Rand des Rahmens in ③ bevor das linke Ende des Stabes auf den linken Rand des Rahmens in ② trifft. Diese Abfolge konnten wir jedoch schon in Abb. 4.6 anhand der hellgrauen Balken beobachten.

Das scheinbare Paradoxon zeigt sich nun darin, dass der Stab länger ist als der gemessene Abstand zwischen den Rändern des Rahmens, zum Beispiel zur Zeit ct_3', und daher nicht hineinpasst. Um dieses Paradoxon zu lösen, verabschieden wir uns zunächst von der Vorstellung eines starren Stabes und eines soliden Rahmens und betrachten die jeweiligen Endpunkte und Randpunkte als Punktereignisse. Dies ist schon allein deshalb notwendig, da wir nur eine räumlich eindimensionale Bewegung betrachten und daher ein solider Rahmen schon bei der ersten Berührung unseres Stab aufhalten würde.

Die anfängliche Problematik des Paradoxons, ob der Stab nun durch den Rahmen „passt" oder nicht, können wir wie folgt auflösen. Aus Sicht des Rahmensystems S „passt" der Stab räumlich durch den Rahmen, da die Stabenden innerhalb

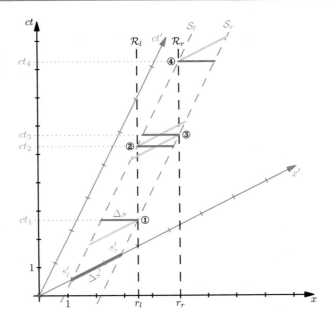

Abb. 4.6 Stab-Rahmen-Paradoxon aus Sicht des Ruhsystems S des Rahmens. Die Weltlinien $\mathcal{R}_l$ und $\mathcal{R}_r$ kennzeichnen die Randpunkte des Rahmens, wohingegen die Weltlinien $\mathcal{S}_l$ und $\mathcal{S}_r$ die Endpunkte des Stabes angeben

der Ereignisse ② und ③ den Rahmen passieren. Aus Sicht des Stabsystems S' „passt" der Stab zeitlich durch den Rahmen, da wiederum seine Stabenden innerhalb der Ereignisse ② und ③ den Rahmen passieren.

4.4.2   Das Uhrenparadoxon

Betrachten wir zwei baugleiche Uhren. Die erste Uhr befinde sich im System S und die zweite im System S'. Beide Uhren seien in ihrem jeweiligen Bezugssystem in Ruhe. Das System S' bewege sich mit der Geschwindigkeit β entlang der positiven x-Achse des Systems S. Die gängige Aussage lautet nun, dass die zweite Uhr aufgrund der Zeitdilatation langsamer läuft, da sie sich, im Gegensatz zur ersten Uhr, bewegt. Der scheinbare Widerspruch ergibt sich hier, wenn wir die Situation im Ruhsystem der zweiten Uhr betrachten. Dort bewegt sich die erste Uhr und erfährt eine Zeitdilatation. Welche Uhr geht nun langsamer, die erste oder die zweite?

Zuerst müssen wir uns klar machen, dass wir nicht allein mit der ersten Uhr feststellen können, dass die zweite langsamer geht. Wir können nur zu dem Zeitpunkt, an dem sich die zweite Uhr am Ort der ersten befindet, ihre Uhrzeit ablesen. Um ein *Zeitintervall* messen zu können, müssen wir noch mit einer anderen Uhr vergleichen, die sich im System S an einem anderen Ort befindet. Wir führen also noch eine weitere Uhr im System S ein. Um die Situation in beiden Systemen gleich-

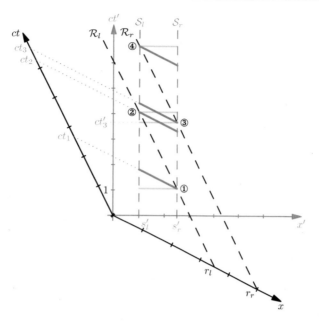

Abb. 4.7 Stab-Rahmen-Paradoxon aus Sicht des Ruhsystems S' des Stabes

wertig diskutieren zu können, soll es auch noch eine weitere Uhr im System S' geben. In beiden Systemen sollen die jeweils dort ruhenden Uhren synchronisiert sein und den gleichen Abstand voneinander haben. Unter diesen Voraussetzungen können wir die Ergebnisse des letzten Abschnittes verwenden, wobei $|s'_r - s'| = |r_r - r_l| =: \ell$. Wir denken uns dazu an beiden Enden von Rahmen und Stab jeweils eine Uhr befestigt.

Abb. 4.8 zeigt das Minkowski-Diagramm für das Uhrenparadoxon aus der Sicht des Ruhsystems S mit den beiden Weltlinien S_l und S_r der Uhren, die in S' in Ruhe sind, sich aber relativ zu S in positiver x-Richtung bewegen. Um die verstrichene Zeit für die bewegte Uhr auf der Weltlinie S_r zu ermitteln, bestimmen wir die Zeitdifferenz zwischen den Ereignissen ① und ③ einmal aus Sicht der bewegten Uhr und einmal aus dem Vergleich der ruhenden Uhren an den Orten $x = r_l$ und $x = r_r$. Da die Ereignisse hier mit denen aus dem vorherigen Abschnitt übereinstimmen, können wir unmittelbar die Zeiten aus den Beziehungen (4.14) und (4.15) verwenden. So folgt für die Zeitdifferenzen

$$c\Delta t_{1,3} = ct_3 - ct_1 = \frac{r_r - r_l}{\beta} = \frac{\ell}{\beta} \quad \text{und} \quad c\Delta t'_{1,3} = ct'_3 - ct'_1 = \frac{r_r - r_l}{\beta\gamma} = \frac{\ell}{\beta\gamma}. \quad (4.18)$$

Auch wenn die Strecke zwischen ① und ③ im Minkowski-Diagramm länger erscheint als der vertikale Abstand, so müssen wir die Skalierung der Zeitachsen berücksichtigen. Es gilt daher $c\Delta t'_{1,3} < c\Delta t_{1,3}$ und folglich vergeht die Zeit in S' langsamer als in S. Das gleiche Ergebnis erhalten wir auch für die Uhr auf der Weltlinie S_l.

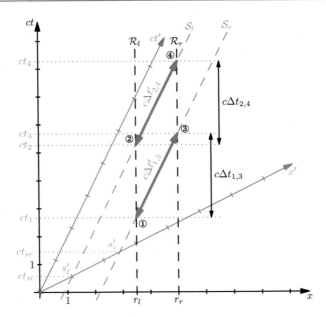

Abb. 4.8 Uhrenparadoxon aus Sicht des Ruhsystems S. Die ruhenden Uhren in S folgen den Weltlinien $\mathcal{R}_l$ und $\mathcal{R}_r$. Die sich zu S relativ bewegenden Uhren sind durch die Weltlinien S_l und S_r gekennzeichnet

Aus der Sicht des Systems S' (s. Abb. 4.9) müssen wir jetzt die Zeitdifferenz der bewegten Uhr entlang der Weltlinie $\mathcal{R}_l$ mit Hilfe der Ereignisse ① und ② berechnen. Aus den Beziehungen (4.14) und (4.15) folgt,

$$c\Delta t_{1,2} = ct_2 - ct_1 = \frac{s_r' - s_l'}{\beta\gamma} = \frac{\ell}{\beta\gamma} \quad \text{und} \quad c\Delta t_{1,2}' = ct_2' - ct_1' = \frac{s_r' - s_l'}{\beta} = \frac{\ell}{\beta}. \quad (4.19)$$

Da hier $c\Delta t_{1,2} < c\Delta t_{1,2}'$ ist, vergeht die Zeit im System S langsamer als im System S'. Das scheint aber im direkten Widerspruch zur vorherigen Aussage zu sein, dass die Zeit in S' langsamer als in S vergeht.

Die Ursache dieser Diskrepanz liegt in der Definition von Gleichzeitigkeit in beiden Systemen. Die beiden Uhren im System S, die sich an den Orten $x = r_l$ und $x = r_r$ befinden, werden auf $ct_{rl} = ct_{rr} = 0$ synchronisiert. Unter Zuhilfenahme der Lorentz-Transformationen können wir die Zeiten dieser beiden Uhren bezogen auf das System S' angeben. Es gilt

$$ct_{rl}'\,(ct_{rl} = 0) = -\gamma\beta r_l \quad \text{und} \quad ct_{rr}'\,(ct_{rr} = 0) = -\gamma\beta r_r. \quad (4.20)$$

Mit $r_r > r_l$ folgt daraus, dass $ct_{rr}' < ct_{rl}' < 0$ ist (s. a. Abb. 4.9). Aus Sicht des Systems S' laufen die beiden Uhren nicht synchron.

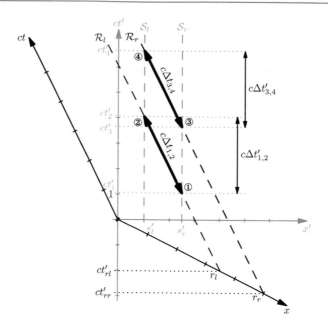

Abb. 4.9 Uhrenparadoxon aus Sicht des Ruhsystems S'. Hier bewegen sich die beiden Uhren des Systems S entlang der Weltlinien $\mathcal{R}_l$ und $\mathcal{R}_r$

Andererseits sind die beiden Uhren im System S, die sich an den Orten $x' = s'_l$ und $x' = s'_r$ befinden, auf $ct'_{sl} = ct'_{sr} = 0$ synchronisiert. Bezogen auf das System S sind die Uhrzeiten zum Zeitpunkt der Synchronisierung jedoch unterschiedlich,

$$ct_{sl}(ct'_{sl} = 0) = \gamma\beta s'_l \quad \text{und} \quad ct_{sr}(ct'_{sr} = 0) = \gamma\beta s'_r . \tag{4.21}$$

Mit $s'_r > s'_l$ folgt daraus, dass $ct_{sr} > ct_{sl} > 0$ ist (s. a. Abb. 4.8).

Das Uhrenparadoxon gründet sich alleine darauf, dass sich die beiden Systeme S und S' nicht über eine gemeinsame Zeitsynchronisierung einigen können. Welche Uhr langsamer geht, hängt also davon ab, mit welchem Bezugssystem wir Zeitdifferenzen bestimmen.

4.4.3 Das Zwillingsparadoxon

Dies ist wahrscheinlich das bekannteste Paradoxon der SRT. Betrachtet wird ein Zwillingspaar. Einer der Zwillinge bleibt auf der Erde, der andere reist mit hoher Geschwindigkeit und kehrt zur Erde zurück. Auf der Erde ist aufgrund der Zeitdilatation mehr Zeit vergangen als im Raumschiff. Das Paradoxon bei dieser Situation ergibt sich, wenn man sie aus der Sicht des anderen Zwillings betrachtet. Von dort aus betrachtet bewegt sich der Zwilling auf der Erde mit hoher Geschwindigkeit, es sollte also zu einer Zeitdilatation auf der Erde kommen.

Tatsächlich sind das Ruhsystems des Zwillings auf der Erde und das System des reisenden Zwillings in diesem Fall aber nicht gleichberechtigt. Der reisende Zwilling ist nicht während der gesamten Reise im gleichen Inertialsystem, da er, um zurückzukehren, beschleunigen muss. Aufgrund der dabei wirkenden Kraft ist es eindeutig, welcher der beiden Zwillinge sich bewegt und welcher während der gesamten Zeit ruht. Wir betrachten das Zwillingsparadoxon nochmals quantitativ am Ende von Kap. 6 im Rahmen der relativistischen Mechanik.

4.5   Übungsaufgaben

4.5.1   Das „Myonenparadoxon"

Wenn wir nochmal zu den Myonen zurückkommen, können wir ein scheinbares Problem bemerken. Im Ruhsystem der Myonen haben diese die Lebensdauer $\tau \approx 2 \cdot 10^{-6}$ s, denn dort geht ihre Uhr ja nicht langsamer. Warum können sie dann trotzdem die Erde erreichen?

Literatur

1. Coan, T., Liu, T., Ye, J.: A compact apparatus for muon lifetime measurement and time dilation demonstration in the undergraduate laboratory. Am. J. Phys. **74**(2), 161–164 (2006)
2. Frisch, D.H., Smith, J.H.: Measurement of the relativistic time dilation using μ-mesons. Am. J. Phys. **31**(5), 342–355 (1963)
3. Hafele, J.C., Keating, R.E.: Around-the-world atomic clocks: Observed relativistic time gains. Science **177**(4044), 168–170 (1972)
4. Hafele, J.C., Keating, R.E.: Around-the-world atomic clocks: Predicted relativistic time gains. Science **177**(4044), 166–168 (1972)
5. Rossi, B., Hall, D.B.: Variation of the rate of decay of mesotrons with momentum. Phys. Rev. **59**, 223–228 (1941)

Mathematischer Formalismus der SRT

5

Inhaltsverzeichnis

Unsere bisherige mathematische Notation war ausreichend, um die Grundzüge der speziellen Relativitätstheorie und ihre Folgen nachvollziehen zu können. Im Hinblick auf die relativistische Mechanik, aber vor allem für die kovariante Formulierung der Elektrodynamik und später der allgemeinen Relativitätstheorie, müssen wir uns einer kompakteren und allgemeineren Notation widmen. Vieles in diesem Kapitel wird einem als eine „Übermathematisierung", als eine fast zwanghafte Einführung einer abstrakten mathematischen Notation, vorkommen. Sie ist jedoch für spätere Anwendungen unumgänglich.

Wir haben bereits Vierervektoren in der Form $x^\mu = (x^0, x^1, x^2, x^3) = (ct, x, y, z)$ mit einem griechischen Index geschrieben und eingeführt, dass x^μ je nach Kontext den Vektor $\underline{x}$ oder eine Komponente dieses Vektors bezeichnen kann. Die Transformation in ein anderes Bezugssystem ist dann eine einfache Matrix-Vektor-Multiplikation.

Ab jetzt schreiben wir die Matrizen der Lorentz-Transformation ebenfalls als indexbehaftete Größen. Wenn ein Vektor einen Index hat, ist es anschaulich, dass eine Matrix entsprechend mit zwei Indizes gekennzeichnet wird, wobei ein Index die Zeile und ein Index die Spalte kennzeichnet, d. h. aus Λ wird $\Lambda^\mu{}_\nu$.

Weiterhin führen wir die *Einstein'sche Summenkonvention* ein, um Schreibarbeit zu sparen. Diese besagt, dass über doppelt vorkommende Indizes in einem Ausdruck summiert wird. Eine Lorentz-Transformation in ein anderes Inertialsystem schreiben wir dann als

$$x'^\mu = \Lambda^\mu{}_\nu x^\nu \equiv \sum_{\nu=0}^{3} \Lambda^\mu{}_\nu x^\nu. \tag{5.1}$$

© Springer-Verlag GmbH Deutschland, ein Teil von Springer Nature 2022
S. Boblest et al., *Spezielle und allgemeine Relativitätstheorie*,
https://doi.org/10.1007/978-3-662-63352-6_5

5.1   Minkowski-Raum

Wir haben bei der Einführung der Lorentz-Transformation die Forderung aufgestellt, dass die Größe

$$s^2 = -c^2 t^2 + x^2 + y^2 + z^2 \tag{5.2}$$

darunter invariant bleiben soll und auch schon auf die formale Ähnlichkeit mit dem Abstandsquadrat

$$l^2 = x^2 + y^2 + z^2 \tag{5.3}$$

im euklidischen Raum hingewiesen. Jede Drehmatrix D im euklidischen Raum lässt den Abstand l zwischen zwei Punkten invariant. Entsprechend lässt die Lorentz-Transformation den „Abstand" s invariant. Dieser ist aber kein Abstand im euklidischen Sinn. Die SRT ist also in einem nicht-euklidischen Raum definiert, in dem der „Abstand" zwischen Punkten anders definiert ist. Mathematisch sagen wir, dieser Raum hat eine andere *Metrik* als der euklidische. Die zur SRT gehörende Metrik ist die *Minkowski-Metrik* und der zugehörige Raum heißt entsprechend *Minkowski-Raum*.

5.1.1   Definition des Minkowski-Raumes

Der Minkowski-Raum ist ein vierdimensionaler, reeller Vektorraum mit folgendem *Skalarprodukt*: Seien $\underline{a}$ und $\underline{b}$ Vierervektoren mit den Komponenten a^μ und b^μ. Das Skalarprodukt $\langle \underline{a}, \underline{b} \rangle$ ist gegeben durch:

$$\begin{aligned} \langle \underline{a}, \underline{b} \rangle = a_\mu b^\mu &= a_0 b^0 + a_1 b^1 + a_2 b^2 + a_3 b^3 \\ &= -a^0 b^0 + a^1 b^1 + a^2 b^2 + a^3 b^3 \\ &= \eta_{\mu\nu} a^\mu b^\nu, \end{aligned} \tag{5.4}$$

mit der *Minkowski-Metrik*

$$\eta_{\mu\nu} = \begin{pmatrix} -1 & 0 & 0 & 0 \\ 0 & 1 & 0 & 0 \\ 0 & 0 & 1 & 0 \\ 0 & 0 & 0 & 1 \end{pmatrix}. \tag{5.5}$$

Die Größe b^μ mit hochgestelltem Index heißt *kontravarianter Vektor*, a_μ mit tiefgestelltem Index heißt *kovarianter Vektor*. Diese Begriffe präzisieren wir in Abschn. 5.2. Die Matrix $\eta_{\mu\nu} = \eta^{\mu\nu}$ ermöglicht im Minkowski-Raum das Herauf- und

Herunterziehen von Indizes. Darüber sind etwa die Größen a^μ und a_μ verknüpft, d. h. wir haben

$$a_\mu = \eta_{\mu\nu} a^\nu = \begin{pmatrix} -a^0 \\ a^1 \\ a^2 \\ a^3 \end{pmatrix} \quad \text{mit} \quad a^\nu = \begin{pmatrix} a^0 \\ a^1 \\ a^2 \\ a^3 \end{pmatrix}. \tag{5.6}$$

Das Abstandsquadrat s^2 können wir unter Verwendung der Minkowski-Metrik dann analog als

$$s^2 = \eta_{\mu\nu} x^\mu x^\nu \tag{5.7}$$

schreiben.

Im euklidischen Raum gilt

$$\langle x, x \rangle > 0 \quad \text{für alle} \quad x \neq 0 \quad \text{und} \quad \langle x, x \rangle = 0 \Leftrightarrow x = 0. \tag{5.8}$$

Das Skalarprodukt eines Vektors mit sich selbst ist also größer Null, wenn der Vektor nicht der Nullvektor ist, und nur genau für den Nullvektor ebenfalls Null, d. h. es ist positiv definit. Im Gegensatz dazu ist das Skalarprodukt im Minkowski-Raum nicht positiv definit, wie man an der Definition sofort erkennt. Wie bereits diskutiert heißen Vektoren mit $\langle \underline{x}, \underline{x} \rangle < 0$ *zeitartig*, solche mit $\langle \underline{x}, \underline{x} \rangle > 0$ *raumartig* und solche mit $\langle \underline{x}, \underline{x} \rangle = 0$ *lichtartig*.

5.1.2 Definition der Lorentz-Transformation

Unter Verwendung der Minkowski-Metrik können wir jetzt die notwendige Eigenschaft für eine Matrix herleiten, die sie zu einer Lorentz-Transformation macht, d. h. den Abstand s invariant lässt. Wieder betrachten wir zwei Inertialsysteme S und S' und einen Vierervektor mit Koordinaten x^ν in S und x'^μ in S', sowie eine Lorentz-Transformation, die von S nach S' transformiert, d. h. es ist $x'^\mu = \Lambda^\mu{}_\nu x^\nu$.

Aus der Invarianz von $s^2 = x^\mu x_\mu$ unter Lorentz-Transformationen folgt dann

$$\eta_{\alpha\beta} x^\alpha x^\beta = \eta_{\mu\nu} x'^\mu x'^\nu. \tag{5.9}$$

Wir setzen für x'^μ den durch die Lorentz-Transformation definierten Ausdruck ein und erhalten

$$\eta_{\mu\nu} x'^\mu x'^\nu = \eta_{\mu\nu} \left(\Lambda^\mu{}_\alpha x^\alpha \right) \left(\Lambda^\nu{}_\beta x^\beta \right). \tag{5.10}$$

Dieses Ergebnis verwenden wir in (5.9) und bringen alle Ausdrücke auf die linke Seite. Dann haben wir

$$\xi_{\alpha\beta} x^\alpha x^\beta = 0 \quad \text{mit} \quad \xi_{\alpha\beta} = \eta_{\mu\nu} \Lambda^\mu{}_\alpha \Lambda^\nu{}_\beta - \eta_{\alpha\beta}. \tag{5.11}$$

Da aber $\xi_{\alpha\beta}\,x^\alpha\,x^\beta = 0$ für beliebige x^α und x^β gelten soll, muss

$$\Lambda^\mu{}_\alpha \eta_{\mu\nu} \Lambda^\nu{}_\beta = \eta_{\alpha\beta} \tag{5.12}$$

sein. Dabei haben wir die Reihenfolge der Faktoren auf der linken Seite vertauscht. Die erste Multiplikation in dieser Gleichung ist keine Matrizenmultiplikation, da μ sowohl in der Lorentz-Transformation als auch in der Minkowski-Metrik ein Spaltenindex ist. In Einstein'scher Summenkonvention dargestellte mathematische Operationen können nicht immer oder nicht direkt als Matrixgleichung dargestellt werden. Um diese Gleichung als Matrizenmultiplikation darzustellen, muss die erste Lorentz-Matrix transponiert werden. Es ergibt sich dann die Bedingungsgleichung

$$\Lambda^{\mathrm{T}}\eta\Lambda = \eta \tag{5.13}$$

für Lorentz-Transformationen. Diese Gleichung ist analog zur Definition der orthogonalen Drehmatrizen $D^{\mathrm{T}}\mathbf{1}D = \mathbf{1}$ im euklidischen Raum. Anstelle der Minkowski-Metrik η steht hier die Identität $\mathbf{1}$.

Wenn wir die Determinante von (5.13) bilden, so ergibt sich

$$\det(\Lambda^{\mathrm{T}}\eta\Lambda) = \det(\Lambda^{\mathrm{T}})\det(\eta)\det(\Lambda) \stackrel{!}{=} \det(\eta). \tag{5.14}$$

Mit $\det(\eta) = -1$ und $\det(\Lambda^{\mathrm{T}}) = \det(\Lambda)$ erhalten wir

$$\det\Lambda = \pm 1. \tag{5.15}$$

Wenden wir die Minkowski-Metrik nochmals von links auf (5.12) an, so führt dies auf

$$\eta^{\kappa\alpha}\Lambda^\mu{}_\alpha \eta_{\mu\nu} \Lambda^\nu{}_\beta = \eta^{\kappa\alpha}\eta_{\alpha\beta}. \tag{5.16}$$

Mit $\eta^{\kappa\alpha}\eta_{\alpha\beta} = \delta^\kappa_\beta$ und $\eta^{\kappa\alpha}\Lambda^\mu{}_\alpha\eta_{\mu\nu} = \Lambda_\nu{}^\kappa$ folgt dann

$$\Lambda_\nu{}^\kappa \Lambda^\nu{}_\beta = \delta^\kappa_\beta = \begin{cases} 1, & \text{falls } \kappa = \beta, \\ 0, & \text{sonst,} \end{cases} \tag{5.17}$$

wobei δ^κ_β für das *Kronecker-Symbol* steht. Die Größe

$$\Lambda_\nu{}^\kappa = \eta^{\kappa\alpha}\Lambda^\mu{}_\alpha \eta_{\mu\nu} \tag{5.18}$$

ist also die Inverse der Lorentz-Transformation $\Lambda^\mu{}_\alpha$. Wichtig hierbei ist, auf die Stellung der Indizes zu achten.

Wir werten diese Gleichung explizit für den Lorentz-Boost in x-Richtung aus (s. (3.20)). Hochziehen des zweiten Index geschieht über

$$\Lambda^{\alpha\mu} = \eta^{\beta\mu}\Lambda^\alpha{}_\beta = \Lambda^\alpha{}_\beta \eta^{\beta\mu}. \tag{5.19}$$

In Matrixdarstellung ausgeschrieben lautet diese Gleichung

$$\Lambda^{\alpha\mu} = \begin{pmatrix} \gamma & -\beta\gamma & 0 & 0 \\ -\beta\gamma & \gamma & 0 & 0 \\ 0 & 0 & 1 & 0 \\ 0 & 0 & 0 & 1 \end{pmatrix} \cdot \begin{pmatrix} -1 & 0 & 0 & 0 \\ 0 & 1 & 0 & 0 \\ 0 & 0 & 1 & 0 \\ 0 & 0 & 0 & 1 \end{pmatrix} = \begin{pmatrix} -\gamma & -\beta\gamma & 0 & 0 \\ \beta\gamma & \gamma & 0 & 0 \\ 0 & 0 & 1 & 0 \\ 0 & 0 & 0 & 1 \end{pmatrix}. \quad (5.20)$$

Herunterziehen des ersten Index erfolgt weiter durch

$$\Lambda_\lambda{}^\mu = \eta_{\lambda\alpha} \Lambda^{\alpha\mu}. \quad (5.21)$$

Diese Gleichung können wir wiederum in Matrixschreibweise darstellen und erhalten

$$\Lambda_\lambda{}^\mu = \begin{pmatrix} -1 & 0 & 0 & 0 \\ 0 & 1 & 0 & 0 \\ 0 & 0 & 1 & 0 \\ 0 & 0 & 0 & 1 \end{pmatrix} \cdot \begin{pmatrix} -\gamma & -\beta\gamma & 0 & 0 \\ \beta\gamma & \gamma & 0 & 0 \\ 0 & 0 & 1 & 0 \\ 0 & 0 & 0 & 1 \end{pmatrix} = \begin{pmatrix} \gamma & \beta\gamma & 0 & 0 \\ \beta\gamma & \gamma & 0 & 0 \\ 0 & 0 & 1 & 0 \\ 0 & 0 & 0 & 1 \end{pmatrix}. \quad (5.22)$$

Damit können wir (5.17) nun für den x-Boost in Matrixdarstellung auswerten. Es ergibt sich dann

$$\begin{aligned} \Lambda_\lambda{}^\mu \Lambda^\lambda{}_\nu &= \begin{pmatrix} \gamma & \beta\gamma & 0 & 0 \\ \beta\gamma & \gamma & 0 & 0 \\ 0 & 0 & 1 & 0 \\ 0 & 0 & 0 & 1 \end{pmatrix} \cdot \begin{pmatrix} \gamma & -\beta\gamma & 0 & 0 \\ -\beta\gamma & \gamma & 0 & 0 \\ 0 & 0 & 1 & 0 \\ 0 & 0 & 0 & 1 \end{pmatrix} \\ &= \begin{pmatrix} \gamma^2(1-\beta^2) & 0 & 0 & 0 \\ 0 & \gamma^2(1-\beta^2) & 0 & 0 \\ 0 & 0 & 1 & 0 \\ 0 & 0 & 0 & 1 \end{pmatrix} = \begin{pmatrix} 1 & 0 & 0 & 0 \\ 0 & 1 & 0 & 0 \\ 0 & 0 & 1 & 0 \\ 0 & 0 & 0 & 1 \end{pmatrix} = \delta^\mu_\nu \end{aligned} \quad (5.23)$$

wie gefordert. Die inverse Lorentz-Transformation zu einem Boost ist also, wie man erwarten konnte, ein Boost mit der negativen Geschwindigkeit $-\beta$. Für eine reine Raumdrehung Λ_R aus (3.20) ist mit $DD^T = D^TD = 1$ ebenfalls

$$\Lambda_\lambda{}^\mu \Lambda^\lambda{}_\nu = \begin{pmatrix} 1 & 0 \\ 0 & D^T \end{pmatrix} \cdot \begin{pmatrix} 1 & 0 \\ 0 & D \end{pmatrix} = \delta^\mu_\nu. \quad (5.24)$$

Die Menge aller Drehmatrizen bildet die Drehgruppe $SO(3)$ (*speziell orthogonale Gruppe*), die Menge aller Lorentz-Matrizen die *Lorentz-Gruppe* $O(3, 1)$. Dabei sind aber reine Verschiebungen des Koordinatenursprungs $x^\mu \mapsto x^\mu + a^\mu$ noch nicht berücksichtigt. Wenn wir diese miteinbeziehen, dann gelangen wir zur *Poincaré-Gruppe*,[1] die wie die Gruppe der Galilei-Transformationen 10 freie Parameter be-

---

[1] Henri Poincaré, 1854–1912, französischer Mathematiker, theoretischer Physiker und Philosoph.

sitzt: drei Rotationen, drei Boosts, drei Verschiebungen und eine Zeittranslation. Die entsprechenden Transformationen sind dann die *Poincaré-Transformationen*.

5.2   Kontra- und kovariante Vektoren

Wir müssen die Zusammenhänge zwischen Größen mit Index oben und unten noch präzisieren. Sei $a^\mu \in V$ ein kontravarianter Vektor im Vektorraum V. Dann ist $a_\mu = \eta_{\mu\nu}a^\nu \in V^*$ ein kovarianter Vektor und ein Element des *Dualraumes* V^* der 1-Formen, d. h.

$$\varphi_a : V \to \mathbb{R} \quad \text{ist eine lineare Abbildung mit} \quad a_\mu : b^\mu \mapsto \langle \boldsymbol{a}, \boldsymbol{b} \rangle = a_\mu b^\mu \in \mathbb{R}. \quad (5.25)$$

Jede vierkomponentige Größe a^μ, die sich unter Lorentz-Transformation mit der Lorentz-Matrix gemäß

$$a'^\mu = \Lambda^\mu{}_\nu a^\nu \qquad\qquad (5.26)$$

transformiert, nennt man einen *kontravarianten Tensor 1. Stufe*. Sei a^μ kontravarianter Vektor mit $a'^\mu = \Lambda^\mu{}_\nu a^\nu$, dann gilt

$$a'_\mu = \eta_{\mu\alpha}a'^\alpha = \eta_{\mu\alpha}\Lambda^\alpha{}_\nu a^\nu = \eta_{\mu\alpha}\eta^{\nu\beta}\Lambda^\alpha{}_\nu a_\beta = \Lambda_\mu{}^\beta a_\beta, \qquad (5.27)$$

mit der inversen Lorentz-Transformation $\Lambda_\mu{}^\beta$. Im zweiten Schritt haben wir dabei $a^\nu = \eta^{\nu\beta}a_\beta$ eingesetzt. Damit haben wir das Transformationsverhalten der Größe a_β hergeleitet. Jede vierkomponentige Größe, die sich mit der inversen Lorentz-Matrix transformiert gemäß

$$a'_\mu = \Lambda_\mu{}^\nu a_\nu \qquad\qquad (5.28)$$

heißt *kovarianter Tensor 1. Stufe*.

5.2.1   Transformationsverhalten der Differentiale und Koordinatenableitungen

Sei x^μ ein kontravarianter Vektor. Es gilt dann

$$x'^\mu = \Lambda^\mu{}_\nu x^\nu, \quad \text{also auch} \quad \mathrm{d}x'^\mu = \Lambda^\mu{}_\nu \mathrm{d}x^\nu. \qquad (5.29)$$

Die Differentiale $\mathrm{d}x^\mu$ tranformieren sich also wie kontravariante Vektoren.
Sei weiter $f = f(x^\mu)$ eine skalare Funktion, dann gilt für ihr Differential

$$\mathrm{d}f = \frac{\partial f}{\partial x^\mu}\mathrm{d}x^\mu. \qquad\qquad (5.30)$$

Mit $x'^\mu = \Lambda^\mu{}_\nu x^\nu$ bzw. $x^\nu = \Lambda_\mu{}^\nu x'^\mu$ folgt

$$df = \frac{\partial f}{\partial x'^{\mu}} \, dx'^{\mu} = \frac{\partial f}{\partial x^{\nu}} \frac{\partial x^{\nu}}{\partial x'^{\mu}} \, dx'^{\mu} = \left[\Lambda_{\mu}^{\ \nu} \frac{\partial}{\partial x^{\nu}} \right] f \, dx'^{\mu}. \tag{5.31}$$

Ab jetzt schreiben wir für die Koordinatenableitungen verkürzt

$$\frac{\partial}{\partial x^{\mu}} \equiv \partial_{\mu} = \left(\frac{1}{c} \partial_t, \nabla \right)^{\mathrm{T}} \tag{5.32a}$$

und

$$\partial^{\mu} = \eta^{\mu\nu} \partial_{\nu} = \left(-\frac{1}{c} \partial_t, \nabla \right)^{\mathrm{T}} \tag{5.32b}$$

mit dem *Nabla-Operator* $\nabla = (\partial_x, \partial_y, \partial_z)^{\mathrm{T}}$. Ein Vergleich der verschiedenen Ausdrücke in (5.31) zeigt, dass die Koordinatenableitungen ∂_{μ} sich wie kovariante Vektoren transformieren, d. h.

$$\partial'_{\mu} = \Lambda_{\mu}^{\ \nu} \partial_{\nu} \tag{5.33a}$$

und entsprechend ∂^{μ} wie ein kontravarianter Vektor, d. h.

$$\partial'_{\mu} = \Lambda^{\mu}_{\ \nu} \partial^{\nu}. \tag{5.33b}$$

Dieser Eigenschaft trägt auch die Notation der Koordinatenableitungen mit Index unten Rechnung.

5.2.2 Tensoralgebra

Wir kommen in der SRT nicht mit ko- und kontravarianten Vektoren, also Tensoren 1. Stufe aus, wenn wir alle Phänomene beschreiben wollen. Die bisherigen Definitionen von kontra- und kovarianten Tensoren müssen wir deshalb verallgemeinern. Ein *Tensor vom Typ* (r, s) ist eine multilineare Abbildung

$$T : \underbrace{V^* \times V^* \times \ldots \times V^*}_{r \text{ mal}} \times \underbrace{V \times V \times \ldots \times V}_{s \text{ mal}} \to \mathbb{R}$$
$$(\underbrace{\varphi, \chi, \ldots, \omega}_{r \text{ mal}}; \underbrace{u, v, \ldots, w}_{s \text{ mal}}) \mapsto T(\varphi, \chi, \ldots, \omega; u, v, \ldots, w) \in \mathbb{R}. \tag{5.34}$$

Dabei bezeichnen griechische Buchstaben Elemente des Dualraumes V^*, also kovariante Vektoren, und lateinische Buchstaben Elemente von V, d. h. kontravariante Vektoren. Die Größe T heißt r-fach kontra- und s-fach kovarianter Tensor. Gl. (5.34) ist die Verallgemeinerung des Skalarproduktes in (5.25).

Unter Multilinearität versteht man die Eigenschaft, linear in jedem Argument (bei Festhalten der übrigen) zu sein. Ein Tensor χ lässt sich also zerlegen in

$$\chi = a\chi_1 + b\chi_2 + \ldots, \tag{5.35}$$

mit den Koeffizienten a, $b \in \mathbb{R}$ in unserem Fall. Die Menge aller Tensoren des Typs (r, s) bildet einen *Vektorraum* V_s^r. In Indexschreibweise kann diese Abbildung in der Form

$$T^{\overbrace{\alpha_1 \ldots \alpha_r}^{r\text{-mal}}}{}_{\underbrace{\beta_1 \ldots \beta_s}_{s\text{-mal}}} \varphi_{\alpha_1} \chi_{\alpha_2} \ldots \omega_{\alpha_r} u^{\beta_1} v^{\beta_2} \ldots w^{\beta_s} = c \in \mathbb{R} \tag{5.36}$$

dargestellt werden. Dabei sind φ_{α_1}, χ_{α_2}, $\ldots$, ω_{α_r} kovariante Vektoren und u^{β_1}, v^{β_2}, $\ldots$, w^{β_s} kontravariante Vektoren.

Wir können Tensoren auch so kombinieren, dass ein weiterer Tensor von anderem Typ dabei entsteht. Seien $T \in V_s^r$ und $S \in V_{s'}^{r'}$, dann können wir einen neuen Tensor

$$T \otimes S \in V_s^r \times V_{s'}^{r'} = V_{s+s'}^{r+r'}, \tag{5.37}$$

definieren, d. h. aus einem Tensor vom Typ (r, s) und einem Tensor (r', s') wird ein Tensor vom Typ $(r + r', s + s')$ gebildet. Wir können diesen Zusammenhang auch in Indexschreibweise darstellen:

$$T^{\alpha_1 \ldots \alpha_r}{}_{\beta_1 \ldots \beta_s} S^{\alpha'_1 \ldots \alpha'_{r'}}{}_{\beta'_1 \ldots \beta'_{s'}} = U^{\alpha_1 \ldots \alpha_r}{}_{\beta_1 \ldots \beta_s}{}^{\alpha'_1 \ldots \alpha'_{r'}}{}_{\beta'_1 \ldots \beta'_{s'}}. \tag{5.38}$$

Die Operation „$\otimes$" heißt *Tensorprodukt* oder *direktes Produkt*.

Sei $T \in V_s^r$ wieder ein Tensor vom Typ (r, s). Indem in Komponentenschreibweise der k-te kovariante und der j-te kontravariante Index das gleiche Symbol bekommen und über diese zwei Indizes aufsummiert wird, erhält man einen Tensor aus V_{s-1}^{r-1}:

$$T^{\alpha_1 \ldots \alpha_j \ldots \alpha_r}{}_{\beta_1 \ldots \beta_j \ldots \beta_s} \in V_s^r \quad \text{und} \quad T^{\alpha_1 \ldots \beta_j \ldots \alpha_r}{}_{\beta_1 \ldots \beta_j \ldots \beta_s} = \text{Sp}_j^k T \in V_{s-1}^{r-1}. \tag{5.39}$$

Diese Operation heißt *Tensorverjüngung* oder *Kontraktion*.

Wir betrachten diese Definitionen an einigen Beispielen. Seien a^μ und $b^\mu \in V_0^1$ kontravariante Vierervektoren. Dann ist

- $\eta_{\mu\nu} a^\nu = a_\mu \in V_1^0$ ein kovarianter Vektor,
- $a^\mu b^\nu \in V_0^2$ ein direktes Produkt und kontravarianter Tensor 2. Stufe,
- $c^\mu{}_\nu = a^\mu b_\nu \in V_1^1$ ein direktes Produkt und einfach kontra-, einfach kovarianter Tensor,
- $c_\mu^\mu = a^\mu b_\mu \in V_0^0 = \mathbb{R}$ eine Kontraktion und Tensor 0. Stufe, d. h. ein Skalar (s. Abschn. 5.2.4)

Mehr zur Tensorrechnung besprechen wir in Abschn. 11.2 im Rahmen der allgemeinen Relativitätstheorie.

5.2.3 Tensoreigenschaft des Differentialoperators

Der Begriff „Tensor" ist abstrakt. Einigen Tensoren sind wir bereits begegnet, so sind Vierervektoren, d. h. Vektoren aus $\mathbb{R}^{1,3}$ Tensoren, und natürlich sind auch die Lorentz-Transformationen $\Lambda^\mu{}_\nu$ und $\eta_{\mu\nu} = \text{diag}(-1, 1, 1, 1)$ Tensoren.

Neu hingegen ist die Tensoreigenschaft des *Differentialoperators*:

$$\partial_\mu = \frac{\partial}{\partial x^\mu} = \left(\frac{\partial}{\partial(ct)}, \frac{\partial}{\partial x}, \frac{\partial}{\partial y}, \frac{\partial}{\partial z} \right), \tag{5.40}$$

welcher auch *Vierergradient* heißt. Bei Anwendung des Vierergradienten auf einen Lorentz-Skalar φ ergibt sich ein kovarianter Vektor:

$$\partial_\mu \varphi \equiv \varphi_{,\mu}. \tag{5.41}$$

Dabei haben wir an dieser Stelle die Schreibweise $X_{,\mu}$ für die Differentiation nach den Koordinaten eingeführt, die im Folgenden parallel zur Notation $\partial_\mu X$ benutzt wird. Bei Anwendung auf einen Vierervektor a^μ ergibt sich dagegen ein Lorentz-Skalar:

$$\partial_\mu a^\mu. \tag{5.42}$$

Dieser Ausdruck wird auch als *Viererdivergenz* bezeichnet. Weiter ist

$$\partial_\mu a_\nu - \partial_\nu a_\mu \tag{5.43}$$

ein antisymmetrischer, kovarianter Tensor 2. Stufe und heißt *Viererrotation*.

5.2.4 Eigenzeit

Betrachten wir im Minkowski-Raum nur infinitesimale Abstände, so lautet das daraus resultierende infinitesimale Abstandsquadrat

$$\mathrm{d}s^2 = -c^2 \mathrm{d}t^2 + \mathrm{d}x^2 + \mathrm{d}y^2 + \mathrm{d}z^2 = -c^2 \mathrm{d}t^2 + \mathrm{d}\boldsymbol{x}^2 \tag{5.44}$$

mit den raumartigen Abständen $\mathrm{d}x$, $\mathrm{d}y$, $\mathrm{d}z$, und dem zeitartigen Abstand $\mathrm{d}t$ (s. a. (5.7)). Der Ausdruck $\mathrm{d}s^2 = \mathrm{d}x_\mu \mathrm{d}x^\mu = \eta_{\mu\nu}\mathrm{d}x^\mu \mathrm{d}x^\nu$ mit $x^\mu = (ct, x, y, z)$ wird auch als infinitesimales Weg- bzw. Linienelement bezeichnet und ist ebenfalls invariant unter Lorentz-Transformationen.

Für einen Beobachter, der sich entlang einer Weltlinie mit Geschwindigkeit $\boldsymbol{v}(t)$ bewegt, gilt insbesondere $\mathrm{d}\boldsymbol{x} = \boldsymbol{v}(t)\mathrm{d}t$. Das Linienelement (5.44) lautet damit

$$\mathrm{d}s^2 = -c^2 \left(1 - \frac{\boldsymbol{v}(t)^2}{c^2} \right) \mathrm{d}t^2 = -c^2 \left(1 - \beta(t)^2 \right) \mathrm{d}t^2. \tag{5.45}$$

Ist seine Geschwindigkeit $\beta = 0$, so entspricht $\mathrm{d}s^2 = -c^2 \mathrm{d}t^2$. Da man immer ein instantanes Ruhsystem für den Beobachter findet, gilt allgemein $\mathrm{d}s^2 = -c^2 \mathrm{d}\tau^2$ mit der *Eigenzeit* τ, die selber wiederum ein Lorentz-Skalar ist.

Vergleicht man die Eigenzeit τ eines Beobachters, der sich momentan mit Geschwindigkeit β bezogen auf ein System ruhender synchronisierter Uhren bewegt, mit der Zeit dieser Uhren, so können wir aus (5.45) schließen, dass

$$-c^2\left(1-\beta^2\right)\mathrm{d}t^2 = -c^2\mathrm{d}\tau^2 \quad \text{bzw.} \quad \mathrm{d}\tau = \sqrt{1-\beta^2}\ \mathrm{d}t = \frac{1}{\gamma}\mathrm{d}t. \qquad (5.46)$$

Da $\gamma \geq 1$ ist, vergeht die Zeit für den bewegten Beobachter langsamer als für das System ruhender synchronisierter Uhren.

Relativistische Mechanik

6

Inhaltsverzeichnis

Wie wir bereits gesehen haben, ist die Newton'sche Mechanik nicht kovariant unter Lorentz-Transformationen, zum Beispiel führt eine konstante Beschleunigung a auf eine Geschwindigkeit $v(t) = at > c$ für $t > c/a$. Unser Ziel ist die Formulierung einer Lorentz-kovarianten Mechanik, die bei kleinen Geschwindigkeiten in die Newton'-sche Mechanik übergeht. Wir betrachten dazu ein Punktteilchen in der 4-dimensionalen Raumzeit. Die *Weltlinie* des Teilchens ist gegeben durch

$$x^\mu = x^\mu(t) = \begin{pmatrix} ct \\ \boldsymbol{r}(t) \end{pmatrix}. \tag{6.1}$$

Diese Bahnkurve ist gleich definiert wie in der Newton'schen Mechanik und entspricht der Menge aller Ereignisse, die auf der Bahn des Teilchens liegen. Aufgrund der Zeit-dilatation vergeht die Zeit im Ruhsystem des Teilchens aber anders als für einen äuße-ren Beobachter. Deshalb ist auch die Parametrisierung über die Eigenzeit in der Form

$$x^\mu[t(\tau)] = \begin{pmatrix} ct(\tau) \\ \boldsymbol{r}[t(\tau)] \end{pmatrix} \tag{6.2}$$

wichtig.

© Springer-Verlag GmbH Deutschland, ein Teil von Springer Nature 2022
S. Boblest et al., *Spezielle und allgemeine Relativitätstheorie*,
https://doi.org/10.1007/978-3-662-63352-6_6

Unser Ziel ist es, die anderen, in der klassischen Mechanik auftretenden Größen Geschwindigkeit, Beschleunigung, Impuls und Energie kovariant zu formulieren, um uns den so gewonnenen Formalismus dann an Beispielen klar zu machen. Eine wirklich umfassende Darstellung der relativistischen Mechanik werden wir aber nicht vornehmen, so werden wir z. B. die Verallgemeinerung des Drehimpulses nicht diskutieren. Weitere Details findet der interessierte Leser z. B. in [3].

6.1   Vierergeschwindigkeit

Bei der Definition einer Vierergeschwindigkeit haben wir das Problem, dass die Koordinatenzeit t kein Lorentz-Skalar ist, deshalb ist dx^μ/dt auch nicht Lorentzkovariant. Wir haben aber bereits gesehen, dass die Eigenzeit τ ein Lorentz-Skalar ist. Deshalb ist

$$u^\mu = \frac{dx^\mu}{d\tau} \tag{6.3}$$

ein kontravarianter Vierervektor und heißt *Vierergeschwindigkeit*. Mit der Definition des Eigenzeitdifferentials (5.46) folgt

$$u^\mu = \gamma(t)\frac{dx^\mu}{dt} \tag{6.4}$$

und mit der Abkürzung $dx^i/dt = \dot{x}^i$ sowie $\dot{\boldsymbol{r}} = \left(\dot{x}^1, \dot{x}^2, \dot{x}^3\right)^{\mathrm{T}}$ erhalten wir

$$u^\mu = \gamma(t)\begin{pmatrix} c \\ \dot{\boldsymbol{r}} \end{pmatrix} \quad \text{und} \quad u_\mu = \eta_{\mu\nu}u^\nu = \gamma(t)\begin{pmatrix} -c \\ \dot{\boldsymbol{r}} \end{pmatrix}. \tag{6.5}$$

Die Kontraktion der Vierergeschwindigkeit liefert dann einen Lorentz-Skalar:

$$u_\mu u^\mu = -\gamma^2 c^2 + \gamma^2 \dot{\boldsymbol{r}}^2 = \gamma^2 c^2(-1 + \beta^2) = -c^2 < 0. \tag{6.6}$$

Es ist also in jedem Fall $u_\mu u^\mu < 0$ und daher ist u^μ ein zeitartiger Vektor.

6.2   Viererbeschleunigung

Analoges Vorgehen führt zur *Viererbeschleunigung*

$$b^\mu = \frac{du^\mu}{d\tau} = \frac{d^2 x^\mu}{d\tau^2}. \tag{6.7}$$

Wenn wir diesen Ausdruck explizit auswerten, finden wir

$$b^\mu = \gamma\frac{du^\mu}{dt} = \gamma\frac{d}{dt}\left[\gamma\begin{pmatrix} c \\ \dot{\boldsymbol{r}} \end{pmatrix}\right] = \gamma\dot{\gamma}\begin{pmatrix} c \\ \dot{\boldsymbol{r}} \end{pmatrix} + \gamma^2\begin{pmatrix} 0 \\ \ddot{\boldsymbol{r}} \end{pmatrix}. \tag{6.8}$$

Mit

$$\dot{\gamma} = \frac{\mathrm{d}}{\mathrm{d}t} \frac{1}{\sqrt{1-\beta^2}} = \gamma^3 \boldsymbol{\beta} \cdot \dot{\boldsymbol{\beta}} \tag{6.9}$$

folgt dann

$$b^\mu = \gamma^4 \boldsymbol{\beta} \cdot \dot{\boldsymbol{\beta}} c \begin{pmatrix} 1 \\ \boldsymbol{\beta} \end{pmatrix} + \gamma^2 c \begin{pmatrix} 0 \\ \dot{\boldsymbol{\beta}} \end{pmatrix} = c\gamma^4 \begin{pmatrix} \boldsymbol{\beta} \cdot \dot{\boldsymbol{\beta}} \\ \dot{\boldsymbol{\beta}}/\gamma^2 + (\boldsymbol{\beta} \cdot \dot{\boldsymbol{\beta}})\boldsymbol{\beta} \end{pmatrix}. \tag{6.10}$$

Nur im ersten Term der Raumkomponenten tritt $\boldsymbol{\beta} = \dot{\boldsymbol{r}}/c$ nicht auf. Man erkennt deshalb leicht, dass

$$b^\mu \rightarrow \begin{pmatrix} 0 \\ \ddot{\boldsymbol{r}} \end{pmatrix}, \quad \text{für} \quad \beta \ll 1 \tag{6.11}$$

gilt, d. h. im Grenzfall kleiner Geschwindigkeiten erhalten wir das korrekte nicht-relativistische Resultat.

6.3   Viererimpuls

Die Ruhemasse eines Teilchens ist ein Lorentz-Skalar. Damit lässt sich der *Viererimpuls* direkt als

$$p^\mu = mu^\mu = m\gamma \begin{pmatrix} c \\ \dot{\boldsymbol{r}} \end{pmatrix} \tag{6.12}$$

einführen.

An dieser Stelle ist ein Hinweis angebracht: Man findet in der Literatur oft die Aussage, dass die Masse eines Teilchens geschwindigkeitsabhängig über $m(\gamma) = m_0\gamma$ sei. Tatsächlich kann man mit dieser Definition oft gut arbeiten. Streng genommen gehört der Faktor γ in (6.12) aber zur Vierergeschwindigkeit und nicht zur Masse. Die Ruhemasse eines Teilchens ist ein Lorentz-Skalar und nicht geschwindigkeits-abhängig.

6.4   Viererkraft

Die Newton'sche Grundgleichung der Mechanik ist

$$\boldsymbol{F}^{\mathrm{N}} = \dot{\boldsymbol{p}}, \tag{6.13}$$

mit der Newton'schen Kraft $\boldsymbol{F}^{\mathrm{N}}$. Es bietet sich daher als speziell-relativistische Ver-allgemeinerung der Ansatz

$$F^\mu = \frac{\mathrm{d}p^\mu}{\mathrm{d}\tau} = \gamma \frac{\mathrm{d}p^\mu}{\mathrm{d}t} = mb^\mu \tag{6.14}$$

an. Dieser Ansatz ist allerdings nicht streng beweisbar, sondern lässt sich nur durch experimentelle Überprüfung verifizieren. Wir setzen (6.10) ein und erhalten

$$F^\mu = mc\gamma^4 \begin{pmatrix} \boldsymbol{\beta} \cdot \dot{\boldsymbol{\beta}} \\ \dot{\boldsymbol{\beta}}/\gamma^2 + (\boldsymbol{\beta} \cdot \dot{\boldsymbol{\beta}})\boldsymbol{\beta} \end{pmatrix} = \begin{pmatrix} mc\gamma^4 \boldsymbol{\beta} \cdot \dot{\boldsymbol{\beta}} \\ \gamma \boldsymbol{F}^N \end{pmatrix}. \tag{6.15}$$

Im zweiten Schritt haben wir dabei für die Raumkomponenten die Newton'sche Relation $\boldsymbol{F}^N = \mathrm{d}\boldsymbol{p}/\mathrm{d}t$ zusammen mit (5.46) verwendet, die ja weiterhin gilt.

Wir können aus den Raumkomponenten von (6.15) den Zusammenhang

$$\boldsymbol{F}^N = mc\gamma(\dot{\boldsymbol{\beta}} + \gamma^2(\boldsymbol{\beta} \cdot \dot{\boldsymbol{\beta}})\boldsymbol{\beta}) \tag{6.16}$$

ablesen. Diesen verwenden wir jetzt, um einen Ausdruck für die 0-te Komponente zu erhalten, denn es gilt

$$\begin{aligned} \gamma \boldsymbol{\beta} \cdot \boldsymbol{F}^N &= mc\gamma^2 \boldsymbol{\beta} \cdot \dot{\boldsymbol{\beta}} + mc\gamma^4(\boldsymbol{\beta} \cdot \dot{\boldsymbol{\beta}})\boldsymbol{\beta}^2 \\ &= mc\gamma^2 \boldsymbol{\beta} \cdot \dot{\boldsymbol{\beta}}(1 + \gamma^2 \boldsymbol{\beta}^2) = mc\gamma^4 \boldsymbol{\beta} \cdot \dot{\boldsymbol{\beta}} = F^0 \end{aligned} \tag{6.17}$$

und damit

$$F^\mu = \gamma \begin{pmatrix} \boldsymbol{\beta} \cdot \boldsymbol{F}^N \\ \boldsymbol{F}^N \end{pmatrix} = mb^\mu. \tag{6.18}$$

Mit der eingeführten Viererkraft lassen sich dann die relativistischen Bewegungsgleichungen formulieren.

6.5   Kräftefreie Bewegung

Eine kräftefreie Bewegung ist beschreibbar als die kürzeste Verbindung zwischen zwei Raumzeit-Ereignissen A und B. Die Berechnung erfolgt über Variation des Weges (Abb. 6.1), d. h.

$$\delta \int_A^B |\mathrm{d}s| = 0. \tag{6.19}$$

Abb. 6.1 Variation des Weges. Betrachtet werden kleine Variationen $\delta\boldsymbol{r}(t)$ des Weges $\boldsymbol{r}(t)$ von Ereignis A zu Ereignis B, mit der Bedingung, dass $\delta\boldsymbol{r}(t_A) = \delta\boldsymbol{r}(t_B) = \boldsymbol{0}$

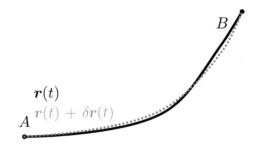

Wir müssen hier den Betrag von ds benutzen, da für zeitartige Intervalle d$s^2 < 0$ gilt. Den Weg parametrisieren wir dabei über die Zeit t. Nach Einsetzen der Definition des Linienelementes folgt

$$
\begin{aligned}
\delta \int_A^B |\mathrm{d}s| &= \delta \int_A^B \sqrt{c^2\mathrm{d}t^2 - \mathrm{d}x^2 - \mathrm{d}y^2 - \mathrm{d}z^2} = \delta \int_A^B \sqrt{c^2 - \dot{r}^2}\ \mathrm{d}t \\
&= -\int_A^B \frac{\dot{r}\delta\dot{r}}{\sqrt{c^2 - \dot{r}^2}}\ \mathrm{d}t.
\end{aligned}
\tag{6.20}
$$

Im zweiten Schritt haben wir dabei entsprechend der Ableitungsregeln umgeformt. Zur Auswertung des Integrals wenden wir die Produktintegration an. Wir setzen

$$
\boldsymbol{p} = \frac{\dot{r}}{\sqrt{c^2 - \dot{r}^2}} \quad \text{und} \quad \mathrm{d}\boldsymbol{q} = \delta\dot{r} \cdot \mathrm{d}t
\tag{6.21}
$$

und erhalten nach Differentiation bzw. Integration

$$
\mathrm{d}\boldsymbol{p} = \left[\frac{\mathrm{d}}{\mathrm{d}t} \frac{\dot{r}}{\sqrt{c^2 - \dot{r}^2}} \right] \mathrm{d}t \quad \text{und} \quad \boldsymbol{q} = \delta r.
\tag{6.22}
$$

Dabei haben wir ausgenutzt, dass die Differentiation und die Variation vertauschbar sind, d. h.

$$
\delta\dot{r} = \delta\frac{\mathrm{d}r}{\mathrm{d}t} = \frac{\mathrm{d}}{\mathrm{d}t}\delta r.
\tag{6.23}
$$

Wir setzen diese Ergebnisse ein und erhalten

$$
-\frac{\dot{r}}{\sqrt{c^2 - \dot{r}^2}} \cdot \delta r \Big|_A^B + \int_A^B \delta r(t) \left[\frac{\mathrm{d}}{\mathrm{d}t} \frac{\dot{r}}{\sqrt{c^2 - \dot{r}^2}} \right] \mathrm{d}t = 0.
\tag{6.24}
$$

Da $\delta r(A) = \delta r(B) = 0$ verschwindet der erste Term. Jetzt haben wir

$$
\int_A^B \delta r(t) \left[\frac{\mathrm{d}}{\mathrm{d}t} \frac{\dot{r}}{\sqrt{c^2 - \dot{r}^2}} \right] \mathrm{d}t = 0 \quad \text{für beliebige} \quad \delta r(t).
\tag{6.25}
$$

Diese Gleichung lässt sich für alle $\delta r(t)$ nur erfüllen, wenn die Zeitableitung in eckigen Klammern verschwindet. Wir führen die Ableitung aus und erhalten:

$$
\frac{\mathrm{d}}{\mathrm{d}t} \frac{\dot{r}}{\sqrt{c^2 - \dot{r}^2}} = \frac{\ddot{r}}{\sqrt{c^2 - \dot{r}^2}} + \frac{\ddot{r}\dot{r}^2}{(c^2 - \dot{r}^2)^{3/2}} = \ddot{r} \cdot \frac{c^2}{(c^2 - \dot{r}^2)^{3/2}} \overset{!}{=} \boldsymbol{0}.
\tag{6.26}
$$

Das bedeutet $\ddot{r} = \boldsymbol{0}$ bzw. $\dot{r} = \dot{r}_0 = \text{const.}$ Durch Multiplikation von (6.26) mit der Masse m_0 erhalten wir

$$
\frac{\mathrm{d}}{\mathrm{d}t} \frac{m_0 \cdot \dot{r}}{\sqrt{c^2 - v^2}} = \frac{\mathrm{d}}{\mathrm{d}t} m_0 \gamma \beta = \boldsymbol{0}.
\tag{6.27}
$$

Dabei haben wir $\dot{r}/c = \beta$ eingesetzt. Dies ist die Gleichung für den relativistischen Impuls für den Fall, dass eine kräftefreie Bewegung vorliegt. Er ist dann eine Erhaltungsgröße.

6.6   Relativistische Energie

Schauen wir uns nochmal die Viererkraft $F^{\mu} = \gamma \left(v \cdot F^{N}/c, F^{N} \right)^{T}$ aus (6.18) an. Für die 0-te Komponente gilt:

$$F^0 = m\frac{\mathrm{d}u^0}{\mathrm{d}\tau} = m\gamma\frac{\mathrm{d}}{\mathrm{d}t}(\gamma c) = \gamma\frac{v \cdot F^{N}}{c}. \tag{6.28}$$

Daraus ersehen wir den Zusammenhang

$$\frac{\mathrm{d}}{\mathrm{d}t}(m\gamma c^2) = v \cdot F^{N} = \frac{F^{N} \cdot \mathrm{d}x}{\mathrm{d}t} = \frac{\mathrm{d}W}{\mathrm{d}t}, \tag{6.29}$$

mit der Arbeit W. Damit können wir für die *relativistische Energie*

$$W = \gamma mc^2 = E \tag{6.30}$$

schreiben. Bei der Integration von (6.29) tritt eine Integrationskonstante auf, die wir in (6.30) so gewählt haben, dass die Energie des ruhenden Teilchens mit Ruhemasse m

$$E = mc^2 \tag{6.31}$$

ist.

6.6.1   Äquivalenz von Masse und Energie

Gl. (6.31) ist die vielleicht berühmteste Formel der Physik überhaupt. Jeder Masse ist über diesen Zusammenhang eine Energiemenge zugeordnet. Für 1 kg Materie ergibt sich z. B.

$$E_{1kg} \approx 8,988 \cdot 10^{16}\,\mathrm{J}. \tag{6.32}$$

Zum Vergleich: In Deutschland betrug der Gesamtenergieverbrauch 2013 etwa $1{,}38 \cdot 10^{19}$ J [2]. Könnte man Materie in großen Mengen direkt in Energie umwandeln, so würden also etwa 154 kg ausreichen, um den gesamten Energiebedarf Deutschlands zu decken.

Es ist alles andere als trivial, den Zusammenhang (6.31) theoretisch abzuleiten, Einstein selbst widmete diesem Problem eine ganze Reihe von Arbeiten, ohne wirklich vollständig erfolgreich zu sein. Eine Übersicht über seine Versuche gibt ein Artikel von Hecht [4].

Experimentell ist diese Relation aber glänzend bestätigt, so verwendeten Rainville et al. [7] Kernreaktionen, bei denen ein Nuklid ein Neutron einfängt und danach ein γ-Photon emittiert. Der Massenunterschied Δm zwischen Kern und Neutron vor der Reaktion und dem resultierenden Kern nach dem Einfang sollte genau der Energie des Photons entsprechen. Die Gruppe fand das Ergebnis

$$1 - \frac{\Delta mc^2}{E} = (-1,4 \pm 4,4) \cdot 10^{-7}. \tag{6.33}$$

Wir vergleichen nun zuerst das allgemeine Ergebnis für die relativistische Energie mit dem Viererimpuls in (6.12) und erkennen den Zusammenhang

$$E = \gamma mc^2 = cp^0 \quad \text{bzw.} \quad p^0 = \frac{E}{c}, \tag{6.34}$$

also können wir den Viererimpuls auch als

$$p^\mu = \begin{pmatrix} E/c \\ m\gamma v \end{pmatrix} = \begin{pmatrix} E/c \\ \boldsymbol{p} \end{pmatrix} \tag{6.35}$$

schreiben. In dieser Form bezeichnen wir ihn als *Energie-Impuls-Vektor*. Für ihn gilt

$$p_\mu p^\mu = -\frac{E^2}{c^2} + \boldsymbol{p}^2. \tag{6.36}$$

Da $p_\mu p^\mu$ ein Lorentz-Skalar ist, hat es in jedem Inertialsystem den gleichen Wert. Im Ruhsystem des Teilchens ist aber $\boldsymbol{p} = 0$ und die Energie entspricht der Ruheenergie. Aus dem Vergleich sehen wir, dass allgemein

$$-\frac{E^2}{c^2} + \boldsymbol{p}^2 = -m^2 c^2 \tag{6.37}$$

gilt. Damit können wir schließlich den Zusammenhang

$$E^2 = m^2 c^4 + c^2 \boldsymbol{p}^2 \quad \text{bzw.} \quad E = \sqrt{m^2 c^4 + c^2 \boldsymbol{p}^2} \tag{6.38}$$

zwischen relativistischer Energie und relativistischem Impuls gewinnen. Gl. (6.38) ist der *relativistische Energiesatz*. Für kleine Impulse lässt sich der Ausdruck für E in (6.38) in eine Taylorreihe entwickeln:

$$E = mc^2 \sqrt{1 + \frac{\boldsymbol{p}^2}{m^2 c^2}} \approx mc^2 \left(1 + \frac{\boldsymbol{p}^2}{2m^2 c^2} + \dots \right) = \frac{\boldsymbol{p}^2}{2m} + mc^2 + \mathcal{O}(\boldsymbol{p}^4), \tag{6.39}$$

mit der Ruheenergie mc^2 und der kinetischen Energie $\boldsymbol{p}^2/(2m) + \mathcal{O}(\boldsymbol{p}^4)$. Allgemein ist die relativistische Energie die Summe der kinetischen Energie und der Ruheenergie. Das muss insbesondere beim Vergleich mit der nichtrelativistischen kinetischen Energie berücksichtigt werden.

Was passiert nun für große Geschwindigkeiten? Im Fall $m > 0$ gilt für $|v| \to c$ wegen $\gamma \to \infty$

$$E \to \infty. \tag{6.40}$$

Die relativistische Energie divergiert, wenn sich die Geschwindigkeit der Lichtgeschwindigkeit nähert. Daraus folgt, dass sich Teilchen mit nicht verschwindender Ruhemasse immer langsamer als Licht bewegen müssen, denn um sie auf Lichtgeschwindigkeit zu beschleunigen, müsste man unendlich viel Energie aufbringen.

Machen wir uns das an einem Beispiel klar. Die Ruheenergie des Protons beträgt

$$E_p = m_p c^2 = 938,272046(21)\,\text{MeV}. \tag{6.41}$$

Bewegt sich ein Proton mit etwa $\beta = 0,9999999725$, so ist seine Gesamtenergie $E = 4$ TeV und damit über 4000-mal so groß wie seine Ruheenergie! Im *Large Hadron Collider*, dem momentan weltgrößten Teilchenbeschleuniger, treffen Protonen genau mit einer solchen Energie aufeinander, d. h. bei zwei gleich schnellen Protonen entspricht dies einem Stoß bei 8 TeV. Abb. 6.2 zeigt die relativistische Energie im Vergleich zur Newton'schen kinetischen Energie für ein Proton.

6.6.2 Photonen und der Compton-Effekt

Photonen haben keine Ruhemasse. Deswegen gilt

$$p_\mu p^\mu = \frac{E^2}{c^2} - \boldsymbol{p}^2 = m^2 c^2 = 0. \tag{6.42}$$

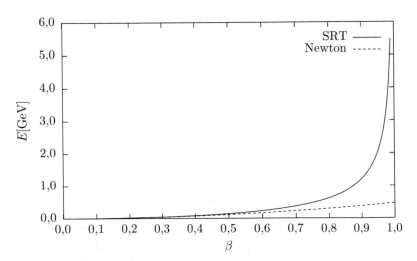

Abb. 6.2 Vergleich zwischen relativistischer und Newton'scher kinetischer Energie für ein Proton. Beim relativistischen Ausdruck ist die Ruheenergie abgezogen. Für $\beta \to 1$ divergiert der relativistische Energieausdruck

Daraus folgt dann

$$E = c|\boldsymbol{p}| = \hbar\omega = \frac{hc}{\lambda}. \tag{6.43}$$

Mit den Zusammenhängen $\boldsymbol{p} = \hbar\boldsymbol{k}$ und $E = h\nu = \hbar\omega$ zwischen Impuls und Wellenvektor, bzw. Energie und Frequenz für Photonen haben wir dann

$$p^\mu = \begin{pmatrix} \hbar\omega/c \\ \hbar\boldsymbol{k} \end{pmatrix} = \hbar \begin{pmatrix} \omega/c \\ \boldsymbol{k} \end{pmatrix} = \hbar k^\mu, \tag{6.44}$$

mit dem *Viererwellenvektor* k^μ. Aus (6.43) sehen wir, dass

$$|\boldsymbol{k}| = \frac{\omega}{c} \tag{6.45}$$

gelten muss, d. h. k^μ ist ein lichtartiger Vektor.

Wir betrachten weiter ein beliebiges Teilchen mit Masse m_1 und untersuchen, was bei der Emission von Photonen passiert, wie es z. B. bei angeregten Atomen der Fall ist. Um einfacher rechnen zu können, nehmen wir an, dass sich das Teilchen in Ruhe befindet und zwei Photonen in entgegengesetzte Richtungen emittiert, sodass kein Rückstoß erfolgt und die Raumkomponenten des Viererimpulses sich nicht ändern (s. Abb. 6.3). Die Erhaltung des Gesamt-Viererimpulses führt auf

$$\begin{pmatrix} E_1/c \\ 0 \end{pmatrix} = \begin{pmatrix} |\boldsymbol{p}| \\ -\boldsymbol{p} \end{pmatrix} + \begin{pmatrix} E_2/c \\ 0 \end{pmatrix} + \begin{pmatrix} |\boldsymbol{p}| \\ \boldsymbol{p} \end{pmatrix}. \tag{6.46}$$

Daraus folgt für E_2

$$E_2 = E_1 - 2c|\boldsymbol{p}| \quad \text{bzw.} \quad m_2 c^2 = m_1 c^2 - 2c|\boldsymbol{p}|. \tag{6.47}$$

Daher können wir schließen, dass weiter

$$m_2 = m_1 - 2\frac{|\boldsymbol{p}|}{c} = m_1 - 2\frac{E_{\text{Photon}}}{c^2} \tag{6.48}$$

gilt. Abgestrahlte Energie, d. h. Photonen bzw. elektromagnetische Strahlung, verringert also die Ruhemasse des Teilchens.

Abb. 6.3 Zur Äquivalenz von Masse und Energie: Ein Teilchen, das 2 Photonen gleicher Energie in entgegengesetzte Richtungen emittiert, ändert seinen Impuls und entsprechend auch seine kinetische Energie nicht, es muss also seine Ruhemasse verringern

Ein besonders wichtiger Fall ist die Streuung von Photonen an Teilchen, insbesondere an Elektronen. Wir nehmen an, das Photon bewege sich entlang der x-Achse und das Elektron befinde sich in Ruhe. Für die Viererimpulse p^μ des Photons und e^μ des Elektrons gilt dann

$$p^\mu = \begin{pmatrix} \hbar\omega/c \\ \hbar\omega/c \\ 0 \\ 0 \end{pmatrix} \quad \text{und} \quad e^\mu = \begin{pmatrix} m_{\mathrm{e}}c \\ 0 \\ 0 \\ 0 \end{pmatrix} \tag{6.49}$$

Weiter definieren wir den Gesamt-Viererimpuls

$$g^\mu = p^\mu + e^\mu. \tag{6.50}$$

Bei dem Stoß bleibt der Gesamtimpuls erhalten, d. h. es gilt

$$p^\mu + e^\mu = p'^\mu + e'^\mu. \tag{6.51}$$

Der Viererimpuls e'^μ des Elektrons nach dem Stoß ist für uns nicht von Interesse. Wir eliminieren ihn deshalb aus dem Zusammenhang (6.51). Dazu bilden wir das Skalarprodukt mit p'_μ und nutzen den Zusammenhang $p'_\mu p'^\mu = 0$ aus. Dann ist

$$p'_\mu p^\mu + p'_\mu e^\mu = p'_\mu e'^\mu \tag{6.52}$$

Weiter ist unter Verwendung von $p_\mu e^\mu = p^\mu e_\mu$

$$g_\mu g^\mu = m_{\mathrm{e}}^2 c^2 + 2 p_\mu e^\mu + 0 = m_{\mathrm{e}}^2 c^2 + 2 p'_\mu e'^\mu + 0 = g'_\mu g'^\mu \tag{6.53}$$

und damit

$$p_\mu e^\mu = p'_\mu e'^\mu. \tag{6.54}$$

Eingesetzt in (6.52) liefert das

$$p'_\mu p^\mu + p'_\mu e^\mu = p_\mu e^\mu. \tag{6.55}$$

Nach dem Stoß kann das Photon zum einen seine Energie, d. h. seine Frequenz bzw. Wellenlänge geändert haben und zum anderen seine Flugrichtung. Wir können deshalb den Ansatz

$$p'^\mu = \begin{pmatrix} \hbar\omega'/c \\ \hbar\omega'/c \, \cos(\theta) \\ \hbar\omega'/c \, \sin(\theta) \\ 0 \end{pmatrix} \tag{6.56}$$

machen, wobei wir unser Koordinatensystem so wählen, dass die Bewegung des Photons nach dem Stoß in der xy-Ebene verläuft. Wir setzen (6.49) und (6.56) in (6.55) ein und bilden die Skalarprodukte. Dann haben wir

$$\frac{\hbar^2}{c^2}\omega\omega'\big(\cos(\theta)-1\big)-m\hbar\omega' = -m\hbar\omega. \tag{6.57}$$

Wir sind am Verhältnis von alter zu neuer Wellenlänge interessiert. Deshalb setzen wir $\omega = 2\pi c/\lambda$ und entsprechend $\omega' = 2\pi c/\lambda'$ ein und formen um zu

$$\lambda' - \lambda = \frac{h}{m_e c}\big(1 - \cos(\theta)\big). \tag{6.58}$$

Dabei bezeichnet

$$\lambda_e := \frac{h}{m_e c} = 2{,}4263102389(16)\cdot 10^{-12}\,\mathrm{m} \tag{6.59}$$

die *Compton-Wellenlänge*[1] des Elektrons. Sie gibt die Wellenlängenvergrößerung eines Photons an, das senkrecht an einem Elektron gestreut wird. Sie ist unabhängig von der Wellenlänge des einfallenden Photons. Energiereiche Photonen mit kleiner Wellenlänge verlieren in einem Stoß also besonders viel Energie.

6.6.3 Weitere Beispiele

Die Äquivalenz von Masse und Energie wird in vielen physikalischen Prozessen deutlich.

1. Angeregte Atome oder Moleküle sind schwerer als Atome oder Moleküle im Grundzustand. Betrachten wir das Wasserstoffatom, so wird die Bindungsenergie von 13,6 eV frei, wenn sich aus einem Proton und einem Elektron ein Wasserstoffatom bildet. Die Masse des Wasserstoffatoms ist also kleiner als die Masse von Proton plus Elektron. Man spricht vom *Massendefekt*, hier verursacht von der negativen Bindungsenergie von Elektron und Proton. Für das Wasserstoffatom ist dieser Effekt relativ klein, da die Protonenmasse in (6.41) etwa 70 Millionen mal größer ist als die Bindungsenergie.
2. Atomkerne zeigen, wie bereits kurz angesprochen, ebenfalls einen Massendefekt. Die Gesamtmasse von Atomkernen ist kleiner als die Summe der Massen der Protonen und Neutronen. Der Massendefekt ergibt sich aus der Bindungsenergie E_B/c^2 aufgrund der starken Wechselwirkung. Die Masse des Atomkernes ist also

$$m(A,Z) = Zm_p + (A-Z)m_n + \frac{E_B}{c^2}, \tag{6.60}$$

wobei $E_B < 0$ ist. Wir betrachten als Beispiel das Nuklid ^{12}C. Hier ist $A = 12$ und $Z = 6$. Die *atomare Masseneinheit* ist

---

[1]Arthur Holly Compton, 1892–1962, US-amerikanischer Physiker, Nobelpreis 1927.

$$m_u = \frac{1}{12} m(^{12}C) = 1,660538921(73) \cdot 10^{-27} \text{ kg.} \tag{6.61}$$

Im Vergleich zur Masse der einzelnen Bestandteile ergibt sich

$$\frac{\frac{1}{12}(6m_p + 6m_n + 6m_e)}{m_u} \approx 1,008, \tag{6.62}$$

mit der Neutronenmasse

$$m_n = 1,674927351(74) \cdot 10^{-27} \text{ kg} \tag{6.63}$$

und der Elektronenmasse

$$m_e = 9,10938291(40) \cdot 10^{-31} \text{ kg.} \tag{6.64}$$

Das heißt etwa 0,8% der Masse der Protonen und Neutronen geht in die Bindungsenergie.

3. Bei Kernspaltungs- und Kernfusionsreaktionen kann eine große Menge an Energie freiwerden. In Kap. 19 werden wir sehen, dass Sterne ihre Leuchtenergie aus Fusionsprozessen gewinnen.

4. Teilchen und Antiteilchen können paarweise erzeugt oder vernichtet werden, z. B. in der Reaktion

$$e^+ + e^- \leftrightarrow 2\gamma. \tag{6.65}$$

Aus Elektron und Positron entstehen also zwei Photonen. Der Elektronenmasse entspricht ein Energieäquivalent von etwa 511 keV. Daher gilt

$$E_\gamma \geq 511 \text{ keV.} \tag{6.66}$$

Hier werden 100 % der Masse in Energie umgewandelt. Die Ruheenergie der Elektronen ist eine untere Grenze für die freiwerdende Energie, da die Elektronen auch kinetische Energie besitzen.

6.7   Reise mit konstanter Beschleunigung

Als Anwendung der gerade hergeleiteten Zusammenhänge betrachten wir einen Raumfahrer, dessen Raumfahrzeug in seinem Ruhsystem konstant mit $a = g = 9{,}81 \text{ ms}^{-2}$ in x-Richtung beschleunigt wird.

6.7.1   Bewegungsgleichungen

Das Inertialsystem S, bezüglich dessen wir die Gleichungen aufstellen wollen, soll bei der Erde ruhen. Das Ruhsystem der Rakete bezeichnen wir mit S'. Dieses soll sich entlang der x-Achse von S bewegen. Dann ergibt sich für die Vierer-beschleunigung $b'^\mu = (0, g, 0, 0)^T$. Die Transformation ins Erdsystem erfolgt mit der inversen Lorentz-Transformation aus (5.22) über

$$b^\mu = \Lambda_\alpha{}^\mu b'^\alpha = \begin{pmatrix} \gamma & \beta\gamma & 0 & 0 \\ \beta\gamma & \gamma & 0 & 0 \\ 0 & 0 & 1 & 0 \\ 0 & 0 & 0 & 1 \end{pmatrix} \cdot \begin{pmatrix} 0 \\ g \\ 0 \\ 0 \end{pmatrix} = \begin{pmatrix} \beta\gamma g \\ \gamma g \\ 0 \\ 0 \end{pmatrix} \tag{6.67}$$

Wir werten den Ausdruck für die Beschleunigung weiter aus. Dazu verwenden wir, dass $\boldsymbol{\beta} = \beta\,\mathbf{e}_x$ im Erdsystem gilt. Es ist dann

$$b^x = \gamma g = \frac{\mathrm{d}}{\mathrm{d}\tau} u^x = \frac{\mathrm{d}}{\mathrm{d}\tau}(\gamma v) = \gamma \frac{\mathrm{d}}{\mathrm{d}t}(\gamma v) = c\gamma \frac{\mathrm{d}}{\mathrm{d}t}(\gamma\beta) \tag{6.68}$$

und damit

$$g = \frac{\mathrm{d}}{\mathrm{d}t}(\gamma v). \tag{6.69}$$

Mit den Anfangsbedingungen $x(0) = 0$ und $v(0) = 0$ folgt

$$\gamma v = gt = \gamma \frac{\mathrm{d}x}{\mathrm{d}t} \quad \text{und weiter} \quad \frac{\mathrm{d}x}{\mathrm{d}t} = v = \frac{gt}{\gamma} = \sqrt{1-\beta^2}\, gt. \tag{6.70}$$

Aus (6.70) ergibt sich $c^2\beta^2 = (1-\beta^2)g^2 t^2$, bzw. $(c^2 + g^2 t^2)\beta^2 = g^2 t^2$ und damit schließlich

$$\beta(t) = \frac{gt}{\sqrt{c^2 + g^2 t^2}} = \frac{1}{\sqrt{c^2/(g^2 t^2) + 1}} < 1. \tag{6.71}$$

Die Geschwindigkeit bleibt also für alle Zeiten kleiner als die Lichtgeschwindigkeit (s. Abb. 6.4). Um die Bahnkurve $x(t)$ zu erhalten, integrieren wir die Geschwindigkeit $v(t) = c\beta(t)$. Das ergibt

$$x(t) = \int_0^t v(t')\,\mathrm{d}t' = c\sqrt{t'^2 + \frac{c^2}{g^2}}\,\Big|_0^t = \frac{c^2}{g}\left[\sqrt{1 + \left(\frac{gt}{c}\right)^2} - 1\right]. \tag{6.72}$$

Eine Entwicklung von (6.72) für kleine t liefert $x(t) \approx g/2\,t^2$ wie in der Newton'-schen Mechanik. Für große Zeiten dagegen ist $x(t) \approx ct$, unabhängig vom Wert der Beschleunigung (s. Abb. 6.5).

Betrachtung aus Sicht des Raumfahrers

Wir wissen jetzt, wie die konstant beschleunigte Bewegung im Ruhsystem eines zurückbleibenden Beobachters aussieht. Wie aber sieht der Raumfahrer selbst seine Bewegung? Um das zu untersuchen, müssen wir die Geschwindigkeit und den

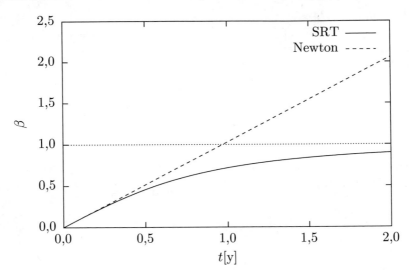

Abb. 6.4 Entwicklung der Geschwindigkeit bei konstanter Beschleunigung. Während in der Newton'schen Mechanik die Geschwindigkeit der Rakete über alle Grenzen wächst (*gestrichelte Linie*), ist in der SRT die Lichtgeschwindigkeit $\beta = 1$ die obere Schranke (*durchgezogene Linie*)

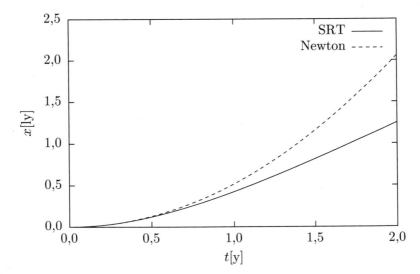

Abb. 6.5 Relativistische Bewegungsgleichung der Rakete: Während in der Newton'schen Mechanik der zurückgelegte Weg für alle Zeit mit $gt^2/2$ pro Zeit t zunimmt (*gestrichelte Linie*), ändert er sich in der SRT für große t proportional zu ct, unabhängig von der Beschleunigung g

zurückgelegten Weg als Funktion der Eigenzeit ausdrücken. Der Zusammenhang zwischen Zeit t und Eigenzeit τ ist nach (5.46)

$$\tau = \int_0^t \frac{1}{\gamma(t')}\, dt' = \int_0^t \sqrt{1 - \beta^2(t')}\, dt'. \tag{6.73}$$

Nach Einsetzen von (6.71) erhalten wir

$$\tau = \int_0^t \sqrt{1 - \frac{g^2 t'^2}{c^2 + g^2 t'^2}}\, dt' = \frac{c}{g} \ln\left[\frac{gt}{c} + \sqrt{1 + \left(\frac{gt}{c}\right)^2}\right] = \frac{c}{g} \operatorname{arsinh}\left(\frac{gt}{c}\right). \tag{6.74}$$

Wir lösen nach t auf und finden

$$t(\tau) = \frac{c}{g} \sinh\left(\frac{g}{c}\tau\right). \tag{6.75}$$

Mit diesem Ergebnis können wir die Weltlinie $x(\tau)$ der Rakete auch bezüglich ihrer Eigenzeit ausdrücken. Einsetzen von (6.75) in (6.72) ergibt

$$x(\tau) = \frac{c^2}{g}\left[\cosh\left(\frac{g}{c}\tau\right) - 1\right]. \tag{6.76}$$

Sowohl die vergangene Zeit t im Erdsystem als auch die zurückgelegte Strecke hängen also exponentiell von der Beschleunigungsdauer τ ab. Man spricht auch von *hyperbolischer Bewegung*, weil $t(\tau)$ und $x(\tau)$ über die hyperbolischen Funktionen definiert sind.

Wegen des exponentiellen Zusammenhangs zwischen vergangener Eigenzeit und zurückgelegter Strecke könnte ein Raumfahrer, der lediglich mit Erdbeschleunigung konstant beschleunigt, während relativ kurzer Zeitdauern sehr weit entfernte Punkte im Universum erreichen. Gegen die tatsächliche Durchführung einer solchen Reise spricht aber, neben vielen technischen Problemen, der immense Energiebedarf, um die Beschleunigung dauerhaft aufrechtzuerhalten.

6.7.2   Anwendung auf das Zwillingsparadoxon

Mit der gerade hergeleiteten Bahnkurve können wir das in Abschn. 4.4 bereits kurz angesprochene Zwillingsparadoxon quantitativ diskutieren. Wir nehmen an, einer der beiden Zwillinge reise eine bestimmte Zeit τ_1 in seiner Eigenzeit mit Beschleunigung g, dann die doppelte Zeit mit Beschleunigung $-g$, um bei seinem Zielpunkt bei $\tau = 2\tau_1$ in Ruhe anzukommen, und für den Rückweg die betragsmäßig gleiche, aber entgegengerichtete Geschwindigkeit zu erreichen, und schließlich wieder die ursprüngliche Zeit mit Beschleunigung g, um bei der Erde anzuhalten (s. Abb. 6.6). Er kehrt also nach einer Eigenzeit $4\tau_1$ zur Erde zurück.

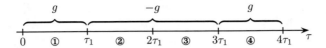

Abb. 6.6 Abschnitte der Rundreise im Zwillingsparadoxon. In Abschnitt ① beschleunigt der Raumfahrer auf sein Reiseziel hin. In Abschnitt ② bremst er auf dem Hinweg ab, in Abschnitt ③ beschleunigt er wieder auf die Erde zu, und in Abschnitt ④ bremst er schließlich ab, um bei der Erde anzuhalten

Da sich während der Reise das Vorzeichen der Beschleunigung zweimal umkehrt, ergeben sich in diesem Fall die Funktionen $t_{Zw}(\tau)$ und $x_{Zw}(\tau)$ als abschnittsweise definierte Funktionen. Die Phasen ② und ③ der Reise in Abb. 6.6 können dabei zusammengefasst werden. Löst man die entsprechenden Gleichungen für die einzelnen Zweige, so ergibt sich

$$t_{Zw}(\tau) = \frac{c}{g}\begin{cases} \sinh\left(\frac{g}{c}\tau\right) & \text{für } \tau \le \tau_1, \\[2mm] \sinh\left[\frac{g}{c}(\tau - 2\tau_1)\right] + 2\sinh\left(\frac{g}{c}\tau_1\right) & \text{für } \tau_1 < \tau \le 3\tau_1, \\[2mm] \sinh\left[\frac{g}{c}(\tau - 4\tau_1)\right] + 4\sinh\left(\frac{g}{c}\tau_1\right) & \text{für } 3\tau_1 < \tau \le 4\tau_1 \end{cases} \qquad (6.77)$$

und

$$x_{Zw}(\tau) = \frac{c^2}{g}\begin{cases} \cosh\left(\frac{g}{c}\tau\right) - 1 & \text{für } \tau \le \tau_1, \\[2mm] 2\cosh\left(\frac{g}{c}\tau_1\right) - \cosh\left[\frac{g}{c}(\tau - 2\tau_1)\right] - 1, & \text{für } \tau_1 < \tau \le 3\tau_1, \\[2mm] \cosh\left[\frac{g}{c}(\tau - 4\tau_1)\right] - 1 & \text{für } 3\tau_1 < \tau \le 4\tau_1. \end{cases} \qquad (6.78)$$

Die Integrationskonstanten der verschiedenen Zweige ergeben sich dabei aus der Stetigkeitsbedingung an die Funktionen.

Um die Geschwindigkeit $\beta(\tau)$ auf der Reise zu bestimmen, benutzen wir wieder den Zusammenhang (5.46), d. h.

$$\gamma(\tau) = \frac{dt}{d\tau} = \frac{1}{\sqrt{1 - \beta(\tau)^2}}, \quad \text{bzw.} \quad \beta(\tau) = \pm\frac{\sqrt{\gamma^2 - 1}}{\gamma}. \qquad (6.79)$$

Dabei müssen wir im zweiten Zweig das negative Vorzeichen wählen. Mit der Relation $\cosh^2(x) - \sinh^2(x) = 1$ ergibt das

$$\beta_{Zw}(\tau) = \begin{cases} \tanh\left(\dfrac{g}{c}\tau\right) & \text{für } \tau \le \tau_1, \\[2mm] -\tanh\left[\dfrac{g}{c}(\tau - 2\tau_1)\right], & \text{für } \tau_1 < \tau \le 3\tau_1, \\[2mm] \tanh\left[\dfrac{g}{c}(\tau - 4\tau_1)\right] & \text{für } 3\tau_1 < \tau \le 4\tau_1. \end{cases} \qquad (6.80)$$

Wegen $\tanh(y) \in (-1,1)$ sehen wir daran wieder, dass die Geschwindigkeit immer kleiner als die Lichtgeschwindigkeit ist.

Wir betrachten als Beispiel eine Reise mit Beschleunigungsdauer τ_1 von 2 Jahren. Für den reisenden Zwilling dauert diese Reise demnach 8 Jahre. Aus (6.77) ergibt sich für den Zwilling auf der Erde dagegen eine Zeitspanne[2] von

$$t(4\tau_1) = 15{,}03 \text{ y.} \qquad (6.81)$$

Erst nach dieser Zeit kehrt für ihn der reisende Zwilling wieder zurück. Die maximale Entfernung zur Erde erreicht der Raumfahrer natürlich zur halben Reisezeit. Aus (6.78) ergibt sich

$$x(2\tau_1) = 5{,}82 \text{ ly.} \qquad (6.82)$$

Aus (6.80) ergibt sich die maximale Reisegeschwindigkeit zu

$$\beta_{max} = \beta(\tau_1) = -\beta(3\tau_1) = 0{,}968 \qquad (6.83)$$

nach einer zweijährigen Beschleunigungsdauer. Dies entspricht einem Wert $\gamma(\tau_1) = 4{,}00$. In Abb. 6.7 ist die Reise des Zwillings veranschaulicht. In der oberen Teilabbildung ist der Zusammenhang zwischen vergangener Koordinatenzeit und Entfernung zur Erde dargestellt. Die Punkte maximaler Geschwindigkeit auf Hin- und Rückreise, sowie der Umkehrpunkt sind markiert. Abb. 6.7 (Mitte) zeigt den Zusammenhang zwischen Koordinatenzeit t und Eigenzeit τ. Die drei Stellen, die den Punkten in der oberen Teilabbildung entsprechen, sind wieder gezeigt. Die Steigung dieser Kurve ist $\gamma(\tau)$. Am Umkehrpunkt ist $\beta = 0$ und entsprechend $\gamma = 1$. An diesem Punkt verlaufen Koordinatenzeit und Eigenzeit gleich schnell. Das genaue Gegenteil gilt an den beiden Punkten maximaler Geschwindigkeit, dort ist jeweils $\gamma = 4{,}00$ und dementsprechend das Verhältnis von Eigenzeit zu Koordinatenzeit extremal. Abschließend zeigt Abb. 6.7 (unten) die Entwicklung der Geschwindigkeit auf der Reise. Aufgrund der Zeitdilatation wäre es sogar, natürlich rein theoretisch, möglich, zu Lebzeiten bis an die Grenze des beobachtbaren Universums zu reisen. Die Gesamtdauer τ_f einer Rundreise zu einem Objekt in Entfernung s von der Erde lässt sich leicht aus (6.78) bestimmen. Dazu lösen wir die Bedingung

---

[2] Ein Hinweis zum leichteren Rechnen: Die hier diskutierten Größen findet man sehr bequem, wenn man direkt die Zeit in Jahren und Strecken in Lichtjahren misst. In diesen Einheiten ist $c = 1$ ly y^{-1} und für die Beschleunigung ergibt die entsprechende Umrechnung $g = 9{,}81\,\text{m s}^{-2} = 1{,}03$ ly y^{-2}.

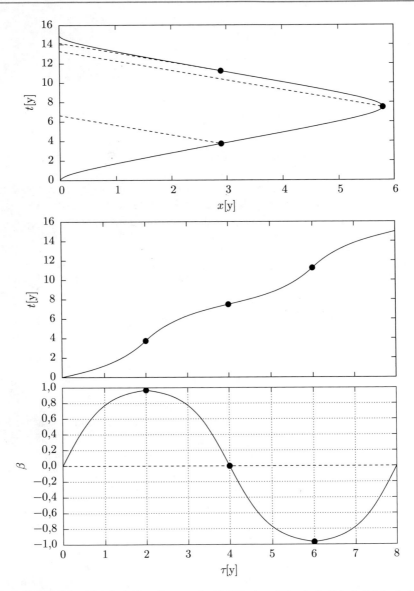

Abb. 6.7 Weltlinie $x(t)$ (*oben*), Koordinatenzeit $t(\tau)$ (*Mitte*) und Geschwindigkeit $\beta(\tau)$ (*unten*) des reisenden Zwillings. Bei der Weltlinie sind zusätzlich Lichtsignale an die Erde für die Zeiten $t = \tau_1$, $2\tau_1$ und $3\tau_1$ eingezeichnet

$$x(2\tau_1) = 2x(\tau_1) = s \qquad (6.84)$$

nach τ_1 auf und finden für die Gesamtdauer der Reise

$$\tau_f = 4\tau_1(s) = 4\frac{c}{g}\operatorname{arcosh}\left(\frac{1}{2}\frac{gs}{c^2}+1\right). \qquad (6.85)$$

Tab. 6.1 Vergleich der Reisen zu verschiedenen Zielen im klassischen Zwillingsparadoxon. Aufgelistet sind die vergangene Eigenzeit τ_f des Raumfahrers und die vergangene Koordinatenzeit $t(\tau_f)$ am Ende der Reise, sowie die maximal erreichte Geschwindigkeit β_{max} und der maximale Lorentz-Faktor. Betrachtet werden typische Entfernungen zu nahen Sternen, eine Reise zum Andromedanebel, der etwa zwei Millionen Lichtjahre entfernt ist, und zum Ende des sichtbaren Universums; siehe auch [5]

Entfernung [ly]	τ_f [y]	$t(\tau_f)$ [y]	β_{max}	γ_{max}
5	7,55	13,32	0,9602	3,582
100	18,03	203,84	0,9998	52,64
$2{,}00 \cdot 10^6$	56,31	$4{,}00 \cdot 10^6$	$1 - 4{,}69 \cdot 10^{-13}$	$1{,}033 \cdot 10^6$
$1{,}3784 \cdot 10^{10}$	90,54	$2{,}76 \cdot 10^{10}$	$1 - 9{,}87 \cdot 10^{-21}$	$7{,}12 \cdot 10^9$

In Tab. 6.1 sind Gesamtreisezeiten sowie die vergangene Koordinatenzeit, die Maximalgeschwindigkeit und der maximale γ-Faktor für typische Entfernungen zu nahen Sternen, dem Andromedanebel, sowie dem Ende des beobachtbaren Universums gezeigt. Dieses haben wir grob abgeschätzt als Alter des Universums [6] mal Lichtgeschwindigkeit, was im Wesentlichen der *Hubble-Distanz* entspricht (s. Abschn. 23.3).

Aufgrund der extremen Zeitdilatation könnte ein Raumfahrer in seiner Lebenszeit selbst extremste Entfernungen im Bereich von Milliarden von Lichtjahren zurücklegen. Wir werden in der Kosmologie aber sehen, dass unser Universum keine statische Raumzeit wie die Minkowski-Raumzeit ist, sondern als expandierender Raum beschrieben werden kann. In einer solchen Raumzeit ergeben sich für das Zwillingsparadoxon noch weitere Aspekte, da sich die Raumzeit, insbesondere während einer sehr langen Reise, ausdehnt. Man benötigt für diesen Fall dann ein Konzept der konstanten Beschleunigung in einer gekrümmten Raumzeit, das in [8] diskutiert wird. Wir möchten diesen Fall aber nicht behandeln. Außerdem wäre er erst nach der Behandlung der ART und der entsprechenden Gleichungen der Kosmologie verständlich. Eine entsprechende Diskussion findet der interessierte Leser in [1].

Ein weiteres Problem ist die unglaubliche Energiemenge, die für eine solche Reise nötig wäre. Die relativistische Energie in (6.30) ergibt sich als Lorentz-Faktor mal der Ruheenergie. Wenn also auf einer Reise Lorentz-Faktoren im Bereich 10^6 und höher auftreten, bräuchte man genug Treibstoff, um ein millionenfaches der Ruheenergie des Raumschiffes zu erzeugen. Selbst wenn man direkt Materie und Antimaterie zerstrahlen könnte, hätte man ein Last zu Treibstoffverhältnis von weit über Eins zu einer Million, da der Treibstoff für spätere Reisephasen anfangs ja auch noch beschleunigt werden muss.

6.8 Relativistische Kreisbahn

Als kleine Ergänzung möchten wir noch den Fall einer gleichförmigen Bewegung auf einer Kreisbahn ansprechen. In diesem Fall ist die Beschleunigung betragsmäßig immer noch konstant, zeigt aber stets senkrecht zur Bewegungsrichtung.

Wir wollen unser Koordinatensystem so wählen, dass die Bewegung in der xy-Ebene verläuft. Zur Zeit $\tau = t = 0$ soll sich unser Massepunkt bei den Koordinaten $x = R$, $y = z = 0$ befinden, wobei wir im Folgenden die z-Koordinate weglassen. Dabei bezeichnet R den Radius der Kreisbahn. Wie bisher wollen wir den Betrag der Viererbeschleunigung $a = g$ wählen. Außerdem soll der Betrag der Geschwindigkeit entlang der Kurve konstant bleiben.

Die Weltlinie des Massepunktes muss dann von der Form

$$x^{\mu}(\tau) = \begin{pmatrix} c\gamma\tau \\ R\cos(\omega\tau) \\ R\sin(\omega\tau) \end{pmatrix} \tag{6.86}$$

sein, wobei γ jetzt zeitunabhängig sein muss, da die Geschwindigkeit konstant sein soll. Das Gleiche gilt entsprechend für die Winkelgeschwindigkeit ω. Für die Vierergeschwindigkeit erhalten wir dann

$$u^{\mu}(\tau) = \frac{dx^{\mu}(\tau)}{d\tau} = \begin{pmatrix} c\gamma \\ -R\omega\sin(\omega\tau) \\ R\omega\cos(\omega\tau) \end{pmatrix}. \tag{6.87}$$

Um die Kreisfrequenz ω zu bestimmen, benutzen wir die Nebenbedingung $u^{\mu}u_{\mu} = -c^2$, die auf

$$-c^2 = -c^2\gamma^2 + R^2\omega^2 \tag{6.88}$$

führt, d. h. es gilt

$$\omega = \frac{c\gamma\beta}{R}, \tag{6.89}$$

wobei wir den Zusammenhang $\gamma^2 - 1 = \gamma^2\beta^2$ ausgenutzt haben. Für die Viererbeschleunigung erhalten wir weiter

$$b^{\mu}(\tau) = \frac{du^{\mu}(\tau)}{d\tau} = \begin{pmatrix} 0 \\ -R\omega^2\cos(\omega\tau) \\ -R\omega^2\sin(\omega\tau) \end{pmatrix}. \tag{6.90}$$

Die Viererbeschleunigung ist wieder über eine Lorentz-Transformation wie in (6.67) mit der Beschleunigung im Ruhsystem des Beobachters verknüpft, allerdings mit dem Unterschied, dass sie in diesem Fall während der gesamten Bewegung senkrecht zur Bewegungsrichtung steht. Wenn wir in (6.67) für die Beschleunigung $b'^{\mu} = (0, -g, 0, 0)$ für den Zeitpunkt $\tau = t = 0$ einsetzen, so sehen wir sofort, dass in diesem Fall $b^{\mu} = (0, -g, 0, 0)$ ohne einen zusätzlichen Faktor γ gilt. Für alle anderen Zeiten ist die Situation analog und ergibt sich durch eine zusätzliche Rotation des Bezugssystems.

Wir können wegen dieses Zwischenergebnisses dann einfach $|\underline{b}| = \sqrt{b_{\mu}b^{\mu}} = g$ setzen. Zusammen mit den Beziehungen (6.89) und (6.90) erhalten wir direkt

$$|\underline{b}| = \frac{c^2\gamma^2\beta^2}{R},\qquad(6.91)$$

bzw.

$$R(\beta) = \frac{c^2\gamma^2\beta^2}{g}.\qquad(6.92)$$

Im letzten Schritt haben wir dabei den Radius der Kreisbahn bestimmt. In der Newton'schen Mechanik erhalten wir den Radius der entsprechenden Kreisbahn durch Gleichsetzen der Beschleunigung $a = g$ mit der Zentripetalbeschleunigung $a_{Zp} = v^2/R$, was auf

$$R = \frac{v^2}{g} = \frac{c^2\beta^2}{g}\qquad(6.93)$$

führt. Im relativistischen Fall tritt also ein zusätzlicher Faktor γ^2 auf. Gleichzeitig geht für $v \ll c$ der Faktor $\gamma \to 1$ und das klassische Ergebnis ergibt sich als nichtrelativistischer Grenzfall (s. Abb. 6.8).

Es muss allerdings angemerkt werden, dass bei dieser Situation noch ein zusätzlicher Effekt auftritt, den wir in diesem Rahmen nicht behandeln wollen, nämlich die *Thomas-Präzession*[3] des Bezugssystems des Raumfahrers. Diese führt dazu, dass nach einem vollständigen Umlauf das Bezugssystem des Raumfahrers nicht mehr parallel zum ursprünglichen Bezugssystem ist, es sei denn, der Raumfahrer korrigiert dies durch zusätzliche Navigation. Die Thomas-Präzession [9] ist auch als relativistische Korrektur zur Spin-Bahn-Kopplung in der Atomphysik von Bedeutung.

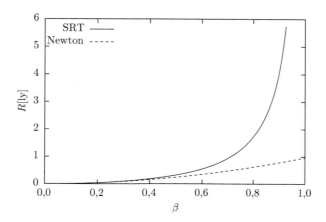

Abb. 6.8 Radius $R(\beta)$ einer Kreisbahn bei relativistischen Geschwindigkeiten und konstanter Beschleunigung $a = g$. Der Kreisradius in relativistischer Rechnung (*durchgezogene Linie*) divergiert bei $\beta = 1$, der Radius in Newton'scher Mechanik (*gestrichelte Linie*) steigt quadratisch mit der Geschwindigkeit. Das relativistische Ergebnis geht für kleine Geschwindigkeiten $v \ll c$ in das nichtrelativistische über

---

[3] Llewellyn Hilleth Thomas, 1903–1992, britischer theoretischer Physiker und Mathematiker.

6.9   Übungsaufgaben

6.9.1   Rundreise auf Kreisbahn (für motivierte Rechner)

In dieser Übung werden die Ergebnisse der Abschn. 6.7 und 6.8 kombiniert zu einer Rundreise, die mit einer konstant geradlinig beschleunigten Phase beginnt und endet und bei der der Raumfahrer dazwischen mit konstanter Geschwindigkeit auf einer Kreisbahn fliegt (s. Abb. 6.9).

Statt entlang der x-Achse muss der Raumfahrer jetzt um einen Winkel δ gegen die x-Achse verschoben starten, d. h. die Weltlinie bis zum Einschwenken auf den Wendekreis ist von der Form

$$\begin{pmatrix} x(\tau) \\ y(\tau) \end{pmatrix} = d(\tau) \begin{pmatrix} \cos[\delta(\tau_1)] \\ \sin[\delta(\tau_1)] \end{pmatrix}. \tag{6.94}$$

Über die hier eingeführte Abhängigkeit $\delta(\tau_1)$ des Anfangswinkels soll verdeutlicht werden, dass dieser Winkel von der Beschleunigungsdauer τ_1 über den ebenfalls von τ_1 abhängenden Radius des Wendekreises abhängt.

(a) Bestimmen Sie die mathematische Darstellung der gesamten Weltlinie des Raumfahrers.
(b) Ermitteln Sie, welche Entfernungen der Raumfahrer für gegebene Beschleunigungsdauern τ_1 jetzt erreichen kann.
(c) Bestimmen Sie dann die benötigte Beschleunigungsdauer für eine gegebene Entfernung und berechnen Sie die Gesamtreisedauer für den Raumfahrer und

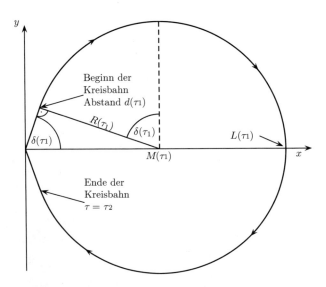

Abb. 6.9 Skizze zum wendenden Raumfahrer

für einen auf der Erde verbleibenden Beobachter. Welche Unterschiede ergeben sich zur geradlinigen Reise?

6.9.2 Relativistische Beschleunigung

Berechnen Sie die beiden Skalarprodukte $u_\mu b^\mu$ und $b_\mu b^\mu$ und diskutieren Sie die Ergebnisse.

Literatur

1. Boblest, S., Müller, T., Wunner, G.: Twin paradox in de Sitter spacetime. Eur. J. Phys. **32**(5), 1117–1142 (2011)
2. Bundesministerium für Wirtschaft: Zahlen und Fakten: Energiedaten (2013)
3. Goldstein, H.: Classical Mechanics. Addison-Wesley (2001)
4. Hecht, E.: How Einstein confirmed $E_0 = mc^2$. Am. J. Phys. **79**(6), 591–600 (2011)
5. Müller, T., King, A., Adis, D.: A trip to the end of the universe and the twin "paradox". Am. J. Phys. **76**, 360–373 (2008)
6. Planck Collaboration: Planck 2013 results. I. Overview of products and scientific result. Astron. Astrophys. **571**, A1 (2014)
7. Rainville, S. et al.: World year of physics: A direct test of $E = mc^2$. Nature **438**, 1096–1097 (2005)
8. Rindler, W.: Hyperbolic motion in curved space time. Phys. Rev. **119**, 2082–2089 (1960)
9. Thomas, L.H.: The motion of the spinning electron. Nature **117**, 514 (1926)

Kovariante Formulierung der Elektrodynamik

7

Inhaltsverzeichnis

Die Newton'sche Mechanik ist Galilei-invariant. Deshalb mussten wir im vorherigen Kapitel eine kovariante Formulierung für eine relativistische Mechanik finden. Dies führte zu einer Modifikation der klassischen Bewegungsgleichungen.

Im Gegensatz dazu ist die Elektrodynamik, d. h. die Maxwell'schen Gleichungen, bereits Lorentz-invariant. Dies kommt jedoch bei der Formulierung mit elektrischem Feld E, magnetischer Flussdichte B, elektrischen Strömen j und Ladungsdichten ρ_{el} nicht explizit zum Ausdruck. Insbesondere sind E, B und j keine Vierervektoren und ρ_{el} kein Lorentz-Skalar. In diesem Kapitel wollen wir daher die Maxwell'schen Gleichungen in einer kovarianten Formulierung darstellen. Dies wird es uns ermöglichen, direkt zu sehen, wie sich die elektrischen und magnetischen Felder, sowie Ladungen und Ströme transformieren.

© Springer-Verlag GmbH Deutschland, ein Teil von Springer Nature 2022
S. Boblest et al., *Spezielle und allgemeine Relativitätstheorie*,
https://doi.org/10.1007/978-3-662-63352-6_7

7.1   Potentiale in der klassischen Elektrodynamik

In Abschn. 1.3 haben wir die Elektrodynamik bereits kurz angesprochen. Jetzt ergänzen wir diesen Abschnitt um einige weitere Details. Wir kennen bereits die Maxwell-Gleichungen. Diese haben wir unterteilt in die *homogenen Maxwell-Gleichungen*

$$\nabla \times \boldsymbol{E} + \dot{\boldsymbol{B}} = \boldsymbol{0} \tag{1.5a}$$

und

$$\nabla \cdot \boldsymbol{B} = 0 \tag{1.5b}$$

und die *inhomogenen Maxwell-Gleichungen*

$$\nabla \times \boldsymbol{B} = \mu_0 (\boldsymbol{j} + \varepsilon_0 \dot{\boldsymbol{E}}), \tag{1.5c}$$

und

$$\nabla \cdot \boldsymbol{E} = \frac{\rho_{\mathrm{el}}}{\varepsilon_0}. \tag{1.5d}$$

Aus (1.5a) ergibt sich durch Integration über eine Fläche F und unter Verwendung des Stokes'schen Satzes das Induktionsgesetz

$$\int_F (\nabla \times \boldsymbol{E})\, \mathrm{d}\boldsymbol{f} = \int_{\partial F} \boldsymbol{E} \cdot \mathrm{d}\boldsymbol{s} = U_{\mathrm{ind}} = -\int_F \dot{\boldsymbol{B}} \cdot \mathrm{d}\boldsymbol{f} = -\dot{\Phi}. \tag{7.1}$$

mit dem *magnetischen Fluss*

$$\Phi = \int_F \boldsymbol{B} \cdot \mathrm{d}\boldsymbol{f} \tag{7.2}$$

durch F. Gl. (1.5b) besagt, dass es keine magnetischen Monopole gibt. Mit Hilfe der Vektoranalysis folgt, dass $\boldsymbol{B}$ als Rotation eines *Vektorpotentials* darstellbar ist, also

$$\boldsymbol{B} = \nabla \times \boldsymbol{A}. \tag{7.3}$$

Damit folgt aus (1.5a)

$$\nabla \times \boldsymbol{E} + \nabla \times \dot{\boldsymbol{A}} = \nabla \times (\boldsymbol{E} + \dot{\boldsymbol{A}}) = \boldsymbol{0}. \tag{7.4}$$

Das Vektorfeld $\boldsymbol{E} + \dot{\boldsymbol{A}}$ ist also wirbelfrei. In der Vektoranalysis wird weiter gezeigt, dass sich ein Vektorfeld als Gradient eines skalaren Feldes darstellen lässt, falls seine Rotation (auf einem einfach zusammenhängenden Gebiet) verschwindet. Also können wir schreiben

$$\boldsymbol{E} + \dot{\boldsymbol{A}} = -\nabla \varphi, \tag{7.5}$$

mit dem *elektrodynamischen Potential* φ. Aufgelöst nach dem elektrischen Feld ergibt sich

$$\boldsymbol{E} = -\nabla\varphi - \dot{\boldsymbol{A}}. \tag{7.6}$$

Das skalare Potential und das Vektorpotential sind nicht eindeutig, man spricht in diesem Zusammenhang von *Eichfreiheit*. Setzt man etwa $\boldsymbol{A}' = \boldsymbol{A} + \nabla\chi$, mit einer beliebigen skalaren Funktion $\chi(\boldsymbol{r}, t)$, so folgt daraus

$$\nabla \times \boldsymbol{A}' = \nabla \times \boldsymbol{A} + \underbrace{\nabla \times (\boldsymbol{\nabla}\chi)}_{0} = \nabla \times \boldsymbol{A} = \boldsymbol{B}, \tag{7.7}$$

weil die Rotation des Gradienten einer beliebigen skalaren Funktion verschwindet. Für das elektrische Feld ergibt sich dann

$$\boldsymbol{E} = -\nabla\varphi - \dot{\boldsymbol{A}}' + \nabla\dot{\chi} = -\nabla\varphi' - \dot{\boldsymbol{A}}' \tag{7.8}$$

mit

$$\varphi' = \varphi - \dot{\chi}. \tag{7.9}$$

Man nennt $\chi(\boldsymbol{r}, t)$ *Eichfunktion* und die Operation $(\boldsymbol{A}, \varphi) \mapsto (\boldsymbol{A}', \varphi')$ heißt *Eichtransformation*.

7.2 Formulierung mit Viererpotential

Wenn wir in (1.5c) und (1.5d) die Potentiale einsetzen und umformen, finden wir unter Verwendung von $\mu_0\varepsilon_0 = 1/c^2$ aus (1.8)

$$\nabla \times (\nabla \times \boldsymbol{A}) + \frac{1}{c^2}(\nabla\dot{\varphi} + \ddot{\boldsymbol{A}}) = \mu_0 \boldsymbol{j} \tag{7.10a}$$

und

$$\nabla \cdot (-\nabla\varphi - \dot{\boldsymbol{A}}) = \frac{\rho_{\mathrm{el}}}{\varepsilon_0}. \tag{7.10b}$$

Mit der Relation $\boldsymbol{a} \times (\boldsymbol{b} \times \boldsymbol{c}) = \boldsymbol{b}(\boldsymbol{a} \cdot \boldsymbol{c}) - \boldsymbol{c}(\boldsymbol{a} \cdot \boldsymbol{b})$ kann (7.10a) weiter umgeformt werden zu

$$\nabla(\nabla \cdot \boldsymbol{A}) - \Delta\boldsymbol{A} + \frac{1}{c^2}(\nabla\dot{\varphi} + \ddot{\boldsymbol{A}}) = \mu_0 \boldsymbol{j}. \tag{7.11}$$

Nutzt man nun die Eichfreiheit aus, so können die Potentiale so gewählt werden, dass

$$\frac{\dot{\varphi}}{c^2} + \nabla \cdot \boldsymbol{A} = 0 \tag{7.12}$$

gilt, d. h. der erste Term und der erste Term in der Klammer in (7.11) heben sich weg und es bleibt nur

$$-\Delta A + \frac{\ddot{A}}{c^2} = \Box A = \mu_0 j. \tag{7.13}$$

In dieser Gleichung haben wir den *d'Alembert-Operator*[1]

$$\partial_\mu \partial^\mu = -\frac{1}{c^2}\frac{\partial^2}{\partial t^2} + \Delta = -\Box \tag{7.14}$$

unter Verwendung der Differentialoperatoren ∂_μ und ∂^μ aus (5.32) eingeführt.

Die gerade verwendete Eichung heißt *Lorenz-Eichung*.[2] Die Eichfunktion $\chi(r, t)$ ist hier Lösung der Differentialgleichung

$$\frac{1}{c^2}\ddot{\chi} - \Delta\chi = \frac{1}{c^2}\dot{\varphi} + \nabla \cdot A. \tag{7.15}$$

Wir schauen uns die Bedingung (7.12) nochmals minimal umgeformt an:

$$\frac{1}{c}\frac{\partial}{\partial t}\frac{\varphi}{c} + \nabla \cdot A = 0. \tag{7.16}$$

In dieser Form können wir erkennen, dass diese Gleichung der Bedingung entspricht, dass die kovariante Ableitung ∂_μ angewendet auf den Vierervektor

$$A^\mu = \begin{pmatrix} \varphi/c \\ A \end{pmatrix} \tag{7.17}$$

Null ergeben soll. Wir nennen A^μ *Viererpotential*. Die Bedingungsgleichung der Lorenz-Eichung lässt sich dann als

$$\partial_\mu A^\mu = 0 \tag{7.18}$$

schreiben. Die Lorenz-Eichung kann in *jedem* Bezugssystem gewählt werden. Damit ist $\partial_\mu A^\mu$ ein Lorentz-Skalar. Dementsprechend ist A^μ ein kontravarianter Lorentz-Tensor 1. Stufe, transformiert sich also wie die Koordinaten mit der Lorentz-Transformation.

Aus (7.10b) folgt

$$-\nabla \cdot \dot{A} - \Delta\varphi = \frac{\rho_{el}}{\varepsilon_0}. \tag{7.19}$$

Aus $\partial_\mu A^\mu = 0$ folgt durch Zeitableitung weiter

$$\frac{1}{c^2}\ddot{\varphi} = -\nabla \cdot \dot{A}. \tag{7.20}$$

---

[1] Jean-Baptiste le Rond d'Alembert, 1717–1783, französischer Mathematiker, Physiker und Philosoph. Namensgeber des d'Alembert'schen Prinzips in der klassischen Mechanik.
[2] Ludvig Lorenz, 1829–1891, dänischer Physiker.

Unter Verwendung der Gl. (7.19) und (7.20) finden wir schließlich

$$\frac{1}{c^2}\frac{\partial^2}{\partial t^2}\frac{\varphi}{c} - \Delta\frac{\varphi}{c} = -\partial_\mu\partial^\mu\frac{\varphi}{c} = \Box\frac{\varphi}{c} = \frac{1}{c}\frac{\rho_{el}}{\varepsilon_0} = \sqrt{\frac{\mu_0}{\varepsilon_0}}\rho_{el}. \tag{7.21}$$

Im letzten Schritt haben wir dabei wieder $c^2 = 1/\mu_0\varepsilon_0$ aus (1.8) eingesetzt. Kombinieren wir (7.13) mit (7.21), so folgt daraus

$$\Box A^\mu = \begin{pmatrix} \sqrt{\dfrac{\mu_0}{\varepsilon_0}}\rho_{el} \\ \mu_0 \cdot j \end{pmatrix} = \mu_0\begin{pmatrix} c\rho_{el} \\ j \end{pmatrix} = \mu_0 j^\mu, \tag{7.22}$$

mit dem *Viererstrom* j^μ, der ein kontravarianter Tensor 1. Stufe ist. Daraus ergibt sich weiter, dass

$$\partial_\mu j^\mu = \dot{\rho}_{el} + \nabla \cdot j \tag{7.23}$$

ein Lorentz-Skalar ist. Wir können noch weitere Informationen über diesen Ausdruck gewinnen. Dazu bilden wir die Divergenz von (1.5c). Mit dem Wissen, dass ein reines Wirbelfeld stets quellenfrei ist, ergibt das

$$\nabla \cdot (\nabla \times B) = 0 = \mu_0(\nabla \cdot j + \varepsilon_0\nabla \cdot \dot{E}) = \mu_0(\nabla \cdot j + \dot{\rho}_{el}). \tag{7.24}$$

Da der hintere Teil von (7.24) ein Lorentz-Skalar ist, muss diese Gleichung in allen Bezugssystemen gelten. Damit ist die *Kontinuitätsgleichung*

$$\partial_\mu j^\mu = \dot{\rho}_{el} + \nabla \cdot j = 0 \tag{7.25}$$

begründet, die in *allen* Inertialsystemen gilt.

7.2.1 Wellengleichung

Wir betrachten (7.22) jetzt für den Fall, dass wir uns im Vakuum befinden. Dann gilt $j^\mu = 0$ und damit ergibt sich die *Wellengleichung*

$$\Box A^\nu = 0, \tag{7.26}$$

deren Lösung eine Superposition ebener Wellen der Form

$$f(x^\mu) = e^{(-ik_\mu x^\mu)} = e^{i(k \cdot x - \omega t)} \tag{7.27}$$

ist. Hier tritt wieder der *Viererwellenvektor* aus (6.44) auf, diesmal in der kovarianten Form

$$k_\mu = \begin{pmatrix} -\omega/c \\ k \end{pmatrix}. \tag{7.28}$$

Damit ergibt sich für *f* die Gleichung:

$$\Box f(x^{\mu}) = \left(\frac{1}{c^2}\frac{\partial^2}{\partial t^2} - \Delta\right)f(x^{\mu}) = \left(\mathbf{k}^2 - \frac{\omega^2}{c^2}\right)f(x^{\mu}) \overset{!}{=} 0. \qquad (7.29)$$

Um diese Bedingung zu erfüllen, muss

$$\omega = c\,|\,\mathbf{k}\,| \qquad (7.30)$$

gelten. Wir wissen das bereits aus (6.45) und auch, dass k_{μ} ein lichtartiger Vektor ist. Hier sehen wir, dass die Lichtartigkeit von k^{μ} notwendig ist, damit Photonen die für sie geltende Wellengleichung erfüllen. Es folgt dann

$$A^{\nu}(x^{\mu}) = \int_{\mathbb{R}^{1,3}} \tilde{A}^{\nu}(k^{\mu})\delta[(k^0)^2 - \mathbf{k}^2]\mathrm{e}^{-\mathrm{i}k_{\mu}x^{\mu}}\,\mathrm{d}^4k \qquad (7.31)$$

wobei $\tilde{A}^{\nu}(k^{\mu})$ frei wählbar ist.

7.3　Formulierung mit dem Feldstärketensor

Das elektrische Feld und das Magnetfeld sind wie bereits diskutiert *nicht* Lorentz-kovariant. Mit (7.22) haben wir eine zu den Maxwell-Gleichungen äquivalente Beziehung gefunden, bei der die Lorentz-Kovarianz direkt ersichtlich ist. Allerdings ist sie für das Viererpotential formuliert und nicht für das elektrische und magnetische Feld. Wenn wir genauer verstehen möchten, wie sich diese in der SRT transformieren, wäre eine Formulierung, in der sie direkt auftauchen, vorteilhaft. Eine solche Formulierung werden wir uns jetzt erarbeiten.

7.3.1　Feldstärketensor

Die zentrale Größe zur kovarianten Formulierung der Elektrodynamik ist der *Feldstärketensor*. Um ihn zu erhalten, bilden wir die *Viererrotation* des Viererpotentials:

$$F_{\mu\nu} = \partial_{\mu}A_{\nu} - \partial_{\nu}A_{\mu}. \qquad (7.32)$$

$F_{\mu\nu}$ ist also ein antisymmetrischer kovarianter Lorentz-Tensor 2. Stufe, wobei

$$A_{\nu} = \eta_{\mu\nu}A^{\mu} = \begin{pmatrix} -\dfrac{\varphi}{c} \\ \mathbf{A} \end{pmatrix} \qquad (7.33)$$

gilt. Wir werten (7.32) für alle Komponenten aus. Da die Viererrotation antisymmetrisch ist, verschwinden alle Diagonalelemente

$$F_{00} = F_{11} = F_{22} = F_{33} = 0. \qquad (7.34a)$$

Als nächstes betrachten wir die Komponenten mit Zeit- und Raumanteil. Es ist mit (7.6)

$$F_{i0} = \partial_i A_0 - \partial_0 A_i = -\frac{1}{c}\frac{\partial\varphi}{\partial x^i} - \frac{1}{c}\dot{A}_i = \frac{1}{c}E_i = -F_{0i}. \tag{7.34b}$$

Für die reinen Raumkomponenten schließlich ergibt sich

$$F_{12} = \frac{\partial A_y}{\partial x^1} - \frac{\partial A_x}{\partial x^2} = B_z = -F_{21}, \tag{7.34c}$$

$$F_{13} = -B_y = -F_{31}, \tag{7.34d}$$

$$F_{23} = B_x = -F_{32}. \tag{7.34e}$$

Als Matrix ausgeschrieben haben wir damit

$$F_{\mu\nu} = \begin{pmatrix} 0 & -E_x/c & -E_y/c & -E_z/c \\ E_x/c & 0 & B_z & -B_y \\ E_y/c & -B_z & 0 & B_x \\ E_z/c & B_y & -B_x & 0 \end{pmatrix}. \tag{7.35}$$

Weiter lässt sich der kontravariante Feldstärketensor über den allgemeinen Zusammenhang zwischen ko- und kontravarianten Tensoren definieren:

$$F^{\mu\nu} = \eta^{\mu\alpha}\eta^{\nu\beta}F_{\alpha\beta} = \begin{pmatrix} 0 & E_x/c & E_y/c & E_z/c \\ -E_x/c & 0 & B_z & -B_y \\ -E_y/c & -B_z & 0 & B_x \\ -E_z/c & B_y & -B_x & 0 \end{pmatrix}. \tag{7.36}$$

Jetzt wo uns die ko- und kontravariante Form des Feldstärketensors zur Verfügung stehen, können wir durch Kontraktion auch wieder einen Lorentz-Skalar erhalten. Wir finden

$$F_{\mu\nu}F^{\mu\nu} = \frac{2}{c^2}\left(c^2\boldsymbol{B}^2 - \boldsymbol{E}^2\right). \tag{7.37}$$

Wir verwenden dieses Ergebnis gleich weiter.

7.3.2 Dualer Feldstärketensor

Wir führen noch einen weiteren Tensor ein, um die Maxwell-Gleichungen möglichst kompakt formulieren zu können. Dazu definieren wir zunächst den total antisymmetrischen *Levi-Civita-Tensor*:[3]

---

[3] Tullio Levi-Civita, 1873–1941, italienischer Mathematiker.

$$\varepsilon^{\kappa\lambda\mu\nu} = \begin{cases} 1 & \text{wenn } \{\kappa\lambda\mu\nu\} \text{ gerade Permutation von 1, 2, 3, 4 ist,} \\ -1 & \text{wenn } \{\kappa\lambda\mu\nu\} \text{ ungerade Permutation von 1, 2, 3, 4 ist,} \\ 0 & \text{sonst.} \end{cases} \quad (7.38)$$

Der Levi-Civita-Tensor ist ein *Pseudotensor* 4. Stufe. Bei einem Koordinatenwechsel gilt also wie üblich

$$\Lambda^\alpha{}_\kappa \Lambda^\beta{}_\lambda \Lambda^\gamma{}_\mu \Lambda^\delta{}_\nu \varepsilon^{\kappa\lambda\mu\nu} = \varepsilon^{\alpha\beta\gamma\delta}. \quad (7.39)$$

Mit Hilfe des Levi-Civita-Tensors können wir zusätzlich den *dualen Feldstärketensor* definieren als

$$\hat{F}^{\mu\nu} = \frac{1}{2}\varepsilon^{\mu\nu\alpha\beta} F_{\alpha\beta} = \begin{pmatrix} 0 & B_x & B_y & B_z \\ -B_x & 0 & -E_z/c & E_y/c \\ -B_y & E_z/c & 0 & -E_x/c \\ -B_z & -E_y/c & E_x/c & 0 \end{pmatrix}. \quad (7.40)$$

$\hat{F}^{\mu\nu}$ ist auch ein Pseudotensor, hat also einen Vorzeichenwechsel bei Raumspiegelungen. Aus der Kontraktion von $\hat{F}^{\mu\nu}$ mit $F_{\mu\nu}$ können wir noch einen *Pseudoskalar* gewinnen. Es ist nämlich

$$F_{\mu\nu}\hat{F}^{\mu\nu} = -\frac{4}{c} \boldsymbol{B} \cdot \boldsymbol{E}. \quad (7.41)$$

7.3.3 Erste Schlussfolgerungen

Unter Verwendung des Lorentz-Skalars in (7.37) und des Pseudo-Skalars in (7.41) können wir wichtige Informationen darüber gewinnen, wie sich elektrische und magnetische Felder transformieren, einfach aus der Tatsache, dass Lorentz-Skalare in allen Bezugssystemen den gleichen Zahlenwert haben. Daraus können wir direkt folgende Ergebnisse ableiten:

1. Gilt $\boldsymbol{E} \cdot \boldsymbol{B} = 0$, bzw. $\boldsymbol{E} \perp \boldsymbol{B}$ in einem Inertialsystem, dann ist $\boldsymbol{E} \cdot \boldsymbol{B} = 0$, bzw. $\boldsymbol{E} \perp \boldsymbol{B}$ in *allen* Inertialsystemen.
2. Gilt außerdem $E^2 - c^2 B^2 > 0$, dann gibt es ein System mit $\boldsymbol{B}' = \boldsymbol{0}$, d. h. in einem bestimmten System gibt es nur ein elektrisches Feld, das Magnetfeld lässt sich wegtransformieren. Gilt dagegen $E^2 - c^2 B^2 < 0$, dann gibt es ein System mit $\boldsymbol{E}' = \boldsymbol{0}$, d. h. in einem bestimmten System gibt es nur ein magnetisches und das elektrische Feld lässt sich wegtransformieren.
3. Gilt $\boldsymbol{E} \cdot \boldsymbol{B} \neq 0$ in einem System, dann gilt es in allen Systemen, d. h. keines der Felder lässt sich wegtransformieren.
4. Gilt $E^2 - c^2 B^2 = 0$ in einem System, dann ist $|\boldsymbol{E}| = c|\boldsymbol{B}|$ in *allen* Systemen. Gilt zusätzlich $\boldsymbol{E} \cdot \boldsymbol{B} = 0$, dann bilden $\boldsymbol{E}$, $\boldsymbol{B}$ und $\boldsymbol{k}$ ein Orthogonalsystem.

7.3.4 Kovariante Form der Maxwell-Gleichungen

Mit den bisherigen Vorbereitungen haben wir nun alles zusammen, um die Maxwell-Gleichungen in kovarianter Form für die Felder zu schreiben. So lässt sich mit Hilfe des Feldstärketensors

$$\partial_\nu F^{\mu\nu} = \mu_0 j^\mu \qquad (7.42)$$

schreiben. Wir prüfen nach, dass diese Gleichung erfüllt ist.

Für $\mu = 0$ haben wir

$$\partial_i F^{0i} = -\frac{1}{c}\nabla \cdot \boldsymbol{E} = \mu_0 j^0 = \mu_0 c \rho_{\mathrm{el}}, \quad \text{bzw.} \quad \nabla \cdot \boldsymbol{E} = \frac{\rho_{\mathrm{el}}}{\varepsilon_0}. \qquad (7.43a)$$

Für $\mu = 1$ ergibt sich

$$\partial_\nu F^{1\nu} = -\frac{1}{c^2}\dot{E}_x + \left(\frac{\partial B_z}{\partial y} - \frac{\partial B_y}{\partial z}\right) = -\frac{1}{c^2}\dot{E}_x + (\nabla \times \boldsymbol{B})_x, \qquad (7.43b)$$

und insgesamt für $\mu = i \neq 0$

$$\partial_\nu F^{i\nu} = -\frac{1}{c^2}\dot{\boldsymbol{E}} + (\nabla \times \boldsymbol{B}) = \mu_0 \boldsymbol{j}, \quad \text{bzw.} \quad \frac{1}{\mu_0}\nabla \times \boldsymbol{B} - \varepsilon_0 \dot{\boldsymbol{E}} = \boldsymbol{j}. \qquad (7.43c)$$

Die Gleichung $\partial_\nu F^{\mu\nu} = \mu_0 j^\mu$ ist also die kovariante Form der *beiden* Erregungsgleichungen (1.5c) und (1.5d).

Weiter lassen sich die inneren Feldgleichungen nun als

$$\partial_\nu \hat{F}^{\mu\nu} = 0 \qquad (7.44)$$

schreiben. Wir betrachten auch diese Gleichung im Einzelnen:

Für $\mu = 0$ ergibt sich

$$\partial_\nu \hat{F}^{0\nu} = \nabla \cdot \boldsymbol{B} = 0. \qquad (7.45a)$$

Für $\mu = 1$ haben wir

$$\partial_\nu \hat{F}^{1\nu} = -\frac{1}{c}\dot{B}_x + \frac{1}{c}\left(\frac{\partial E_y}{\partial z} - \frac{\partial E_z}{\partial y}\right) = -\frac{1}{c}\left[\dot{B}_x + (\nabla \times \boldsymbol{E})_x\right] \qquad (7.45b)$$

und insgesamt für $\mu = i \neq 0$:

$$\partial_\nu \hat{F}^{i\nu} = -\frac{1}{c}\left(\dot{\boldsymbol{B}} + \nabla \times \boldsymbol{E}\right) = \boldsymbol{0}. \qquad (7.45c)$$

Die Gleichung $\partial_\nu \hat{F}^{\mu\nu} = 0$ ist also die kovariante Form der *beiden* homogenen Maxwell-Gleichungen (1.5a) und (1.5b).

Man kann die homogenen Maxwell-Gleichungen auch mit dem normalen Feldstärketensor formulieren, muss dann aber den etwas längeren Ausdruck

$$\partial_\lambda F_{\mu\nu} + \partial_\mu F_{\nu\lambda} + \partial_\nu F_{\lambda\mu} = 0 \qquad (7.46)$$

in Kauf nehmen.

7.4   Wechsel des Bezugssystems

Die Transformation des Feldstärketensors erfolgt über die inverse Lorentz-Transformation:

$$F'_{\mu\nu} = \Lambda_\mu{}^\alpha \Lambda_\nu{}^\beta F_{\alpha\beta}. \tag{7.47}$$

Möchte man (7.47) auswerten, so ist es praktisch, sie analog zu (5.13) in der Form $F' = \Lambda F \Lambda^\mathrm{T}$ zu schreiben. Beim Wechsel zwischen Bezugssystemen (Inertialsystemen) transformieren sich also die elektrischen *und* die magnetischen Felder zusammen. Eine getrennte Betrachtung ist daher nicht sinnvoll.

Wir betrachten als Beispiel hier wieder den Boost in ein System, das sich in x-Richtung bewegt und dessen Achsen parallel zum aktuellen System sind. Aus (7.47) ergibt sich dann

$$F'_{\mu\nu} = \begin{pmatrix} 0 & -E_x/c & -\gamma(E_y/c - \beta B_z) & -\gamma(E_z/c + \beta B_y) \\ E_x/c & 0 & \gamma(-\beta E_y/c + B_z) & -\gamma(\beta E_z/c + B_y) \\ \gamma(E_y/c - \beta B_z) & -\gamma(-\beta E_y/c + B_z) & 0 & B_x \\ \gamma(E_z/c + \beta B_y) & \gamma(\beta E_z/c + B_y) & -B_x & 0 \end{pmatrix} \tag{7.48}$$

Wenn wir mit $F_{\mu\nu}$ in (7.35) vergleichen, finden wir damit die Beziehungen

$$\begin{aligned} E'_x &= E_x, & E'_y &= \gamma(E_y - c\beta B_z), & E'_z &= \gamma(E_z + c\beta B_y), \\ B'_x &= B_x, & B'_y &= \gamma(\beta E_z/c + B_y), & B'_z &= \gamma(-\beta E_y/c + B_z). \end{aligned} \tag{7.49}$$

Die x-Komponenten der Felder bleiben invariant, aber die y- und z-Komponenten der Felder mischen untereinander. Auch für einen allgemeinen Boost lässt sich ein sehr kompakter Ausdruck für die transformierten Felder finden (s. Übung 7.8.1).

7.5   Feld einer bewegten Punktladung

Die gerade gewonnenen Relationen verwenden wir jetzt, um, angelehnt an [1], das Feld einer schnell bewegten Punktladung Q im System S' vom Laborsystem S aus zu untersuchen. S und S' sollen sich dabei in Standardkonfiguration zueinander befinden, d. h. die Punktladung ruhe im Ursprung von S' und soll sich mit Geschwindigkeit β entlang der x-Achse bewegen und die Ursprünge von S und S' sollen bei $t = t' = 0$ zusammenfallen. Im Ruhesystem der Punktladung existiert nur ein statisches elektrisches Feld der Form

$$E'(r', t') = \frac{Q}{4\pi\varepsilon_0} \frac{r'}{r'^3} \tag{7.50}$$

und kein Magnetfeld. Wenn wir dieses Feld jetzt im Laborsystem S untersuchen möchten, müssen wir berücksichtigen, dass sich unser Beobachtungspunkt P, der in S ruht, sich in S' mit Geschwindigkeit $-\beta$ bewegt, d. h. wir betrachten zwar ein zeitunveränderliches Feld aber der Beobachtungspunkt hängt von der Zeit ab.

Würden wir unseren Beobachtungspunkt im Ursprung von S wählen, so würde die Punktladung sich direkt hindurch bewegen. Um das zu vermeiden wählen wir die Bahnkurve von P in S' zu

$$\boldsymbol{r}'_P\,(t') = (-\beta c t', b', 0)^{\mathrm{T}}. \tag{7.51}$$

Aus (7.50) und (7.51) folgt $r' = \sqrt{\beta^2 c^2 t'^2 + b'^2}$ und damit für die Komponenten des E'-Feldes

$$
\begin{aligned}
E'_x &= \frac{Q}{4\pi\varepsilon_0}\frac{-\beta c t'}{r'^3}, \\[2mm]
E'_y &= \frac{Q}{4\pi\varepsilon_0}\frac{b'}{r'^3}, \\[2mm]
E'_z &= 0.
\end{aligned}
\tag{7.52}
$$

Aus Symmetriegründen kann das elektrische Feld in P in beiden Systemen keinen z-Anteil haben. Wir können jetzt (7.49) mit der Ersetzung $\beta \mapsto -\beta$ verwenden, um ins Laborsystem umzurechnen. Da nur E'_x und E'_y nicht verschwinden, ergibt sich einfach

$$
\begin{aligned}
E_x &= E'_x, \quad E_y = \gamma E'_y, \quad E_z = \gamma E'_y, \\
B'_x &= 0, \quad\ \ B'_y = 0, \quad\ \ B_z = \gamma\beta\,E'_y\big/c = \beta E_y\big/c.
\end{aligned}
\tag{7.53}
$$

Damit sind wir aber noch nicht am Ziel, denn die Komponenten des E'-Feldes hängen von den Koordinaten von S' ab. Wir müssen also auch diese noch transformieren über die inzwischen wohlbekannten Relationen

$$
\begin{aligned}
ct' &= \gamma(ct - \beta x) = \gamma ct, \\
x' &= \gamma(-\beta ct + x) = -\gamma\beta ct, \\
b &= b'.
\end{aligned}
\tag{7.54}
$$

Damit finden wir $r' = \sqrt{\gamma^2\beta^2 c^2 t^2 + b^2}$ und

$$
\begin{aligned}
E_x &= -\frac{Q}{4\pi\varepsilon_0}\frac{\gamma\beta ct}{(\gamma^2\beta^2 c^2 t^2 + b^2)^{3/2}}, \\[2mm]
E_y &= \frac{Q}{4\pi\varepsilon_0}\frac{\gamma b}{(\gamma^2\beta^2 c^2 t^2 + b^2)^{3/2}}, \\[2mm]
B_z &= \gamma\beta\,E'_y\big/c = \beta E_y\big/c.
\end{aligned}
\tag{7.55}
$$

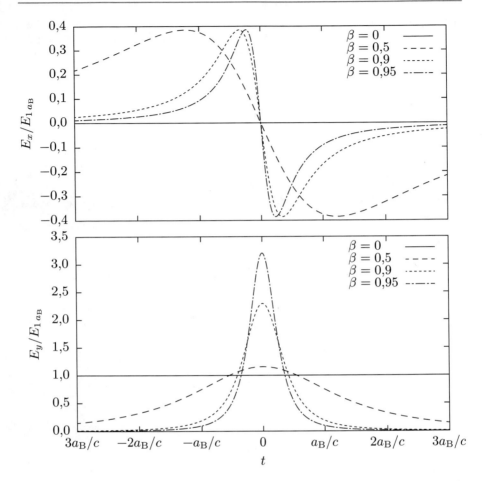

Abb. 7.1 Verlauf der Feldstärke für ein bewegtes Elektron und einen festen Beobachtungspunkt mit $b = 1a_B$ in Einheiten der Feldstärke $E_{1a_B} = E_0/(4\pi\varepsilon_0 a_B^2)$

Abb. 7.1 zeigt beispielhaft das elektrische Feld eines bewegten Elektrons mit $b = 1a_B$. Die Zeit ist in Einheiten von $a_B/c \approx 1{,}77 \cdot 10^{-19}$ s angegeben, d. h. der Zeit, die ein Photon benötigt, um eine Strecke der Länge des *Bohr-Radius*[4]

$$a_B := \frac{\hbar}{m_e c \alpha} = 0{,}52917721092\,(17)\cdot 10^{-10}\,\mathrm{m} \tag{7.56}$$

zu durchqueren. Wir können die Darstellung des elektrischen Feldes noch umformulieren, sodass seine Struktur deutlicher wird. Dazu berücksichtigen wir zuerst, dass der Vektor von der Punktladung zum Beobachtungspunkt im Laborsystem

---

[4] Niels Bohr, 1885–1962, dänischer Physiker, Nobelpreis für Physik 1922.

$$r = \begin{pmatrix} -\beta ct \\ b \\ 0 \end{pmatrix} \quad \text{mit} \quad r = \sqrt{\beta^2 c^2 t^2 + b^2} \tag{7.57}$$

ist. Wir sehen daran erstens, dass

$$\frac{E_x}{E_y} = \frac{r_x}{r_y} \tag{7.58}$$

gilt, d. h. das E-Feld zeigt von der Ladung aus gesehen in r-Richtung, ist also weiter ein Radialfeld. Außerdem gilt

$$b = r \sin(\varphi), \tag{7.59}$$

wenn φ der Winkel zwischen Bewegungsrichtung der Ladung und dem Vektor zum Aufpunkt ist. Zweitens können wir mit diesem Wissen nun

$$\begin{aligned} r'^2 &= \gamma^2 r^2 + r^2 \sin^2(\varphi)(1 - \gamma^2) = \gamma^2 r^2 \left(1 + \frac{1 - \gamma^2}{\gamma^2} \sin^2(\varphi) \right) \\ &= \gamma^2 r^2 \left(1 - \beta^2 \sin^2(\varphi) \right) \end{aligned} \tag{7.60}$$

schreiben. Wir setzen diesen Ausdruck in die E-Feldkomponenten in (7.55) ein und es ergibt sich

$$E(r) = -\frac{Q}{4\pi\varepsilon_0} \frac{\mathbf{e}_r}{r^2 \gamma^2 \left(1 - \beta^2 \sin^2(\varphi) \right)^{3/2}}. \tag{7.61}$$

Dieser Ausdruck beschreibt das elektrische Feld mit der bewegten Punktladung als Zentrum. Dem normalen Abfall mit $1/r^2$ ist eine Winkelabhängigkeit überlagert. In und entgegen der Bewegungsrichtung verschwindet der Sinus-Term. Das Feld entspricht dem einer ruhenden Punktladung, abgeschwächt um den Faktor $1/\gamma^2$. Transversal zur Bewegungsrichtung ist $(1 - \beta^2 \sin^2(\varphi))^{3/2} = 1/\gamma^3$, und das Feld ist um einen Faktor γ verstärkt im Vergleich zur ruhenden Ladung. Abb. 7.2 zeigt die zugehörigen Linien konstanter Feldstärke für verschiedene Geschwindigkeiten.

Betrachten wir noch kurz das Magnetfeld. Der Ausdruck für B_z ist nichts anderes als das *Biot-Savart'sche Gesetz*.[5,6] Für das Magnetfeld einer bewegten Punktladung ergibt sich

$$B = \frac{\mu_0}{4\pi} Q \frac{v \times r}{r^2}, \tag{7.62}$$

---

[5] Jean-Baptiste Biot, 1774–1862, französischer Physiker und Mathematiker.
[6] Félix Savart, 1791–1841, französischer Arzt und Physiker.

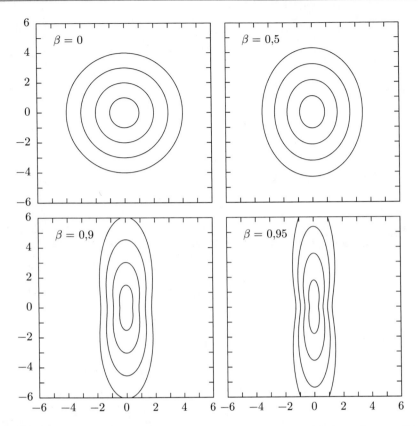

Abb. 7.2 Linien konstanter Feldstärke für ein gleichförmig bewegtes Elektron. Dargestellt sind Isolinien für die Feldstärken in Abständen von ein bis vier Bohr-Radien bezüglich des ruhenden Elektrons. In Bewegungsrichtung wird das Feld gestaucht, senkrecht zur Bewegungsrichtung wird es gedehnt. Alle Längenangaben sind ebenfalls in Bohr-Radien gegeben

d. h. hier

$$B_z = \frac{\mu_0}{4\pi} Q \frac{c\beta b}{(\beta^2 c^2 t^2 + b^2)^{3/2}}. \tag{7.63}$$

Das entspricht bis auf relativistische Korrekturen unserem Wert

$$B_z = \frac{\mu_0}{4\pi} Q \frac{c\gamma\beta b}{(\gamma^2 \beta^2 c^2 t^2 + b^2)^{3/2}}. \tag{7.64}$$

7.6   Kovariante Form der Lorentz-Kraft

Mit dem Feldstärketensor lässt sich die Lorentz-Kraft kovariant formulieren:

$$\frac{\mathrm{d}}{\mathrm{d}\tau} p_\mu = q F_{\mu\nu} u^\nu. \tag{7.65}$$

Wir betrachten diese Gleichung genauer. Für $\mu = i \in \{1, 2, 3\}$ ergibt sich

$$\frac{\mathrm{d}}{\mathrm{d}\tau} p_i = \gamma \frac{\mathrm{d}}{\mathrm{d}t} p_i = \gamma q(\boldsymbol{E} + \boldsymbol{v} \times \boldsymbol{B}) = \frac{\mathrm{d}}{\mathrm{d}\tau} p^i, \tag{7.66a}$$

und für $\mu = 0$

$$\frac{\mathrm{d}}{\mathrm{d}\tau} p_0 = -\frac{\mathrm{d}}{\mathrm{d}\tau}(m\gamma c) = -\gamma \frac{q}{c} \boldsymbol{E} \cdot \boldsymbol{v} = -\frac{\mathrm{d}}{\mathrm{d}\tau} p^0, \tag{7.66b}$$

bzw.

$$\frac{\mathrm{d}}{\mathrm{d}t}(\gamma mc^2) = q\boldsymbol{E} \cdot \boldsymbol{v} = \frac{\mathrm{d}W}{\mathrm{d}t} = q\boldsymbol{E} \cdot \frac{\mathrm{d}\boldsymbol{s}}{\mathrm{d}t}.$$

Es gilt also

$$\mathrm{d}W = q\boldsymbol{E} \cdot \mathrm{d}\boldsymbol{s}, \tag{7.67}$$

d. h. der Energiezuwachs ist gleich der vom elektrischen Feld geleisteten Arbeit. Alternativ lässt sich schreiben

$$\frac{\mathrm{d}}{\mathrm{d}\tau} p^\mu = F^\mu = q\eta^{\mu\alpha} F_{\alpha\nu} u^\nu, \tag{7.68}$$

mit der *Minkowski-Kraft* F^μ. Wir definieren zusätzlich die *Minkowski-Kraft-Dichte* f^μ, indem wir die Ersetzungen $q \mapsto \rho_{\mathrm{el}}$, $qu^\nu \mapsto \rho_{\mathrm{el}} u^\nu = j^\nu$ vornehmen. Wir erhalten dann

$$f^\mu \equiv \eta^{\mu\alpha} F_{\alpha\nu} j^\nu = \begin{pmatrix} \dfrac{1}{c} \boldsymbol{j} \cdot \boldsymbol{E} \\ \rho_{\mathrm{el}} \boldsymbol{E} + \boldsymbol{j} \times \boldsymbol{B} \end{pmatrix}. \tag{7.69}$$

7.7 Energie-Impuls-Tensor des elektromagnetischen Feldes

Aus der klassischen Elektrodynamik ist bekannt, dass elektromagnetische Felder, ähnlich wie das Gravitationsfeld, einen Energieinhalt haben. Zur Beschreibung dieser Energie führen wir jetzt den *Energie-Impuls-Tensor* ein.

7.7.1 Einführung des Energie-Impuls-Tensors

In der klassischen Elektrodynamik sind die nicht Lorentz-kovarianten Größen *Feldenergie w* als

$$w = \frac{1}{2}\left(\varepsilon_0 \boldsymbol{E}^2 + \frac{1}{\mu_0} \boldsymbol{B}^2\right) \tag{7.70}$$

und der *Poynting-Vektor* (Energiestrom) $\boldsymbol{S}$ als

$$S = \frac{1}{\mu_0} E \times B \tag{7.71}$$

definiert. Als entsprechende Lorentz-kovariante Größe definieren wir den *Energie-Impuls-Tensor* über

$$T^{\mu\nu} = \frac{1}{\mu_0} \left(\eta^{\mu\beta} F_{\beta\alpha} F^{\alpha\nu} + \frac{1}{4} \eta^{\mu\nu} F_{\alpha\beta} F^{\alpha\beta} \right). \tag{7.72}$$

Dabei ist $F_{\alpha\beta} F^{\alpha\beta} = 2 \left(B^2 - E^2/c^2 \right)$ nach (7.37). Wir werden diese Form gleich motivieren. Vorher betrachten wir die einzelnen Komponenten dieses Tensors aber genauer. Dazu werten wir die Komponenten von $F_{\mu\alpha} F^{\alpha\nu}$ aus.

Für $\mu = \nu = 0$ ergibt sich einfach

$$F_{0\alpha} F^{\alpha 0} = \frac{E^2}{c^2}, \tag{7.73a}$$

für $\mu = 0, \nu = i$

$$F_{0\alpha} F^{\alpha i} = \frac{1}{c} (E \times B)_i = \frac{\mu_0}{c} S_i \tag{7.73b}$$

und für $\mu = i, \nu = j$

$$F_{i\alpha} F^{\alpha j} = \frac{E_i E_j}{c^2} + B_i B_j - \delta_i^j B^2. \tag{7.73c}$$

Mit diesen Ergebnissen können wir nun die Komponenten von $T_\mu{}^\nu$ bestimmen:

$$T_0{}^0 = \frac{1}{\mu_0} \left[-\frac{1}{c^2} E^2 - \frac{1}{2} \left(B^2 - \frac{E^2}{c^2} \right) \right] = -\frac{1}{2\mu_0} \left(\frac{E^2}{c^2} + B^2 \right) = -w, \tag{7.74a}$$

$$T^{0i} = -\frac{1}{c} S_i = T^{i0}, \tag{7.74b}$$

$$T^{ij} = G^{ij}. \tag{7.74c}$$

Dabei ist G^{ij} der *Maxwell'sche Spannungstensor* mit

$$G^{ij} = \frac{E_i E_j}{c^2} + B_i B_j - \frac{1}{2} \delta^{ij} \left(B^2 + \frac{E^2}{c^2} \right). \tag{7.75}$$

Insgesamt erhalten wir in Matrixschreibweise:

$$T^{\mu\nu} = \begin{pmatrix} -w & -S^{\mathrm{T}}/c \\ -S/c & G^{ij} \end{pmatrix}. \tag{7.76}$$

7.7.2 Interpretation des Energie-Impuls-Tensors

Um die Bedeutung des Energie-Impuls-Tensors klar zu machen, betrachten wir einen kleinen Quader in einer elektromagnetischen Welle, die sich in x-Richtung ausbreitet, d. h. für den Poynting-Vektor ergibt sich $S = S_x \mathbf{e}_x$. Dann gilt:

$$\Delta W = S_x \Delta A \, \Delta t \overset{!}{=} F_x \Delta x = F_x \, c \Delta t, \tag{7.77a}$$

bzw.

$$\frac{F_x}{\Delta A} = p_S = \frac{1}{c} S_x = \frac{\Delta p_x}{\Delta A \Delta t} = c \frac{\Delta p_x}{\Delta V}, \tag{7.77b}$$

wobei p_S den *Strahlungsdruck* bezeichnet. Weiter gilt

$$\frac{\Delta p_x}{\Delta V} = \Pi_x, \tag{7.78}$$

mit der Impulsdichtekomponente Π_x. Allgemein ist die *Impulsdichte* definiert über

$$\Pi = \frac{1}{c^2} S. \tag{7.79}$$

Der Maxwell'sche Spannungstensor G^{ij} bestimmt den Druck, den eine elektromagnetische Kraft auf ein Volumenelement, hier den kleinen Quader, ausübt:

$$\frac{F}{\Delta A} = -G \cdot n, \tag{7.80}$$

mit dem Normalenvektor n senkrecht zum Flächenelement ΔA. Daraus folgt

$$dF = -G df, \tag{7.81}$$

mit $df = n dA$. Die Diagonalelemente von G^{ij} sind Drücke bzw. Zugspannungen, die Nebendiagonalelemente sind Scherspannungen (s. Abb. 7.3). Die Dimension von $T^{\mu\nu}$ ist also gleich Energie durch Volumen, bzw. Kraft pro Fläche also Druck.

Der Energie-Impuls-Tensor hängt eng mit der Minkowski-Kraft-Dichte zusammen. Um das zu sehen, verwenden wir (7.42) um (7.69) als

$$f^\mu = \frac{1}{\mu_0} \eta^{\mu\alpha} F_{\alpha\nu} \partial_\lambda F^{\nu\lambda} \tag{7.82}$$

umzuschreiben. Als nächstes ziehen wir die Ableitung ∂_λ vor $F_{\alpha\nu}$ und ziehen den dann aufgrund der Produktregel neu auftauchenden Term wieder ab:

$$f^\mu = \frac{1}{\mu_0} \eta^{\mu\alpha} \partial_\lambda \left(F_{\alpha\nu} F^{\nu\lambda} \right) - \frac{1}{\mu_0} \eta^{\mu\alpha} \partial_\lambda \left(F_{\alpha\nu} \right) F^{\nu\lambda}. \tag{7.83}$$

Den zweiten Term können wir weiter umformen. Dazu verwenden wir die Antisymmetrie des Feldstärketensors und schreiben

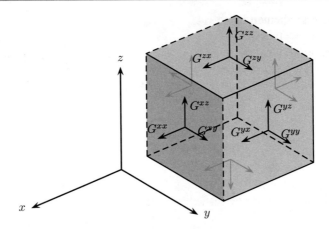

Abb. 7.3 Interpretation des Maxwell'schen Spannungstensors. G^{ij} ist die Spannung, d. h. die Kraft pro Fläche, in Richtung $\mathbf{e}_j$ auf die Fläche mit Normalenrichtung $\mathbf{e}_i$. Die Diagonalelemente sind Drücke, bzw. Zugspannungen, die Nebendiagonalelemente sind Scherspannungen

$$
\begin{aligned}
\frac{1}{\mu_0}\eta^{\mu\alpha}\partial_\lambda\left(F_{\alpha\nu}\right)F^{\nu\lambda} &= \frac{1}{2\mu_0}\eta^{\mu\alpha}\left(F^{\nu\lambda}\partial_\lambda F_{\alpha\nu}+F^{\lambda\nu}\partial_\nu F_{\alpha\lambda}\right) \\
&= \frac{1}{2\mu_0}\eta^{\mu\alpha}F^{\nu\lambda}\left(\partial_\lambda F_{\alpha\nu}+\partial_\nu F_{\lambda\alpha}\right).
\end{aligned}
\tag{7.84}
$$

Unter Verwendung von (7.46) können wir den Klammerausdruck ersetzen und erhalten

$$
\begin{aligned}
\frac{1}{2\mu_0}\eta^{\mu\alpha}F^{\nu\lambda}\left(\partial_\lambda F_{\alpha\nu}+\partial_\nu F_{\lambda\alpha}\right) &= -\frac{1}{2\mu_0}\eta^{\mu\alpha}F^{\nu\lambda}\partial_\alpha F_{\nu\lambda} \\
&= -\frac{1}{4\mu_0}\eta^{\mu\alpha}\partial_\alpha\left(F^{\nu\lambda}F_{\nu\lambda}\right).
\end{aligned}
\tag{7.85}
$$

Im zweiten Schritt haben wir dabei wieder die Produktregel berücksichtigt. Damit haben wir jetzt insgesamt

$$
\begin{aligned}
f^\mu &= \frac{1}{\mu_0}\eta^{\mu\alpha}\left[\partial_\lambda\left(F_{\alpha\nu}F^{\nu\lambda}\right)+\frac{1}{4}\partial_\alpha\left(F^{\nu\lambda}F_{\nu\lambda}\right)\right] \\
&= \frac{1}{\mu_0}\eta^{\mu\alpha}\left[\partial_\lambda\left(F_{\alpha\nu}F^{\nu\lambda}\right)+\frac{1}{4}\delta^\lambda_\alpha\partial_\lambda\left(F^{\nu\kappa}F_{\nu\kappa}\right)\right] \\
&= \frac{1}{\mu_0}\partial_\lambda\left(\eta^{\mu\alpha}F_{\alpha\nu}F^{\nu\lambda}+\frac{1}{4}\eta^{\mu\lambda}F^{\nu\kappa}F_{\nu\kappa}\right)
\end{aligned}
\tag{7.86}
$$

bei Verwendung von $\eta^{\mu\alpha}\delta^\lambda_\alpha=\eta^{\mu\lambda}$. Durch Vergleich mit (7.72) erkennen wir die Relation

$$
f^\mu = \partial_\lambda T^{\mu\lambda},
\tag{7.87}
$$

mit dem Vierergradienten ∂_λ aus (5.40). Die Minkowski-Kraft-Dichte ist also die Divergenz des Energie-Impuls-Tensors. Um die Bedeutung dieses Zusammenhanges zu verstehen, betrachten wir ihn wieder komponentenweise.

$$\frac{\partial w}{\partial t} + \nabla \cdot S = -j \cdot E \quad \text{für } \mu = 0, \tag{7.88a}$$

$$\frac{1}{c^2}\frac{\partial S_i}{\partial t} + \nabla \cdot G_i = \rho_{\mathrm{el}}E_i + (j \times B)_i \quad \text{für } \mu = i. \tag{7.88b}$$

Dabei steht der Index i in G_i für die entsprechende Zeile und in den anderen Ausdrücken für die jeweilige Komponente.

Betrachtung im Vakuum

Im Vakuum ist $j^\mu = 0$, also auch $f^\mu = 0$ und daher $\partial_\nu T^{\mu\nu} = 0$. Es existieren dann insgesamt vier Kontinuitätsgleichungen:

$$\begin{aligned}
\frac{\partial \omega}{\partial t} + \nabla \cdot S &= 0, \\
\frac{1}{c^2}\frac{\partial S_i}{\partial t} + \nabla \cdot G_i &= 0,
\end{aligned} \tag{7.89}$$

mit $(1/c^2)\partial S_i/\partial t = \partial \Pi_i/\partial t$. G^{ij} beschreibt also eine Impulsstromdichte.

Ausblick auf die ART

In der ART spielt der Energie-Impuls-Tensor für uns eine viel wichtigere Rolle als in der SRT. Allerdings geht es uns dort nicht um den Energie-Impuls-Tensor der Elektrodynamik, sondern um einen analogen Tensor für die Gravitation. In Situationen, in denen sowohl Elektrodynamik als auch Gravitation wichtig sind, kann man $T^{\mu\nu}$ aufspalten über

$$T^{\mu\nu} = T^{\mu\nu}_{\mathrm{em}} + T^{\mu\nu}_{\mathrm{mat}}, \tag{7.90}$$

wobei $T^{\mu\nu}_{\mathrm{em}}$ nur elektromagnetische Felder beschreibt und $T^{\mu\nu}_{\mathrm{em}}$ Materie, also Ladungen und Ströme und auch andere Beiträge, etwa Teilchenfelder und Gravitationsfelder. Solche Fälle werden wir allerdings nicht betrachten.

Wir können uns für die ART aber dennoch bereits die grundlegende Struktur von Energie-Impuls-Tensoren merken. Es ist stets

$$T = \begin{pmatrix} \text{Energiedichte} & \text{Ströme} \\ \text{Ströme} & \text{Druck und Scherspannungen} \end{pmatrix}. \tag{7.91}$$

Dabei bemerken wir, dass Energiedichten und Drücke die gleichen physikalischen Einheiten haben, was uns an verschiedenen Stellen immer wieder begegnen wird.

7.8   Übungsaufgaben

7.8.1   Feldtransformation bei allgemeinem Boost

Zeigen Sie, dass für einen allgemeinen Boost aus (3.31) die transformierten Felder

$$\boldsymbol{E}' = \gamma(\boldsymbol{E} + c\boldsymbol{\beta} \times \boldsymbol{B}) - \frac{\gamma^2}{\gamma + 1}\boldsymbol{\beta}(\boldsymbol{\beta} \cdot \boldsymbol{E}) \tag{7.92a}$$

und

$$\boldsymbol{B}' = \gamma(\boldsymbol{B} - \boldsymbol{\beta} \times \boldsymbol{E}/c) - \frac{\gamma^2}{\gamma + 1}\boldsymbol{\beta}(\boldsymbol{\beta} \cdot \boldsymbol{B}) \tag{7.92b}$$

resultieren.

Literatur

1. Jackson, J.D.: Klassische Elektrodynamik, 4. Aufl. de Gruyter (2006)

Visuelle Effekte bei hohen Geschwindigkeiten

8

Inhaltsverzeichnis

In der speziellen Relativitätstheorie müssen wir bei der „Beobachtung" von Objekten sehr genau definieren, was wir mit „beobachten" tatsächlich meinen. Einerseits wollen wir unter „beobachten" verstehen, dass wir zum Beispiel die Länge eines Stabes *messen*. Dazu benötigen wir zwei Personen, die sich im gleichen Bezugssystem aufhalten und deren Uhren synchronisiert sind. Befinden sich die beiden Personen an den beiden Stabenden zur gleichen Zeit, so können sie dessen Länge in ihrem Bezugssystem aufgrund ihrer Distanz zueinander feststellen. Andererseits wollen wir unter „beobachten" verstehen, dass wir ein Objekt *sehen*. Was wir zu einem bestimmten Augenblick sehen, ist das Licht, welches in diesem Augenblick in unser Auge oder unsere Kamera trifft. Wann und wo das Licht gestartet ist, spielt somit keine Rolle. Wichtig ist, dass das Licht *gleichzeitig* im Auge angelangt.

In diesem Kapitel wollen wir uns auf diesen zweiten Aspekt konzentrieren und das Aussehen schnell bewegter Objekte genauer untersuchen. Außerdem wollen wir uns anschauen, wie ein relativistisch reisender Beobachter den Sternenhimmel erleben würde.

8.1   Relativistischer Dopplereffekt

Der *Dopplereffekt*[1] für Schallwellen ist ein bekanntes Alltagsphänomen. Bewegt sich ein Beobachter auf eine Schallquelle bzw. die Schallquelle sich auf den Beobachter zu, so erhöht sich die Schallfrequenz, bei Bewegung weg von der Quelle wird sie dementsprechend niedriger. Für elektromagnetische Wellen kann im Rahmen der SRT ein entsprechender Effekt behandelt werden. Neben einer Frequenzänderung können wir dabei auch die Aberration, die wir in Abschn. 1.5.5 bereits angesprochen haben, quantitativ verstehen.

8.1.1   Elektromagnetische Wellen im Vakuum

Wir benötigen eine kovariante Formulierung der elektromagnetischen Wellen, um die Lorentz-Transformation auf die entsprechenden Größen anwenden zu können. Wir wollen uns dabei auf die Situation beschränken, dass die elektromagnetische Welle bei uns in der Form

$$E(r,t) = E_0 \, \mathrm{e}^{\mathrm{i}(k \cdot r - \omega t)} \quad B(r,t) = B_0 \, \mathrm{e}^{\mathrm{i}(k \cdot r - \omega t)}, \tag{8.1}$$

also als ebene Welle eintrifft. Für diese gilt

$$E_0 \perp B_0 \perp k, \tag{8.2}$$

d. h. elektrisches und magnetisches Feld stehen senkrecht zur Ausbreitungsrichtung, die durch den Wellenvektor k mit $k = \omega/c$ gegeben ist. Mit dem *Viererwellenvektor* $\underline{k} = k^\mu \partial_\mu$ und seinen Komponenten

$$k^\mu = \begin{pmatrix} \omega/c \\ k \end{pmatrix} = p^\mu/\hbar \quad \text{bzw.} \quad k_\mu = \begin{pmatrix} -\omega/c \\ k \end{pmatrix}, \tag{8.3}$$

den wir bereits aus Abschn. 6.6.2 kennen, können wir die ebene Welle wie in (7.27) in Einstein'scher Summenkonvention kovariant formulieren.

8.1.2   Transformation des Viererwellenvektors

Um den Dopplereffekt quantitativ zu untersuchen, bestimmen wir die Komponenten des Viererwellenvektors in einem ruhenden und in einem sich mit Geschwindigkeit $\underline{u}$ bewegenden Bezugssystem und vergleichen diese. Das ruhende Bezugssystem hat die Einheitsvektoren

$$\underline{e}_{(0)} = \frac{1}{c} \partial_t, \quad \underline{e}_{(1)} = \partial_x, \quad \underline{e}_{(2)} = \partial_y, \quad \underline{e}_{(3)} = \partial_z. \tag{8.4}$$

---

[1] Christian Doppler, 1803–1853, österreichischer Mathematiker und Physiker.

Für die mathematisch präzise Definition eines Vektors müssen wir hier auf Abschn. 11.1.3 vorverweisen. Wählen wir der Einfachheit halber die Geschwindigkeit entlang der x-Achse, so folgen durch einen Lorentz-Boost die Einheitsvektoren des bewegten Bezugssystems

$$\underline{e}'_{(0)} = \gamma(\underline{e}_{(0)} + \beta\underline{e}_{(1)}), \quad \underline{e}'_{(1)} = \gamma(\beta\underline{e}_{(0)} + \underline{e}_{(1)}), \quad \underline{e}'_{(2)} = \underline{e}_{(2)}, \quad \underline{e}'_{(3)} = \underline{e}_{(3)}. \quad (8.5)$$

Nun können wir den Viererwellenvektor aus (8.3) in beiden Bezugssystemen darstellen. In Kugelkoordinaten lautet dieser dann

$$
\begin{aligned}
\underline{k} &= \frac{\omega}{c}\left(-\underline{e}_{(0)} + \sin(\vartheta)\cos(\varphi)\,\underline{e}_{(1)} + \sin(\vartheta)\sin(\varphi)\,\underline{e}_{(2)} + \cos(\vartheta)\,\underline{e}_{(3)}\right) \\
&= \frac{\omega'}{c}\left(-\underline{e}'_{(0)} + \sin(\vartheta')\cos(\varphi')\,\underline{e}'_{(1)} + \sin(\vartheta')\sin(\varphi')\,\underline{e}'_{(2)} + \cos(\vartheta')\,\underline{e}'_{(3)}\right).
\end{aligned}
\quad (8.6)
$$

Wir setzen in die zweite Zeile die Definitionen der Einheitsvektoren des bewegten Systems aus (8.5) ein und vergleichen die Koeffizienten. Das führt auf die vier Beziehungen

$$\omega = \omega'\gamma[1 - \beta\sin(\vartheta')\cos(\varphi')], \quad (8.7a)$$

$$\omega\sin(\vartheta)\cos(\varphi) = \omega'\gamma[\sin(\vartheta')\cos(\varphi') - \beta], \quad (8.7b)$$

$$\omega\sin(\vartheta)\sin(\varphi) = \omega'\sin(\vartheta')\sin(\varphi'), \quad (8.7c)$$

$$\omega\cos(\vartheta) = \omega'\cos(\vartheta'). \quad (8.7d)$$

Gl. (8.7a) gibt bereits die Dopplerverschiebung in Abhängigkeit vom Einfallswinkel an. Um die Frequenzänderung quantitativ zu erfassen, wird insbesondere in der Kosmologie oft der *Rotverschiebungsparameter*

$$z = \frac{\lambda' - \lambda}{\lambda} = \frac{\lambda'}{\lambda} - 1 = \frac{\omega - \omega'}{\omega'} = \frac{\omega}{\omega'} - 1 \quad (8.8)$$

verwendet. An der Definition von z erkennen wir, dass Signale mit $z > 0$ rotverschoben und Signale mit $z < 0$ blauverschoben sind, wobei $z > -1$ gilt. Aus (8.7a) ergibt sich die Rotverschiebung, bzw. allgemein die *Frequenzverschiebung*,

$$z(\vartheta', \varphi') = \gamma[1 - \beta\sin(\vartheta')\cos(\varphi')] - 1 \quad (8.9)$$

in Abhängigkeit der Winkel ϑ' und φ' des bewegten Bezugssystems. Unter Verwendung von (8.7a) können wir aus (8.7b)–(8.7d) dann die Relationen

$$\cos(\vartheta) = \frac{\cos(\vartheta')}{\gamma[1 - \beta\sin(\vartheta')\cos(\varphi')]}, \quad \tan(\varphi) = \frac{\sin(\vartheta')\sin(\varphi')}{\gamma[\sin(\vartheta')\cos(\varphi') - \beta]} \quad (8.10)$$

für die Beobachtungswinkel im ruhenden System abhängig von den Winkeln im bewegten System herleiten. Um den umgekehrten Zusammenhang zu erhalten, schreiben wir in (8.10) die gestrichenen an Stelle der ungestrichenen Winkel und umgekehrt und ersetzen β durch $-\beta$, also

$$\cos(\vartheta') = \frac{\cos(\vartheta)}{\gamma[1 + \beta \sin(\vartheta)\cos(\varphi)]}, \quad \tan(\varphi') = \frac{\sin(\vartheta)\sin(\varphi)}{\gamma[\sin(\vartheta)\cos(\varphi) + \beta]}. \quad (8.11)$$

Mit diesen Formeln können wir jede beliebige Blickrichtung vom ruhenden ins bewegte System transformieren und dann mit (8.9) angeben, wie sehr das Lichtsignal rotverschoben ist.

8.1.3   Dopplereffekt und Aberration

Um die Auswirkung des Dopplereffektes leichter zu verstehen, ist es sinnvoll, sich auf die Untersuchung der Beobachtungswinkel χ und χ' für Lichtstrahlen relativ zur Bewegungsrichtung in beiden Bezugssystemen zu konzentrieren. Dies vereinfacht einerseits die Berechnungen und zeigt auch gleichzeitig die Symmetrie bezüglich der Bewegungsrichtung. Der Zusammenhang zwischen χ und den Kugelwinkeln ϑ und φ ergibt sich aus dem Skalarprodukt des Wellenvektors $\underline{k}$ mit dem Basisvektor $\underline{e}_{(1)}$ zu

$$\cos(\chi) = \frac{\underline{e}_{(1)} \cdot \underline{k}}{k} = \sin(\vartheta)\cos(\varphi) \quad (8.12)$$

(s. Abb. 8.1).

Den Zusammenhang zwischen χ' und χ können wir unmittelbar aus den Gleichungen des vorhergehenden Abschnitts bestimmen. Mit $\varphi = \varphi' = 0$ und $\chi' = \pi/2 - \vartheta$, bzw. $\chi' = \pi/2 - \vartheta'$ ergibt sich sofort das Verhältnis der Wellenzahlen

$$\frac{\omega'}{\omega} = \frac{1}{\gamma[1 - \beta\cos(\chi')]} \quad (8.13)$$

und daraus die Rotverschiebung

$$z(\chi') = \gamma[1 - \beta\cos(\chi')] - 1. \quad (8.14)$$

Abb. 8.1 Der Wellen-
vektor in einem lokalen
Koordinatensystem. Die
Winkel ϑ und φ ent-
sprechen den normalen
Kugelkoordinaten, der
Winkel χ gibt den Winkel
zwischen Lichtstrahl und
Bewegungsrichtung $\underline{u}$ an

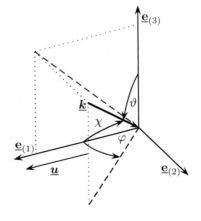

Aus (8.7b) können wir mit $\sin(\vartheta) = \cos(\chi)$ und $\sin(\vartheta') = \cos(\chi')$ und der Winkel- und Geschwindigkeitsvertauschung die Formel für die *Aberration*

$$\cos(\chi') = \frac{\cos(\chi) + \beta}{1 + \beta \cos(\chi)} \tag{8.15}$$

herleiten.

Longitudinaler und transversaler Dopplereffekt

Es ist klar, dass die Frequenzänderung bei solchen Lichtquellen, auf die sich der Beobachter direkt zu- oder sich direkt von ihnen wegbewegt, am stärksten ist. In diesem Fall ist $\chi' = 0$ bzw. $\chi' = \pi$ und wir erhalten aus (8.13) mit der Definition von γ und unter Verwendung der dritten binomischen Formel

$$\left.\frac{\omega'}{\omega}\right|_{hin} = \sqrt{\frac{1+\beta}{1-\beta}} \approx 1 + \beta, \quad \text{bzw.} \quad z \approx -\beta \tag{8.16}$$

bei Bewegung auf die Quelle zu und

$$\left.\frac{\omega'}{\omega}\right|_{weg} = \sqrt{\frac{1-\beta}{1+\beta}} \approx 1 - \beta, \quad \text{bzw.} \quad z \approx \beta \tag{8.17}$$

bei Bewegung von der Quelle weg. Die Näherungen gelten dabei jeweils für Geschwindigkeiten $\beta \ll 1$. Man spricht hier auch vom *longitudinalen Dopplereffekt*. Für $\beta \to 1$ wird die Frequenzänderung im ersten Fall beliebig groß, im zweiten Fall geht sie gegen null. D. h. bei Bewegung auf eine Signalquelle zu wird die Frequenz beliebig stark vergrößert, bei Bewegung von der Signalquelle weg dagegen beliebig stark verkleinert. Fliegen wir also direkt auf einen Stern zu, so würde bei genügend hoher Geschwindigkeit das Licht dieses Sterns schließlich als Gammastrahlung beim Raumschiff ankommen, während die Signale von der Erde in den fernsten Radiobereich verschoben würden (s. Abb. 8.2).

Auch wenn sich der Beobachter senkrecht zur Verbindungslinie zur Quelle bewegt, ergibt sich in der SRT aufgrund der Zeitdilatation ein Dopplereffekt. Aus (8.13) ergibt sich für diesen Fall

$$\left.\frac{\omega'}{\omega}\right|_{\perp} = \sqrt{1-\beta^2} \approx 1 - \frac{\beta^2}{2}, \quad \text{bzw.} \quad z \approx \frac{\beta^2}{2}. \tag{8.18}$$

Dieser *transversale Dopplereffekt* ist also von höherer Ordnung in β als der longitudinale.

Aberration

In Abschn. 1.5.5 haben wir für den Aberrationswinkel ϑ für einen im Zenit stehenden Stern

$$\vartheta'_{Newton} = \arctan(\beta) \approx \beta - \beta^3/3 \tag{8.19}$$

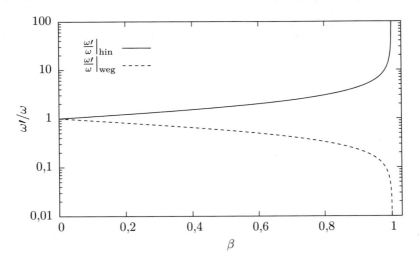

Abb. 8.2 Frequenzänderung bei Bewegung direkt auf eine Quelle zu oder von ihr weg. Die Frequenzänderung ω'/ω geht für $\beta \to 1$ in beiden Fällen über alle Grenzen

hergeleitet. Im Grenzfall $\beta \to 1$ sagt diese Formel einen Aberrationswinkel von $\vartheta' = \pi/4$ voraus. Jetzt können wir mit (8.15) den korrekten relativistischen Aberrationswinkel herleiten. Mit $\chi = \pi/2$ gilt

$$\vartheta'_{\text{SRT}} = \frac{\pi}{2} - \chi' = \frac{\pi}{2} - \arccos(\beta) = \arcsin(\beta) \approx \beta + \frac{\beta^3}{6}. \tag{8.20}$$

Für $\beta \to 1$ geht der Beobachtungswinkel χ' also gegen Null, der Stern befindet sich fast direkt in Bewegungsrichtung (s. Abb. 8.3).

Tatsächlich gilt dies für alle Beobachtungswinkel. Je schneller der bewegte Beobachter ist, desto mehr Objekte erscheinen ihm vor sich. Im Fall $\beta = 0$ ergibt sich aus (8.15) das offensichtliche Ergebnis $\chi' = \chi$. Im Grenzfall $\beta \to 1$ folgt das überhaupt nicht offensichtliche Ergebnis $\chi' = 0$, unabhängig von χ, d. h. *alle* Objekte erscheinen direkt vor dem Beobachter.

Bis jetzt haben wir nur die Aberration berücksichtigt. Aus (8.14) können wir herleiten, unter welchem Beobachtungswinkel $\chi'_{z=0}$ Objekte weder rot- noch blauverschoben sind, d. h. für die $z = 0$ gilt,

$$\chi'_{z=0} = \arccos\left(\frac{\gamma - 1}{\gamma\beta}\right). \tag{8.21}$$

Auch dieser Winkel geht im Grenzfall $\beta \to 1$ gegen Null (s. Abb. 8.4). Das heißt, dass fast die gesamte Himmelskugel rotverschoben ist, nur ein sehr kleiner Ausschnitt direkt in Bewegungsrichtung ist blauverschoben.

Abb. 8.5 fasst diese Ergebnisse nochmals für verschiedene Geschwindigkeiten zusammen.

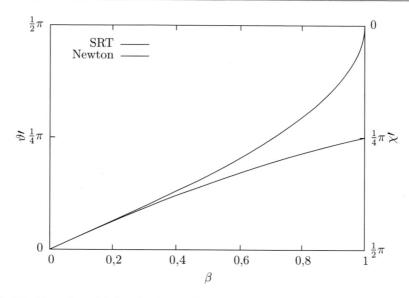

Abb. 8.3 Aberrationswinkel senkrecht zur Bewegungsrichtung. Nach der nichtrelativistischen Formel (8.19) ergibt sich eine maximale Winkeländerung von $\pi/4$, die korrekte relativistische Rechnung (8.20) zeigt, dass der bewegte Beobachter für $\beta \to 1$ die Lichtquelle schließlich direkt vor sich sieht

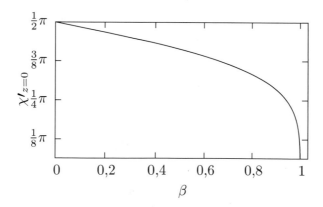

Abb. 8.4 Signale, die aus der Richtung $\chi'_{z=0}$ beim bewegten Beobachter eintreffen, sind weder rot- noch blauverschoben. Für $\beta \to 1$ geht dieser Winkel gegen Null

Der relativistische Dopplereffekt hat also ganz ungewöhnliche Konsequenzen. Bei sehr hohen Geschwindigkeiten erscheint fast die gesamte Himmelskugel vor dem Beobachter und gleichzeitig ist fast die gesamte Himmelskugel rotverschoben. Noch komplizierter wird es, wenn man die endliche Entfernung zu einem Objekt berücksichtigt. Dann ändern sich während der Bewegung nämlich auch die Beobachtungswinkel ϑ und φ, unter denen ein am jeweiligen Ort ruhender Beobachter

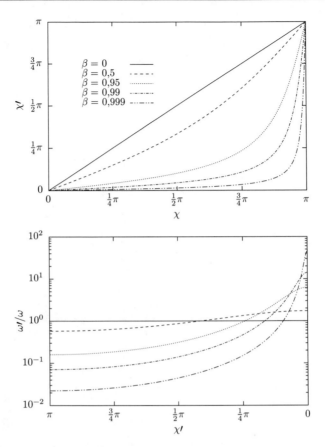

Abb. 8.5 Aberration und Dopplereffekt für verschiedene Geschwindigkeiten und Beobachtungswinkel. *Oben*: Ein ruhender und ein relativ dazu bewegter Beobachter sehen eine unendlich weit
entfernte Lichtquelle nach (8.15) unter verschiedenen Winkeln χ und χ' relativ zur Bewegungsrichtung des bewegten Beobachters. Dieser sieht im Vergleich zum ruhenden Beobachter einen
immer größeren Teil der Himmelskugel vor sich, je schneller er sich bewegt. *Unten*: Rotverschiebung in Abhängigkeit vom Beobachtungswinkel. Mit höherer Geschwindigkeit sind die Signale in einem umso größeren Himmelsbereich rotverschoben

ein Objekt sieht. Bei einer langen Reise mit konstanter Beschleunigung kann dies
dazu führen, dass die scheinbaren Positionen von Sternen für den Raumfahrer am
Himmel „einfrieren".

8.2   Ewig konstant beschleunigte Rakete

Um die gerade diskutierten Formeln zu veranschaulichen, greifen wir nochmals den
Fall der konstant beschleunigten Rakete aus Abschn. 6.7 auf. Diese soll sich jetzt
aber für alle Zeit mit einer konstanten Beschleunigung g von der Erde, welche sich
im Ursprung ihres Bezugssystems befindet, entfernen. Abhängig von der Eigenzeit

τ ist die verstrichene Erdzeit $t(\tau)$, die Entfernung der Rakete zur Erde $x(\tau)$ und die aktuelle Geschwindigkeit der Rakete $\beta(\tau)$ gegeben durch

$$t(\tau) = \frac{c}{g}\sinh\left(\frac{g}{c}\tau\right), \quad x(\tau) = \frac{c^2}{g}\left[\cosh\left(\frac{g}{c}\tau\right) - 1\right], \quad \beta(\tau) = \tanh\left(\frac{g}{c}\tau\right), \quad (8.22)$$

siehe auch die ersten Zweige der Gl. (6.77), (6.78) und (6.80). Wir wollen annehmen, dass der Raumfahrer in der Rakete und ein auf der Erde zurückbleibender Beobachter durch den Austausch von Funksignalen miteinander kommunizieren. Dieses Beispiel wird uns auch nochmals helfen, die Eindrücke von zwei Beobachtern in verschiedenen Systemen miteinander zu vergleichen.

8.2.1 Nachrichten von der Erde an den Raumfahrer

Zunächst wollen wir bestimmen, zu welcher Eigenzeit τ ein von der Erde zu einem Zeitpunkt t_E ausgesandtes Signal den Raumfahrer erreicht. Das zur Zeit t_E abgeschickte Signal befindet sich zur Zeit $t > t_E$ bei $x = c(t - t_E)$. Es muss also folgendes gelten,

$$c\left[t(\tau) - t_E\right] = x(\tau). \tag{8.23}$$

Diese Gleichung lässt sich leicht nach der Eigenzeit τ auflösen und man findet

$$\tau_R(t_E) = -\frac{c}{g}\ln\left(1 - \frac{g}{c}t_E\right). \tag{8.24}$$

Um die Situation für beide Beobachter vergleichen zu können, lösen wir (8.24) auch nach der Erdzeit t_E auf. Dies ergibt

$$t_E(\tau_R) = \frac{c}{g}\left(1 - e^{-\frac{g}{c}\tau_R}\right). \tag{8.25}$$

Für $t_E \geq c/g$ wird das Argument des Logarithmus in (8.24) Null oder negativ. Daraus können wir erkennen, dass nur Signale, die auf der Erde zu Zeiten $t_E < c/g$ versendet werden, den Raumfahrer überhaupt erreichen, auch wenn sich dieser immer langsamer als das Licht bewegt.

Dies ist allerdings kein speziell-relativistischer Effekt, sondern ergibt sich daraus, dass die Geschwindigkeit des Raumfahrers asymptotisch gegen die Lichtgeschwindigkeit geht. Betrachtet man etwa in der Newton'schen Mechanik ein Teilchen, dass zur Zeit Null vom Ursprung mit Geschwindigkeit $v(t) = 1 - e^{-\alpha t}$ startet, so erkennt man leicht, dass ein später mit konstanter Geschwindigkeit $v = 1$ startendes Teilchen das zuerst gestartete nur einholen kann, solange es zu einem Zeitpunkt $t < 1/\alpha$ startet.

Aus (8.25) lässt sich die Situation für den Raumfahrer erkennen. Er empfängt zwar für alle Zeiten Signale von der Erde, aber in immer größerem Zeitabstand.

Sendet der Beobachter auf der Erde etwa jede Sekunde ein Signal, so wird der Zeitabstand mit dem zwei aufeinanderfolgende Signale beim Raumfahrer ankommen nach (8.25) immer größer.

Durch Einsetzen von (8.24) in $\beta(\tau)$ können wir direkt bestimmen, welche Geschwindigkeit der Raumfahrer beim Empfang eines bestimmten Signals hat und wie stark rotverschoben dieses Signal ist. Mit der Identität $\tanh(x) = (e^{2x} - 1)/(e^{2x} + 1)$ folgt

$$\tanh[-\ln(y)] = \frac{1 - y^2}{1 + y^2}, \tag{8.26}$$

wobei in unserem Fall $y = 1 - gt_{\mathrm{E}}/c$ gilt. Damit erhalten wir das Zwischenergebnis

$$\beta(t_{\mathrm{E}}) = \frac{1 - \left(1 - \frac{g}{c}t_{\mathrm{E}}\right)^2}{1 + \left(1 - \frac{g}{c}t_{\mathrm{E}}\right)^2} \quad \text{für} \quad t_{\mathrm{E}} < \frac{c}{g}. \tag{8.27}$$

In der betrachteten Situation ist natürlich nur der longitudinale Dopplereffekt von Bedeutung. Um die Frequenzverschiebung eines bestimmten Signals zu bestimmen, setzen wir den Ausdruck (8.27) in (8.17) ein. In unserem Fall ist $\underline{k} = +k\,\underline{\mathbf{e}}_{(1)}$, d. h. es ergibt sich

$$\frac{\omega'(t_{\mathrm{E}})}{\omega} = \sqrt{\frac{1 - \beta(t_{\mathrm{E}})}{1 + \beta(t_{\mathrm{E}})}} = 1 - \frac{g}{c}t_{\mathrm{E}}. \tag{8.28}$$

Die empfangene Frequenz sinkt also linear mit dem Sendezeitpunkt. Bei $t = t_{\mathrm{E}}$ wäre die empfangene Frequenz dann Null, bzw. die Rotverschiebung unendlich. Das ist sofort klar, da dieser Fall einer unendlichen Signallaufzeit zum Raumfahrer entspricht und ihn dieses Signal daher asymptotisch für $\beta \to 1$ erreicht. Diese Zusammenhänge sind in Abb. 8.6 dargestellt.

Wir geben abschließend noch den Ausdruck für die Rotverschiebung $z(t_{\mathrm{E}})$ an, weil wir diese in der Kosmologie oft verwenden werden. Wegen $\lambda'/\lambda = \omega/\omega'$ und $z = \lambda'/\lambda - 1$ erhalten wir aus (8.28) in wenigen Schritten

$$z(t_{\mathrm{E}}) = \frac{t_{\mathrm{E}}}{\frac{c}{g} - t_{\mathrm{E}}}. \tag{8.29}$$

Das zum Zeitpunkt Null gesendete Signal ist wie erwartet nicht rotverschoben, da es den Raumfahrer sofort erreicht. Die Rotverschiebung divergiert für $t_{\mathrm{E}} \to c/g$ noch schneller als die Empfangszeit (s. Abb. 8.6).

Die Darstellung in dieser Abbildung ist aus der Sicht des Beobachters auf der Erde: Er kann daran ablesen, wann und wie stark rotverschoben der Raumfahrer ein Signal empfangen wird, das er zu einem bestimmten Zeitpunkt versendet.

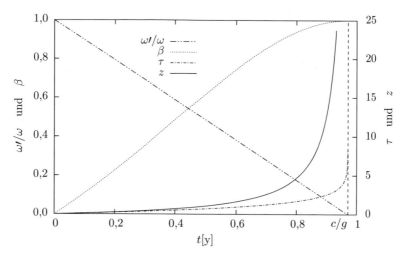

Abb. 8.6 Frequenzänderung, Geschwindigkeit und Signalankunft beim Raumfahrer bei der Kommunikation mit der konstant beschleunigten Rakete mit $g = 1{,}03$ ly y^{-2} und $c = 1$ ly y^{-2} von der Erde aus gesehen

8.2.2 Nachrichten vom Raumfahrer an die Erde

Für Signale vom Raumfahrer zur Erde ist die Situation etwas anders. Insbesondere erreichen alle seine Signale in endlicher Zeit die Erde. Die Gesamtsituation ist in Abb. 8.7 veranschaulicht. Ein vom Raumfahrer zur Zeit τ_E in Richtung Erde ausgesandter Lichtstrahl startet bei $x(\tau_E)$ zur Koordinatenzeit $t(\tau_E)$ und wird daher durch die Gleichung

$$x(t) = x(\tau_E) + c\left[t(\tau_E) - t\right] \tag{8.30}$$

beschrieben. Im negativen Vorzeichen der Koordinatenzeit spiegelt sich wider, dass der Lichtstrahl in Richtung Erde, also in Richtung abnehmender x-Werte läuft. Aus (8.30) kann man die Empfangszeit auf der Erde berechnen zu

$$t_R(\tau_E) = \frac{c}{g}\left(e^{\frac{g}{c}\tau_E} - 1\right). \tag{8.31}$$

Man erkennt sofort, dass diese Zeit für alle Werte von τ_E endlich bleibt. Dasselbe gilt auch für die Rotverschiebung, die sich direkt aus $\beta(\tau_E)$ ergibt zu

$$z(\tau_E) = e^{\frac{g}{c}\tau_E}. \tag{8.32}$$

8.2.3 Aussehen des Sternenhimmels

Für die Darstellung des Sternenhimmels aus Sicht eines mit konstanter Beschleunigung bewegten Beobachters verwenden wir die Sternpositionen aus dem

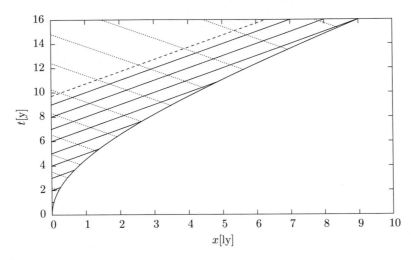

Abb. 8.7 Lichtsignale zur Kommunikation zwischen Raumfahrer (durchgezogene Kurve) und dem Beobachter auf der Erde (fest bei $x = 0$). Beide senden jährlich ein Funksignal zum jeweils anderen. Signale von der Erde sind durchgezogen, die vom Raumfahrer gepunktet gezeichnet. Die gestrichelte Linie stellt das erste Signal dar, das den Raumfahrer nicht mehr erreichen kann. In diesem Bild ist zur besseren Übersicht die Beschleunigung $g = 0{,}103$ ly y^{-2} auf ein Zehntel der Erdbeschleunigung gesetzt

Hipparcos-Katalog [3]. Die Linien für die Sternzeichen sind aus der Planetariumssoftware *Stellarium* [4] entnommen. Lösen wir die Beobachtergeschwindigkeit β aus (8.22) nach der Eigenzeit τ auf, so können wir die Beobachtungszeit t und die Beobachterposition x durch die Geschwindigkeit β parametrisieren. Wir erhalten dann

$$t(\beta) = \frac{c}{g}\gamma\beta \quad \text{und} \quad x(\beta) = \frac{c^2}{g}(\gamma - 1). \tag{8.33}$$

Die x-Position entspricht dabei der gemessenen Entfernung zur Erde in Richtung des Frühlingspunkts, der bei Rektaszension $\alpha = 0$ h und Deklination $\delta = 0°$ liegt (s. Abschn. 1.5.7). Zur Zeit $t = 0$ ist die Rakete des Beobachters noch in Ruhe und ihm stellt sich der Sternenhimmel wie in Abb. 8.8 gezeigt dar. Die Verzerrungen am oberen und unteren Bildrand werden durch die Rektangularprojektion verursacht. Deutlich zu erkennen sind die bekannten Sternzeichen *Orion* ($\alpha \approx 6$ h, $\delta \approx 0°$), *Cassiopeia* ($\alpha \approx 1{,}5$ h, $\delta \approx 60°$), *Pegasus* ($\alpha \approx 0$ h, $\delta \approx 25°$), *Schwan* ($\alpha \approx 20$ h, $\delta \approx 40°$) oder *Löwe* ($\alpha \approx 11$ h, $\delta \approx 15°$).

Beschleunigt nun die Rakete mit $g = 9{,}81$ m/s$^2 = 1{,}03$ ly/y^2, so erreicht sie halbe Lichtgeschwindigkeit nach etwa 0,53 Jahren. In dieser Zeit hat sie eine Strecke von etwa 0,15 Lichtjahren in Richtung des Frühlingspunkts zurückgelegt. Im Vergleich zur ruhenden Sicht rücken die Sternzeichen aufgrund der Aberration schon sichtbar in Richtung des Frühlingspunkts (Bildmitte, Abb. 8.9).

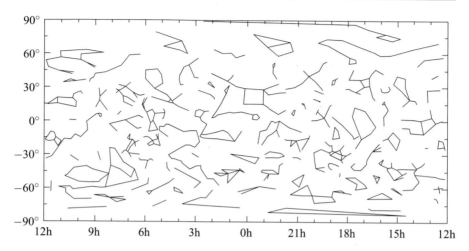

Abb. 8.8 Sternenhimmel mit Sternzeichen nach westlicher Mythologie in Rektangularprojektion für einen Beobachter, der am Ort der Erde ruht. Auf der Abszisse ist die Rektaszension (α) in Stunden und auf der Ordinate die Deklination (δ) in Grad abgetragen

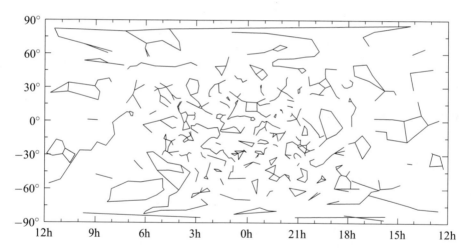

Abb. 8.9 Sternenhimmel für einen mit $g = 1,03\,\mathrm{ly/y^2}$ beschleunigten Beobachter zur Zeit $t = 0,56\,\mathrm{y}$ am Ort $x = 0,15\,\mathrm{ly}$ und Geschwindigkeit $\beta = 0,5$

Nach etwa 2,00 Jahren erreicht die Rakete 90 % der Lichtgeschwindigkeit. Sie ist inzwischen etwa 1,26 Lichtjahre von der Erde entfernt und die Aberration lässt die meisten Sternbilder in Bewegungsrichtung erscheinen (s. Abb. 8.10).

Aufgrund der großen Entfernung zu den Sternen spielt die tatsächliche Position des Beobachters kaum eine Rolle. Der Unterschied zwischen den Abb. 8.8, 8.9 und 8.10 begründet sich hauptsächlich durch die Aberration bei verschiedenen Geschwindigkeiten. An der Position der Erde hätten wir eine sehr ähnliche Sicht.

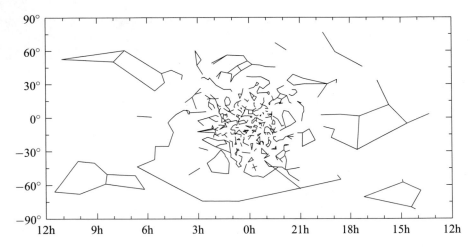

Abb. 8.10 Sternenhimmel für einen beschleunigten Beobachter zur Zeit $t = 2,00$ y am Ort $x = 1, 26$ ly und Geschwindigkeit $\beta = 0,9$

Weitere Details dazu, wie der Sternenhimmel sich einem beschleunigten Beobachter zeigt, vor allem auch unter Berücksichtigung der Dopplerverschiebung und der damit einhergehenden Änderung der scheinbaren Helligkeit der Sterne, können in [1] nachgelesen werden. Dort wird auch hergeleitet, warum die scheinbaren Positionen der Sterne für den Raumfahrer am Himmel „einfrieren".

8.3   Aussehen schnell bewegter Objekte

Wenn sich ein Objekt mit sehr hoher Geschwindigkeit bewegt, hat das starken Einfluss darauf, wie ein ruhender Beobachter dieses sieht. Wir wissen bereits aus Abschn. 4.2, dass ein bewegtes Objekt in Bewegungsrichtung, wenn wir es *messen*, um den Faktor $1/\gamma$ kontrahiert wird. Das heißt aber nicht, dass ein ruhender Beobachter es auch um diesen Faktor verkürzt *sieht*.

Wir betrachten dieses Phänomen genauer am Beispiel einer schnell bewegten Kugel [2, 5]. Wir werden sehen, dass diese unabhängig von ihrer Geschwindigkeit immer eine kreisförmige Silhouette hat und daher dem Beobachter als Kugel erscheint. Wir nehmen an, dass die Kugel sich entlang der x-Achse mit Geschwindigkeit β bewegt. Das erste ungewöhnliche Phänomen, das auftritt, ist, dass der Beobachter Teile der ihm abgewandten Seite der Kugel sieht und dafür Teile der ihm zugewandten Seite nicht. Das liegt daran, dass sich die Kugel aus dem Weg von Lichtstrahlen, die von ihrem hinteren Teil zum Beobachter laufen, wegbewegt und sich dafür in den Laufweg von Lichtstrahlen von ihrer Vorderseite hineinschiebt.

Um dieses Phänomen quantitativ zu verstehen, betrachten wir Abb. 8.11. Vom hinteren Teil der Kugel soll ein Lichtstrahl in Richtung des Beobachters starten. Im Zeitschritt dt bewegt er sich die Strecke

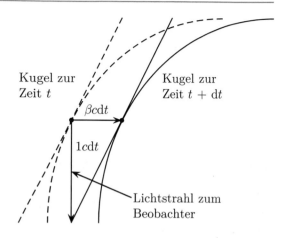

Abb. 8.11 Bei Beobachtung einer sich schnell bewegenden Kugel werden Teile ihrer Rückseite sichtbar, weil sich die Kugel aus dem Weg des zum Beobachter laufenden Lichtes bewegt

$$s_{\text{Licht}} = c \, \mathrm{d}t \tag{8.34}$$

in Richtung des Beobachters. In diesem Zeitraum bewegt sich die Kugel um die Strecke

$$s_{\text{Kugel}} = \beta \, c \, \mathrm{d}t \tag{8.35}$$

nach rechts. Damit der Lichtstrahl zum Beobachter gelangen kann, muss die Kugel durch ihre Bewegung nach rechts dem Lichtstrahl soviel Platz machen, dass er nicht auf sie auftrifft, d. h. die Tangente an die Oberfläche der Ellipse muss mindestens die Steigung

$$\tan(\alpha) = m = \frac{1}{\beta} \tag{8.36}$$

haben. Da die Steigung der Ellipse nach rechts abnimmt, ist die Bedingung für den am weitesten auf der abgewandten Seite liegenden Punkt, von dem noch Licht zum Beobachter kommt also genau

$$\frac{\mathrm{d}y}{\mathrm{d}x} = \frac{1}{\beta}. \tag{8.37}$$

Eine Ellipse mit einer großen Halbachse der Länge R in y-Richtung und einer kleinen Halbachse der Länge R/γ in x-Richtung wird durch die Gleichung

$$\frac{y^2}{R^2} + \frac{x^2}{R^2/\gamma^2} = 1, \tag{8.38}$$

beschrieben. Für den oberen bzw. unteren Teil ergibt das aufgelöst nach y

$$y = \pm R \sqrt{1 - \frac{x^2}{R^2/\gamma^2}}. \tag{8.39}$$

Damit ergibt sich die Tangentensteigung

$$\frac{dy}{dx} = -\frac{x\gamma^2}{y}.$$ (8.40)

Die Bedingung (8.37) führt auf die beiden Punkte

$$x_0 = \pm\frac{R}{\gamma^2}, \quad y_0 = \mp R\beta.$$ (8.41)

Für $\beta \to 1$ sieht der ruhende Beobachter also fast nur noch die linke Seite der Kugel (s. Abb. 8.12). Anhand von Abb. 8.13 machen wir uns klar, warum der Beobachter die Ellipse nicht als Ellipse, sondern trotz Lorentz-Kontraktion als Kugel, allerdings mit verzerrter Oberfläche, sieht.

Das Licht von Punkt A muss im Vergleich zu einem Punkt bei $y = 0$ auf der Ellipse eine zusätzliche Strecke $R\beta$ zurücklegen, um beim Beobachter anzukommen. Während der Lichtlaufzeit legt die Kugel die Strecke $R\beta^2$ zurück. Das Licht vom Punkt A wurde also ausgesandt, als die Ellipse noch um die Strecke $R\beta^2$ weiter links war. Entsprechend muss das Licht vom Punkt B eine um $R\beta$ kürzere Strecke zurücklegen und wird erst ausgesandt, wenn die Ellipse bereits um die Strecke $R\beta^2$ weiter

Abb. 8.12 Der sichtbare Bereich einer sich schnell bewegenden Kugel ändert sich mit der Geschwindigkeit. Hier ist die Situation für eine sich nach rechts bewegende Kugel gezeigt

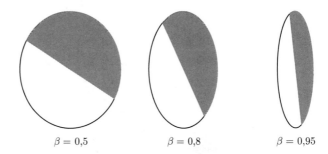

$\beta = 0,5$ $\qquad\qquad$ $\beta = 0,8$ $\qquad\qquad$ $\beta = 0,95$

Abb. 8.13 Eine schnell bewegte Kugel erscheint jedem Beobachter kugelförmig. Lorentz-Kontraktion und endliche Lichtlaufzeit heben sich genau auf. Das Licht von Punkt A muss im Vergleich zu einem Lichtstrahl in der $(y = 0)$-Ebene zu einem um $ct = R\beta$ früheren Zeitpunkt und vom Punkt B zu einem um $ct = R\beta$ späteren Zeitpunkt loslaufen. Während dieser Zeit legt die Kugel jeweils die Strecke $R\beta^2$ zurück

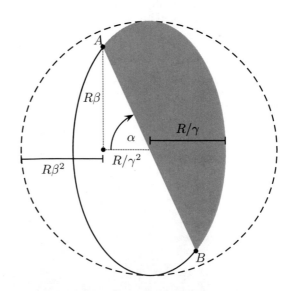

rechts ist. Dadurch, dass der Beobachter verschiedene Punkte der Ellipse zu verschiedenen Zeiten sieht, erscheint sie in x-Richtung um $2R\beta^2$ verbreitert. Für den beobachteten Radius ergibt sich damit eine Verlängerung auf

$$\frac{R}{\gamma^2} + R\beta^2 = R(1 - \beta^2 + \beta^2) = R. \tag{8.42}$$

Die Lorentz-Kontraktion wird also genau durch die endliche Lichtlaufzeit aufgehoben.

Wie verträgt sich die Tatsache, dass der ruhende Beobachter Teile der Rückseite der Kugel sieht, mit den Eindrücken eines mitbewegten Beobachters? Für diesen ist die Kugel ja in Ruhe, und er sollte daher nicht die Rückseite sehen. Auf der anderen Seite kann die Information über ein Objekt nicht vom Bewegungszustand des jeweiligen Beobachters abhängen, denn der ruhende Beobachter und ein sich mit gleicher Geschwindigkeit wie die Kugel bewegender Beobachter, der zum Beobachtungszeitpunkt am gleichen Ort wie der ruhende Beobachter ist, empfangen ja die gleichen Lichtstrahlen von der Kugel. Die Lösung für dieses Problem liefert die Aberrationsformel (8.15). Mit dem Beobachtungswinkel $\chi = \pi/2$ ergibt sich für einen sich mit gleicher Geschwindigkeit wie die Kugel bewegenden Beobachter der Winkel

$$\cos(\chi') = \beta. \tag{8.43}$$

Er sieht die Kugel also vor sich und damit einen um den Winkel $\chi - \chi'$ gedrehten Teil der Oberfläche im Vergleich zu einer Kugel bei $\chi' = \pi/2$ (s. Abb. 8.14). Für diesen Winkel finden wir

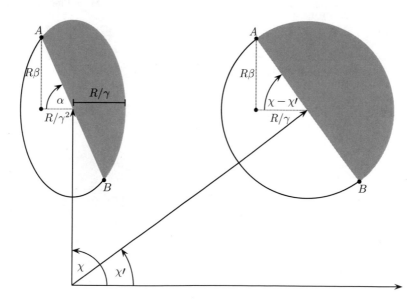

Abb. 8.14 Betrachtung der bewegten Kugel durch einen ruhenden und einen mitbewegten Beobachter. Der mit der Kugel mitbewegte Beobachter sieht die Kugel unter dem Winkel χ', der sichtbare Bereich der Kugel ändert sich dadurch um den Winkel $\chi - \chi' = \pi/2 - \chi'$ im Vergleich zu einer Kugel bei $\chi' = \pi/2$

$$\cos(\chi - \chi') = \cos[\pi/2 - \arccos(\beta)] = \sin[\arccos(\beta)] = \frac{1}{\gamma}, \qquad (8.44)$$

wegen der Beziehung $\sin[\arccos(x)] = \sqrt{1-x^2}$. Die Winkel $\chi - \chi'$ auf der Kugel und α auf der Ellipse mit $\tan(\alpha) = y_0/x_0 = \gamma^2\beta$ sind dabei äquivalent, wenn wir die Kontraktion der Ellipse berücksichtigen.

Die beiden Beobachter sehen also das Gleiche, interpretieren es aber anders.

8.4   Übungsaufgaben

8.4.1   Dopplerverschiebung von Spektrallinien

Die Identifikation von Spektrallinien spielt in der Astronomie eine wichtige Rolle. Die Lyman-α-Linie des Wasserstoffatoms hat eine Wellenlänge $\lambda_{\text{Ly-}\alpha} = 121{,}6$ nm. Mit welcher Geschwindigkeit muss sich ein Objekt von einem Beobachter wegbewegen, damit diese Linie auf die Balmer-α-Linie mit $\lambda_{\text{Ba-}\alpha} = 656{,}5$ nm verschoben wird?

Literatur

1. Müller, T., King, A., Adis, D.: A trip to the end of the universe and the twin „paradox". Am. J. Phys. **76**, 360–373 (2008)
2. Penrose, R.: The apparent shape of a relativistically moving sphere. Math. Proc. Cam. Phil. Soc. **55**, 137–139 (1959)
3. van Leeuwen, F.: Hipparcos, the new Reduction of the Raw data (2007). https://cdsarc.unistra.fr/viz-bin/cat/I/311
4. Stellarium: http://www.stellarium.org
5. Terrell, J.: Invisibility of the Lorentz contraction. Phys. Rev. **116**(4), 1041–1045 (1959)

Visualisierung in der SRT

Inhaltsverzeichnis

In den vorherigen Kapiteln haben wir uns auf die mathematischen und geometrischen Eigenschaften der speziellen Relativitätstheorie konzentriert. Für ein tieferes Verständnis der geometrischen Implikationen der Lorentz-Transformationen wie die Längenkontraktion oder die Zeitdilatation haben wir das Minkowski-Diagramm verwendet. Diese Veranschaulichung kann auch als beobachterunabhängige Visualisierung bezeichnet werden, da ein Gesamtüberblick einer Situation in Raum und Zeit gezeigt wird.

In diesem Kapitel wollen wir uns damit beschäftigen, was ein Beobachter sehen würde, der sich selbst in der Minkowski-Raumzeit bewegt. Wir versetzen uns also in die *Ich-Perspektive* (engl. first-person view). Dabei müssen wir die grundlegende Unterscheidung zwischen *Sehen* und *Messen* treffen, da die endliche Lichtlaufzeit von einem Objekt zum Beobachter unbedingt berücksichtigt werden muss, wie wir bereits in Abschn. 8.3 gesehen haben. Einstein selbst hatte diese Unterscheidung wohl nicht berücksichtigt und auch *Gamow*[1] zeigte in seiner ersten Ausgabe von „Mr. Tompkins in Wonderland" [1] einen Radfahrer, der in seiner Bewegungsrichtung aufgrund der Längenkontraktion verkürzt erschien. Dabei hatte bereits *Lampa*[2] [2]

Ergänzende Information Die elektronische Version dieses Kapitels enthält Zusatzmaterial, auf das über folgenden Link zugegriffen werden kann https://doi.org/10.1007/978-3-662-63352-6_9. Die Videos lassen sich mit Hilfe der SN More Media App abspielen, wenn Sie die gekennzeichneten Abbildungen mit der App scannen.

---

[1] George Anthony Gamow, 1904–1968, russischer Physiker, der lange Zeit in den USA lebte. Arbeitete an Themen der Atomphysik und der Urknall-Theorie (s. Kap. 19 und 29).

[2] Anton Lampa, 1868–1938, österreichischer Physiker.

© Springer-Verlag GmbH Deutschland, ein Teil von Springer Nature 2022   159
S. Boblest et al., *Spezielle und allgemeine Relativitätstheorie*,
https://doi.org/10.1007/978-3-662-63352-6_9

1924 berechnet, dass die Silhouette einer bewegten Kugel stets kreisförmig erscheint und daher ihre Längenkontraktion nicht beobachtet werden kann.

9.1 Visualisierungstechniken

Neben einer Diskussion der optischen Eindrücke möchten wir auch einen kurzen Überblick geben, wie solche Visualisierungen technisch umgesetzt werden können. Die dazu in den folgenden Abschnitten vorgestellten Visualisierungstechniken konzentrieren sich ausschließlich auf die geometrischen Effekte der SRT. Den Dopplereffekt aus Abschn. 8.1 sowie die Intensitätsänderung des Lichts lassen wir außen vor.

9.1.1 Bildbasierte Methode

Die bildbasierte Methode ist die einfachste Visualisierungstechnik, aber gleichzeitig auch die mit der größten Beschränkung hinsichtlich möglicher Szenarien. Sie basiert darauf, dass sich nur der Beobachter durch eine ansonsten statische Szene bewegt. Dann genügt es, dass man für jeden Beobachtungszeitpunkt ein 4π-Panorama davon erstellt, was ein ruhender Beobachter an der aktuellen Position des bewegten Beobachters sehen würde. Dieses 4π-Panorama spiegelt alle Lichtstrahlen wider, die der bewegte Beobachter zur Beobachtungszeit empfangen würde. Allerdings muss noch die Bewegung und die damit einhergehende Aberration der Lichtstrahlen berücksichtigt werden.

Die Erstellung eines 4π-Panoramas kann auf unterschiedliche Weise erfolgen. Heutzutage gibt es im Handel bereits spezielle Kameras, die ein 4π-Panorama ausgeben können.[3] Und auch mit Smartphone-Kameras und geeigneter Software lassen sich solche Panoramas erstellen. Wir besprechen im Folgenden nur eine Methode, die auch im Bereich der Computergrafik Anwendung findet. Hierfür werden sechs Lochkameras mit jeweils einem Öffnungswinkel von 90°×90° im Mittelpunkt eines virtuellen Würfels aufgestellt, wobei die Sichtfelder der einzelnen Lochkameras jeweils eine Seite des Würfels abdecken und der Mittelpunkt des Würfels der aktuellen Position des ruhenden Beobachters entspricht. Die Orientierung des Würfels an sich bleibt stets gleich und sei entlang der Koordinatenachsen eines globalen Koordinatensystems ausgerichtet. Alle sechs Bilder werden anschließend in einer sogenannten *Cubemap* zusammengefasst (s. Abb. 9.1).

Um nun anzeigen zu können, was der bewegte Beobachter sieht, müssen wir sein Auge beziehungsweise seine (Loch-)Kamera nachbilden. Dazu benötigen wir eine virtuelle Bildebene, repräsentiert durch einen CCD-Chip mit $res_h \times res_v$ quadratischen Pixeln, und einen Algorithmus, der uns zu jedem Pixel $P = (i, j)$ die Richtung k des einfallenden Lichtstrahls bestimmt. Weiterhin müssen wir die Blickrichtung d (direction) der Kamera und deren Ausrichtung, definiert durch den Hochvektor u

---

[3] Im Allgemeinen werden diese als 360°-Panoramakameras bezeichnet, allerdings ist diese Angabe nicht eindeutig, da sie nur die Winkelangabe in horizontaler Richtung angibt.

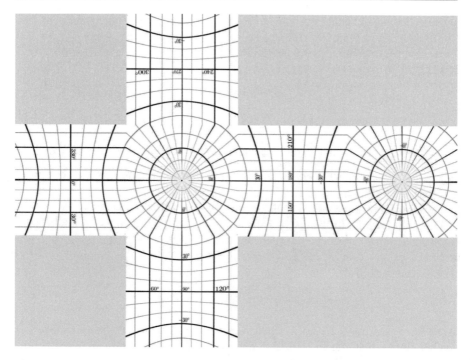

Abb. 9.1 Cubemap eines Gradnetzes, dargestellt durch die einzelnen Ansichten der sechs Würfel-
richtungen

(up) und den Rechtsvektor $r = d \times u$ (right), wissen. Die normierten Vektoren r, d
und u bilden das rechtshändige, lokale Koordinatensystem der Kamera mit deren
Hilfe wir die Richtung des einfallenden Lichtstrahls $k = k_r r + k_d d + k_u u$ bestimmen.
Die Blickrichtung d soll dabei auch gleichzeitig der Bewegungsrichtung des Beobachters entsprechen.

Im Fall einer Lochkamera lauten die einzelnen, noch unnormierten, Komponenten des einfallenden Lichtstrahls in Abhängigkeit der Pixelkoordinate (i, j),

$$\tilde{k}_d = 1,$$

$$\tilde{k}_r(i, j) = \rho \left(2 \frac{i + 1/2}{\text{res}_h} - 1 \right) \tan \left(\frac{\text{fov}_v}{2} \right), \tag{9.1}$$

$$\tilde{k}_u(i, j) = \left(1 - 2 \frac{j + 1/2}{\text{res}_v} \right) \tan \left(\frac{\text{fov}_v}{2} \right),$$

dabei ist fov_v das vertikale Sichtfeld und $\rho = \text{res}_h/\text{res}_v$ das Seitenverhältnis aus horizontaler und vertikaler Bildauflösung. Die Wertebereiche der Pixelkoordinaten sind
gegeben durch $i = \{0, \ldots, \text{res}_h - 1\}$ und $j = \{0, \ldots, \text{res}_v - 1\}$, wobei der Pixel ($i = 0$,
$j = 0$) der linken oberen Ecke des Bildes entspricht. Der zusätzliche Summand $1/2$
sorgt dafür, dass wir die Mitte jedes einzelnen Pixels zur Bestimmung der Lichtrichtung verwenden. Der Vektor k muss anschließend noch normiert werden, um die
eigentlichen Komponenten k_d, k_r und k_u zu erhalten.

Anstelle einer Lochkamera können wir auch eine 4π-Panoramakamera emulieren, die zur Darstellung der Umgebung in Form einer Plattkarte führt (s. Abb. 9.5 oben). Hierfür definieren wir zunächst den Zusammenhang zwischen Pixel (i, j) und sphärischen Winkeln (ϑ, φ) über

$$\vartheta = \frac{j+1/2}{\mathrm{res}_v}\pi, \quad \varphi = \left(\frac{1}{2} - \frac{i+1/2}{\mathrm{res}_h}\right)2\pi. \tag{9.2}$$

Daraus erhalten wir dann die Komponenten des einfallenden Lichtstrahls $\boldsymbol{k}$ zu

$$k_d = \sin(\vartheta)\cos(\varphi), \quad k_r = -\sin(\vartheta)\sin(\varphi), \quad k_u = \cos(\vartheta). \tag{9.3}$$

Die Blickrichtung $\boldsymbol{d}$ entspricht auch hier wieder dem Mittelpunkt des Bildes.

Die normierte Lichtrichtung $\boldsymbol{k}$ kann auch für die Lochkamera in sphärischen Koordinaten (θ, ϕ) angegeben werden, wobei analog zu der Beziehung aus (9.3) gilt $\boldsymbol{k} = (k_d, k_r, k_u)^{\mathrm{T}} = \left(\sin(\theta)\cos(\phi), -\sin(\theta)\sin(\phi), \cos(\theta)\right)^{\mathrm{T}}\!$ So erhalten wir aus (9.1) für die beiden Winkel

$$\theta = \arccos(k_u) \quad \text{und} \quad \phi = \arctan2(k_d, k_r). \tag{9.4}$$

Wie wir in Abschn. 9.2.1 noch sehen werden, können wir auf die Farbwerte des 4π-Panoramas, bzw. der Cubemap, direkt mit Hilfe der Winkel (θ, ϕ) oder der normierten Lichtrichtung $\boldsymbol{k}$ zugreifen.

Bisher haben wir die Bewegung des Beobachters noch nicht berücksichtigt. Um dies nachzuholen, müssen wir uns zunächst klar werden, dass die bisherige Lichtrichtung $\boldsymbol{k}$, die sich aus der Pixelkoordinate (i, j) herleitet, sich auf das Ruhsystem des Beobachters bezieht. Dieses Ruhsystem wiederum bewegt sich mit der Geschwindigkeit β in Richtung $\boldsymbol{d}$. Das 4π-Panorama entspricht aber der Sicht eines statischen Beobachters, der sich an der momentanen Position des bewegten Beobachters befindet. Wir müssen also die Sicht des statischen Beobachters erst durch eine Lorentz-Transformation in die Sicht des bewegten Beobachters transformieren. Diese Transformation führt auf die allgemeinen Formeln für die *Aberration*,

$$\cos(\theta') = \frac{\cos(\theta)}{\gamma[1 - \beta\sin(\theta)\cos(\phi)]},$$

$$\cos(\phi') = \frac{\sin(\theta)\cos(\phi) - \beta}{\sin(\theta)[1 - \beta\sin(\theta)\cos(\phi)]}, \quad \sin(\phi') = \frac{\sin(\theta)\sin(\phi)}{\gamma\sin(\theta)[1 - \beta\sin(\theta)\cos(\phi)]} \tag{9.5}$$

(s. a. (8.7)), wobei die ungestrichenen Winkel (θ, ϕ) sich auf das Ruhsystem des bewegten Beobachters und die gestrichenen Winkel (θ', ϕ') sich auf das System des statischen Beobachters beziehen. Mit letzteren schlägt man den Farbwert innerhalb des 4π-Panoramas nach.

Die Vorteile der bildbasierten Methode liegen in der sehr einfachen und trivial parallelisierbaren Berechnung, da jeder Pixel unabhängig von allen anderen Pixeln ist.

Weiterhin kann man neben computer-generierten Szenen auch reale Panoramaauf-
nahmen verwenden, die zeigen, wie die Welt um uns herum aussähe, könnten wir
mit relativistischen Geschwindigkeiten reisen. Um die richtigen Größenverhältnisse
zu bewahren, müssten wir hierfür die Lichtgeschwindigkeit künstlich auf alltägli-
che Werte reduzieren.

Die bildbasierte Visualisierung ist nur für einen eingeschränkten Anwendungs-
bereich geeignet. Neben der Beschränkung, dass sich nur der Beobachter bewegen
kann, ist vor allem die fehlende Bildauflösung für Bereiche entgegen der Bewegungsrichtung ein Problem. Durch den starken Aberrationseffekt treten Vergröße-
rungsfaktoren auf, die sehr schnell einzelne Pixel sichtbar machen. Abhilfe könnte
hier eine von der Bewegung und Richtung abhängige Auflösung der Cubemap sein,
was sich jedoch nur schwer realisieren lässt.

9.1.2 Polygon Rendering

Die *Polygon-Rendering-Methode* setzt voraus, dass wir auf die gesamte Geometrie
einer Szene zugreifen können. Wir wollen uns hier auf die aus der Computergrafik
bekannte Darstellung von Objekten mittels Dreiecksnetzen beschränken. Um zu
berechnen, wie der Beobachter ein Objekt sieht, müssen wir mit Hilfe der Poincaré-
Transformation und der endlichen Lichtlaufzeit alle Punkte des Dreiecksnetzes in
das Bezugssystem des Beobachters transformieren. Die daraus entstehende, im Allgemeinen verzerrte, Geometrie kann anschließend so gerendert werden, als befän-
den sich der Beobachter und die Szene in Ruhe. Es genügt dann wohlbekannte
Renderingtechniken der 3D-Computergrafik zu verwenden.

Im Folgenden betrachten wir einen allgemeinen Fall des *polygon rendering*.
Hierfür legen wir zunächst ein globales Bezugssystem S mit Koordinaten
$\underline{x} = (ct, \mathbf{x}) = (x^0, x^1, x^2, x^3)$ fest. Das Bezugssystem des Beobachters S', innerhalb
dessen er selber am Ort $\mathbf{x}'_{\mathrm{obs}}$ ruht, bewege sich mit der Geschwindigkeit $\boldsymbol{\beta}_1$ bezogen
auf S. Der Koordinatenursprung von S' sei zur Zeit $x^0 = x'^0 = 0$ um $\mathbf{a}_1$ verschoben und
die Koordinatenachsen bleiben stets parallel zueinander (s. Abb. 9.2).

Dann gilt für die Poincaré-Transformation zwischen beiden Systemen:

$$S' \to S : \quad x^\mu = \Lambda_1^{\ \mu}_{\ \nu} x'^\nu + a_1^\mu, \tag{9.6a}$$

$$S \to S' : \quad x'^\mu = \bar{\Lambda}_1^{\ \mu}_{\ \nu} (x^\nu - a_1^\nu), \tag{9.6b}$$

wobei $\bar{\Lambda}_1^{\ \mu}_{\ \nu}$ die zu $\Lambda_1^{\ \mu}_{\ \nu}$ inverse Lorentz-Transformation ist.

Das Bezugssystem S'' des Objekts sei ebenfalls parallel zu S ausgerichtet und
bewege sich mit der Geschwindigkeit $\boldsymbol{\beta}_2$ bezogen auf S. Das Objekt selbst sei statisch innerhalb von S''. Weiterhin sei auch hier der Koordinatenursprung von S'' zur
Zeit $x^0 = x''^0 = 0$ um $\mathbf{a}_2$ gegenüber S verschoben. Analog gelten daher die Poincaré-
Transformationen

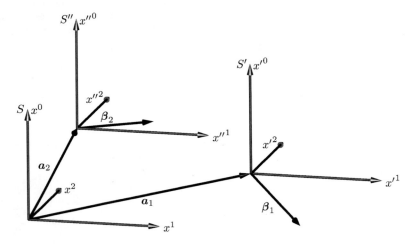

Abb. 9.2 Das Beobachtersystem S' und das Objektsystem S'' bewegen sich mit den Geschwindigkeiten β_1 bzw. β_2 bezüglich des globalen Bezugssystems S. Die Vektoren a_1 und a_2 geben die Verschiebungen der Koordinatenursprünge bezogen auf S zum Zeitpunkt der Uhrensychronisation an

$$S'' \to S: \qquad x^\mu = \Lambda_2{}^\mu{}_\nu x''^\nu + a_2^\mu, \tag{9.7a}$$

$$S \to S'': \qquad x''^\mu = \overline{\Lambda}_2{}^\mu{}_\nu (x^\nu - a_2^\nu). \tag{9.7b}$$

Im Folgenden müssen wir herausfinden, wo jeder einzelne Punkt des Dreiecksnetzes dem Beobachter erscheint. Das heißt, wir müssen für jeden Punkt den Ort finden, wo er Licht emittieren muss, damit dieses beim Beobachter zu dessen Beobachtungszeit x'^0_{obs} ankommt. Die einfachste und vermutlich anschaulichste Methode zur Bestimmung dieses „Beobachtungsortes" ist, den Beobachter in das Ruhsystem des Punktes zu transformieren. Dort wird der Schnittpunkt des *Rückwärtslichtkegels* des Beobachters mit der Weltlinie des Punktes berechnet und damit der Zeitpunkt der Lichtemission bestimmt (s. Abb. 9.3). Der Rückwärtslichtkegel entspricht dabei allen Lichtstrahlen, die den Beobachter zu dessen Beobachtungszeit erreichen.

Das daraus resultierende Raumzeit-Ereignis $(x_p''^0, x_p'')$ muss anschließend in das Ruhsystem des Beobachters transformiert werden, woraus sich der scheinbare Ort x_p' ergibt. Im Einzelnen müssen wir also folgende Schritte ausführen. Die Transformation des Beobachters ins Ruhsystem des Objekts folgt aus der Hintereinanderausführung von (9.6a) und (9.7b),

$$x''^\mu_{\text{obs}} = \overline{\Lambda}_2{}^\mu{}_\nu \left(\Lambda_1{}^\nu{}_\sigma x'^\sigma_{\text{obs}} + a_1^\nu - a_2^\nu \right). \tag{9.8}$$

Der Schnitt des Rückwärtslichtkegels des Beobachters mit der Weltlinie $x_p''(x''^0)$ des Punktes führt auf die Emissionszeit

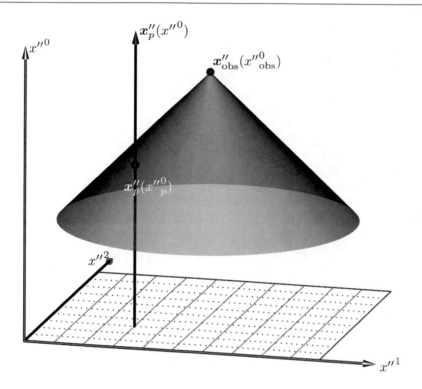

Abb. 9.3 Schnitt des Rückwärtslichtkegels des Beobachters am Ort x''_{obs} mit der Weltlinie x''_p des ruhenden Punkts dargestellt in einem 2+1D-Minkowski-Diagramm mit den zwei Raumachsen x''^1 und x''^2 und der Zeitachse x''^0

$$x_p''^0 = x_{\text{obs}}''^0 - \Delta\left(\boldsymbol{x}_p'', \boldsymbol{x}_{\text{obs}}''\right), \tag{9.9}$$

wobei

$$\Delta(\boldsymbol{x}, \boldsymbol{y}) = \sqrt{(x^1 - y^1)^2 + (x^2 - y^2)^2 + (x^3 - y^3)^2}. \tag{9.10}$$

der euklidische Abstand zwischen den zwei Punkten $\boldsymbol{x} = (x^1, x^2, x^3)^{\mathrm{T}}$ und $\boldsymbol{y} = (y^1, y^2, y^3)^{\mathrm{T}}$ ist. Die Koordinatenzeit $x_p''^0$ stellt den Zeitpunkt dar, bezogen auf das Ruhsystem S'' des Objekts, wo Licht den Punkt verlassen muss, damit es beim Beobachter zu dessen Beobachtungszeit $x_{\text{obs}}''^0$ ankommt. Den Raumzeit-Punkt $x_p''^\mu = (x_p''^0, \boldsymbol{x}_p'')$ müssen wir jetzt wieder in das Bezugssystem des Beobachters transformieren. Mit (9.7a) und (9.6b) folgt daraus

$$x_p'^\mu = \overline{\Lambda}_1{}^\mu{}_\nu \left(\Lambda_2{}^\nu{}_\sigma x_p''^\sigma + a_2^\nu - a_1^\nu\right) \tag{9.11}$$

und damit der scheinbare Ort $\boldsymbol{x}_p'$.

Würden wir die Oberfläche eines Objekts $\mathcal{O}$ mit Hilfe einer dichten Menge von Punkten beschreiben und diese Punkte alle mit der eben beschriebenen Methode transformieren, so bekämen wir die Menge aller Ereignisse $\mathcal{P}_\mathcal{O}$, bei denen die Punkte Licht aussenden müssen, damit es beim Beobachter gleichzeitig im Auge ankommt. Wir wollen diese Menge $\mathcal{P}_\mathcal{O}$ auch als das *Photo-Objekt* von $\mathcal{O}$ bezeichnen.

Das *polygon rendering* hat gegenüber der bildbasierten Methode den Vorteil, dass es keine Einschränkungen hinsichtlich der Bewegung gibt. So kann sich einerseits der Beobachter, aber es können sich auch mehrere Objekte gleichzeitig, in jeweils unterschiedliche Richtungen bewegen. Der Nachteil dieser Methode ist jedoch, dass lediglich die Punkte der Dreiecksnetze transformiert werden, die Kanten bleiben weiterhin gerade. Werden zum Beispiel die Seiten eines quaderförmigen Stabs allein durch jeweils zwei Dreiecke aufgebaut, so erscheint der Stab stets gerade und nie gekrümmt. Mittels adaptiver Dreiecksnetzverfeinerung lässt sich dieses Problem aber deutlich verringern.

9.1.3 Ray Tracing

Die Strahlrückverfolgung (engl. *ray tracing*) ist die allgemeinste Methode zur Visualisierung in der speziellen und später auch der allgemeinen Relativitätstheorie. Hierbei wird die physikalische Ausbreitung des Lichts vom Objekt zum Beobachter umgekehrt. Für jede Blickrichtung wird ein Lichtstrahl vom Beobachter aus losgeschickt und solange verfolgt, bis er entweder ein Objekt trifft oder die Szene verlässt. Diese bereits aus der Computergrafik bekannte Technik muss dabei um die endliche Lichtgeschwindigkeit ergänzt werden. Zudem muss darauf geachtet werden, dass der Lichtstrahl rückwärts durch die Zeit verfolgt wird. Da hier Lichtstrahlen sowohl im Raum als auch in der Zeit, genauer gesagt in der vierdimensionalen Raumzeit, verfolgt werden, spricht man auch vom vierdimensionalen (4D) *ray tracing*. Als Ausgangspunkt für die einzelnen Lichtstrahlen dient das Kameramodell, welches wir bereits aus der bildbasierten Methode kennen.

Der Vorteil der Ray-Tracing-Methode ist die realistische Visualisierung und die hohe Qualität der resultierenden Bilder aufgrund der pixelgenauen Berechnung. Allerdings erkauft man sich die Vorteile durch eine hohe Rechendauer. Durch geschickte Kombinierung mit der Polygon-Rendering-Methode lässt sich die Rechendauer aber drastisch reduzieren.

9.1.4 Weitere Verfahren

Die oben besprochenen Visualisierungstechniken haben jeweils ihre Vor- und Nachteile. Wir wollen hier kurz skizzieren, wie man diese Methoden modifizieren oder auch kombinieren kann, um die Nachteile teilweise zu umgehen.

Im Fall der Polygon-Rendering-Methode lässt sich das Dreiecksnetz jedes einzelnen Objekts während des Rendering abhängig von seiner Bewegung verändern.

Jedes einzelne Dreieck kann dabei in weitere kleinere Dreiecke unterteilt werden. Zwar erhält man daraus noch immer keine runde Kante, jedoch erhält man durch die feinere Aufteilung eine bessere Approximation an das tatsächliche Aussehen.

Die Methode des lokalen *ray tracing* [5] kombiniert die Polygon-Rendering-Methode mit der Ray-Tracing-Methode. Hierfür wird zunächst für jedes Dreieck im Raum ein Rechteck auf dem Bildschirm abgeschätzt, in dem das verzerrte Dreieck zu liegen kommt. Das Rechteck definiert dann den Bereich des Bildschirms, für den das *ray tracing* angewandt werden soll.

Die Polygon-Rendering-Methode kann auch dahingehend modifiziert werden, dass anstelle von Polygonen lediglich Punkte und vor allem parametrisierte Linien berücksichtigt werden. Das daraus entstehende Drahtmodell lässt sich sehr schnell berechnen und kann daher gut zur Veranschaulichung geometrischer Effekte bei relativistischen Geschwindigkeiten verwendet werden. Details findet man in [4].

9.2 Anwendungen der Visualisierungstechniken

Im Folgenden wollen wir uns einige einfache Szenen anschauen. Alle Beispiele können auch mit der Ray-Tracing-Methode erstellt werden. Wir verwenden dazu den *ray tracing* Code GeoViS [3].

9.2.1 Bildbasierte Methode

Bewegt sich allein der Beobachter durch eine ansonsten statische Szene, ist die bildbasierte Methode die einfachste und schnellste Möglichkeit zur Visualisierung der relativistischen Effekte. In diesem Beispiel befinde sich der Beobachter mit seiner 4π-Panoramakamera momentan im Ursprung eines globalen Koordinatensystems und bewege sich entlang der positiven x-Achse. Die Szene besteht hier nur aus einer *Environment Map*, einer statischen, virtuellen Kugel, deren Mittelpunkt ebenfalls im Ursprung liegt und einen unendlichen Radius hat. Sie dient als Hintergrundpanorama und ist mit einem Gradnetz überzogen. Die virtuelle Bildebene der Panoramakamera wird aufgrund der Darstellung als Plattkarte durch ein einfaches Rechteck repräsentiert. Wie bereits erwähnt, erfolgt die Berechnung der einzelnen Pixel unabhängig voneinander, weshalb sie sich trivial parallelisieren lässt. Da Grafikhardware genau für diesen Zweck entwickelt wird, kann die Berechnung direkt auf der Grafikkarte (engl. Graphics Processing Unit, GPU) erfolgen. Die Steuerung der GPU erfolgt hier mit Hilfe der *Open Graphics Library* (OpenGL) und der *OpenGL Shading Language* (GLSL) [6].

Abb. 9.4 zeigt die hier verwendete minimale Grafikpipeline. Die Geometrie des Rechtecks (also seine vier Eckpunkte) werden im Vertex-Buffer-Object auf der GPU gespeichert. Der *Vertex-Shader* ist im ersten Schritt dafür verantwortlich, dass das Rechteck mittels orthographischer Projektion auf die Bildschirmebene projiziert wird.

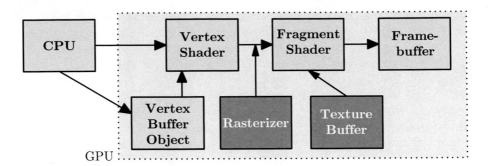

Abb. 9.4 Minimale Grafikpipeline. Im VertexBufferObject sind die Eckpunkte der Geometrie gespeichert. Vertex- und Fragment-Shader sind frei programmierbar. Der Rasterizer erzeugt die Fragmente. Auf den TextureBuffer greifen wir nur vom Fragment-Shader aus zu. Der Inhalt des Framebuffers wird anschließend auf dem Bildschirm ausgegeben

Nach dem Rasterisierer haben wir im *Fragment-Shader* Zugriff auf jedes einzelne Fragment (i, j) des Rechtecks. Anhand von (9.2) berechnen wir dann die zugehörige Richtung des einfallenden Lichtstrahls. Da sich dieser Lichtstrahl aber auf das Bezugssystem des bewegten Beobachters bezieht, müssen wir den zugehörigen Vektor mittels Aberrationsgleichungen in das globale System transformieren. Den resultierenden Vektor können wir dann unmittelbar dazu verwenden, um in der *Cubemap* die Pixelfarbe des Hintergrundpanoramas für diese Richtung nachzuschlagen. Diese Farbe wird dann in den *Framebuffer* geschrieben, der anschließend auf dem Bildschirm dargestellt wird.

Abb. 9.5 zeigt die Sicht eines Beobachters in Ruhe, mit 50 % und mit 90 % der Lichtgeschwindigkeit in „Richtung Bildmitte". Ist der Beobachter in Ruhe, so sieht er das Gradnetz unverzerrt. Bewegt er sich jedoch, so erscheint das Gradnetz aufgrund des Aberrationseffekts immer mehr in Bewegungsrichtung verzerrt. Bereiche in Bewegungsrichtung (Zentrum des Bildes) erscheinen verkleinert, wohingegen Bereiche entgegen der Bewegungsrichtung (linke und rechte Randbereiche des Bildes) stark vergrößert erscheinen. Zudem scheinen sich die Pole immer näher aufeinander zuzubewegen.

Der Vergrößerungseffekt entgegen der Bewegungsrichtung ist leider die Schwachstelle dieser Methode. Da das Hintergrundpanorama eine beschränkte Auflösung besitzt, werden durch die Vergrößerung die einzelnen Pixel immer deutlicher sichtbar.

9.2.2 Polygon Rendering

Im Gegensatz zur bildbasierten Methode ist die Polygon-Rendering-Methode geometriebasiert und daher von der Bildauflösung unabhängig. Abb. 9.6 vergleicht die Polygon-Rendering-Methode mit der Ray-Tracing-Methode, wobei sich im folgenden Beispiel ein Würfel mit 95 % der Lichtgeschwindigkeit auf den Beobachter

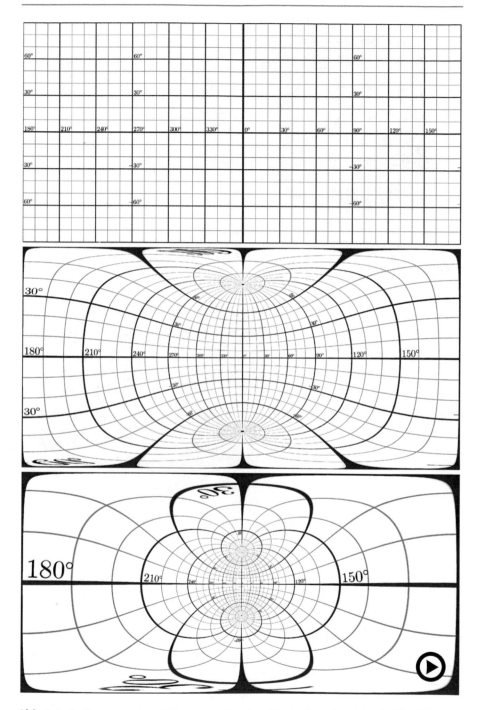

Abb. 9.5 4π-Panorama eines Gitternetzes für einen Beobachter, der sich mit 0%, 50% bzw. 90% der Lichtgeschwindigkeit in „Richtung Bildmitte" bewegt (von *oben* nach *unten*) (▶ https://doi.org/10.1007/000-31t)

a   b

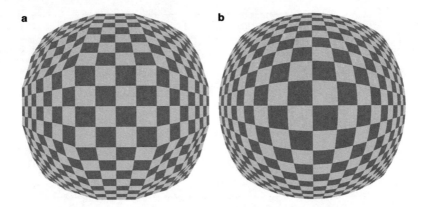

Abb. 9.6 Die Schwäche des *polygon rendering* (**a**) ist, dass es nur die Eckpunkte der zugrunde liegenden Geometrie transformiert. Die Ray-Tracing-Methode (**b**) zeigt, wie der Würfel tatsächlich aussehen müsste. Das Schachbrettmuster dient lediglich der besseren Sichtbarkeit der scheinbaren Verzerrungen

Abb. 9.7 Der Würfel aus
Abb. 9.6 besteht aus einem
Dreiecksnetz, wobei jede
Fläche durch $5 \times 5 \times 2$
Dreiecke aufgebaut ist

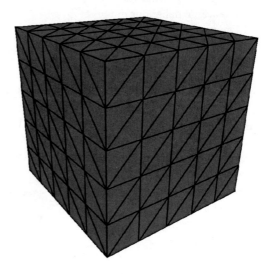

zubewegt. Der zugrunde liegende Würfel wird dabei durch ein Dreiecksnetz repräsentiert (s. Abb. 9.7), wobei jede Fläche durch $5 \times 5 \times 2$ Dreiecke aufgebaut ist.

Bei der Polygon-Rendering-Methode werden nur die Eckpunkte der Dreiecke entsprechend dem in Abschn. 9.1.2 diskutierten Vorgehen transformiert. Im Anschluss daran werden die Eckpunkte durch gerade Kanten wieder zu Dreiecken verbunden. Dies hat zur Folge, dass die Würfelfläche, die auf den Beobachter weist, nicht gleichmäßig gekrümmt erscheint, wie es beim *ray tracing* der Fall ist. Man erkennt deutlich die Struktur des Dreiecksnetzes des Würfels.

Für sehr feinmaschige und einfache Objekte liefert das *polygon rendering* eine gute Vorstellung, wie ein Objekt relativistisch verzerrt erscheint. Besteht ein Objekt allerdings aus mehreren separaten Dreiecksnetzen, so kann es zu Geometrieablö-

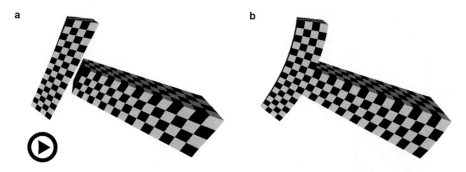

Abb. 9.8 Zwei Quader, die zusammen den Buchstaben „T" ergeben, bewegen sich mit 99 % der Lichtgeschwindigkeit schräg am Beobachter vorbei. Im Fall des *polygon rendering* (**a**) geht die Konnektivität verloren, beim *ray tracing* bzw. *adaptiven polygon rendering* (**b**) bleibt sie erhalten (▶ https://doi.org/10.1007/000-31s)

sungen kommen. Als Beispiel stelle man sich den Buchstaben „T" vor, der durch zwei Quader, die wiederum aus Dreiecksnetzen aufgebaut sind, besteht. Jede Quaderseite werde dabei nur durch zwei Dreiecke repräsentiert. Bewegen sich die beiden Quader nun entlang des Hochbalkens, so verlieren sie beim *polygon rendering* ihre Konnektivität (s. Abb. 9.8).

Wie bereits erwähnt lassen sich Dreiecksnetze auch während des Renderings unterteilen. Die dazu notwendige Grafikpipeline ähnelt der aus Abb. 9.4. Dazu fügt man direkt nach dem Vertex Shader einen *Tessellation Shader* ein, der selber wiederum aus einem *Tessellation Control Shader* (TCS) und einem *Tessellation Evaluation Shader* (TES) besteht. Der Vertex Shader reicht die einzelnen Vertizes direkt an den TCS weiter. Dieser hat Zugriff auf alle drei Vertizes eines Dreiecks und transformiert diese wie gewohnt anhand der Methode in Abschn. 9.1.2. Zusätzlich bestimmt er die Mittelpunkte jeder Dreieckskante und transformiert diese Punkte ebenfalls. Anschließend werden alle 6 Punkte perspektivisch korrekt auf die Bildebene des Beobachters projiziert. In dieser zweidimensionalen Ebene können wir nun die Abstände der jeweiligen transformierten Mittelpunkte zu dem Mittelpunkt der transformierten Eckpunkte bestimmen und damit ein Kriterium definieren, inwieweit diese Dreieckskante unterteilt werden soll. Bezeichnen wir die Gesamttransformation eines Punktes p hin zur Bildebene mit $f_{PT}(p)$, dann erhalten wir für die Differenz $\delta(p_1, p_2)$ zweier Eckpunkte

$$\delta(p_1, p_2) = \left| f_{PT}\left(\frac{1}{2}(p_1 + p_2)\right) - \frac{1}{2}\left[f_{PT}(p_1) + f_{PT}(p_2) \right] \right|. \quad (9.12)$$

Im ersten Term haben wir zuerst den Mittelpunkt bestimmt und diesen transformiert, wohingegen wir im zweiten Term zuerst die Eckpunkte transformiert und anschließend den Mittelpunkt berechnet haben. Je größer diese Differenz ist, umso mehr Unterteilungen der Kante werden benötigt, damit am Ende die Verzerrung hinreichend approximiert wird. Im TCS lässt sich nun für jede Dreieckskante festlegen, wie häufig diese unterteilt werden soll. Zusätzlich kann man angeben, wie

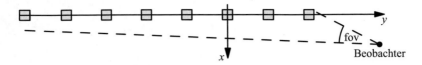

Abb. 9.9 Ein Würfel bewege sich oberhalb einer Kette ruhender Würfel entlang der y-Achse auf den Beobachter zu. Die *gestrichelten Linien* begrenzen das Sichtfeld des Beobachters in horizontaler Richtung

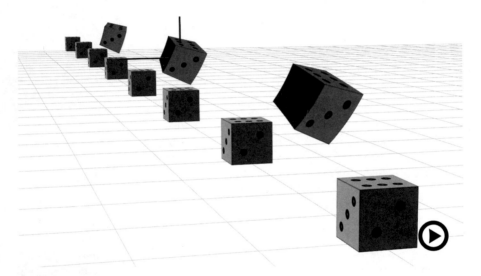

Abb. 9.10 Der Würfel W bewegt sich mit 99 % der Lichtgeschwindigkeit entlang einer Kette ruhender Würfel auf den Beobachter zu. Die Beobachtungszeiten für den bewegten Würfel sind $t_{obs} = \{ 15{,}13\ \text{s},\ 15{,}33\ \text{s},\ 15{,}63\ \text{s} \}$ (von hinten nach vorn) (▶ https://doi.org/10.1007/000-31r)

stark die Aufteilung innerhalb des Dreieckes sein soll, was man als arithmetisches Mittel aus den Kantenunterteilungen festlegen kann. Als Resultat aus dem TCS erhält man für jedes einzelne ursprüngliche Dreieck ein Dreiecksnetz. Der TES übernimmt nun das adaptierte Dreiecksnetz und führt für alle Vertizes die Transformation nach der Polygon-Rendering-Methode durch.

9.2.3 Scheinbare Rotation eines Würfels

Ein Würfel W bewege sich entlang der y-Achse oberhalb einer Kette von acht ruhenden Würfeln, die an den Positionen $x = 0$, $y = -20 + i \cdot 4$ und $z = -0{,}75$ fixiert seien mit $i = 0, \ldots, 7$. Alle Würfel haben eine Kantenlänge von $l = 0{,}5$. Der Beobachter befinde sich an der Position $x_{obs} = (3, 15, 1)^{T}$ ebenfalls in Ruhe (s. Abb. 9.9). Zur Zeit $t = 0$ befinde sich W gerade im Ursprung. Solange sich der Würfel W mit einer geringen Geschwindigkeit bewegt, sieht der Beobachter stets nur die ihm zugewandten Seiten mit den Augenzahlen 2, 3 und 6. Bewegt sich der Würfel jedoch mit annähernd Lichtgeschwindigkeit, so sieht er die Rückseite des Würfels mit der Augenzahl 5. Abb. 9.10 zeigt die Situation für verschiedene Beobachtungszeitpunkte. Der

Würfel W erscheint zwar vor dem Beobachter, tatsächlich befindet er sich aber bereits etwa auf Höhe des Beobachters beziehungsweise leicht rechts hinter ihm, bezogen auf dessen Blickrichtung. Der Grund für diese Diskrepanz ist die endliche Lichtlaufzeit vom Ort der Lichtemission bis zum Beobachter. Die Rückseite des Würfels wird sichtbar, weil der Würfel sich schneller bewegt als die Komponente des Lichtstrahls, die auf den Beobachter zeigt, und so den Weg für diesen Lichtstrahl schnell genug frei macht. Das gleiche Prinzip hatten wir schon bei der Diskussion über das Aussehen einer schnell bewegten Kugel im Abschn. 8.3.

9.2.4 Kugelsilhouette bleibt kreisförmig

In Abschn. 8.3 haben wir gesehen, dass eine bewegte Kugel aufgrund der Längenkontraktion zu einem Ellipsoid wird. Dies würde man zumindest messen. Beim Beobachten eines Objekts müssen wir jedoch die endliche Lichtgeschwindigkeit berücksichtigen und wir haben gesehen, dass dies zur Folge hat, dass die Silhouette einer Kugel stets kreisförmig bleibt, egal welche Geschwindigkeit sie relativ zum Beobachter hat.

Abb. 9.11a, b zeigt eine Kugel im Ruhezustand sowie mit 93 % der Lichtgeschwindigkeit, wobei sich der Kugelmittelpunkt stets an der gleichen Stelle relativ zum Beobachter befindet. Die Blickrichtung und die Größe des Sichtfensters sind in beiden Fällen gleich. Die Silhouette bleibt tatsächlich kreisförmig, jedoch erscheint die Oberfläche der Kugel verzerrt und verdreht, wie man an dem Fliesenmuster leicht erkennt. Die scheinbare Verdrehung hat dieselbe Ursache wie im Beispiel des bewegten Würfels. Da sich die Kugel schräg rechts am Beobachter vorbeibewegt, sieht er die rötliche Rückseite, während sich die gelb-grünliche Vorderseite nach rechts wegzudrehen scheint. Aufgrund der Bewegung erscheint die Kugel auch vergrößert, da das Licht von der Rückseite deutlich später starten kann, um beim Beobachter einzutreffen, und dieser Teil dann schon näher beim Beobachter war.

Abb. 9.11c, d zeigt ein transparentes Drahtgittermodell der scheinbaren Kugel, wobei mit zunehmender Entfernung zum Beobachter die Gitterfarbe immer mehr ausgeblasst wird. Transparenz und Tiefeninformation ermöglichen es, die scheinbare Form des Photo-Objekts der Kugel zu erkennen, die einem verzerrten Ellipsoid nahekommt.

Abb. 9.12 zeigt das Photo-Objekt der sich mit 93 % der Lichtgeschwindigkeit in positive y-Richtung bewegenden Kugel zur aktuellen Beobachtungszeit, wobei nur der Schnitt in der xy-Ebene gezeigt ist. Die Beobachtungszeit ist dabei so gewählt, dass der Mittelpunkt der bewegten Kugel im Ursprung erscheinen würde. Die tatsächliche Position der Kugel ist durch die gestrichelte Linie angezeigt. Dabei ist auch die Längenkontraktion in Bewegungsrichtung berücksichtigt, die man im Beobachtersystem misst. Hier wird nochmal sehr deutlich, dass jeder Punkt der Oberfläche zu einem unterschiedlichen Zeitpunkt Licht emittiert, welches dann beim Beobachter gleichzeitig eintrifft. Aufgrund der unterschiedlichen Emissionszeitpunkte war der jeweilige Punkt der Oberfläche an einer anderen Position, was die starke scheinbare Verzerrung verursacht. Details zur Drahtgittermethode findet man in [4].

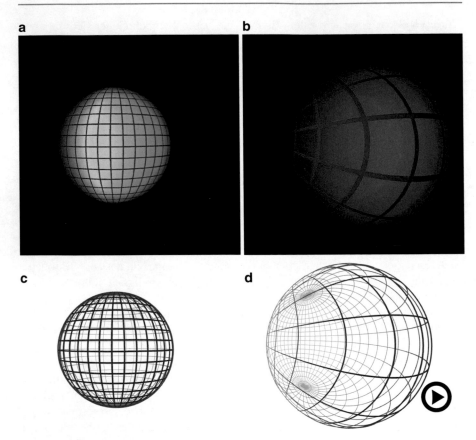

a   b

c   d

Abb. 9.11 Die Silhouette einer bewegten Kugel bleibt stets kreisförmig. Jedoch erscheint die Oberfläche in sich verzerrt und die Kugel verdreht. Die Bilder (**a**) (ruhende Kugel) und (**b**) (93 % der Lichtgeschwindigkeit) wurden mit der Ray-Tracing-Methode erstellt. Das Drahtgittermodell der Kugel ist in (**c**) (ruhende Kugel) und (**d**) (93 % der Lichtgeschwindigkeit) gezeigt, wobei mit zunehmender Entfernung zum Beobachter die Gitterfarbe ausgeblasst wird (▶ https://doi.org/10.1007/000-31v)

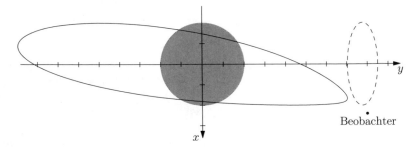

Abb. 9.12 Die graue Scheibe stellt die ruhende Kugel dar und die annähernd ellipsenförmige Linie repräsentiert das Photo-Objekt der Kugel aus Abb. 9.11b. Die tatsächliche Position der Kugel ist durch die *gestrichelte Ellipse* dargestellt, die die Längenkontraktion in Bewegungsrichtung berücksichtigt

Literatur

1. Gamow, G.: Mr. Tompkins in Wonderland. Cambridge University Press, Cambridge (1940)
2. Lampa, A.: Wie erscheint nach der Relativitätstheorie ein bewegter Stab einem ruhenden Beobachter? Zeitschrift für Physik **27**, 138–148 (1924)
3. Müller, T.: GeoViS – relativistic ray tracing in four-dimensional spacetimes. Comput. Phys. Commun. **185**(8), 2301–2308 (2014)
4. Müller, T., Boblest, S.: Visual appearance of wireframe objects in special relativity. Eur. J. Phys. **35**(6), 065025 (2014)
5. Müller, T., Grottel, S., Weiskopf, D.: Special relativistic visualization by local ray tracing. IEEE Trans. Vis. Comput. Graph. **16**(6), 1243–1250 (2010)
6. Open Graphics Library: www.opengl.org

Teil II

Allgemeine Relativitätstheorie

Äquivalenzprinzip als Basis der ART

10

Inhaltsverzeichnis

Die allgemeine Relativitätstheorie ist eine Erweiterung der SRT zur Beschreibung der Gravitation. Zur Behandlung von Kräften hatten wir in der SRT die Viererkraft $F^\mu = mb^\mu = \frac{\mathrm{d}}{\mathrm{d}\tau} p^\mu$ eingeführt. Wenn man versuchen möchte, die Gravitation im Rahmen der SRT zu beschreiben, dann braucht man eine kovariante Formulierung der Gravitationskraft analog zur elektromagnetischen Kraft. Um dies zu erreichen, sind mehrere Ansätze denkbar, die letztlich aber alle an nicht überwindbaren Problemen scheitern. Der naheliegendste erste Ansatz für eine Beschreibung der Gravitation ist ein Lorentz-invariantes skalares Feld $F(x^\mu)$. Dann gilt

$$F^\mu = m\frac{\mathrm{d}}{\mathrm{d}\tau}u^\mu = m\frac{\partial\Phi}{\partial x^\mu}, \quad \text{bzw.} \quad \frac{\mathrm{d}}{\mathrm{d}\tau}u^\mu = \frac{\partial\Phi}{\partial x^\mu}. \tag{10.1}$$

Ein Problem dieses Ansatzes erkennt man direkt, wenn man Φ nach der Eigenzeit entlang einer Weltlinie $x^\mu(\tau)$ ableitet:

$$\frac{\mathrm{d}\Phi}{\mathrm{d}\tau} = \frac{\partial\Phi}{\partial x^\mu}\frac{\mathrm{d}x^\mu}{\mathrm{d}\tau} = \left(\frac{\mathrm{d}}{\mathrm{d}\tau}u_\mu\right)u^\mu = \frac{1}{2}\frac{\mathrm{d}}{\mathrm{d}\tau}(u_\mu u^\mu) = -\frac{1}{2}\frac{\mathrm{d}}{\mathrm{d}\tau}c^2 = 0, \tag{10.2}$$

unter Verwendung der Gl. (6.6) und (10.1). Das führt auf $\Phi = $ const, was physikalisch sinnlos ist.

© Springer-Verlag GmbH Deutschland, ein Teil von Springer Nature 2022
S. Boblest et al., *Spezielle und allgemeine Relativitätstheorie*,
https://doi.org/10.1007/978-3-662-63352-6_10

Analog könnte man jetzt versuchen, die Gravitation über ein Viererpotential oder einen Lorentz-Tensor 2. Stufe einzuführen, aber auch diese Ansätze führen zu Inkonsistenzen. Leser, die an diesem Thema im Detail interessiert sind, finden in Misner, Thorne und Wheeler [2] eine umfassende Diskussion.

Da all diese Ansätze scheitern, ist eine völlig neue Herangehensweise nötig. Wir haben in Abschn. 1.4.1 bereits kurz darauf hingewiesen, dass es zwei Arten von Masse, die träge und die schwere Masse, gibt. Grundlage für die Entwicklung der ART waren Überlegungen Einsteins zur Äquivalenz dieser beiden Massen, die es erlauben, Rückschlüsse auf die Eigenschaften der Gravitation zu ziehen. Einstein kam letztlich zu dem Schluss, dass die Gravitation die Metrik der Raumzeit beeinflusst, d. h. in der ART haben wir nicht mehr nur die Minkowski-Metrik $\eta_{\mu\nu}$, sondern eine allgemeinere Form $g_{\mu\nu} = g_{\mu\nu}(x^\lambda)$, die außerdem raumzeitabhängig ist.

10.1   Träge Masse

Wir nehmen einen Massenpunkt an, auf den eine Kraft wirken soll. Durch diese Krafteinwirkung wird der Massenpunkt seinen Bewegungszustand ändern. Allerdings versucht die Masse, sich gegen diese äußere Krafteinwirkung zu wehren und in ihrem Bewegungszustand zu verharren. Die Masse hemmt also gewissermaßen die Krafteinwirkung. Aus diesem Grund nennt man diese Masse, die das Trägheitsprinzip erfüllt, die *träge Masse*.

Wir halten also fest: Die träge Masse ist eine Messgröße für die Eigenschaft eines Körpers, einer Kraft einen Widerstand entgegenzusetzen. Je größer diese träge Masse ist, desto mehr Kraft muss aufgewendet werden, um den Bewegungszustand zu ändern. Betrachten wir als Beispiel die zwei Massen m_{t_1} und m_{t_2} in Abb. 10.1. Wir bringen beide Massen an gleiche Federn an und dehnen die Federn um eine Strecke Δx aus der Ruhelage. Wenn wir nun loslassen, so wirkt auf beide Massen die gleiche Kraft. Für die jeweiligen Beschleunigungen gilt also $F = m_{t_1}\ddot{r}_1 = m_{t_2}\ddot{r}_2$, d. h.

$$\ddot{r}_2 = \frac{m_{t_1}}{m_{t_2}}\ddot{r}_1. \tag{10.3}$$

Abb. 10.1 Zwei gleiche Federn werden um die gleiche Strecke aus ihrer Ruhelage ausgelenkt. An den beiden Federn hängen die Massen m_{t_1} und m_{t_2}. Lässt man nun die Federn los, so werden beide Massen beschleunigt. Das Verhältnis der Beschleunigungen ist dabei $\ddot{r}_2 = (m_{t_1}/m_{t_2})\ddot{r}_1$

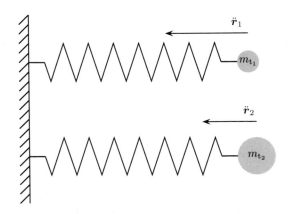

10.2 Schwere Masse

Die *schwere Masse* m_s tritt sowohl in einer aktiven als auch in einer passiven Form auf, die aber eng miteinander verknüpft sind. Zum einen ist m_s die Eigenschaft eines Körpers, im Gravitationsfeld einer anderen Masse eine Kraft zu erfahren. Das ist die passive schwere Masse. Wir bezeichnen diese Masse daher in Anlehnung an die Elektrodynamik auch als Gravitationsladung im Gravitationsfeld der Gravitationsladung M:

$$F_{grav} = -\frac{m_s M}{r^2} G e_r.$$ (10.4)

Entsprechend ist die aktive schwere Masse die Eigenschaft eines Körpers, ein Gravitationsfeld zu erzeugen. Wenn wir nun zwei Körper mit trägen Massen m_{t_1} und m_{t_2} in das Gravitationsfeld eines Körpers mit schwerer Masse M bringen, so wirkt auf diese beiden Massen eine Kraft. Sie haben also jeweils auch eine schwere Masse m_{s_1} bzw. m_{s_2}.

Durch Fallexperimente kommt man zu dem Befund, dass die beiden Massen unabhängig von ihrer trägen Masse immer „gleich schnell fallen", bzw. präziser die gleiche Beschleunigung erfahren, also immer $\ddot{r}_1 = \ddot{r}_2$ gilt, unabhängig von der Größe ihrer trägen Massen m_{t_1} und m_{t_2}. Dies kann man folgendermaßen zusammenfassen:

$$m_{t_1} |\ddot{r}_1| = |F_{Mm_{s_1}}|$$ (10.5)
$$m_{t_2} |\ddot{r}_2| = m_{t_2} |\ddot{r}_1| = |F_{Mm_{s_2}}|.$$

Damit erhält man

$$\frac{m_{t_1}}{m_{t_2}} = \frac{F_{Mm_{s_1}}}{F_{Mm_{s_2}}} = \frac{m_{s_1}}{m_{s_2}} \quad \text{bzw.} \quad \frac{m_{t_1}}{m_{s_1}} = \frac{m_{t_2}}{m_{s_2}}.$$ (10.6)

Das Verhältnis von träger zu schwerer Masse ist also für jedes Objekt dasselbe. Wenn wir die Einheit der schweren Masse geeignet wählen, können wir erreichen, dass das Verhältnis 1 ist. Weil dieser Punkt so wichtig ist, fassen wir ihn noch einmal zusammen:

Objekte mit unterschiedlicher träger Masse erfahren im Schwerefeld bei gleichen Anfangsbedingungen dieselbe Beschleunigung. Das Verhältnis von schwerer und träger Masse m_t/m_s ist also für alle Körper gleich, und bei geeigneter Wahl der Einheiten gilt

$$\frac{\text{träge Masse}}{\text{schwere Masse}} = \frac{m_t}{m_s} = 1.$$ (10.7)

10.3   Fallexperimente

Die folgenden Gedankenexperimente gehen direkt auf Einstein zurück, der diese Überlegungen selbst als „glücklichsten Einfall seines Lebens" bezeichnete.

Wir betrachten eine Testperson mit einer Waage in einem geschlossenen Labor, d. h. unser Experimentator erhält keine Informationen von außerhalb. Er soll eine Masse $m = 80$ kg haben und auf einer Waage stehen. Mit diesem Aufbau führen wir nun zwei Versuchsreihen durch.

10.3.1 Beschleunigtes Labor

Im ersten Fall steht (ruht) das Labor zunächst im Schwerefeld der Erde mit $g = 9{,}81$ ms^{-2}. Die Waage zeigt entsprechend der Masse der Testperson eine Kraft $F = 80$ kp[1] an (s. Abb. 10.2a). Diese Kraft berechnet sich über

$$F = m_\mathrm{s} g. \tag{10.8}$$

Im zweiten Fall wird das Labor im leeren Raum konstant mit g beschleunigt. Auch hier zeigt die Waage eine Kraft von 80 kp an (s. Abb. 10.2b). Diese berechnet sich dieses Mal über

$$F = m_\mathrm{t} g. \tag{10.9}$$

Die entscheidende Frage ist nun: „Kann unser Experimentator durch irgendein mechanisches, elektrodynamisches oder sonstiges Experiment feststellen, ob er im Schwerefeld ruht oder mit g im schwerelosen Raum beschleunigt wird?" Die Ant-

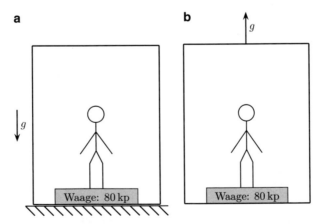

Abb. 10.2 (**a**) Der Fahrstuhl ruht im homogenen Schwerefeld g. (**b**) Der Fahrstuhl befindet sich im schwerelosen Raum und wird konstant mit Beschleunigung $\ddot{r} = g$ nach oben beschleunigt. In beiden Fällen zeigt die Waage 80 kp an

---

[1] Das Kilopond kp ist eine veraltete Einheit der Kraft. Es ist 1 kp = 9,81 N, d. h. die Gewichtskraft einer Masse von einem Kilogramm im Schwerefeld der Erde.

wort lautet Nein! Das Ergebnis dieser Überlegungen können wir wie folgt zusammenfassen:

> Die Vorstellung eines ruhenden Koordinatensystems, in dem ein Schwerefeld herrscht, ist äquivalent mit der Vorstellung eines entsprechend beschleunigten Koordinatensystems ohne Schwerefeld.

10.3.2 Ruhendes Labor

Im zweiten Fall bringen wir das Labor zunächst in den schwerelosen Raum, wo es sich wieder in Ruhe befinden soll (s. Abb. 10.3a). Die Waage zeigt jetzt eine Kraft $F = 0$ kp an. Dann lassen wir das Labor frei im homogenen Schwerefeld der Erde fallen (s. Abb. 10.3b). Alles im Labor fällt aufgrund des Äquivalenzprinzips mit der gleichen Geschwindigkeit, es gibt keine Relativbewegung. Für die Koordinate $x'(t)$ eines beliebigen Punktes im Laborsystem gilt

$$x(t) = x_0(t) + x'(t) \quad \text{und} \quad m_t \ddot{x} = m_t (\ddot{x}_0 + \ddot{x}') = m_s g. \tag{10.10}$$

Dabei soll $x_0(t)$ die Koordinate des Fahrstuhls in einem beliebigen äußeren Koordinatensystem sein. Wegen $m_t = m_s$ und $\ddot{x}_0 = g$ folgt

$$\ddot{x}' = 0. \tag{10.11}$$

Die Waage zeigt also auch hier eine Kraft $F = 0$ kp an. Wie im vorherigen Abschnitt fragen wir uns, ob es ein Experiment beliebiger Art gibt, das die beiden Situationen unterscheidbar macht. Die Antwort lautet wieder Nein! Diese Ergebnisse können wir im *schwachen Äquivalenzprinzip* zusammenfassen:

> In einem kleinen Labor, das in einem Schwerefeld fällt, sind die mechanischen Phänomene dieselben wie jene, die in Abwesenheit eines Schwerefeldes in einem Newton'schen Inertialsystem beobachtet werden.

Abb. 10.3 (a) Der Fahrstuhl ruht im schwerelosen Raum. (b) Der Fahrstuhl fällt frei im homogenen Schwerefeld g. In beiden Fällen zeigt die Waage 0 kp an

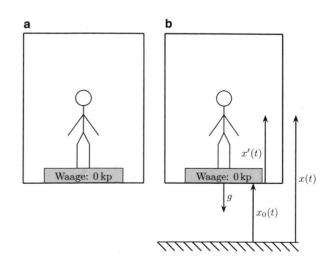

Einstein ging 1907 noch weiter [1], indem er den Ausdruck „mechanische Phänomene" auf „Gesetze der Physik" erweiterte. Damit ergibt sich das *starke
Äquivalenzprinzip*:

> In einem kleinen Labor, das in einem Schwerefeld fällt, sind die Gesetze der Physik die-
> selben wie jene, die in Abwesenheit eines Schwerefeldes in einem Newton'schen Inertial-
> system beobachtet werden.

Wir haben bereits erwähnt, dass im Rahmen der ART die Gravitation über eine
Wirkung auf die Metrik der Raumzeit beschrieben wird.

Wäre das Äquivalenzprinzip nicht gültig, so würde diese Idee, die Gravitation in
eine, für alle Körper gleiche, gekrümmte Raumzeit zu packen, nicht funktionieren.
Deshalb ist ein analoges Vorgehen bei der Elektrodynamik nicht möglich, da dort
die Ladung und die träge Masse eines Teilchens unabhängig voneinander sind.

Da Gravitationsfelder inhomogen sind, muss darauf geachtet werden, dass ein der
Gravitation ausgesetztes Labor so klein ist, dass die Abweichung von der Homogenität
keine Rolle spielt. Dabei bedeutet „klein" hier einen kleinen Ausschnitt der Raumzeit,
d. h. wir müssen unser Experiment nicht nur auf einen kleinen Raumbereich, sondern
auch auf eine kurze Zeit beschränken. Starten zwei Testkörper nämlich z. B. im
Schwerefeld der Erde nebeneinander und fallen für lange Zeit, so nähern sie sich einander, weil ja beide auf den Erdmittelpunkt zu fallen. Starten sie dagegen untereinander, so ist die Beschleunigung auf den unteren immer geringfügig größer als auf
den oberen, und der Abstand der beiden Körper nimmt langsam zu (s. Abb. 10.4).

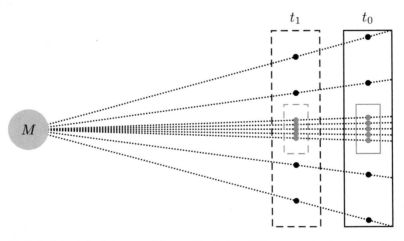

Abb. 10.4 Aufgrund der Inhomogenität von Graviationsfeldern muss das betrachtete Labor so
klein sein, dass die Inhomogenität vernachlässigbar ist. Das schwarze Labor ist zu groß, die
schwarzen Kugeln nähern sich einander. Das graue Labor ist klein genug, dass die Inhomogenität
im Zeitraum $\Delta t = t_1 - t_0$ vernachlässigbar ist

Hätten wir unserem Experimentator in den obigen Beispielen also entweder ein räumlich sehr großes Labor zur Verfügung gestellt oder ihm eine sehr lange Experimentierzeit zugestanden, so wäre es ihm gelungen, jeweils zwischen den diskutierten Situationen zu unterscheiden.

Streng genommen ist nur für jeden Punkt ein infinitesimal kleines frei fallendes System definiert, ein *lokales Inertialsystem* oder frei fallendes Bezugssystem.

10.4 Lichtablenkung im Schwerefeld

Allein unter Anwendung des Äquivalenzprinzips können wir bereits vorhersagen, dass Licht im Schwerefeld abgelenkt werden muss. In Abb. 10.5 betrachten wir ein frei fallendes Labor. Wird in diesem Labor auf einer Seite zum Zeitpunkt t_0 ein Laserstrahl ausgesendet, so kommt dieser auf der anderen Seite auf dem Detektor zur Zeit t_1 auf gleicher Höhe an, da dieses Labor äquivalent zu einem ruhenden Labor im schwerelosen Raum ist.

Von außen gesehen hat sich das Labor aber in der Zeit $t_1 - t_0$ nach unten bewegt. Der Laserstrahl erscheint also gekrümmt. Andererseits können wir auch ein konstant beschleunigtes Labor betrachten wie in Abb. 10.6. Wird hier ein Laserstrahl losgeschickt, so bleibt er hinter dem Labor zurück, er kommt auf der anderen Seite etwas tiefer an. Dies ist leicht einzusehen, wenn man bedenkt, dass dieser Laserstrahl von außen betrachtet geradlinig verlaufen muss.

Dieses beschleunigte Labor ist äquivalent zu einem im Schwerefeld ruhenden Labor. Daher muss auch dort der Lichtstrahl gekrümmt verlaufen.

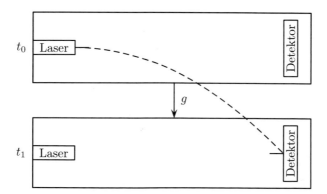

Abb. 10.5 In einem frei fallenden Labor wird ein Laserstrahl zum Zeitpunkt t_0 von einer Seite zur anderen geschickt. Da das frei fallende Labor einem Labor im schwerelosen Raum entspricht, kommt der Laserstrahl auf der anderen Seite zum Zeitpunkt t_1 auf gleicher Höhe am Detektor an. Von außen gesehen wird er jedoch abgelenkt

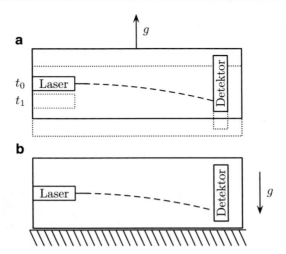

Abb. 10.6 Aus dem Äquivalenzprinzip folgt bereits die Lichtablenkung im Schwerefeld. (**a**) In einem konstant beschleunigten Labor wird ein Laserstrahl ausgesendet. Da er von außen gesehen eine geradlinige Bewegung ausführt und sich das Labor währenddessen nach oben bewegt, kommt er auf der anderen Seite etwas weiter unten an. (**b**) Dem konstant beschleunigten Labor entspricht ein im homogenen Schwerefeld ruhendes Labor. Aufgrund des Äquivalenzprinzips muss der Laserstrahl auch dort abgelenkt werden

10.5 Mathematische Bedeutung des Äquivalenzprinzips

Mathematisch bedeutet das Äquivalenzprinzip, dass die Raumzeit mit Gravitation *lokal* minkowskisch ist. Wird die Raumzeit durch die Koordinaten x^α beschrieben, so existiert für jeden Punkt P eine Koordinatentransformation

$$x^\alpha \mapsto \xi^\alpha, \tag{10.12}$$

die von x^μ abhängt, sodass sich die Metrik mittransformiert über

$$g_{\mu\nu}(x^\alpha) \mapsto \tilde{g}_{\mu\nu}(\xi^\alpha) \quad \text{mit} \quad \tilde{g}_{\mu\nu}(\xi^\alpha_P) = \eta_{\mu\nu} \tag{10.13}$$

in einer Umgebung des Punktes $P = \xi^\alpha_P$, d. h.

$$\left.\frac{\partial \tilde{g}_{\mu\nu}(\xi^\alpha)}{\partial \xi^\beta}\right|_{\xi^\alpha_P} = 0. \tag{10.14}$$

Höhere Ableitungen verschwinden aber im Allgemeinen nicht, d. h. die Metrik hat die Form

$$\tilde{g}_{\mu\nu}(\xi^\alpha_P) = \eta_{\mu\nu} + \frac{1}{2}\left(\frac{\partial^2 \tilde{g}_{\mu\nu}}{\partial \xi^\alpha \partial \xi^\beta}\xi^\alpha \xi^\beta\right). \tag{10.15}$$

In einer kleinen Umgebung um den Punkt P ist der Unterschied zur flachen Raumzeit also nicht feststellbar.

10.6 Übungsaufgaben

10.6.1 Inhomogene Gravitationsfelder

In dieser Aufgabe untersuchen wir im Rahmen der Newton'schen Gravitationstheorie, welche Auswirkungen die endliche Größe eines im inhomogenen Gravitationsfeld fallenden Labors hat.

Wir betrachten dazu zwei Körper mit Positionen $r_1(t)$ und $r_2(t) = r_1(t) + \xi(t)$, die radial auf eine Punktmasse zufallen. Wäre das Äquivalenzprinzip global erfüllt, so wäre der Abstand $\xi(t)$ konstant.

(a) Zeigen Sie, dass für kleine ξ näherungsweise

$$\ddot{\xi} = c^2 \frac{r_s}{r^3} \xi \tag{10.16}$$

gilt, wobei $r_s = 2GM/c^2$ (s. (1.38)).

(b) Zeigen Sie, dass sich der Abstand ξ der beiden Körper während einer kurzen Beobachtungszeit Δt um

$$\Delta \xi = \frac{1}{2} \left(\frac{r_s}{r} \right)^3 \left(\frac{c\Delta t}{r_s} \right)^2 \xi_0 \tag{10.17}$$

verändert, wenn ξ_0 der ursprüngliche Abstand ist.

(c) Damit das betrachtete Labor als „klein" gelten kann, muss $\Delta \xi$ unter der erreichbaren Messgenauigkeit liegen. Berechnen Sie $\Delta \xi$ für ein Labor der Größe $\xi_0 = 100$ m auf der Erdoberfläche für Beobachtungszeiten $\Delta t = 1$ s und 100 s. Können diese Labore noch als klein gelten?

10.6.2 Lichtablenkung im konstant fallenden Labor

Wir haben gerade die Lichtablenkung im Gravitationsfeld aus dem Äquivalenzprinzip hergeleitet. Aber auch wenn wir ein sich mit konstanter Geschwindigkeit bewegendes Labor von außen beobachten, muss der im Labor waagrecht laufende Lichtstrahl von uns gesehen schräg laufen. Was ist der entscheidende Unterschied zum beschleunigt fallenden Labor?

Literatur

1. Einstein, A.: Über das Relativitätsprinzip und die aus demselben gezogenen Folgerungen. Jahrbuch der Radioaktivität und Elektronik **4**, 411–967 (1907)
2. Misner, C.W., Thorne, K.S., Wheeler, J.A.: Gravitation. W.H. Freeman, New York (1973)

Riemann'sche Geometrie

11

Inhaltsverzeichnis

In diesem Kapitel werden wir einige grundlegende Begriffe der *Riemann'schen Geometrie*[1] einführen. Teile der Betrachtung in diesem Kapitel sind eine Verallgemeinerung der Ergebnisse aus Kap. 5. Eine wesentliche Erweiterung im Vergleich zum Formalismus der Lorentz-Transformationen wird die Einführung nichtkonstanter Transformationen sein, d. h. der Zusammenhang zwischen den betrachteten Bezugssystemen hängt von den Koordinaten ab. Diese Erweiterung verkompliziert den Formalismus erheblich, so werden wir sehen, dass die gewöhnliche partielle Differentiation nicht mehr geeignet ist, um in der ART mathematische Zusammenhänge zu formulieren. Darüberhinaus brauchen wir eine mathematisch präzise Charakterisierung gekrümmter Räume. Wir werden sehen, dass dieses Problem mit dem gerade erwähnten eng verknüpft ist.

Da unser Hauptaugenmerk auf der physikalischen Diskussion der ART liegt, können wir nur einen groben Abriss der mathematischen Grundlagen geben. Für eine ausführliche Darstellung der Thematik verweisen wir auf die Spezialliteratur, z. B. Nakahara [5], Wald [8] oder Misner, Thorne und Wheeler [4].

---

[1] Georg Friedrich Bernhard Riemann, 1826–1866, deutscher Mathematiker.

© Springer-Verlag GmbH Deutschland, ein Teil von Springer Nature 2022   189
S. Boblest et al., *Spezielle und allgemeine Relativitätstheorie*,
https://doi.org/10.1007/978-3-662-63352-6_11

11.1   Riemann'sche Räume

11.1.1 Differenzierbare Mannigfaltigkeiten

Eine n-dimensionale *Mannigfaltigkeit* $\mathcal{M}^n$ ist ein topologischer Raum mit folgenden Eigenschaften:

1. Es existiert eine Familie von Paaren $\{(U_i, \Phi_i)\}_{i \in \mathcal{I}}$, wobei $\mathcal{I}$ eine Indexmenge und $\{U_i\}$ eine Familie von offenen Mengen bezeichnet, mit

$$\bigcup_{i \in \mathcal{I}} U_i = \mathcal{M}^n \tag{11.1}$$

und $\Phi_i : U_i \to \mathbb{R}^n$ ein Homöomorphismus (eine kontinuierliche und invertierbare Abbildung) ist, der U_i auf eine offene Untermenge von $\mathbb{R}^n$ abbildet. Jeder Punkt $P \in \mathcal{M}^n$ besitzt somit eine Umgebung U_i, und ihm werden n reelle Zahlen $(x^1(P), \dots, x^n(P))$ durch n Funktionen zugeordnet, die Φ_i repräsentieren. Ein Paar (U_i, Φ_i) heißt *Karte*, während die Menge aller Paare $\{(U_i, \Phi_i)\}_{i \in \mathcal{I}}$ als *Atlas* bezeichnet wird.
2. Zu je zwei Punkten existieren disjunkte Umgebungen (Hausdorffscher Raum).
3. $\mathcal{M}^n$ ist zusammenhängend.

$\mathcal{M}^n$ heißt *differenzierbare Mannigfaltigkeit*, wenn zwei sich überlappende Koordinatensysteme x^i und $x^{i'}$ durch eine (r-fach) stetig differenzierbare Koordinatentransformation

$$x^{i'} = x^{i'}(x^1, \dots, x^n), \quad i' = 1, \dots, n \tag{11.2}$$

mit nicht singulärer Funktionaldeterminante verknüpft sind.

11.1.2 Definition des Riemann'schen Raumes

Eine n-dimensionale differenzierbare Mannigfaltigkeit $\mathcal{M}^n$ mit einem fest vorgegebenen und nicht singulären, positiv definiten symmetrischen kovarianten Tensorfeld 2. Stufe, d. h. einer *Metrik*, heißt n-dimensionaler *Riemann'scher Raum*. Ist die Metrik des betrachteten Raumes nicht positiv definit, wie in der ART, so spricht man von einer *pseudo-Riemann'schen Mannigfaltigkeit* oder auch *semi-Riemann'schen Mannigfaltigkeit*.

11.1.3 Tangentialraum und Kotangentialraum

Der anschauliche Begriff eines Vektors als „Pfeil", der zwei Punkte miteinander verbindet, kann so nicht auf Mannigfaltigkeiten verallgemeinert werden, da wir stets *in* der Mannigfaltigkeit bleiben müssen. Unter einem Vektor $\underline{t}$ in $\mathcal{M}^n$ wollen wir daher eine Tangente bzw. Richtungsableitung einer Funktion $f : \mathcal{M}^n \to \mathbb{R}$ an eine Kurve $\zeta : I \to \mathcal{M}^n$ im Punkt $P = \zeta(\lambda = 0)$ mit $I \subset \mathbb{R}$ verstehen. Es gilt dann [5]

$$\left.\frac{\mathrm{d}f(\zeta(\lambda))}{\mathrm{d}\lambda}\right|_{\lambda=0} = \left.\frac{\mathrm{d}}{\mathrm{d}\lambda}\left(f\circ\Phi^{-1}\circ\Phi\circ\zeta(\lambda)\right)\right|_{\lambda=0}$$

$$= \left.\frac{\partial\left(f\circ\Phi^{-1}(x^{\mu})\right)}{\partial x^{\nu}}\frac{\mathrm{d}x^{\nu}(\zeta(\lambda))}{\mathrm{d}\lambda}\right|_{\lambda=0} \tag{11.3a}$$

$$= \frac{\partial}{\partial x^{\mu}}\left(f\circ\Phi^{-1}(x^{\nu})\right)t^{\nu}, \tag{11.3b}$$

wobei hier der Einfachheit halber $\mathcal{M}^n$ durch eine einzige Karte (U,Φ) repräsentiert werden können soll und $f\circ\Phi^{-1}$ die Koordinatendarstellung der Funktion f darstellt. Entsprechend ergibt $\Phi\circ\zeta$ die Koordinatendarstellung der Kurve ζ. Den Vektor $\underline{t}$ können wir dann verkürzt als Operator

$$\underline{t} \equiv t^{\nu}\frac{\partial}{\partial x^{\nu}} \equiv t^{\nu}\partial_{\nu} \tag{11.4}$$

mit den *kontravarianten* Komponenten t^{ν} schreiben. Betrachten wir Kurven ζ entlang der Koordinatenachsen $x^{\mu}=\mathrm{const}$, $\mu\neq\nu$, so gelangen wir zu den Basisvektoren $\{\partial_{\nu}\equiv\partial/\partial x^{\nu}\}$. Diese spannen den *Tangentialraum* T_P im Punkt P auf (s. Abb. 11.1).

Die duale Basis $\{\mathrm{d}x^{\mu}\}$ für den *Kotangentialraum* T_P^* im Punkt P können wir über die Beziehung

$$\left\langle\mathrm{d}x^{\mu},\frac{\partial}{\partial x^{\nu}}\right\rangle = \frac{\partial x^{\mu}}{\partial x^{\nu}} = \delta_{\nu}^{\mu} \tag{11.5}$$

definieren. Ein Kovektor $\underline{w}$, auch dualer Vektor genannt, kann dann über

$$\underline{w} = w_{\mu}\mathrm{d}x^{\mu} \tag{11.6}$$

als Linearkombination der dualen Basis mit den *kovarianten* Komponenten w_{μ} formuliert werden.

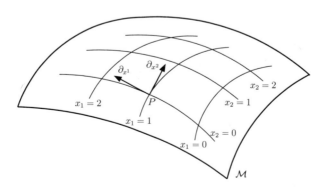

Abb. 11.1 Mannigfaltigkeit $\mathcal{M}$ mit Koordinatenachsen x_1 und x_2 und den zugehörigen Basisvektoren ∂_{x_1} und ∂_{x_2}

11.2   Tensorrechnung in der ART

Seien x^μ die kontravarianten Komponenten eines Vektors $\underline{x}$ in einer beliebig gewählten n-dimensionalen Basis. Wir wollen untersuchen, wie das Transformationsverhalten verschiedener Größen bei einer Koordinatentransformation

$$x^\mu \mapsto \tilde{x}^\nu = \tilde{x}^\nu(x^\mu) \tag{11.7}$$

aussieht. In der SRT haben wir an dieser Stelle konstante Funktionen $\tilde{x}^\nu(x^\mu) = \Lambda^\nu_{\;\mu} x^\mu$
betrachtet. Der Zusammenhang zwischen den Bezugssystemen hing nur von der
Relativgeschwindigkeit β bzw. von mehreren Drehwinkeln ab. Diese Einschränkung müssen wir nun fallenlassen.

11.2.1 Kontra- und Kovariante Tensoren

Die Differentiale dx^μ transformieren sich entsprechend der üblichen Regeln für die
Differentiation über

$$d\tilde{x}^\nu = \frac{\partial \tilde{x}^\nu}{\partial x^\mu} dx^\mu. \tag{11.8}$$

Jede n-komponentige Größe A^μ, die sich wie die Differentiale transformiert, also
nach der Vorschrift

$$\tilde{A}^\nu = \frac{\partial \tilde{x}^\nu}{\partial x^\mu} A^\mu, \tag{11.9}$$

heißt *kontravarianter Tensor 1. Stufe*.
    Um das Transformationsverhalten der Ableitungen $\partial/\partial x^\mu$ zu bestimmen, be-
trachten wir eine Funktion $f(\tilde{x}^\nu)$. Für diese gilt

$$\frac{\partial}{\partial \tilde{x}^\nu} f(\tilde{x}^\nu) = \frac{\partial x^\mu}{\partial \tilde{x}^\nu} \frac{\partial}{\partial x^\mu} f(x^\mu(\tilde{x}^\nu)). \tag{11.10}$$

Damit ergibt sich für die Ableitungen die Transformationsgleichung

$$\frac{\partial}{\partial \tilde{x}^\nu} = \frac{\partial x^\mu}{\partial \tilde{x}^\nu} \frac{\partial}{\partial x^\mu}. \tag{11.11}$$

Jede n-komponentige Größe B_ν, die sich wie die Koordinatenableitungen (n-dim.
Gradient) transformiert, also nach der Vorschrift

$$\tilde{B}_\nu = \frac{\partial x^\mu}{\partial \tilde{x}^\nu} B_\mu \tag{11.12}$$

heißt *kovarianter Tensor 1. Stufe*. Um im Folgenden die Notation zu vereinfachen,
führen wir eine abgekürzte Schreibweise ein:

$$x^{\tilde{\nu}}_{,\mu} \equiv \frac{\partial \tilde{x}^{\nu}}{\partial x^{\mu}} \quad \text{und} \quad x^{\mu}_{,\tilde{\nu}} \equiv \frac{\partial x^{\mu}}{\partial \tilde{x}^{\nu}}. \tag{11.13}$$

Mit dieser neuen Notation können wir die bisherigen Resultate zusammenfassen: Bei einer Koordinatentransformation $x^{\mu} \mapsto \tilde{x}^{\nu}(x^{\mu})$ transformieren sich kontra- und kovariante Tensoren gemäß

$$\tilde{A}^{\nu} = x^{\tilde{\nu}}_{,\mu} A^{\mu} \quad \text{und} \quad \tilde{B}_{\nu} = x^{\mu}_{,\tilde{\nu}} B_{\mu}. \tag{11.14}$$

Diese Definition ist völlig analog zur Schreibweise der Lorentz-Transformation (s. Abschn. 5.2). Insbesondere gilt auch

$$x^{\tilde{\kappa}}_{,\nu} x^{\nu}_{,\tilde{\beta}} = \frac{\partial \tilde{x}^{\kappa}}{\partial x^{\nu}} \frac{\partial x^{\nu}}{\partial \tilde{x}^{\beta}} = \frac{\partial \tilde{x}^{\kappa}}{\partial \tilde{x}^{\beta}} = \delta^{\kappa}_{\beta} \tag{11.15}$$

analog zu (5.17). Das muss natürlich auch so sein, denn die Lorentz-Transformationen sind ein Spezialfall der hier betrachteten Transformationen, bei denen die $x^{\tilde{\nu}}_{,\mu}$ alle konstant sind. Beispielsweise ergibt sich für einen Boost in x-Richtung

$$x^{\tilde{0}}_{,0} = \gamma, \quad x^{\tilde{0}}_{,1} = -\beta\gamma, \quad x^{\tilde{1}}_{,0} = -\beta\gamma, \quad x^{\tilde{1}}_{,1} = \gamma, \quad x^{\tilde{2}}_{,2} = 1, \quad x^{\tilde{3}}_{,3} = 1. \tag{11.16}$$

Alle anderen Ableitungen verschwinden (s. (3.20)).

11.2.2 Tensoren höherer Stufe

Das Transformationsverhalten von Tensoren höherer Stufe ergibt sich wie in der SRT bezüglich der Lorentz-Transformation eingeführt. Sei z. B. C^{μ}_{ν} ein einfach kontra- und einfach kovarianter Tensor. Dann ist

$$\tilde{C}^{\mu}_{\nu} = x^{\tilde{\mu}}_{,\kappa} x^{\beta}_{,\tilde{\nu}} C^{\kappa}_{\beta}. \tag{11.17}$$

Das Tensorprodukt und die Tensorverjüngung (Ausspuren) sind ebenfalls analog zur SRT definiert, z. B.

$$D^{\mu\nu} = A^{\mu} B^{\nu}, \tag{11.18}$$

bzw. das Skalarprodukt

$$C = A^{\mu} B_{\mu}. \tag{11.19}$$

In diesem Fall ist C ein *Tensor 0. Stufe* bzw. ein Skalar.

11.2.3 Linearformen

Sei V ein n-dimensionaler Vektorraum mit Basis $(\underline{e}_1, \ldots, \underline{e}_n)$. Eine Abbildung $f : V \to \mathbb{R}, \underline{x} \mapsto f(\underline{x})$ mit $\underline{x} \in V$ heißt *linear*, wenn gilt

$$f(a\,\underline{x}+b\,\underline{y}) = af(\underline{x})+bf(\underline{y}) \quad \text{für alle} \quad a,b \in \mathbb{R} \quad \text{und} \quad \underline{x},\underline{y} \in V. \quad (11.20)$$

Man sagt f ist eine *Linearform* über V. Die Gesamtheit der linearen Abbildungen $V \to \mathbb{R}$ heißt *Dualraum V^**.

Wenn durch $(\underline{e}_1,\dots,\underline{e}_n)$ eine Basis in V gegeben ist, so existiert im Dualraum eine eindeutig bestimmte Basis $(\underline{\varepsilon}^1,\dots,\underline{\varepsilon}^n)$ mit

$$\underline{\varepsilon}^i(\underline{e}_j) = \delta^i_j. \qquad (11.21)$$

Ein Tensor der Stufe (p,q) (p-fach kontra-, q-fach kovariant) ist eine in allen Argumenten lineare Abbildung $(V_1^*,\dots,V_p^*,V_{p+1},\dots,V_{p+q}) \to \mathbb{R}$, d. h. eine *Multilinearform*. Mit der Basis

$$(\underline{e}_{i_1\dots i_p}^{j_1\dots j_q}) = (\underline{e}_{i_1} \otimes \dots \otimes \underline{e}_{i_p} \otimes \underline{\varepsilon}^{j_1} \otimes \dots \otimes \underline{\varepsilon}^{j_q}) \qquad (11.22)$$

ergeben sich die Komponenten des Tensors zu

$$T^{i_1\dots i_p}_{j_1\dots j_q} = T(\underline{e}_{i_1\dots i_p}^{j_1\dots j_q}). \qquad (11.23)$$

Man beachte die unterschiedliche Stellung der Indizes bei den Komponenten und den Basisvektoren.

11.2.4 Metrischer Tensor

Eine Metrik $\boldsymbol{g}$ definiert Abstände und Winkel auf einer Mannigfaltigkeit $\mathcal{M}$ und lässt sich als ein symmetrischer Tensor der Stufe $(0,2)$ schreiben,

$$\boldsymbol{g} = g_{\mu\nu}\mathrm{d}x^\mu \otimes \mathrm{d}x^\nu. \qquad (11.24)$$

Die flache Minkowski-Raumzeit zum Beispiel besitzt die Metrikkomponenten $g_{\mu\nu} = \mathrm{diag}(-c^2, 1, 1, 1)$.[2] Das *Skalarprodukt* zwischen zwei Vektoren $\underline{x}$ und $\underline{y}$ bezogen auf die Metrik $\boldsymbol{g}$ ist dann gegeben durch

$$\begin{aligned} \langle \underline{x}, \underline{y} \rangle_g &= \boldsymbol{g}(\underline{x}, \underline{y}) = \boldsymbol{g}(x^\rho \partial_\rho, y^\sigma \partial_\sigma) \\ &= g_{\mu\nu} x^\rho y^\sigma \mathrm{d}x^\mu(\partial_\rho) \otimes \mathrm{d}x^\nu(\partial_\sigma) = g_{\rho\sigma} x^\rho y^\sigma, \end{aligned} \qquad (11.25)$$

wobei wir die Vektordefinition (11.4) verwendet haben, um die beiden Vektoren in ihrer Koordinatenbasis ∂_μ darzustellen, und die Beziehung $\mathrm{d}x^\mu(\partial_\nu) = \delta^\mu_\nu$ ausgenutzt haben. Die Länge $|\underline{x}|$ eines Vektors folgt dann sofort aus

$$|\underline{x}|^2 = \langle \underline{x}, \underline{x} \rangle_g = g_{\mu\nu} x^\mu x^\nu. \qquad (11.26)$$

Die inverse Metrik $\boldsymbol{g}^*$ ist entsprechend ein symmetrischer Tensor der Stufe $(2,0)$,

---

[2] Im Unterschied zur SRT ordnen wir die Lichtgeschwindigkeit c hier der Metrik und nicht den Koordinaten zu (vgl. Abschn. 5.1.1, (5.5)).

$$g^* = g^{\mu\nu}\partial_\mu \otimes \partial_\nu. \tag{11.27}$$

Für die Komponenten von g und g^* gilt

$$g_{\mu\alpha}g^{\alpha\nu} = \delta_\mu^\nu. \tag{11.28}$$

Mit Hilfe des metrischen Tensors können wir, analog zur SRT, Indizes „herauf"- und „herunterziehen". So ist etwa $A_\mu = g_{\mu\nu}A^\nu$ ein kovarianter Tensor 1. Stufe. Für Tensoren höherer Stufe gilt analog

$$A_{\mu\nu\ldots} = g_{\mu\alpha}g_{\nu\beta}\ldots A^{\alpha\beta\ldots}. \tag{11.29}$$

Um Indizes heraufzuziehen, benötigen wir $g^{\mu\nu}$ und es ist

$$B^{\mu\nu\ldots} = g^{\mu\alpha}g^{\nu\beta}\ldots B_{\alpha\beta\ldots}. \tag{11.30}$$

Das infinitesimale Wegelement ds^2 ist wie in der SRT durch die Metrik definiert und besitzt die Form

$$ds^2 = g_{\mu\nu}dx^\mu dx^\nu. \tag{11.31}$$

In n-dimensionalen Minkowski'schen Koordinaten gilt $g_{\mu\nu} = \eta_{\mu\nu}$ und damit

$$ds^2 = \eta_{\mu\nu}dx^\mu dx^\nu. \tag{11.32}$$

Wir betrachten eine Koordinatentransformation $x^\mu = x^\mu(\tilde{x}^\kappa)$, $dx^\mu = x_{,\kappa}^\mu d\tilde{x}^\kappa$ heraus aus Minkowski'schen Koordinaten in beliebige andere krummlinige Koordinaten. Dann ist das Linienelement gegeben über

$$ds^2 = \eta_{\mu\nu}x_{,\kappa}^\mu x_{,\beta}^\nu d\tilde{x}^\kappa d\tilde{x}^\beta = \tilde{g}_{\kappa\beta}d\tilde{x}^\kappa d\tilde{x}^\beta, \tag{11.33}$$

mit

$$\tilde{g}_{\alpha\beta} = x_{,\tilde{\alpha}}^\mu x_{,\tilde{\beta}}^\nu \eta_{\mu\nu}. \tag{11.34}$$

Allgemein gilt bei einer beliebigen Koordinatentransformation dann für die Metrik der Zusammenhang

$$\tilde{g}_{\alpha\beta} = x_{,\tilde{\alpha}}^\mu x_{,\tilde{\beta}}^\nu g_{\mu\nu}. \tag{11.35}$$

Das heißt, $g_{\mu\nu}$ ist ein symmetrischer kovarianter Tensor 2. Stufe.

Zur Erläuterung betrachten wir einige Beispiele, wobei wir uns aber auf die Raumanteile von $g_{\mu\nu}$ beschränken.

Zwei- und dreidimensionaler euklidischer Raum

Für die zweidimensionale Ebene ergibt sich in kartesischen Koordinaten $x^1 = x$, $x^2 = y$ und $ds^2 = dx^2 + dy^2$, d. h. wir haben

$$g_{\mu\nu} = \begin{pmatrix} 1 & 0 \\ 0 & 1 \end{pmatrix}. \tag{11.36}$$

Gehen wir über zu Polarkoordinaten mit $x = r\cos(\varphi)$, $y = r\sin(\varphi)$, d. h. $\tilde{x}^1 = r$, $\tilde{x}^2 = \varphi$, so erhalten wir für die einzelnen Komponenten des metrischen Tensors

$$\tilde{g}_{11} = \frac{\partial x}{\partial r}\frac{\partial x}{\partial r} + \frac{\partial y}{\partial r}\frac{\partial y}{\partial r} = \cos^2(\varphi) + \sin^2(\varphi) = 1,$$

$$\tilde{g}_{22} = \frac{\partial x}{\partial \varphi}\frac{\partial x}{\partial \varphi} + \frac{\partial y}{\partial \varphi}\frac{\partial y}{\partial \varphi} = \left(-r\sin(\varphi)\right)^2 + \left(r\cos(\varphi)\right)^2 = r^2,$$

$$\tilde{g}_{12} = \tilde{g}_{21} = \frac{\partial x}{\partial r}\frac{\partial x}{\partial \varphi} + \frac{\partial y}{\partial r}\frac{\partial y}{\partial \varphi} \tag{11.37}$$

$$= \cos(\varphi)\left(-r\sin(\varphi)\right) + \sin(\varphi)\,r\cos(\varphi) = 0.$$

Das Linienelement in Polarkoordinaten ergibt sich damit zu

$$ds^2 = \tilde{g}_{\mu\nu}d\tilde{x}^\mu d\tilde{x}^\nu = (d\tilde{x}^1)^2 + (\tilde{x}^1)^2(d\tilde{x}^2)^2 = dr^2 + r^2 d\varphi^2 \tag{11.38}$$

mit dem metrischen Tensor

$$\tilde{g}_{\mu\nu} = \begin{pmatrix} 1 & 0 \\ 0 & (\tilde{x}^1)^2 \end{pmatrix} = \begin{pmatrix} 1 & 0 \\ 0 & r^2 \end{pmatrix} \tag{11.39}$$

Die Koordinaten $\tilde{x}^1$ und $\tilde{x}^2$ sind nicht kartesisch, aber der Raum ist flach. Das ist klar, da wir eine zweidimensionale Ebene betrachten und nur die Koordinaten transformiert haben. Man kann bereits hier sehen, dass die Krümmung eines Raumes nicht direkt an der Metrik abgelesen werden kann. Wir werden im Folgenden noch eine mathematisch präzise Definition für einen gekrümmten, bzw. nicht gekrümmten Raum einführen.

Wenn wir zum dreidimensionalen Raum übergehen, gilt analog zur zweidimensionalen Ebene $x^1 = x$, $x^2 = y$, $x^3 = z$, $ds^2 = dx^2 + dy^2 + dz^2$ und $g_{\mu\nu} = \mathrm{diag}(1,1,1)$. Desweiteren wollen wir *sphärische Koordinaten* $x = r\sin(\vartheta)\cos(\varphi)$, $y = r\sin(\vartheta)\sin(\varphi)$, und $z = r\cos(\vartheta)$ verwenden. Das bedeutet, die neuen Koordinaten sind $\tilde{x}^1 = r$, $\tilde{x}^2 = \vartheta$ und $\tilde{x}^3 = \varphi$. Die Rechnungen laufen analog zum zweidimensionalen Fall und führen auf das Linienelement

$$ds^2 = (d\tilde{x}^1)^2 + (\tilde{x}^1)^2(d\tilde{x}^2)^2 + (\tilde{x}^1)^2\sin^2(\tilde{x}^2)(d\tilde{x}^3)^2 \tag{11.40}$$

$$= dr^2 + r^2 d\vartheta^2 + r^2\sin^2(\vartheta)d\varphi^2$$

mit dem metrischen Tensor

$$\tilde{g}_{\mu\nu} = \begin{pmatrix} 1 & 0 & 0 \\ 0 & (\tilde{x}^1)^2 & 0 \\ 0 & 0 & (\tilde{x}^1)^2\sin^2(\tilde{x}^2) \end{pmatrix} = \begin{pmatrix} 1 & 0 & 0 \\ 0 & r^2 & 0 \\ 0 & 0 & r^2\sin^2(\vartheta) \end{pmatrix}. \tag{11.41}$$

Die Koordinaten $\tilde{x}^1$, $\tilde{x}^2$ und $\tilde{x}^3$ sind wieder nicht kartesisch, aber der zugrundeliegende Raum ist dennoch flach. Die Metrik in (11.40) ist nichts anderes als der Raumanteil von $\eta_{\mu\nu}$ in sphärischen Polarkoordinaten.

Oberfläche der Einheitskugel

Wie wir noch sehen werden, ist die Oberfläche der Einheitskugel ein zweidimensionaler gekrümmter Raum. Die Beschreibung der Kugeloberfläche *ohne* Einbettung in den dreidimensionalen Raum erfolgt durch Koordinaten $x^1 = \vartheta$, $x^2 = \varphi$ mit dem metrischen Tensor.

$$g_{\mu\nu} = \begin{pmatrix} 1 & 0 \\ 0 & \sin^2(x^1) \end{pmatrix} = \begin{pmatrix} 1 & 0 \\ 0 & \sin^2(\vartheta) \end{pmatrix}. \tag{11.42}$$

Das Linienelement ist also

$$ds^2 = (dx^1)^2 + \sin^2(x^1)(dx^2)^2 = d\vartheta^2 + \sin^2(\vartheta)d\varphi^2. \tag{11.43}$$

Hier ergibt sich ein wichtiger Unterschied zu den bisher betrachteten Fällen, denn die Metrik $g_{\mu\nu}$ ist für $x^1 = 0$ oder $x^1 = \pi$ nicht invertierbar! Es existieren also *Koordinatensingularitäten* an den Polen, ohne dass diese Punkte der Kugel aber besondere Eigenschaften hätten.

11.2.5 Lokale Tetrade

In Abschn. 8.1.2 haben wir das Bezugssystem eines bewegten Beobachters mit Hilfe orthonormierter Basisvektoren dargestellt. Das Bezugssystem eines Beobachters in einem Punkt P innerhalb einer Mannigfaltigkeit $\mathcal{M}$ mit Metrik $\boldsymbol{g}$ können wir ebenfalls durch einen Satz orthonormierter Vektoren darstellen. Da wir hierzu vier Vektoren benötigen, spricht man auch von einer *Tetrade* oder einem *Vierbein*. Diese Tetrade spannt den Tangentialraum T_P auf und gilt auch nur lokal im Punkt P, weshalb sie auch *lokale Tetrade* genannt wird.

In einer Riemann'schen Mannigfaltigkeit gilt für die vier Tetradenvektoren $\underline{\mathbf{e}}_{(i)} = e^\mu_{(i)}\partial_\mu$ die Orthonormalitätsbedingung

$$\left\langle \underline{\mathbf{e}}_{(i)}, \underline{\mathbf{e}}_{(j)} \right\rangle_g = g(\underline{\mathbf{e}}_{(i)}, \underline{\mathbf{e}}_{(j)}) = g_{\mu\nu} e^\mu_{(i)} e^\nu_{(j)} = \delta_{ij}, \tag{11.44}$$

wobei $e^\mu_{(i)}$ die Komponenten von $\underline{\mathbf{e}}_{(i)}$ bezogen auf die Koordinatenbasis $\{\partial_\mu\}$ sind. In der ART haben wir es jedoch mit einer semi-riemann'schen Mannigfaltigkeit zu tun, weshalb hier die Orthonormalitätsrelation

$$\left\langle \underline{\mathbf{e}}_{(i)}, \underline{\mathbf{e}}_{(j)} \right\rangle_g = \eta_{ij} \tag{11.45}$$

mit $\eta_{ij} = \text{diag}(-1, 1, 1, 1)$ lautet. Lokal haben wir es also immer mit einer Minkowski-Raumzeit zu tun.

In Abschn. 11.1.3 haben wir zu den Basisvektoren ∂_μ die dualen Basisvektoren dx^μ über die Relation (11.5) definiert. Analog können wir zu den lokalen Tetradenvektoren die dualen lokalen Tetradenvektoren $\underline{\theta}^{(i)} = \theta^{(i)}_\mu dx^\mu$ definieren. Für ihre Komponenten muss dann folgende Bedingung erfüllt sein

$$\left\langle \underline{\theta}^{(i)}, \underline{\mathbf{e}}_{(j)} \right\rangle = \left\langle \theta^{(i)}_\mu dx^\mu, e^\nu_{(j)}\partial_\nu \right\rangle = \theta^{(i)}_\mu e^\nu_{(j)} \left\langle dx^\mu, \partial_\nu \right\rangle = \theta^{(i)}_\mu e^\mu_{(j)} = \delta^i_j. \tag{11.46}$$

Ein Vierervektor $\underline{F} = F^\mu \partial_\mu$ lässt sich jetzt bezogen auf eine lokale Tetrade formulieren,

$$\underline{F} = F^{(i)} \underline{\mathbf{e}}_{(i)} = F^{(i)} e_{(i)}^\mu \partial_\mu = F^\mu \partial_\mu. \tag{11.47}$$

Durch Kontraktion mit den Tetradenkomponenten $e_{(i)}^\mu$ erhält man also aus den Tetradenkomponenten $F^{(i)}$ die entsprechenden Koordinatenkomponenten F^μ. Für die umgekehrte Transformation benötigen wir die Komponenten der dualen Tetrade. So ergibt sich

$$F^{(i)} = \theta_\mu^{(i)} F^\mu. \tag{11.48}$$

11.2.6 Volumenelement

In kartesischen Koordinaten ist das Volumenelement durch

$$dV = \prod_{i=1}^n dx^i \tag{11.49}$$

gegeben. Bei Transformation der Koordinaten durch $x^\mu = x^\mu(\tilde{x}^\nu)$ und $dx^\mu = x_{,\alpha}^\mu d\tilde{x}^\alpha$ ergibt sich für das Volumenelement

$$dV = \prod_{i=1}^n dx^i = \det\left(x_{,j}^i\right) \prod_{k=1}^n d\tilde{x}^k = d\tilde{V} \text{ mit der } Jacobi-Matrix\ \mathcal{J} = \left(x_{,j}^i\right). \tag{11.50}$$

In kartesischen Koordinaten gilt weiter $g_{\mu\nu} = \delta_{\mu\nu}$ und damit $\tilde{g}_{\alpha\beta} = x_{,\alpha}^{\tilde{\mu}} x_{,\beta}^{\tilde{\nu}} \delta_{\mu\nu}$. Mit der Abkürzung $g \equiv \det(g_{\mu\nu})$ folgt, bei Ausnutzung der Separierbarkeit der Determinante, d. h. mit $\det(A \cdot B) = \det A \det B$, und unter Berücksichtigung von $\det(\delta_{\mu\nu}) = 1$ in kartesischen Koordinaten,

$$\tilde{g} = \left[\det\left(x_{,\alpha}^{\tilde{\mu}}\right) \right]^2. \tag{11.51}$$

Damit folgt $d\tilde{V} = \sqrt{\tilde{g}} \prod_{i=1}^n d\tilde{x}^i$. Allgemein gilt für krummlinige Koordinaten

$$d\tilde{V} = \sqrt{g} \prod_\mu d\tilde{x}^\mu. \tag{11.52}$$

Betrachten wir z. B. die Metrik (11.41), so ergibt sich das bekannte Ergebnis $d\tilde{V} = r^2 \sin(\vartheta)\, dr\, d\vartheta\, d\varphi$.

11.2.7 Parallelverschiebung und affine Zusammenhänge

Wenn wir in einem gekrümmten Raum einen Vektor $\underline{F}$ an einem Punkt P gegeben haben, so haben wir keine Möglichkeit diesen Vektor einfach mit einem anderen Vektor am Punkt Q zu vergleichen, so wie dies im euklidischen Raum stets möglich ist. Nur für infinitesimal benachbarte Punkte wird ein solcher Vergleich möglich sein, indem wir den Vektor von P an der Stelle x^μ nach P' an der Stelle $x^\mu + \delta x^\mu$ parallel verschieben. Durch vielfaches infinitesimales Verschieben können wir einen Vektor entlang einer Kurve von P nach Q verschieben, aber das Ergebnis wird vom genommenen Pfad abhängen. In den folgenden Abschnitten werden wir dieses Konzept mathematisch präzisieren.

Parallelverschiebung im zweidimensionalen euklidischen Raum

Wir betrachten als einführendes Beispiel den zweidimensionalen euklidischen Raum. $\tilde{\boldsymbol{F}} = \tilde{F}^\mu \partial_\mu$ bezeichne den parallel verschobenen Vektor $\boldsymbol{F} = F^\mu \partial_\mu$. In kartesischen Koordinaten (x, y) mit Linienelement $\mathrm{d}s^2 = \mathrm{d}x^2 + \mathrm{d}y^2$ und den Basisvektoren $\boldsymbol{e}_x = \partial_x$, $\boldsymbol{e}_y = \partial_y$ gilt einfach $\tilde{F}^\mu = F^\mu$ für beliebige Verschiebungen. Wir möchten nun aber in Polarkoordinaten (r, φ) mit den entsprechenden Vektoren ∂_r und ∂_φ rechnen. Für das Linienelement ergibt sich dann $\mathrm{d}s^2 = \mathrm{d}r^2 + r^2 \mathrm{d}\varphi^2$, und die Komponenten des Vektors $\boldsymbol{F} = F^r \partial_r + F^\varphi \partial_\varphi$ sind gegeben über

$$F^r = F\cos(\vartheta), \quad F^\varphi = F\frac{\sin(\vartheta)}{r}. \tag{11.53}$$

Dabei soll ϑ den Winkel zwischen $\boldsymbol{F}$ und der ∂_r-Richtung symbolisieren und der Betrag des Vektors lautet $F = \sqrt{g_{\mu\nu}F^\mu F^\nu}$. Die etwas seltsam anmutende r-Abhängigkeit der F^φ-Komponente liegt daran, dass die Vektoren ∂_r und ∂_φ keine orthonormierte Basis bezüglich der Metrik $g_{\mu\nu}$ bilden. Für eine orthonormierte Basis $\{\underline{\boldsymbol{e}}_{(r)}, \underline{\boldsymbol{e}}_{(\varphi)}\}$ muss die Bedingung (11.44) erfüllt sein. Daraus folgt

$$\underline{\boldsymbol{e}}_{(r)} = \partial_r \quad \text{und} \quad \underline{\boldsymbol{e}}_{(\varphi)} = \frac{1}{r}\partial_\varphi. \tag{11.54}$$

Die Komponenten des Vektors $\boldsymbol{F} = F^{(r)}\underline{\boldsymbol{e}}_{(r)} + F^{(\varphi)}\underline{\boldsymbol{e}}_{(\varphi)}$ bezogen auf diese Basis lauten dann $F^{(r)} = F\cos(\vartheta)$ und $F^{(\varphi)} = F\sin(\vartheta)$.

Wir fordern für eine kleine Verschiebung Δx^μ, dass die Komponenten des verschobenen Vektors $\tilde{\boldsymbol{F}}$ linear von den Komponenten von $\boldsymbol{F}$ und den Komponenten von Δx^μ abhängen. Konkret betrachten wir jetzt Verschiebungen in r- und in φ-Richtung. Bei Verschiebung entlang r ergibt sich

$$\tilde{F}^r = F^r, \quad \tilde{F}^\varphi = \frac{r}{r + \Delta r}F^\varphi \approx F^\varphi - \frac{\Delta r}{r}F^\varphi. \tag{11.55}$$

Die Änderung der F^φ-Komponente bei dieser Verschiebung ist wiederum ein Resultat der nicht orthonormierten Basis. Bei Verschiebung entlang φ erhalten wir

$$\tilde{F}^r = F\cos(\vartheta - \Delta\varphi) \simeq F\cos(\vartheta) + F\sin(\vartheta)\Delta\varphi = F^r + F^\varphi r\Delta\varphi,$$
$$\tilde{F}^\varphi = F\frac{\sin(\vartheta - \Delta\varphi)}{r} \simeq F\frac{\sin(\vartheta)}{r} - F\frac{\cos(\vartheta)}{r}\Delta\varphi = F^\varphi - F^r\frac{\Delta\varphi}{r}, \tag{11.56}$$

(s. Abb. 11.2).

Die gewonnenen Ergebnisse lassen sich kompakt darstellen in der Form

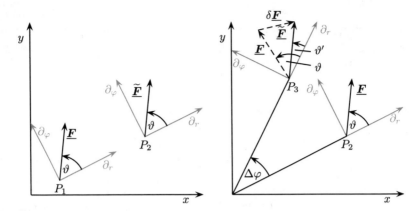

Abb. 11.2 Paralleltransport eines Vektors im euklidischen Raum entlang der r- und der φ-Koordinate. Bei Verschiebung entlang der ∂_r-Richtung bleibt die Komponente F^r unverändert, die F^φ-Komponente ändert sich, da ∂_φ kein normierter Vektor ist. Bei einer Verschiebung entlang der ∂_φ- Richtung ändern sich beide Komponenten

$$\tilde{F}^\mu(x+\Delta x) = F^\mu(x) - F^\lambda \Gamma^\mu_{\nu\lambda}(x)\Delta x^\nu \tag{11.57}$$

mit

$$\Gamma^r_{rr} = 0, \quad \Gamma^r_{r\varphi} = 0, \quad \Gamma^r_{\varphi r} = 0, \quad \Gamma^r_{\varphi\varphi} = -r, \tag{11.58a}$$

$$\Gamma^\varphi_{rr} = 0, \quad \Gamma^\varphi_{r\varphi} = \frac{1}{r}, \quad \Gamma^\varphi_{\varphi r} = \frac{1}{r}, \quad \Gamma^\varphi_{\varphi\varphi} = 0. \tag{11.58b}$$

Verallgemeinerung auf beliebige Koordinaten

Wir betrachten die Parallelverschiebung eines Vektors $\underline{F} = F^\mu \partial_\mu$ vom Punkt P_1 mit Koordinaten x^β zum Punkt P_2 mit Koordinaten $x^\beta + \delta x^\beta$. Wir legen in P_1 eine lokal euklidische Basis zugrunde und verschieben $F^\mu(P_1)$ in dieser Basis parallel. Der parallel verschobene Vektor hat dann in P_2 die Komponenten

$$F^\mu_\parallel(P_2) = F^\mu(P_1) + \delta F^\mu(F^\alpha, \delta x^\beta). \tag{11.59}$$

Es ist zu beachten, dass $\underline{F}$ als geometrisches Objekt unverändert bleibt, es ändert sich nur die Projektion auf die mitgeführte Basis. Die Abweichung δF^μ wird verursacht durch Änderung der Richtung der Koordinatenlinien. Für kleine Abstände zwischen P_1 und P_2 hängt $\delta F^\mu(F^\alpha, \delta x^\beta)$ wieder linear von F^α und δx^β ab, d. h. es ist von der Form

$$\delta F^\mu = -\Gamma^\mu_{\alpha\beta} F^\alpha \delta x^\beta. \tag{11.60}$$

Die $\Gamma^\mu_{\alpha\beta}$ heißen hier *Übergangskoeffizienten* bzw. Koeffizienten des affinen Zusammenhangs. $\Gamma^\mu_{\alpha\beta}$ ist die μ-te Komponente der Änderung des Basisvektors $\underline{e}_\alpha$ bei Parallelverschiebung längs eines Basisvektor $\underline{e}_\beta$.

Zur Berechnung der Übergangskoeffizienten betrachten wir den Skalar $g_{\mu\nu}F^\mu F^\nu$, der sich bei Parallelverschiebung nicht ändert. Es gilt also

$$
\begin{aligned}
0 &= \delta\left(g_{\mu\nu}F^\mu F^\nu\right) \\
&= g_{\mu\nu,\beta}F^\mu F^\nu \delta x^\beta + g_{\mu\nu}(\delta F^\mu)F^\nu + g_{\mu\nu}F^\mu \delta F^\nu \\
&= g_{\mu\nu,\beta}F^\mu F^\nu \delta x^\beta - g_{\mu\nu}\Gamma^\mu{}_{\alpha\beta}F^\alpha F^\nu \delta x^\beta - g_{\mu\nu}F^\mu \Gamma^\nu{}_{\alpha\beta}F^\alpha \delta x^\beta \\
&= \left(g_{\mu\nu,\beta} - g_{\alpha\nu}\Gamma^\alpha{}_{\mu\beta} - g_{\mu\alpha}\Gamma^\alpha{}_{\nu\beta}\right)F^\mu F^\nu \delta x^\beta.
\end{aligned}
\tag{11.61}
$$

Da F^μ und δx^β beliebig gewählt werden können, ergibt sich zur Bestimmung der Γ das lineare Gleichungssystem

$$
g_{\mu\nu,\beta} - g_{\alpha\nu}\Gamma^\alpha{}_{\mu\beta} - g_{\mu\alpha}\Gamma^\alpha{}_{\nu\beta} = 0.
\tag{11.62}
$$

Es ergibt sich als eine Lösung (s. Übung 11.5.1)

$$
\Gamma^\alpha{}_{\mu\nu} = \frac{1}{2}g^{\alpha\sigma}\left(g_{\sigma\mu,\nu} + g_{\sigma\nu,\mu} - g_{\mu\nu,\sigma}\right).
\tag{11.63}
$$

In unserem Fall stimmen die Übergangskoeffizienten mit den *Christoffel-Symbolen zweiter Art*[3] überein, die über eine andere Eigenschaft definiert sind (s. Abschn. 11.2.8).

Wir machen keine Unterscheidung zwischen den Übergangskoeffizienten und den Christoffel-Symbolen und verwenden ab jetzt nur den Begriff Christoffel-Symbol.[4] Aufgrund der Symmetrie der Metrik $g_{\mu\nu} = g_{\nu\mu}$ folgt sofort, dass die Christoffel-Symbole ebenfalls symmetrisch bezüglich ihrer unteren beiden Indizes sind. Die *Christoffel-Symbole erster Art* sind gegeben durch

$$
\Gamma_{\alpha\mu\nu} = \frac{1}{2}\left(g_{\alpha\mu,\nu} + g_{\alpha\nu,\mu} - g_{\mu\nu,\alpha}\right)
\tag{11.64}
$$

und hängen mit den Christoffel-Symbolen zweiter Art über $\Gamma^\alpha{}_{\mu\nu} = g^{\alpha\sigma}\Gamma_{\sigma\mu\nu}$ zusammen.

---

[3] Elwin Bruno Christoffel, 1829–1900, deutscher Mathematiker.

[4] Zum mathematischen Hintergrund des gerade Gesagten einige Anmerkungen: Die von uns gefundene Lösung von (11.63) ist nicht eindeutig, (11.62) liefert wegen der Symmetrie von $g_{\mu\nu}$ nur $n^2(n+1)/2$ unabhängige Gleichungen für n^3 unbekannte $\Gamma^\alpha{}_{\mu\beta}$. Unsere Lösung ergibt sich, wenn man zusätzlich fordert, dass die betrachtete Raumzeit torsionsfrei ist. Die Christoffel-Symbole und die Übergangskoeffizienten sind dann gleich. Um zwischen diesen beiden Größen unterscheiden zu können, werden in der mathematisch geprägten Literatur zur ART die Christoffel-Symbole oft in der Form $\left\{{\kappa \atop \mu\nu}\right\}$ geschrieben. Diese sind immer symmetrisch in den unteren beiden Indizes. Die Übergangskoeffizienten ergeben sich dann als Summe der Christoffel-Symbole und Beiträgen aus der Torsion. In allen in der ART betrachteten Raumzeiten verschwindet der Torsionstensor allerdings, deshalb gehen wir auf diese Unterscheidung nicht ein. Details zu diesem Thema finden sich in [5]. Es sei auch darauf hingewiesen, dass Erweiterungen der ART mit Torsion schon sehr früh diskutiert wurden und immer noch Gegenstand aktueller Forschung sind. Der interessierte Leser findet Zusammenfassungen der entsprechenden Theorie in Arbeiten von Hehl et al. [3], Capozziello et al. [1] und Shapiro [6].

Transformationsverhalten der Christoffel-Symbole

Auch wenn die Christoffel-Symbole auf den ersten Blick durch ihre Indexschreibweise wie Tensoren erscheinen, sind sie es jedoch nicht. Dies wollen wir auf zwei verschiedene Arten begründen.

Ein physikalisch motivierter Weg führt über das in Abschn. 10.5 zur mathematischen Bedeutung des Äquivalenzprinzips Gesagte. In geeigneten Koordinaten kann die Metrik $g_{\mu\nu}$ in einer Umgebung eines beliebigen Punktes auf die Form $g_{\mu\nu} = \eta_{\mu\nu} + g_{\mu\nu,\alpha\beta}\,\xi^\alpha\xi^\beta/2$ transformiert werden, d. h. sie entspricht der Minkowski-Metrik bis auf Abweichungen in zweiter Ordnung. Das Verschwinden aller Ableitungen bedeutet das Verschwinden aller Christoffel-Symbole. Das Objekt $\Gamma^\mu{}_{\nu\alpha}$ hat an dieser Stelle also nur Einträge gleich Null. Aus den Transformationsregeln für Tensoren in Abschn. 11.2 sieht man sofort, dass ein Tensor, der in einem Koordinatensystem nur Einträge gleich Null hat, in allen Koordinatensystemen ebenfalls nur verschwindende Einträge haben kann. Die Christoffel-Symbole können also keine Tensoren sein.

Die zweite Art ist die explizite Berechnung des Transformationsverhaltens. Ausgangspunkt hierfür sind die Christoffel-Symbole in transformierten Koordinaten

$$\tilde{\Gamma}^\mu{}_{\alpha\beta} = \Gamma^{\tilde{\mu}}{}_{\tilde{\alpha}\tilde{\beta}} = \frac{1}{2}g^{\tilde{\mu}\tilde{\nu}}\left(g_{\tilde{\nu}\tilde{\alpha},\tilde{\beta}} + g_{\tilde{\nu}\tilde{\beta},\tilde{\alpha}} - g_{\tilde{\alpha}\tilde{\beta},\tilde{\nu}}\right). \tag{11.65}$$

Die Metrik an sich ist ein Tensor zweiter Stufe und kann analog zu (11.35) transformiert werden,

$$g^{\tilde{\mu}\tilde{\nu}} = x^{\tilde{\mu}}_{,\rho}x^{\tilde{\nu}}_{,\sigma}g^{\rho\sigma}. \tag{11.66}$$

Die Ableitungen der Metrik sind jedoch keine Tensoren. Für den ersten Term in der Klammer von (11.65) erhalten wir

$$\begin{aligned}
g_{\tilde{\nu}\tilde{\alpha},\tilde{\beta}} &= \frac{\partial}{\partial\tilde{x}^\beta}g_{\tilde{\nu}\tilde{\alpha}} = \frac{\partial}{\partial\tilde{x}^\beta}\left(x^\varepsilon_{,\tilde{\nu}}x^\tau_{,\tilde{\alpha}}g_{\varepsilon\tau}\right) \\
&= x^\varepsilon_{,\tilde{\nu}\tilde{\beta}}x^\tau_{,\tilde{\alpha}}g_{\varepsilon\tau} + x^\varepsilon_{,\tilde{\nu}}x^\tau_{,\tilde{\alpha}\tilde{\beta}}g_{\varepsilon\tau} + x^\varepsilon_{,\tilde{\nu}}x^\tau_{,\tilde{\alpha}}g_{\varepsilon\tau,\lambda}x^\lambda_{,\tilde{\beta}}
\end{aligned} \tag{11.67}$$

Die beiden anderen Terme geben entsprechend

$$g_{\tilde{\nu}\tilde{\beta},\tilde{\alpha}} = x^\varepsilon_{,\tilde{\nu}\tilde{\alpha}}x^\tau_{,\tilde{\beta}}g_{\varepsilon\tau} + x^\varepsilon_{,\tilde{\nu}}x^\tau_{,\tilde{\beta}\tilde{\alpha}}g_{\varepsilon\tau} + x^\varepsilon_{,\tilde{\nu}}x^\tau_{,\tilde{\beta}}g_{\varepsilon\tau,\lambda}x^\lambda_{,\tilde{\alpha}}, \tag{11.68a}$$

$$g_{\tilde{\alpha}\tilde{\beta},\tilde{\nu}} = x^\varepsilon_{,\tilde{\alpha}\tilde{\nu}}x^\tau_{,\tilde{\beta}}g_{\varepsilon\tau} + x^\varepsilon_{,\tilde{\alpha}}x^\tau_{,\tilde{\beta}\tilde{\nu}}g_{\varepsilon\tau} + x^\varepsilon_{,\tilde{\alpha}}x^\tau_{,\tilde{\beta}}g_{\varepsilon\tau,\lambda}x^\lambda_{,\tilde{\nu}}. \tag{11.68b}$$

Setzen wir (11.67), (11.68a) und (11.68b) in (11.65) ein, so erhalten wir nach einer etwas länglichen Termumformung und unter der Voraussetzung, dass zweite Ableitungen vertauschen, die Transformationsgleichung für die Christoffel-Symbole

$$\Gamma^{\tilde{\mu}}{}_{\tilde{\alpha}\tilde{\beta}} = x^{\tilde{\mu}}_{,\rho}x^\tau_{,\tilde{\alpha}}x^\lambda_{,\tilde{\beta}}\Gamma^\rho{}_{\tau\lambda} + x^{\tilde{\mu}}_{,\rho}x^\rho_{,\tilde{\alpha}\tilde{\beta}}. \tag{11.69}$$

Der erste Term auf der rechten Seite entspricht dem Transformationsverhalten von Tensoren, der zweite Term taucht hier zusätzlich auf und macht die Tensoreigenschaft zunichte.

11.2.8 Kovariante Ableitung

Sei $\underline{F} = F^\mu \partial_\mu$ ein kontravarianter Vektor. Dieser transformiert sich wie ein kontravarianter Tensor erster Stufe, $\tilde{F}^\nu = x^{\tilde{\nu}}_{,\mu} F^\mu$ (s. (11.9)).

Wir untersuchen nun das Transformationsverhalten des bezüglich x^ν abgeleiteten Vektors $F^\mu_{,\nu} = \partial F^\mu / \partial x^\nu$. Mit der Transformationsgleichung (11.11) für die Ableitungen ergibt sich

$$\tilde{F}^\mu_{,\nu} = F^{\tilde{\mu}}_{,\tilde{\nu}} = x^\rho_{,\tilde{\nu}} \frac{\partial}{\partial x^\rho} \left(x^{\tilde{\mu}}_{,\lambda} F^\lambda \right) = x^\rho_{,\tilde{\nu}} x^{\tilde{\mu}}_{,\lambda} F^\lambda_{,\rho} + \underbrace{x^\rho_{,\tilde{\nu}} F^\lambda x^{\tilde{\mu}}_{,\lambda\rho}}_{Q}. \quad (11.70)$$

Falls $x^{\tilde{\mu}}_{,\lambda}$ koordinatenabhängig ist, was wir in der ART explizit zulassen wollen, wird der Term Q nicht verschwinden. Dies können wir mit Hilfe der Gl. (11.69) nachrechnen, die wir zunächst mit dem Ausdruck $x^\nu_{,\tilde{\mu}}$ kontrahieren und bei der wir anschließend die Vertauschung $x^\mu \leftrightarrow \tilde{x}^\mu$ vornehmen müssen. Die daraus resultierende Gleichung können wir nach der zweiten Ableitung auflösen und erhalten so entsprechend

$$x^{\tilde{\mu}}_{,\lambda\rho} = \Gamma^\varepsilon_{\lambda\rho} x^{\tilde{\mu}}_{,\varepsilon} - x^{\tilde{\alpha}}_{,\lambda} x^{\tilde{\beta}}_{,\rho} \Gamma^{\tilde{\mu}}_{\tilde{\alpha}\tilde{\beta}}. \quad (11.71)$$

Eingesetzt in (11.70) liefert uns das

$$F^{\tilde{\mu}}_{,\tilde{\nu}} = x^\rho_{,\tilde{\nu}} x^{\tilde{\mu}}_{,\lambda} F^\lambda_{,\rho} + x^\rho_{,\tilde{\nu}} F^\lambda \left(\Gamma^\varepsilon_{\lambda\rho} x^{\tilde{\mu}}_{,\varepsilon} - x^{\tilde{\alpha}}_{,\lambda} x^{\tilde{\beta}}_{,\rho} \Gamma^{\tilde{\mu}}_{\tilde{\alpha}\tilde{\beta}} \right). \quad (11.72)$$

Damit transformiert sich $F^\mu_{,\nu}$ nicht wie ein Tensor. Das stellt ein großes Problem dar, denn ohne einen Formalismus der Differentiation, der Tensortransformationsverhalten aufweist, können wir in der ART keine koordinatenunabhängigen Differentialgleichungen formulieren.

Wir können jedoch die gewöhnliche Ableitung (11.72) etwas umformen. Vertauschen wir die Indizes $\varepsilon \leftrightarrow \lambda$ im zweiten Term, so können wir die ersten beiden Terme auf der rechten Seite zusammenfassen und gelangen so zu

$$F^{\tilde{\mu}}_{,\tilde{\nu}} = x^\rho_{,\tilde{\nu}} x^{\tilde{\mu}}_{,\lambda} \left(F^\lambda_{,\rho} + \Gamma^\lambda_{\varepsilon\rho} F^\varepsilon \right) - \underbrace{x^{\tilde{\alpha}}_{,\lambda} \Gamma^{\tilde{\mu}}_{\tilde{\alpha}\tilde{\nu}} F^\lambda}_{R}. \quad (11.73)$$

Im Term R können wir die Transformation $F^{\tilde{\alpha}} = x^{\tilde{\alpha}}_{,\lambda} F^\lambda$ anwenden und ihn anschließend auf die linke Seite der Gleichung verschieben. Dies führt uns auf die Beziehung

$$F^{\tilde{\mu}}_{,\tilde{\nu}} + \Gamma^{\tilde{\mu}}_{\tilde{\alpha}\tilde{\nu}} F^{\tilde{\alpha}} = x^\rho_{,\tilde{\nu}} x^{\tilde{\mu}}_{,\lambda} \left(F^\lambda_{,\rho} + \Gamma^\lambda_{\varepsilon\rho} F^\varepsilon \right), \quad (11.74)$$

die wieder ein Tensortransformationsverhalten für den Ausdruck

$$\nabla_\rho F^\lambda \equiv F^\lambda_{;\rho} \equiv F^\lambda_{,\rho} + \Gamma^\lambda_{\varepsilon\rho} F^\varepsilon \quad (11.75)$$

aufweist. $F^\lambda_{;\rho}$ ist ein Tensor der Stufe (1,1) und wird als die *kovariante Ableitung* des Vektors $\underline{F}$ bezeichnet.

Entsprechend ergibt sich die kovariante Ableitung eines kovarianten Vektors $\underline{G} = G_\mu \mathrm{d}x^\mu$ zu

$$\nabla_\nu G_\mu \equiv G_{\mu;\nu} = G_{\mu,\nu} - \Gamma^\sigma{}_{\mu\nu} G_\sigma. \tag{11.76}$$

Die kovariante Ableitung lässt sich auch auf Tensoren höherer Stufe erweitern zu

$$\nabla_\gamma T^{\alpha\cdots}_{\beta\cdots} = \frac{\partial}{\partial x_\gamma} T^{\alpha\cdots}_{\beta\cdots} + \underbrace{\Gamma^\alpha{}_{\gamma\lambda} T^{\lambda\cdots}_{\beta\cdots}}_{\substack{\text{alle kontra-}\\\text{varianten Indizes}}} - \underbrace{\Gamma^\lambda{}_{\gamma\beta} T^{\alpha\cdots}_{\lambda\cdots}}_{\substack{\text{alle kovarianten}\\\text{Indizes}}}, \tag{11.77}$$

dabei müssen wir für jeden kontra- und jeden kovarianten Index einen Summanden mit positivem bzw. negativem Christoffel-Symbol einfügen.

Für den metrischen Tensor $g_{\mu\nu}$ aus Abschn. 11.2.4 folgt demnach

$$g_{\mu\nu;\alpha} = g_{\mu\nu,\alpha} - \Gamma^\lambda{}_{\mu\alpha} g_{\lambda\nu} - \Gamma^\lambda{}_{\nu\alpha} g_{\mu\lambda} = 0. \tag{11.78}$$

Die Christoffel-Symbole sind genau über die Eigenschaft definiert, dass die kovariante Ableitung der Metrik verschwindet.

Mehrfache kovariante Ableitung
Ein Tensor kann natürlich auch mehrfach kovariant abgeleitet werden. Sei F^μ ein kontravarianter Tensor 1. Stufe, dann ist $F^\mu{}_{;\beta}$ ein Tensor der Stufe $(1,1)$ und

$$\left(F^\mu{}_{;\beta}\right)_{;\gamma} = F^\mu{}_{;\beta\gamma} \tag{11.79}$$

ein Tensor der Stufe $(1,2)$. Bei der kovarianten Ableitung müssen wir darauf achtgeben, dass mehrfache Ableitungen in der Regel nicht vertauschen

$$F^\mu{}_{;\alpha\beta} \neq F^\mu{}_{;\beta\alpha}, \tag{11.80}$$

wohingegen die partiellen Ableitungen bei gegebener Differenzierbarkeit von F^μ vertauschen können, $F^\mu{}_{,\alpha\beta} = F^\mu{}_{,\beta\alpha}$.

Divergenz und Rotation
Die Divergenz eines Vektorfeldes F^μ ist definiert durch dessen kovariante Ableitung und der anschließenden Kontraktion,

$$\nabla_\mu F^\mu = F^\mu{}_{;\mu} = F^\mu{}_{,\mu} + \Gamma^\mu{}_{\alpha\mu} F^\alpha. \tag{11.81}$$

Mit der Abkürzung $g = \det(g_{\mu\nu})$ für die Determinante der Metrik $g_{\mu\nu}$ und

$$\Gamma^\mu{}_{\alpha\mu} = \frac{1}{2} g^{\mu\sigma} \left(g_{\sigma\alpha,\mu} + g_{\sigma\mu,\alpha} - g_{\alpha\mu,\sigma}\right) = \frac{1}{\sqrt{g}} \frac{\partial \sqrt{g}}{\partial x^\alpha}, \tag{11.82}$$

lässt sich die Divergenz auch wie folgt schreiben,

$$F^\mu{}_{;\mu} = F^\mu{}_{,\mu} + \frac{1}{\sqrt{g}} \frac{\partial \sqrt{g}}{\partial x^\alpha} F^\alpha = \frac{1}{\sqrt{g}} \frac{\partial}{\partial x^\mu} \left(F^\mu \sqrt{g}\right). \tag{11.83}$$

Die Divergenz eines kontravarianten Tensorfeldes $T^{\mu\nu}$ ergibt sich ebenfalls aus dessen kovarianter Ableitung

$$\nabla_\lambda T^{\mu\nu} = T^{\mu\nu}{}_{;\lambda} = T^{\mu\nu}{}_{,\lambda} + \Gamma^\mu{}_{\lambda\alpha} T^{\alpha\nu} + \Gamma^\nu{}_{\lambda\alpha} T^{\mu\alpha} \tag{11.84}$$

und anschließender Kontraktion. Allerdings ist sich hier die Literatur nicht darüber einig, mit welchem Index die Kontraktion erfolgen soll. Im Fall symmetrischer Tensorfelder, $T^{\mu\nu} = T^{\nu\mu}$, spielt das aber keine Rolle. Wir verwenden hier die Kontraktion mit dem zweiten Index, also

$$\nabla_\nu T^{\mu\nu} = T^{\mu\nu}{}_{;\nu} = T^{\mu\nu}{}_{,\nu} + \Gamma^\mu{}_{\nu\alpha} T^{\alpha\nu} + \Gamma^\nu{}_{\nu\alpha} T^{\mu\alpha}. \tag{11.85}$$

Die Rotation eines kovarianten Vektorfeldes F_μ ist definiert über

$$\varphi_{\mu\nu} = F_{\nu;\mu} - F_{\mu;\nu}. \tag{11.86}$$

Sie ist damit ein antisymmetrischer kovarianter Tensor 2. Stufe. Bei verschwindender Torsion, wenn also $\Gamma^\sigma{}_{\mu\nu} = \Gamma^\sigma{}_{\nu\mu}$ ist, gilt weiter

$$F_{\nu;\mu} - F_{\mu;\nu} = F_{\nu,\mu} - \Gamma^\sigma{}_{\nu\mu} F_\sigma - F_{\mu,\nu} + \Gamma^\sigma{}_{\mu\nu} F_\sigma = F_{\nu,\mu} - F_{\mu,\nu}. \tag{11.87}$$

11.3 Raumkrümmung

In diesem Abschnitt wollen wir untersuchen, wie wir qualitativ und quantitativ feststellen können, ob ein Raum gekrümmt ist. Diese Aussage wird sich direkt nicht anhand des metrischen Tensors $g_{\mu\nu}$ oder der affinen Zusammenhänge $\Gamma^\alpha{}_{\mu\nu}$ treffen lassen. Zwar steckt die Information über die Krümmung natürlich in der Metrik, sie kann an dieser aber nicht einfach abgelesen werden. Dies ist leicht einzusehen, denn auch bei euklidischen, also flachen Räumen mit krummlinigen Koordinaten, etwa Polarkoordinaten, sind die Metrik und die affinen Zusammenhänge nicht trivial.

11.3.1 Krümmung bekannter Flächen

In diesem Abschnitt betrachten wir einige bekannte Flächen hinsichtlich ihrer Krümmung, um ein Gefühl für diesen Begriff zu bekommen. Ob eine Fläche gekrümmt ist oder nicht, wollen wir dabei über die Auswirkung einer Parallelverschiebung eines Vektors auf verschiedenen Wegen in der jeweiligen Fläche charakterisieren.

Flache Räume
Als erstes Beispiel betrachten wir flache Räume. Der einfachste Fall ist eine Ebene. Sei F^μ ein Vektor. Wird F^μ entlang eines geschlossenen Weges parallelverschoben, so stimmen der ursprüngliche und der parallelverschobene Vektor überein, d. h. es ist $\delta F^\mu = 0$ (s. Abb. 11.3).

Auch beim Zylinder ist die Richtung des Vektors wegunabhängig, d. h. es gilt immer $\delta F^\mu = 0$.

Abb. 11.3 Beim
Paralleltransport eines
Vektors in der Ebene
stimmen der ursprüngliche
und der parallelver-
schobene Vektor nach
einem geschlossenen
Weg überein

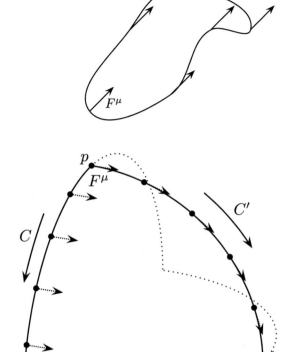

Abb. 11.4 Paralleltransport eines Vektors auf einer
Kugeloberfläche entlang
der Großkreise. Die
Richtung, in die F^μ zeigt,
ist wegabhängig

Kugeloberfläche

Gegeben sei nun ein Vektor F^μ auf der Oberfläche einer Kugel (s. Abb. 11.4). Die
natürliche Definition des Paralleltransports entlang eines Großkreises in diesem Fall
ist so, dass der Winkel zwischen dem Vektor und dem Großkreis fest bleibt. Wird F^μ
entlang C und C' von p nach q paralleltransportiert, so zeigen die resultierenden
Vektoren in verschiedene Richtungen. Die Richtung des Vektors $F^\mu(q)$ hängt also
vom genommenen Weg ab.

11.3.2 Krümmungstensor

In den vorangegangenen Beispielen haben wir gesehen, dass die Wegabhängigkeit
der Änderung δF^μ eines Vektors bei Parallelverschiebung für verschiedene Räume
unterschiedlich ist. Insbesondere verschwindet sie in einem flachen Raum. Es liegt
daher nahe, dass über diese Eigenschaft die Krümmung des Raumes charakterisiert
werden kann.

Herleitung über Parallelverschiebung

Für eine strenge Behandlung betrachten wir ein infinitesimales Parallelogramm $pqrs$ mit Koordinaten x^μ, $x^\mu + \varepsilon^\mu$, $x^\mu + \varepsilon^\mu + \delta^\mu$ und $x^\mu + \delta^\mu$ (Abb. 11.5). Bei Parallel-transport von F^μ entlang $C = pqr$ erhalten wir den Vektor $F_C^\mu(r)$. Bei q ergibt sich in linearer Näherung

$$F_C^\mu(q) = F^\mu - F^\kappa \Gamma^\mu{}_{\kappa\nu}\varepsilon^\nu. \tag{11.88}$$

Dann folgt

$$\begin{aligned}
F_C^\mu(r) &= F_C^\mu(q) - F_C^\kappa(q)\Gamma^\mu{}_{\kappa\nu}(q)\delta^\nu \\
&= F^\mu - F^\kappa \Gamma^\mu{}_{\kappa\nu}(p)\varepsilon^\nu \\
&\quad - \left(F^\kappa - F^\rho \Gamma^\kappa{}_{\rho\xi}(p)\varepsilon^\xi\right)\left(\Gamma^\mu{}_{\kappa\nu}(p) + \Gamma^\mu{}_{\kappa\nu,\lambda}(p)\varepsilon^\lambda\right)\delta^\nu \\
&\simeq F^\mu - F^\kappa \Gamma^\mu{}_{\kappa\nu}(p)\varepsilon^\nu - F^\kappa \Gamma^\mu{}_{\kappa\nu}(p)\delta^\nu \\
&\quad - F^\kappa \left[\Gamma^\mu{}_{\kappa\nu,\lambda}(p) - \Gamma^\rho{}_{\kappa\lambda}(p)\Gamma^\mu{}_{\rho\nu}(p)\right]\varepsilon^\lambda\delta^\nu
\end{aligned} \tag{11.89}$$

bei Berücksichtigung von Termen bis zweiter Ordnung, d. h. jeweils erster Ordnung in δ und ε.

Analog ergibt sich für die Verschiebung entlang $C' = psr$ die Näherung

$$\begin{aligned}
F_{C'}^\mu(r) &\simeq F^\mu - F^\kappa \Gamma^\mu{}_{\kappa\nu}(p)\delta^\nu - F^\kappa \Gamma^\mu{}_{\kappa\nu}(p)\varepsilon^\nu \\
&\quad - F^\kappa \left[\Gamma^\mu{}_{\kappa\lambda,\nu}(p) - \Gamma^\rho{}_{\kappa\nu}(p)\Gamma^\mu{}_{\rho\lambda}(p)\right]\varepsilon^\lambda\delta^\nu.
\end{aligned} \tag{11.90}$$

Für die Differenz der beiden Vektoren ergibt sich dann schließlich

$$\begin{aligned}
F_{C'}^\mu(r) - F_C^\mu(r) &\simeq F^\kappa \left(\Gamma^\mu{}_{\kappa\nu,\lambda}(p) - \Gamma^\mu{}_{\kappa\lambda,\nu}(p)\right. \\
&\quad \left. - \Gamma^\rho{}_{\kappa\lambda}(p)\Gamma^\varepsilon{}_{\rho\nu}(p) + \Gamma^\rho{}_{\kappa\nu}(p)\Gamma^\mu{}_{\rho\lambda}(p)\right)\varepsilon^\lambda\delta^\nu \\
&= F^\kappa R^\mu{}_{\kappa\lambda\nu}\,\varepsilon^\lambda\delta^\nu.
\end{aligned} \tag{11.91}$$

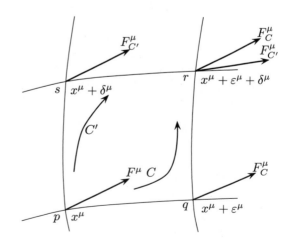

Abb. 11.5 Paralleltransport eines Vektors F^μ von p nach r

Dabei bezeichnet

$$R^{\mu}{}_{\kappa\lambda\nu} = \Gamma^{\mu}{}_{\kappa\nu,\lambda} - \Gamma^{\mu}{}_{\kappa\lambda,\nu} + \Gamma^{\mu}{}_{\rho\lambda}\Gamma^{\rho}{}_{\kappa\nu} - \Gamma^{\mu}{}_{\rho\nu}\Gamma^{\rho}{}_{\kappa\lambda} \qquad (11.92)$$

den *Krümmungstensor* oder *Riemann-Tensor* der Stufe (1, 3).

Formale Definition des Krümmungstensors

Wir hatten bereits gesehen, dass kovariante Ableitungen im Allgemeinen nicht vertauschen (s. (11.80)). Formal lässt sich der Krümmungstensor über die Differenz von zweifachen kovarianten Ableitungen definieren. Sei A^{μ} ein kontravarianter Tensor 1. Stufe, dann ist

$$\left(\nabla_{\gamma}\nabla_{\beta} - \nabla_{\beta}\nabla_{\gamma}\right)A^{\mu} = A^{\mu}{}_{;\beta\gamma} - A^{\mu}{}_{;\gamma\beta} = -R^{\mu}{}_{\alpha\beta\gamma}A^{\alpha}. \qquad (11.93)$$

Um dies zu sehen, werten wir die entsprechenden Ausdrücke explizit aus und erhalten

$$\begin{aligned}
A^{\mu}{}_{;\beta\gamma} &= \left(A^{\mu}{}_{;\beta}\right)_{,\gamma} + \Gamma^{\mu}{}_{\gamma\lambda}A^{\lambda}{}_{;\beta} - \Gamma^{\lambda}{}_{\gamma\beta}A^{\mu}{}_{;\lambda} \\
&= \left(A^{\mu}{}_{,\beta} + \Gamma^{\mu}{}_{\beta\lambda}A^{\lambda}\right)_{,\gamma} + \Gamma^{\mu}{}_{\gamma\lambda}\left(A^{\lambda}{}_{,\beta} + \Gamma^{\lambda}{}_{\beta\sigma}A^{\sigma}\right) \\
&\quad - \Gamma^{\lambda}{}_{\gamma\beta}\left(A^{\mu}{}_{,\lambda} + \Gamma^{\mu}{}_{\lambda\sigma}A^{\sigma}\right)
\end{aligned} \qquad (11.94)$$

und analog $A^{\mu}{}_{;\gamma\beta}$. Unter Beachtung der Vertauschbarkeit der Ableitungen $A^{\mu}{}_{,\alpha\beta} = A^{\mu}{}_{,\beta\alpha}$ und der Symmetrie der Christoffel-Symbole ergibt sich dann

$$\begin{aligned}
A^{\mu}{}_{;\beta\gamma} - A^{\mu}{}_{;\gamma\beta} &= -\left(\Gamma^{\mu}{}_{\alpha\beta,\gamma} - \Gamma^{\mu}{}_{\alpha\gamma,\beta} + \Gamma^{\mu}{}_{\sigma\beta}\Gamma^{\sigma}{}_{\alpha\gamma} - \Gamma^{\mu}{}_{\sigma\gamma}\Gamma^{\sigma}{}_{\alpha\beta}\right)A^{\alpha} \\
&= -R^{\mu}{}_{\alpha\beta\gamma}A^{\alpha}.
\end{aligned} \qquad (11.95)$$

Mit Hilfe der Metrik erhält man wie üblich den *vierfach kovarianten Krümmungstensor*

$$R_{\mu\kappa\lambda\nu} = g_{\mu\alpha}R^{\alpha}{}_{\kappa\lambda\nu} = \Gamma_{\mu\kappa\nu,\lambda} - \Gamma_{\mu\kappa\lambda,\nu} + \Gamma_{\mu\rho\lambda}\Gamma^{\rho}{}_{\kappa\nu} - \Gamma_{\mu\rho\nu}\Gamma^{\rho}{}_{\kappa\lambda}. \qquad (11.96)$$

Symmetrien des Krümmungstensors

Nicht alle Komponenten des Krümmungstensors sind unabhängig. Aus der Definition (11.92) bzw. aus der rein kovarianten Form (11.96) erkennt man leicht die folgenden Relationen

$$R^{\mu}{}_{\alpha\beta\gamma} = -R^{\mu}{}_{\alpha\gamma\beta} \quad \text{und} \quad R^{\mu}{}_{\alpha\beta\gamma} + R^{\mu}{}_{\gamma\alpha\beta} + R^{\mu}{}_{\beta\gamma\alpha} = 0. \qquad (11.97)$$

In analoger Weise ergibt sich

$$R_{\mu\alpha\beta\gamma} = -R_{\mu\alpha\gamma\beta}, \quad R_{\mu\alpha\beta\gamma} = -R_{\alpha\mu\beta\gamma}, \quad R_{\mu\alpha\beta\gamma} = R_{\beta\gamma\mu\alpha}, \qquad (11.98)$$

sowie

$$R_{\mu\alpha\beta\gamma} + R_{\mu\beta\gamma\alpha} + R_{\mu\gamma\alpha\beta} = 0. \qquad (11.99)$$

Aus diesen Symmetrierelationen folgt, dass der Krümmungstensor in vier Dimensionen nur 20 unabhängige Komponenten besitzt.

Ricci-Tensor und Krümmungsskalar

Durch Verjüngung des Krümmungstensors erhält man den *Ricci-Tensor*:[5]

$$R_{\kappa\nu} \equiv R^\mu{}_{\kappa\mu\nu} = \Gamma^\mu{}_{\kappa\nu,\mu} - \Gamma^\mu{}_{\kappa\mu,\nu} + \Gamma^\mu{}_{\rho\mu}\Gamma^\rho{}_{\kappa\nu} - \Gamma^\mu{}_{\rho\nu}\Gamma^\rho{}_{\kappa\mu}. \tag{11.100}$$

Der Ricci-Tensor ist ein symmetrischer Tensor 2. Stufe, d. h. es gilt

$$R_{\kappa\nu} = R_{\nu\kappa}. \tag{11.101}$$

Um dies zu zeigen, benötigen wir hauptsächlich die Symmetrie der Christoffel-Symbole. Lediglich für den zweiten Term müssen wir auf den Zusammenhang $\Gamma^\mu{}_{\alpha\mu} = (\partial\sqrt{g}/\partial x^\alpha)/\sqrt{g}$ aus (11.82) zurückgreifen. Für diesen gilt

$$\Gamma^\mu{}_{\alpha\mu,\beta} = \frac{\partial}{\partial x^\beta}\left(\frac{1}{\sqrt{g}}\frac{\partial\sqrt{g}}{\partial x^\alpha}\right) = -\frac{1}{2\sqrt{g}^3}\frac{\partial\sqrt{g}}{\partial x^\beta}\frac{\partial\sqrt{g}}{\partial x^\alpha} + \frac{1}{\sqrt{g}}\frac{\partial^2\sqrt{g}}{\partial x^\alpha\partial x^\beta} = \Gamma^\mu{}_{\beta\mu,\alpha}. \tag{11.102}$$

Eine weitere Verjüngung des Ricci-Tensors führt auf den *Krümmungsskalar* bzw. *Ricci-Skalar*

$$R \equiv R^\mu{}_\mu = g^{\mu\nu}R_{\mu\nu}. \tag{11.103}$$

Aus der vollständigen Kontraktion zweier Riemann-Tensoren können wir einen weiteren Skalar

$$\mathcal{K} \equiv R_{\alpha\beta\gamma\delta}R^{\alpha\beta\gamma\delta}, \tag{11.104}$$

der auch *Kretschmann-Skalar*[6] genannt wird, definieren.

Bianchi-Identität

Die *Bianchi-Identität* lautet

$$R^\mu{}_{\nu\alpha\beta;\gamma} + R^\mu{}_{\nu\gamma\alpha;\beta} + R^\mu{}_{\nu\beta\gamma;\alpha} = 0. \tag{11.105}$$

Um dies zu zeigen, benutzen wir folgende Überlegung: Wir betrachten diese Gleichung an einem bestimmten Punkt P_0 der Mannigfaltigkeit. Durch Wahl geeigneter Koordinaten können wir erreichen, dass

$$\Gamma^\mu{}_{\alpha\beta}(P_0) = 0 \tag{11.106}$$

gilt. Dann gilt am Punkt P_0 weiter

$$R^\mu{}_{\nu\alpha\beta} = \Gamma^\mu{}_{\nu\beta,\alpha} - \Gamma^\mu{}_{\nu\alpha,\beta} \tag{11.107}$$

---

[5] Gregorio Ricci-Curbastro, 1853–1925, italienischer Mathematiker.
[6] Erich Kretschmann, 1887–1973, deutscher Physiker.

und damit

$$R^{\mu}{}_{\nu\alpha\beta;\gamma} = R^{\mu}{}_{\nu\alpha\beta,\gamma} = \Gamma^{\mu}{}_{\nu\beta,\alpha\gamma} - \Gamma^{\mu}{}_{\nu\alpha,\beta\gamma}. \tag{11.108}$$

Die anderen Größen ergeben sich entsprechend. Bei zyklischer Vertauschung der letzten drei Indizes heben sich diese Terme auf. Wegen der Tensoreigenschaft gilt die Bianchi-Identität dann allgemein.

Weyl-Tensor

Subtrahieren wir vom Riemann-Tensor (11.92) alle Spurterme, so erhalten wir den *Weyl-Tensor*.[7] Mit den folgenden Abkürzungen für die Symmetrisierung bzw. Antisymmetrisierung eines Ausdrucks

$$a_{(\mu\nu)} = \frac{1}{2}\left(a_{\mu\nu} + a_{\nu\mu}\right) \quad \text{bzw.} \quad a_{[\mu\nu]} = \frac{1}{2}\left(a_{\mu\nu} - a_{\nu\mu}\right) \tag{11.109}$$

erhalten wir für den Weyl-Tensor

$$C_{\mu\nu\rho\sigma} = R_{\mu\nu\rho\sigma} - (g_{\mu[\rho}R_{\sigma]\nu} - g_{\nu[\rho}R_{\sigma]\mu}) + \frac{1}{3}Rg_{\mu[\rho}g_{\sigma]\nu}. \tag{11.110}$$

Dieser hat dieselben Symmetrien wie der Riemann-Tensor. Im Fall einer Vakuum-Raumzeit, wo Ricci-Tensor und Ricci-Skalar identisch verschwinden, reduziert sich der Riemann-Tensor auf den Weyl-Tensor.

Eine weitere Eigenschaft des Weyl-Tensors ist, dass er eine *konforme Invariante* ist, sich also unter konformen Transformationen nicht ändert. Dabei bezeichnet man zwei Metriken g und $\hat{g}$ als *konform*, wenn

$$\hat{g} = \Omega^2 g \tag{11.111}$$

mit einer geeigneten, nichtverschwindenden Funktion $\Omega(\underline{x})$ gilt. Winkel und Verhältnisse von Beträgen bleiben dann erhalten. Zudem bleibt die kausale Struktur erhalten. Für weitere Details siehe zum Beispiel [2].

11.3.3 Isometrien und Killing-Vektoren

Eine *Isometrie* ist eine Abbildung, die die Metrik g invariant lässt. Betrachten wir die infinitesimale Koordinatentransformation

$$x^{\mu} \mapsto x'^{\mu} = x^{\mu} + \varepsilon K^{\mu} \tag{11.112}$$

mit $\varepsilon \ll 1$ und einem Vektorfeld $K^{\mu} = K^{\mu}(\underline{x})$, so muss für eine Isometrie

$$ds'^2 = g_{\mu\nu}(x')dx'^{\mu}dx'^{\nu} = g_{\mu\nu}(x)dx^{\mu}dx^{\nu} \tag{11.113}$$

---

[7] Hermann Klaus Hugo Weyl, 1885–1955, deutscher Mathematiker und Physiker.

gelten. Die Metrik und die Koordinatendifferentiale bezogen auf die neuen Koordinaten können wir wie folgt annähern,

$$g_{\mu\nu}(x') \approx g_{\mu\nu}(x) + \varepsilon g_{\mu\nu,\lambda} K^\lambda \quad \text{und} \quad \mathrm{d}x'^\mu \approx \mathrm{d}x^\mu + \varepsilon K^\mu{}_{,\lambda} \mathrm{d}x^\lambda. \quad (11.114)$$

Setzen wir diese Ausdrücke in (11.113) ein und berücksichtigen nur Terme bis zur linearen Ordnung in ε, so erhalten wir

$$g_{\mu\nu,\lambda} K^\lambda + g_{\lambda\nu} K^\lambda{}_{,\mu} + g_{\mu\lambda} K^\lambda{}_{,\nu} = 0. \quad (11.115)$$

Für die weitere Berechnung benötigen wir die partielle Ableitung der kovarianten Darstellung des Vektorfelds

$$K_{\mu,\nu} = \frac{\partial K_\mu}{\partial x^\nu} = \frac{\partial}{\partial x^\nu}\left(g_{\mu\lambda} K^\lambda\right) = g_{\mu\lambda,\nu} K^\lambda + g_{\mu\lambda} K^\lambda{}_{,\nu}. \quad (11.116)$$

Mit deren Hilfe können wir nun (11.115) weiter umformen in

$$K_{\mu,\nu} + K_{\nu,\mu} + \left(g_{\mu\nu,\lambda} - g_{\mu\lambda,\nu} - g_{\lambda\nu,\mu}\right) K^\lambda = 0 \quad (11.117)$$

und erhalten mit der kovarianten Ableitung $K_{\mu;\nu} = K_{\mu\nu} - \Gamma^\lambda{}_{\mu\nu} K_\lambda$ die *Killing-Gleichung*[8]

$$K_{\mu;\nu} + K_{\nu;\mu} = 0. \quad (11.118)$$

Ein Vektorfeld $K^\mu(\underline{x})$ erzeugt also genau dann eine Isometrie, wenn es die Killing-Gleichung erfüllt. Mit anderen Worten, bewegt man sich entlang von Integralkurven dieses Vektorfeldes, so ändert sich die Geometrie der Raumzeit nicht.

Im Speziellen ist eine Raumzeit *stationär*, falls es ein Killing-Vektorfeld $K^\mu(\underline{x})$ gibt, das überall zeitartig ist. Eine Zeittranslation darf die Metrik also nicht ändern, weshalb die Metrikkomponenten $g_{\mu\nu}$ nicht von der Zeitkoordinate abhängen dürfen. Gilt zusätzlich die Spiegelsymmetrie, dass bezüglich jeder Zeit-Ebene die Raumzeit symmetrisch entlang des Killing-Vektorfeldes ist, so ist die Raumzeit *statisch*.

11.3.4 Trägheitssatz von Sylvester

Für die mathematische Formulierung der ART ist der Trägheitssatz von *James Sylvester*[9] zentral: Die Metrik $g_{\mu\nu}$ lässt sich in einer Orthonormalbasis als Diagonalmatrix mit Einträgen ± 1 darstellen. Hat die Matrix r Einträge $+1$ und s Einträge -1, so spricht man von einer Metrik mit Trägheit bzw. *Signatur(r, s)*. Beispielsweise hat die Minkowski-Metrik die Signatur $(r, s) = (1, 3)$ oder $(r, s) = (3, 1)$; wir verwenden letztere Signatur. Für die ART bedeutet das, dass die Gravitation sich *lokal* wegtransformieren lässt. In einer genügend kleinen Umgebung eines Punktes existieren Koordinaten, in denen sich „kräftefreie" Teilchen auf Geraden bewegen. Dies ist anschaulich klar, denn die obige Aussage heißt nichts anderes, als dass die Metrik $g_{\mu\nu}$ lokal in geeigneten Koordinaten auf die Form $\eta_{\mu\nu}$ gebracht werden kann, also in die

---

[8] Wilhelm Karl Joseph Killing, 1847–1923, deutscher Mathematiker.
[9] James Joseph Sylvester, 1814–1897, englischer Mathematiker.

Form der Minkowski-Metrik des flachen Raumes. Diese Aussagen entsprechen den aus physikalischen Überlegungen gewonnenen Inhalten des Äquivalenzprinzips, wir haben sie hier jetzt im Rahmen der Riemann'schen Geometrie wieder gefunden.

11.4   Bewegung in gekrümmten Räumen

Wir haben im vorangegangenen Abschnitt versucht, uns ein Verständnis der Eigenschaften gekrümmter Räume zu erarbeiten und dargelegt, wie gekrümmte Räume mathematisch behandelbar sind.

In diesem Abschnitt wollen wir uns anschauen, wie die Bewegung von Licht und massebehafteten Teilchen in gekrümmten Räumen aussieht.

11.4.1 Geodätengleichung

In diesem Abschnitt werden wir die Geodätengleichung für gekrümmte Räume herleiten. Sie stellt die Verallgemeinerung der kräftefreien Bewegung der SRT dar (s. Abschn. 6.5). Die Behandlung in diesem Abschnitt ist dabei unabhängig von physikalischen Annahmen gültig.

Wir haben bereits in Abschn. 11.2.4 gesehen, dass $ds^2 = g_{\mu\nu}dx^\mu dx^\nu$ gilt. Wie in der SRT soll ein Teilchen auf so einer Bahn laufen, bei der die Variation

$$\delta \int ds = 0 \tag{11.119}$$

verschwindet. Dabei beschränken wir uns in der folgenden Rechnung auf zeitartige Bahnen mit $ds^2 < 0$. Für lichtartige oder raumartige Geodäten kann aber eine ähnliche Rechnung erfolgen, und die Ergebnisse lassen sich auf diese Fälle übertragen.

Für das Integral in (11.119) folgt, unter Berücksichtigung zeitartiger Bahnen,

$$\int ds = \int \sqrt{-g_{\mu\nu}dx^\mu dx^\nu}\,\frac{ds}{ds}. \tag{11.120}$$

Zieht man „ds" im Nenner des Bruches unter die Wurzel, so kann man dem Ausdruck unter dem Integral ein Funktional der Form $\mathcal{L}(x^\alpha, dx^\alpha/ds)$ zuordnen. Man erhält

$$\delta \int ds = \delta \int \sqrt{-g_{\mu\nu}\frac{dx^\mu}{ds}\frac{dx^\nu}{ds}}ds = \delta \int \mathcal{L}\left(x^\alpha, \frac{dx^\alpha}{ds}\right)ds. \tag{11.121}$$

Dabei ist die Funktion $\mathcal{L}$ gleich 1 entlang des Weges, wie man aus dem Vergleich mit der Definition des Linienelementes sofort sieht. Aus der *Euler-Lagrange-Gleichung*[10,11] zur Variation

---

[10] Leonhard Euler, 1707–1783, Schweizer Mathematiker und Physiker.
[11] Joseph-Louis Lagrange, 1736–1813, italienisch-französischer Mathematiker und Astronom.

$$\delta \int \mathcal{L}\left(x^\alpha, \frac{dx^\alpha}{ds}\right) ds = 0, \quad \text{d. h.} \quad \frac{d}{ds}\left(\frac{\partial \mathcal{L}}{\partial\left(\frac{dx^\alpha}{ds}\right)}\right) - \frac{\partial \mathcal{L}}{\partial x^\alpha} = 0 \qquad (11.122)$$

folgt mit

$$\frac{\partial \mathcal{L}}{\partial\left(\frac{dx^\alpha}{ds}\right)} = -\frac{1}{2\mathcal{L}}\left(g_{\alpha\nu}\frac{dx^\nu}{ds} + g_{\mu\alpha}\frac{dx^\mu}{ds}\right) = -\frac{1}{\mathcal{L}} g_{\alpha\nu}\frac{dx^\nu}{ds} \qquad (11.123)$$

und

$$\frac{\partial \mathcal{L}}{\partial x^\alpha} = -\frac{1}{2\mathcal{L}}\frac{\partial g_{\mu\nu}}{\partial x^\alpha}\frac{dx^\mu}{ds}\frac{dx^\nu}{ds} \qquad (11.124)$$

die Gleichung

$$\frac{d}{ds}\left[\frac{1}{\mathcal{L}} g_{\alpha\nu}\frac{dx^\nu}{ds}\right] - \frac{1}{2\mathcal{L}}\frac{\partial g_{\mu\nu}}{\partial x^\alpha}\frac{dx^\mu}{ds}\frac{dx^\nu}{ds} = 0. \qquad (11.125)$$

Unter Ausnutzung von

$$\frac{d}{ds} g_{\alpha\nu} = g_{\alpha\nu,\mu}\frac{dx^\mu}{ds} \qquad (11.126)$$

ergibt sich aus (11.125)

$$-\frac{1}{\mathcal{L}^2}\frac{d\mathcal{L}}{ds} g_{\alpha\nu}\frac{dx^\nu}{ds} + \frac{1}{\mathcal{L}} g_{\alpha\nu,\mu}\frac{dx^\mu}{ds}\frac{dx^\nu}{ds} + \frac{1}{\mathcal{L}} g_{\alpha\nu}\frac{d^2 x^\nu}{ds^2} - \frac{1}{2\mathcal{L}} g_{\mu\nu,\alpha}\frac{dx^\mu}{ds}\frac{dx^\nu}{ds} = 0. \qquad (11.127)$$

Da $\mathcal{L} = 1$ entlang des Weges ist, folgt $d\mathcal{L}/ds = 0$, d. h. der erste Term auf der linken Seite von (11.127) verschwindet, und wir können in den verbleibenden Termen $\mathcal{L}$ weglassen. Dann haben wir

$$g_{\alpha\nu,\mu}\frac{dx^\mu}{ds}\frac{dx^\nu}{ds} + g_{\alpha\nu}\frac{d^2 x^\nu}{ds^2} - \frac{1}{2} g_{\mu\nu,\alpha}\frac{dx^\mu}{ds}\frac{dx^\nu}{ds} = 0. \qquad (11.128)$$

Im folgenden Schritt nutzen wir aus, dass aufgrund der Symmetrie von $g_{\mu\nu}$ auch

$$g_{\alpha\nu,\mu} = \frac{1}{2}\left(g_{\alpha\nu,\mu} + g_{\nu\alpha,\mu}\right) \qquad (11.129)$$

geschrieben werden kann. Da über μ und ν summiert wird, können wir diese Indizes im zweiten Term von (11.129) auch vertauschen und kommen auf

$$g_{\alpha\nu}\frac{d^2 x^\nu}{ds^2} + \frac{1}{2}\left(g_{\alpha\nu,\mu} + g_{\mu\alpha,\nu} - g_{\mu\nu,\alpha}\right)\frac{dx^\mu}{ds}\frac{dx^\nu}{ds} = 0. \qquad (11.130)$$

Durchmultiplizieren mit $g^{\sigma\alpha}$ unter Berücksichtigung von $g^{\sigma\alpha}g_{\alpha\nu} = \delta^{\sigma}_{\nu}$ ergibt schließlich die *Geodätengleichung* der ART

$$\frac{\mathrm{d}^2 x^{\sigma}}{\mathrm{d}s^2} + \Gamma^{\sigma}_{\ \mu\nu}\frac{\mathrm{d}x^{\mu}}{\mathrm{d}s}\frac{\mathrm{d}x^{\nu}}{\mathrm{d}s} = 0. \tag{11.131}$$

In der Geodätengleichung steckt die Wirkung der Gravitation also dadurch, dass die Christoffel-Symbole über den metrischen Tensor definiert sind.

Mit der kovarianten Ableitung lassen sich Geodäten einfach definieren. Sei die Vierergeschwindigkeit $u^{\mu} = \mathrm{d}x^{\mu}/\mathrm{d}s$ über die Ableitung nach der Bogenlänge gegeben. Eine Geodäte ist dann in Analogie zur klassischen Mechanik (Geschwindigkeit bleibt konstant) über das Verschwinden der kovarianten Ableitung der Geschwindigkeit definiert:

$$\frac{\mathrm{D}u^{\sigma}}{\mathrm{d}s} = \frac{\mathrm{d}u^{\sigma}}{\mathrm{d}s} + \Gamma^{\sigma}_{\ \mu\nu}u^{\mu}\frac{\mathrm{d}x^{\nu}}{\mathrm{d}s} = \frac{\mathrm{d}^2 x^{\sigma}}{\mathrm{d}s^2} + \Gamma^{\sigma}_{\ \mu\nu}\frac{\mathrm{d}x^{\mu}}{\mathrm{d}s}\frac{\mathrm{d}x^{\nu}}{\mathrm{d}s} = 0. \tag{11.132}$$

Die kompakte Darstellung der Geodätengleichung ist also

$$\frac{\mathrm{D}u^{\sigma}}{\mathrm{d}s} = 0. \tag{11.133}$$

11.4.2 Euler-Lagrange-Formalismus

Wir haben im vorherigen Abschnitt die Euler-Lagrange-Gleichungen bereits zur Herleitung der Geodätengleichung (11.131) verwendet. Allgemein können wir den Formalismus auch zur qualitativen Untersuchung von Geodäten in einer Raumzeit verwenden. Hierzu stellen wir zunächst die *Lagrange-Funktion* $\mathcal{L}$ auf, die aus dem Linienelement einer Metrik unmittelbar durch Ersetzen der Koordinatendifferentiale durch die Ableitungen nach einem affinen Parameter folgt. Aus $\mathrm{d}s^2 = g_{\mu\nu}\mathrm{d}x^{\mu}\mathrm{d}x^{\nu}$ erhalten wir dann

$$\mathcal{L} = g_{\mu\nu}\dot{x}^{\mu}\dot{x}^{\nu} = \kappa c^2, \tag{11.134}$$

wobei $\dot{x}^{\mu} = \mathrm{d}x^{\mu}/\mathrm{d}\lambda$ die Ableitung nach dem affinen Parameter λ bedeutet und der dimensionslose Parameter κ angibt, ob es sich um eine zeitartige ($\kappa = -1$), eine lichtartige ($\kappa = 0$) oder eine raumartige ($\kappa = 1$) Geodäte handelt. Aus der *Euler-Lagrange-Gleichung*

$$\frac{\mathrm{d}}{\mathrm{d}\lambda}\frac{\partial\mathcal{L}}{\partial\dot{x}^{\mu}} - \frac{\partial\mathcal{L}}{\partial x^{\mu}} = 0 \tag{11.135}$$

erhalten wir wiederum die Geodätengleichungen für die Koordinaten x^{μ}.

Gl. (11.134) wollen wir auch als *Zwangsbedingung* bzw. Normierungsbedingung an die Geodäte verstehen, die überall erfüllt sein muss. Geben wir zum Beispiel die Anfangsbedingungen $\underline{y} = y^\mu \partial_\mu = \dot{x}^\mu (\lambda = 0)\partial_\mu$ einer Geodäten bezogen auf eine lokale Tetrade wieder (s. Abschn. 11.2.5),

$$\underline{y} = y^{(i)} \underline{e}_{(i)} = y^{(i)} e^\mu_{(i)} \partial_\mu = y^\mu \partial_\mu, \tag{11.136}$$

so gilt aufgrund von (11.134) und der Orthonormalität der Tetrade $\{\underline{e}_{(i)}\}$ (s. (11.45)) die Beziehung

$$g_{\mu\nu} y^\mu y^\nu = \eta_{ij} y^{(i)} y^{(j)} = \kappa c^2. \tag{11.137}$$

11.4.3 Parallel- und Fermi-Walker-Transport

Ein punktförmiges Teilchen, das keiner äußeren Kraft ausgesetzt ist, keinen inneren Antrieb besitzt und auch sonst keine weiteren Eigenschaften aufweist, folgt einer zeitartigen Geodäten wie in Abschn. 11.4.1 diskutiert. Möchte man nun die Bewegung eines ausgedehnten Objekts untersuchen, das sich wie ein punktförmiges Teilchen weiterhin nur als Probekörper verhält und keine Rückwirkung auf die Raumzeit hat, so muss man auch dessen lokales Bezugssystem entlang der Geodäten mitführen. Das heißt, dass man jeden Basisvektor des lokalen Bezugssystems parallel entlang der Geodäten verschieben muss. Allgemein gilt für einen Vektor $\underline{F} = F^\mu \partial_\mu$ die Gleichung des *Paralleltransports*

$$\frac{dF^\mu}{d\tau} + \Gamma^\mu_{\ \rho\sigma} u^\rho F^\sigma = 0, \tag{11.138}$$

wobei τ die Eigenzeit und u^ρ die Vierergeschwindigkeit entlang der Geodäten ist. Setzen wir für den allgemeinen Vektor $\underline{F}$ die Vierergeschwindigkeit $\underline{u} = u^\mu \partial_\mu$ ein, so erhalten wir aus (11.138) wieder die Geodätengleichung (11.131). Der Tangentialvektor an die Geodäte wird also zu sich selbst parallel-transportiert.

Bewegt sich das ausgedehnte Objekt jedoch nicht entlang einer Geodäten, so müssen wir auch eventuelle Beschleunigungen berücksichtigen. Entlang einer allgemeinen Weltlinie $x^\mu(\tau)$ mit der Vierergeschwindigkeit $u^\mu(\tau)$ muss der Vektor $\underline{F}$ *Fermi-Walker*-transportiert werden[12,13] [7].

Die entsprechend zu integrierende Differentialgleichung lautet

$$\frac{dF^\mu}{d\tau} + \Gamma^\mu_{\ \rho\sigma} u^\rho F^\sigma + \frac{1}{c^2}\left(u^\sigma a^\mu - u^\mu a^\sigma\right) g_{\rho\sigma} F^\rho = 0. \tag{11.139}$$

---

[12]Enrico Fermi, 1901–1954, US-amerikanischer Kernphysiker italienischer Abstammung, Nobelpreis 1938. Besonders bekannt ist er für seine Beiträge zur Kernphysik. Nach ihm ist unter anderem auch die Fermi-Energie benannt (s. Kap. 18).

[13]Arthur Geoffrey Walker, 1909–2001, britischer Mathematiker. Er ist auch Mitnamensgeber der Friedmann-Lemaître-Robertson-Walker-Metrik, die in der Kosmologie sehr wichtig ist (s. Kap. 24).

Die Viererbeschleunigung $\underline{a} = a^\mu \partial_\mu$ folgt aus

$$a^\mu = \frac{du^\mu}{d\tau} + \Gamma^\mu_{\rho\sigma} u^\rho u^\sigma. \tag{11.140}$$

Für verschwindende Beschleunigung geht der Fermi-Walker-Transport in den Paralleltransport über.

11.5   Übungsaufgaben

11.5.1 Bestimmung der Übergangskoeffizienten

Zeigen Sie, dass die Christoffel-Symbole 2. Art in (11.63) die Bedingungsgleichung (11.62) erfüllen.

11.5.2 Kreisbahn in der SRT

Diskutieren Sie mit Hilfe des Fermi-Walker-Transports, wie sich Vektoren, die sich auf einer Kreisbahn mit Radius R und Geschwindigkeit β bewegen, verhalten (s. Abschn. 6.8).

11.5.3 Beschleunigung in der Schwarzschild-Raumzeit

In Kap. 13 werden wir die Schwarzschild-Raumzeit kennenlernen, die die Geometrie des Außenraums einer sphärisch-symmetrischen Massenverteilung beschreibt. Würde man sich ohne Antrieb an irgendeine Position dieser Raumzeit hinsetzen, so fiele man in die Singularität. Berechnen Sie die notwendige Beschleunigung, um am gleichen Ort zu bleiben. Verwenden Sie hierzu die Schwarzschild-Metrik (13.16).

Literatur

1. Capozziello, S., Lambiase, G., Storniolo, C.: Geometric classification of the torsion tensor of space-time. Ann. Phys. **10**(8), 713–727 (2001)
2. Hawking, S.W., Ellis, G.F.R.: The Large Scale Structure of Space-Time. Cambridge University Press, Cambridge (1999)
3. Hehl, F.W., Heyde, P., Kerlick, G.D., Nester, J.M.: General relativity with spin and torsion: foundations and prospects. Rev. Mod. Phys. **48**(3), 393–416 (1976)
4. Misner, C.W., Thorne, K.S., Wheeler, J.A.: Gravitation. W.H. Freeman, New York (1973)
5. Nakahara, M.: Geometry, Topology and Physics, 2. Aufl. Taylor & Francis (2003)
6. Shapiro, I.L.: Physical aspects of the space-time torsion. Phys. Rep. **357**, 113–213 (2002)
7. Stephani, H., Stewart, J.: General Relativity: An Introduction to the Theory of Gravitational Field. Cambridge University Press (1990)
8. Wald, R.M.: General Relativity. University of Chicago Press, Chicago (1984)

Einstein'sche Feldgleichungen

12

Inhaltsverzeichnis

Die Hauptaufgabe der allgemeinen Relativitätstheorie ist es, aus einer vorhandenen Massen- und Energieverteilung die entsprechende Metrik der Raumzeit berechnen zu können und umgekehrt. Eine berühmte Zusammenfassung dieser Zusammenhänge stammt von *Wheeler*:[1]

> Matter tells space how to curve and spacetime tells matter how to move!

Dazu ist eine Gleichung nötig, die die entsprechenden Größen miteinander verknüpft. Bevor wir zur Formulierung dieser Gleichung kommen, untersuchen wir die nichtrelativistische Näherung der Bewegungsgleichungen der ART. Die Ergebnisse werden uns später behilflich sein. Wir sehen an dem gerade angeführten Zitat bereits eine wichtige Eigenschaft der Gravitation, wie sie in der allgemeinen Relativitätstheorie behandelt wird. Die Aussage, dass die Materie die Raumzeit krümmt und diese Krümmung wiederum die Bewegung der Materie bestimmt, was ja wiederum die Raumzeit beeinflusst, zeigt an, dass die Feldgleichungen nichtlineare Differentialgleichungen sein werden, deren Lösung in den meisten Fällen nur näherungsweise möglich ist.

---

[1] John Archibald Wheeler, 1911–2008, Amerikanischer theoretischer Physiker.

© Springer-Verlag GmbH Deutschland, ein Teil von Springer Nature 2022
S. Boblest et al., *Spezielle und allgemeine Relativitätstheorie*,
https://doi.org/10.1007/978-3-662-63352-6_12

12.1   Nichtrelativistischer Grenzfall

Eine notwendige Anforderung an die ART ist, dass sich die Newton'sche Mechanik als Grenzfall für schwache Gravitationsfelder und kleine Teilchengeschwindigkeiten $v \ll c$ ergibt. Aus den Feldgleichungen muss also in diesem Grenzfall die Poisson-Gleichung

$$\Delta \phi_{\mathrm{m}}(\boldsymbol{x}) = 4\pi G \rho_{\mathrm{m}}(\boldsymbol{x}) \tag{12.1}$$

resultieren.

Die Newton'schen Bewegungsgleichungen, $\ddot{\boldsymbol{x}} = -\nabla \phi_{\mathrm{m}}$, folgen aus einem Variationsprinzip, dem *Hamilton'schen Prinzip*.[2] Sei $\mathcal{L} = T - V - mc^2$ die Lagrange-Funktion des betrachteten Systems, wobei wir hier zur kinetischen Energie auch die Ruheenergie mc^2 hinzuzählen, so gilt für die Bahn des Teilchens vom Punkt P_1 zum Punkt P_2

$$\delta \int_{P_1}^{P_2} \mathcal{L} \, \mathrm{d}t = 0. \tag{12.2}$$

Für die Lagrange-Funktion finden wir die explizite Form

$$\mathcal{L} = mc^2 \left(-1 + \frac{\dot{\boldsymbol{x}}^2}{2c^2} - \frac{1}{c^2} \phi_{\mathrm{m}} \right) \approx -mc^2 \sqrt{1 - \frac{\dot{\boldsymbol{x}}^2}{c^2} + \frac{2\phi_{\mathrm{m}}}{c^2}}, \tag{12.3}$$

mit dem Gravitationspotential $\phi_{\mathrm{m}} = V/m$ und dem Zusammenhang $1 + x/2 \approx \sqrt{1+x}$ für $x \ll 1$. Hier haben wir den aus der klassischen Mechanik folgenden Ausdruck für die Lagrange-Funktion als Näherung für den Wurzelausdruck auf der rechten Seite aufgefasst, da wir mit diesem weiterarbeiten möchten. Die Einschränkung

$$\frac{1}{c^2} \left(\frac{\dot{\boldsymbol{x}}}{2} - \phi_{\mathrm{m}} \right) \ll 1 \tag{12.4}$$

bedeutet physikalisch zum einen die Voraussetzung schwacher Gravitationsfelder mit zugehörigen kleinen Potentialen ϕ_{m}. Die räumlichen Ableitungen von ϕ_{m} müssen ebenfalls klein sein, und die zeitliche Ableitung vernachlässigen wir ganz, sodass wir in allen weiteren Rechnungen in diesem Kapitel Produkte von ϕ_{m} und seinen Ableitungen als Terme höherer Ordnung vernachlässigen können. Zum anderen betrachten wir nur Teilchen mit kleinen Geschwindigkeiten $|\dot{\boldsymbol{x}}| \ll c$, also genau der Bereich, in dem die Newton'sche Mechanik gilt.

Einsetzen von (12.3) in das Variationsprinzip liefert

$$\delta \int_{P_1}^{P_2} \mathcal{L} \, \mathrm{d}t = -mc \, \delta \int_{P_1}^{P_2} \sqrt{c^2 \mathrm{d}t^2 \left(1 + \frac{2\phi_{\mathrm{m}}}{c^2} \right) - \dot{\boldsymbol{x}}^2 \mathrm{d}t^2}$$

$$= -mc \, \delta \int_{P_1}^{P_2} \sqrt{(c\mathrm{d}t)^2 \left(1 + \frac{2\phi_{\mathrm{m}}}{c^2} \right) - \mathrm{d}x^2 - \mathrm{d}y^2 - \mathrm{d}z^2} = 0, \tag{12.5}$$

---

[2] William Rowan Hamilton, 1805–1865, irischer Mathematiker und Physiker.

wegen

$$\dot{x}^2 dt^2 = \left[\left(\frac{dx}{dt}\right)^2 + \left(\frac{dy}{dt}\right)^2 + \left(\frac{dz}{dt}\right)^2\right] dt^2 = dx^2 + dy^2 + dz^2. \tag{12.6}$$

In der ART folgt die Geodätengleichung ebenfalls aus einem Variationsprinzip:

$$\delta \int_{P_1}^{P_2} ds = \delta \int_{P_1}^{P_2} \sqrt{-g_{\mu\nu} dx^\mu dx^\nu} = 0. \tag{12.7}$$

Durch Vergleich der beiden Formeln ergibt sich

$$ds^2 = -\left(c^2 + 2\phi_m\right) dt^2 + dx^2 + dy^2 + dz^2 = 0, \tag{12.8}$$

bzw.

$$g_{\mu\nu} = \begin{pmatrix} -\left(c^2 + 2\phi_m\right) & 0 & 0 & 0 \\ 0 & 1 & 0 & 0 \\ 0 & 0 & 1 & 0 \\ 0 & 0 & 0 & 1 \end{pmatrix} = \eta_{\mu\nu} + h_{\mu\nu}, \tag{12.9}$$

das heißt, die Gravitation steckt in der kleinen Störung

$$h_{\mu\nu} = \begin{pmatrix} -2\phi_m & 0 & 0 & 0 \\ 0 & 0 & 0 & 0 \\ 0 & 0 & 0 & 0 \\ 0 & 0 & 0 & 0 \end{pmatrix}. \tag{12.10}$$

Da wir in der ART den Faktor c vor der Zeitkoordinate der Metrik zuordnen, gilt außerdem ab jetzt

$$\eta_{\mu\nu} = \text{diag}(-c^2, 1, 1, 1) \quad \text{und} \quad \eta^{\mu\nu} = \text{diag}(-1/c^2, 1, 1, 1). \tag{12.11}$$

12.2 Formulierung der Feldgleichungen

In diesem Abschnitt werden wir die Feldgleichungen nun „herleiten". Da diese die Metrik mit der Materie- und Energieverteilung verknüpfen sollen, benötigen wir zunächst eine Größe, die diese beschreibt. Dies führt auf den Energie-Impuls-Tensor, den wir bereits in der SRT in Abschn. 7.7 für das elektromagnetische Feld kennengelernt haben.

12.2.1 Energie-Impuls-Tensor

Für das Gravitationspotential $\phi_m(r)$ gilt die Poisson-Gleichung (12.1). Wir erinnern uns an die Struktur für den Energie-Impuls-Tensor, die wir in Abschn. 7.7 gefunden haben:

$$T = \begin{pmatrix} \text{Energiedichte} & \text{Ströme} \\ \text{Ströme} & \text{Druck und Scherspannungen} \end{pmatrix}. \qquad (7.91)$$

In der tt-Komponente tritt die Energiedichte auf. In der Poisson-Gleichung steht die Massendichte. Wenn wir diese mit c^2 multiplizieren, erhalten wir ebenfalls eine Energiedichte:

$$\varepsilon_m = \rho_m c^2, \qquad (12.12)$$

die *Ruheenergiedichte* der Materie. Wir können also vermuten, dass die Poisson-Gleichung im nichtrelativistischen Grenzfall aus dem Gleichsetzen der tt-Komponenten des Energie-Impuls-Tensors mit einem anderen Tensor folgt. Ein Tensor 2. Stufe, der Informationen über die Krümmung des Raumes enthält, ist der Ricci-Tensor aus (11.100), den wir in zweifach kovarianter Form eingeführt haben. Für die tt-Komponente des zweifach kovarianten Energie-Impuls-Tensors ergibt sich mit $T_t^t = -\rho_m c^2$ und Herunterziehen mit (12.9)

$$T_{tt} \simeq c^4 \rho_m. \qquad (12.13)$$

12.2.2 Ricci-Tensor in Schwachfeldnäherung

Der Ausdruck für den Ricci-Tensor vereinfacht sich in unserer Näherung zu

$$R_{\kappa\nu} \simeq \Gamma^\mu{}_{\kappa\nu,\mu} - \Gamma^\mu{}_{\kappa\mu,\nu}, \qquad (12.14)$$

da Produkte von Christoffel-Symbolen nur aus Produkten von ϕ_m und seinen Ableitungen bestehen, die wir ja vernachlässigen. Für die tt-Komponenten bleibt dann sogar nur

$$R_{tt} \simeq \Gamma^\mu{}_{tt,\mu}, \qquad (12.15)$$

da wir keine Zeitableitungen berücksichtigen. Für die Metrik (12.9) ergeben sich die Christoffel-Symbole

$$\Gamma^t{}_{it} \simeq \frac{\phi_{m,i}}{c^2} \quad \text{und} \quad \Gamma^i{}_{tt} \simeq \phi_{m,i}. \qquad (12.16)$$

Daraus folgt für die tt-Komponente des Ricci-Tensors

$$R_{tt} = \Gamma^i_{tt,i} \simeq \Delta\phi_{\mathrm{m}}. \tag{12.17}$$

An dieser Stelle scheinen wir schon praktisch am Ziel zu sein, denn wir sehen, dass die *tt*-Komponenten des Energie-Impuls-Tensors und des Ricci-Tensors bis auf einen Faktor genau die Poisson-Gleichung ergeben. Wir müssten diesen Zusammenhang also einfach nur auf die ganzen Tensoren verallgemeinern.

Tatsächlich haben wir aber ein Problem, denn für den Energie-Impuls-Tensor der elektromagnetischen Felder gelten im Vakuum die vier Kontinuitätsgleichungen aus (7.89). Diese Gleichungen entsprechen der Forderung der Divergenzfreiheit von $T^{\mu\nu}$, d. h. $T^{\mu\nu}{}_{,\nu} = 0$. Dies soll auch für den Energie-Impuls-Tensor der Materie gelten, wobei wir aber statt der normalen Ableitung jetzt die kovariante Ableitung verwenden müssen:

$$\nabla_\nu T^{\mu\nu} = T^{\mu\nu}{}_{;\nu} = 0. \tag{12.18}$$

Im Allgemeinen ist aber $R^{\mu\nu}{}_{;\nu} \neq 0$, d. h. wir können den Ricci-Tensor nicht direkt als linke Seite der Feldgleichungen verwenden, sondern müssen noch etwas weitergehen.

12.2.3 Bestimmung der Feldgleichungen

Dabei stellen wir folgende Anforderungen an die linke Seite der Feldgleichungen:

1. Die linke Seite ist ein symmetrischer Tensor 2. Stufe wie $T_{\mu\nu}$.
2. Auf der linken Seite sollen keine höheren als zweite Ableitungen von $g_{\mu\nu}$ stehen.
3. Die zweiten Ableitungen sollen nur linear auftreten.
4. Die linke Seite soll wie $T^{\mu\nu}$ divergenzfrei sein.
5. In der minkowskischen Raumzeit soll die linke Seite identisch verschwinden, denn im leeren Raum ist auch $T_{\mu\nu} = 0$.

Aus den Bedingungen 1–3 folgt, wie durch Weyl [1] gezeigt, für die Feldgleichungen

$$R_{\mu\nu} + a g_{\mu\nu} R + \Lambda g_{\mu\nu} = \kappa T_{\mu\nu}, \tag{12.19}$$

wobei a, Λ und κ freie Parameter sind, die wir im Folgenden bestimmen müssen, und R ist der Ricci-Skalar aus (11.103). Wir gehen dabei anders vor, als die Feldgleichungen ursprünglich von Einstein abgeleitet wurden. Er wählte $\Lambda = 0$ als Voraussetzung. Das ist insofern sinnvoll, als wir bald sehen werden, dass nur für $\Lambda = 0$ die linke Seite der Feldgleichungen im Grenzfall verschwindender Materie- bzw. Energiedichte verschwindet. Man spricht bei Λ von der *kosmologischen Konstante*. Auf die Bedeutung dieses Parameters kommen wir in der Kosmologie ab Kap. 26 zurück, wir lassen ihn aber bereits jetzt in den Feldgleichungen stehen.

Die Bedingung 4 liefert

$$R^{\mu\nu}{}_{;\nu} + a\,(g^{\mu\nu} R)_{;\nu} + \Lambda g^{\mu\nu}{}_{;\nu} \overset{!}{=} 0. \tag{12.20}$$

Da die Metrik divergenzfrei ist, d. h. $g^{\mu\nu}{}_{;\nu} = 0$, lässt sich Λ nicht aus dieser Bedingung bestimmen. Im Folgenden zeigen wir, dass sich $a = -1/2$ ergibt und bestimmen damit die weiteren Konstanten.

Aus der Bianchi-Identität (11.105) folgt nach Verjüngung und unter Verwendung der Symmetrieeigenschaften des Riemann-Tensors (s. (11.97))

$$R^{\mu}{}_{\nu\mu\beta;\gamma} + R^{\mu}{}_{\nu\gamma\mu;\beta} + R^{\mu}{}_{\nu\beta\gamma;\mu} = R_{\nu\beta;\gamma} - R_{\nu\gamma;\beta} + R^{\mu}{}_{\nu\beta\gamma;\mu} = 0. \tag{12.21}$$

Wir multiplizieren diese Gleichung mit $g^{\nu\beta}$ und erhalten unter Verwendung der Definition (11.103) des Ricci-Skalars

$$R_{;\gamma} - R^{\beta}{}_{\gamma;\beta} + g^{\nu\beta}\delta^{\mu}_{\alpha} R^{\alpha}{}_{\nu\beta\gamma;\mu} = 0. \tag{12.22}$$

Dabei haben wir im dritten Term den Faktor δ^{μ}_{ν} eingeschoben, den wir jetzt über $\delta^{\mu}_{\nu} = g^{\mu\lambda} g_{\lambda\nu}$ weiter umschreiben. Damit lässt sich der dritte Term weiter umformen in

$$\begin{aligned} g^{\nu\beta} g^{\mu\lambda} g_{\lambda\alpha} R^{\alpha}{}_{\nu\beta\gamma;\mu} &= g^{\nu\beta} g^{\mu\lambda} R_{\lambda\nu\beta\gamma;\mu} = -g^{\nu\beta} g^{\mu\lambda} R_{\nu\lambda\beta\gamma;\mu}, \\ &= -g^{\mu\lambda} R^{\beta}{}_{\lambda\beta\gamma;\mu} = -g^{\mu\lambda} R_{\lambda\gamma;\mu} = -R^{\mu}{}_{\gamma;\mu}. \end{aligned} \tag{12.23}$$

Setzen wir diese Beziehung wieder in (12.22) ein und benennen den Summationsindex μ in β um, so erhalten wir $R_{;\gamma} - 2R^{\beta}{}_{\gamma;\beta} = 0$, bzw.

$$R^{\beta}{}_{\gamma;\beta} - \frac{1}{2}\left(\delta^{\beta}_{\gamma} R\right)_{;\beta} = 0. \tag{12.24}$$

Abschließend ziehen wir γ hoch und kommen auf $R^{\beta\gamma}{}_{;\beta} - \frac{1}{2}\left(g^{\beta\gamma} R\right)_{;\beta} = 0$. Mit $a = -1/2$ haben wir also einen divergenzfreien Ausdruck für die linke Seite der Feldgleichungen (12.19) gefunden, denn es gilt

$$\left(R^{\mu\nu} - \frac{1}{2} R g^{\mu\nu}\right)_{;\nu} = 0. \tag{12.25}$$

Mit diesen Ergebnissen haben wir jetzt

$$R_{\mu\nu} - \frac{1}{2} g_{\mu\nu} R + \Lambda g_{\mu\nu} = \kappa T_{\mu\nu}. \tag{12.26}$$

Multiplikation mit $g^{\mu\nu}$ führt wegen $g^{\mu\nu} g_{\mu\nu} = 4$ auf

$$-R + 4\Lambda = \kappa T, \quad \text{bzw.} \quad R = 4\Lambda - \kappa T \tag{12.27}$$

mit der Spur $T = g^{\mu\nu} T_{\mu\nu}$ des Energie-Impuls-Tensors. Wir setzen diesen Ausdruck für R in (12.26) ein und erhalten

$$R_{\mu\nu} - \Lambda g_{\mu\nu} = \kappa T^*_{\mu\nu} \quad \text{mit} \quad T^*_{\mu\nu} = T_{\mu\nu} - \frac{1}{2} T g_{\mu\nu}. \tag{12.28}$$

Um nun Λ und κ zu bestimmen, müssen wir wieder den nichtrelativistischen Grenzfall betrachten und diese Parameter so wählen, dass in diesem Fall die Poisson-Gleichung resultiert.

Im vorangegangenen Abschnitt haben wir bereits gesehen, dass aus der nichtrelativistischen Bewegung von Teilchen im Gravitationsfeld für die g_{tt}-Komponente des metrischen Tensors $g_{tt} = -(c^2 + 2\phi_m)$ mit dem Newton'schen Potential ϕ_m folgt (s. (12.9)). Dabei müssen wir aber eine wichtige Feinheit beachten: Aufgrund der Voraussetzung $v \ll c$ ist in dem Ausdruck $-dt^2 \left(c^2 + 2\phi_m\right) + \dot{x}^2 dt^2$ in (12.5) der hintere Ausdruck sehr viel kleiner als der vordere. Das heißt, kleine Störungen der Komponenten im Raumanteil $dl^2 = dx^2 + dy^2 + dz^2$, ähnlich zur tt-Komponente der Metrik, wären vernachlässigbar. Wir können die Metrik (12.9) also z. B. nicht zur Untersuchung der Bewegung von Licht in schwachen Gravitationsfeldern heranziehen, da hier die Bedingung $|\dot{x}| \ll c$ offensichtlich nicht erfüllt ist. Desweiteren folgt diese Metrik auch nicht als nichtrelativistischer Grenzfall aus den Feldgleichungen. Bisher war das aber kein Problem, da wir mit ihrer Hilfe nur die tt-Komponente des Ricci-Tensors analysiert haben und daraus auf die richtige Spur für einen Ansatz für die Feldgleichungen gekommen sind.

In Verallgemeinerung dieses Resultats wählen wir jetzt die Komponenten des metrischen Tensors zu

$$g_{\mu\nu} = \eta_{\mu\nu} + k_{\mu\nu}, \quad \text{mit} \quad k_{\mu\nu} \ll 1 \quad \text{und} \quad k_{tt} = 2\phi_m. \tag{12.29}$$

Im nichtrelativistischen Grenzfall sind Geschwindigkeiten und damit Ströme und ebenso Drücke und Spannungen vernachlässigbar klein gegen die Ruheenergiedichte. Dann ist nur die tt-Komponente des Energie-Impuls-Tensors wesentlich von Null verschieden mit $T_{tt} \simeq \rho_m c^4$. Mit der gerade eingeführten Form der Metrik ist dann weiter

$$T = g^{\mu\nu} T_{\mu\nu} = \eta^{tt} T_{tt} = -\rho_m c^2. \tag{12.30}$$

Alle Korrekturen zu diesem Term sind von der Form $\phi_m \rho_m$ und damit zu vernachlässigen. Allgemein wollen wir aus diesem Grund zum Herauf- und Herunterziehen von Indizes die Minkowski-Metrik $\eta^{\mu\nu}$ und nicht $g^{\mu\nu}$ verwenden. Wenn wir diese Ergebnisse in (12.28) einsetzen und wieder aufgrund unserer Näherung $T^*_{\mu\nu} = T_{\mu\nu} - T\eta_{\mu\nu}/2$ setzen, so erhalten wir die Bedingungen

$$R_{tt} - \Lambda g_{tt} = \frac{1}{2} \kappa \rho_m c^4, \tag{12.31a}$$

$$R_{ii} - \Lambda g_{ii} = \frac{1}{2} \kappa \rho_m c^2, \tag{12.31b}$$

$$R_{\mu\nu} = 0, \quad \text{für} \quad \mu \neq \nu. \tag{12.31c}$$

Um die 5. Bedingung exakt zu erfüllen sehen wir, dass $\Lambda = 0$ gelten muss, denn im minkowskischen Grenzfall gilt $\rho_m \to 0$ und $R_{\mu\nu} = T_{\mu\nu} = 0$. Physikalisch lässt sich aber argumentieren, dass Λ nur sehr klein sein muss, sodass die Abweichung nur auf kosmologischen Skalen wichtig wird und auf kleineren Skalen mit Bedingung 5 verträglich ist.

Da wir aus allen Diagonalkomponenten des Ricci-Tensors bis auf den Faktor c^2 auf dieselbe Gleichung geführt werden und alle Nichtdiagonalterme verschwinden müssen, liegt es nahe,

$$
k_{\mu\nu} = \begin{cases} -\phi_m & \text{für } \mu = \nu = t, \\ -\phi_m/c^2 & \text{für } \mu = \nu = 1,2,3, \\ 0 & \text{für } \mu \neq \nu \end{cases} \tag{12.32}
$$

zu setzen. Damit erhalten wir die Metrik

$$
g_{\mu\nu} = \begin{pmatrix} -c^2 - 2\phi_m & 0 & 0 & 0 \\ 0 & 1 - \dfrac{2\phi_m}{c^2} & 0 & 0 \\ 0 & 0 & 1 - \dfrac{2\phi_m}{c^2} & 0 \\ 0 & 0 & 0 & 1 - \dfrac{2\phi_m}{c^2} \end{pmatrix}. \tag{12.33}
$$

Um diesen Ansatz zu testen, berechnen wir den Ricci-Tensor zu dieser Metrik. Dazu berechnen wir auch für diesen Ansatz die linear in ϕ_m/c^2 genäherten Christoffel-Symbole. Wir finden

$$
\Gamma^i_{tt} = \phi_{m,i}, \quad \Gamma^i_{jj} = \Gamma^i_{ii} = \Gamma^t_{ti} = -\Gamma^j_{ji} = \frac{\phi_{m,i}}{c^2}, \quad \text{für } i \neq j. \tag{12.34}
$$

Um den linearisierten Ricci-Tensor zu berechnen, verwenden wir den linearisierten Ausdruck (12.14). Wenn wir die Christoffel-Symbole (12.34) einsetzen, so finden wir in der Tat

$$
R_{\mu\nu} = \begin{cases} \Delta\phi_m & \text{für } \mu = \nu = t, \\ \Delta\phi_m/c^2 & \text{für } \mu = \nu = 1,2,3, \\ 0 & \text{für } \mu \neq \nu. \end{cases} \tag{12.35}
$$

Mit der Definition des Ricci-Skalars $R = \eta^{\mu\nu} R_{\mu\nu}$ in linearer Näherung finden wir außerdem

$$
R = -2\frac{\Delta\phi_m}{c^2}. \tag{12.36}
$$

Jetzt fehlt uns nur noch der letzte freie Parameter κ. Wenn wir z. B. (12.31a) mit der Poisson-Gleichung (12.1) vergleichen, sehen wir, dass

$$\kappa = \frac{8\pi G}{c^4} \tag{12.37}$$

sein muss. Der Zahlenwert von κ ist sehr klein. In SI Einheiten ergibt sich

$$\kappa = 2{,}07650(25) \cdot 10^{-43}\,\mathrm{s}^2\,\mathrm{m}^{-1}\,\mathrm{kg}^{-1}. \tag{12.38}$$

Vereinfacht gesagt bedeutet dies, dass nur sehr große Massen den Raum merklich krümmen können. Das erstaunt uns natürlich nicht, denn anderenfalls wären allgemein-relativistische Effekte auch im Alltag von Bedeutung.

Da $R_{\mu\nu}$ und R zweite Ableitungen und Quadrate der ersten Ableitungen des metrischen Tensors enthalten, sind die Feldgleichungen nichtlineare Differentialgleichungen zweiter Ordnung. Das Superpositionsprinzip gilt daher nicht. Aufgrund ihrer komplexen mathematischen Struktur ist es nur für wenige Spezialfälle möglich, die Einstein'schen Feldgleichungen analytisch zu lösen, und auch die numerische Lösung ist in vielen Fällen schwierig.

12.2.4 Formulierungen der Feldgleichungen

Um die Feldgleichungen möglichst kompakt schreiben zu können haben wir in Ergänzung zum Energie-Impuls-Tensor $T_{\mu\nu}$ in (12.28) den erweiterten Ausdruck $T^*_{\mu\nu} = T_{\mu\nu} - Tg_{\mu\nu}/2$ eingeführt. Alternativ können wir einen vom Ricci-Tensor abgeleiteten Tensor definieren:

$$G_{\mu\nu} \equiv R_{\mu\nu} - \frac{1}{2}Rg_{\mu\nu}. \tag{12.39}$$

Dieser trägt den Namen *Einstein-Tensor*. Mit ihm haben wir jetzt zwei kompakte Formulierungsmöglichkeiten für die Feldgleichungen.

$$G_{\mu\nu} + \Lambda g_{\mu\nu} = \kappa T_{\mu\nu} \tag{12.40a}$$

oder alternativ

$$R_{\mu\nu} + \Lambda g_{\mu\nu} = \kappa T^*_{\mu\nu}. \tag{12.40b}$$

Mit (12.35) und (12.36) finden wir in nichtrelativistischer Näherung

$$G_{tt} = 2\Delta\phi_{\mathrm{m}} \tag{12.41}$$

als einzige nichtverschwindende Komponente, was mit der einzigen nichtverschwindenden Komponente $T_{tt} = \rho_\mathrm{m} c^4$ des Energie-Impuls-Tensors wiederum auf
die Poisson-Gleichung führt.

Literatur

1. Weyl, H.: Raum. Zeit. Materie. Springer, Berlin (1919)

Schwarzschild-Metrik

13

Inhaltsverzeichnis

Einer der wichtigsten Spezialfälle in der Newton'schen Mechanik ist das Gravitationsfeld einer kugelsymmetrischen Massenverteilung, denn damit lassen sich in sehr guter Näherung z. B. die Himmelskörper im Sonnensystem beschreiben. Dieser Fall ist einer der wenigen, für den auch die Einstein'schen Feldgleichungen analytisch gelöst werden können. Dabei betrachten wir aber nur den Außenraum, d. h. Regionen innerhalb der Massenverteilung sind im Folgenden ausgenommen. In Abschn. 21.4.1 kommen wir auf den Innenraum im Rahmen der Behandlung von Neutronensternen zu sprechen.

13.1 Herleitung der Schwarzschild-Metrik

Die Herleitung der entsprechenden Metrik für eine kugelsymmetrische Massenverteilung gelang Schwarzschild bereits 1916 [1], weshalb sie heute seinen Namen trägt.

Das Gravitationsfeld im Außenraum einer sphärisch-symmetrischen Massenverteilung mit der Gesamtmasse M ist in der Newton'schen Theorie gegeben durch das Potential

$$\phi_{\mathrm{m}}(r) = -G\frac{M}{r}. \tag{13.1}$$

Wir suchen nun eine sphärisch-symmetrische Lösung der Einstein'schen Feldgleichungen (12.40) mit verschwindender kosmologischer Konstante der Art, dass
sie im Grenzfall kleiner Massen bzw. großer Distanzen die Newton'sche Theorie
widerspiegelt. Da wir uns auf den Außenraum der Massenverteilung konzentrieren,
wo keinerlei Materie oder Energie vorhanden sein soll, ist der Energie-Impuls-
Tensor $T_{\mu\nu}$ identisch Null. Die Feldgleichungen (12.40) vereinfachen sich für den
Vakuum-Außenraum daher zu

$$R_{\mu\nu} = 0 \qquad \forall \mu, \nu \in \{0, 1, 2, 3\}. \tag{13.2}$$

Dabei haben wir berücksichtigt, dass wegen $T_{\mu\nu} = 0$ auch $T = 0$ und über $R = -\kappa T$
aus (12.27) für $\Lambda = 0$ auch $R = 0$ ist. Diese Bedingung bedeutet aber nicht, dass der
Raum flach ist, wie man vielleicht im ersten Moment annehmen könnte.

Für unsere gesuchte sphärisch-symmetrische Metrik in der ART machen wir nun
den Ansatz

$$ds^2 = -e^{2\Phi(r)}c^2 dt^2 + e^{2\Psi(r)}dr^2 + r^2 d\Omega^2. \tag{13.3}$$

Dabei sind $\Phi(r)$ und $\Psi(r)$ unbekannte Funktionen, die nur von der Radialkoordinate
$r \geq 0$ abhängen und die wir im Folgenden bestimmen müssen. Der Ansatz mit den
Ausdrücken $e^{2\Phi(r)}$ und $e^{2\Psi(r)}$ statt etwa direkt $\Phi(r)$ ist willkürlich, wird aber in der
Literatur oft verwendet und wir folgen dieser Konvention. Das Differential
$d\Omega^2 = d\vartheta^2 + \sin^2(\vartheta)d\varphi^2$ hängt von den sphärischen Winkelkoordinaten $\vartheta \in [0, \pi]$
und $\varphi \in [0, 2\pi)$ ab und beschreibt das gewohnte Flächenelement einer Einheitskugel.

Vergleichen wir den Ansatz (13.3) mit der Metrik des flachen euklidischen Raumes

$$dl^2 = dr^2 + r^2 d\Omega^2, \tag{13.4}$$

so sehen wir, dass die Radialkoordinate r in beiden Fällen nicht dasselbe bedeutet.
Auf den Unterschied kommen wir in Abschn. 13.2 noch genauer zu sprechen.

Da wir uns im Folgenden zunächst nur auf statische Metriken beschränken wollen, gibt es in (13.3) keine explizite Abhängigkeit von der Zeitkoordinate t
(s. Abschn. 11.3.3).

Der Ansatz (13.3) für unsere Metrik führt auf die zugehörigen nichtverschwindenden Christoffel-Symbole

$$\Gamma^t_{tr} = \Phi_{,r}, \tag{13.5a}$$

$$\Gamma^r_{tt} = c^2 \Phi_{,r}\, e^{2(\Phi-\Psi)}, \quad \Gamma^r_{rr} = \Psi_{,r}, \tag{13.5b}$$

$$\Gamma^r_{\vartheta\vartheta} = -re^{-2\Psi}, \qquad \Gamma^r_{\varphi\varphi} = -r\sin^2(\vartheta)\, e^{-2\Psi}, \tag{13.5c}$$

$$\Gamma^\vartheta_{r\vartheta} = \frac{1}{r}, \qquad \Gamma^\vartheta_{\varphi\varphi} = -\sin(\vartheta)\cos(\vartheta), \tag{13.5d}$$

$$\Gamma^\varphi_{r\varphi} = \frac{1}{r}, \qquad \Gamma^\varphi_{\vartheta\varphi} = \cot(\vartheta) \tag{13.5e}$$

mit $\Phi_{,r} = d\Phi/dr$ und analog $\Psi_{,r} = d\Psi/dr$. Aus den Christoffel-Symbolen können wir
den Ricci-Tensor berechnen. Dessen nichtverschwindende Komponenten lauten

$$R_{tt} = c^2 \frac{e^{2(\Phi-\Psi)}}{r} \left(\Phi_{,r}^2 r - \Psi_{,r} \Phi_{,r} r + \Phi_{,rr} r + 2\Phi_{,r} \right), \tag{13.6a}$$

$$R_{rr} = \frac{1}{r} \left(2\Psi_{,r} - \Phi_{,rr} r + \Psi_{,r} \Phi_{,r} r - \Phi_{,r}^2 r \right), \tag{13.6b}$$

$$R_{\vartheta\vartheta} = e^{-2\Psi} \left(r\Psi_{,r} + e^{2\Psi} - 1 - r\Phi_{,r} \right), \tag{13.6c}$$

$$R_{\varphi\varphi} = \sin^2(\vartheta)\, R_{\vartheta\vartheta}. \tag{13.6d}$$

Wir multiplizieren (13.6a) mit $re^{2(\Psi-\Phi)}/c^2$ und (13.6b) mit r und bilden dann die Summe (13.6b) +(13.6a) unter Verwendung von (13.2):

$$\Phi_{,r} + \Psi_{,r} = 0. \tag{13.7}$$

Einsetzen dieses Ergebnisses in $e^{2\Psi}R_{\vartheta\vartheta} = 0$ führt auf die gewöhnliche Differentialgleichung

$$2r\Psi_{,r} + e^{2\Psi} - 1 = 0. \tag{13.8}$$

Wir separieren die Variablen und gelangen zu

$$\int \frac{d\Psi}{1 - e^{2\Psi}} = \int \frac{dr}{2r}. \tag{13.9}$$

Für das rechte Integral finden wir sofort eine Stammfunktion. Unter Verwendung der Substitution $x = e^{2\Psi}$ und einer Partialbruchzerlegung können wir das linke Integral leicht lösen und finden schließlich

$$\mathcal{A} + \Psi - \frac{1}{2}\ln\left(1 - e^{2\Psi}\right) = \frac{1}{2}\ln(r), \tag{13.10}$$

wobei wir sämtliche Integrationskonstanten in $\mathcal{A}$ verpackt haben. Nach Exponentieren und mit der Abkürzung $\mathcal{B} := e^{2\mathcal{A}}$ gelangen wir zu

$$\mathcal{B}\frac{e^{2\Psi}}{1 - e^{2\Psi}} = r \quad \text{bzw.} \quad e^{2\Psi} = \frac{r}{\mathcal{B} + r} = \frac{1}{1 + \mathcal{B}/r}. \tag{13.11}$$

Das führt weiter auf

$$\Psi_{,r} = \frac{\mathcal{B}}{2r(\mathcal{B} + r)}. \tag{13.12}$$

Setzen wir (13.12) in (13.7) ein, so erhalten wir nach erneuter Partialbruchzerlegung und Integration

$$e^{2\Phi} = \mathcal{C}\left(1 + \frac{\mathcal{B}}{r}\right). \tag{13.13}$$

Die Bestimmung der Konstanten $\mathcal{B}$ und $\mathcal{C}$ erfolgt über die Betrachtung des nichtrelativistischen Grenzfalls und des Grenzfalls $r \to \infty$. Für $r \to \infty$ soll $g_{\mu\nu}$ in die

Minkowski-Metrik übergehen, da im Unendlichen die Massenverteilung keinen Einfluss mehr auf die Metrik haben sollte. Es folgt dann die Bedingung

$$\lim_{r \to \infty} e^{2\Phi(r)} \overset{!}{=} 1 \quad \text{und damit} \quad \mathcal{C} = 1. \tag{13.14}$$

Weiter wissen wir aus (12.33), dass im Newton'schen Grenzfall $g_{tt} = -(c^2 + 2\phi_m)$ mit $\phi_m = -GM/r$ gilt. Dies führt auf die Bedingung

$$1 + \frac{\mathcal{B}}{r} \overset{!}{=} 1 - 2\frac{GM}{c^2 r} \quad \text{und damit} \quad \mathcal{B} = -2\frac{GM}{c^2}. \tag{13.15}$$

Diese Konstante kennen wir bereits aus Abschn. 1.4.2, dort haben wir den *Schwarzschild-Radius*

$$r_s = 2\frac{GM}{c^2} \tag{1.38}$$

als charakteristische Länge der Gravitationswechselwirkung eingeführt.

Wenn wir alle Ergebnisse zusammenfassen, haben wir damit die *Schwarzschild-Metrik*

$$ds^2 = -\left(1 - \frac{r_s}{r}\right)c^2 dt^2 + \frac{dr^2}{1 - r_s/r} + r^2 d\Omega^2 \tag{13.16}$$

mit $d\Omega^2 = d\vartheta^2 + \sin^2(\vartheta)\, d\varphi^2$ hergeleitet.

Die Beschränkung, dass die Funktionen $\Phi(r)$ und $\Psi(r)$ alleine von der Radial-koordinate r abhängen sollen, ist eigentlich zu eng gefasst. *Jebsen*[1] zeigte 1921 [2], dass auch ein allgemeinerer Ansatz, wo die beiden Funktionen auch von der Zeitkoordinate t abhängen dürfen, ebenfalls zur Schwarzschild-Metrik führt. Sie ist daher die eindeutige Lösung der Vakuum-Feldgleichungen mit sphärischer Symmetrie und verschwindender kosmologischer Konstante. Das Theorem, dass die statische Schwarzschild-Metrik die Lösung für jede beliebige sphärisch-symmetrische Massenverteilung ist, wurde jedoch lange Zeit *Birkhoff*[2] alleine zugeschrieben, der das nach ihm benannte *Birkhoff'sche-Theorem* [3] 1923 fand, siehe auch [4].

13.2   Eigenschaften der Schwarzschild-Metrik

Im Folgenden wollen wir auf einige erste physikalische Eigenschaften der Schwarzschild-Metrik eingehen.

---

[1] Jørg Tofte Jebsen, 1888–1922, norwegischer Physiker.
[2] George David Birkhoff, 1884–1944, US-amerikanischer Mathematiker.

13.2.1 Singularitäten

An den Metrikkomponenten g_{tt} und g_{rr} in (13.16) erkennen wir sofort zwei Problemstellen (Singularitäten) bei $r = 0$ und $r = r_s$. Wir haben aber bereits in Abschn. 11.2.4 für den Fall der Metrik der Kugelfläche gesehen, dass an solchen Stellen nicht unbedingt etwas physikalisch Außergewöhnliches passieren muss. Um eine koordinatenunabhängige Aussage treffen zu können, was an diesen Stellen passiert, benötigen wir eine skalare Größe wie zum Beispiel den Ricci-Skalar. Dieser ist jedoch schon per Konstruktion identisch Null. Wir verwenden daher den *Kretschmann-Skalar* $\mathcal{K}$ aus (11.104) zur Charakterisierung der Problemstellen. Für die Schwarzschild-Metrik gilt

$$\mathcal{K} = 12 \frac{r_s^2}{r^6}. \tag{13.17}$$

Bei $r = r_s$ verhält sich dieser Krümmungsskalar regulär. Es handelt sich also „nur" um eine *Koordinatensingularität*, die durch die Wahl anderer Koordinaten wegtransformiert werden kann (s. Abschn. 13.3.2). Dennoch hat die zugehörige Kugelfläche eine physikalische Bedeutung, was allein schon durch den Vorzeichenwechsel der Metrikkomponenten g_{tt} und g_{rr} zum Ausdruck kommt. Die Koordinaten t und r tauschen hier ihren raum- bzw. zeitartigen Charakter. Im Fall der Schwarzschild-Metrik wird diese Kugeloberfläche auch *Ereignishorizont* oder kurz *Horizont* genannt, da sie den inneren Bereich nach außen hin vollkommen abschirmt. Nichts, was unterhalb des Horizonts passiert, kann von außerhalb beobachtet werden.

Den Wechsel zwischen raum- und zeitartigem Charakter der Koordinaten t und r können wir mit Hilfe radialer Lichtkegel verdeutlichen. Mit $\mathrm{d}\vartheta = \mathrm{d}\varphi = 0$ reduziert sich (13.16) für lichtartige Geodäten auf

$$\mathrm{d}s^2 = -\left(1 - \frac{r_s}{r}\right)c^2\mathrm{d}t^2 + \frac{\mathrm{d}r^2}{1 - r_s/r} = 0. \tag{13.18}$$

Daraus resultieren die Steigungen

$$\frac{\mathrm{d}t}{\mathrm{d}r} = \pm\frac{1}{c\left(1 - r_s/r\right)} \tag{13.19}$$

der radialen Lichtkegel in einem r-t-Diagramm (s. Abb. 13.1).

Die Lichtkegel verengen sich bei Annäherung an den Schwarzschild-Radius. Für $r > r_s$ sind sie entlang der Zeitachse geöffnet, für $r < r_s$ öffnen sich die Lichtkegel entlang der Raumachse, d. h. r wird eine zeitartige und t eine raumartige Koordinate. Unterhalb des Horizonts bewegt sich alles unausweichlich auf die Singularität bei $r = 0$ zu.

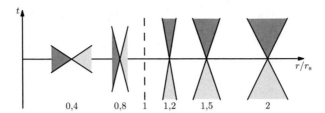

Abb. 13.1 Bei Annäherung an den Schwarzschild-Radius r_s verengen sich die Lichtkegel immer weiter. Am Schwarzschild-Radius sind sie zu einer Linie entartet und öffnen sich innerhalb des Schwarzschild-Radius entlang der Raumachse. Der dunkelgraue Bereich kennzeichnet den Zukunftslichtkegel

13.2.2 Messung der Radialkoordinate

Die Radialkoordinate r in der Schwarzschild-Metrik (13.16) kann aufgrund der Metrikkomponente $g_{rr} = (1 - r_s/r)^{-1}$ nicht wie in der flachen Raumzeit als tatsächlicher Abstand zum Ursprung interpretiert werden. Wir können ihr jedoch über folgende Messvorschrift eine Bedeutung zuordnen. Betrachten wir zu einer festen Zeit t alle Punkte mit einer festen Radialkoordinate, deren Wert wir allerdings noch nicht kennen. Für diese gilt

$$\mathrm{d}r = 0, \quad \mathrm{d}t = 0, \quad \mathrm{d}\vartheta \neq 0, \quad \mathrm{d}\varphi \neq 0. \tag{13.20}$$

Über die Kraft, die die Massenverteilung ausübt, können wir erreichen, dass alle betrachteten Punkte, bzw. an diesen Positionen ruhende Beobachter, die gleiche Radialkoordinate haben. Diese können wir dann über eine Flächen- oder Umfangsbestimmung ermitteln. Für ein Flächenelement folgt mit (13.20) aus (13.16)

$$\mathrm{d}F = r^2 \sin(\vartheta)\,\mathrm{d}\vartheta\,\mathrm{d}\varphi. \tag{13.21}$$

Die zugehörige Kugeloberfläche ist $F = 4\pi r^2$. Durch Messung der Fläche, auf der alle Beobachter liegen, können wir dann die Radialkoordinate bestimmen. Alternativ können wir auch eine Umfangsmessung durchführen, indem wir uns auf Punkte mit $\vartheta = \pi/2$ beschränken. Diese liegen auf einer Kurve der Länge $U = 2\pi r$.

Über die Messung der Fläche oder des Umfangs kann man also, zumindest theoretisch, die Radialkoordinate bestimmen.

13.2.3 Radialabstand von Punkten

Den tatsächlichen *messbaren* Abstand von Punkten mit unterschiedlicher Radialkoordinate können wir ebenfalls direkt aus dem Linienelement (13.16) ermitteln. Mit den Differentialen

$$\mathrm{d}r \neq 0, \quad \mathrm{d}t = 0, \quad \mathrm{d}\vartheta = 0, \quad \mathrm{d}\varphi = 0 \tag{13.22}$$

folgt für den differentiellen *Eigenradialabstand*

$$\mathrm{d}s_\mathrm{r} = \frac{1}{\sqrt{1-r_\mathrm{s}/r}}\,\mathrm{d}r \geq \mathrm{d}r. \tag{13.23}$$

Aufgrund des Wurzelausdrucks können wir radiale Abstände nur jenseits des Schwarzschild-Radius r_s bestimmen. Für $r > r_\mathrm{s}$ und $r_2 \geq r_1$ gilt dann aber

$$\Delta s = \int_{r_1}^{r_2} \mathrm{d}s_\mathrm{r} > r_2 - r_1. \tag{13.24}$$

Der Eigenradialabstand Δs ist stets größer als der Radialabstand, den man aus der Differenz der Radialkoordinaten bestimmen würde.

Für den Abstand zum *Ereignishorizont* ergibt sich

$$\Delta s = r_\mathrm{s}\sqrt{\frac{r}{r_\mathrm{s}}\left(\frac{r}{r_\mathrm{s}}-1\right)} + \frac{r_\mathrm{s}}{2}\ln\left[2\frac{r}{r_\mathrm{s}}-1+2\sqrt{\frac{r}{r_\mathrm{s}}\left(\frac{r}{r_\mathrm{s}}-1\right)}\right]. \tag{13.25}$$

Abb. 13.2 zeigt den Eigenradialabstand Δs zum Ereignishorizont in Abhängigkeit von der Radialkoordinate r entsprechend (13.25), normiert bezüglich des Schwarzschild-Radius r_s.

13.2.4 Bedeutung der Koordinatenzeit

Aus dem Linienelement (13.16) der Schwarzschild-Metrik können wir auch eine Beziehung zwischen der Zeitkoordinaten t und der tatsächlich messbaren *Eigenzeit* τ eines Beobachters herleiten. Betrachten wir einen Beobachter, der an einem festen Koordinatenpunkt ruht, so gilt für ihn

$$\mathrm{d}r = \mathrm{d}\vartheta = \mathrm{d}\varphi = 0. \tag{13.26}$$

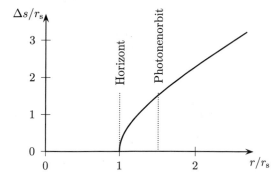

Abb. 13.2 Eigenradialabstand Δs zum Ereignishorizont eines Schwarzen Lochs in Abhängigkeit von der Radialkoordinate r, normiert bezüglich des Schwarzschild-Radius r_s. Zur Orientierung ist der Photonenorbit $r = 3r_\mathrm{s}/2$ eingezeichnet (s. Abschn. 13.2.6). Dort wird Licht bereits so stark abgelenkt, dass es auf einer Kreisbahn um das Schwarze Loch läuft

Setzen wir dies in das Linienelement (13.16) ein, so folgt

$$ds^2 = -c^2\left(1-\frac{r_s}{r}\right)dt^2 \equiv -c^2\,d\tau^2 \quad \text{bzw.} \quad d\tau = \sqrt{1-\frac{r_s}{r}}\,dt < dt. \quad (13.27)$$

Für einen weit entfernten Beobachter, $r\to\infty$, stimmt die Koordinatenzeit mit dessen Eigenzeit überein. Je weiter wir uns jedoch dem Schwarzschild-Radius r_s nähern, umso mehr geht das Verhältnis zwischen Eigenzeit und Koordinatenzeit gegen Null. Das heißt aber, dass die Eigenzeit für einen Beobachter in der Nähe des Schwarzschild-Radius langsamer vergeht als für einen sich weiter entfernt befindenden Beobachter. Im Grenzfall $r = r_s$ würde die Eigenzeit im Vergleich zum Rest des Universums stillstehen. Allerdings kann ein Beobachter in $r = r_s$ nicht in Ruhe sein, da er hierfür eine unendlich große Beschleunigung benötigen würde (s. Abschn. 16.2.2, (16.18)).

13.2.5 Radiale lichtartige Geodäten

Aus der Schwarzschild-Metrik (13.16) können wir unmittelbar die Lichtlaufzeit $\Delta t(r_1, r_2)$ zwischen zwei Punkten $P_1 = (r_1, \vartheta, \varphi)$ und $P_2 = (r_2, \vartheta, \varphi)$ bestimmen. Mit $d\vartheta = d\varphi = 0$ und $ds^2 = 0$ für radiale lichtartige Geodäten folgt

$$c\Delta t(r_1, r_2) = \left|\int_{r_1}^{r_2} \frac{dr'}{1 - r_s/r'}\right| = \left|r_2 - r_1 + r_s \ln\left(\frac{r_2 - r_s}{r_1 - r_s}\right)\right|. \quad (13.28)$$

Im Grenzfall $r_1 \to r_s$ oder $r_2 \to r_s$ divergiert die Lichtlaufzeit. Für einen Beobachter am Ort r_2 und ein Objekt bei $r_1 < r_2$ heißt das aber, dass das Licht vom Objekt umso länger benötigt, je näher es sich am Ereignishorizont befindet. Licht von einem Objekt unterhalb des Ereignishorizonts erreicht einen äußeren Beobachter also *nie*.

13.2.6 Photonenorbit in der Schwarzschild-Metrik

Die Geodätengleichung (11.131) für die Schwarzschild-Metrik mit dem metrischen Tensor aus (13.16), den sphärischen Koordinaten $x^\mu = (t, r, \vartheta, \varphi)$ für den Ort und $u^\mu = (u^t, u^r, u^\vartheta, u^\varphi)$ für die Geschwindigkeit, lautet

$$\frac{d^2 t}{d\lambda^2} = -\frac{r_s}{r(r-r_s)}u^t u^r, \quad (13.29a)$$

$$\frac{d^2 r}{d\lambda^2} = -\frac{c^2 r_s(r-r_s)}{2r^3}u^t u^t + \frac{r_s}{2r(r-r_s)}u^r u^r$$
$$+ (r-r_s)\left[u^\vartheta u^\vartheta + \sin^2(\vartheta)u^\varphi u^\varphi\right], \quad (13.29b)$$

$$\frac{d^2 \vartheta}{d\lambda^2} = -\frac{2}{r}u^r u^\vartheta + \sin(\vartheta)\cos(\vartheta)u^\varphi u^\varphi, \quad (13.29c)$$

$$\frac{d^2\varphi}{d\lambda^2} = -\frac{2}{r}u^r u^\varphi - 2\cot(\vartheta)u^\vartheta u^\varphi. \tag{13.29d}$$

Besonders interessant ist der Sonderfall $r = 3r_s/2$. Dieser Abstand charakterisiert den *Photonenorbit*, Lichtstrahlen können hier auf einer Kreisbahn um das Schwarze Loch laufen.

Die Existenz eines kreisförmigen Orbits in der Schwarzschild-Metrik können wir wie folgt herleiten. Dabei können wir uns aufgrund der sphärischen Symmetrie der Metrik auf Orbits innerhalb der $\vartheta = \pi/2$ Ebene beschränken. Der Startpunkt für einen Lichtstrahl sei nun durch den Punkt $x^\mu = (t_0, r, \pi/2, \varphi_0)$ gegeben. Damit der Lichtstrahl auf einer Kreisbahn bleibt, muss die Vierergeschwindigkeit u^μ stets die Form

$$u^\mu = (u^t, 0, 0, \omega) \tag{13.30}$$

haben. Aus der Zwangsbedingung $g_{\mu\nu}u^\mu u^\nu = 0$ für lichtartige Geodäten, die unmittelbar aus der Definition der Lagrange-Funktion (11.134) folgt, ergibt sich

$$u^t = \frac{r\omega}{c\sqrt{1 - r_s/r}}. \tag{13.31}$$

Zudem muss die radiale Beschleunigung, (13.29b), identisch verschwinden. Aus $d^2r/d\lambda^2 = 0$ ergibt sich dann

$$\left(u^t\right)^2 = \frac{2r^3}{c^2 r_s}\left(u^\varphi\right)^2 = \frac{2r^3}{c^2 r_s}\omega^2. \tag{13.32}$$

Setzen wir (13.31) in (13.32) ein, so erhalten wir unmittelbar den Radius

$$r_{po} = \frac{3}{2}r_s \tag{13.33}$$

für den Photonenorbit.

13.2.7 Qualitatives Verhalten von Geodäten

Das qualitative Verhalten von licht- und zeitartigen Geodäten in der Schwarzschild-Raumzeit können wir am einfachsten mit Hilfe des Euler-Lagrange-Formalismus (s. Abschn. 11.4.2) bestimmen. Berücksichtigen wir noch die sphärische Symmetrie, können wir uns auf Geodäten in der Äquatorialebene, $\vartheta = \pi/2$, beschränken. Die *Lagrange-Funktion* lautet in diesem Fall

$$\mathcal{L} = -\left(1 - \frac{r_s}{r}\right)c^2\dot{t}^2 + \frac{\dot{r}^2}{1 - r_s/r} + r^2\dot{\varphi}^2 = \kappa c^2. \tag{13.34}$$

Wie man sofort sieht, sind t und φ zyklische Variablen, da sie nicht explizit in $\mathcal{L}$ auftauchen. Aus der Euler-Lagrange-Gleichung (11.135) folgt dann

$$\left(1-\frac{r_{\mathrm{s}}}{r}\right)c^2\dot{t}=k, \qquad r^2\dot{\varphi}=h, \qquad \frac{1}{2}\dot{r}^2+V_{\mathrm{eff}}=\frac{1}{2}\frac{k^2}{c^2} \qquad (13.35)$$

mit dem effektiven Potential

$$V_{\mathrm{eff}}=\frac{1}{2}\left(1-\frac{r_{\mathrm{s}}}{r}\right)\left(\frac{h^2}{r^2}-\kappa c^2\right) \qquad (13.36)$$

und den Konstanten der Bewegung k und h. Diese entsprechen im Fall zeitartiger Geodäten der Energie bzw. dem Drehimpuls pro Einheitsmasse im asymptotisch flachen Raum. Im Fall von lichtartigen Geodäten zählt nur das Verhältnis $\varepsilon = ch/k$. Die letzte Beziehung in (13.35) wird, analog zur klassischen Mechanik, als *Energie-bilanzgleichung* bezeichnet.

Wollen wir die Konstanten der Bewegung aus Sicht eines ruhenden Beobachters angeben, so benötigen wir noch dessen lokales Bezugssystem, welches zum Beispiel durch die lokale Tetrade

$$\underline{\mathbf{e}}_{(t)}=\frac{1}{c\sqrt{1-r_{\mathrm{s}}/r}}\partial_t, \quad \underline{\mathbf{e}}_{(r)}=\sqrt{1-\frac{r_{\mathrm{s}}}{r}}\partial_r, \quad \underline{\mathbf{e}}_{(\vartheta)}=\frac{1}{r}\partial_\vartheta, \quad \underline{\mathbf{e}}_{(\varphi)}=\frac{1}{r\sin(\vartheta)}\partial_\varphi \qquad (13.37)$$

beschrieben werden kann (s. Abschn. 11.2.5). Eine Geodäte in der Äquatorialebene hat dann eine Startrichtung $\underline{y}$ bezogen auf diese Tetrade von

$$\underline{y}=y^{(t)}\underline{\mathbf{e}}_{(t)}+y^{(r)}\underline{\mathbf{e}}_{(r)}+y^{(\varphi)}\underline{\mathbf{e}}_{(\varphi)}=y^{(t)}\underline{\mathbf{e}}_{(t)}+\rho\cos(\xi)\underline{\mathbf{e}}_{(r)}+\rho\sin(\xi)\underline{\mathbf{e}}_{(\varphi)}. \qquad (13.38)$$

Aus der Normierungsbedingung $\langle \underline{y},\underline{y}\rangle_\eta=-(y^{(t)})^2+(y^{(r)})^2+(y^{(\varphi)})^2=\kappa c^2$ (s. (11.137)) folgt dann

$$k=c\sqrt{\rho^2-\kappa c^2}\sqrt{1-\frac{r_{\mathrm{s}}}{r_{\mathrm{beob}}}} \quad \text{und} \quad h=r_{\mathrm{beob}}\,\rho\sin(\xi) \qquad (13.39)$$

mit der radialen Beobachterposition $r=r_{\mathrm{beob}}$.

Lichtartige Geodäten

Betrachten wir das effektive Potential V_{eff} für lichtartige Geodäten, so findet man lediglich eine Extremalstelle bei $r=3r_{\mathrm{s}}/2$ (s. Abb. 13.3). Wie bereits in Abschn. 13.2.6 gesehen, entspricht diese Stelle dem Photonenorbit. Da es sich allerdings um ein Maximum handelt, ist der Photonenorbit instabil. Eine kleine Abweichung $\Delta r<0$ und der Lichtstrahl fällt in die Singularität, wohingegen eine positive radiale Abweichung den Lichtstrahl gegen Unendlich laufen lässt.

Mit Hilfe des effektiven Potentials kann man auch den minimalen Abstand r_{min} einer lichtartigen Geodäten zum Ursprung bestimmen. Dieser folgt für festgelegtes k und h aus der Energiebilanzgleichung (13.35) mit $\dot{r}=0$ für den Umkehrpunkt der Geodäten. Auflösen nach dem Radius führt auf

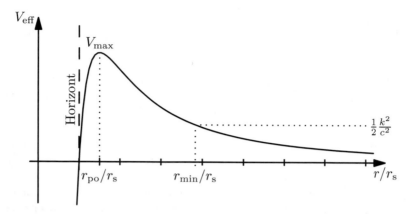

Abb. 13.3 Effektives Potential für eine lichtartige Geodäte. Das Maximum V_{max} liegt stets an der Position $r_{po} = 3r_s/2$ und repräsentiert den Photonenorbit

$$r_{min} = \frac{2\varepsilon}{\sqrt{3}} \cos\left[\frac{1}{3}\arccos\left(-\frac{3\sqrt{3}r_s}{2\varepsilon}\right)\right]$$ (13.40)

mit $\varepsilon = c\,h/k = r_{beob}\sin(\xi)/\sqrt{1 - r_s/r_{beob}}$, wobei wir $\rho = 1$ wählen konnten.

Ist $r_{min} = 3r_s/2$, so nähert sich die zugehörige Geodäte asymptotisch dem Photonenorbit. Der entsprechende Beobachterwinkel ξ_{krit} folgt wiederum aus der Energiebilanzgleichung zu

$$\sin^2(\xi_{krit}) = \frac{27}{4}\frac{r_s^2}{r_{beob}^2}\left(1 - \frac{r_s}{r_{beob}}\right).$$ (13.41)

Befindet sich der Beobachter unterhalb des Photonenorbits, $r_s < r_{beob} < 3r_s/2$, so müssen wir den Winkel ξ_{krit} durch $180° - \xi_{krit}$ ersetzen.

Zeitartige Geodäten

Bei zeitartigen Geodäten kann es bis zu zwei Extremalstellen geben, die sich an den Positionen

$$r_\pm = \frac{h^2 \pm h\sqrt{h^2 - 3c^2 r_s^2}}{c^2 r_s}$$ (13.42)

befinden, wobei das Potential bei r_+ ein Minimum und bei r_- ein Maximum annimmt. Ist die Diskriminante $h^2 - 3c^2 r_s^2$ negativ, so gibt es keine Extremalstelle. Im Fall $h^2 = 3c^2 r_s^2$ handelt es sich um eine indifferente Extremalstelle und für $h^2 > 3c^2 r_s^2$ gibt es zwei Extremalstellen. Daraus folgt auch, dass r_+ und r_- nur in den Bereichen

$$r_+ \geq 3r_s \quad \text{und} \quad \frac{3}{2}r_s < r_- < 3r_s$$ (13.43)

vorkommen können.

Abb. 13.4 zeigt das effektive Potential einer zeitartigen Geodäten mit zwei Extremalstellen. Die Konstanten der Bewegung h und k sind so gewählt, dass sich die zeitartige Geodäte stets im Bereich zwischen $r_{\min}$ und $r_{\max}$ aufhält. Dabei ist $r_{\min}$ die größte Annäherung und $r_{\max}$ die größte Entfernung der Geodäten zum Zentrum, sie befindet sich also in einem *gebundenen Orbit*. Analog zur klassischen Mechanik kann die Geodäte den Potentialwall bei r_- nicht überwinden und ist daher vor dem Sturz in das Zentrum bewahrt. Aus dem Potential können wir jedoch nicht ablesen, ob die Geodäte einem geschlossenen Orbit folgt. Aufgrund der in Abschn. 13.4.2 besprochenen Periheldrehung ist dies in der Regel nicht der Fall. Eine ausführliche Diskussion zu periodischen Orbits in der Schwarzschild-Metrik findet man zum Beispiel bei Levin und Perez-Giz [5].

Den Spezialfall einer stabilen kreisförmigen zeitartigen Geodäten erhalten wir, wenn wir in der Lagrange-Funktion (13.34) $\dot r = 0$ und den Radius der Kreisbahn in das Minimum des Potentials bei r_+ setzen. Die Konstanten der Bewegung lauten dann

$$k^2 = c^4 \left(1 - \frac{r_s}{r_+}\right)^2 \left(1 - \frac{3r_s}{2r_+}\right)^{-1} \quad \text{und} \quad h^2 = \frac{c^2 r_+^2 r_s}{2r_+ - 3r_s}. \tag{13.44}$$

Bewegt sich ein Objekt entlang dieser Geodäten, so können wir ihm eine Winkelgeschwindigkeit $\omega = \mathrm{d}\varphi/\mathrm{d}\tau = \dot\varphi$ bezogen auf seine Eigenzeit τ zuordnen, wobei

$$\omega^2 = \frac{h^2}{r_+^4} = \frac{c^2 r_s}{r_+^2 (2r_+ - 3r_s)}. \tag{13.45}$$

Bezogen auf die Koordinatenzeit erhalten wir die Winkelgeschwindigkeit $\Omega = \mathrm{d}\varphi/\mathrm{d}t = \dot\varphi/\dot t$ und daraus $\Omega^2 = c^2 r_s/(2r_+^3)$. Entsprechend können wir die Zeiten für einen vollen Umlauf berechnen und erhalten $\tau_{2\pi} = 2\pi/\omega$ bzw. $T_{2\pi} = 2\pi/\Omega$. Um dem Objekt auch eine Geschwindigkeit $v = c\beta$ zuordnen zu können, die ein Beobachter an dessen aktueller Position misst, müssen wir zunächst die Vierergeschwindigkeit $\underline{u} = \dot t \partial_t + \dot\varphi \partial_\varphi = c\gamma(\underline{e}_{(t)} + \beta \underline{e}_{(\varphi)})$ bestimmen. Daraus folgt dann

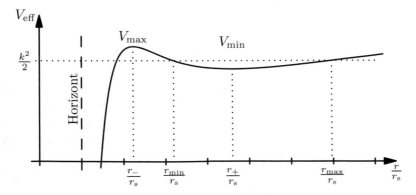

Abb. 13.4 Effektives Potential für eine zeitartige Geodäte mit zwei Extremalstellen

$$\nu = c \sqrt{\frac{r_{\mathrm{s}}}{2(r_+ - r_{\mathrm{s}})}}.\tag{13.46}$$

Bisher haben wir noch nicht berücksichtigt, dass der Radius r_+ beschränkt ist (s. (13.43)). Im Fall $r_+ = 3r_{\mathrm{s}}$ hat das effektive Potential (13.36) nur eine (indifferente) Extremalstelle. Jegliche noch so kleine radiale Auslenkung sorgt dafür, dass die zeitartige Geodäte in die Singularität stürzt. Dennoch hat sich eingebürgert, den zugehörigen Orbit, $r_{\mathrm{lso}} = 3r_{\mathrm{s}}$, als *letzten stabilen Orbit* (lso) zu bezeichnen. Ein Objekt bewegt sich hier mit halber Lichtgeschwindigkeit um das Zentrum.

13.2.8 Einstein-Ring

Befindet sich ein punktförmiges Objekt exakt auf der Verbindungslinie zwischen Massezentrum und Beobachter, in Abb. 13.5 entspricht dies der x-Achse, so erscheint es ihm als *Einstein-Ring*. Der Grund dafür ist die sphärische Symmetrie der Schwarzschild-Raumzeit. Alle Lichtstrahlen, die unter dem gleichen Winkel ξ zur Verbindungslinie beim Beobachter eintreffen, stammen vom gleichen Objekt. Aufgrund der starken Lichtablenkung in der Schwarzschild-Raumzeit gibt es aber nicht nur diesen Einstein-Ring erster Ordnung, sondern im Prinzip unendliche viele Ringe. Startet ein Lichtstrahl beim Objekt und umkreist das Massezentrum einmalig bevor es den Beobachter erreicht, so sprechen wir von einem Einstein-Ring zweiter Ordnung.

Sind Beobachterort $r = r_{\mathrm{i}}$ und Objektort $r = r_{\mathrm{f}}$ bekannt, so kann man den Winkel ξ des Einstein-Rings wie folgt berechnen. Ausgangspunkt ist die Bilanzgleichung (13.35) mit dem effektiven Potential (13.36) für $\kappa = 0$ und die Konstante der Bewegung h. Damit gilt

$$\left(\frac{\mathrm{d}r}{\mathrm{d}\varphi}\right)^2 = \frac{\dot{r}^2}{\dot{\varphi}^2} = r^4 \frac{k^2}{c^2 h^2} - r^2 \left(1 - \frac{r_{\mathrm{s}}}{r}\right).\tag{13.47}$$

Nach der Substitution $x = r_{\mathrm{s}}/r$ folgt daraus

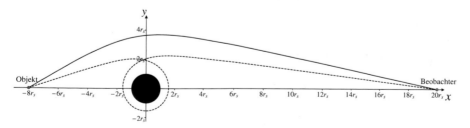

Abb. 13.5 Das punktförmige Objekt bei $x = -8r_s$ erscheint dem Beobachter bei $x = 20r_s$ als Einstein-Ring mit dem Öffnungswinkel $\xi \approx 11{,}9473°$ (Ring erster Ordnung) bzw. $\xi \approx 7{,}279793°$ (Ring zweiter Ordnung)

$$\left(\frac{dx}{d\varphi}\right)^2 = a^2 - x^2(1-x) \qquad \text{mit} \qquad a^2 = \frac{k^2 r_s^2}{c^2 h^2} = \frac{x_i^2(1-x_i)}{\sin^2(\xi)} \qquad (13.48)$$

und $x_i = r_s/r_i$. Dieses elliptische Integral können wir formal lösen, müssen es jedoch in zwei Bereiche aufteilen

$$\varphi = \int_{x_i}^{x_f} \frac{dx}{\sqrt{a^2 - x^2(1-x)}} = \int_{x_i}^{x_{min}} \frac{dx}{\sqrt{\ldots}} + \int_{x_f}^{x_{min}} \frac{dx}{\sqrt{\ldots}}, \qquad (13.49)$$

abhängig vom kleinsten Abstand (13.40) der Geodäten zum Ursprung

$$x_{min} = \frac{r_s}{r_{min}} = \frac{\sqrt{3}a}{2}\left\{\cos\left[\frac{1}{3}\arccos\left(-\frac{3\sqrt{3}a}{2}\right)\right]\right\}^{-1}. \qquad (13.50)$$

In (13.49) haben wir auch gleich die entsprechenden Integrationsrichtungen und Vorzeichen berücksichtigt. Den Winkel ξ für den Einstein-Ring erster Ordnung erhalten wir nun, wenn wir in (13.49) den Winkel $\varphi = \pi$ wählen. Allerdings können wir die resultierende implizite Gleichung, bei der ξ nicht nur im Integranden, sondern auch in den Integralgrenzen steckt, nicht einfach nach ξ auflösen. Vielmehr müssen wir ein numerisches Verfahren anwenden und dabei sehr sorgsam auf einen Startwert oder auf Startgrenzen achten. Für einen Einstein-Ring n-ter Ordnung mit $n \geq 1$ müssen wir entsprechend $\varphi = (2n - 1)\pi$ setzen.

13.3   Schwarze Löcher

Die Schwarzschild-Metrik gilt für alle sphärisch-symmetrischen Massenverteilungen mit verschwindender kosmologischer Konstante. Befindet sich diese Massenverteilung vollständig unterhalb des Schwarzschild-Radius, so beschreibt sie auch eines der außergewöhnlichsten Objekte in der ART – ein statisches Schwarzes Loch. Wie bereits im vorherigen Abschn. 13.2 diskutiert, trennt der Ereignishorizont den Innenbereich vom Außenbereich vollkommen ab. Dies bedeutet aber auch, dass nicht einmal Licht aus dem Innenbereich nach außen gelangen kann, weshalb dieser Bereich schwarz ist. Stark vereinfacht haben wir diesen Fall bereits in Abschn. 1.4.4 angesprochen.

In den folgenden Abschnitten wollen wir weitere Eigenschaften der Schwarzschild-Metrik untersuchen, die ihr Extremum im Fall von Schwarzen Löchern besitzen.

13.3.1 Freier Fall auf ein Schwarzes Loch

In diesem Abschnitt wollen wir den freien Fall eines Teilchens in ein Schwarzes Loch untersuchen. Dabei interessiert uns besonders, wie ein Beobachter, der mit dem Teilchen mitfällt, und wie ein Beobachter, der sich weit entfernt befindet, die Situation jeweils beurteilen. Wir lassen dabei das Teilchen bei $r = R > r_s$ aus der Ruhe heraus starten.

Aufgrund der sphärischen Symmetrie kann sich das Teilchen nur auf einer radialen Geodäten bewegen. Die Euler-Lagrange-Funktion lautet in diesem Fall

$$\mathcal{L} = -\left(1 - \frac{r_s}{r}\right)c^2\dot{t}^2 + \frac{1}{1 - r_s/r}\dot{r}^2 = -c^2. \tag{13.51}$$

Dabei bezeichnet ein Punkt die Ableitung bezüglich der Eigenzeit τ. Aus Abschn. 13.2.7 wissen wir bereits, dass die Zeitkoordinate t zyklisch ist, und wir erhalten die Konstante der Bewegung $k = (1 - r_s/r)c^2\dot{t}$. Setzen wir diese in die Lagrange-Funktion (13.51) ein und formen um, so gelangen wir zu den Bewegungsgleichungen

$$\frac{dr}{d\tau} = \pm\sqrt{\frac{k^2}{c^2} - c^2\left(1 - \frac{r_s}{r}\right)} \tag{13.52a}$$

und

$$\frac{dt}{d\tau} = \frac{k}{c^2}\left(1 - \frac{r_s}{r}\right)^{-1} \tag{13.52b}$$

für die Radial- und die Zeitkoordinate in Abhängigkeit der Eigenzeit τ.

Mitfallender Beobachter

Aus (13.52a) können wir eine Relation zwischen der Eigenzeit τ des mitfallenden Beobachters und seiner aktuellen Position r herleiten. Der Beobachter starte an der Position $r = R$ aus der Ruhe, $(dr/d\tau)|_{r=R} = 0$. Da dann mit zunehmender Zeit die radiale Position stets abnimmt, müssen wir das negative Vorzeichen in (13.52a) wählen und erhalten so

$$\tau(r) = -\int_R^r \frac{dr'}{\sqrt{k^2/c^2 - c^2\left(1 - r_s/r'\right)}}. \tag{13.53}$$

Mit Hilfe der Anfangsbedingungen und (13.52a) können wir die Konstante der Bewegung $k = c^2\sqrt{1 - r_s/R}$ ermitteln. Setzen wir diese in das Integral von (13.53) ein, so gelangen wir zu dem Ausdruck

$$\tau(r) = \frac{1}{c}\int_r^R \frac{dr'}{\sqrt{\left(1 - r_s/R\right) - \left(1 - r_s/r'\right)}} = \frac{1}{c}\int_r^R \frac{dr'}{\sqrt{r_s/r' - r_s/R}}. \tag{13.54}$$

Wir verwenden zur Lösung die Substitution $r' = R\sin^2(x)$ mit der Ableitung $dr' = 2R\sin(x)\cos(x)\,dx$ und erhalten mit den substituierten Integrationsgrenzen $x_i = \arcsin(\sqrt{r/R})$ und $x_f = \pi/2$,

$$\tau(r) = \frac{2R^{3/2}}{c\sqrt{r_s}}\int_{x_i}^{x_f} \sin^2(x)\,dx = \frac{R^{3/2}}{c\sqrt{r_s}}\left[x - \frac{1}{2}\sin(2x)\right]_{\arcsin(\sqrt{r/R})}^{\pi/2}. \tag{13.55}$$

Nutzen wir noch die trigonometrischen Formeln

$$\sin(2x) = 2\sin(x)\cos(x) \quad \text{und} \quad \arccos(x) = \frac{\pi}{2} - \arcsin(x) \qquad (13.56)$$

aus, so ist die verstrichene Eigenzeit $\tau(r)$ vom Startort R bis zur aktuellen Position $r \leq R$ durch

$$\tau(r) = \frac{R^{3/2}}{c\sqrt{r_s}} \left[\sqrt{\frac{r}{R}} \sqrt{1 - \frac{r}{R}} + \arccos\left(\sqrt{\frac{r}{R}}\right) \right] \qquad (13.57)$$

gegeben. Zur Kontrolle setzten wir $r = R$ ein und erhalten $\tau(R) = 0$ wie zu erwarten. Die Fallzeit bis zum Schwarzschild-Radius $r = r_s$ ist

$$\tau(r_s) = \frac{R^{3/2}}{c\sqrt{r_s}} \left[\sqrt{\frac{r_s}{R}} \sqrt{1 - \frac{r_s}{R}} + \arccos\left(\sqrt{\frac{r_s}{R}}\right) \right] \qquad (13.58)$$

Das Teilchen bzw. der mitfallende Beobachter erreicht also nach *endlicher* Eigenzeit den Ereignishorizont des Schwarzen Lochs. Weiter gilt für $r = 0$ wegen $\arccos(0) = \pi/2$, dass das Teilchen auch die Singularität des Schwarzen Lochs nach endlicher Zeit

$$\tau(0) = \frac{\pi}{2} \frac{R^{3/2}}{c\sqrt{r_s}} \qquad (13.59)$$

erreicht.

Wir können (13.57) mit Hilfe der Zykloidenkoordinate η auch etwas kompakter schreiben. Setzen wir

$$r = \frac{R}{2}\left[1 + \cos(\eta)\right], \qquad (13.60)$$

dann gilt $r(\eta = 0) = R$ und $r(\eta = \pi) = 0$ und wir erhalten den einfachen Ausdruck

$$\tau(\eta) = \frac{R^{3/2}}{2c\sqrt{r_s}}\left[\eta + \sin(\eta)\right]. \qquad (13.61)$$

Diese Funktion ist für $\eta \in [0, \pi]$ stetig, woran man deutlich erkennt, dass das Teilchen den Ereignishorizont problemlos passiert und es sich hier nur um eine Koordinatensingularität handeln kann.

Weit entfernter Beobachter

Ein weit entfernter Beobachter beurteilt den freien Fall eines Teilchens auf das Schwarze Loch ganz anders. Um auszuwerten, was dieser sieht, berechnen wir zunächst die verstrichene Koordinatenzeit $t(r)$ an der aktuellen Position r des Teilchens. Aus (13.52a) und (13.52b) folgt

$$\frac{\mathrm{d}t}{\mathrm{d}r} = \frac{\dot{t}}{\dot{r}} = -\frac{k}{c^2}\left(1-\frac{r_s}{r}\right)^{-1}\left[\frac{k^2}{c^2} - c^2\left(1-\frac{r_s}{r}\right)\right]^{-1/2}. \tag{13.62}$$

Setzen wir wieder die Konstante der Bewegung k aus dem vorherigen Abschnitt ein, so erhalten wir

$$t(r) = \frac{1}{2}\sqrt{1-\frac{r_s}{R}}\int_R^r \frac{\mathrm{d}r'}{(1-r_s/r')\sqrt{r_s/r' - r_s/R}}. \tag{13.63}$$

Wir sehen sofort, dass der Faktor $\left(1-r_s/r'\right)^{-1}$ bei $r' = r_s$ singulär wird. Zur genauen Auswertung des Integrals verwenden wir wieder die Zykloidenkoordinate. Mit dem bereits gefundenen Ausdruck (13.61) für $\tau(\eta)$ und dessen Ableitung

$$\mathrm{d}\tau = \frac{R^{3/2}}{2c\sqrt{r_s}}\left[1+\cos(\eta)\right]\mathrm{d}\eta \tag{13.64}$$

folgt aus (13.52b) die Beziehung

$$\mathrm{d}t = \frac{R^{3/2}}{2c\sqrt{r_s}}\sqrt{1-\frac{r_s}{R}}\frac{\left[1+\cos(\eta)\right]^2}{1+\cos(\eta)-2r_s/R}\mathrm{d}\eta \tag{13.65}$$

Die Integration ist recht aufwendig, weshalb wir hier nur das Ergebnis

$$t(\eta) = \frac{r_s}{c}\left\{\ln\left[\frac{\sqrt{R/r_s-1}+\tan\left(\frac{\eta}{2}\right)}{\sqrt{R/r_s-1}-\tan\left(\frac{\eta}{2}\right)}\right] + \sqrt{\frac{R}{r_s}-1}\left[\eta + \frac{R}{2r_s}(\eta+\sin(\eta))\right]\right\} \tag{13.66}$$

angeben. Dieser Ausdruck divergiert, wenn das Argument des Logarithmus divergiert. Das passiert für $\sqrt{R/r_s-1} = \tan(\eta/2)$. Mit der trigonometrischen Relation $\tan^2(\eta/2) = (1-\cos(\eta))/(1+\cos(\eta))$ folgt daraus

$$\cos(\eta) = 2\frac{r_s}{R}-1. \tag{13.67}$$

Wenn wir diesen Ausdruck in (13.60) einsetzen, so folgt, dass für $r \to r_s$ die Koordinatenzeit divergiert, $t(\eta) \to \infty$.

Da nun die Koordinatenzeit t der Eigenzeit für einen weit entfernten Beobachter entspricht, würde dieser *berechnen*, dass das Teilchen den Horizont nie erreicht. Um zu ermitteln, was er *sehen* würde, müssen wir noch zusätzlich die Lichtlaufzeit $\Delta t(r, R)$ vom aktuellen Ort des Teilchens zum Beobachter einbeziehen (s. Abschn. 13.2.5). Diese divergiert jedoch ebenfalls im Grenzfall $r \to r_s$. Zusammengenommen sieht der Beobachter das Teilchen am aktuellen Ort r zu seiner Zeit $t_{\mathrm{obs}}(r) = t(r) + \Delta t(r, R)$. Für den weit entfernten Beobachter erreicht das Teilchen den Horizont sowohl rechnerisch als auch visuell *niemals*.

13.3.2 Erweiterung der Schwarzschild-Metrik

Bei Betrachtung der Schwarzschild-Metrik in (13.16) erkennt man zwei Singularitäten, eine bei $r = r_s$ und eine bei $r = 0$. Wie bereits in Abschn. 13.2.1 diskutiert, haben diese aber unterschiedlichen Charakter, wie es mehrere Autoren, unter anderen auch Einstein, in verschiedenen Arbeiten ab 1921 gezeigt haben (siehe z. B. [6]).

Man kann sich die Tatsache, dass bei $r = r_s$ keine physikalische Singularität auftritt, am besten klarmachen, indem man auf Koordinaten transformiert, in denen diese Singularität nicht auftritt. Einen ersten Schritt in diese Richtung kann man durch die Einführung der Eddington-Finkelstein-Koordinaten machen.

Eddington-Finkelstein-Koordinaten

Die ursprünglich von *Eddington*[3] 1924 [7] gefundenen und von *Finkelstein*[4] 1958 [8, 9] wieder entdeckten Koordinaten beruhen auf der Betrachtung frei auf das Schwarze Loch fallender Photonen. Hierzu wird die neue Koordinate $\mathcal{V}$ eingeführt über

$$\mathcal{V} = ct + r^* \tag{13.68}$$

mit der *Schildkröten-Koordinate*[5] (engl. tortoise coordinate)

$$r^* = r + r_s \ln\left(\frac{r}{r_s} - 1\right) \quad \text{und} \quad \mathrm{d}r^* = \frac{\mathrm{d}r}{1 - r_s/r}. \tag{13.69}$$

In den neuen Koordinaten $(\mathcal{V}, r, \vartheta, \varphi) >$ lautet die Metrik

$$\mathrm{d}s^2 = -\left(1 - \frac{r_s}{r}\right)c^2\,\mathrm{d}\mathcal{V}^2 + 2c\,\mathrm{d}\mathcal{V}\,\mathrm{d}r + r^2\mathrm{d}\Omega^2. \tag{13.70}$$

Man erkennt die Anpassung an radial fallende Photonen, wenn man deren Lichtkegel betrachtet. Aus $\mathrm{d}s^2 = 0$ folgen mit $\mathrm{d}\vartheta = \mathrm{d}\varphi = 0$ die Bedingungen

$$\frac{\mathrm{d}\mathcal{V}}{\mathrm{d}r} = 0 \qquad \text{für nach innen laufende Photonen und} \qquad (13.71\mathrm{a})$$

$$\frac{\mathrm{d}\mathcal{V}}{\mathrm{d}r} = \frac{2}{c(1 - r_s/r)} \qquad \text{für nach außen laufende Photonen.} \qquad (13.71\mathrm{b})$$

In das Schwarze Loch fallende Photonen laufen also auf Flächen mit $\mathcal{V} = $ const. Für radial nach außen laufende Photonen tritt allerdings bei $r = r_s$ immer noch eine Singularität auf. Analog kann man statt $\mathcal{V}$ die Koordinate $\mathcal{U} = ct - r^*$ zur Be-

---

[3] Arthur Stanley Eddington, 1882–1944, britischer Astronom, Physiker und Mathematiker.

[4] David Finkelstein, 1929–2016, US-amerikanischer Physiker.

[5] Dieser Koordinatenname geht auf das Paradoxon von „Achilles und der Schildkröte" zurück. Darin wird scheinbar gezeigt, dass Achilles eine Schildkröte, die viel langsamer ist als er, aber mit einem Vorsprung gestartet ist, niemals einholen kann. Der Name wird hier verwendet, weil $r^* \to -\infty$ für $r \to r_s$ gilt.

schreibung radial auslaufender Photonen einführen. Hier tritt dann bei $r = r_s$ eine Singularität für einlaufende Photonen auf.

Kruskal-Szekeres-Koordinaten

Um die Koordinatensingularität bei $r = r_s$ ganz verschwinden zu lassen, wird ein sphärisch-symmetrisches Koordinatensystem $(v, u, \vartheta, \varphi)$ gesucht, in dem radial verlaufende Lichtstrahlen überall die Steigung $dv/du = \pm 1$ wie im flachen Raum haben. *Kruskal*[6] und *Szekeres*[7] wählten dafür den Ansatz

$$ds^2 = -f^2(u,v)\left(dv^2 - du^2\right) + r^2(u,v)d\Omega^2 \qquad (13.72)$$

für das Linienelement [6, 10]. Dabei bezeichnet v die zeitartige und u die raumartige Koordinate. Die Funktion f soll über u und v nur von r abhängen und für $v = u = 0$ endlich und ungleich Null bleiben. Die Forderung, dass

$$f^2(u,v)\left(dv^2 - du^2\right) = \left(1 - \frac{r_s}{r}\right)\left(c^2 dt^2 - dr^{*2}\right) \qquad (13.73)$$

gelten soll, führt auf die Transformationsgleichungen

$$u = \pm\sqrt{\frac{r}{r_s} - 1}\; e^{r/(2r_s)} \cosh\left(\frac{ct}{2r_s}\right), \quad v = \pm\sqrt{\frac{r}{r_s} - 1}\; e^{r/(2r_s)} \sinh\left(\frac{ct}{2r_s}\right) \qquad (13.74)$$

für $r \geq r_s$ und auf

$$u = \pm\sqrt{1 - \frac{r}{r_s}}\; e^{r/(2r_s)} \sinh\left(\frac{ct}{2r_s}\right), \quad v = \pm\sqrt{1 - \frac{r}{r_s}}\; e^{r/(2r_s)} \cosh\left(\frac{ct}{2r_s}\right) \qquad (13.75)$$

für $0 < r < r_s$. Für die Koordinaten u und v erhält man damit die Beziehung

$$u^2 - v^2 = \left(\frac{r}{r_s} - 1\right)e^{r/r_s}. \qquad (13.76)$$

Schließlich hat f^2 die Form

$$f^2 = \frac{4r_s^3}{r} e^{-r/r_s}. \qquad (13.77)$$

Dieser Ausdruck ist größer Null für $r > 0$ und nur bei $r = 0$ singulär. Das Linienelement in *Kruskal-Koordinaten* lautet dann

$$ds^2 = -\frac{4r_s^3}{r} e^{r_s/r}\left(dv^2 - du^2\right) + r^2 d\Omega^2, \qquad (13.78)$$

---

[6] Martin David Kruskal, 1925–2006, US-amerikanischer Mathematiker und Physiker.
[7] George Szekeres, 1911–2005, ungarisch-australischer Mathematiker.

wobei $r = r(u, v)$ aus (13.76) folgt. Deren Umkehrfunktion kann mit Hilfe der *Lambert'schen W-Funktion*,[8] die als Umkehrfunktion von $f(x) = xe^x$ definiert ist, als

$$r = r_s \left[\mathcal{W} \left(\frac{u^2 - v^2}{e} \right) + 1 \right] \tag{13.79}$$

dargestellt werden.

Die durch das Linienelement (13.78) beschriebene Kruskal-Raumzeit erweitert die Schwarzschild-Raumzeit nun wie folgt. Im Fall $r \geq r_s$ gilt $v/u = \tanh(ct/2r_s)$. Kurven mit konstanter Zeit $t = \text{const}$ führen also auf $v/u = \text{const}$ und sind daher Geraden im (u, v)-Diagramm. Kurven konstanter Radialkoordinate $r = \text{const}$ sind dagegen Hyperbeln im (u, v)-Diagramm, wie man aus (13.76) unmittelbar sieht. Speziell folgt für $r = r_s$, dass $u^2 - v^2 = 0$. Hieraus ergibt sich also der Spezialfall von Geraden, $u = \pm v$. Für $r = 0$ ist hingegen $u^2 - v^2 = -1$ bzw. $v = \pm\sqrt{1 + u^2}$.

Abb. 13.6 zeigt die vier verschiedenen Bereiche der Kruskal-Raumzeit und setzt sie mit der Schwarzschild-Raumzeit in Beziehung. Dabei werden die Bereiche ① und ② durch die positiven Vorzeichen und die Bereiche ③ und ④ durch die negativen Vorzeichen in (13.74) und (13.75) repräsentiert. Der von den Schwarzschild-Koordinaten abgedeckte Bereich ist hellgrau markiert. Dieser Bereich entspricht dem hellgrau markierten Bereich ① in Abb. 13.6b–d.

Abb. 13.6b zeigt Geraden konstanter Zeit t. Die Geraden mit Steigung ± 1 entsprechen $t = \pm\infty$. Die dunkelgrau untermalten Bereiche entsprächen $r < 0$ und sind nicht Teil der Raumzeit. Abb. 13.6c zeigt die Hyperbeln konstanter Raumkoordinate r. Die Geraden $r = r_s$ liegen im (u, v)-Diagramm exakt auf den $t = \pm\infty$ Geraden. Für unendliche Zeiten wird der Ereignishorizont also auf diese Geraden abgebildet, während sämtliche Punkte der Raumzeit mit $r = r_s$ für endliche Zeiten auf den Punkt $u = v = 0$ abgebildet werden.

Abb. 13.6d zeigt die Lichtkegel von drei Beobachtern A, B und C. Beobachter A befindet sich im Schwarzschild-Teil der Raumzeit bei $r_A > r_s$. Sein Zukunftslichtkegel enthält Weltlinien, die zu größeren Radialkoordinaten r_1 laufen. Beobachter B dagegen befindet sich bei $r_B < r_s$. Alle von dort ausgehenden Weltlinien enden bei $r = 0$ in der Singularität. Jedes Teilchen, das den Schwarzschild-Radius durchquert ($r < r_s$), wird deshalb *immer* in der Singularität bei $r = 0$ enden! Dieser Bereich heißt deshalb *Schwarzes Loch*. Kein Objekt, das in diesen Bereich kommt, kann ihn wieder verlassen; es endet unweigerlich bei $r = 0$. Gleichzeitig sieht man, dass alle Objekte, die in das Schwarze Loch gelangen wollen, die Zeitlinie $t = \infty$ überqueren müssen. Dies ist konform zu der bereits gezeigten Aussage, dass ein weit entfernter Beobachter das Objekt nie hinter den Ereignishorizont laufen sieht.

Beobachter C schließlich befindet sich bei $r_C < r_s$ in Bereich ④. Alle Weltlinien von dort laufen zu größeren Radialkoordinaten hin. In diesen Bereich kann also kein

---

[8] Johann Heinrich Lambert, 1728–1777, Schweizer Mathematiker, Physiker und Philosoph.

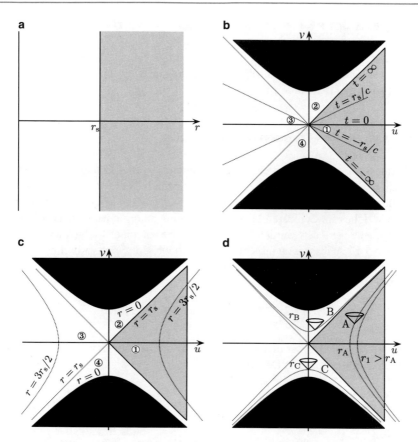

Abb. 13.6 Die Schwarzschild-Koordinaten decken nur den in (**a**) grau markierten Teil der Raumzeit ab. In Kruskal-Koordinaten wird die Schwarzschild-Raumzeit um drei weitere Bereiche erweitert. Der ursprüngliche Bereich ist in den weiteren Abbildungen ebenfalls grau eingezeichnet. (**b**) Linien konstanter Zeit t, (**c**) Linien konstanter Radialkoordinate r, (**d**) Zukunftslichtkegel verschiedener Beobachter. Beobachter B befindet sich im Schwarzen Loch (Bereich ②), C im weißen Loch (Bereich ④)

Objekt eindringen und alle dort befindlichen Objekte wandern von dort heraus. Man spricht in diesem Fall deshalb von einem *weißen Loch*. Die Weltlinien überqueren dabei allerdings die Zeitlinie $t = -\infty$. Wenn weiße Löcher also existieren sollten, dann hätte es sie bereits vor der Entstehung des Universums geben müssen, die Anfangsbedingung für die Existenz eines weißen Lochs ist daher in einem endlich alten Universum nicht zu erfüllen. Abschließend sei erwähnt, dass Bereich ③ wiederum einer Schwarzschild-Raumzeit entspricht. Allerdings zeigt dort der Zeitpfeil in Richtung kleiner werdender Zeit t. Dies wird klar, wenn man bedenkt, dass von Beobachter C kommende Lichtstrahlen die Gerade $t = \infty$ überqueren, um in Bereich ③ zu kommen, und die Weltlinien von Objekten, die ins Schwarze Loch fallen, über die Linie $t = -\infty$ wandern.

13.4   Tests der ART in der Schwarzschild-Metrik

In den folgenden Abschnitten diskutieren wir einige Folgen der ART, die sich im Rahmen der Schwarzschild-Metrik ergeben und auch zu ersten experimentellen Tests der ART genutzt wurden.

13.4.1 Gravitative Frequenzverschiebung

Zur Zeitmessung benötigt man einen periodischen Vorgang. Ein solcher Vorgang ist beispielsweise ein atomarer Übergang zwischen zwei Niveaus mit $h\nu = h/T$ und der Periodendauer T bzw. Frequenz ν. Bei einem solchen Übergang wird vom Atom Licht emittiert, welches im Schwerefeld durch die Zeitdehnung entsprechend (13.27) in seiner Frequenz verändert werden sollte. Gehen wir von einer Lichtemission am Ort P_{em} und einer Lichtabsorption am Ort P_{abs} aus, so wissen wir aus Abschn. 13.5, dass für die lichtartige Geodäte zwischen diesen beiden Punkten der Ausdruck

$$k = \left(1 - \frac{r_s}{r_{em}}\right)c^2 \left.\frac{dt}{d\lambda}\right|_{P_{em}} = \left(1 - \frac{r_s}{r_{abs}}\right)c^2 \left.\frac{dt}{d\lambda}\right|_{P_{abs}} \tag{13.80}$$

konstant ist. Verwenden wir den gleichen Ansatz für den Viererwellenvektor wie in (8.6), so erhalten wir für die Differentiale

$$\left.\frac{dt}{d\lambda}\right|_{P_{em}} = \frac{\omega_{em}}{c^2\sqrt{1 - r_s/r_{em}}} \quad \text{und} \quad \left.\frac{dt}{d\lambda}\right|_{P_{abs}} = \frac{\omega_{abs}}{c^2\sqrt{1 - r_s/r_{abs}}}. \tag{13.81}$$

Nach Einsetzen in (13.80) und unter Berücksichtigung der Relation $\omega = 2\pi\nu$, gelangen wir zur Gleichung für die *gravitative Frequenzverschiebung*

$$\frac{\nu_{abs}}{\nu_{em}} = \sqrt{\frac{1 - r_s/r_{em}}{1 - r_s/r_{abs}}} \tag{13.82}$$

zwischen emittierter und absorbierter Frequenz, die allein durch die radialen Positionen bestimmt wird.

Zur Messung der gravitativen Frequenzverschiebung benötigt man zwei unterschiedliche Höhen, bei denen die Frequenz eines Lichtsignals gemessen wird. Sei zum Beispiel $r_{abs} = r_{em} + h$. Wählen wir nun h klein gegen r_{em}, so können wir ohne großen Fehler eine Taylor-Entwicklung um r_{em} vornehmen, die wir nach dem in h linearen Term abbrechen:

$$\frac{\nu_{abs}}{\nu_{em}} \approx 1 - \frac{r_s h}{2r_{em}(r_{em} - r_s)}. \tag{13.83}$$

Nimmt man für den Ort der Emission den Erdradius $r_{em} = r_\delta = 6378$ km an, so kann man aufgrund des zugehörigen kleinen Schwarzschild-Radius $r_s = 9$ mm, den Term weiter vereinfachen. Es ergibt sich dann die Abschätzung

$$\frac{\Delta \nu}{\nu_{em}} = \frac{\nu_{abs} - \nu_{em}}{\nu_{em}} \approx -\frac{r_s h}{2 r_{em}^2} = -\frac{gh}{c^2} \qquad (13.84)$$

für die Frequenzänderung. Hier haben wir auch gleich den Schwarzschild-Radius $r_s = 2 G M_\delta / c^2$ der Erde durch die Erdbeschleunigung $g = G M_\delta / r_\delta^2$ ersetzt. Das negative Vorzeichen zeigt nun, dass eine an der Erdoberfläche emittierte Frequenz sich in der Höhe h um diesen Betrag verringert hat. Eine kleinere Frequenz hat aber eine größere Wellenlänge zur Folge, weshalb man hier auch von *gravitativer Rotverschiebung* spricht.

Ein typischer im Experiment realisierbarer Abstand ist etwa $h = 30$ m, also $r_{abs} = r_{em} + h$. Damit erhalten wir die Abschätzung

$$\frac{\Delta \nu}{\nu_{em}} \cong -3 \cdot 10^{-15}. \qquad (13.85)$$

Die Frequenzverschiebung wurde mit Hilfe der *Mössbauer-Spektroskopie*[9] an ^{57}Fe nachgewiesen. Der Mößbauer-Effekt erlaubt Messungen an Kernübergängen mit einer Genauigkeit im Bereich der natürlichen Linienbreite des Übergangs in der Größenordnung von $z \sim 10^{-15}$ [11]. Dabei ist der *Rotverschiebungsparameter z* definiert über

$$z = \frac{\Delta \lambda}{\lambda} = \frac{\lambda_{abs} - \lambda_{em}}{\lambda_{em}} = \frac{\nu_{em}}{\nu_{abs}} - 1 = \sqrt{\frac{1 - r_s / r_{abs}}{1 - r_s / r_{em}}} - 1, \qquad (13.86)$$

wobei λ jetzt die Wellenlänge bezeichnet (s. (8.8)).

Abb. 13.7 zeigt skizzenhaft den Aufbau eines Experiments zur Messung der Gravitationsrotverschiebung. Eine angeregte Probe ^{57}Fe emittiert γ-Strahlung mit $E = 14{,}4$ keV. Eine um die Strecke h höher gelegene Probe ^{57}Fe kann die γ-Strahlung aufgrund der Rotverschiebung nicht resonant absorbieren. Durch Bewegen der Probe und den dadurch auftretenden Dopplereffekt kann die Rotverschiebung kompensiert und über die nötige Geschwindigkeit v_R bestimmt werden, wobei bei diesem Versuchsaufbau $v_R \approx 7{,}5 \cdot 10^{-7}$ ms^{-1} ist. Pound und Rebka [12] erhielten 1960 mit $h = 22{,}6$ m in ihren Messungen einen Wert von $z = (2{,}57 \pm 0{,}26) \cdot 10^{-15}$, bzw. ein Verhältnis

$$\frac{\Delta \nu_{exp}}{\Delta \nu_{theo}} = 1{,}05 \pm 0{,}10. \qquad (13.87)$$

Der Wert stimmt also durchaus innerhalb der Fehlergrenzen mit der theoretischen Vorhersage überein. Eine genauere Messung von Pound und Snider [13] 1965 lieferte sogar

$$\frac{\Delta \nu_{exp}}{\Delta \nu_{theo}} = 0{,}9990 \pm 0{,}0076. \qquad (13.88)$$

---

[9]Rudolf Mößbauer, 1929–2011, deutscher Physiker. Nobelpreis 1961 für den nach ihm benannten Effekt.

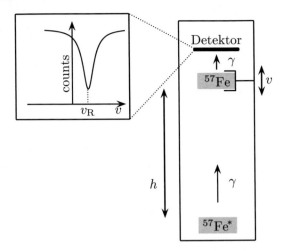

Abb. 13.7 Nachweis der gravitativen Rotverschiebung: Eine angeregte Probe ^{57}Fe emittiert γ-Strahlung mit $E = 14,4$ keV. Eine um die Strecke h höher gelegene Probe ^{57}Fe kann die γ-Strahlung aufgrund der Rotverschiebung zuerst nicht absorbieren. Durch Bewegen der Probe und den dadurch auftretenden Dopplereffekt kann die Rotverschiebung bei einer bestimmten Geschwindigkeit v_R kompensiert und über den Wert von v_R bestimmt werden. In diesem Fall beträgt $v_R \approx 7,5 \cdot 10^{-7}$ ms^{-1}

13.4.2 Periheldrehung

In der Newton'schen Mechanik sind die Bahnen von Teilchen im gravitativen Zentralpotential $\phi_m(r) = -GM/r$ Kegelschnitte, also z. B. Kepler-Ellipsen. In diesem Abschnitt untersuchen wir, wie sich der Bahnverlauf in der ART ändert.

Aufstellen der Bewegungsgleichungen

Aufgrund der sphärischen Symmetrie können wir uns auf die Bewegung innerhalb der ($\vartheta = \pi/2$)-Ebene beschränken. In Abschn. 13.5 haben wir bereits die Lagrange-Funktion (13.34) für eine allgemeine Geodäte aufgestellt, die im Fall einer zeitartigen Geodäten wie folgt lautet:

$$\mathcal{L} = -\left(1 - \frac{r_s}{r}\right)c^2 \dot{t}^2 + \frac{\dot{r}^2}{1 - r_s/r} + r^2 \dot{\varphi}^2 = -c^2. \tag{13.89}$$

Die beiden Konstanten der Bewegung k und h bleiben die gleichen,

$$\left(1 - \frac{r_s}{r}\right)c^2 \dot{t} = k, \qquad r^2 \dot{\varphi} = h. \tag{13.35}$$

Setzen wir diese in obige Lagrange-Funktion ein, so erhalten wir

$$\dot{r}^2 + \left(1 - \frac{r_s}{r}\right)\left(\frac{h^2}{r^2} - 1\right) = \frac{k^2}{c^2}. \tag{13.90}$$

Der Punkt $\dot{q} = dq/d\tau$ bedeutet hier die Ableitung nach der Eigenzeit τ. Unser Ziel ist die Bestimmung der Bahnkurve $r(\varphi)$. Dazu führen wir zunächst die Substitutionen

$$r = \frac{1}{u}, \quad \frac{d\varphi}{d\tau} = hu^2, \quad \frac{dt}{d\tau} = \frac{k}{c(1 - r_s u)} \quad \text{und} \quad \frac{dr}{d\tau} = -h\frac{du}{d\varphi} \tag{13.91}$$

in (13.90) durch. Der Ausdruck für $dr/d\tau$ ergibt sich dabei aus

$$\frac{dr}{d\tau} = \frac{d}{d\tau}\frac{1}{u} = -\frac{1}{u^2}\frac{du}{d\tau} = -\frac{1}{u^2}\frac{du}{d\varphi}\frac{d\varphi}{d\tau} = -h\frac{du}{d\varphi}. \tag{13.92}$$

Mit der Notation $u' = du/d\varphi$ führt die Substitution auf

$$h^2(u')^2 + (1 - r_s u)\left(h^2 u^2 + c^2\right) = \frac{k^2}{c^2}. \tag{13.93}$$

Eine weitere Ableitung nach φ ergibt

$$2h^2 u' u'' - 3h^2 r_s u^2 u' + 2h^2 u u' - c^2 r_s u' = 0. \tag{13.94}$$

Schließlich multiplizieren wir mit $(-2h^2 u')^{-1}$ und erhalten

$$u'' + u = \frac{c^2 r_s}{2h^2} + \underbrace{\frac{3}{2}r_s u^2}_{K}. \tag{13.95}$$

Der mit K bezeichnete Term ist dabei eine Erweiterung im Vergleich zur Newton'schen Mechanik.

Behandlung mit klassischer Störungstheorie

Für (Planeten-)Bewegungen, deren Bahnradius r sehr viel größer ist als der Schwarzschild-Radius

$$r_s u = \frac{r_s}{r} \ll 1, \tag{13.96}$$

kann der Term K in (13.95) als kleine Störung behandelt werden, um dann eine Lösung mit Hilfe der klassischen Störungstheorie zu berechnen. Dazu betrachten wir zuerst die Lösung $u_0(\varphi)$ der Gleichung

$$u_0'' + u_0 = \frac{c^2 r_s}{2h^2} \tag{13.97}$$

der Newton'schen Mechanik ohne den Zusatzterm der ART. Die Lösung ergibt sich zu

$$u_0(\varphi) = \frac{c^2 r_s}{2h^2}\left[1 + \varepsilon \cos(\varphi)\right] \tag{13.98}$$

und beschreibt wie bereits erwähnt Kegelschnitte. Der Vorfaktor lässt sich auch ausdrücken über

$$\frac{c^2 r_s}{2h^2} = \frac{1}{a\left(1 - \varepsilon^2\right)} \tag{13.99}$$

mit der großen Halbachse a und der Exzentrizität ε. Für Ellipsen gilt $0 \leq \varepsilon < 1$ (s. Abb. 1.7).

Eine bessere Lösung $u_1(\varphi)$ erhalten wir dann durch Einsetzen von u_0 in den Störterm und Lösen der resultierenden Gleichung. Diese lautet

$$u_1'' + u_1 \approx \frac{c^2 r_s}{2h^2} + \frac{3}{2} r_s u_0^2 = \frac{c^2 r_s}{2h^2} + \frac{3c^4 r_s^3}{8h^4}\left[1 + 2\varepsilon \cos(\varphi) + \varepsilon^2 \cos^2(\varphi)\right]. \tag{13.100}$$

Die Lösung dieser Gleichung ist

$$u_1(\varphi) = u_0(\varphi) + \frac{3c^4 r_s^3}{8h^4}\left\{1 + \underbrace{\varepsilon\varphi\sin(\varphi)}_{A} + \frac{\varepsilon^2}{2}\left[1 - \frac{1}{3}\cos(2\varphi)\right]\right\}. \tag{13.101}$$

Der mit A bezeichnete Term ist proportional zu φ und wächst daher bei jeder Umdrehung an. Die anderen Zusatzterme sind proportional zu ε^2 und sind daher für kleine ε vernachlässigbar. Wir setzen den Ausdruck für $u_0(\varphi)$ ein und erhalten dann

$$\begin{aligned} u_1(\varphi) &\approx \frac{c^2 r_s}{2h^2}\left[1 + \varepsilon\cos(\varphi) + \varepsilon\frac{3c^2 r_s^2}{4h^2}\varphi\sin(\varphi) + \ldots\right] \\ &\approx \frac{c^2 r_s}{2h^2}\left\{1 + \varepsilon\cos\left[\left(1 - \frac{3c^2 r_s^2}{4h^2}\right)\varphi\right]\right\}. \end{aligned} \tag{13.102}$$

Im zweiten Schritt wurde dabei eine „inverse Taylor-Entwicklung" vorgenommen. Für kleines δ gilt nämlich die Entwicklung

$$\cos[(1 - \delta)\varphi] \approx \cos(\varphi) + \sin(\varphi)\,\delta\varphi + \mathcal{O}(\delta^2). \tag{13.103}$$

Betrachten wir das Argument des Kosinus in (13.102), so wird dieses gleich 2π für

$$\varphi \approx 2\pi\left(1 + \frac{3c^2 r_s^2}{4h^2}\right), \tag{13.104}$$

da $(1 - \delta)^{-1} \approx 1 + \delta$. Daraus ergibt sich unter Verwendung von (13.99) der Winkel der Periheldrehung für nichtrelativistische Geschwindigkeiten zu

$$\Delta\varphi = 3\pi\frac{c^2 r_s^2}{2h^2} = 3\pi\frac{r_s}{a(1 - \varepsilon^2)}. \tag{13.105}$$

Es gilt also

$$\Delta \varphi \sim \frac{\text{Schwarzschild-Radius}}{\text{Bahn-Radius}}. \qquad (13.106)$$

Auch nichtrelativistisch führt nur das reine Coulomb-Potential $-1/r$ auf geschlossene, periodische Bahnen; jede Störung führt zu einer Präzession der Ellipse und zu Rosettenbahnen.

Die Störung durch die Wechselwirkung mit den anderen Planeten war im 19. Jahrhundert bereits quantitativ bekannt. Für Merkur beträgt sie $531{,}5 \pm 0{,}3''$ pro Jahrhundert. Langjährige Beobachtungen lieferten aber $574{,}3 \pm 0{,}4''$. Es wurden erfolglos verschiedene Erklärungen vorgeschlagen, um die Differenz von $42{,}7 \pm 0{,}5''$ zu deuten. Beispielsweise postulierte der Astronom *Le Verrier*[10] 1859 den Planeten Vulkan innerhalb der Merkur-Bahn, der für die Abweichung verantwortlich sein sollte.

In Abb. 13.8 ist der Effekt der Periheldrehung skizziert. Die P_i bezeichnen die sonnennächsten (Perihel) und die A_i die sonnenfernsten (Aphel) Punkte der Bahn. Wegen der reziproken Abhängigkeit vom Bahnradius kann bei Merkur die stärkste Periheldrehung erwartet werden. Für ihn gilt

$$a_{\text{Merkur}} = 57{,}91 \cdot 10^6 \text{ km} = 0{,}387 \text{AU} \quad \text{und} \quad \varepsilon_{\text{Merkur}} = 0{,}206, \qquad (13.107)$$

mit der astronomischen Einheit aus (1.57). Zum Vergleich lauten die Werte für die Erde $a_{\text{Erde}} = 149{,}6 \cdot 10^6$ km und $\varepsilon_{\text{Erde}} = 0{,}0167$. Die allgemein-relativistische Perihelbewegung des Merkur pro Jahrhundert beträgt

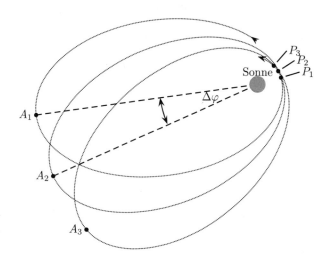

Abb. 13.8 Effekt der Periheldrehung: Durch die Abweichung vom $1/r$-Potential ist die Bahnkurve des Planeten nicht geschlossen. Die Punkte P_i sind die aufeinander folgenden sonnennächsten Punkte (Perihel), die Punkte A_i die sonnenfernsten (Aphel)

---

[10]Urbain Le Verrier, 1811–1877, französischer Mathematiker und Astronom. Seine Berechnungen führten zur Entdeckung des Planeten Neptun.

$$\Delta\varphi_{\text{Merkur}}\big|_{100\,\text{Jahre}} = 43{,}03'', \tag{13.108}$$

für Venus dagegen 8,6″ und für die Erde nur 3,8″.

Ganz im Gegensatz dazu ist die entsprechende Periastrondrehung bei Pulsar-systemen um vieles größer, wie wir in Abschn. 21.5.2 sehen werden. Beim Doppelpulsarsystem PSR B1913+16 (s. Tab. 21.1) beträgt die mittlere Periastron-drehung etwa 4,23° pro Jahr.

Die Erklärung der Differenz von beobachteter und mit der Newton'schen Theorie vorhergesagten Periheldrehung durch Einstein war der erste große Triumph der all-gemeinen Relativitätstheorie. Als Einstein seine Berechnungen durchführte, war die Schwarzschild-Metrik allerdings noch nicht gefunden. Einstein verwendete daher eine genäherte Metrik für schwache Felder. Seine Freude über diesen großen Erfolg drückte er in einem Brief an *Ehrenfest*[11] so aus:[12]

> Ich war einige Tage fassungslos vor freudiger Erregung.

13.4.3 Lichtablenkung im Gravitationsfeld

In diesem Abschnitt diskutieren wir die Lichtablenkung im Gravitationsfeld. Dazu stellen wir zuerst analog zur Periheldrehung die Bewegungsgleichungen für licht-artige Geodäten auf und lösen diese mit Hilfe der Störungsrechnung. Anschließend diskutieren wir eine alternative Berechnung basierend auf der Darstellung der Schwarzschild-Metrik in isotropen Koordinaten.

Untersuchung analog zur Periheldrehung

Zur Untersuchung der Lichtablenkung im Gravitationsfeld starten wir mit der La-grange-Funktion (13.34) für lichtartige Geodäten,

$$\mathcal{L} = -\left(1 - \frac{r_{\text{s}}}{r}\right)c^2\dot{t}^2 + \frac{\dot{r}^2}{1 - r_{\text{s}}/r} + r^2\dot{\varphi}^2 = 0, \tag{13.109}$$

wobei hier der Punkt $\dot{q} = \mathrm{d}q/\mathrm{d}\lambda$ für die Ableitung bezüglich des affinen Parameters λ steht. Einsetzen der Konstanten der Bewegung k und h aus (13.35) und Substitu-tion analog zu (13.92) führt auf die Differentialgleichung

$$h^2(u')^2 + h^2u^2(1 - r_{\text{s}}u) - \frac{k^2}{c^2} = 0. \tag{13.110}$$

Eine erneute Differentiation nach φ liefert schließlich

---

[11] Paul Ehrenfest, 1880–1933, österreichischer Physiker, vor allem bekannt durch das Ehren-fest-Theorem.

[12] Zitat aus dem Brief vom 17.01.1916 von Albert Einstein an Paul Ehrenfest, in „The Collected Papers" Vol. 8, Part A: The Berlin Years: Correspondence 1914–1917, S. 244", http://einsteinpa-pers.press.princeton.edu.

$$u'' + u = \frac{3}{2} r_s u^2, \tag{13.111}$$

mit der kleinen Störung $\frac{3}{2} r_s u^2$. Wieder benutzen wir die klassische Störungstheorie und lösen zuerst die Gleichung $u_0'' + u_0 = 0$ ohne Störungsterm. Dies führt auf

$$u_0(\varphi) = \frac{1}{R} \sin(\varphi), \quad \text{bzw.} \quad r(\varphi) = \frac{R}{\sin(\varphi)}, \tag{13.112}$$

was einer Geraden entspricht, wobei R der minimale Abstand zum Zentrum ist (s. Abb. 13.9). Einsetzen von u_0 in den Störungsterm führt auf die Gleichung

$$u_1'' + u_1 = \frac{3 r_s}{2 R^2} \sin^2(\varphi) \tag{13.113}$$

mit der Lösung

$$u_1(\varphi) = \frac{1}{R} \sin(\varphi) + \frac{3 r_s}{4 R^2} \left[1 + \frac{1}{3} \cos(2\varphi) \right]. \tag{13.114}$$

Asymptotisch gilt $u = 0$ für $r \to \infty$, d. h. für einen aus dem Unendlichen kommenden Lichtstrahl gilt

$$\frac{1}{R} \sin(\varphi) + \frac{3 r_s}{4 R^2} \left[1 + \frac{1}{3} \cos(2\varphi) \right] = 0. \tag{13.115}$$

Für $\varphi \approx 0$ können wir die Approximationen $\sin(\varphi) \approx \varphi$ und $\cos(\varphi) \approx 1$ verwenden und erhalten

$$\frac{\varphi}{R} + \frac{3 r_s}{4 R^2} \left(1 + \frac{1}{3} \right) = 0, \quad \text{d. h.} \quad \varphi_\infty \approx -\frac{r_s}{R}. \tag{13.116}$$

Die Gesamtablenkung ergibt sich dann zu

$$\alpha = \left| 2\varphi_\infty \right| = 2 \frac{r_s}{R}. \tag{13.117}$$

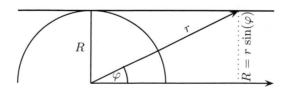

Abb. 13.9 Zur Lichtablenkung im Schwerefeld: Eine in der ($\vartheta = \pi/2$)-Ebene laufende Gerade wird in sphärischen Polarkoordinaten durch die Gleichung $r(\varphi) = R/\sin(\varphi)$ beschrieben

Resultat in Newton'scher Theorie

Man kann für die Lichtablenkung auch in Newton'scher Theorie einen Wert berechnen, wenn man Licht als impulsbehaftetes Teilchen betrachtet, das sich mit Lichtgeschwindigkeit bewegt. Analog zu (13.98) wird die ungestörte Bahn für einen Lichtstrahl durch die Gleichung

$$\frac{1}{r(\varphi)} = u(\varphi) = \frac{c^2 r_s}{2h^2} \left[1 + \varepsilon \sin(\varphi) \right] \tag{13.118}$$

beschrieben. Da Licht sich stets mit der Lichtgeschwindigkeit c bewegt, gilt insbesondere für den minimalen Abstand R zum Zentrum und die zugehörige Winkelgeschwindigkeit $\omega = d\varphi/dt$, die Bedingung $R\omega = c$. Daraus folgt

$$h = R^2 \frac{d\varphi}{dt} = R^2 \omega = Rc. \tag{13.119}$$

Einsetzen in (13.118) liefert $R^{-1} = r_s\left(1+\varepsilon\right)/(2R^2)$ bei $\varphi = \pi/2$. Aufgelöst nach ε erhält man

$$\varepsilon = 2\frac{R}{r_s} - 1 \approx 2\frac{R}{r_s}, \tag{13.120}$$

wegen $R \gg r_s$. Für $r \to \infty$ in (13.118) ergibt sich

$$0 = \frac{r_s}{2R^2} \left[1 + \varepsilon \sin(\varphi_\infty) \right] \tag{13.121}$$

und damit für $\varepsilon \gg 1$, was aus (13.120) ersichtlich ist, schließlich

$$\varphi_\infty = -\frac{1}{\varepsilon} = -\frac{r_s}{2R}. \tag{13.122}$$

Die Gesamtablenkung nach dieser Rechnung ist also

$$\alpha_{\text{Newton}} = 2|\varphi_\infty| = \frac{r_s}{R}. \tag{13.123}$$

Das ist gerade der halbe Wert der allgemein-relativistischen Rechnung.

Isotrope Schwarzschild-Metrik

Ein alternativer Weg für die quantitative Untersuchung der Lichtablenkung im Gravitationsfeld führt über die *isotrope Schwarzschild-Metrik*. Um diese einzuführen, definieren wir die neue Radialkoordinate $\tilde{r}$ über

$$r = \tilde{r}\left(1 + \frac{r_s}{4\tilde{r}}\right)^2 \quad \text{mit} \quad dr = \left(1 + \frac{r_s}{4\tilde{r}}\right)\left(1 - \frac{r_s}{4\tilde{r}}\right) d\tilde{r}. \tag{13.124}$$

Dann folgt für das Linienelement

$$ds^2 = -\left(\frac{1-r_s/(4\tilde{r})}{1+r_s/(4\tilde{r})}\right)^2 c^2 dt^2 + \left(1+\frac{r_s}{4\tilde{r}}\right)^4 d\tilde{\boldsymbol{x}}^2 \tag{13.125}$$

mit dem Differential $d\tilde{\boldsymbol{x}}^2 = d\tilde{r}^2 + \tilde{r}^2(d\vartheta^2 + \sin^2(\vartheta)d\varphi^2)$ und der Koordinatentransformation $\tilde{\boldsymbol{x}} = (\tilde{r}\sin(\vartheta)\cos(\varphi), \tilde{r}\sin(\vartheta)\sin(\varphi), \tilde{r}\cos(\vartheta))^\mathrm{T}$. Es folgt dann für Photonen aus $ds^2 = 0$ die Beziehung

$$\left(\frac{1-r_s/(4\tilde{r})}{1+r_s/(4\tilde{r})}\right)^2 c^2 dt^2 = \left(1+\frac{r_s}{4\tilde{r}}\right)^4 d\tilde{\boldsymbol{x}}^2. \tag{13.126}$$

Wir stellen diese Gleichung um und erhalten für $\tilde{r} \gg r_s$, d. h. auch für $\tilde{r} \approx r$

$$\left|\frac{d\tilde{\boldsymbol{x}}}{dt}\right| = \frac{1-r_s/(4\tilde{r})}{\left[1+r_s/(4\tilde{r})\right]^3}c \approx \left(1-\frac{r_s}{\tilde{r}}\right)c = v_\mathrm{Licht} < c. \tag{13.127}$$

Das Licht in der isotropen Schwarzschild-Metrik hat also eine geringere Geschwindigkeit als die Lichtgeschwindigkeit in der Minkowski-Metrik. An dieser Stelle muss aber eine wichtige Präzisierung vorgenommen werden: Bei der gerade gemachten Aussage bezieht man sich auf eine *globale* Eigenschaft, etwa die Messung der Laufzeit des Lichts bis zu einem anderen Planeten. Jeder Beobachter misst *lokal* stets die Lichtgeschwindigkeit c!

Formal können wir dem Sachverhalt der global geringeren Lichtgeschwindigkeit durch die Einführung eines ortsabhängigen Brechungsindex Rechnung tragen:

$$\frac{c}{v_\mathrm{Licht}} = n \approx 1 + \frac{r_s}{\tilde{r}}. \tag{13.128}$$

Licht wird im Gravitationsfeld also „gebeugt". Aus der geometrischen Optik ist uns die *Eikonal-Gleichung* bekannt:

$$\frac{d}{ds_0}(n\boldsymbol{s}_0) = \nabla n, \tag{13.129}$$

wobei $\boldsymbol{s}_0$ der Tangentialvektor an die Bahnkurve des Lichts ist (s. Abb. 13.10). Bezeichnet man α als den Krümmungswinkel und R als den „Stoßparameter" des Lichts relativ zu einem Streuer (eben ein Gravitationsfeld), so folgt nach kurzer Rechnung wiederum

$$\alpha = \frac{2r_s}{R}. \tag{13.130}$$

Für die Sonne ist $R = R_\odot \approx 7 \cdot 10^5$ km und $r_s \approx 3$ km und daher

$$\alpha_\odot \approx 1,75''. \tag{13.131}$$

Sterne, die am Himmel der Sonne sehr nahe stehen, erscheinen aufgrund der Lichtablenkung etwas weiter von der Sonne entfernt als ihre tatsächliche Position (s. Abb. 13.11). Da diese Sterne aber normalerweise von der Sonne überstrahlt

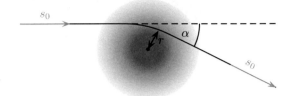

Abb. 13.10 Die Wirkung von Massen kann beschrieben werden als scheinbarer ortsabhängiger Brechungsindex der Raumzeit. Die Änderung des Tangentialvektors s_0 ist durch die Eikonal-Gleichung gegeben

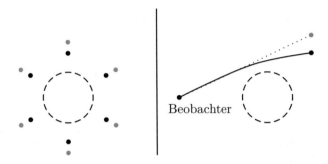

Abb. 13.11 Während einer Sonnenfinsternis erscheinen Sterne, die am Himmel der Sonne nah sind, aufgrund der Lichtablenkung scheinbar weiter entfernt von der Sonne (*grau*) als ihre tatsächliche Position ist (*schwarz*)

werden, ist dieser Effekt nicht sichtbar. Wird während einer Sonnenfinsternis die Sonne verdeckt, so kann die scheinbare Positionsveränderung dieser Sterne bestimmt werden.

Durch Messungen während der Sonnenfinsternis am 29. Mai 1919 konnte von Eddington die Lichtablenkung erstmals nachgewiesen und die Newton'sche Vorhersage ausgeschlossen werden [14]. Heutzutage gibt es allerdings Zweifel daran, ob mit Eddington's Versuchsanordnung dieser Nachweis überhaupt möglich war und er nicht bei ihm auftretende systematische Fehler weit unterschätzte.

Die Bekanntgabe dieser Resultate erfolgte am 6. November 1919 in einer eigens dafür einberufenen Sitzung der *Royal Astronomical Society* in London und machte Einstein auch außerhalb der Physik weltberühmt. So schrieb etwa die New York Times am 9. November 1919:

> Lights all askew in the Heavens – Men of science more or less agog over results of eclipse observations – Einstein's Theory triumphs.

Der Effekt der Lichtablenkung wird auch als *Gravitationslinseneffekt* bezeichnet, da das massive Objekt, in diesem Fall die Sonne ähnlich wie eine Linse wirkt. Es besteht allerdings ein wichtiger Unterschied: Bei einer Linse wird das Licht umso stärker abgelenkt, je weiter es vom Mittelpunkt der Linse entfernt auf sie auftrifft.

Die Lichtablenkung im Gravitationsfeld dagegen wird dann immer kleiner. Eine „Gravitationslinse" hat daher keinen Brennpunkt.

Eine sehr gute und leicht verständliche Abhandlung über die Lichtablenkung im Schwerefeld auch unter einem geschichtlichen Aspekt findet sich in [15].

Im Rahmen des 100-jährigen Jubiläums zur Entdeckung der Lichtablenkung an der Sonne entstand ein kurzes Vollkuppel-Video, das die Lichtablenkung demonstriert und zeigt, wie die Situation ausgesehen hätte, wenn ein Schwarzes Loch vor den Sternhaufen der Hyaden und Plejaden vorbeigezogen wäre [16].

Lichtablenkung außerhalb des Sonnensystems

Mit den leistungsfähigsten Teleskopen ist es heutzutage möglich, die Lichtablenkung auch außerhalb des Sonnensystems zu beobachten. Läuft etwa Licht einer weit entfernten Galaxie an einem sehr massiven Objekt, etwa einem Galaxienhaufen, vorbei, bevor es die Erde erreicht, so tritt hier wiederum eine Lichtablenkung auf. Durch die viel größeren Massen kann die Lichtablenkung hier noch deutlich größer sein. Licht, das vom selben Gebiet der beobachteten Galaxie in verschiedene Richtungen ausgesandt wurde, kann so abgelenkt werden, dass es bei uns aus verschiedenen Richtungen ankommt. Im Idealfall erscheint uns das betrachtete Objekt als Einstein-Ring.

Durch quantitative Messungen dieses Effekts kann wiederum Rückschluss auf die Masse des ablenkenden Objekts gezogen werden. Durch Vergleich mit Berechnungen anhand der sichtbaren Masse in diesem Objekt zeigt sich, dass viel mehr Masse für die beobachtete Lichtablenkung nötig ist, als sichtbar ist. Dies ist einer der aktuellen Hinweise auf dunkle Materie (s. Abschn. 26.4).

13.4.4 Laufzeitverzögerung

Neben der Lichtablenkung erfährt ein Lichtstrahl auch eine Laufzeitverzögerung beim Durchqueren eines Gravitationsfeldes. Dies wollen wir anhand von Radiowellen, die an den Planeten Merkur und Venus reflektiert werden, untersuchen. Für einen maximalen Effekt sollen die Planeten in Konjunktion stehen. Dabei sind Planeten und Sonne in Konjunktion, wenn sie vereinfacht gesagt auf einer Linie stehen.

Wir können die Laufzeitverzögerung leicht mit Hilfe des Ausdrucks (13.127) für die ortsabhängige Lichtgeschwindigkeit in der isotropen Schwarzschild-Metrik herleiten. Dazu betrachten wir einen Lichtstrahl, der knapp an der Sonne vorbei läuft. Mit $dt = dl/v_{\text{Licht}}(r)$ folgt

$$t = \int \frac{dl}{v_{\text{Licht}}(r(l))} = \int \frac{dl}{c\left(1 - r_{\text{s}}/r(l)\right)}, \qquad (13.132)$$

wobei $r(l) = \sqrt{R^2 + l^2}$ (s. Abb. 13.12). Da $r \gg r_{\text{s}}$ gilt, können wir den Ausdruck in (13.132) entwickeln und erhalten

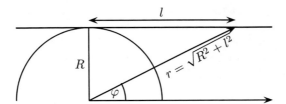

Abb. 13.12 Zur Lichtlaufzeitverzögerung im Schwerefeld: Um die Verzögerung zu bestimmen, muss der Ausdruck $r(l)$ bekannt sein, der sich elementar herleiten lässt

$$t = \int \frac{\mathrm{d}l}{c} + \frac{r_{\mathrm{s}}}{c} \int \frac{\mathrm{d}l}{r} = t_{\text{Newton}} + \Delta t. \tag{13.133}$$

Die Lichtlaufzeit setzt sich also als Summe der Laufzeit in Newton'scher Theorie und einer Korrektur zusammen. Für einen von der Erde zu einem Planeten und wieder zurück laufenden Lichtstrahl erhalten wir mit den Entfernungen l_{δ} und l_{P} der Erde und des entsprechenden Planeten zur Sonne dann

$$\begin{aligned}
\Delta t &= \frac{2r_{\mathrm{s}}}{c} \left[\int_0^{l_{\mathrm{P}}} \frac{\mathrm{d}l}{\sqrt{R^2 + l^2}} + \int_0^{l_{\delta}} \frac{\mathrm{d}l}{\sqrt{R^2 + l^2}} \right] \\
&= \frac{2r_{\mathrm{s}}}{c} \left[\operatorname{arsinh}\left(\frac{l_{\mathrm{P}}}{R}\right) + \operatorname{arsinh}\left(\frac{l_{\delta}}{R}\right) \right] \approx \frac{2r_{\mathrm{s}}}{c} \ln\left(\frac{4l_{\delta}l_{\mathrm{P}}}{R^2}\right) \cdot
\end{aligned} \tag{13.134}$$

Wiederum kann auch im Rahmen der Newton'schen Theorie für ein sich mit Lichtgeschwindigkeit bewegendes, impulsbehaftetes Teilchen eine Laufzeitverzögerung berechnet werden. Die Ergebnisse der Rechnungen lassen sich zusammenfassen zu

$$\Delta t = (1 + \xi) \frac{r_{\mathrm{s}}}{c} \ln\left(\frac{4r_1 r_2}{b^2}\right), \tag{13.135}$$

mit den Distanzen r_1 und r_2 von Erde und jeweiligem Objekt von der Sonne und dem Stoßparameter b. Da b selbst sich mit der Zeit T ändert, kann man je nach Situation schließlich eine Funktion $\Delta t(T)$ angeben (s. Abb. 13.13). Die allgemein-relativistische Rechnung führt auf $\xi = 1$, die Newton'sche auf $\xi = 0$, also wieder der halbe Effekt wie bei der Lichtablenkung.

Zusätzlich zur Laufzeitverzögerung tritt auch noch eine Dopplerverschiebung des Signals auf [17]:

$$z_{\mathrm{gr}} = \frac{\Delta \nu}{\nu} = \frac{\mathrm{d}\Delta t}{\mathrm{d}t} = -2(1 + \xi) \frac{r_{\mathrm{s}}}{c} \frac{1}{b} \frac{\mathrm{d}b}{\mathrm{d}t}. \tag{13.136}$$

Im Fall ② in Abb. 13.13 ist die Laufzeit des Radarsignals wegen des Brechungsindexeffekts größer als nach der Newton'schen Theorie. Es ergibt sich etwa

$$\Delta t = 240 \,\mu\mathrm{s} \quad \text{bzw.} \quad c\,\Delta t = 36 \,\mathrm{km}. \tag{13.137}$$

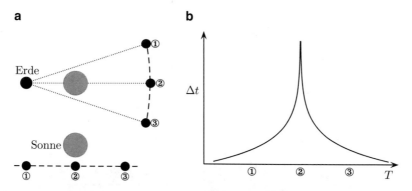

Abb. 13.13 Laufzeitverzögerung des Lichts: (**a**) In den drei Konstellationen ①–③ ändert sich jeweils der Parameter *b* und damit die Laufzeitverzögerung (*oben*: Blick auf die Bahnebene der Erde, *unten*: Blick aus Erdperspektive). (**b**) zeigt skizzenhaft die zeitliche Entwicklung der Laufzeitverzögerung, wie man sie in einer Messung erwarten würde (s. Abb. 21.17)

In einem Experiment konnte Shapiro [18] 1968 diese Laufzeitverzögerung bis auf 3 % bestätigen, dies entspricht der Bestimmung des Abstandes Erde-Venus auf 1 km genau.

Neuere Messung mit Hilfe der Cassini-Raumsonde
Mit Hilfe der Cassini-Raumsonde konnte 2002 eine deutlich genauere Messung vorgenommen werden [17]. Die Messungen führten auf

$$\xi = 1 + (2{,}1 \pm 2{,}3) \cdot 10^{-5}. \tag{13.138}$$

Auf ihrem Weg zum Saturn befand sich die Sonde um den 6. und 7. Juli 2002 herum in Konjunktion zur Sonne, d. h. in maximaler Entfernung zur Erde hinter der Sonne, allerdings nicht exakt in der Erdebene, sodass sie nicht von der Sonne verdeckt war. Da im Gegensatz zur Messung mit Hilfe der Venus in diesem Fall das Signal nicht einfach reflektiert, sondern von der Sonde empfangen, analysiert und aktiv ein Signal zurückgeschickt werden konnte, war es möglich in diesem Fall die Dopplerverschiebung z_{gr} aus (13.136) sehr genau zu messen und damit die viel höhere Präzision, die sich im Parameter ξ äußert, zu erreichen.

13.4.5 Geodätische Präzession

In Abschn. 11.4.3 haben wir gesehen, dass wir für die Bewegung eines Objekts entlang einer zeitartigen Kurve in einer gekrümmten Raumzeit die Paralleltransportgleichung (11.138) verwenden müssen. Im Fall einer zeitartigen kreisförmigen Bahn innerhalb der Schwarzschild-Metrik hat dies zur Folge, dass das lokale Bezugssystem nach einem vollen Umlauf nicht mehr gleich orientiert ist wie zu Beginn der Bewegung. Diese *geodätische Präzession* ist für den letzten stabilen Orbit in Abb. 13.14 dargestellt, dabei repräsentiert der Schwarze Pfeil die

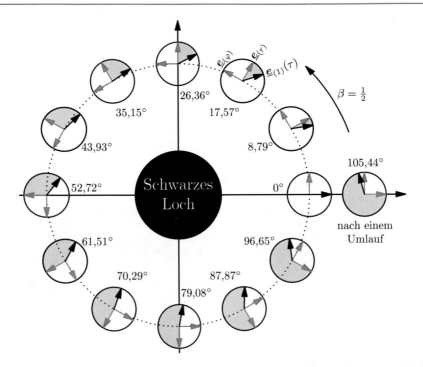

Abb. 13.14 Geodätische Präzession entlang des letzten stabilen Orbits innerhalb der Schwarzschild-Raumzeit. Der Rotationswinkel an der momentanen Position bezieht sich auf den „unendlichen Fixsternhimmel"

$\underline{\mathbf{e}}_{(1)}(\tau)$ -Richtung der bewegten lokalen Tetrade $\mathcal{L}_b$ zur Eigenzeit τ und die grauen Pfeile geben die $\underline{\mathbf{e}}_{(r)}$- und $\underline{\mathbf{e}}_{(\varphi)}$-Richtung der Referenztetrade $\mathcal{L}_r$ an der momentanen Position an. Der momentane Rotationswinkel von $\underline{\mathbf{e}}_{(1)}(\tau)$ ergibt sich jedoch nicht aus dem Winkel zur radialen Richtung $\underline{\mathbf{e}}_{(r)}$ des Referenzsystems, wie in Abb. 13.14 durch die grau schraffierten Kreissegmente angedeutet, sondern bezogen auf den „unendlichen Fixsternhimmel". Nach einem Umlauf ist daher der Rotationswinkel $\alpha \approx 105{,}44°$ zwischen der ursprünglichen Richtung $\underline{\mathbf{e}}_{(1)}(\tau = 0)$ und der aktuellen Richtung $\underline{\mathbf{e}}_{(1)}(\tau = \tau_{2\pi})$. Die Umlaufzeit $\tau_{2\pi} = 2\pi/\omega$ ergibt sich dabei aus der Winkelgeschwindigkeit ω bezogen auf die Eigenzeit τ des Objekts (s. (13.45)).

13.4.6 Global Positioning System

Für den Betrieb des *Global Positioning System* (*GPS*) sind sowohl speziell- als auch allgemein-relativistische Effekte sehr wichtig, weshalb wir hier kurz darauf eingehen wollen. *GPS* besteht aus 24 Satelliten, die auf 6 Bahnen mit jeweils 4 Satelliten kreisen und einigen Satelliten zur Reserve. Die Satelliten befinden sich in einer Höhe von etwa 20.200 km über der Erdoberfläche und umrunden die Erde zweimal pro Tag. Aufgrund der großen Entfernung zur Erde, und der damit einhergehenden schwächeren Gravitation, gehen die Uhren der Satelliten pro Tag etwa um 45 μs vor.

Wegen der Bahngeschwindigkeit von etwa 3−4 ms^{-1} gehen sie allerdings um etwa 7 μs nach. In der Summe ergibt sich eine Zeitdifferenz von 38 μs. Da *GPS* die Positionen des Nutzers über Lichtsignale bestimmt, würde dies bei einem direkten Abgleich mit der Uhrzeit des Empfängers auf einen Fehler von etwa

$$38 \ \mu\text{s} \cdot 299.792.458 \ \text{ms}^{-1} \approx 11,4 \ \text{km} \tag{13.139}$$

pro Tag führen! Um dies zu vermeiden, muss für eine exakte Positionsbestimmung Kontakt zu vier *GPS*-Satelliten hergestellt werden um vier Parameter, eine Zeit- und drei Raumkoordinaten, zu berechnen. Um die Zeitdifferenz von 38 μs auszugleichenso, werden die Uhren auf den Satelliten so gebaut, dass sie am Erdboden genau um diese Zeitspanne vorgehen.

13.5 Das massereiche Schwarze Loch im Zentrum der Milchstraße

Zwei Beobachtungsgruppen, die eine geführt von *Reinhard Genzel*[13] am Max-Planck-Institut für Extraterrestrische Physik in Garching [19, 20], die andere von *Andrea Ghez*[14] an der University of California, Los Angeles [21], haben seit 1994 die Bahnen von Sternen um das Zentrum der Milchstraße im Detail vermessen und dadurch nicht nur die Existenz eines massereichen Schwarzen Lochs im Zentrum der Milchstraße nachgewiesen, sondern auch seine Masse und seine Entfernung genau bestimmen können. Die unabhängig voneinander bestimmten Massen sind miteinander konsistent: $(4{,}31 \pm 0{,}36) \cdot 10^6$ Sonnenmassen [19] bzw. $(4{,}5 \pm 0{,}4) \cdot 10^6$ Sonnenmassen [21]. Der Abstand des Zentrums des Galaktischen Schwarzen Lochs konnte zuletzt mit einer Unsicherheit von nur 0,3 % zu $R_0 = 8178$ pc (26.670 Lichtjahre) bestimmt werden [22]. Für diese Entdeckungen teilen sich Genzel und Ghez eine Hälfte des Nobelpreises für Physik 2020 [23, 24].

Das Schwarze Loch im Zentrum der Milchstraße verbirgt sich hinter dichten Vorhängen aus Gas und interstellarem Staub. Dies verhindert seine Beobachtung bei *optischen* Wellenlängen, da nur etwa eines von 10^9 Photonen den Staub in Richtung der Sichtlinie zur Erde durchdringen kann. Für Infrarot- und Radiostrahlung hingegen ist der Staub um einen Faktor 10 durchlässiger.

Entsprechend begann die Suche nach dem Schwarzen Loch zunächst mit Radioteleskopen. *Balick*[15] und *Brown*[16] entdeckten 1974 im Sternbild Schütze (lat. Sagitarius) bei Wellenlängen von 3,7 cm und 11 cm eine recht intensive, sehr kompakte Quelle nichtthermischer Synchrotronstrahlung, deren Position innerhalb weniger Lichtjahre mit dem vermuteten Zentrum der Milchstraße übereinstimmte [25]. Sie nannten die Quelle Sagitarius A* (Sgr A*). Der Name kam zustande, da Brown eine

---

[13] Reinhard Genzel, ⋆ 1952, deutscher Astrophysiker.
[14] Andrea Ghez, ⋆ 1965, US-amerikanische Astronomin.
[15] Bruce Balick, US-amerikanischer Astronom.
[16] Robert Lamme Brown, 1943–2014, US-amerikanischer Radioastronom.

Theorie präsentierte, in der er Sgr A* als eine angeregte Radioquelle interpretierte und in Analogie zur Kennzeichnung angeregter Zustände in der Atomphysik ein Asterisk „*" hinzufügte. Die Theorie erwies sich als falsch, aber der Name blieb.

Die Gruppen von Genzel und Ghez führten ihre Beobachtungen bei Wellenlängen im nahen Infrarotbereich aus, und zwar zentriert um $\lambda = 2{,}2$ μm. Die von Genzel geleitete GRAVITY-Kollaboration [26] nutzte für ihre Beobachtungen das in der Atacama-Wüste im Norden Chiles gelegene *Very Large Telescope* (VLT) der Europäischen Südsternwarte (ESO). Dieses besteht aus vier identischen 8,2 m-Teleskopen, die zur Interferenz zusammengeschlossen werden können und dadurch ein „Superteleskop" von effektiv 130 m Durchmesser ergeben, das *Very Large Telescope Interferometer* (VLTI). Die Gruppe von Ghez beobachtete von dem auf Hawaii stehenden Keck-Observatorium aus mit den beiden Teleskopen *Keck-I* und *Keck-II*, mit Spiegeldurchmessern von jeweils 10,4 m. Zur Interferenz zusammengeschlossen entsteht ein Teleskop mit einem effektiven Durchmesser von 85 m.

Die für die Bahnverfolgung von Sternen in der Nähe von Sgr A* nötige hohe räumliche Auflösung konnte durch die Technik der „*Adaptiven Optik*" erreicht werden. Turbulenzen in der Erdatmosphäre verschmieren die Bahnen der von Sternen kommenden Photonen auf einer Zeitskala kürzer als etwa eine Sekunde („das Funkeln der Sterne"). Um dies auszugleichen, benutzt die Technik der Adaptiven Optik entweder einen hellen Referenzstern in der Nähe des zu beobachtenden Objekts oder einen künstlichen „Stern", der durch Anregung von Natriumatomen in der oberen Atmosphäre (90 km) durch einen Laserstrahl erzeugt wird. Ein Wellenfrontsensor misst die durch die Luftunruhe aktuell verursachte Verzerrung der Wellenfronten des Referenzobjekts, ein Computer berechnet die erforderliche Rekonstruktion der Wellenfronten, diese Information wird in einer Rückkopplungsschleife auf einen verformbaren Zweitspiegel des Teleskops weitergegeben, der in Echtzeit so „verbogen" wird, dass die durch die Luftunruhe verursachten Störungen im Bild des beobachteten Objekts komplett korrigiert werden können. Dies ermöglichte lange Belichtungszeiten und lieferte Bilder so scharf, als ob sie vom Weltall aus aufgenommen worden wären. Diese technische Revolution gestattete es auch, die *Spektren* der Sterne zu messen. Aus der Position der Spektrallinien konnte auf diese Weise zum einen auf die chemische Zusammensetzung der Atmosphären der Sterne geschlossen werden. Zum andern konnten über die Dopplerverschiebung der Linien die Radialgeschwindigkeiten der Sterne bestimmt werden.

Einer der über die Jahre verfolgten Sterne (von Genzels Gruppe S2 bezeichnet), ragt aus den beobachteten Sternen heraus. Seine Umlaufzeit um Sgr A* beträgt knapp unter 16 Jahren. Zum Vergleich: Für eine volle Bahn um das Galaktische Zentrum benötigt die Sonne etwas über 200 Millionen Jahre. S2 besitzt eine hochelliptische Bahn mit einer Exzentrizität von $e = 0{,}88$. Zweimal konnte die Passage von S2 durch das Perizentrum[17] gemessen werden, nämlich

---

[17]Als Perizentrum bezeichnet man den Punkt auf der elliptischen Bahn, der dem Galaktischen Zentrum am nächsten liegt.

2002 und besonders genau im Mai 2018. Der Abstand im Perizentrum zu Sgr A*
beträgt nur 17 Lichtstunden (oder 120 AE). Die Bahn ist um 46° relativ zur
Himmelsebene geneigt.

Abb. 13.15 fasst 26 Jahre der Beobachtung der Bahn von Sgr A* zusammen. Die
linke Abbildung zeigt die mit den ESO-Teleskopen gewonnenen Ergebnisse für die
Bahnellipse von S2. Die Beobachtungen sind genau genug, um die Veränderung der
Position von S2 von Nacht zu Nacht bestimmen zu können. Die Passage durch das
Perizentrum im Mai 2018 ist in der Abbildung rechts unten vergrößert dargestellt.
Der beste Fit an die Bahn wird durch die durchgezogene Kurve wiedergegeben. Die
Abbildung rechts oben zeigt die Ergebnisse der spektroskopischen Beobachtungen
sowohl von Keck als auch von ESO zur Messung der auf die Himmelsebene proji-
zierten *Radialgeschwindigkeiten* von S2. Man erkennt, dass im Perizentrum S2 mit
einer Geschwindigkeit von über 4000 km/s auf uns zukommt und im Apozentrum
sich mit 2000 km/s von uns entfernt.

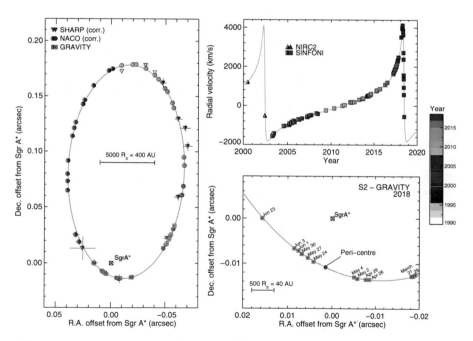

Abb. 13.15 Zusammenfassung der Beobachtungsergebnisse der Bahnverfolgung des Sterns S2
um Sgr A* von 1992 bis 2018 [27]. Die Farbskala gibt das Jahr der Beobachtung an. Links: Die auf
die Himmelsebene projizierte Bahn von S2 relativ zu der kompakten Radioquelle Sgr A* (braunes
Kreuz am Ursprung). Die radiale Dopplergeschwindigkeit (rechts oben) variiert zwischen −2000
und 4000 km/s. Die Bahn von S2 während der Passage des Perizentrums im Mai 2018 wurde von
GRAVITY hochgenau bestimmt (rechts unten). Um den besten Fit für den Orbit von S2 zu finden
(durchgezogene Kurve) müssen Effekte sowohl der Speziellen als auch der Allgemeinen Relativitätstheorie berücksichtigt werden. Man beachte die Längenskala, die das 5000-fache des
Schwarzschild-Radius von Sgr A* angibt, also etwa 400 Astronomische Einheiten. (Credit: GRA-
VITY collaboration [27], reproduced with permission ©ESO)

Aus der Neigung der Bahnebene kann auf die dreidimensionale Geschwindigkeit geschlossen werden. Für die Gesamtgeschwindigkeit im Perizentrum ergibt sich ein Wert von etwa 7650 km/s, was einem Geschwindigkeitsparameter von $\beta = v/c$ $= 2{,}55 \cdot 10^{-2}$ entspricht. Dies bedeutet, dass der transversale Dopplereffekt der Speziellen Relativitätstheorie bei der Analyse der Beobachtungsdaten berücksichtigt werden muss. Bei der Annäherung an das Perizentrum ist S2 zunehmend dem starken Schwerefeld des Galaktischen Schwarzen Lochs ausgesetzt. Die dadurch bewirkte Gravitationsrotverschiebung der Infrarotstrahlung musste ebenfalls mit einbezogen werden, um den in Abb. 13.15 gezeigten besten Fit für den Orbit von S2 in der Umgebung des Perizentrums zu erhalten.

Seit 2016 hat das Instrument GRAVITY am Very Large Telescope die Infrarotastronomie noch einmal um einen gewaltigen Sprung vorangebracht. Es kombiniert, wie schon erwähnt, die Signale aller vier, interferometrisch effektiv bis zu 130 m voneinander entfernten VLT-Teleskope und erreicht eine Winkelauflösung, die etwa 16-mal besser ist als die eines einzelnen Teleskops. Dadurch konnten allgemeinrelativistische Effekte wie die Gravitationsrotverschiebung [27] und sogar die Schwarzschild-Präzession nachgewiesen werden: In [28] wird berichtet, dass das Perizentrum von S2 pro Umlauf um 12 Bogensekunden weiterwandert. Dies ist genau der Wert, den man in der Schwarzschild-Metrik bei der gegebenen Masse von etwa 4 Millionen Sonnenmassen erwartet. Außerdem konnten mit GRAVITY Ausbrüche (Flares) von Infrarotstrahlung beobachtet werden, die aus der Akkretionsscheibe von Sgr A* stammen [29]. Ein Gürtel aus Gas mit etwa 10 Lichtminuten Durchmesser umkreist Sgr A* nahe dem (aus Abschn. 13.5 bekannten) letzten stabilen Orbit. Dabei wirbelt das Gas mit einem Tempo von 30 % der Lichtgeschwindigkeit um das Schwarze Loch herum. Material, das unter den letzten stabilen Orbit gerät, stürzt auf das Schwarze Loch und erzeugt die Flares.

Eine Gruppe an der Universität Köln hat am VLT Sterne mit noch kürzerer Umlaufzeit um Sgr A* als S2 entdeckt [30]. Der erste, S62, benötigt 9,9 Jahre, und der allerschnellste, S4711 (benannt nach dem Parfüm aus Köln) nur 7,6 Jahre [30]. Seine Geschwindigkeit im Perizentrum beträgt 24.000 km/s, entsprechend $\beta = 0{,}08$. Ein weiterer Stern, S4714, hat eine Bahnperiode von 12 Jahren, die Bahnellipse weist die extreme Exzentrizität von 0,985 auf. Diese Sterne mit noch kürzeren Umlaufzeiten sind weitere ideale Kandidaten, um Gravitationsverschiebung und Perizentrum-Drehung in der Schwarzschild-Metrik zu beobachten.

13.6   Übungsaufgaben

13.6.1 Dopplereffekt beim Pound-Rebka-Experiment

Wir haben in Abschn. 13.4.1 das Pound-Rebka-Experiment diskutiert. Dabei kamen wir auf eine Größenordnung $v \approx 7{,}5 \cdot 10^{-7}$ ms^{-1}, mit der der Absorber bewegt werden muss, um resonante Absorption zu erreichen.
Bestätigen Sie diese Größenordnung.

13.6.2 Zeitdifferenzen bei GPS

In Abschn. 13.4.6 haben wir die Zeitdifferenz angegeben, die ein GPS-Satellit gegenüber einer Uhr auf der Erdoberfläche besitzt. Diese setzt sich aus der speziell-relativistischen und der gravitativen Zeitdilatation zusammen. Bestätigen Sie die angegebenen Werte.

13.6.3 Geschwindigkeit des frei fallenden Beobachters

In Abschn. 13.3.1 haben wir den auf ein Schwarzes Loch frei fallenden Beobachter und dessen aktuelle Position in Abhängigkeit seiner Eigenzeit diskutiert. Bestimmen Sie dessen Geschwindigkeit β am aktuellen Ort r bezogen auf die lokale Tetrade (13.37) eines Beobachters, der an diesem Ort ruht.

13.6.4 Geodätische Präzession

In Abschn. 13.4.5 haben wir die geodätische Präzession eines Vektors für einen Umlauf auf dem letzten stabilen Orbit um ein Schwarzes Loch angegeben. Berechnen Sie die geodätische Präzession für eine zeitartige Kreisbahn mit beliebigem Radius.

Literatur

1. Schwarzschild, K.: Über das Gravitationsfeld eines Massenpunktes nach der Einstein'schen Theorie. Sitzungsberichte der Königlich-Preußischen Akademie der Wissenschaften, 189–196 (1916)
2. Jebsen, J.T.: On the general spherically symmetric solutions of Einstein's gravitational equations in vacuo. Ark. Mat. Ast. Fys. (Stockholm) 15(18), 1–9 (1921). Reprinted in Gen. Relat. Grav. 37, 2253–2259 (2005)
3. Birkhoff, G.D.: Relativity and Modern Physics. Harvard University Press, Cambridge (1923)
4. Johansen, N.V., Ravndal, F.: On the discovery of Birkhoff's theorem. Gen. Relat. Grav. 38(3), 537–540 (2006)
5. Levin, J., Perez-Giz, G.: A periodic table for black hole orbits. Phys. Rev. D 77, 103005 (2008)
6. Kruskal, M.D.: Maximal extension of Schwarzschild metric. Phys. Rev. 119(5), 1743–1745 (1960)
7. Eddington, A.S.: A comparison of Whitehead's and Einstein's formulæ. Nature 113, 192 (1924)
8. Misner, C.W., Thorne, K.S., Wheeler, J.A.: Gravitation. W.H. Freeman, New York (1973)
9. Finkelstein, D.: Past-future asymmetry of the gravitational field of a point particle. Phys. Rev. 110(4), 965–967 (1958)
10. Straumann, N.: General Relativity – With Applications to Astrophysics. Springer (2004)
11. Wegener, H.: Der Mößbauer-Effekt und seine Anwendungen in Physik und Chemie. BI-Hochschultaschenbücher, Mannheim (1965)
12. Pound, R.V., Rebka, G.V. Jr.: Apparent weight of photons. Phys. Rev. Lett. 4, 337–341 (1960)
13. Pound, R.V., Snider, J.L.: Effect of gravity on gamma radiation. Phys. Rev. B 140, 788–804 (1965)

14. Dyson, F.W., Eddington, A.S., Davidson, C.A.: A determination of the deflection of light by the Sun's gravitational field, from observations made at the total eclipse of May 29, 1919. Phil. Trans. R. Soc. Lond. A **220**, 291–333 (1920)
15. Dominik, M.: The gravitational bending of light by stars: a continuing story of curiosity, scepticism, surprise, and fascination. Gen. Relativ. Gravit. **43**, 989–1006 (2011)
16. Checking up on Einstein – The Solar Eclipse of May 29, 1919, 4-minütiges Vollkuppel-Video. https://www.eso.org/public/videos/checking_einstein_german_4K/
17. Bertotti, B., Iess, L., Tortora, P.: A test of general relativity using radio links with the Cassini spacecraft. Nature **425**, 374–376 (2003)
18. Shapiro, I.I., et al.: Fourth test of general relativity: preliminary results. Phys. Rev. Lett. **20**(22), 1265–1269 (1968)
19. Gillessen, S., Eisenhauer, F., Trippe, S., Alexander, T., Genzel, R., Martins, F., Ott, T.: Monitoring stellar orbits around the massive black hole in the Galactic center. Astrophys. J. **692**, 1075 (2009)
20. Gillessen, S., et al.: An update on monitoring stellar orbits in the Galactic center. Astrophys. J. **837**, 30 (2017)
21. Ghez, A.M., et al.: Measuring distance and properties of the Milky Way's central supermassive black hole. Astrophys. J. **689**, 1044 (2008)
22. GRAVITY collaboration: A geometric distance measurement to the Galactic center black hole with 0.3 % uncertainty. Astron. Astrophys. **625**, L10 (2019)
23. https://www.nobelprize.org/prizes/physics/2020/press-release/
24. Menten, K.: Nobelpreis – Blick ins Zentrum. Physik Journal **19**, Nr. 12, 28 (2020)
25. Balick, B., Brown, R.L.: Intense sub-arcsecond structure in the Galactic center. Astrophys. J. **194**, 265 (1974)
26. Gravity Collaboration: https://www.mpe.mpg.de/ir/gravity
27. GRAVITY collaboration: Detection of the gravitational redshift in the orbit of the star S2 near the Galactic centre massive black hole. Astron. Astrophys. **615**, L15 (2018)
28. GRAVITY collaboration: Detection of the Schwarzschild precession in the orbit of the star S2 near the Galactic centre massive black hole. Astron. Astrophys. **636**, L5 (2020)
29. GRAVITY collaboration: Detection of orbital motions near the last stable circular orbit of the massive black hole Sgr A*. Astron. Astrophys. **618**, L10 (2018)
30. Peißker, F., et al.: S62 and S4711: indication of a population of faint fast-moving stars inside the S2 Orbit – S4711 on a 7.6 yr orbit around Sgr A*. Astrophys. J. **899**, 50 (2020)

Kerr-Metrik und Nachweis eines Kerr-Schwarzen-Lochs

14

Inhaltsverzeichnis

Bei der Herleitung der Schwarzschild-Metrik waren wir von einer statischen sphärisch-symmetrischen Massenverteilung ausgegangen. Wenn aber ein rotierender Stern zu einem Schwarzen Loch kollabiert, so bleibt der Drehimpuls erhalten. Schwarze Löcher, die allein durch ihre Masse und ihren Drehimpuls definiert sind, werden durch die *Kerr-Metrik* beschrieben, die *Kerr*[1] 1963 gefunden hat [1]. Ihr Linienelement hat in Boyer-Lindquist-Koordinaten, der Verallgemeinerung der Schwarzschild-Koordinaten für die Kerr-Metrik, die Form [2]

$$
\mathrm{d}s^2 = -\left(1 - \frac{r_\mathrm{s}r}{\Sigma}\right)c^2\mathrm{d}t^2 - \frac{2r_\mathrm{s}ar\sin^2(\vartheta)}{\Sigma}c\,\mathrm{d}t\,\mathrm{d}\varphi + \frac{\Sigma}{\Delta}\mathrm{d}r^2 + \Sigma\mathrm{d}\vartheta^2
$$

$$
+ \left(r^2 + a^2 + \frac{r_\mathrm{s}a^2r\sin^2(\vartheta)}{\Sigma}\right)\sin^2(\vartheta)\mathrm{d}\varphi^2, \tag{14.1}
$$

---

[1] Roy Kerr, ★ 1934, neuseeländischer Mathematiker.

© Springer-Verlag GmbH Deutschland, ein Teil von Springer Nature 2022
S. Boblest et al., *Spezielle und allgemeine Relativitätstheorie*,
https://doi.org/10.1007/978-3-662-63352-6_14

mit $\Sigma = r^2 + a^2 \cos^2(\vartheta)$, $\Delta = r^2 - r_s r + a^2$ und $r_s = 2GM/c^2$. Der Parameter $a = J/(Mc)$ bezeichnet den Drehimpuls J skaliert durch die Masse M des Schwarzen Lochs und die Lichtgeschwindigkeit c. Man sieht leicht, dass sich für $a = 0$ wieder die Schwarzschild-Metrik ergibt. Ein maximal rotierendes Kerr'sches Loch erhält man für $a = GM/c^2 = r_s/2$. Größere Werte von a würden zu geschlossenen zeitartigen Weltlinien und damit zur Verletzung des Kausalitätsprinzips führen.

Im Grenzfall $r \to \infty$ geht die Kerr-Metrik in die flache Minkowski-Metrik über. Der Grenzfall $r_s \to 0$ bei konstantem a ist jedoch nicht so offensichtlich. Führt man jedoch die Koordinatentransformation $T = t$, $Z = r\cos(\vartheta)$, $X = \sqrt{r^2 + a^2}\,\sin(\vartheta)\cos(\varphi)$, $Y = \sqrt{r^2 + a^2}\,\sin(\vartheta)\sin(\varphi)$ durch, so gelangt man wieder zur Minkowski-Metrik [3]. Wie für die Schwarzschild-Metrik existiert eine maximale Erweiterung der Kerr-Metrik, die von Boyer und Lindquist gefunden wurde [4].

14.1   Horizont und Ergosphäre

Der *Ereignishorizont* des Kerr'schen Schwarzen Lochs ist durch die äußere Nullstelle von Δ gegeben, dort wird die Metrik singulär, da $g_{rr} \to \infty$ für $\Delta \to 0$:

$$r_+ = \frac{r_s}{2} + \sqrt{\frac{r_s^2}{4} - a^2}\,. \tag{14.2}$$

Wie beim Schwarzschild'schen Schwarzen Loch handelt es sich hierbei nur um eine Koordinatensingularität.

Doch bevor man den Ereignishorizont überhaupt erreicht, gibt es eine Region, die *Ergosphäre* genannt wird. Deren äußere Grenze ergibt sich als äußere Nullstelle von $\Sigma - r_s r$, denn dort wird die Komponente g_{tt} Null:

$$r_{es}(\vartheta) = \frac{r_s}{2} + \sqrt{\frac{r_s^2}{4} - a^2 \cos^2(\vartheta)}\,, \tag{14.3}$$

(s. Abb. 14.1).

Abb. 14.1 Die verschiedenen Bereiche der Kerr-Metrik für $a = 0{,}95\ GM/c^2$. Der *grau schattierte Bereich* ist die Ergosphäre mit dem statischen Limit $r = r_{es}(\vartheta)$

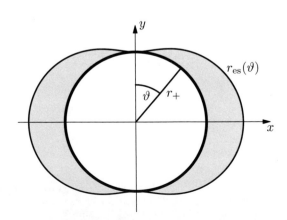

Um die Bedeutung der Ergosphäre zu verstehen, müssen wir zunächst den Unterschied zwischen einem *stationären* und einem *statischen* Beobachter untersuchen, siehe dazu auch [5]. Da die Komponenten der Kerr-Metrik explizit unabhängig von der Koordinatenzeit t und dem Winkel φ sind, existieren die beiden Killing-Vektoren $\underline{\xi}_t = (\partial_t)_{r,\vartheta,\varphi}$ und $\underline{\xi}_\varphi = (\partial_\varphi)_{t,r,\vartheta}$. Ein Beobachter mit der Vierergeschwindigkeit

$$\underline{u} = u^t \left(\partial_t + \Omega\, \partial_\varphi \right) = \frac{\underline{\xi}_t + \Omega\, \underline{\xi}_\varphi}{|\underline{\xi}_t + \Omega\, \underline{\xi}_\varphi|}, \tag{14.4}$$

wobei $\Omega = \mathrm{d}\varphi/\mathrm{d}t = (\mathrm{d}\varphi/\mathrm{d}\tau)/(\mathrm{d}t/\mathrm{d}\tau) = u^\varphi/u^t$ seine Winkelgeschwindigkeit bezogen auf das asymptotische Ruhsystem ist, erfährt daher keine Änderung der Raumzeit-Geometrie in seiner unmittelbaren Umgebung. Er ist also *stationär* relativ zu seiner lokalen Geometrie. Von einem *statischen* Beobachter spricht man, wenn $\Omega = 0$ ist und er sich bezogen auf das asymptotische Ruhsystem nicht mehr bewegt.

Da die Vierergeschwindigkeit $\underline{u}$ stets innerhalb des Zukunftslichtkegels liegen muss, kann Ω nicht beliebige Werte annehmen. Aus $u^2 = \langle \underline{u}, \underline{u} \rangle_g < 0$ und den Metrik-Koeffizienten $g_{\mu\nu}$ der Kerr-Metrik (14.1) folgt

$$g_{tt} + 2\Omega g_{t\varphi} + \Omega^2 g_{\varphi\varphi} < 0, \tag{14.5}$$

woraus sich die minimale und maximale Winkelgeschwindigkeit

$$\Omega_{\min} = \omega - \sqrt{\omega^2 - \frac{g_{tt}}{g_{\varphi\varphi}}} \quad \text{und} \quad \Omega_{\max} = \omega + \sqrt{\omega^2 - \frac{g_{tt}}{g_{\varphi\varphi}}} \tag{14.6}$$

mit $\omega = -g_{t\varphi}/g_{\varphi\varphi}$ ergeben. Für $r \leq r_{\mathrm{es}}(\vartheta)$ wird $g_{tt} \geq 0$ und die minimale Winkelgeschwindigkeit $\Omega_{\min} \geq 0$. Unterhalb dieses Radius hat *jeder* Beobachter eine positive Winkelgeschwindigkeit und kann daher nicht mehr statisch sein. Dies wird als *Lense-Thirring-Effekt*[2,3] [6] oder auch *Frame-Dragging*-Effekt bezeichnet. Die Fläche mit $r = r_{\mathrm{es}}(\vartheta)$ nennt man auch das *statische Limit*.

Auf die weiteren Strukturen unterhalb des eigentlichen Horizonts, $r < r_+$, wie die innere Ergosphäre, den inneren Horizont und die eigentliche Krümmungssingularität, welche eine Ringsingularität ist, wollen wir hier nicht eingehen, sondern verweisen auf [4, 7].

14.2   Lokale Tetraden

Das lokale Bezugssystem des stationären Beobachters aus dem vorherigen Abschnitt können wir an die entsprechende Vierergeschwindigkeit (14.4) anpassen und erhalten so die *lokal nichtrotierende Tetrade (LNRT)*

---

[2] Josef Lense, 1890–1985, österreichischer Mathematiker.
[3] Hans Thirring, 1888–1976, österreichischer Physiker.

$$\underline{\mathbf{e}}_{(0)} = \sqrt{\frac{A}{\Sigma\Delta}} \frac{1}{c}\left(\partial_t + \omega\partial_\varphi\right),$$

$$\underline{\mathbf{e}}_{(1)} = \sqrt{\frac{\Delta}{\Sigma}}\partial_r, \quad \underline{\mathbf{e}}_{(2)} = \frac{1}{\sqrt{\Sigma}}\partial_\vartheta, \quad \underline{\mathbf{e}}_{(3)} = \sqrt{\frac{\Sigma}{A}}\frac{1}{\sin(\vartheta)}\partial_\varphi. \tag{14.7}$$

mit $\omega = cr_s ar/A$ und $A = \Sigma\left(r^2 + a^2\right) + r_s a^2 r\sin^2(\vartheta)$.

Die Aussage, dass diese Tetrade nichtrotierend ist, klingt etwas verwirrend, da die Vierergeschwindigkeit tatsächlich entlang der φ-Richtung zeigt. Um den Sinn dahinter zu verstehen, betrachten wir zwei Lichtstrahlen, die wir auf eine Kreisbahn einerseits in (prograd) und andererseits entgegen (retrograd) der Rotationsrichtung der Kerr-Metrik zwingen. Messen wir die Laufzeiten für beide Lichtstrahlen, so stellen wir fest, dass beide die gleiche Zeit brauchen, um wieder beim Beobachter anzukommen [5]. Aus seiner Sicht kann er sich dann nur in Ruhe befinden, er rotiert also nicht um das Kerr-Loch, denn sonst würde der retrograde Lichtstrahl vor dem prograden Lichtstrahl ankommen. Dies ist auch konform mit der Aussage aus dem vorherigen Abschnitt, dass sich die Geometrie für ihn nicht ändert, da er sich ja entlang der Killing-Vektoren bewegt. Aus der Sicht eines asymptotischen Beobachters bewegt sich der stationäre Beobachter jedoch um das Kerr-Loch.

Außerhalb der Ergosphäre können wir auch ein Bezugssystem für einen statischen Beobachter definieren. Seine lokale Tetrade lautet dann

$$\underline{\mathbf{e}}_{(0)} = \frac{1}{c\sqrt{1 - r_s r/\Sigma}}\partial_t, \quad \underline{\mathbf{e}}_{(1)} = \sqrt{\frac{\Delta}{\Sigma}}\partial_r, \quad \underline{\mathbf{e}}_{(2)} = \frac{1}{\sqrt{\Sigma}}\partial_\vartheta,$$

$$\underline{\mathbf{e}}_{(3)} = \pm\frac{r_s ar\sin(\vartheta)}{c\sqrt{1 - r_s r/\Sigma}\sqrt{\Delta\Sigma}}\partial_t \mp \frac{\sqrt{1 - r_s r/\Sigma}}{\sqrt{\Delta}\sin(\vartheta)}\partial_\varphi. \tag{14.8}$$

14.3   Qualitatives Verhalten von Geodäten

Analog zur Schwarzschild-Metrik wollen wir auch in der Kerr-Metrik das qualitative Verhalten von licht- und zeitartigen Geodäten mit Hilfe des Euler-Lagrange-Formalismus untersuchen. Wir müssen uns hier aber auf Geodäten in der Äquatorialebene, $\vartheta = \pi/2$, beschränken und verweisen auf [7] für detailliertere Diskussionen.

Die *Lagrange-Funktion* für die Kerr-Metrik (14.1) erhalten wir wieder indem wir die Differentiale durch die entsprechenden Ableitungen ersetzen

$$\mathcal{L} = -\left(1 - \frac{r_s r}{\Sigma}\right)c^2\dot{t}^2 - \frac{2r_s ar}{\Sigma}ci\dot{\varphi} + \frac{\Sigma}{\Delta}\dot{r}^2 + \left(r^2 + a^2 + \frac{r_s a^2 r}{\Sigma}\right)\dot{\varphi}^2 \tag{14.9}$$

$$= \kappa c^2$$

mit $\kappa = 0$ für lichtartige und $\kappa = -1$ für zeitartige Geodäten. Einsetzen in die Euler-Lagrange-Funktion (11.135) liefert die Bilanzgleichung

$$\frac{1}{2}\dot{r}^2 + V_{\text{eff}} = 0 \qquad (14.10)$$

mit dem effektiven Potential

$$V_{\text{eff}} = \frac{1}{2r^3}\left\{ h^2(r - r_{\text{s}}) + 2\frac{ahkr_{\text{s}}}{c} - \frac{k^2}{c^2}\left[r^3 + a^2(r + r_{\text{s}}) \right] \right\} - \frac{\kappa c^2 \Delta}{r^2} \qquad (14.11)$$

und den Konstanten der Bewegung

$$k = \left(1 - \frac{r_{\text{s}}}{r}\right)c^2\dot{t} + \frac{cr_{\text{s}}a}{r}\dot{\varphi} \quad \text{und} \quad h = \left(r^2 + a^2 + \frac{r_{\text{s}}a^2}{r}\right)\dot{\varphi} - \frac{cr_{\text{s}}a}{r}\dot{t}. \qquad (14.12)$$

14.3.1 Lichtartige Geodäten

Mit Hilfe der Bilanzgleichung (14.10) und der Bedingung $\dot{r} = 0$ können wir für lichtartige Geodäten deren größte Annäherung r_{min} zum Schwarzen Loch bestimmen. Aus dem effektiven Potential (14.11) folgt zunächst die Bedingungsgleichung

$$r^3 - (\varepsilon^2 - a^2)r + r_{\text{s}}(\varepsilon - a)^2 = 0, \qquad (14.13)$$

wobei $\varepsilon = hc/k$ ist. Diese kubische Gleichung in reduzierter Form lässt sich unmittelbar mit Hilfe der Cardanischen Formeln lösen, und man erhält als einzige physikalisch sinnvolle Lösung

$$r_{\text{min}} = \sqrt{\frac{4}{3}(\varepsilon^2 - a^2)} \cos\left[\frac{1}{3}\arccos\left(-\frac{r_{\text{s}}(\varepsilon - a)^2}{2}\sqrt{\frac{27}{(\varepsilon^2 - a^2)^3}}\right)\right]. \qquad (14.14)$$

Diese Relation gilt jedoch nur für diejenigen Lichtstrahlen, die das Schwarze Loch passieren und nicht hineinstürzen.

Fordern wir neben der Bedingung $\dot{r} = 0$ auch noch, dass die Ableitung des effektiven Potentials V_{eff} nach r verschwindet, so erhalten wir zwei kreisförmige Nullgeodäten in der Äquatorebene. Aus $\partial V_{\text{eff}}/\partial r = 0$ folgt, zusätzlich zu (14.13), die Bedingungsgleichung

$$r = \frac{3r_{\text{s}}}{2}\frac{\varepsilon - a}{\varepsilon + a}. \qquad (14.15)$$

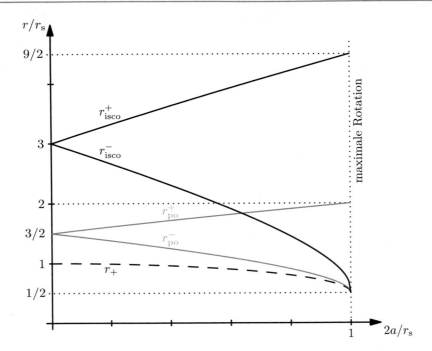

Abb. 14.2 Radien für die Photonenorbits $r_{po}^\pm$ und die innersten stabilen zeitartigen Kreisbahnen $r_{isco}^\pm$ in Abhängigkeit des Drehimpulsparameters a der Kerr-Metrik. Der maximale Wert des Drehimpulsparameters ist $a = r_s/2$

Lösen wir diese Gleichung nach ε auf und setzen sie in (14.13) ein, so erhalten wir die kubische Gleichung

$$r^3 - 3r_s r^2 + \frac{9}{4}r_s^2 r - 2a^2 r_s = 0, \tag{14.16}$$

die wieder mit Hilfe der Cardanischen Formeln und unter Berücksichtigung der trigonometrischen Relation $2\arccos(x) = \arccos(2x^2 - 1)$ gelöst werden kann. Die Radien des entsprechenden prograden (−) bzw. retrograden (+) Photonenorbits ergeben sich dann zu

$$r_{po}^\pm = r_s\left\{1 + \cos\left[\frac{2}{3}\arccos\left(\frac{\pm 2a}{r_s}\right)\right]\right\}, \tag{14.17}$$

(s. Abb. 14.2).

Für die Kerr-Metrik existiert auch eine Vielzahl von Photonenorbits, die nicht auf die Äquatorialebene beschränkt sind. Eine ausführliche Diskussion findet man z. B. in Teo [8].

Mit Hilfe der Bedingungsgleichungen (14.13) und (14.15) können wir auch die beiden kritischen Winkel berechnen, für die sich der jeweilige Lichtstrahl einem der beiden Photonenorbits asymptotisch nähert. Direktes Einsetzen von (14.15) in (14.13) und anschließendes Auflösen nach ε liefert die kubische Gleichung

$$(\varepsilon + a)^3 - \frac{27}{4} r_s^2 (\varepsilon - a) = 0 \qquad (14.18)$$

mit den zwei physikalisch sinnvollen Lösungen

$$\varepsilon_1 = 3r_s \cos\left[\frac{1}{3} \arccos\left(-\frac{2a}{r_s}\right)\right] - a \qquad (14.19)$$

und

$$\varepsilon_2 = -3r_s \cos\left[\frac{1}{3} \arccos\left(-\frac{2a}{r_s}\right) - \frac{\pi}{3}\right] - a. \qquad (14.20)$$

Die Startrichtung $\underline{y}$ einer Nullgeodäten in der Äquatorebene, bezogen auf die lokale Tetrade (14.7), legen wir wie folgt fest

$$\underline{y} = y^{(0)} \underline{\mathbf{e}}_{(0)} + y^{(1)} \underline{\mathbf{e}}_{(1)} + y^{(3)} \underline{\mathbf{e}}_{(3)} = \pm\underline{\mathbf{e}}_{(0)} - \cos(\xi)\underline{\mathbf{e}}_{(1)} + \sin(\xi)\underline{\mathbf{e}}_{(3)}. \qquad (14.21)$$

Setzen wir die Koordinatendarstellungen der Tetradenvektoren ein, so erhalten wir Ausdrücke für die Ableitungen $\dot{t}$ und $\dot{\varphi}$, die wir zur Berechnung der Konstanten der Bewegung k und h in (14.12) verwenden,

$$k = \pm cr\sqrt{\frac{\Delta}{A}} + \frac{cr_s a}{\sqrt{A}}\sin(\xi) \quad \text{und} \quad h = \frac{\sqrt{A}}{r}\sin(\xi). \qquad (14.22)$$

Auflösen nach ξ liefert schließlich

$$\xi_{1,2} = \arcsin\left(\frac{r^2\sqrt{\Delta}\varepsilon_{1,2}}{r_s a r \varepsilon_{1,2} - A}\right) \qquad (14.23)$$

für die beiden kritischen Winkel (Abb. 14.3). Im Grenzfall $a = 0$ reduzieren sich beide Winkel wie zu erwarten auf den Winkel, den wir bereits in (13.41) für die Schwarzschild-Metrik ermittelt haben.

14.3.2 Zeitartige Kreisbahnen

Die Berechnung der zeitartigen Kreisorbits mit Hilfe der Bilanzgleichung (14.10) ist um einiges aufwendiger als für die Photonenorbits. Wir übernehmen daher das Ergebnis für die innersten stabilen Kreisbahnen (engl. *innermost stable circular orbits*) aus [2]

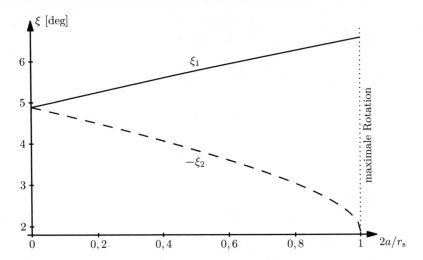

Abb. 14.3 Nullgeodäten in der Kerr-Metrik mit einem Startwinkel von ξ für einen Beobachter bei $r = 30 r_{\mathrm{s}}$ begrenzen den Schatten innerhalb der $\vartheta = \pi/2$-Ebene. Im maximal-rotierenden Fall gilt $\xi_1 \approx 6{,}5853°$ und $-\xi_2 \approx 1{,}8779°$, wohingegen mit $a = 0$ die symmetrische Situation mit $\xi_1 = -\xi_2 \approx 4{,}8845°$ folgt

$$r_{\mathrm{isco}}^{\pm} = \frac{r_{\mathrm{s}}}{2}\left(3 + Z_2 \pm \sqrt{(3 - Z_1)(3 + Z_1 + 2Z_2)}\right), \qquad (14.24)$$

wobei

$$Z_1 = 1 + \left(1 - \frac{4a^2}{r_{\mathrm{s}}^2}\right)^{1/3}\left[\left(1 + \frac{2a}{r_{\mathrm{s}}}\right)^{1/3} + \left(1 - \frac{2a}{r_{\mathrm{s}}}\right)^{1/3}\right], \qquad (14.25a)$$

$$Z_2 = \sqrt{\frac{12a^2}{r_{\mathrm{s}}^2} + Z_1^2}, \qquad (14.25b)$$

(s. Abb. 14.2). Das negative Vorzeichen steht für den prograden, das positive Vorzeichen für den retrograden Orbit. Wie im Fall der Schwarzschild-Metrik sind diese Kreisorbits nicht wirklich stabil, da das Potential in diesem Grenzfall kein Minimum mehr besitzt.

Die notwendige Geschwindigkeit auf den Orbits $r_{\mathrm{isco}}^{\pm}$, bezogen auf die lokal nichtrotierende Tetrade (14.7), ist durch

$$\beta^{\pm}(r) = \frac{r_{\mathrm{s}} a r^4 (3r^2 + a^2) \pm A\sqrt{2 r^7 r_{\mathrm{s}}}}{r^2 \sqrt{\Delta}(r_{\mathrm{s}} a^2 r^2 - 2 r^5)} \qquad (14.26)$$

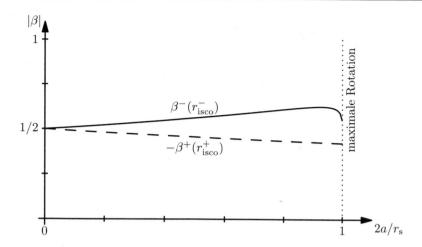

Abb. 14.4 Prograde $\beta^-(r_{\mathrm{isco}}^-)$ und retrograde $-\beta^+(r_{\mathrm{isco}}^+)$ Geschwindigkeiten zu den Kreisorbits aus Abb. 14.2

gegeben mit $A = (r^2 + a^2)^2 - a^2\Delta$ (s. Abb. 14.4).

Diese Beziehung gilt aber auch für alle anderen zeitartigen Kreisbahnen in der Äquatorialebene, solange $|\beta| < 1$.

14.4 Nachweis eines supermassereichen Kerr-Schwarzen-Lochs

Wir haben gesehen, dass sowohl in der Schwarzschild-Metrik als auch in der Kerr-Metrik ein Ereignishorizont existiert, der den inneren Bereich nach außen hin vollkommen abschirmt. Objekte, die kleiner als ihr Ereignishorizont sind, nennt man, wie bereits diskutiert, Schwarze Löcher. Wegen ihrer gewaltigen Schwerkraft kann keine Materie ihre Umgebung verlassen. Sogar Licht und anderen elektromagnetischen Wellen misslingt es, aus ihnen zu entweichen, eben deshalb sind sie „schwarz".

Obwohl in der heutigen Astrophysik kein Zweifel bestand, dass der Kosmos von solch bizarren Objekten bevölkert ist, gab es dafür bisher nur indirekte Belege. Mit dem Ziel, ein Schwarzes Loch auch direkt zu beobachten, schalteten Wissenschaftler aus zwanzig Ländern einzelne Radioteleskope zu einem großen virtuellen Teleskop zusammen, dem „Event Horizon Telescope" (EHT) [9]. Ihre Bemühungen wurden von Erfolg gekrönt, und die Forscher der EHT-Kollaboration konnten im Frühjahr 2019 das erste Bild eines Schwarzen Lochs präsentieren. Das Schwarze Loch besitzt einen Drehimpuls und wird daher durch die Kerr-Metrik beschrieben.

Wir wollen diese Entdeckung im Folgenden genauer diskutieren.

14.4.1 Das Event-Horizon-Teleskop: Aufbau und Anordnung der Instrumente

Grundlage des Event-Horizon-Teleskops ist die radioastronomische Methode der „Very Long Baseline Interferometry" (VLBI, Interferometrie mit großen Basislängen [10]). Diese Methode erlaubt Messungen mit höchster räumlicher Auflösung und Positionsgenauigkeit. Dabei werden Wellenfronten von kosmischen Radioquellen an mindestens zwei Radioteleskopen, die in großem Abstand voneinander stehen, beobachtet und zur Interferenz gebracht. Dadurch entsteht ein imaginäres Teleskop, dessen Auflösung im Bogenmaß durch das Verhältnis der gemessenen Wellenlänge λ und dem Abstand D der Teleskope gegeben ist:

$$R = \frac{\lambda}{D}. \tag{14.27}$$

Das EHT bestand bei den Beobachtungen im Frühjahr 2017 aus einem Netzwerk von insgesamt acht Radioteleskopen, die an sechs verschiedenen Orten auf der Erde verteilt waren (Abb. 14.5). In Tab. 14.1 sind alle Radioteleskope des EHT mit ihrer jeweiligen Ausstattung aufgeführt. Insbesondere die 66 Antennen von ALMA („*Atacama Large Millimeter Array*") in Chile [13], die in das EHT-Netzwerk integriert wurden, waren für den Erfolg der Beobachtungskampagne entscheidend. Die

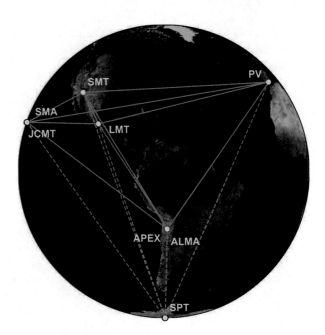

Abb. 14.5 Die acht Stationen der EHT-Kampagne 2017. Durchgezogene Basislinien bedeuten gleichzeitige Sichtbarkeit des Schwarzen Lochs M87* (Deklination $\delta = +12°$). Die gestrichelten Basislinien dienten zur Kalibrierung an dem 5 Milliarden Lichtjahre entfernten Quasar 3C279. (Aus: Event Horizon Telescope collaboration [11]. © AAS. Reproduced with permission)

Tab. 14.1 Die acht Radioteleskope, die im April 2017 an den Beobachtungen des EHT beteiligt waren. Die in der zweiten Spalte für ALMA und SMA in Klammern angegebenen Werte sind jeweils die Anzahl der Einzelteleskope. aus denen die Anlagen aufgebaut sind. Nach [12]

Anlage	Durchmesser [m]	Standort
ALMA	12 (54×) und 7 (12×)	Chile
APEX	12	Chile
JCMT	15	Hawaii (USA)
LMT	50	Mexiko
PV 30 m	30	Spanien
SMA	6 (8×)	Hawaii (USA)
SMT	10	Arizona (USA)
SPT	10	Antarktis

Basislinien zwischen den einzelnen Anlagen erstreckten sich von 160 m bis 10.700 km. Dadurch entstand ein virtuelles Teleskop fast von der Größe der Erde. Da nur kurzwellige Radiostrahlung die kosmischen Distanzen zwischen dem Studienobjekt und dem irdischen Beobachter passieren kann, entschieden sich die Forscher für eine Wellenlänge von $\lambda = 1{,}3$ mm (Radiofrequenz $\nu = 230$ GHz). Mit dieser Wellenlänge und der maximalen Basislinie von $D = 10.700$ km ergibt sich aus (14.27) eine maximale Auflösung von $R \approx 25$ µas. Zur Veranschaulichung: Dies ist der Winkel, unter dem einem Beobachter ein Stab von 1 m Länge in einer Entfernung von 8,25 Millionen Kilometer Entfernung erscheint!

14.4.2 Das Bild des Schwarzen Lochs im Zentrum der Galaxie M87

Die riesige elliptische Galaxie M87 (Messier 87) ist ein Mitglied des Virgo-Galaxienhaufens, der beim Blick in den Nachthimmel in Richtung des Sternbilds Jungfrau liegt. M87 ist etwa 55 Millionen Lichtjahre von unserer Milchstraße entfernt. Mit einer Masse von 2400 Milliarden Sonnenmassen ist sie die massereichste Galaxie im beobachtbaren Universum. Wie unsere Milchstraße besitzt M87 in ihrem Zentrum ein supermassereiches Schwarzes Loch, im Folgenden mit M87* bezeichnet. M87* selbst kann kein Licht emittieren, da dieses nicht aus dem Inneren des Ereignishorizonts nach außen gelangt. Das Schwarze Loch ist von einer rotierenden Akkretionsscheibe[4] aus einfallendem hell leuchtenden Gas umgeben. Durch Reibungseffekte heizt sich das Gas auf und emittiert Synchrotronstrahlung.

Ein charakteristisches Merkmal der Galaxie M87 ist ein sich über 5000 Lichtjahre erstreckender einseitiger Jet, ein kollimierter Strahl aus einem Pol des Schwarzen Lochs, der subatomare Partikel mit nahezu Lichtgeschwindigkeit senkrecht zur Akkretionsscheibe in die Weiten des Universums hinausstößt.

---

[4]Eine Akkretionsscheibe ist in der Astrophysik eine um ein zentrales Objekt rotierende Scheibe, die Materie in Richtung des Zentrums transportiert (akkretiert).

Da das Schwarze Loch als extreme Gravitationslinse wirkt, können sich die Nullgeodäten des Lichts in der Nähe des Ereignishorizonts mehrfach um das Schwarze Loch herumwinden, bevor das Licht entkommen kann. Im Falle eines sehr strahlungsdurchlässigen, also optisch dünnen Plasmas entweicht nahezu die gesamte Strahlung und erzeugt einen charakteristischen hellen Ring um den Schatten von M87*. Der Schatten markiert dabei den Rand der Region, in der die Photonen sich noch auf stabilen Bahnen um das Schwarze Loch bewegen können, ohne eingefangen und vom Schwarzen Loch absorbiert zu werden.

Eine sehr instruktive Visualisierung sowohl der Entstehung des Jets als auch der Ausbildung des Schattens mit Hilfe von Ray Tracing findet sich in [14], siehe auch [15].

Die EHT-Kollaboration beobachtete M87* am 5., 6., 10. und 11. April 2017. Gemessen wurden die „Helligkeiten", genauer: die zweidimensionalen Fourierkomponenten (Ortsfrequenzen), der Radiohelligkeitsverteilung am Himmel. Aufgenommen wurden an jedem Einzelteleskop bis zu 25 Scans von jeweils drei bis sieben Minuten Dauer. Die Beobachtungsdaten wurden an jedem Teleskop digital erfasst. Um die Daten später bei der Überlagerung in einem Software-Korrelator synchronisieren zu können, wurden die Aufzeichnungen mit Hilfe von Wasserstoffmasern (vergleichbar mit den genauesten Atomuhren) mit Zeitmarken versehen. Durch die Erdrotation änderten sich bei jeder Beobachtung die effektiven Abstände der Teleskope relativ zur Sichtlinie zur Quelle. Dadurch konnten bei der Interferenz der Daten jedes Teleskop-Paars verschiedene Teilbereiche in der Ebene der Fourierkomponenten abgedeckt werden. Daraus ergab sich beträchtlich mehr Information über die Fouriertransformierte des gesamten Bildes.

Trotzdem wies die Ebene der Fourierkomponenten der Helligkeitsverteilung noch große Lücken auf. Es mussten daher komplexe Algorithmen entwickelt werden, die in der Lage waren, aus dieser begrenzten Information ein vollständiges Bild der Helligkeitsverteilung zu rekonstruieren. Die Aufgabe ist vergleichbar mit der, bei einem Lied, das auf einem Klavier mit zahlreichen stummen Tasten (fehlenden Frequenzen) gespielt wird, das vollständige Musikstück wieder zu erkennen.

Es wurden vier Teams gebildet, die unabhängig voneinander mit gänzlich unterschiedlichen Rekonstruktionsalgorithmen arbeiteten. Dennoch produzierte jedes Team Bilder mit demselben charakteristischen Aussehen: Die Bilder zeigen einen hellen Ring mit einem Durchmesser von etwa 38–44 µas, mit erhöhter Helligkeit in Richtung Süden, und den Schatten des Schwarzen Lochs (Abb. 14.6). Aufgrund der Übereinstimmung der mit verschiedenen Methoden gewonnenen Bilder lässt sich mit hoher Sicherheit ausschließen, dass es sich bei den Merkmalen der Bilder um Artefakte der Rekonstruktion handelt. Die Helligkeitsverteilung von M87* konnte durch allgemeinrelativistische magnetohydrodynamische (GRMHD) Simulationen erfolgreich modelliert werden [16]. Das Modell beschreibt eine turbulente, heiße magnetisierte Scheibe, die sich um ein Kerr-Schwarzes-Loch dreht. Als Masse des Schwarzen Lochs konnten die Simulationen einen Wert von $M = (6,5 \pm 0,7) \cdot 10^9 M_\odot$ herleiten.

Mit der Annahme, dass der Drehimpulsvektor der Akkretionsscheibe eine nicht verschwindende Inklination besitzt, lässt sich die asymmetrische Helligkeit des

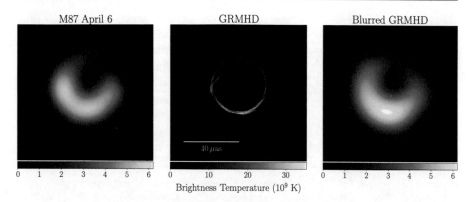

Abb. 14.6 Das mit dem Event-Horizon-Teleskop beobachtete Bild des Schwarzen Lochs im Zentrum von M87 (links) entspricht sehr gut den Simulationen, wenn man diese mit einem Gauss-Kern von 20 µas Halbwertsbreite, also der erwarteten Auflösung des Teleskops, faltet. (Aus: Event Horizon Telescope collaboration [11]. © AAS. Reproduced with permission)

Rings verstehen. Das Plasma in der Akkretionsscheibe bewegt sich mit relativistischen Geschwindigkeiten. Aufgrund des relativistischen Beaming-Effekts erscheint die untere Seite des Rings, auf der das Gas Richtung Erde strömt, daher heller als die obere Seite, auf der es sich von der Erde entfernt.

Das nächste Ziel des EHT-Konsortiums ist es, das Schwarze Loch Sgr A* im Zentrum unserer Milchstraße abzubilden. Obwohl es uns 2000-mal näher ist als M87*, ist die Ablichtung nicht einfacher. Aufgrund der im Vergleich zu M87* sehr viel geringeren Masse von Sgr A* variiert die Akkretionsscheibe schneller und verursacht Störungen, die es erschweren, ein Bild anzufertigen. Es wird zur Zeit daran gearbeitet, diese Effekte herauszurechnen.

Die Veröffentlichung von Abb. 14.6 fand nicht nur bei Fachleuten Beachtung (vgl. [17]), sondern auch in der breiten Öffentlichkeit. Sie sorgte zudem für eine Welle von Schlagzeilen in der Presse, siehe z. B. [18].

14.5 Übungsaufgaben

14.5.1 Werte des Drehimpulsparameters

Die Sonne rotiert mit einer Periode $P_\odot \approx 28$ d $\approx 2,5 \cdot 10^6$ s, der am schnellsten rotierende Neutronenstern mit $P \approx 1,4$ ms (s. Abschn. 21.2). Nehmen Sie für den Radius des Neutronensterns $R = 10$ km an und für seine Masse $M = 1,4\,M_\odot$ und bestimmen Sie für ihn und die Sonne den Wert des Parameters a in Einheiten des Maximalwertes von $r_s/2$. Nehmen Sie beide Körper vereinfacht als homogene Vollkugel an.

Literatur

1. Kerr, R.P.: Gravitational field of a spinning mass as an example of algebraically special metrics. Phys. Rev. Lett. **11**, 237–238 (1963)
2. Bardeen, J.M., Press, W.H., Teukolsky, S.A.: Rotating black holes: locally nonrotating frames, energy extraction, and scalar synchroton radiation. Astrophys. J. **178**, 347–369 (1972)
3. Frolov, V.P., Zelnikov, A.: Introduction to Black Hole Physics. Oxford University Press, Oxford (2011)
4. Boyer, R.H., Lindquist, R.W.: Maximal analytic extension of the Kerr metric. J. Math. Phys. **8**, 265–281 (1967)
5. Misner, C.W., Thorne, K.S., Wheeler, J.A.: Gravitation. Princeton University Press, Princeton (2017). ISBN 978-0-691-17779-3
6. Lense, J., Thirring, H.: Über den Einfluss der Eigenrotation der Zentralkörper auf die Bewegung der Planeten und Monde nach der Einsteinschen Gravitationstheorie. Physikalische Zeitschrift **19**, 156 (1918)
7. Chandrasekhar, S.: The Mathematical Theory of Black Holes. Oxford University Press, New York (1998)
8. Teo, E.: Spherical photon orbits around a Kerr black hole. Gen. Relativ. Gravit. **35**(11), 1909–1926 (2003)
9. Event Horizon Telescope, Homepage: https://eventhorizontelescope.org
10. Felli, M., Spencer, R.E.: Very Long Baseline Interferometry – Techniques and Applications. Springer (1989)
11. The Event Horizon Telescope Collaboration: First M87 event horizon telescope results. I. The shadow of the supermassive black hole. Astrophys. J. Lett. **875**, L1 (2019)
12. The Event Horizon Telescope Collaboration: First M87 event horizon telescope results. II. Array and instrumentation. Astrophys. J. Lett. **875**, L2 (2019)
13. ALMA-Homepage: https://www.almaobservatory.org
14. Accretion flow onto a Kerr Black Hole and a visual explanation of ray tracing: https://youtu.be/jvftAadCFRI
15. Grenzebach, A.: The Shadow of Black Holes. An Analytic Description. Springer, Cham (2016)
16. The Event Horizon Telescope Collaboration: First M87 event horizon telescope results. V. Physical origin of the asymmetric ring. Astrophys. J. Lett. **875**, L5 (2019)
17. Eichhorn, A.: Ins Schwarze gesehen. Physik Journal **18** Nr. 6, 18. Wiley-VCH-Verlag, Weinheim (2019)
18. Klusmann, S., Hans, B., Fichtner, U.: Am Ende von Raum und Zeit. Was uns Schwarze Löcher über die Geheimnisse des Universums verraten. DER SPIEGEL 16 (2019)

Gravitationswellen

15

Inhaltsverzeichnis

Die ART sagt voraus, dass beschleunigte Massen Gravitationswellen abstrahlen, die sich mit Lichtgeschwindigkeit ausbreiten. Zur Behandlung dieses Phänomens betrachten wir kleine Störungen der Raumzeit. Dann können wir die Feldgleichungen linearisieren und vernachlässigen so die Rückwirkungen der Energie der Wellen auf die Raumzeit. Die Behandlung der linearisierten Feldgleichungen erfolgt analog zur Behandlung elektromagnetischer Wellen in der Elektrodynamik.

15.1 Linearisierung der Feldgleichungen

Die Linearisierung der Feldgleichungen erfolgt in der Schwachfeldnäherung, die wir bereits einmal benutzt haben, um den Zusammenhang zwischen der Newton'schen Theorie und der ART herzustellen. Diesmal wollen wir aber die Rechnungen noch allgemeiner und umfassender durchführen.

Wir gehen aus von einer flachen Raumzeit mit kleinen Störungen, das heißt es ist

$$g_{\mu\nu} = \eta_{\mu\nu} + h_{\mu\nu} \quad \text{mit} \quad |h_{\mu\nu}| \ll 1 \quad \text{und} \quad |\partial_\lambda h_{\mu\nu}| \ll 1. \tag{15.1}$$

© Springer-Verlag GmbH Deutschland, ein Teil von Springer Nature 2022
S. Boblest et al., *Spezielle und allgemeine Relativitätstheorie*,
https://doi.org/10.1007/978-3-662-63352-6_15

Dabei bezeichnet $\eta_{\mu\nu}$ wie üblich die Minkowski-Raumzeit und $h_{\mu\nu}$ ist ein symmetrischer Tensor. Für die Christoffel-Symbole ergibt sich dann in erster Ordnung

$$
\begin{aligned}
\Gamma^{\lambda}_{\ \mu\nu} &= \frac{1}{2}\eta^{\lambda\kappa}\left(h_{\kappa\mu,\nu} + h_{\kappa\nu,\mu} - h_{\mu\nu,\kappa}\right) + \mathcal{O}\left(h^2\right) \\
&= \frac{1}{2}\left(h^{\lambda}_{\ \mu,\nu} + h^{\lambda}_{\ \nu,\mu} - h_{\mu\nu}{}^{,\lambda}\right),
\end{aligned}
$$
(15.2)

wobei das hochgestellte Komma analog zur Definition in (11.13) die partielle Ableitung $G_{\mu}{}^{,\lambda} = \partial^{\lambda}G_{\mu} = \partial G_{\mu}/\partial x_{\lambda}$ nach der kovarianten Koordinate x_{λ} repräsentiert. In (15.2) steht vor der Klammer in der ersten Zeile direkt $\eta^{\lambda\kappa}$, weil die Störungen in $g^{\lambda\kappa}$ durch die Beschränkung auf die erste Ordnung in h in jedem Fall herausfallen. Damit können wir dann weiter den Ricci-Tensor in erster Ordnung berechnen. Wie bei der Herleitung der Feldgleichungen in Abschn. 12.2 ergibt sich eine große Vereinfachung dadurch, dass wir alle Produkte von Christoffel-Symbolen direkt vernachlässigen können, da diese nur Terme in zweiter Ordnung in h ergeben würden:

$$
R_{\mu\nu} = \partial_{\lambda}\Gamma^{\lambda}_{\ \mu\nu} - \partial_{\nu}\Gamma^{\lambda}_{\ \lambda\mu} + \mathcal{O}\left(h^2\right).
$$
(15.3)

Wir setzen in diesen Ausdruck unsere Ergebnisse für die Christoffel-Symbole ein und erhalten mit $2\Gamma^{\lambda}_{\ \lambda\mu} = \partial_{\mu}h^{\lambda}_{\ \lambda} + \partial_{\lambda}h^{\lambda}_{\ \mu} - \partial^{\lambda}h_{\lambda\mu}$ den Ausdruck

$$
\begin{aligned}
2R_{\mu\nu} &= \partial_{\lambda}\partial_{\nu}h^{\lambda}_{\ \mu} + \partial_{\lambda}\partial_{\mu}h^{\lambda}_{\ \nu} - \partial_{\lambda}\partial^{\lambda}h_{\mu\nu} - \partial_{\nu}\partial_{\mu}h^{\lambda}_{\ \lambda} - \partial_{\nu}\partial_{\lambda}h^{\lambda}_{\ \mu} + \partial_{\nu}\partial^{\lambda}h_{\lambda\mu} \\
&= \Box h_{\mu\nu} + \partial_{\lambda}\partial_{\nu}h^{\lambda}_{\ \mu} + \partial_{\lambda}\partial_{\mu}h^{\lambda}_{\ \nu} - \partial_{\nu}\partial_{\mu}h^{\lambda}_{\ \lambda}.
\end{aligned}
$$
(15.4)

Hier begegnet uns wieder der d'Alembert-Operator $\Box = -\partial_{\mu}\partial^{\mu}$ aus (7.14), den wir bereits aus der Elektrodynamik kennen. Außerdem eliminieren sich die beiden letzten Terme, $-\partial_{\nu}\partial_{\lambda}h^{\lambda}_{\ \mu} + \partial_{\nu}\partial^{\lambda}h_{\lambda\mu} = 0$. Wir spalten $-\partial_{\nu}\partial_{\mu}h^{\lambda}_{\ \lambda}$ auf und fügen je die Hälfte zum zweiten und dritten Term hinzu. Dann haben wir eine linearisierte Form der Feldgleichungen $R_{\mu\nu} = 8\pi G/c^4 T^{*}_{\mu\nu}$ in der Form

$$
\Box h_{\mu\nu} + \partial_{\mu}\left(\partial_{\lambda}h^{\lambda}_{\ \nu} - \frac{1}{2}\partial_{\nu}h^{\lambda}_{\ \lambda}\right) + \partial_{\nu}\left(\partial_{\lambda}h^{\lambda}_{\ \mu} - \frac{1}{2}\partial_{\mu}h^{\lambda}_{\ \lambda}\right) = \frac{16\pi G}{c^4}T^{*}_{\mu\nu}.
$$
(15.5)

15.1.1 Transformation auf harmonische Koordinaten

Wir nutzen im Folgenden unsere Freiheit bei der Wahl des Koordinatensystems. Wir müssen lediglich die Form $g_{\mu\nu} = \eta_{\mu\nu} + h_{\mu\nu}$ erhalten. Unter dieser Einschränkung suchen wir Koordinaten, in denen die Feldgleichungen (15.5) möglichst einfach sind. Konkret bedeutet dies, dass wir die beiden Ausdrücke in den Klammern verschwinden lassen möchten.

Wir suchen also Koordinaten, in denen

$$
\partial_{\lambda}h^{\lambda}_{\ \nu} - \frac{1}{2}\partial_{\nu}h^{\lambda}_{\ \lambda} = 0
$$
(15.6)

ist. Dies entspricht einer Eichbedingung, wie wir sie auch in der Elektrodynamik in Kap. 7 verwendet haben. Dort haben wir das Viererpotential in (7.17) so gewählt, dass $\partial_\mu A^\mu = 0$ gilt.

Die Freiheit der Wahl des Koordinatensystems in der ART entspricht in diesem Sinne also der Eichfreiheit für die Potentiale in der Elektrodynamik. Wir verwenden zur Umrechnung in das neue Koordinatensystem eine Transformation der Form

$$x^\mu \mapsto x'^\mu = x^\mu + s^\mu(\underline{x}) \quad \text{mit} \quad |\partial_\nu s^\mu| \ll 1, \tag{15.7}$$

wobei aber s^μ selbst beliebig groß sein kann. Dies führt auf

$$g'_{\mu\nu} = \eta_{\mu\nu} + h'_{\mu\nu} \quad \text{mit} \quad h'_{\mu\nu} = h_{\mu\nu} - \partial_\mu s_\nu - \partial_\nu s_\mu. \tag{15.8}$$

Koordinaten, die die von uns geforderte Eichbedingung erfüllen, heißen *harmonische Koordinaten*. Sie sind durch die Eigenschaft

$$g^{\mu\nu}\Gamma^\lambda{}_{\mu\nu} \equiv \Gamma^\lambda = 0 \tag{15.9}$$

charakterisiert. Wir werten diese Bedingung explizit aus, um zu zeigen, dass damit die Erfüllung der Eichbedingung sichergestellt ist:

$$
\begin{aligned}
g^{\mu\nu}\Gamma^\lambda{}_{\mu\nu} &= \eta^{\mu\nu}\frac{1}{2}\left(\partial_\nu h^\lambda{}_\mu + \partial_\mu h^\lambda{}_\nu - \partial^\lambda h_{\mu\nu}\right) \\
&= \frac{1}{2}\left(\partial^\mu h^\lambda{}_\mu + \partial_\mu h^{\lambda\mu} - \partial^\lambda h^\mu{}_\mu\right) \\
&= \partial_\mu h^{\lambda\mu} - \frac{1}{2}\partial^\lambda h^\mu{}_\mu.
\end{aligned}
\tag{15.10}
$$

Setzen wir nun (15.8) in (15.10) ein, so folgt

$$\Gamma^\lambda = (\Gamma')^\lambda - \partial_\mu\partial^\mu s^\lambda. \tag{15.11}$$

Damit $(\Gamma')^\lambda = 0$ in den harmonischen Koordinaten gilt, muss die Gleichung

$$\Box s^\lambda = \Gamma^\lambda \tag{15.12}$$

erfüllt sein. Aus der Theorie der Differentialgleichungen weiß man, dass (15.12) stets eine Lösung besitzt.

15.1.2 Lösung der linearisierten Feldgleichungen

Nach der Transformation auf harmonische Koordinaten vereinfacht sich (15.5) auf die Feldgleichungen

$$\Box h_{\mu\nu} = \frac{16\pi G}{c^4}T^*_{\mu\nu}. \tag{15.13}$$

Wieder erkennen wir eine Analogie zur Elektrodynamik, wo wir zur Gleichung
$\Box A^\mu = \mu_0 j^\mu$ mit dem Viererstrom j^μ gelangten (s. Abschn. 7.2). Damit können wir
$T^*_{\mu\nu}$ als Quelle für die Erzeugung von Gravitationswellen identifizieren. Da auf der
linken Seite in (15.13) der d'Alembert-Operator steht, ist auch sofort klar, dass sich
Gravitationswellen mit Lichtgeschwindigkeit ausbreiten.

Die *retardierte Lösung* der inhomogenen Gleichung ergibt sich zu

$$h_{\mu\nu}\left(\boldsymbol{r},t\right) = \frac{4G}{c^4} \int \frac{T^*_{\mu\nu}\left(\boldsymbol{r}, t - |\boldsymbol{r} - \boldsymbol{r}'|/c\right)}{|\boldsymbol{r} - \boldsymbol{r}'|}\, \mathrm{d}^3 r'. \tag{15.14}$$

Dabei bezeichnet man diese Lösung als retardiert wegen der Berücksichtigung der
Lichtlaufzeit $|\boldsymbol{r} - \boldsymbol{r}'|/c$ bei der Auswertung des Integrals.

Die Ausbreitung der Gravitationswellen im Vakuum wird durch die homogene
Lösung von (15.13) beschrieben, d. h. die Lösung der Gleichung

$$\Box h_{\mu\nu} = 0. \tag{15.15}$$

Als Ansatz für die homogene Lösung wählen wir eine ebene Welle:

$$h_{\mu\nu}\left(\underline{x}\right) = e_{\mu\nu}\, \mathrm{e}^{\mathrm{i}k_\lambda x^\lambda} + e^*_{\mu\nu}\, \mathrm{e}^{-\mathrm{i}k_\lambda x^\lambda}. \tag{15.16}$$

Dabei müssen wir wegen des Tensorcharakters von $h_{\mu\nu}$ auch einen Amplituden-
tensor $e_{\mu\nu}$ ansetzen. Zusammen mit den 4 Parametern von k_λ haben wir in dieser
Gleichung also 20 Parameter. Wir setzen diesen Ansatz in (15.15) ein, und erhalten

$$\Box h_{\mu\nu} = -\partial_\lambda \partial^\lambda h_{\mu\nu} = k_\lambda k^\lambda h_{\mu\nu} = 0 \tag{15.17}$$

Daraus folgt sofort, dass k_μ ein lichtartiger Vektor sein muss, d. h. $k_\mu k^\mu = 0$. Von den
20 Parametern in (15.16) sind nicht alle unabhängig. Die zu erfüllende Eichbedingung führt auf

$$k_\mu e^\mu_{\ \nu} - \frac{1}{2} k_\nu e^\mu_{\ \mu} = 0, \tag{15.18}$$

dies entspricht 4 Bedingungen, die Symmetrie $e_{\mu\nu} = e_{\nu\mu}$ liefert weitere 6 Bedingungen, sodass insgesamt 10 Freiheitsgrade übrig bleiben.

Innerhalb der bereits gewählten harmonischen Koordinaten haben wir immer
noch Freiheiten bei der Koordinatenwahl. Wir wählen die *TT-Eichung*, wobei die
Abkürzung TT für „transversal and traceless" steht. Diese Eichung erreichen wir
durch die Wahl

$$e^\mu_{\ \mu} = 0. \tag{15.19}$$

Für eine Gravitationswelle, die sich in Richtung e_i ausbreitet, führt dies auf $e^\mu_{\ 0} = 0$
und $e^\mu_{\ i} = 0$. Wir betrachten jetzt speziell eine Gravitationswelle, die sich in z-
Richtung ausbreiten soll. Dann gilt für den *Wellenvektor*

$$k^\mu = \frac{\omega}{c}\left(1, 0, 0, 1\right)^{\mathrm{T}}, \quad \text{d.h.} \quad k_\mu x^\mu = k_z z - \omega t, \tag{15.20}$$

mit $k_z = \omega/c$ und $x^\mu = (ct, x, y, z)$. Daraus folgt in TT-Eichung

$$e_{\mu\nu} = \begin{pmatrix} 0 & 0 & 0 & 0 \\ 0 & e_{11} & e_{12} & 0 \\ 0 & e_{12} & -e_{11} & 0 \\ 0 & 0 & 0 & 0 \end{pmatrix}. \tag{15.21}$$

Für $e_{\mu\nu}$ bleiben also nur zwei Freiheitsgrade. Wir können $e_{\mu\nu}$ im Falle linearer Polarisation in eine Linearkombination der zwei Tensoren

$$e^+_{\mu\nu} = \begin{pmatrix} 0 & 0 & 0 & 0 \\ 0 & 1 & 0 & 0 \\ 0 & 0 & -1 & 0 \\ 0 & 0 & 0 & 0 \end{pmatrix} \quad \text{und} \quad e^\times_{\mu\nu} = \begin{pmatrix} 0 & 0 & 0 & 0 \\ 0 & 0 & 1 & 0 \\ 0 & 1 & 0 & 0 \\ 0 & 0 & 0 & 0 \end{pmatrix} \tag{15.22}$$

aufteilen. In dieser Form lautet der Ausdruck für $h_{\mu\nu}$ dann

$$h_{\mu\nu}(\underline{x}) = \left(A^+ e^+_{\mu\nu} + A^\times e^\times_{\mu\nu}\right)e^{\mathrm{i}(k_z z - \omega t)} + \text{c.c.} \tag{15.23}$$

Die Abkürzung „c.c." steht hier für das Komplex-konjugierte des vorherigen Ausdrucks. Setzen wir

$$p = A^+ \cos\left(\frac{\omega}{c}z - \omega t\right) \quad \text{und} \quad q = A^\times \cos\left(\frac{\omega}{c}z - \omega t\right), \tag{15.24}$$

so erhalten wir für das Linienelement $\mathrm{d}s^2 = (\eta_{\mu\nu} + h_{\mu\nu})\mathrm{d}x^\mu \mathrm{d}x^\nu$ den Ausdruck

$$\mathrm{d}s^2 = -c^2\mathrm{d}t^2 + \mathrm{d}x^2 + \mathrm{d}y^2 + \mathrm{d}z^2 + p\left(\mathrm{d}x^2 - \mathrm{d}y^2\right) + 2q\,\mathrm{d}x\,\mathrm{d}y. \tag{15.25}$$

Wir betrachten jetzt eine Raumdrehung um eine Achse parallel zur Ausbreitungsrichtung. Neben $z = z'$ und $t = t'$ ist diese definiert durch

$$\begin{pmatrix} x \\ y \end{pmatrix} = \begin{pmatrix} \cos(\alpha) & \sin(\alpha) \\ -\sin(\alpha) & \cos(\alpha) \end{pmatrix}\begin{pmatrix} x' \\ y' \end{pmatrix}. \tag{15.26}$$

Die Forderung nach der Invarianz des Linienelements, $\mathrm{d}s^2 = \mathrm{d}s'^2$, wobei insbesondere

$$p^2\left(\mathrm{d}x^2 - \mathrm{d}y^2\right) + 2q\,\mathrm{d}x\,\mathrm{d}y = p'^2\left(\mathrm{d}x'^2 - \mathrm{d}y'^2\right) + 2q'\,\mathrm{d}x'\,\mathrm{d}y' \tag{15.27}$$

gilt, führt auf die Transformationsgleichung

$$\begin{pmatrix} p' \\ q' \end{pmatrix} = \begin{pmatrix} \cos(2\alpha) & -\sin(2\alpha) \\ \sin(2\alpha) & \cos(2\alpha) \end{pmatrix} \begin{pmatrix} p \\ q \end{pmatrix}. \tag{15.28}$$

Das heißt, p und q und damit die Polarisation drehen sich doppelt so schnell wie das Koordinatensystem. Man sagt, die Gravitation besitzt die *Helizität* 2. Daraus folgt auch, dass das Quantum der Gravitation, das *Graviton*, wenn es existiert, den Spin 2 haben muss.

15.2   Teilchen im Feld einer Gravitationswelle

Wir wollen uns jetzt mit der Frage beschäftigen, was mit einem ruhenden Teilchen passiert, das von einer Gravitationswelle überlaufen wird. Für ein zum Zeitpunkt $\tau = 0$ ruhendes Teilchen gilt

$$\frac{dx^i}{d\tau} = 0. \tag{15.29}$$

Die Geodätengleichung für dieses Teilchen vereinfacht sich dann zu

$$\frac{d^2 x^\mu}{d\tau^2} + \Gamma^\mu{}_{00} \frac{dx^0}{d\tau} \frac{dx^0}{d\tau} = 0. \tag{15.30}$$

Die Christoffel-Symbole $\Gamma^\mu{}_{00} = \frac{1}{2} \eta^{\mu\lambda} \left(2h_{\lambda 0,0} - h_{00,\lambda} \right) = 0$ verschwinden aufgrund der Form der Störung (s. (15.21)) identisch. Daraus folgt dann für ein anfangs ruhendes Teilchen

$$\frac{d^2 x^\mu}{d\tau^2} = 0, \quad \text{d. h.} \quad x^i(\tau) = \text{const.} \tag{15.31}$$

Die Koordinaten des Teilchens bleiben also konstant. Da aber Koordinaten keine invariante physikalische Aussage haben, müssen wir den tatsächlich messbaren Abstand Δl zwischen Teilchen berechnen, die sich an verschiedenen Orten befinden. Aus dem Linienelement (15.25) erhalten wir für den raumartigen Abstand in der x-y-Ebene

$$(\Delta l)^2 = (1+p)\Delta x^2 + (1-p)\Delta y^2 + 2q\Delta x \Delta y. \tag{15.32}$$

Als Beispiel betrachten wir Teilchen auf einem Kreis mit Radius R in der x-y-Ebene. Deren Abstand zum Ursprung ist mit $\Delta x = R\cos(\varphi)$ und $\Delta y = R\sin(\varphi)$ gegeben durch

$$\begin{aligned} (\Delta l)^2 &= (1+p)R^2 \cos^2(\varphi) + (1-p)R^2 \sin^2(\varphi) + 2qR^2 \sin(\varphi)\cos(\varphi) \\ &= R^2 \left[1 + p\cos(2\varphi) + q\sin(2\varphi) \right] \end{aligned} \tag{15.33}$$

mit den zeitabhängigen Parametern p und q aus (15.24). Abb. 15.1 skizziert die zeitliche Entwicklung der Abstände Δl zum Ursprung für die reine „+"- bzw. die

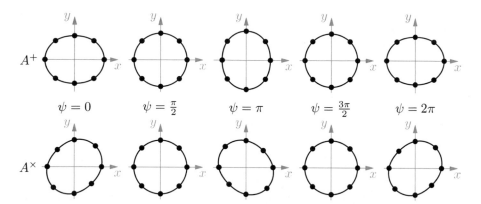

Abb. 15.1 Teilchen auf einem Kreis in der x-y-Ebene um den Ursprung unter der Wirkung einer Gravitationswelle. Während die Koordinaten der Teilchen konstant bleiben, ändert sich der Abstand zum Ursprung mit der Zeit, abhängig von der Stärke und der Polarisation der Gravitationswelle. Der Winkelunterschied zwischen den beiden Polarisationen beträgt $\varphi = \pi/4$. $\psi = \omega t - k_z z$ stellt die relative Phase und damit auch die Zeitabhängigkeit dar

„$\times$"-Polarisation. Die Auslenkungen sind jedoch stark übertrieben, da eigentlich $|A^+| \ll 1$ und $|A^\times| \ll 1$ gilt.

15.3 Quadrupolnäherung

Wir betrachten jetzt wieder die retardierte Lösung (15.14) der inhomogenen Feldgleichung. Sei R der Radius der Quelle mit Schwerpunkt bei $\boldsymbol{R}_S = \boldsymbol{0}$. Wir nehmen an, dass für alle Teilchen der Quelle die Geschwindigkeit viel kleiner als die Lichtgeschwindigkeit ist. Aus $v \ll c$ folgt dann $R \ll \lambda$, wobei λ die Wellenlänge der Gravitationswelle bezeichnen soll.

Dann lässt sich $h_{\mu\nu}\left(\underline{x}\right)$ für $|\underline{r}| = r \gg \lambda \gg R$, d. h. in der Fernfeldnäherung, in eine Multipolreihe entwickeln. Wenn man diese Entwicklung vornimmt, so erkennt man, analog zur Elektrodynamik, dass der Monopolterm verschwindet. Im Gegensatz zur Elektrodynamik verschwindet allerdings auch der Dipolterm, die niedrigste nichtverschwindende Komponente ist der Quadrupolterm:

$$h_{jk}\left(\underline{x}\right) = \frac{2G}{c^6} \frac{\mathrm{d}^2}{\mathrm{d}t^2} T_{jk}\left(t - \frac{r}{c}\right), \tag{15.34}$$

mit dem reduzierten Quadrupolmoment

$$T_{jk} = \int T^{00}\left(x_j x_k - \frac{1}{3}\delta_{jk} r^2\right)\mathrm{d}^3 x \tag{15.35}$$

der Quelle. Dies liegt daran, dass es im Gegensatz zu elektrischen Ladungen keine negativen Massen gibt. Die Quadrupolnäherung erlaubt die Berechnung der Energieabstrahlung durch eine Gravitationswelle.

15.4   Energieabstrahlung durch Gravitationswellen

15.4.1 Abgestrahlte Leistung

Mittelt man den Energie-Impulstensor $T_{\mu\nu}$ der Massen, die eine Gravitationswelle aussenden, über alle Wellenlängen, so ergibt sich

$$t_{\mu\nu} = \frac{c^4}{32\pi}\langle \partial_\mu h_{\alpha\beta} \partial_\nu h^{\alpha\beta}\rangle.$$

Eine Herleitung dieser Gleichung findet sich zum Beispiel in Misner, Thorne und Wheeler [1].

Die abgestrahlte Energie kann über den Energiestrom t_{0k}, der durch die Oberfläche einer Kugel tritt, berechnet werden. Diese Rechnung führt auf

$$-\frac{dE}{dt} = \frac{G}{5c^5}\langle \dddot{T}_{jk}\dddot{T}^{jk}\rangle. \tag{15.36}$$

Dabei ist T_{jk} der reduzierte Quadrupoltensor aus Gleichung (15.35).

Für zwei Massen m_1, m_2, die mit einem Relativabstand a um ihren gemeinsamen Schwerpunkt kreisen, liefert die Rechnung

$$\langle \dddot{T}_{jk}\dddot{T}^{jk}\rangle = 32a^4\omega^6 m_{\text{red}}^2 \tag{15.37}$$

mit der reduzierten Masse

$$m_{\text{red}} = \underbrace{\frac{m_1 m_2}{m_1 + m_2}}_{M} \tag{15.38}$$

und der Winkelgeschwindigkeit ω, die über das dritte Keplersche Gesetz durch

$$\omega = \left(\frac{GM}{a^3}\right)^{1/2} \tag{15.39}$$

gegeben ist.

Das Ergebnis (15.37) ist anschaulich zu verstehen: Schätzt man die Größe des Massenquadrupolmoments durch $m_{\text{red}}\, a^2$ ab und berücksichtigt man die periodische Zeitabhängigkeit der Bewegung $\propto \sin(\omega t)$, so erhält man bis auf den Zahlenfaktor das Ergebnis (15.37).

Setzt man die Gl. (15.37)–(15.39) in (15.36) ein, so ergibt sich für die abgestrahlte Leistung insgesamt

$$-\frac{dE}{dt} = \frac{32\left(m_1 m_2\right)^2 MG^4}{5c^5 a^5}.$$ (15.40)

Eliminiert man in dieser Gleichung die Massen m_1, m_2 über deren Schwarzschild-Radien $r_{S1} = 2Gm_1/c^2$, $r_{S2} = 2Gm_2/c^2$,

$$m_1 = \frac{r_{S1} c^2}{2G}, \quad m_2 = \frac{r_{S2} c^2}{2G}$$ (15.41)

erhält man

$$-\frac{dE}{dt} = \frac{1}{10} \frac{c^5}{G} \left(\frac{r_{S1}}{a}\right)^2 \left(\frac{r_{S2}}{a}\right)^2 \frac{r_{S1} + r_{S2}}{a}$$ (15.42)

mit der Planck-Leistung

$$\frac{c^5}{G} = 3{,}628 \cdot 10^{52} \text{ W},$$ (15.43)

die uns bei der Diskussion der Planck-Einheiten in Kapitel 30 wieder begegnen wird. Diese Leistung ist etwa 10^{26} mal größer als die Strahlungsleistung unserer Sonne, und viel höher als die Lichtleistung aller Sterne zusammen im sichtbaren Universum. Da die Schwarzschild-Radien im allgemeinen sehr viel kleiner sind als die Bahnradien, ist die abgestrahlte Leistung sehr viel geringer. Für das Erde-Mond-System ergibt sich mit $r_{S,\text{Erde}} = 8{,}9$ mm, $r_{S,\text{Mond}} = 0{,}11$ mm und einem mittleren Abstand von 384.000 km ein Wert von $3{,}6 \cdot 10^{-6}$ Watt. Für zwei Neutronensterne mit jeweils 1,4-facher Sonnenmasse, die im Abstand von 700.000 km umeinander kreisen, erhält man dagegen einen Wert von $5{,}6 \cdot 10^{25}$ Watt. Man erkennt an Gl. (15.42), dass ein maximaler Wert erreicht wird, wenn die Bahnradien in die Größenordnung der Schwarzschild-Radien gelangen, was beim Verschmelzen von Schwarzen Löchern der Fall ist.

15.4.2 Annäherung der Systempartner, Chirp-Masse

Die Abstrahlung von Energie aus dem Binärsystem hat zur Folge, dass sich die beiden Systempartner annähern. Durch Ableiten der Bindungsenergie

$$E = -\frac{1}{2} \frac{Gm_1 m_2}{a}$$ (15.44)

nach der Zeit

$$\frac{dE}{dt} = \frac{1}{2} \frac{Gm_1 m_2}{a^2} \frac{da}{dt}, \tag{15.45}$$

folgt für die Geschwindigkeit der Abstandsabnahme

$$\frac{da}{dt} = 2 \frac{dE}{dt} \frac{a^2}{Gm_1 m_2} = -\frac{64 m_1 m_2 MG^3}{5c^5 a^3}. \tag{15.46}$$

Auch hier können wir die Massen m_1 und m_2 wieder durch ihre Schwarzschild-Radien ausdrücken und erhalten

$$\frac{da}{dt} = -\frac{8}{5} c \frac{r_{S1} r_{S2} \left(r_{S1} + r_{S2} \right)}{a^3}. \tag{15.47}$$

Für das Beispiel zweier Neutronensterne mit 1,4 Sonnenmassen im Abstand von 700.000 km führt die Rechnung auf eine Annäherung von 6,5 m pro Jahr.

Je näher sich die beiden Systempartner kommen, umso schneller umkreisen sie sich und umso kürzer wird die Bahnperiode T. Das hat zur Folge, dass die Frequenz der emittierten Gravitationswelle ansteigt. Da sich die Polarisationen der Gravitationswelle doppelt so schnell wie das System drehen, folgt für die Frequenz f der Gravitationswelle

$$f = \frac{2}{T} = \frac{\omega}{\pi} = \frac{1}{\pi} \left(\frac{GM}{a^3} \right)^{1/2}. \tag{15.48}$$

Die Zunahme der Frequenz berechnet sich dann zu

$$\dot{f} = \frac{df}{dt} \frac{da}{dt} = -\frac{3}{2\pi} \frac{\sqrt{GM}}{a^{5/2}} \left(-\frac{64 m_1 m_2 MG^3}{5c^5 a^3} \right) = \frac{96\pi^{8/3} m_1 m_2 G^{5/3} f^{11/3}}{5c^5 M^{1/3}}. \tag{15.49}$$

Die Gleichung lässt sich vereinfachen zu

$$\dot{f} = \frac{96\pi^{8/3}}{5} \left(\frac{G\mathcal{M}}{c^3} \right)^{5/3} f^{11/3}, \tag{15.50}$$

wenn man die sogenannte Chirp-Masse (*to chirp: zirpen, zwitschern*)

$$\mathcal{M} = \left(\frac{m_1^3 m_2^3}{M} \right)^{1/5} \tag{15.51}$$

einführt. Löst man Gl. (15.50) nach $\mathcal{M}$ auf, so ergibt sich

$$\mathcal{M} = \frac{c^3}{G} \left(\frac{5}{96} \pi^{-8/3} f^{-11/3} \dot{f} \right). \tag{15.52}$$

Für den Nachweis von Gravitationswellen ist die Chirp-Masse von praktischer Bedeutung, weil aus der Frequenz und der Frequenzänderung der Gravitationswelle kurz vor dem Verschmelzen der beiden Systempartner direkt auf die Chirp-Masse des Systems geschlossen werden kann.

Betrachten wir als Beispiel das Verschmelzen von zwei Schwarzen Löchern mit jeweils k Sonnenmassen, so ergibt sich als Chirp-Masse

$$\mathcal{M} = \frac{\left(k^2\,M_\odot^2\right)^{3/5}}{\left(2k\,M_\odot\right)^{1/5}} = \frac{1}{2^{1/5}}\,k \cdot M_\odot \approx 0{,}871\,k \cdot M_\odot\,. \tag{15.53}$$

Die Chirp-Masse gibt also bereits ein Maß für die Größe der verschmelzenden Massen an.

Es ist bemerkenswert, dass die Chirp-Masse auch in der klassischen Mechanik aus der Keplerbewegung der reduzierten Masse im Schwerpunktssystem hergeleitet werden kann. Löst man das dritte Keplersche Gesetz (15.39) nach $1/a$ auf,

$$\frac{1}{a} = \left(\frac{\omega^2}{GM}\right)^{1/3} \tag{15.54}$$

und setzt dies in die Gl. (15.44) für die Bahnenergie ein, so lässt sich diese mit Hilfe der Chirp-Masse ausdrücken als

$$E = -\frac{1}{2}G^{2/3}m_1 m_2 M^{-1/3}\omega^{2/3} \equiv -\frac{1}{2}\left(G^2\mathcal{M}^5\right)^{1/3}\omega^2\,. \tag{15.55}$$

15.4.3 Abschätzung der Amplitude der Gravitationswelle

Als Nächstes wollen wir die Amplitude der abgestrahlten Gravitationswelle abschätzen. Ausgangspunkt ist die retardierte Lösung (15.14), wobei wir wegen der großen Entfernung der Quelle ($|r| \gg |r'|$) die Abhängigkeit im Nenner von $1/r$ vor das Integral ziehen dürfen und von der Quadrupolnäherung ausgehen. Für zwei identische Massen m, die im Abstand a mit der Winkelgeschwindigkeit ω um ihren gemeinsamen Schwerpunkt kreisen, können wir den Energietensor durch die Rotationsenergie abschätzen zu $T \sim ma^2\omega^2$. Aus (15.14) folgt dann

$$h \sim \frac{G}{c^4}\frac{ma^2\omega^2}{r}\,, \tag{15.56}$$

wobei wir in den beiden letzten Schritten zur Vereinfachung die Indizes unterdrückt haben. Setzen wir hier ω^2 über das 3. Keplersche Gesetz (15.39) ein, so erhalten wir die Abschätzung

$$h \sim \frac{G^2 m^2}{rac^4} \sim \frac{r_S^2}{ra} \tag{15.57}$$

mit dem Schwarzschild-Radius $r_S = 2Gm/c^2$.

Das Maximum der Amplitude wird erreicht, wenn die Bahn der zwei Schwarzen Löcher soweit geschrumpft ist, dass sich ihre Ereignishorizonte gerade berühren. Mit $a = r_S$ ergibt sich

$$h \sim \frac{r_S}{r}. \tag{15.58}$$

Die Amplitude ist also gegeben durch das Verhältnis der Schwarzschild-Radien der Objekte und deren Entfernung von uns. Für einen typischen Wert des Schwarzschild-Radius von $r_S \sim 100$ km (entsprechend Schwarzen Löchern mit 33 Sonnenmassen) und für eine angenommene Entfernung von einer Milliarde Lichtjahre, $r \sim 10^9 \cdot$ 9,64 $\cdot$ 10^{15} m $\sim 10^{25}$ m, ergibt sich der unvorstellbar kleine Wert von $h \sim 10^{-20}$. Die tatsächlich erwarteten Werte liegen sogar im Bereich von $h \sim 10^{-20}\cdots10^{-24}$.

15.5 Das Laser-Interferometer-Gravitationswellen-Observatorium (LIGO)

Der erste direkte Nachweis von Gravitationswellen gelang 2015 mit dem Laser-Interferometer-Gravitationswellen-Observatorium LIGO [2]. Diese Entdeckung wurde 2017 mit dem Nobelpreis für Physik ausgezeichnet [3]. Wir wollen dieses Observatorium und die Nachweismethode daher genauer betrachten.

15.5.1 Die LIGO-Detektoren

Gravitationswellen sind durch scheinbare Längenänderungen von Objekten messbar, wenn diese von einer Gravitationswelle überlaufen werden. Der interferometrische Nachweis von Gravitationswellen beruht daher auf der präzisen Messung der optischen Phasendifferenz zwischen zwei Lichtstrahlen aus einer gemeinsamen Quelle, die in zwei Interferometerarmen hin- und herfliegen, deren physikalische Längen vom Durchgang der Welle verzerrt werden. Das detektierbare Signal ist proportional zur gravitativen Verspannungsamplitude und zur Länge der Interferometerarme. Die Herausforderung besteht darin, dass die relativen Verspannungsamplituden, die man beim Durchgang einer Gravitationswelle durch die Erde erwartet, wie oben erwähnt, von der Größenordnung $h \sim 10^{-20}\cdots10^{-24}$ sind. Um ein möglichst starkes Signal zu erhalten, müssen die Armlängen der Interferometer groß sein, am besten nahe an einem Viertel der Wellenlänge der Gravitationswelle, also zum Beispiel 750 km bei 100 Hz. Für den operationellen Betrieb bedeutet dies, dass der optische Weg in jedem Arm viel länger sein muss als seine physikalische Länge.

Dies ist das Prinzip des Aufbaus der LIGO-Detektoren an den beiden Beobachtungsstationen in Hanford im Bundesstaat Louisiana der USA und in Livingstone im Bundesstaat Oregon [4]. Die zwei Instrumente sind identische Michelson-Interferometer, die in einem L-förmigen Ultrahochvakuumsystem mit einem Druck unterhalb von 1 μPascal eingeschlossen sind. Die Detektoren stehen 3000 km voneinander entfernt, was einer direkten Lichtlaufzeit von 10 Millisekunden entspricht. Jeder Interferometerarm enthält zwei massive (40 kg) Quarzglasspiegel mit einer speziell entwickelten, aus mehreren Lagen bestehenden optischen Beschichtung, um die erforderliche hohe Reflektivität zu erreichen. Jeder der Spiegel ist an einem Vierfach-Pendelsystem aufgehängt, welches auf einer aktiv kontrollierten seismischen Isolationsplattform montiert ist. Diese kompensiert auch kleinste Erschütterungen, die von der Gezeitenwirkung der Erdkruste sowie mikroseismischer Aktivität verursacht werden. Etwaige Wärmebewegungen der letzten Pendelstufe werden durch Aufhängungen an aus Quarzglas gefertigten Fasern vermieden. In jedem Interferometerarm sind die Spiegel 4 km voneinander entfernt.

Das mit einer Leistung von 20 W in das Interferometer eingestrahlte Laserlicht wird durch einen hochreflektierenden Spiegel konstruktiv mit sich selbst überlagert und so auf 700 W verstärkt („*power recycling*"). Durch einen Strahlteiler wird das Licht zerlegt und in die zwei gleich langen Arme des Interferometers geschickt. Um die Empfindlichkeit zu steigern, enthält jeder Arm ein Fabry-Pérot-Interferometer,[1] welches die Photonen speichert, während das Licht zwischen den Testmassenspiegeln hin und her fliegt. Der effektive Weg, den das Licht in jedem Interferometerarm zurücklegt, erhöht sich dadurch auf über 1000 km (Abb. 15.2).

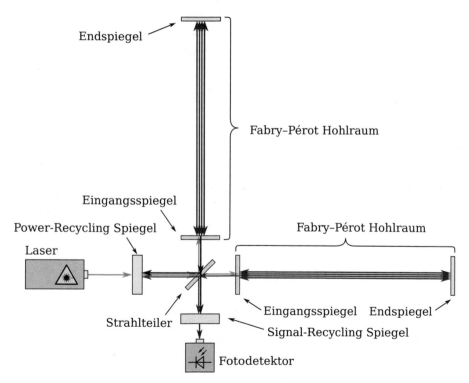

Abb. 15.2 Vereinfachter Aufbau des LIGO-Interferometers (Credit: Menner [CCo], via Wikimedia Commons). Die Länge jedes Interferometerarms beträgt 4 km

---

[1] Ein Fabry-Pérot-Interferometer besteht aus zwei teildurchlässigen Spiegeln, zwischen denen die Photonen hin- und herfliegen und bei jeder Reflexion ein Teil des Lichtes durch die Spiegel herausgelassen wird.

Das aus den Fabry-Pérot-Interferometern entlassene Licht kehrt zum Strahlteiler zurück und wird zum Ausgang geführt, wo das Interferenzmuster der beiden Teilstrahlen mit einem Photodetektor registriert wird. Das Ausgangssignal wird durch einen zusätzlichen hochreflektierenden Spiegel ebenfalls konstruktiv mit sich überlagert („*signal recycling*"), wodurch die Empfindlichkeit noch erhöht wird. Der Durchgang der Gravitationswelle ändert die Längen der Interferometerarme und damit auch das Interferenzmuster. Die am Photodetektor gemessene Laserlichtleistung kann dann mit einer Kalibrierungsmethode in die Längenverschiebungen der Testmassen und damit in die Stärke des Gravitationswellensignals umgerechnet werden.

15.5.2 Erster direkter Nachweis eines Gravitationswellen-Ereignisses

Die mit extrem hoher Empfindlichkeit messenden Advanced-LIGO-Detektoren nahmen im September 2015 ihren Messbetrieb auf. Schon am 14. September 2015 wurde sowohl in Livingston als auch in Hanford ein starkes Signal registriert, das als Signatur für den Durchgang einer Gravitationswelle interpretiert werden konnte [2]. Livingston registrierte die Welle 6,9 Millisekunden früher als das weiter nördlich gelegene Hanford, wie man es für eine Quelle an der südlichen Himmelskugel erwarten würde. Das Signal erhielt wegen des Tags der Beobachtung die Bezeichnung GW150914 [2].

Abb. 15.3 fasst die Ergebnisse zusammen. Das Signal nimmt über eine Zeitspanne von 200 ms an Frequenz und Amplitude zu, mit einem Maximum bei ungefähr 150 Hz. Die wahrscheinlichste Interpretation ist das Hineinspiralen und schließliche Verschmelzen zweier massereicher Objekte, die dabei Gravitationswellen aussenden (vgl. Abb. 15.4). Aus der Zeitentwicklung der Frequenz und ihrer Zeitableitung berechnet sich aus der Formel (15.50) für die Chirp-Masse ein Wert von ca. 70 $M_\odot$ als untere Schranke für die Summe der Massen der Körper. Diese große Masse und die Tatsache, dass die Objekte eine relativ hohe Frequenz erreichen, bevor sie verschmelzen, weist darauf hin, dass es sich um zwei umeinander kreisende Schwarze Löcher handelt.

Mit Hilfe von auf der Allgemeinen Relativitätstheorie basierenden Wellenformmodellen führte die weitere Analyse der Daten auf Werte von $35{,}6^{+4{,}8}_{-3{,}0}\,M_\odot$ und $30{,}6^{+3{,}0}_{-4{,}4}\,M_\odot$ für die Massen der verschmelzenden Schwarzen Löcher und einen Wert von $63{,}1^{+3{,}3}_{-3{,}0}\,M_\odot$ für das am Ende verbleibende Schwarze Loch. Die der Massendifferenz von $3{,}1^{+0{,}4}_{-0{,}4}\,M_\odot$ entsprechende Energie wurde damit beim Verschmelzen in Form von Gravitationswellen abgestrahlt. Als Entfernung wurde für das Ereignis ein Wert von 410^{+160}_{-180} Mpc abgeschätzt.

Bei der bis Januar 2016 währenden ersten Beobachtungskampagne konnten zwei weitere Gravitationswellen-Ereignisse nachgewiesen werden, GW151226 und GW170104. In beiden Fällen konnten die Beobachtungen als das Verschmelzen zweier Schwarzer Löcher interpretiert werden.

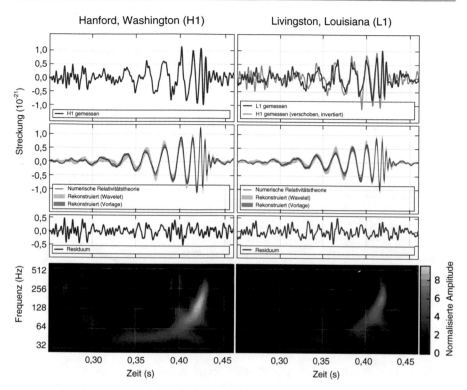

Abb. 15.3 Das Gravitationswellenereignis GW150914. Oben: Die von LIGO Hanford und LIGO Livingston gemessenen Signale in Abhängigkeit von der Zeit. Dem Signal in Livingston ist das von Hanford überlagert, verschoben um die Differenz der Ankunftszeit von $6{,}9^{+0{,}5}_{-4}$ ms. Mitte: Theoretische Wellenform für ein System mit den für GW150914 angenommenen Werten der Massen, sowie die Residuen, die nach Abzug der theoretischen Wellenform von den gemessenen Signalen verbleiben. Unten: Frequenz der Gravitationswelle in Abhängigkeit von der Zeit. Alle Zeiten beziehen sich auf die Auslösezeit um 9:50:45 UTC am 14.09.2015. (Aus: P.B. Abbot et al. (LIGO Scientific Collaboration and Virgo Collaboration) [2] ©APS. Reused under the terms of the Creative Commons Attribution 3.0 License)

15.5.3 Weitere Gravitationswellen-Beobachtungen

Nachdem die Empfindlichkeit der LIGO-Detektoren noch einmal erhöht worden war, startete im November 2016 die zweite Beobachtungskampagne, die bis zum 25. August 2017 andauerte. Dabei konnten 8 weitere Gravitationswellen-Ereignisse nachgewiesen werden. Eine Zusammenstellung aller 11 in den beiden Kampagnen gefundenen Quellen von Gravitationswellen ist in Tab. 15.1 zu finden, in der neben den Massen der verschmelzenden Objekte die Endmasse, die in Form von Gravitationswellen abgestrahlte Energie sowie die Entfernung und die Rotverschiebung der Ereignisse angegeben ist.

Abb. 15.4 Oben: Die mit Hilfe numerischer Relativitätstheorie berechnete Wellenform mit den für GW150914 angenommenen Massenparametern. Unten: Der Abstand der beiden Schwarzen Löcher in Einheiten des Schwarzschild-Radius und ihre Geschwindigkeit in Einheiten der Lichtgeschwindigkeit als Funktion der Zeit. (Aus: P.B. Abbot et al. (LIGO Scientific Collaboration and Virgo Collaboration) [2] ©APS. Reused under the terms of the Creative Commons Attribution 3.0 License)

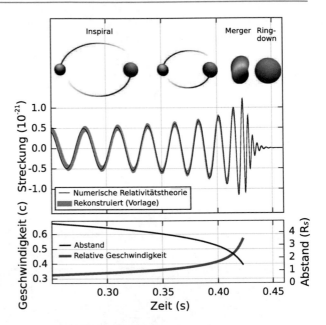

15.5.4 Verschmelzen von zwei Neutronensternen

Aus der Liste sticht das Ereignis GW170817 heraus. Es handelt sich hierbei nicht, wie bei den anderen Ereignissen, um das Verschmelzen von zwei Schwarzen Löchern, sondern um das Verschmelzen von zwei *Neutronensternen*. Das Schicksal, das dem Doppelpulsar PSR 1913+16, den wir in Kap. 21 ausführlich diskutieren werden, in 300 Millionen Jahren bevorsteht, hat sich bei dem Ereignis GW170817 damit bereits erfüllt. Während bei Schwarzen Löchern das Gravitationswellensignal nur wenige Zehntelsekunden vor dem Verschmelzen erscheint, erstreckte sich das Signal beim Verschmelzen der beiden Neutronensterne über 10 Sekunden. Da das Ereignis zusätzlich auch in dem mehrere Tausend Kilometer entfernten nahe Pisa gelegenen europäischen Gravitationswellendetektor Virgo nachgewiesen werden konnte, ließ sich durch Triangulierung auf Grund der großen Basislängen auch der Ort des Ereignisses in einem Raumwinkelbereich von 16 Quadratgrad auf der südlichen Himmelskugel sehr genau bestimmen.

Das Besondere bei diesem Ereignis war, dass zeitgleich mit dem Verschmelzen der Neutronensterne vom Gamma-Satelliten Fermi ein heftiger Ausbruch von Gammastrahlung im Frequenzbereich von 10 bis 300 keV beobachtet wurde (ein sogenannter γ-Ray Burst) [6]. Neben dem Gammastrahlungsausbruch wurde an der selben Stelle die „Kilonova" AT2017gfo beobachtet, ein Nachleuchten im Infraroten und im sichtbaren Licht aufgrund der radioaktiven Prozesse, die beim Verschmelzen ablaufen, das innerhalb von 10 Tagen verblasste. Die Analyse der Spektren zeigte eindeutig, dass durch schnellen Neutroneneinfang das schwere Element Strontium fusioniert worden war [7]. Dies ist ein Beispiel für den r-Prozess, den wir in Abschn. 19.6.2 noch genauer besprechen werden.

Tab. 15.1 Liste der in den ersten beiden Beobachtungskampagnen von LIGO nachgewiesenen Gravitationswellen-Ereignisse. Daten aus [5]

Ereignis	d/Mpc	z	$m_1/M_\odot$	$m_2/M_\odot$	$m_f/M_\odot$	$E_r/(M_\odot c^2)$
GW150914	410^{+160}_{-180}	$0{,}09^{+0{,}03}_{-0{,}04}$	$35{,}6^{+4{,}8}_{-3{,}0}$	$30{,}6^{+3{,}0}_{-4{,}4}$	$63{,}1^{+3{,}3}_{-3{,}0}$	$3{,}1^{+0{,}4}_{-0{,}4}$
GW151012	1060^{+540}_{-480}	$0{,}21^{+0{,}09}_{-0{,}09}$	$23{,}3^{+14{,}0}_{-5{,}5}$	$13{,}6^{+4{,}1}_{-4{,}8}$	$35{,}7^{+9{,}9}_{-3{,}8}$	$1{,}5^{+0{,}5}_{-0{,}5}$
GW151226	440^{+180}_{-190}	$0{,}09^{+0{,}04}_{-0{,}04}$	$13{,}7^{+8{,}8}_{-3{,}2}$	$8{,}9^{+0{,}3}_{-0{,}3}$	$20{,}5^{+6{,}4}_{-1{,}5}$	$1{,}0^{+0{,}1}_{-0{,}2}$
GW170104	960^{+430}_{-410}	$0{,}19^{+0{,}07}_{-0{,}08}$	$31{,}0^{+7{,}2}_{-5{,}6}$	$20{,}1^{+4{,}9}_{-4{,}5}$	$49{,}1^{+5{,}2}_{-3{,}9}$	$2{,}2^{+0{,}5}_{-0{,}5}$
GW170608	320^{+120}_{-110}	$0{,}07^{+0{,}02}_{-0{,}02}$	$10{,}9^{+5{,}3}_{-1{,}7}$	$7{,}6^{+1{,}3}_{-2{,}1}$	$17{,}8^{+3{,}2}_{-0{,}7}$	$0{,}9^{+0{,}05}_{-0{,}1}$
GW170729	2750^{+1350}_{-1320}	$0{,}48^{+0{,}19}_{-0{,}20}$	$50{,}6^{+16{,}6}_{-10{,}2}$	$34{,}3^{+9{,}1}_{-10{,}1}$	$80{,}3^{+14{,}6}_{-10{,}2}$	$4{,}8^{+1{,}7}_{-1{,}7}$
GW170809	990^{+320}_{-380}	$0{,}20^{+0{,}05}_{-0{,}07}$	$35{,}2^{+8{,}3}_{-6{,}0}$	$23{,}8^{+5{,}2}_{-5{,}1}$	$56{,}4^{+5{,}2}_{-3{,}7}$	$2{,}7^{+0{,}6}_{-0{,}6}$
GW170814	580^{+160}_{-210}	$0{,}12^{+0{,}03}_{-0{,}04}$	$30{,}7^{+5{,}7}_{-3{,}0}$	$25{,}3^{+2{,}9}_{-4{,}1}$	$53{,}4^{+3{,}2}_{-2{,}4}$	$2{,}7^{+0{,}4}_{-0{,}3}$
GW170817	40^{+10}_{-10}	$0{,}01^{+0{,}00}_{-0{,}00}$	$1{,}46^{+0{,}12}_{-0{,}10}$	$1{,}27^{+0{,}09}_{-0{,}09}$	$\leq 2{,}8$	$\geq 0{,}04$
GW170818	1020^{+430}_{-360}	$0{,}20^{+0{,}07}_{-0{,}07}$	$35{,}5^{+7{,}5}_{-4{,}7}$	$26{,}8^{+4{,}3}_{-5{,}2}$	$59{,}8^{+4{,}8}_{-3{,}8}$	$2{,}7^{+0{,}5}_{-0{,}5}$
GW170823	1850^{+840}_{-840}	$0{,}34^{+0{,}13}_{-0{,}14}$	$39{,}6^{+10{,}0}_{-6{,}6}$	$29{,}4^{+6{,}3}_{-7{,}1}$	$65{,}6^{+9{,}4}_{-6{,}6}$	$3{,}3^{+0{,}9}_{-0{,}8}$

Da dieses Ereignis sowohl als Gravitationswelle als auch im Bereich elektromagnetischer Strahlung gemessen werden konnte, ist dies ein Beispiel einer „Multi-
Messenger-Astronomie".

Bei der dritten Beobachtungskampagne des LIGO-Virgo-Netzwerks konnte am
25. April 2019 eine weitere beim Verschmelzen zweier Neutronensterne entstandene
Gravitationswelle eingefangen werden [8]. Diese Beobachtungskampagne, die im
März 2020 endete, lieferte insgesamt 56 Detektionen von Gravitationswellen. Dies
erhöht die Gesamtzahl der bis dato nachgewiesenen Gravitationswellenereignisse
auf 67. Eine interaktive Übersicht[2] findet sich auf der Seite der Cardiff University.

15.6   Nachweis von Gravitationswellen mit Pulsaren

Binärsysteme aus massereichen Schwarzen Löchern, die sich beim Verschmelzen
zweier Galaxien gebildet haben können, sollten in großer Häufigkeit in der frühen
Phase des Kosmos entstanden sein [9]. Das Verschmelzen dieser Schwarzen Löcher
hat der Theorie zufolge einen stochastischen, kontinuierlichen Hintergrund von
Gravitationswellen erzeugt, der das ganze Universum durchdringt. Die Frequenzen
der Gravitationswellen würden sich von einigen nHz bis einigen µHz erstrecken, sie
liegen daher außerhalb des LIGO zugänglichen Frequenzbereichs. Schon früh
wurde vorgeschlagen [10], dass Messungen der Pulsankunftszeiten von Pulsaren
genutzt werden könnten, den Frequenzbereich hinauf bis zu einigen µHz abzudecken. Das Grundprinzip ist einfach: Millisekunden-Pulsare mit Perioden kürzer
als 30 ms befinden sich unter den stabilsten bekannten Rotatoren im Universum,
und die Langzeitstabilität ihrer Rotationen über >10 Jahre ist vergleichbar mit der
von Atomuhren. Variieren die Ankunftszeiten der Radiosignale, weil sie einen von
Gravitationswellen deformierten Raumbereich durchqueren mussten, lassen sich
aus diesen Daten Informationen über die Gravitationswellen gewinnen. Dabei verändern sich die Pulsankunftszeiten von Quellen, deren Verbindungslinien zur Erde
senkrecht aufeinander stehen, gegenläufig. Die einen Pulse treffen verzögert ein, die
anderen früher. So sind die Schwankungen der Ankunftszeiten mit der Position der
Quellen am Himmel korreliert (vgl. Abb. 15.5).

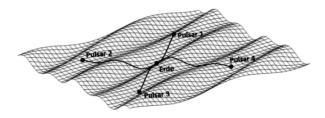

Abb. 15.5   Idee eines *Pulsar Timing Array*: Aufgrund der Gravitationswelle ändern sich die Pulsankunftszeiten der Radiosignale der Pulsare auf der Erde. Grafik: K. Mikić

---

[2] https://catalog.cardiffgravity.org.

Das *European Pulsar Timing Array* (*EPTA*) [11] hat sich zum Ziel gesetzt, solche Schwankungen zu detektieren und so auf die sie verursachenden Gravitationswellen zurückschließen zu können. Dazu werden 42 der genauesten bekannten Millisekundenpulsare mit den größten Radioteleskopen auf der gesamten Erde beobachtet [12]. Bis jetzt wurden von *EPTA* noch keine Signale von Gravitationswellen entdeckt [13].

Allerdings wächst die Empfindlichkeit des *Pulsar Timing Array* mit der Dauer des Beobachtungszeitraums. Numerische Simulationen am Max-Planck-Institut für Gravitationsphysik (Albert-Einstein-Institut) [14] lassen erwarten, dass innerhalb der nächsten Jahre Gravitationswellen mit *EPTA* nachgewiesen werden können – entweder als dominierendes Signal einer einzelnen Quelle oder als Gravitationswellenhintergrund aus einer Reihe weniger starker Quellen [15].

Ein weiteres *Pulsar Timing Array*, das nordamerikanische Nanohertz-Observatorium für Gravitationswellen (NANOGrav) [16], berichtete jüngst, dass in über 13 Jahre gesammelten und analysierten Daten ein Niederfrequenzsignal gefunden wurde, das möglicherweise auf einen stochastischen Gravitationswellenhintergrund zurückzuführen ist [17].

15.7 Ausblick

Es laufen noch weitere Projekte zum interferometrischen Nachweis von Gravitationswellen. In Europa sind dies neben Virgo mit Armlängen von 3 km [18] noch GEO600 in der Nähe von Hannover [19] mit zwei 600 m langen Armen. Beide sind Bestandteil des LIGO-Verbunds. Als weltweit erster Detektor setzt GEO600 gequetschtes Licht (*squeezed light*) ein. Ähnlich wie Ort und Impuls in der Quantenmechanik, so gehorchen Amplitude und Phase von Laserlicht einer Heisenberg'schen Unschärferelation, variieren daher von Messung zu Messung. Trägt man die Messwerte in einem Phasen-Amplituden-Diagramm auf, so verteilen sie sich in einer unscharf begrenzten kreisförmigen Scheibe. Bei gequetschtem Laserlicht wird die Form des Kreises zu einer Ellipse mit gleichem Flächeninhalt deformiert. Dadurch verkleinert sich die Unschärfe in der einen Messgröße, während sie bei der anderen wächst. Der Vorteil ist, dass so das Schrotrauschen des Laserlichts vermindert werden kann. An GEO600 wurden wesentliche Teile der Instrumente und Techniken entwickelt und getestet, mit denen an den beiden LIGO-Detektoren in den USA die ersten Gravitationswellen 2015 nachgewiesen werden konnten.

In Japan wird der *Kamioka Gravitational Wave Detector* KAGRA betrieben [20]. Seine Armlänge beträgt ebenfalls 3 km. Das Besondere an diesem Detektor ist, dass die Spiegel auf 20 K herabgekühlt werden, um thermisches Rauschen zu reduzieren. Die Nachweisgrenze liegt bei $h \sim 3 \cdot 10^{-24}$ bei einer Frequenz von 100 Hz. KAGRA hat sich mittlerweile dem LIGO-Virgo-Netzwerk auf der Jagd nach Gravitationswellen angeschlossen.

Die Europäische Weltraumagentur ESA plant das weltraumgestützte Projekt LISA (*Laser Interferometer Space Antenna*) [21]. Dieses ist ein Michelson-Interferometer bestehend aus 3 Satelliten im gegenseitigen Abstand von 2,5 Millionen Kilometern, die auf der Umlaufbahn der Erde, aber in einem Winkelabstand von 20 Grad hinter dieser, und mit einer Dreiecksneigung von 60 Grad gegenüber der Ekliptik, um die Sonne kreisen sollen. LISA wird den auf der Erde nicht zugänglichen Wellenlängenbereich von 0,1 bis 1 Hz abdecken. Nach einer erfolgreichen Pfadfinder-Mission, bei der die Messtechnik im All erprobt wurde und die erzielte Messgenauigkeit die Anforderungen um das Fünffache übertraf, haben die Wissenschaftsminister der an der ESA beteiligten Nationen im November 2019 der Finanzierung des Projekts zugestimmt. Die Inbetriebnahme ist für 2034 vorgesehen.

Im Rahmen des siebten Forschungsrahmenprogramms der Europäischen Kommission ist das Konzept eines Einstein-Teleskops untersucht worden [22]. Dieses soll unterirdisch gebaut werden, um das seismische Rauschen zu reduzieren, mit drei 10 km langen Armen, also in derselben Geometrie wie LISA. Jeweils zwei Arme werden für zwei Interferometer genutzt, insgesamt ergeben sich somit sechs Detektoren. Drei davon sollen auf die Messung niedriger Frequenzen (2 bis 40 Hz) optimiert werden, drei auf höhere Frequenzen. Um das thermische Rauschen zu unterdrücken, sollen die optischen Elemente auf 10 K herabgekühlt werden. Ein Standort ist noch nicht ausgewählt.

Zusammen sollen alle diese Experimente Gravitationswellen nicht nur nachweisen, sondern auch helfen, Gravitationswellen verursachende Phänomene besser zu verstehen. Zentral von Interesse ist, wie in Abschn. 15.6 diskutiert, beispielsweise die Verschmelzung galaktischer Schwarzer Löcher, wenn die zugehörigen Galaxien zu einer Galaxie verschmelzen. Die genaue Vermessung der Eigenschaften von Gravitationswellen sollte auch weitere Tests der allgemeinen Relativitätstheorie ermöglichen sowie Hinweise auf Phänomene jenseits der bestehenden Physik geben können, etwa kosmische Strings, wie sie nach der Stringtheorie möglich sein sollten [23].

Einen guten Überblick über die Möglichkeiten der Gravitationswellenastronomie findet sich auf der Homepage des LISA-Projekts [21].

Zusammenfassend kann man feststellen, dass mehr als 100 Jahre nach Einsteins Vorhersage von Gravitationswellen die Gravitationswellenastronomie ein fester Bestandteil der astrophysikalischen Forschung geworden ist. Gemeinsam mit elektromagnetischer Strahlung und Neutrinodetektion ermöglicht sie eine neue Ära der Multi-Messenger Astronomie.

Literatur

1. Misner, C.W., Thorne, K.S, Wheeler, J.A.: Gravitation. Princeton University Press, Princeton (2017). ISBN 978-0-691-17779-3
2. Abbot, B.P. (LIGO Scientific Collaboration and Virgo Collaboration): Observation of gravitational waves from a binary black hole merger. Phys. Rev. Lett. **116**, 061102 (2016). https://doi.org/10.1103/PhysRevLett.116.061102
3. https://www.nobelprize.org/prizes/physics/2017/press-release/
4. LIGO-Homepage: http://www.ligo-la.caltech.edu
5. Abbot, B.P. et al. (LIGO Scientific Collaboration and Virgo Collaboration): GWTC-1: A gravitational-wave transient catalog of compact binary mergers by LIGO and Virgo during the first and second observing runs. Phys. Rev. X **9**, 031040 (2019)

6. LIGO Scientific Collaboration and Virgo Collaboration, *Fermi* Gamma-Ray Burst Monitor, and INTEGRAL: Gravitational waves and gamma-rays from a binary neutron star merger: GW170917 and GRB 170817A. Astrophys. J. Lett. **848**, L13 (2017)
7. Watson, D., et al.: Identification of strontium in the merger of two neutron stars. Nature **574**, 497 (2019)
8. Abbot, B.P., et al. LIGO Scientific Collaboration and Virgo Collaboration: GW190425: Observation of a compact binary coalescence with total mass ~ 3.4 $M_\odot$. Astrophys. J. Lett. **892**, L3 (2020)
9. Volonteri, M., Haardt, F., Madau, P.: The assembly and merging history of supermassive black holes in hierarchical models of galaxy formation. Astrophys. J. **582**, 559 (2003)
10. Detweiler, S.: Pulsar timing measurements and the search for gravitational waves. Astrophys. J. **234**, 1100 (1979)
11. Homepage des European Pulsar Timing Array: http://www.epta.eu.org
12. Babak, S., et al.: European Pulsar Timing Array limits on continuous gravitational waves from individual supermassive black hole binaries. Mon. Not. R. Astron. Soc. **455**, 1665 (2016)
13. Perera, B.B.P., et al.: Improving timing sensitivity in the microhertz frequenccy regime: Limits from PSR J1713+0747 on gravitational waves produced by supermassive black hole binaries. Mon. Not. R. Astron. Soc. **478**, 218 (2018)
14. www.aei.mpg.de/425374/gravitational-wave-astronomy-in-o3
15. Kramer, M., Wex, N.: Mit Pulsaren auf der Jagd nach Gravitationswellen, Spektrum der Wissenschaft, Juli 2011, S. 48
16. NANOGrav-Homepage: http://nanograv.org
17. De Luca, V., et al.: NANOGrav data hints at primordial black holes as dark matter. Phys. Rev. Lett. **126**, 041303 (2021)
18. Virgo-Homepage: http://www.virgo-gw.eu
19. GEO600-Homepage: http://www.geo600.org
20. KAGRA-Homepage: https://gwcenter.icrr.u-tokyo.ac.jp/en
21. LISA-Homepage: https://www.lisamission.org
22. Einstein-Teleskop Homepage: https://www.et-gw.eu
23. Zwiebach, B.: A First Course in String Theory. Cambridge University Press, Cambridge (2009)

Visualisierung in der ART

16

Inhaltsverzeichnis

In Kap. 9 haben wir uns bereits mit der Visualisierung in der SRT beschäftigt und hatten zwischen einer äußeren mehr abstrakten Darstellung mit Hilfe von Minkowski-Diagrammen und einer Darstellung aus der Ich-Perspektive unterschieden. In der ART liegt der gängige Schwerpunkt auf der abstrakten Darstellung. Hierzu zählen zum Beispiel das *Penrose-Carter-Diagramm*[1,2] zur Visualisierung der globalen Struktur von Schwarzloch-Raumzeiten, die Visualisierung von licht- und zeitartigen Geodäten oder die Visualisierung feldbasierter Daten wie etwa Krümmungsgrößen von Gravitationswellen.

Aber auch die Visualisierung dessen, was ein Beobachter tatsächlich in einer vierdimensionalen gekrümmten Raumzeit sehen würde, gewinnt mehr und mehr an Bedeutung und soll im Folgenden unser Schwerpunkt sein.

Ergänzende Information Die elektronische Version dieses Kapitels enthält Zusatzmaterial, auf das über folgenden Link zugegriffen werden kann https://doi.org/10.1007/978-3-662-63352-6_16. Die Videos lassen sich mit Hilfe der SN More Media App abspielen, wenn Sie die gekennzeichneten Abbildungen mit der App scannen.

---

[1] Roger Penrose, ★ 1931, englischer Mathematiker und theoretischer Physiker.
[2] Brandon Carter, ★ 1942, australischer theoretischer Physiker.

© Springer-Verlag GmbH Deutschland, ein Teil von Springer Nature 2022
S. Boblest et al., *Spezielle und allgemeine Relativitätstheorie*,
https://doi.org/10.1007/978-3-662-63352-6_16

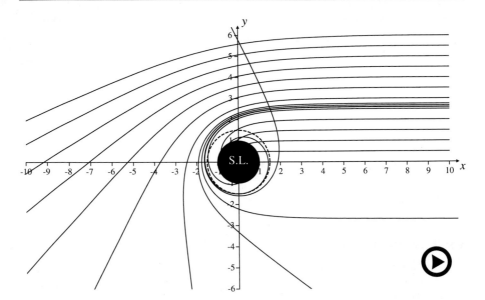

Abb. 16.1 Lichtablenkung am Schwarzschild'schen Schwarzen Loch. Die Lichtstrahlen starten bei $x = 10\,r_\mathrm{s}$ und $y = \{0,\ 0{,}5,\ 1,\ 1{,}5,\ 2,\ 2{,}5,\ 2{,}5875,\ 2{,}6,\ 2{,}67,\ 2{,}75,\ 3,\ 3{,}5,\ 4,\ 4{,}5,\ 5,\ 5{,}5,\ 6\}r_\mathrm{s}$. Der *gestrichelte Kreis* entspricht dem Photonenorbit (▶ https://doi.org/10.1007/000-320)

16.1 Abstrakte Visualisierung in der ART

16.1.1 Licht- und zeitartige Geodäten

Einen ersten Eindruck über die Struktur einer Raumzeit kann man erhalten, indem man sich das Verhalten von Geodäten anschaut. Abb. 16.1 zeigt lichtartige Geodäten, die aufgrund der Krümmung der Raumzeit in der Nähe eines Schwarzschild'schen Schwarzen Lochs abgelenkt werden. Die Ablenkung ist umso größer, je näher ein Lichtstrahl dem Schwarzen Loch kommt. Überschreitet ein Lichtstrahl den Photonenorbit, $r_\mathrm{po} = 3r_\mathrm{s}/2$, so fällt er unausweichlich ins Schwarze Loch. Kurz davor kann er aber so stark abgelenkt werden, dass er zum Beobachter zurück reflektiert wird oder unter Umständen mehrfach um das Schwarze Loch kreist, bevor er dann in irgendeine Richtung verschwindet.

Die Lichtstrahlen in Abb. 16.1 starten parallel zur x-Achse am Ort (x, y). Die entsprechenden sphärischen Koordinaten für den Startort folgen unmittelbar aus $r = \sqrt{x^2 + y^2}$ und $\varphi = \arctan2\,(y, x)$. Für die Startrichtung ξ bezogen auf die lokale Tetrade (13.37) folgt mit $\rho = 1$, $\vartheta = \pi/2$ und (13.38)

$$\underline{\mathbf{y}} \;\; = y^{(t)}\underline{\mathbf{e}}_{(t)} + \cos(\xi)\underline{\mathbf{e}}_{(r)} + \sin(\xi)\underline{\mathbf{e}}_{(\varphi)} \tag{16.1}$$

$$= y^{(t)}\underline{\mathbf{e}}_{(t)} + \cos(\xi)\sqrt{1 - \frac{r_s}{r}}\,\partial_r + \frac{\sin(\xi)}{r}\,\partial_\varphi. \tag{16.2}$$

Transformieren wir die Richtungsableitungen ∂_r und ∂_φ in kartesische Koordinaten, so folgt

$$\partial_r = \cos(\varphi)\partial_x + \sin(\varphi)\partial_y \quad \text{und} \quad \partial_\varphi = -r\sin(\varphi)\partial_x + r\cos(\varphi)\partial_y. \quad (16.3)$$

Setzen wir diese in (16.2) ein, sortieren nach ∂_x und ∂_y und fordern, dass die y-Komponente verschwinden soll, so erhalten wir für die Startrichtung ξ den Ausdruck

$$\xi = \pi + \arctan\left(-\sqrt{1 - \frac{r_s}{r}}\tan(\varphi)\right). \quad (16.4)$$

Dabei haben wir auch gleichzeitig berücksichtigt, dass der Lichtstrahl in negative x-Richtung starten soll.

In Abb. 16.1 gibt es für den Startort mit der konstanten Koordinate $x = 10r_s$ genau eine Koordinate y, für die sich der Lichtstrahl asymptotisch dem Photonenorbit nähert. Einsetzen von (13.41) in die Gl. (16.4) für den kritischen Beobachterwinkel liefert den Wert $y \approx 2{,}59$. Dieser Lichtstrahl definiert gleichzeitig den Schatten des Schwarzen Lochs. Für den Grenzfall $x \to \infty$ erhalten wir mit dem doppelten Wert von y den scheinbaren Durchmesser $D \approx 5{,}196r_s$ des Schattens.

Eine interaktive Software (*GeodesicViewer*) zur detaillierten Untersuchung, wie die Bahnen von licht- und zeitartigen Geodäten in einer Raumzeit verlaufen, ist in [18] beschrieben.

16.1.2 Einbettungsdiagramm

Damit wir uns ein Bild von der inneren Geometrie einer gekrümmten Raumzeit machen können, beschränken wir uns auf eine zweidimensionale Untermannigfaltigkeit der Raumzeit. Diese wollen wir in unseren gewohnten dreidimensionalen euklidischen Raum so einbetten, dass die innere Geometrie erhalten bleibt.

Im Fall der Schwarzschild-Metrik können wir uns aufgrund der sphärischen Symmetrie auf die ($\vartheta = \pi/2$)-Ebene zu einer festen Koordinatenzeit $t = $ const beschränken. Das Linienelement (13.16) reduziert sich dann mit $\mathrm{d}t = 0$ und $\mathrm{d}\vartheta = 0$ auf

$$\mathrm{d}\sigma_h^2 = \frac{\mathrm{d}r^2}{1 - r_s/r} + r^2\mathrm{d}\varphi^2. \quad (16.5)$$

Diese Hyperfläche können wir nun in den euklidischen Raum einbetten, der in Zylinderkoordinaten (r, φ, z) wie folgt geschrieben werden kann

$$\mathrm{d}\sigma_e^2 = \left[1 + \left(\frac{\mathrm{d}z}{\mathrm{d}r}\right)^2\right]\mathrm{d}r^2 + r^2\mathrm{d}\varphi^2. \quad (16.6)$$

Der direkte Vergleich zwischen $\mathrm{d}\sigma_h^2$ und $\mathrm{d}\sigma_e^2$ führt zur Einbettungsfunktion

$$z(r) = 2\sqrt{r_s}\sqrt{r - r_s}, \quad (16.7)$$

Abb. 16.2 Das
Flamm'sche Paraboloid
zeigt die Hyperfläche ($t =$
const, $\vartheta = \pi/2$) der
Schwarzschild-Metrik
(13.16) eingebettet in den
dreidimensionalen
euklidischen Raum

welche in Abb. 16.2 als Rotationsfläche dargestellt ist und auch als *Flamm'sches Paraboloid*[3] bezeichnet wird [5].

16.1.3 Penrose-Carter-Diagramm

Um die kausale Struktur einer Raumzeit und ihre asymptotischen Eigenschaften zu untersuchen, benötigen wir eine Transformation, die die gesamte Raumzeit auf einen endlichen Bereich abbildet (kompaktifiziert) und dabei die kausale Struktur erhält. Penrose [25] und Carter [3] fanden solch eine Transformation.

Minkowski-Raumzeit

Das *Penrose-Carter-Diagramm* für die Minkowski-Raumzeit erhält man mit Hilfe der Transformation von sphärischen Koordinaten (t, r, ϑ, φ) auf die *konform-kompaktifizierten Koordinaten* (ψ, ξ, ϑ, φ). So gilt

$$ct + r = \tan\left(\frac{\psi+\xi}{2}\right), \quad ct - r = \tan\left(\frac{\psi-\xi}{2}\right) \tag{16.8}$$

und die Umkehrtransformation führt auf

$$\begin{aligned}\psi &= \arctan(ct+r) + \arctan(ct-r) \quad \text{bzw.}\\ \xi &= \arctan(ct+r) - \arctan(ct-r).\end{aligned} \tag{16.9}$$

Das Linienelement $\mathrm{d}s^2 = -c^2\mathrm{d}t^2 + \mathrm{d}r^2 + r^2(\mathrm{d}\vartheta^2 + \sin^2(\vartheta)\mathrm{d}\varphi^2)$ der Minkowski-Metrik in sphärischen Koordinaten transformiert sich damit auf

$$\mathrm{d}s^2 = \mathcal{K}^2\mathrm{d}\tilde{s}^2 = \mathcal{K}^2\left[-\mathrm{d}\psi^2 + \mathrm{d}\xi^2 + \sin^2(\xi)\left(\mathrm{d}\vartheta^2 + \sin^2(\vartheta)\mathrm{d}\varphi^2\right)\right] \tag{16.10}$$

mit dem Konform-Faktor

$$\mathcal{K}^2 = \frac{1}{4}\left[\sec^2\left(\frac{\psi+\xi}{2}\right)\sec^2\left(\frac{\psi-\xi}{2}\right)\right]. \tag{16.11}$$

---

[3] Ludwig Flamm, 1885–1964, österreichischer Physiker.

Abb. 16.3 Penrose-Carter-Diagramm für die Minkowski-Raumzeit. Die *vertikalen Kurven* entsprechen Flächen mit konstantem Radius r, und die *gestrichelten Linien* repräsentieren Flächen konstanter Zeit t. Die Punkte $i^{\pm}$ und i^0 geben das zeitartig bzw. raumartig Unendliche an; $\mathscr{I}^{\pm}$ sind lichtartig unendlich. Die Gerade $\xi = 0$ entspricht $r = 0$

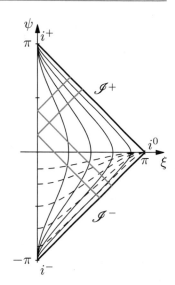

Da die kausale Struktur der Raumzeit unter konformen Transformationen erhalten bleibt, genügt es, wenn wir im Weiteren die kompaktifizierte Raumzeit, die durch das Linienelement $\mathrm{d}\tilde{s}^2$ beschrieben ist, untersuchen. Aufgrund der Transformation (16.8) sind die Koordinaten ψ und ξ eingeschränkt auf

$$-\pi < \psi + \xi < \pi, \quad -\pi < \psi - \xi < \pi, \, \xi > 0. \tag{16.12}$$

Abb. 16.3 zeigt das Penrose-Carter-Diagramm für eine Hyperfläche ($\vartheta = $ const, $\varphi = $ const). Geraden mit einer Steigung von $\pm 45°$ entsprechen Lichtstrahlen (Nullgeodäten). Zeitartige Kurven beginnen und enden in den Punkten $i^{\pm}$, wohingegen raumartige Kurven im Punkt i^0 enden. Lichtstrahlen beginnen oder enden in $\mathscr{I}^{\pm}$ (gesprochen: skrai). Die genaue Struktur dieser Randgebiete sind allerdings weder Punkte noch Geraden. Eine genauere Diskussion findet man z. B. in [6].

Schwarzschild-Raumzeit

Das Penrose-Carter-Diagramm für die Schwarzschild-Raumzeit erhalten wir auf analoge Weise wie für die Minkowski-Raumzeit. Ausgangspunkt ist die Kruskal-Metrik

$$\mathrm{d}s^2 = -\frac{4r_s^3}{r}\mathrm{e}^{r_s/r}\left(\mathrm{d}v^2 - \mathrm{d}u^2\right) + r^2\mathrm{d}\Omega^2. \tag{13.78}$$

Die Transformation auf konform-kompaktifizierte Koordinaten (ψ, ξ, ϑ, φ) erfolgt über

$$v = \frac{1}{2}\tan\left(\frac{\psi+\xi}{2}\right) + \frac{1}{2}\tan\left(\frac{\psi-\xi}{2}\right)$$

$$u = \frac{1}{2}\tan\left(\frac{\psi+\xi}{2}\right) - \frac{1}{2}\tan\left(\frac{\psi-\xi}{2}\right),$$

(16.13)

wobei zumindest $-\pi < \psi + \xi < \pi$ und $-\pi < \psi - \xi < \pi$ erfüllt sein muss. Das Linienelement ist dann gegeben durch

$$\mathrm{d}s^2 = \mathcal{K}^2\mathrm{d}\tilde{s}^2 = \mathcal{K}^2\left[-\frac{4r_s^3}{r}\mathrm{e}^{r_s/r}\left(\mathrm{d}\psi^2 - \mathrm{d}\xi^2\right) + \mathcal{K}^{-2}r^2\mathrm{d}\Omega^2\right]$$

(16.14)

mit dem Konform-Faktor $\mathcal{K}^2 = \left[\cos(\psi) + \cos(\xi)\right]^{-2}$. Um den Wertebereich für die neuen Koordinaten ψ und ξ zu ermitteln, setzen wir (16.13) in (13.76) ein und erhalten so

$$\left(\frac{r}{r_s} - 1\right)\mathrm{e}^{r/r_s} = u^2 - v^2 = \frac{\cos(\psi) - \cos(\xi)}{\cos(\psi) + \cos(\xi)}.$$

(16.15)

Die Singularität $r = 0$ ist folglich durch $\psi = \pi/2$ gegeben und der Horizont $r = r_s$ wird durch $\psi = \pm\xi$ repräsentiert (s. Abb. 16.4). Der Bereich ① ist der eigentliche Außenbereich des Schwarzen Lochs, und ② deckt den Bereich unterhalb des Horizonts bis zur Singularität ab. Der Bereich ④ entspräche einem weißen Loch und ③ stellt ein hypothetisches paralleles Universum dar.

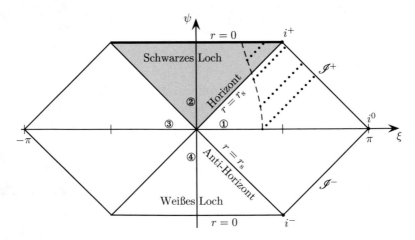

Abb. 16.4 Penrose-Carter-Diagramm für die Schwarzschild-Raumzeit. Die *gestrichelte Linie* ist eine beliebige zeitartige Geodäte. Die *gepunkteten Linien* entsprechen Lichtstrahlen, die von der jeweiligen aktuellen Position der zeitartigen Geodäten emittiert werden und radial nach außen laufen

16.2   Allgemein-relativistisches Ray Tracing

Da Licht sich entlang von lichtartigen Geodäten ausbreitet, basiert die Berechnung dessen, was ein Beobachter sehen würde, auf der Rückverfolgung dieser Geodäten vom Beobachter zum lichtemittierenden Objekt. Die Standardmethode der allgemein-relativistischen Visualisierung ist daher das vierdimensionale *ray tracing*.

Ausgangspunkt der Berechnung ist ein Beobachter mit seinem lokalen Bezugssystem, welches durch eine lokale Tetrade repräsentiert wird. Abhängig vom jeweiligen Kamerasystem (s. Abschn. 9.1.1), werden dann pro Bildpixel einzelne Lichtstrahlen gestartet und entlang lichtartiger Geodäten rückwärts in der Zeit integriert. Die Integration erfolgt solange, bis eines der folgenden Kriterien erfüllt ist: Entweder trifft der Lichtstrahl auf ein Objekt oder er erreicht ein Gebiet, das nicht mehr interessiert oder wo der Lichtstrahl nicht mehr gültig ist. Dies kann zum Beispiel der Horizont eines Schwarzen Lochs sein. Da ein Lichtstrahl unter Umständen auch unendlich lange unterwegs sein kann, wie etwa entlang des Photonenorbits um ein Schwarzes Loch, sollte die Integration entsprechend abgebrochen werden. Ein weiteres Kriterium, das insbesondere bei der numerischen Berechnung zum Tragen kommt, ist die Gültigkeit des Lichtstrahls an sich, welche durch die Zwangsbedingung (11.135) an die Geodäte getestet werden kann.

Das vierdimensionale allgemein-relativistische *ray tracing* ist aufgrund seiner teuren Berechnung der Geodäten und der Schnittberechnung mit den Objekten einer Szene sehr zeitaufwendig. Da aber ein Lichtstrahl, der für einen Bildpixel verantwortlich ist, unabhängig von jedem anderen Lichtstrahl ist, kann die Methode trivial parallelisiert werden. Dies kann entweder mittels einer *Message Passing Interface* (MPI)-Implementierung auf einem CPU-Cluster oder auf Grafikhardware (GPU) durchgeführt werden.

In den folgenden Beispielen verwenden wir, wie im Fall der SRT, den Ray-Tracing-Code *GeoViS* [19] und beschränken uns auf geometrische Verzerrungen. Es gibt jedoch inzwischen auch zahlreiche andere, frei zugängliche Codes, wie z. B. *GYOTO* [28], *GRay* [4], *ARCMANCER* [30] oder auf bestimmte Raumzeiten spezialisierte Codes wie *GRTRANS* [31] oder [26, 29].

Die zum Teil etwas krummen Zahlen beim Sichtfeld des Beobachters rühren daher, dass wir die Bildauflösung auf das Seitenformat $\rho = 16/9$ festgelegt haben. Bei der Verwendung einer Lochkamera müssen wir deshalb den horizontalen bzw. vertikalen Sichtwinkel entsprechend der Gleichung

$$\rho = \frac{\mathrm{res}_h}{\mathrm{res}_v} = \frac{\tan(\mathrm{fov}_h/2)}{\tan(\mathrm{fov}_v/2)} \tag{16.16}$$

bestimmen, siehe dazu auch Abschn. 9.1.1, wo wir die verschiedenen Kameramodelle vorstellen.

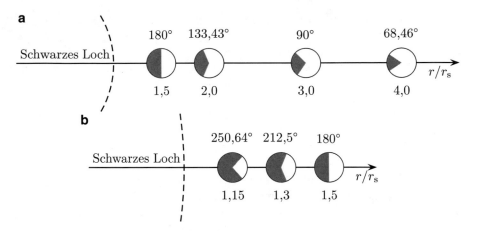

Abb. 16.5 Je näher ein Beobachter am Ereignishorizont ruht, desto größer wird der Anteil am Blickfeld, den das Schwarze Loch einnimmt. Am Ereignishorizont schrumpft das gesamte sichtbare Universum schließlich auf einen Punkt zusammen. (**a**) Raumwinkel für Entfernungen außerhalb des Photonenorbits, (**b**) Raumwinkel für Entfernungen innerhalb des Photonenorbits

16.2.1 Schatten eines Schwarzen Lochs

Im Frühjahr 2019 präsentierten die Forscher der „Event Horizon Telescope"-Kollaboration das erste „Bild" eines Schwarzen Lochs (Abschn. 14.4.2, Abb. 14.6), das sich im Zentrum der Galaxie M87 befindet. Wie erwartet, zeigt sich der Schatten als dunkle Scheibe inmitten eines Rings aus heißem Gas und Plasma.

Im idealisierten Fall eines Schwarzschild'schen Schwarzen Lochs, lässt sich der scheinbare Winkeldurchmesser 2ξ in Abhängigkeit von der Beobachterposition r_{beob} skaliert durch den Schwarzschild-Radius r_{s} aus

$$\xi = \arcsin\left[\sqrt{\frac{27}{4}\frac{r_{\text{s}}^2}{r_{\text{beob}}^2}\left(1-\frac{r_{\text{s}}}{r_{\text{beob}}}\right)}\right] \tag{16.17}$$

(s. (13.41)) berechnen. Dieser Winkel entspricht genau demjenigen Lichtstrahl, der sich asymptotisch dem Photonenorbit nähert. Abb. 16.5 zeigt den scheinbaren Winkeldurchmesser für verschiedene skalierte Beobachterpositionen. Dabei entsprechen die grauen Kreissegmente den Sichtwinkeln der Geodäten, die, verfolgen wir sie rückwärts in der Zeit, auf das Schwarze Loch treffen. Je näher der Beobachter am Schwarzen Loch ist, desto größer erscheint ihm dieses. Am Ort des Photonenorbits, bei $r_{\text{po}} = 3r_{\text{s}}/2$, ist bereits 50% des gesamten Himmels schwarz. Nähert sich der Beobachter immer weiter dem Ereignishorizont, so schrumpft das gesamte sichtbare Universum schließlich bis auf einen Punkt zusammen.

Abb. 16.6 zeigt den „Schatten" eines Schwarzen Lochs unterschiedlicher Masse vor dem Hintergrund des Milchstraßenpanoramas. Der Beobachter befindet sich bei $r_{\text{beob}} = 30r_{\text{s}}$ und blickt direkt auf das Schwarze Loch. Nach (16.17) hat es für ihn einen Winkeldurchmesser von $\xi \approx 4{,}93°$ bzw. $2\xi \approx 9{,}77°$. Den Hintergrund simulie-

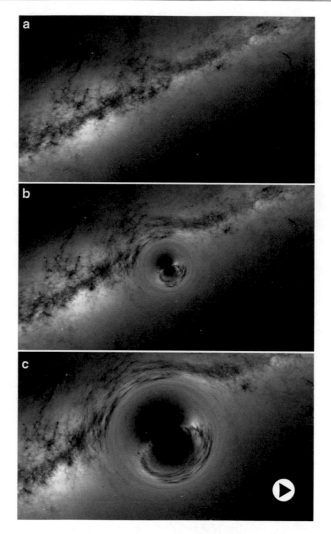

Abb. 16.6 Schatten eines Schwarzen Lochs; die Lochkamera hat einen Sichtbereich von 79,3° × 50°. (**a**) Bild der Milchstraße im flachen Raum. (**b**) Bild der Milchstraße mit Schwarzem Loch ($M = 0{,}25$) im Vordergrund. (**c**) Bild der Milchstraße mit Schwarzem Loch ($M = 1$) im Vordergrund. Milchstraßenpanorama: ESA/Gaia/DPAC, CC BY-SA 3.0 IGO (▶ https://doi.org/10.1007/000-31x)

ren wir durch eine Kugel mit dem Radius $R = 5000\ r_s$ auf deren Innenseite wir das Milchstraßenpanorama anheften.

Beim Ray-Tracing-Verfahren wird nun für jeden einzelnen Bildpunkt der zugehörige Lichtstrahl numerisch integriert. Wird dieser vom Schwarzen Loch „eingefangen" oder überschreitet die Integration eine festgelegte Anzahl an Integrationsschritten, so weist man dem Bildpunkt einen schwarzen Wert zu. Gelangt der Lichtstrahl jedoch bis zur Hintergrundkugel, so kann der entsprechende Farbwert der Textur dem Bildpunkt zugewiesen werden. Bis auf numerische Ungenauigkeiten zeichnet sich so eine bildpunktgenaue Darstellung des Schattens eines Scharzen Lochs ab.

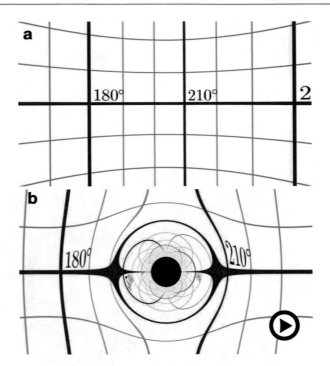

Abb. 16.7 Schatten eines Schwarzen Lochs; die Lochkamera hat einen Sichtbereich von 79,3° ×
50°. Der Hintergrund ist ein Gradnetz. (**a**) unverzerrt, (**b**) Schwarzschild-Loch (M = 1)
(▶ https://doi.org/10.1007/000-31y)

Abb. 16.7 zeigt eine ähnliche Situation, wobei das Milchstraßenpanorama durch
ein Gitternetz mit Längen- und Breitengradlinien ersetzt wurde. Hier sieht man sehr
deutlich anhand der Gradzahlen, dass die Lichtablenkung durch das Schwarze Loch
zu einer Art Punktspiegelung führt, und wie die blaue Äquatorlinie zu einem
Einstein-Ring verbogen wird (s. Abschn. 13.2.8).

In Abb. 16.8b vergrößern wir den Bereich um das Schwarze Loch und verwenden
die Hintergrundtextur aus Abb. 16.8a, die wieder in Form einer Rektangularprojek-
tion (Plattkarte) den gesamten 4π-Himmelsbereich (Hintergrundkugel) darstellt.
Man beachte, dass, wie bereits in Abb. 9.5 gezeigt, wenn man die Textur auf eine
Kugel projiziert, die obere Kante der Textur dem Nordpol und die untere Kante dem
Südpol entspricht.

Die extreme Lichtablenkung in der Nähe des Schwarzen Lochs wird nochmal
besonders deutlich, wenn man sich die verzerrte Hintergrundtextur genauer anschaut. In Blickrichtung des Beobachters, und damit hinter dem Schwarzen Loch,
liegt der türkis-blaue Bereich der Textur. Der rötliche Ring knapp außerhalb des
Schattens entsteht durch Lichtstrahlen, welche hinter dem Beobachter die Hintergrundtextur verlassen und einmal das Schwarze Loch umrundet haben, bevor sie bei
ihm eintreffen. Aber nicht nur der rötliche Bereich ist zu sehen, sondern der gesamte
Farbverlauf der Hintergrundtextur ist scheinbar ringförmig um das Schwarze Loch

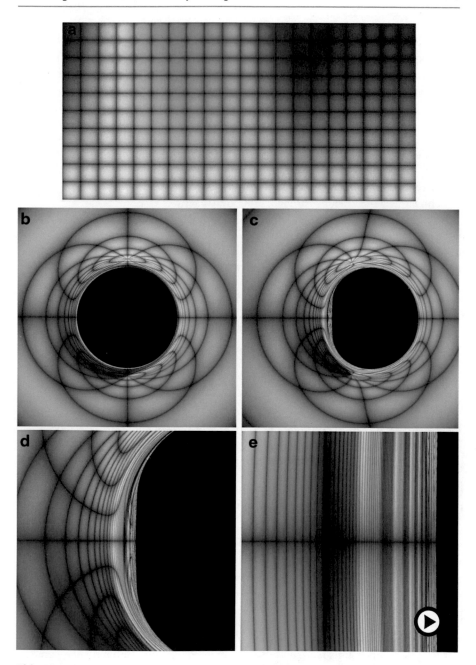

Abb. 16.8 Schatten eines Kerr-Schwarzen Lochs; (**a**) Hintergrundtextur, (**b**) Rotationsparameter $a = 0$, (**c-e**) Rotationsparameter $a = 1$; (**b, c**) Sichtwinkel fov = 25°, (**d**) Sichtwinkel fov = 10°, (**e**) Sichtwinkel fov = 1° (▶ https://doi.org/10.1007/000-31z)

abgebildet. Zudem erscheint der Nordpol der Hintergrundkugel unterhalb und der Südpol oberhalb des Schattens.

Gehen wir nun über zur Kerr-Raumzeit, beschrieben durch die Metrik (14.1), und setzen den Drehimpulsparameter zunächst auf $a = 0$, so erhalten wir erwartungsgemäß dasselbe Bild wie in Abb. 16.8b. Erhöhen wir nun langsam den Drehimpulsparameter, so erscheint der Schatten zunehmend asymmetrischer. Qualitativ lässt sich das leicht einsehen, da sich Lichtstrahlen nun entweder mit oder gegen die Rotation der Raumzeit bewegen und dadurch unterschiedlich abgelenkt werden. Innerhalb der $\vartheta = \pi/2$-Ebene hatten wir die Lichtstrahlen, welche den Schatten begrenzen, bereits in Abschn. 14.3.1 berechnet. Lichtstrahlen, die nicht in dieser Ebene verbleiben, folgen jedoch sehr komplizierten Bahnen, was die analytische Berechnung der Begrenzungsstrahlen erheblich erschwert.

Abb. 16.8c zeigt den Schatten und die verzerrte Hintergrundtextur für ein maximal rotierendes Kerr-Schwarzes Lochs mit $a = 1$. Auch hier ist der gesamte Farbverlauf ähnlich ringförmig verzerrt, jedoch liegen die beiden Pole nicht mehr symmetrisch oberhalb und unterhalb des Schattens sondern sind etwas nach links verschoben. Die Abb. 16.8d, e vergrößern den linken Rand des Schattens und man sieht sehr deutlich, dass sich der Farbverlauf der Hintergrundtextur mehrfach in immer kleiner werdenden Intervallen wiederholt. Das bedeutet aber, dass der gesamte 4π-Hintergrund sich mehrfach wiederholend ringförmig zeigt und man sich als Beobachter selbst prinzipiell mehrfach sehen könnte. Ursache für die Mehrfachbilder sind Lichtstrahlen, die mehrfach das Schwarze Loch umkreisen, bevor sie zum Beobachter gelangen.

16.2.2 Fall auf ein Schwarzes Loch

In Abschn. 13.3.1 haben wir bereits den freien Fall eines Beobachters in ein Schwarzschild-Loch diskutiert. Hier wollen wir uns anschauen, was dieser Beobachter bei seinem Fall sehen würde. Doch zunächst soll unser Beobachter sich dem Schwarzen Loch quasistatisch nähern, was so viel bedeutet wie, dass seine Annäherungsgeschwindigkeit sehr viel kleiner als die Lichtgeschwindigkeit ist. Das können wir aber damit gleichsetzen, dass der Beobachter jeweils an seiner Position ruht.

Abb. 16.9 zeigt die Sicht des quasistatischen Beobachters für verschiedene Positionen r, aufgenommen mit einer Panoramakamera, die ein Sichtfeld von $360° \times 90°$ abdeckt. Die Hauptblickrichtung ist dabei stets auf das Schwarze Loch gerichtet. Befindet sich der Beobachter bei $r = 8r_s$, so sieht er das Schwarze Loch im Wesentlichen noch komplett vor sich. Je näher er dem Schwarzschild-Radius kommt, desto größer erscheint das Schwarze Loch und füllt nahezu sein gesamtes Sichtfeld aus. Der Rest des Universums ist dann nur noch in einem kleinen Bereich entgegen der Richtung zum Schwarzen Loch zu sehen, und im Grenzfall $r \to r_s$ scheint es komplett in einem Punkt zu verschwinden.

Die notwendige Beschleunigung, um am jeweiligen Ort in Ruhe zu bleiben, können wir wie folgt berechnen. Ausgangspunkt ist die Vierergeschwindigkeit $\underline{u} = u' \partial_t$, die nur eine zeitliche Komponente besitzen kann, da der Beobachter sich in Ruhe befinden soll. Aus der Normierungsbedingung (11.134) folgt für diese

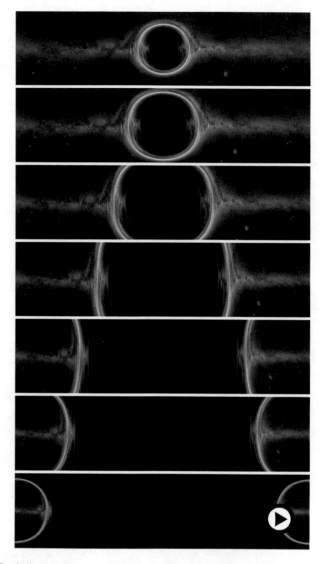

Abb. 16.9 Statische Annäherung an ein Schwarzes Loch mit dem Milchstraßenpanorama als Hintergrund; Abstand (von *oben* nach *unten*): $r_i/r_s = 8{,}0,\ 5{,}0,\ 3{,}0,\ 2{,}0,\ 1{,}5,\ 1{,}3$ und $1{,}1$. Das Sichtfeld der Panoramakamera ist $360° \times 90°$. (Milchstraßenpanorama: ©ESO/S. Brunier) (▶ https://doi.org/10.1007/000-31w)

$u^t = 1/\sqrt{1 - r_s/r_{\text{beob}}}$. Da es sich hier um eine nichtgeodätische „Bewegung" handelt, müssen wir den Fermi-Walker-Transport aus Abschn. 11.4.3 zu Hilfe nehmen. Allerdings genügt es hier, die Vierergeschwindigkeit in die Viererbeschleunigung (11.140) einzusetzen. Als einzige nichtverschwindende Komponente erhalten wir die radiale Viererbeschleunigung $a^r = r_s/(2r_{\text{beob}}^2)$. Diese müssen wir noch in das lokale Bezugssystem des Beobachters transformieren (s. (13.37) und (11.48)) und erhalten so die Beschleunigung

$$a^{(r)} = \frac{c^2 r_{\mathrm{s}}}{2 r_{\mathrm{beob}}^2 \sqrt{1 - r_{\mathrm{s}}/r_{\mathrm{beob}}}}, \tag{16.18}$$

die der Beobachter aufwenden muss, um an seinem Ort zu bleiben. Im Grenzfall $r_{\mathrm{beob}} \rightarrow r_{\mathrm{s}}$ geht die Beschleunigung gegen unendlich, was einen statischen Beobachter direkt auf dem Horizont unmöglich macht.

Abb. 16.10 zeigt die Sicht des oben beschriebenen freifallenden Beobachters. Seine aktuelle Position $r(\tau)$ zur Eigenzeit τ ist implizit durch (13.57) beschrieben. Um seine Sicht mit der des quasistatischen Beobachters besser vergleichen zu können, sind in Abb. 16.10 die gleichen radialen Positionen gewählt wie in Abb. 16.9.

Abb. 16.10 Annäherung an ein Schwarzes Loch im freien Fall mit dem Milchstraßenpanorama als Hintergrund; Abstand (von *oben* nach *unten*): $r_i/r_{\mathrm{s}} =$ 8,0, 5,0, 3,0, 2,0, 1,5, 1,3 und 1,1. Diese entsprechen den Abständen aus Abb. 16.9. Darstellung mit Panoramakamera mit Sichtfeld $360° \times 90°$. (Milchstraßenpanorama: ©ESO/S. Brunier)

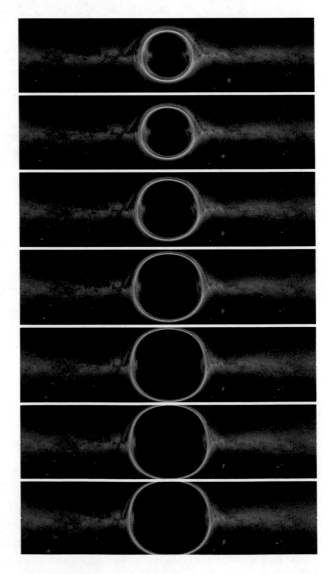

Da sich beide Beobachter jeweils an der gleichen Stelle befinden, ist die lokale Geometrie der Raumzeit dieselbe. Ihre Sicht auf das Schwarze Loch unterscheidet sich also nur durch ihre momentane Geschwindigkeit und die dadurch hervorgerufene speziell-relativistische Aberration. Für einen Beobachter, der bei $r = R > r_s$ aus der Ruhe heraus startet, ist dessen Geschwindigkeit β bezogen auf die lokale Tetrade (13.37) eines statischen Beobachters an der gleichen Stelle, gegeben durch

$$\beta = \sqrt{\frac{r_s/r - r_s/R}{1 - r_s/R}}, \qquad (16.19)$$

(s. z. B. [16] oder Aufgabe 13.6.3). Egal wo der fallende Beobachter startet, seine Geschwindigkeit geht im Grenzfall immer gegen die Lichtgeschwindigkeit. Allerdings ist dieser Grenzfall mit Vorsicht zu betrachten, da wir bei $r = r_s$ keinen statischen Beobachter mehr platzieren und so die Geschwindigkeit dort auch nicht messen können. Nichtsdestotrotz hebt der starke Aberrationseffekt aufgrund der sehr hohen Geschwindigkeit die starke Lichtablenkung nahe des Horizonts fast wieder auf. Welcher Effekt bei welchen Voraussetzungen überwiegt, ist in [16] ausführlich diskutiert.

16.2.3 Stern auf Kreisorbit um Schwarzes Loch

Die in Abschn. 13.3 besprochenen visuellen Effekte innerhalb der Schwarzschild-Raumzeit kommen insbesondere bei der Beobachtung eines Sterns, der um ein Schwarzes Loch kreist, zum Tragen. Dieser soll sich auf dem letzten stabilen Orbit, $r_\star = 3r_s$, bewegen und einen Radius von $R = 0{,}25r_s$ haben. Wie wir bereits aus Abschn. 13.4.5 wissen, unterliegt er dort einer geodätischen Präzession, weshalb er sich nach einem vollen Umlauf um etwa $105{,}44°$ gedreht hat. Der Beobachter wiederum soll sich bei $r = 15r_s$ befinden. Eine detaillierte Diskussion findet man in [17].

Fixierter Stern

Bevor wir den Stern kreisen lassen, wollen wir uns zuerst veranschaulichen, was ein entfernter Beobachter sehen würde, wenn der Stern an einem Ort fixiert wäre. Abb. 16.11 zeigt den Stern und einige Lichtstrahlen, die zum Beobachter gelangen. Prinzipiell sieht der Beobachter eine unendliche Anzahl an Sternen, wobei die Blickwinkel ξ_i zum Zentrum des Schwarzen Lochs immer kleiner werden und sich sehr rasch dem kritischen Winkel ξ_{krit} annähern. Dieser ist definiert über den Lichtstrahl, der sich, ausgesandt vom Beobachter, dem Photonenorbit $r_{po} = 3r_s/2$ asymptotisch nähert (s. (13.41)). Den Index $i = \{1, 2, \dots\}$ des Blickwinkels wollen wir auch als *Ordnung* des Bildes des Sterns bezeichnen. Mit zunehmender Ordnung des Bildes werden die Winkeldurchmesser $\Delta\xi_i$, unter denen der Stern sichtbar ist, sehr rasch sehr klein, weshalb höhere Ordnungen eine extrem hohe Auflösung der Kamera benötigen würden.

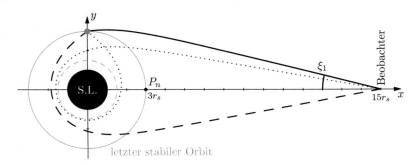

Abb. 16.11 Der Beobachter sieht den Stern, der am Ort ($r_\star = r_{lso}$, $\varphi = 90°$) fixiert sei, unter den Winkeln $\xi_1 = 13{,}5°$, $\xi_2 = -10{,}074°$ und $\xi_3 = 9{,}6513°$. Der kritische Orbit ist gegeben durch $\xi_{krit} \approx 9{,}632732°$. Der *gestrichelte innere Kreis* entspricht dem Photonenorbit

Kreisender Stern

Kehren wir zurück zum eigentlich interessanten Fall eines um das Schwarze Loch kreisenden Sterns. Um sich klar zu machen, wo der Stern einem entfernten Beobachter zu dessen Beobachtungszeit erscheint, müssen wir zuerst für jeden Punkt der Bahn die Lichtlaufzeit $\Delta t_\varphi(3r_s, 15r_s)$ zum Beobachter berechnen.

Auf analytischem Weg können wir die Lichtlaufzeit $\Delta t_{\varphi=0}(3r_s, 15r_s)$ vom dem Beobachter nächstgelegenen Punkt P_n des Orbits zum Beobachter mit Hilfe von (13.28) unmittelbar berechnen. In unserem Fall ergibt sich $\Delta t_{\varphi=0}(3r_s, 15r_s) = (12 + \ln(7)) r_s/c \approx 13{,}946\, r_s/c$. Die Beobachtungszeit t_{beob} soll nun so gewählt werden, dass der Stern, der zur Zeit $t = 0$ den beobachternächsten Punkt passiert, genau dort gesehen wird. Dann muss aber $t_{beob} = \Delta t_{\varphi=0}(3r_s, 15r_s)$ sein.

Die Lichtlaufzeit zu den anderen Punkten der Bahn bestimmen wir durch numerische Integration der Geodätengleichungen (13.29), wobei wir uns auf die ($\vartheta = \pi/2$)-Ebene beschränken können. Hierzu verwenden wir die *Motion4D*-Bibliothek aus [22]. Da Licht teilweise mehrfach um das Schwarze Loch kreisen kann, bevor es beim Beobachter ankommt, müssen wir die Bahnpositionen ($r = 3r_s$, φ) ebenfalls mehrfach durchlaufen. Für das hiesige Beispiel berechnen wir Δt_φ für $\varphi \in [-720°, 720°]$. Ausgangspunkt für die Integration ist die Beobachterposition ($t = t_{beob}$, $r = 15r_s$, $\vartheta = \pi/2$, $\varphi = 0$). Bezogen auf die lokale Tetrade (13.37) an dieser Position sind die Startrichtungen der Lichtstrahlen gegeben durch $\mathbf{y} = -\underline{\mathbf{e}}_{(t)} - \cos(\xi)\underline{\mathbf{e}}_{(r)} + \sin(\xi)\underline{\mathbf{e}}_{(\varphi)}$. Die Schnittpunkte der lichtartigen Geodäten liefern die Emissionszeiten t_e und die zugehörigen Bahnpositionen φ_e. Diese tragen wir in ein φ-t-Diagramm ein (s. Abb. 16.12). Dabei ist t_e, mit einem gewissen Offset, als radiale Koordinate über dem Bahnparameter (Polarwinkel) φ aufgetragen (graue Linie).

Der schwarze Kreis zeigt lediglich die Beobachterzeit t_{beob} an und die gestrichelte Kurve repräsentiert die Kreisbewegung des Sterns. Diese ist gegeben durch

$$\varphi(t) = \Omega t \quad \text{mit} \quad \Omega^2 = \frac{c^2 r_s}{2 r_{lso}^3} = \frac{c^2}{54 r_s^2} \tag{16.20}$$

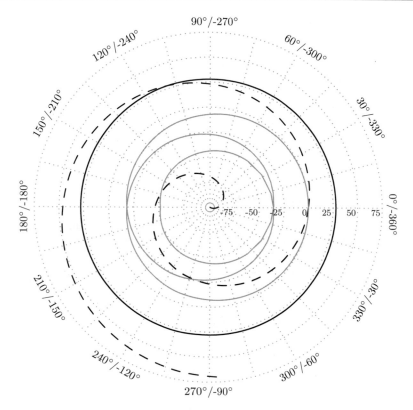

Abb. 16.12 Das φ-t-Diagramm zeigt die Emissionszeiten t für die jeweilige Position φ an, bei denen Licht emittiert werden muss, damit es beim Beobachter zu dessen Beobachtungszeit ankommt (*graue Linie*). Der *schwarze Kreis* gibt lediglich die Beobachtungszeit $t_{\text{beob}} \approx 13{,}946 r_s/c$ für $r_s/c = 2$ an. Die Schnittpunkte zwischen der zeitartigen Geodäten (*schwarz-gestrichelte Linie*) und den Emissionszeiten ergeben die scheinbaren Positionen φ_e des Sterns

(s. Abschn. 13.2.7). Der Schnitt zwischen dem „Kreis der Beobachterzeit" und der Bahn des Sterns gibt die tatsächliche Position des Sterns wieder. Die Schnittpunkte zwischen der Bahn des Sterns und den Emissionszeiten liefern die scheinbaren Positionen des Sterns zur Beobachtungszeit. In unserem Beispiel sieht der Beobachter den Stern nicht nur unter dem Winkel $\xi_1 = 0°$, sondern auch unter den Winkeln $\xi_2 = 10{,}177°$, $\xi_3 = 9{,}6379°$ und $\xi_4 = -9{,}6356°$ (s. Abb. 16.13).

Abb. 16.14 zeigt einige Einzelbilder aus einer Sequenz von insgesamt 370 Bildern. Das oberste Bild der Reihe stellt die oben diskutierte Beobachtungszeit $t_{\text{beob}} \approx 13{,}946 r_s/c$ dar. Wie konstruiert erscheint der Stern direkt in Sichtrichtung mit einem Winkeldurchmesser $\Delta\xi_1 \approx 2{,}31°$. Rechts daneben erkennt man noch schwach das Bild zweiter Ordnung beim Beobachtungswinkel ξ_2 und einem Winkeldurchmesser von etwa $\Delta\xi_2 \approx 0{,}154°$. Die Bilder dritter und vierter Ordnung bei den Beobachtungswinkeln ξ_3 und ξ_4 sind jedoch aufgrund ihrer geringen Winkeldurchmesser von $\Delta\xi_3 \approx 0{,}00137°$ und $\Delta\xi_4 \approx 0{,}00076°$ nicht mehr zu erkennen.

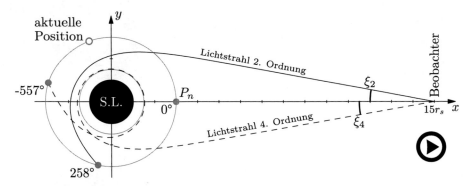

Abb. 16.13 Die *ausgefüllten Punkte* mit den zugehörigen Winkeln geben die jeweilige Position des Sterns wieder, an der er Licht emittieren muss, damit dieses beim Beobachter zur Zeit t_{beob} ankommt. Die „aktuelle Position" des Sterns ist seine Position zur Beobachtungszeit. Der besseren Übersicht halber sind nur die Geodäten für die Beobachterwinkel ξ_2 und ξ_4 eingetragen (▶ https://doi.org/10.1007/000-321)

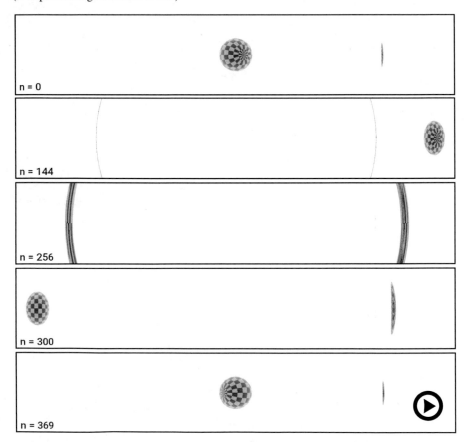

Abb. 16.14 Ein Stern mit Radius $R = 0{,}25 r_s$ kreist um ein Schwarzes Loch auf dem letzten stabilen Orbit, $r_{iso} = 3 r_s$. Der Beobachter sitzt am Ort $r_{beob} = 15 r_s$ und schaut mit einer Kamera in Richtung des Schwarzen Lochs, welches sich jeweils in der Bildmitte befinde. Seine Beobachtungszeiten sind (von *oben* nach *unten*): $ct/r_s = 27{,}892 + 0{,}25 \cdot n$ mit $n = \{0, 144, 256, 300, 369\}$. Das *unterste Bild* entspricht ungefähr der Zeit für einen vollständigen Umlauf (▶ https://doi.org/10.1007/000-322)

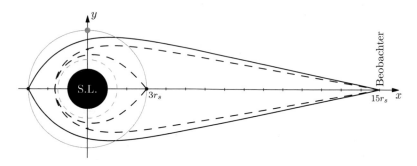

Abb. 16.15 Einstein-Ringe entstehen, wenn sich ein Objekt, hier der Stern, auf der Achse „Beobachter–Schwarzes Loch" befindet. Die durchgezogenen Linien ergeben den Einstein-Ring erster Ordnung (vgl. Abb. 16.14, $n = 256$), und die *gestrichelten Linien* ergeben den Einstein-Ring zweiter Ordnung (vgl. Abb. 16.14, $n = 144$)

In Bild zwei ($n = 144$) und drei ($n = 256$) erkennt man einen dünnen und einen sehr ausgeprägten Einstein-Ring. Diese kommen zustande, wenn sich der Stern auf der Achse „Beobachter–Schwarzes Loch" befindet (s. Abb. 16.15). In Bild ($n = 300$) kommt der Stern links auf den Beobachter zu, während er auf der rechten Seite sich vom Beobachter weg bewegt. Im letzten Bild ($n = 369$) hat der Stern einen vollen Umlauf hinter sich und hat sich dabei, aufgrund der geodätischen Präzession, um etwa $105{,}44°$ gedreht.

Abb. 16.15 zeigt die lichtartigen Geodäten, die zu einem Einstein-Ring erster bzw. zweiter Ordnung führen. Aufgrund der sphärischen Symmetrie der Schwarzschild-Raumzeit kann man die Abbildung um die x-Achse rotieren, und erhält so die Ringstruktur. Die zugehörigen Beobachtungswinkel lauten $\xi_1 \approx 11{,}649°$ und $\xi_2 \approx 9{,}72282°$.

Die Ordnung der Einstein-Ringe weicht hier ab von der Definition in Abschn. 13.2.8. Im hiesigen Fall haben wir ein Objekt, welches die Verbindungslinie „Beobachter–Schwarzes Loch" vor und hinter dem Schwarzen Loch überquert, welche entsprechend durchnummeriert werden.

Wie man Einstein-Ringe eventuell einmal dazu verwenden kann, die Distanz zu einem Schwarzschild'schen Schwarzen Loch zu bestimmen, ist in [14] beschrieben.

16.2.4 Akkretionsscheibe

Stürzt Materie auf ein Schwarzes Loch, so bildet sich in der Regel eine Akkretionsscheibe. Deren Erscheinungsbild wurde bereits in verschiedenen Arbeiten diskutiert (s. z. B. [1, 7, 12, 24]).

Wir wollen hier eine beliebig dünne Scheibe um ein Schwarzschild-Loch platzieren und die Auswirkungen der Lichtablenkung untersuchen. Der innere Rand der Scheibe soll durch den letzten stabilen Orbit $r_{min} = 3r_s$ in der Schwarzschild-Raumzeit definiert sein, und den äußeren Rand setzen wir willkürlich auf $r_{max} = 7r_s$ fest. Bezogen auf die Normale der ($\vartheta = \pi/2$)-Ebene ist die Scheibe um $\iota = 10°$ in Richtung Beobachter, der sich bei $r_{\text{beob}} = 30r_{\text{s}}$ befindet, geneigt.

Abb. 16.16 zeigt die Akkretionsscheibe aus der Sicht des Beobachters für einen Inklinationswinkel $\iota = 10°$. Aufgrund der Lichtablenkung in der Nähe des Schwarzen Lochs, sieht der Beobachter die Scheibe jedoch verzerrt und sogar mehrfach.

Der Bereich der Scheibe, der sich hinter dem Schwarzen Loch befindet und eigentlich gar nicht sichtbar sein sollte, erscheint als „Bogen" oberhalb des Schwarzen Lochs. Allerdings ist die hintere Seite der Scheibe auch noch zusätzlich als „Bogen" unterhalb des Schwarzen Lochs zu sehen. Um dies zu verstehen, sind in Abb. 16.17 einige Lichtstrahlen gezeigt, die zum Beobachter gelangen. Der Strahl ① ist für den oberen Bogen verantwortlich. Der Strahl ② erklärt, dass der untere Bogen die hinten liegende Unterseite der Scheibe darstellt. Neben diesen primären Strahlen, gibt es jedoch auch sekundäre Strahlen, die sich zunächst vom Beobachter entfernen, um das Schwarze Loch laufen und erst dann zum Beobachter gelangen. So zeigt Strahl ③ die vorn liegende Unterseite der Scheibe und Strahl ④ die entsprechende Oberseite. In Abb. 16.16 ergibt das die beiden dünnen Bögen direkt um

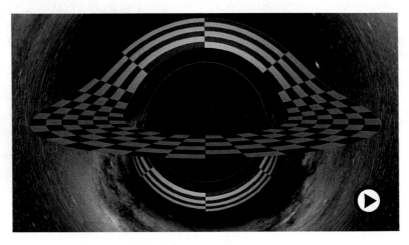

Abb. 16.16 Akkretionsscheibe aus Sicht des Beobachters, dessen Kamera ein Sichtfeld von $31{,}45° \times 18°$ abdeckt (▶ https://doi.org/10.1007/000-323)

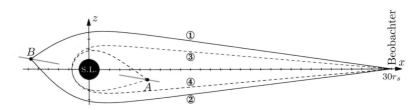

Abb. 16.17 Akkretionsscheibe um ein Schwarzes Loch. Die zwei grauen Balken kennzeichnen den Querschnitt der Scheibe mit dem inneren Radius $r_{\text{min}} = 3r_{\text{s}}$ und dem äußeren Radius $r_{\text{max}} = 7r_{\text{s}}$ und dem Inklinationswinkel $\iota = 10°$ zur z-Achse. Die beiden Punkte auf der Scheibe markieren einen Ring mit Radius $r_{\text{ring}} \approx 5{,}81r_{\text{s}}$

das Schwarze Loch. Besäße die Beobachterkamera eine noch höhere Auflösung, so würde man auch noch weitere Bögen sehen, die sich asymptotisch dem scheinbaren Rand des Schwarzen Lochs näherten. Diese Bögen entstünden aus Lichtstrahlen, die mehrfach um das Schwarze Loch laufen würden, bevor sie zum Beobachter gelängen. Im Prinzip gibt es eine unendliche Anzahl an „Spiegelbildern" der Akkretionsscheibe.

Abb. 16.16 zeigt nur die geometrische Verzerrung der Akkretionsscheibe. Um eine einigermaßen realistische Darstellung zu erhalten, muss jedoch auch die Bewegung der Scheibe und die daraus resultierende Dopplerverschiebung, die gravitative Frequenzverschiebung, der Gravitationslinseneffekt und das Strahlungsverhalten der Scheibenmaterie berücksichtigt werden. Eine interaktive Visualisierung der Akkretionsscheibe, die einige dieser Effekte berücksichtigt, ist in [21] beschrieben.

16.3   Interaktive Visualisierung in der ART

Um ein tieferes Verständnis von der inneren Geometrie und den Vorgängen in einer gekrümmten Raumzeit aus der Ich-Perspektive zu erhalten, ist es hilfreich, wenn man sich frei umher bewegen kann. Die Berechnung einer allgemein-relativistischen Szene mittels *ray tracing* ist dafür jedoch noch zu zeitaufwendig.

Wir wollen hier nur einen kleinen Ausblick auf mögliche Techniken geben, die die Visualisierung in der ART deutlich beschleunigen können. Dies geschieht einerseits durch massive Parallelisierung und andererseits durch den Einsatz analytischer Lösungen für die Geodätengleichung.

16.3.1   Massive Parallelisierung via CPU- oder GPU-Cluster

Wie bereits zu Beginn des Abschn. 16.2 erwähnt, ist das allgemein-relativistische *ray tracing* sehr einfach zu parallelisieren, da jeder Lichtstrahl separat behandelt werden kann. Heutige Einzelplatzrechner haben in der Regel einen Multikern-Prozessor verbaut, der bereits mehrere Ausführungsstränge (engl. *threads*) parallel bearbeiten kann. Dennoch kann die Berechnung eines einzelnen Bildes bei einer WUXGA-Bildschirmauflösung von 1920 × 1200 Pixeln und wenigen Szeneobjekten mehrere Minuten benötigen. Um diese Zeit zu verkürzen, bietet sich die Parallelisierung auf einem großen CPU-Cluster an. Eine andere Möglichkeit besteht in der Verwendung der parallelen Rechenarchitektur der Grafikhardware (GPU), die bereits darauf konzipiert ist, alle Bildpixel möglichst parallel zu berechnen (s. z. B. [11]). Hat man mehrere GPUs zur Hand, so kann man die Arbeit auch entsprechend weiter unterteilen. Allerdings benötigt die Kommunikation zwischen den einzelnen Aufgabensträngen auch Zeit, weshalb eine Aufteilung, die jeden Lichtstrahl auf einen eigenen Prozessor verteilen würde, nicht sinnvoll wäre.

16.3.2 Tabellierung von Geodäten

Im Fall einer sehr symmetrischen Raumzeit und einer sehr einfachen Szene lohnt es sich, Geodäten schon vor der eigentlichen Visualisierung zu berechnen und zu tabellieren. Als Beispiel diene die Schwarzschild-Raumzeit und ein Hintergrundpanorama, welches auf eine „unendlich weit entfernte" Kugel projiziert sein soll. Dies könnte z. B. das Milchstraßenpanorama von Brunier sein, das in Form einer Rektangularprojektion (auch Plattkarte genannt) vorliegt [2]. Aufgrund der sphärischen Symmetrie der Schwarzschild-Raumzeit müssen wir nur Geodäten innerhalb der ($\vartheta = \pi/2$)-Ebene berechnen, und hier genügt es, Startpositionen ($t = 0$, r, $\vartheta = \pi/2$, $\varphi = 0$) zu wählen. Alle anderen Geodäten folgen durch entsprechende Rotation um die ($\varphi = 0$)-Achse. Für die Vorberechnung verwenden wir jedoch nicht die Radialkoordinate r, sondern ihren reziproken Wert $x = r_s/r$ im Intervall $(0, 1)$. Nun müssen wir für jeden Startort x und jede Startrichtung $\underline{y} = -\underline{e}_{(t)} + \cos(\xi)\underline{e}_{(r)} + \sin(\xi)\underline{e}_{(\varphi)}$ mit $\xi \in [0, \pi]$ die Geodäte möglichst bis $r \to \infty$ integrieren und erhalten daraus den Winkel φ_∞, wo der Lichtstrahl die unendlich weit entfernte Kugel schneidet. Abb. 16.18 zeigt die verschiedenen Bereiche für die Vorberechnung.

Numerisch kann die Vorberechnung wie folgt umgesetzt werden. Die Startorte x und die Startwinkel ξ werden in N_x bzw. N_ξ Abtastpunkte unterteilt. Für jedes Paar ($x_i = i \cdot 1/N_x$, $\xi_j = j \cdot \pi/N_\xi$) wird eine lichtartige Geodäte entsprechend obiger Startrichtung mit Hilfe eines Runge-Kutta-Verfahrens mit Schrittweitensteuerung bis zu einem maximalen Radius $R \gg 1$ integriert. Hierbei läuft man aber Gefahr, dass $r = r_s/x > R$ werden kann, weshalb man besser zu einer analytischen Lösung der Geodätengleichung wechselt (s. z. B. [13]).

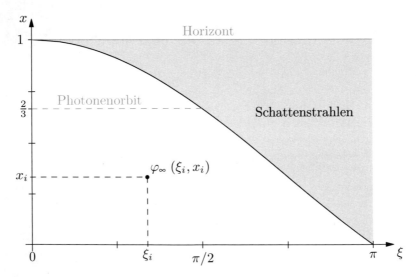

Abb. 16.18 Für jeden Lichtstrahl innerhalb der unschraffierten Fläche mit dem Startort x_i und der Startrichtung ξ_i wird der Schnittpunkt φ_∞ mit einer fiktiven Kugel im „Unendlichen" bestimmt. Die dicke durchgezogene Linie entspricht dem kritischen Winkel ξ_{krit} der den Schatten des Schwarzen Lochs definiert

Hat man schließlich die Zuordnungstabelle $(x, \xi) \mapsto \varphi_\infty$ berechnet, so kann man diese, ähnlich zur bildbasierten Methode in der SRT (s. Abschn. 9.1.1), dazu verwenden, sich innerhalb der Schwarzschild-Raumzeit frei bewegen zu können. An der aktuellen Position des Beobachters wird hierzu ein fensterfüllendes Rechteck als Repräsentant der Kameraebene gezeichnet. Jeder Bildpixel wird dann zunächst in eine Richtung bezogen auf die lokale Tetrade des Beobachters umgerechnet. Hier kann auch ein eventueller Aberrationseffekt berücksichtigt werden. Danach muss das Koordinatensystem so gedreht werden, dass die Anfangsrichtung innerhalb der $(\vartheta = \pi/2)$-Ebene liegt. Aus der Zuordnungstabelle lässt sich der zugehörige Schnittpunkt φ_∞ bestimmen, der, nach Rücktransformation auf die eigentlichen Koordinaten, zum Ablesen der Farbe des Hintergrundbildes verwendet wird. All dies kann in einem Fragment-Shader-Programm implementiert werden. In [32] wird die hier skizzierte bildbasierte Methode für die Schwarzschild-Metrik im Detail beschrieben; und es wird gezeigt, wie man mit einigen Modifikationen die Methode auch bei der Ellis-Wurmloch-Metrik anwenden kann. Eine ähnliche Herangehensweise wird auch in [20] verwendet, um die kreisförmige Bewegung um ein Schwarzschild-Loch innerhalb eines Torus zu visualisieren. Hierbei wurden zusätzlich die Schnitte mit dem Torus vorausberechnet und tabelliert.

16.3.3 Verwendung analytischer Geodäten

Im Fall von Raumzeiten, die weniger symmetrisch sind, oder aufwendigerer Szenen, ist die Vorausberechnung entweder zu aufwendig oder die berechnete Datenmenge ist zu groß oder zu unhandlich, um sie z. B. auf der Grafikkarte speichern zu können. Dann muss man auf analytische Lösungen der Geodätengleichung zurückgreifen (s. z. B. [10, 15, 27]). Das Hauptproblem, welches es zu lösen gilt, wird auch als *Sender-Empfänger-Problem* (engl. emitter-observer problem) bezeichnet. Vorgabe ist eine Lichtquelle oder ein Punkt der Geometrie und der Ort des Beobachters. Gesucht ist eine Geodäte, die beide Punkte verbindet. In einer beliebig gekrümmten Raumzeit ist das ein sehr schwieriges Problem, da es aufgrund der gekrümmten Lichtbahnen auch nicht eindeutig ist.

Für die Schwarzschild- und die Gödel-Raumzeit [8], welche ein rotierendes Universum beschreibt, gibt es Lösungen, die analytische Geodäten zur Visualisierung verwenden [9, 23].

Literatur

1. Armitage, P.J., Reynolds, C.S.: The variability of accretion on to Schwarzschild black holes from turbulent magnetized discs. Mon. Not. R. Astron. Soc. **341**, 1041–1050 (2003)
2. Brunier, S.: Ein Panorama der Milchstraße (ESO). http://www.eso.org/public/germany/images/eso0932a
3. Carter, B.: Complete analytic extension of the symmetry axis of Kerr's solution of Einstein's equations. Phys. Rev. **141**(4), 1242–1247 (1966)

4. Chan, C., Psaltis, D., Özel, F.: GRay: A massively parallel GPU-based code for ray tracing in relativistic spacetimes. Astrophys. J. **777**(1), 13 (2013)
5. Flamm, L.: Beiträge zur Einsteinschen Gravitationstheorie. Physik. Z. **17**, 448–454 (1916)
6. Frauendiener, J.: Conformal infinity. Living Rev. Relativ. **7** (2004)
7. Fukue, J., Yokoyama, T.: Color photographs of an accretion disk around a black hole. Publ. Astron. Soc. Jpn. **40**, 15–24 (1988)
8. Gödel, K.: An example of a new type of cosmological solutions of Einstein's field equations of gravitation. Rev. Mod. Phys. **21**, 447–450 (1949)
9. Grave, F.: The Gödel universe – physical aspects and egocentric visualizations. Dissertation, Universität Stuttgart (2010)
10. Hackmann, E., Lämmerzahl, C., Kagramanova, V., Kunz, J.: Analytical solution of the geodesic equation in Kerr-(anti-) de Sitter space-times. Phys. Rev. D **81**, 044020 (2010)
11. Kuchelmeister, D., Müller, T., Ament, M., Wunner, G., Weiskopf, D.: GPU-based four-dimensional general-relativistic ray tracing. Comput. Phys. Commun. **183**(10), 2282–2290 (2012)
12. Luminet, J.-P.: Image of a spherical black hole with thin accretion disk. Astron. Astrophys. **75**, 228–235 (1979)
13. Müller, T.: Visualisierung in der Relativitätstheorie. Dissertation, Eberhard-Karls-Universität Tübingen (2006)
14. Müller, T.: Einstein rings as a tool for estimating distances and the mass of a Schwarzschild black hole. Phys. Rev. D **77**, 124042 (2008)
15. Müller, T.: Exact geometric optics in a Morris-Thorne wormhole spacetime. Phys. Rev. D **77**, 044043 (2008)
16. Müller, T.: Falling into a Schwarzschild black hole. Gen. Relativ. Gravit. **40**, 2185–2199 (2008)
17. Müller, T.: Analytic observation of a star orbiting a Schwarzschild black hole. Gen. Relativ. Gravit. **41**(3), 541–558 (2009)
18. Müller, T.: GeodesicViewer – A tool for exploring geodesics in the theory of relativity. Comput. Phys. Commun. **182**, 1382–1383 (2011)
19. Müller, T.: GeoViS – Relativistic ray tracing in four-dimensional spacetimes. Comput. Phys. Commun. **185**(8), 2301–2308 (2014)
20. Müller, T., Boblest, S.: Visualizing circular motion around a Schwarzschild black hole. Am. J. Phys. **79**(1), 63–73 (2011)
21. Müller, T., Frauendiener, J.: Interactive visualization of a thin disc around a Schwarzschild black hole. Eur. J. Phys. **33**(4), 955 (2012)
22. Müller, T., Grave, F.: Motion4D – A library for lightrays and timelike worldlines in the theory of relativity. Comput. Phys. Commun. **180**, 2355–2360 (2009)
23. Müller, T., Weiskopf, D.: Distortion of the stellar sky by a Schwarzschild black hole. Am. J. Phys. **78**, 204–214 (2010)
24. Page, D.N., Thorne, K.S.: Disk-accretion onto a black hole. Time-averaged structure of accretion disk. Astrophys. J. **191**, 499–506 (1974)
25. Penrose, R.: Zero rest-mass fields including gravitation: Asymptotic behaviour. Proc. R. Soc. A **284**(1397), 159–203 (1965)
26. Psaltis, D., Johannsen, T.: A ray-tracing algorithm for spinning compact object spacetimes with arbitrary quadrupole moments. I. Quasi-Kerr black holes. Astrophys. J. **745**(1), 1 (2012)
27. Čadež, A., Kostić, U.: Optics in the Schwarzschild spacetime. Phys. Rev. D **72**, 104024 (2005)
28. Vincent, F.H., Paumard, T., Gourgoulhon, E., Perrin, G.: GYOTO: a new general relativistic ray-tracing code. Class. Quantum Grav. **28**(22), 225011 (2011)
29. Yang, X., Wang, J.: YNOGK: A new public code for calculating null geodesics in the Kerr spacetime. Astrophys. J. Supp. Series **207**(1), 6 (2013)
30. Pihajoki, P., Mannerkoski, M., Nättilä, J., Johansson, P. H.: General Purpose Ray Tracing and Polarized Radiative Transfer in General Relativity. Astrophys. J. **863**(8), 1 (2018)
31. Dexter, J.: A public code for general relativistic, polarised radiative transfer around spinning black holes. Mon. Not. R. Astron. Soc. **462**, 115–136 (2016)
32. Müller, T.: Image-based general-relativistic visualization. Eur. J. Phys. **36**, 065019 (2015)

Teil III

Sternentwicklung

Sternentstehung

17

Inhaltsverzeichnis

In diesem Kapitel beschäftigen wir uns mit den Prozessen, die zur Entstehung von Sternen führen. Der Prozess der Sternentstehung ist ein zentrales und sehr aktuelles Forschungsgebiet innerhalb der Astrophysik. Wir können hier an vielen Stellen nur ein vereinfachtes Bild diskutieren, anhand dessen wir aber die zentralen Grundgedanken zur Sternentstehung ableiten und verstehen können.

Sterne bestehen überwiegend aus Wasserstoff und Helium. Sie entstehen, wenn sich interstellares Gas, im Wesentlichen molekularer Wasserstoff, aber auch Helium und Staubteilchen, durch Kontraktion aufgrund ihrer Eigengravitation verdichten. Es ist klar, dass nicht jede Gaswolke unter ihrer Eigengravitation kollabieren kann, denn bei Gasen unter Laborbedingungen beobachten wir genau das gegenteilige Verhalten. Hier nimmt ein komprimiertes Gas, etwa in einer Gasflasche, den maximal möglichen Raum ein, z. B. wenn die Gasflasche geöffnet wird (s. Abb. 17.1). Ursache dafür ist der völlig vernachlässigbare Einfluss der Gravitation bei derart kleinen Massen gegenüber der thermischen Bewegung. Auf interstellaren Skalen aber wird die Gravitation zum dominierenden Einfluss.

© Springer-Verlag GmbH Deutschland, ein Teil von Springer Nature 2022   331
S. Boblest et al., *Spezielle und allgemeine Relativitätstheorie*,
https://doi.org/10.1007/978-3-662-63352-6_17

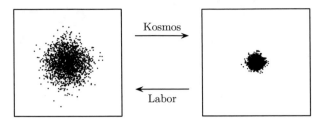

Abb. 17.1 Damit Sterne entstehen können, muss eine Gaswolke unter Einwirkung ihrer Eigengravitation kontrahieren. Im Labor wird der umgekehrte Prozess beobachtet, da hier die Gravitation keine Rolle spielt

17.1 Virialsatz

Der Virialsatz macht eine Aussage über den Zusammenhang von mittlerer kinetischer und mittlerer potentieller Energie eines Ensembles von Teilchen. Dieser Zusammenhang wird uns helfen, die Bedingung für die Kontraktion einer Gaswolke anzugeben. Um den Virialsatz herzuleiten, betrachten wir zunächst ein Teilchen mit Masse m, auf das eine Kraft $\mathbf{K}$ wirken soll. Die Bewegungsgleichung lautet dann

$$m\ddot{\mathbf{r}} = \mathbf{K}. \tag{17.1}$$

Im Folgenden bilden wir den Mittelwert der Größe $\mathbf{K} \cdot \mathbf{r}$ über einem Zeitintervall $t_2 - t_1$. Mit partieller Integration finden wir

$$\int_{t_1}^{t_2} \mathbf{K} \cdot \mathbf{r}\, \mathrm{d}t = \int_{t_1}^{t_2} m\ddot{\mathbf{r}} \cdot \mathbf{r}\, \mathrm{d}t = [m\dot{\mathbf{r}} \cdot \mathbf{r}]_{t_1}^{t_2} - \int_{t_1}^{t_2} m\dot{\mathbf{r}} \cdot \dot{\mathbf{r}}\, \mathrm{d}t. \tag{17.2}$$

Damit ergibt sich als Zwischenergebnis

$$\frac{1}{t_2 - t_1}\left\{[m\dot{\mathbf{r}}(t_2) \cdot \mathbf{r}(t_2) - m\dot{\mathbf{r}}(t_1) \cdot \mathbf{r}(t_1)] - \int_{t_2}^{t_2} m\dot{\mathbf{r}}^2\, \mathrm{d}t\right\} = \frac{1}{t_2 - t_1}\int_{t_1}^{t_2} \mathbf{K} \cdot \mathbf{r}\, \mathrm{d}t. \tag{17.3}$$

Damit gilt weiter

$$\overline{\mathbf{K} \cdot \mathbf{r}} + \overline{m\dot{\mathbf{r}}^2} = \frac{1}{t_2 - t_1}\left[m\dot{\mathbf{r}}(t_2) \cdot \mathbf{r}(t_2) - m\dot{\mathbf{r}}(t_1) \cdot \mathbf{r}(t_1)\right], \tag{17.4}$$

wobei $\overline{X}$ den zeitlichen Mittelwert der Größe X bedeutet. Wenn wir nun das betrachtete Zeitintervall sehr groß werden lassen, geht die rechte Seite von (17.4) gegen Null, vorausgesetzt, dass der Ort und die Geschwindigkeit des Teilchens beschränkt sind, d. h. das Teilchen hält sich für alle Zeit in einem bestimmten Volumen auf und seine Geschwindigkeit übersteigt eine bestimmte Maximalgeschwindigkeit nicht, was ja nach unserer Diskussion in der SRT in jedem Fall nicht möglich ist, da

$\dot{r} < c$ sein muss. Wenn wir noch berücksichtigen, dass $m\dot{r}^2 = 2T$ die doppelte kinetische Energie T ist, erhalten wir den *Virialsatz*

$$\overline{\boldsymbol{K} \cdot \boldsymbol{r}} + 2\overline{T} = 0. \tag{17.5}$$

Um den ersten Term besser interpretieren zu können, drücken wir die Kraft durch den negativen Gradienten eines Potentials der Form $V(r) = \alpha r^n$ aus als

$$\boldsymbol{K} = -\nabla V = -\nabla \alpha r^n. \tag{17.6}$$

Dann folgt mit $\boldsymbol{r} = r\,\mathbf{e}_r$ der Zusammenhang

$$\boldsymbol{K} \cdot \boldsymbol{r} = -[\nabla V(\boldsymbol{r})] \cdot \boldsymbol{r} = -\alpha r^{n-1} n\,\mathbf{e}_r \cdot (r\,\mathbf{e}_r) = -n\alpha r^n = -nV(\boldsymbol{r}). \tag{17.7}$$

Für den Zeitmittelwert in (17.5) folgt damit

$$2\overline{T} = n\overline{V}. \tag{17.8}$$

Der für uns wichtige Fall ist das Gravitationspotential mit $n = -1$. Hier ergibt sich

$$2\overline{T} = -\overline{V} \quad \text{bzw.} \quad \overline{T} = -\frac{1}{2}\overline{V}. \tag{17.9}$$

Der Zusammenhang (17.9) wird uns jetzt helfen, zu ermitteln, was beim Zusammenziehen einer galaktischen Gaswolke unter Einwirkung der Gravitation passiert.

Dazu müssen wir zusätzlich die kinetische und potentielle Energie über alle Teilchen in der Gaswolke, die wir Ensemble nennen, zu einem festen Zeitpunkt mitteln. Für die Ensemblemittelwerte führen wir die Schreibweise

$$\langle T \rangle = \frac{1}{N} \sum_i T_i, \quad \langle V \rangle = \frac{1}{N} \sum_i V_i \tag{17.10}$$

ein, wobei V_i die potentielle Energie und T_i die kinetische Energie des i-ten Teilchens darstellen.

Neben der Mittelung über alle Teilchen in der Gaswolke können wir auch eine Mittelung der kinetischen und potentiellen Energie eines einzelnen Teilchens über eine sehr lange Zeit bestimmen. Wir nehmen weiter an, dass dieser Zeitmittelwert dem Ensemblemittel gleich ist, vorausgesetzt, dass über sehr viele Teilchen, bzw. sehr lange Zeiträume gemittelt wird. Diese Annahme ist die *Ergodenhypothese*. In Formeln ausgedrückt heißt das

$$\langle T \rangle = \overline{T}, \quad \langle V \rangle = \overline{V}. \tag{17.11}$$

Unter Annahme der Gültigkeit der Ergodenhypothese finden wir mit Hilfe des Virialsatzes für die Gravitation (17.9) den Zusammenhang

$$\langle T \rangle = -\frac{1}{2}\langle V \rangle \tag{17.12}$$

zwischen mittlerer kinetischer und mittlerer potentieller Energie der Gasteilchen.

17.2   Jeans-Kriterium für die Kontraktion

Die Dichte im interstellaren Medium ist sehr gering. Die Wechselwirkungen zwischen den Gasteilchen in der kontrahierenden Wolke können daher in guter Näherung vernachlässigt werden und eine Beschreibung als ideales Gas ist möglich. Für dieses gilt

$$N\langle T \rangle = U, \tag{17.13}$$

wenn N die Anzahl der Moleküle oder Atome bezeichnet und U die innere Energie ist. Aus der Thermodynamik ist bekannt, dass für ein einatomiges Gas die thermische Energie durch

$$U = \frac{3}{2}Nk_{B}T \tag{17.14}$$

mit der *Boltzmann-Konstante*[1]

$$k_{B} = 1,3806488(13) \cdot 10^{-23} \, \text{J K}^{-1} \tag{17.15}$$

gegeben ist, wobei hier und im Folgenden T jetzt die Temperatur bezeichnet.

Mit Hilfe des Virialsatzes können wir die thermische Energie, die ja der kinetischen Energie der Gasteilchen entspricht, über die potentielle Energie als $U = -E_{\text{pot}}/2$ ausdrücken. Es ergibt sich daraus

$$3k_{B}TN = G\int_{0}^{M(R)} \frac{M}{r(M)}\, \mathrm{d}M. \tag{17.16}$$

Dabei folgt die rechte Seite aus Gl. (1.44) mit $M(r) = \frac{4}{3}\pi\rho_{m}r^{3}$ und $\mathrm{d}M = 4\pi\rho_{m}r^{2}\mathrm{d}r$. Erhöht sich der Betrag der potentiellen Energie E_{pot} bei der Kontraktion der Gaswolke, dann erhöht sich auch die thermische Energie U. Allerdings geht nur die Hälfte der freiwerdenden potentiellen Energie in die thermische Energie. Aufgrund der Energieerhaltung muss der Rest als Wärmestrahlung freiwerden. Bei Verkleinerung des Sterns gilt demnach, dass 50 % der bei der Kontraktion freiwerdenden potentiellen Energie zu einer Erhöhung der thermischen Energie führen und 50 % als Strahlung freigesetzt werden.

[1]Ludwig Boltzmann, 1844–1906, österreichischer Physiker und Philosoph. Lieferte bedeutende Beiträge zur Thermodynamik, insbesondere ist er bekannt für die Deutung der Entropie.

Die Voraussetzung für die Kontraktion ist, dass die Gravitationsenergie die thermische Energie betragsmäßig übersteigt. Die potentielle Energie aufgrund der Gravitation ist negativ, die thermische Energie, die der kinetischen Energie der Gasteilchen entspricht, positiv. Unsere Bedingung entspricht also dem bekannten Kriterium $E = E_{\text{pot}} + E_{\text{kin}} < 0$ für ein gebundenes System. Im aktuellen Kontext spricht man vom *Jeans-Kriterium* für das Einsetzen der *Gravitationsinstabilität*, d. h. der Kontraktion. Der Begriff ist nach *Jeans*[2] benannt, der die Ausbreitung von Dichtestörungen in einem Fluid unter Einfluss der Gravitation 1902 untersuchte [2].

Wir drücken in (17.14) die Teilchenanzahl $N = M/\mu$ durch den Quotienten von Gesamtmasse M und der mittleren Molekül- bzw. Atommasse μ aus, d. h.

$$U = \frac{3}{2} k_{\text{B}} T \frac{M}{\mu}. \tag{17.17}$$

Wenn wir unsere Gaswolke jetzt stark vereinfacht als homogene Vollkugel annehmen und den Ausdruck für die Gravitationsenergie aus (1.44) verwenden, führt uns das auf die Ungleichung

$$\frac{3}{5} G \frac{M^2}{R} > \frac{3}{2} k_{\text{B}} T \frac{M}{\mu}. \tag{17.18}$$

Wir drücken den Radius über $R = [3M/(4\pi\rho_{\text{m}})]^{1/3}$ durch die Masse und die Dichte aus. Dann folgt aus (17.18)

$$M > M_{\text{J}} = \left(\frac{375}{32\pi} \right)^{1/2} \left(\frac{k_{\text{B}} T}{\mu G} \right)^{3/2} \rho_{\text{m}}^{-1/2}. \tag{17.19}$$

Die Größe M_{J} wird auch als *kritische Jeans-Masse* bezeichnet. Sie gibt eine untere Schranke der Masse an, ab der die Gaswolke bei gegebener Dichte kollabiert.

Als Abschätzung betrachten wir eine Gaswolke aus neutralem Wasserstoffgas bei einer Temperatur von $T = 100$ K und einer Anzahldichte von 100 Atomen pro Kubikzentimeter. Diese Werte sind in der Größenordnung, wie sie für interstellare Materie gilt. Wasserstoff besitzt die atomare Masse $m_{\text{H}} \approx 1{,}67 \cdot 10^{-27}$ kg. Damit erhalten wir eine Dichte von $\rho_{\text{H}} = 1{,}67 \cdot 10^{-19}$ kg m^{-3} und weiter eine Gesamtmasse

$$M \gtrsim 6{,}5 \cdot 10^{33} \text{ kg} \approx 3250 M_{\odot}. \tag{17.20}$$

Da die Jeans-Masse von der chemischen Zusammensetzung und der Temperatur abhängt, gibt dieser Wert natürlich nur eine grobe Größenordnung an. Realistischere Werte liegen vermutlich eher im Bereich $M_{\text{J}} \sim 10^5 M_{\odot}$ [5]. Wir haben bei unserer Diskussion auch wesentliche Einflüsse unbeachtet gelassen. Interstellare Gaswolken sind keine statischen Objekte. Innere Bewegungen verschiedener Regionen

---

[2] Sir James Hopwood Jeans, 1877–1946, englischer Physiker, Astronom und Mathematiker und Mitbegründer der britischen Kosmologie.

zueinander, Magnetfelder und Rotationen haben großen Einfluss auf die Prozesse innerhalb der Gaswolke [3].

In jedem Fall erkennen wir aber, dass die zur Kontraktion nötige Masse viel größer ist als die typische Masse eines Sterns. Der massereichste bekannte Stern ist der erst kürzlich entdeckte R136 a1 in der großen Magellanschen Wolke mit einer vermuteten Masse von $265^{+80}_{-35} M_\odot$ [1]. Solche Giganten sind aber sehr seltene Ausnahmen, die absolute Mehrzahl aller Sterne hat Massen im Bereich $M \sim 1 M_\odot$ oder darunter. Aus einer kontrahierenden Gaswolke entsteht also nicht ein einzelner Stern, sondern sehr viele, wobei aber nur ein kleiner Teil der Gesamtmasse tatsächlich zu Sternen wird.

Solange die Dichte der Gaswolke klein ist, kann die bei Umwandlung von potentieller Energie in kinetische Energie zusätzlich verfügbare Energie durch Strahlung abgeführt werden. Der Kollaps läuft daher in guter Näherung isotherm ab, während die Dichte steigt. Dadurch sinkt die für den Kollaps nötige Mindestmasse M_J ab. Das ermöglicht es Teilregionen der Gaswolke aufgrund räumlicher Dichtefluktuationen in Richtung ihrer eigenen Massezentren zu kollabieren. In diesen Teilregionen findet der gleiche Prozess wieder statt, sodass die ursprüngliche Gaswolke in viele kleine Teilregionen unterteilt wird, die unabhängig vom Rest kontrahieren. Man spricht bei diesem Prozess von *Fragmentation* (s. Abb. 17.2).

Aus der ursprünglichen Wolke bilden sich also einzelne Fragmente, aus denen dann letztendlich die Sterne entstehen. Aus diesem Grund entstehen Sterne in Haufen, in denen im Allgemeinen alle Sterne etwa dasselbe Alter haben. Auch bei diesem Prozess spielen aber vermutlich noch andere Prozesse eine Rolle, etwa überschallschnelle Bewegungen in der Gaswolke, die zur Kompression von Teilregionen führen [3].

Nimmt die Dichte so weit zu, dass die Wolke optisch dicht wird, kann die Strahlung aus den inneren Regionen der Wolke nur noch schlecht entweichen. Der Kollaps verläuft nun nicht mehr näherungsweise isotherm, sondern im Gegenteil fast adiabatisch, d. h. ohne Wärmeabgabe nach außen. Die freiwerdende Gravitationsenergie führt daher zu einer steigenden Temperatur. Ferner kann die Strahlung aus den Randgebieten viel eher entweichen als aus dem Inneren der Fragmente. Die

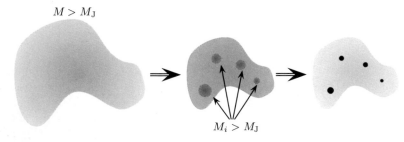

Abb. 17.2 Da bei der isothermen Kontraktion einer Gaswolke mit $M > M_J \sim 10^4 M_\odot$ die zur Kontraktion nötige Mindestmasse mit $M_J \sim 1/\sqrt{\rho_m}$ sinkt, können schließlich Teilregionen unabhängig vom Rest der Wolke kontrahieren und einzelne Sterne mit Massen im Bereich $M \sim 1 M_\odot$ bilden. Die Wolke fragmentiert aus

Temperatur der kollabierenden Wolke steigt also im Inneren stärker an als in den Randgebieten.

Die Masse im Zentrum gelangt dadurch schließlich ins hydrostatische Gleichgewicht, in dem die Gravitationskräfte durch den thermischen Druck ausgeglichen werden (s. Abschn. 18.1). Das so entstehende Gebilde heißt *Protostern* mit einer typischen Masse im Bereich $M \sim 0{,}01 M_\odot$. Der Stern erhöht seine Masse im Folgenden durch Akkretion des ihn umgebenden Gases. Der Protostern ist immer noch von der Gas- und Staubwolke umgeben und daher nur im Infrarotbereich beobachtbar. Die hohe Temperatur im Protostern liefert hinreichend Energie für die Dissoziation des Wasserstoffs, dann für die Ionisation des atomaren Wasserstoffs und des Heliums.

Lesern, die an einer umfassenderen Diskussion der Prozesse bei der Sternentstehung interessiert sind, finden z. B. in [3, 4] weitere Informationen.

17.3 Übungsaufgaben

17.3.1 Virialsatz im harmonischen Potential

Aus dem Virialsatz folgt im Gravitationspotential für das Verhältnis von kinetischer zu potentieller Energie $\overline{T} = -\frac{1}{2}\overline{V}$. Welche Relation ergibt sich für ein harmonisches Potential?

Literatur

1. Crowther, P.A., et al.: The R136 star cluster hosts several stars whose individual masses greatly exceed the accepted 150 M⊙ stellar mass limit. Mon. Not. R. Astron. Soc. **408**(2), 731–751 (2010)
2. Jeans, J.H.: The stability of a spherical nebula. Phys. Trans. R. Soc. **199**, 1–53 (1902)
3. Larson, R.B.: The physics of star formation. Rep. Prog. Phys. **66**(10), 1651 (2003)
4. McKee, C.F., Ostriker, E.C.: Theory of star formation. Annu. Rev. Astron. Astrophys. **45**(1), 565–687 (2007)
5. Salaris, M., Cassisi, S.: Star formation and early evolution. In: Equation of State of the Stellar Matter, S. 105–116. Wiley, Chichester (2006)

Innere Struktur von Sternen 18

Inhaltsverzeichnis

In diesem Kapitel möchten wir die Eigenschaften der Materie im Inneren von Sternen untersuchen. Dabei werden wir einen Satz von Gleichungen herleiten, mit denen eine ganze Vielzahl unterschiedlicher Sterntypen beschrieben werden kann.

18.1 Hydrostatisches Gleichgewicht

Wenn eine Gaswolke unter ihrer Eigengravitation kollabiert, muss es auch eine Bedingung geben, die dafür sorgt, dass der Kollaps schließlich stoppt. Damit dies passieren kann, ist ein Druckgradient nötig, sodass jede einzelne Kugelschale des Sterns davon getragen wird. Wenn dieser Zustand erreicht ist, befindet sich der Stern im *hydrostatischen Gleichgewicht*. Zur Herleitung der Gleichgewichtsbedingung betrachten wir eine Kugelschale des Sterns mit Dicke dr (s. Abb. 18.1). Dabei nehmen wir dann automatisch Kugelsymmetrie für das Problem an. Das macht Sinn, denn aufgrund der Radialsymmetrie ist für uns nur der in radialer Richtung wirkende Druck entscheidend, zum einen der Druck $p(r)$ am unteren Rand der Kugelschale, zum anderen der Druck $p(r+\mathrm{d}r)$ oben. Zusätzlich wirkt noch die Gewichtskraft der Kugelschale, diese ergibt sich zu

$$F_{\mathrm{m}} = -G\frac{M(r)\delta m}{r^2}\mathbf{e}_r, \qquad (18.1)$$

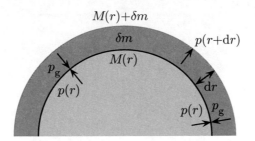

Abb. 18.1 Skizze zur Herleitung der Bedingung für hydrostatisches Gleichgewicht. Der Gravitationsdruck p_m jeder Kugelschale mit Masse δm muss durch einen Gegendruck p der weiter innen liegenden Schichten kompensiert werden, damit der Stern sich im Gleichgewicht befindet

mit der von der Kugel mit Radius r umschlossenen Masse $M(r)$ und der Masse der Kugelschale $\delta m = \rho_m 4\pi r^2 \, dr$, wobei $4\pi r^2$ die Oberfläche der Kugelschale ist. Der Gravitationsdruck ist also

$$p_m = G \frac{M(r)\delta m}{r^2}. \tag{18.2}$$

Aufgrund der Druckdifferenz zwischen Innenseite und Außenseite der Kugelschale ergibt sich eine nach außen wirkende resultierende Kraft

$$\boldsymbol{F}_{\Delta p} = [p(r) - p(r + dr)]A \, \mathbf{e}_r. \tag{18.3}$$

Im Gleichgewicht müssen sich diese beiden Kräfte aufheben, d. h.

$$\boldsymbol{F}_m + \boldsymbol{F}_{\Delta p} = \mathbf{0}. \tag{18.4}$$

Wir linearisieren den Ausdruck für $p(r)$ und erhalten

$$p(r + dr) = p(r) + \left.\frac{dp}{dr}\right|_r dr + \mathcal{O}(dr^2). \tag{18.5}$$

Wir setzen diesen Ausdruck in (18.3) ein und ersetzen $A \, dr$ durch $\delta m / \rho$. Dann haben wir

$$\boldsymbol{F}_{\Delta p} = -\left.\frac{dp}{dr}\right|_r A \, dr \, \mathbf{e}_r = -\left.\frac{dp}{dr}\right|_r \frac{\delta m}{\rho_m(r)} \mathbf{e}_r. \tag{18.6}$$

Einsetzen in die Bedingung (18.4) führt schließlich auf

$$\frac{dp}{dr} = -G \frac{\rho_m(r)M(r)}{r^2}. \tag{18.7}$$

Damit haben wir einen Ausdruck für den Druckgradienten bezüglich des jeweiligen Radius in Abhängigkeit von der Dichte und der umschlossenen Masse gefunden. Durch diesen Druckgradienten wird der Stern stabilisiert. Für $M(r)$ gilt außerdem wegen $M = \int \rho_m(r) dV$ in einem sphärisch-symmetrischen Stern

$$\frac{dM(r)}{dr} = \rho_m(r)4\pi r^2. \tag{18.8}$$

Mit Hilfe der Bedingung für hydrostatisches Gleichgewicht können wir eine Größenordnung des Drucks im Zentrum eines Sterns gewinnen. Da wir die Funktion $\rho_m(r)$ nicht kennen, können wir aus (18.8) die bis zum Radius r umschlossene Masse nicht bestimmen und (18.7) nicht direkt integrieren. Wir behelfen uns deshalb mit einer Abschätzung des Druckgradienten. Auf der Oberfläche des Sterns gilt, abgesehen vom Atmosphärendruck, den wir vernachlässigen, $p(R) = 0$. Den Druck im Zentrum bezeichnen wir mit p_z. Wir nehmen jetzt einen linearen Druckabfall mit dem Radius an, d. h.

$$\frac{dp}{dr} = -\frac{p_z}{R}, \tag{18.9}$$

bzw.

$$p(r) = p_z\left(1 - \frac{r}{R}\right). \tag{18.10}$$

Gl. (18.10) erfüllt offensichtlich unsere beiden Bedingungen $p(0) = p_z$ und $p(R) = 0$. Den Ausdruck auf der rechten Seite von (18.9) vergleichen wir mit der rechten Seite von (18.7), wobei wir die Gesamtmasse M statt $M(r)$ und die mittlere Dichte $\langle \rho_m \rangle$ statt $\rho_m(r)$ verwenden, und finden

$$\frac{p_z}{R} = G\frac{\langle \rho_m \rangle M}{R^2}. \tag{18.11}$$

Mit $\langle \rho_m \rangle = M/[(4/3)\pi R^3]$ ist dann

$$p_z \sim \frac{3}{4\pi}G\frac{M^2}{R^4}. \tag{18.12}$$

Mit den Werten für die Sonne aus (1.54) und (1.55) finden wir

$$p_{z,\text{Schätzung}}^{\odot} \gtrsim 2,7\cdot 10^{14}\,\text{Pa} = 2,6\cdot 10^9\,\text{atm}, \tag{18.13}$$

wobei eine Atmosphäre ($1\,\text{atm} = 101.325\,\text{Pa}$) etwa der mittlere Luftdruck auf Meereshöhe ist. Wir werden sehen, dass der reale Wert für p_z um ein Vielfaches höher liegt.

Wir kommen trotz der enthaltenen relativ groben Näherungen nochmals auf den Ausdruck (18.12) zurück. Wenn wir die mittlere Dichte dort wieder einführen und den verbleibenden Term M wieder durch den Schwarzschild-Radius $r_s = 2GM/c^2$ aus (1.38) ersetzen, ergibt sich bei Vernachlässigung von Vorfaktoren

$$p_z \gtrsim c^2\langle \rho_m \rangle\frac{r_s}{R}. \tag{18.14}$$

Größenordnungsmäßig ergibt sich damit der Zusammenhang

$$\frac{\langle p \rangle}{\langle \rho_\mathrm{m} \rangle c^2} \approx \frac{r_\mathrm{s}}{R}. \tag{18.15}$$

Dabei ist $\langle p \rangle$ der mittlere Druck und $\langle \rho_\mathrm{m} \rangle c^2$ die mittlere *Ruheenergiedichte*. Gleichung (18.15) verknüpft den mittleren Druck und die mittlere Dichte im Stern miteinander. Allgemein bezeichnen wir Relationen zwischen den Größen, die den Zustand der Materie in einem gegebenen System beschreiben, im Allgemeinen sind dies etwa Druck, Temperatur, Dichte, aber auch die chemische Zusammensetzung, als *Zustandsgleichungen*. Zustandsgleichungen wie in (18.15) werden oft in Form einer dimensionslosen Funktion f der beschreibenden Größen als

$$f(\rho_\mathrm{m}, T, \dots) \equiv \frac{p(\rho_\mathrm{m}, T, \dots)}{\rho_\mathrm{m} c^2} \tag{18.16}$$

dargestellt. Gleichung (18.15) ist eine stark vereinfachte Form einer solchen Zustandsgleichung, da sie gemittelte Größen miteinander verknüpft. In den Abschn. 18.3 und 18.4 werden wir Zustandsgleichungen für ganz unterschiedliche Situationen detailliert betrachten.

Der Zusammenhang (18.7) ist außerdem nur gültig, solange die Dichte und der Druck so klein sind, dass allgemein-relativistische Effekte vernachlässigbar sind. Für sehr massive Objekte gilt er daher nicht. In Abschn. 21.4.1 behandeln wir das hydrostatische Gleichgewicht daher noch einmal im Rahmen der ART.

18.2 Physikalische Bedingungen in Sternen

Die physikalischen Parameter, die einen Stern beschreiben, sind seine Masse M, die Leuchtkraft L, sein Radius R, Druck p und Temperatur T und seine chemische Zusammensetzung. Diese Größen sind nicht unabhängig voneinander, sondern durch mathematische Relationen miteinander verknüpft. Mit der Bedingung für hydrostatisches Gleichgewicht in (18.7) und der Massenerhaltung (18.8) haben wir bereits die ersten dieser Relationen kennengelernt. Sterne sind in guter Näherung *schwarze Körper*. Diese Feststellung klingt zunächst völlig unplausibel, aber ein schwarzer Körper ist eben nicht dadurch gekennzeichnet, dass er schwarz ist, sondern dadurch, dass auf ihn treffende elektromagnetische Strahlung vollständig absorbiert wird und die von ihm emittierte Strahlung ein *Schwarzkörperspektrum* aufweist. Diese Eigenschaften gelten für Sterne relativ gut. Für einen schwarzen Körper gibt das *Stefan-Boltzmann-Gesetz*[1] den Zusammenhang $L = A\sigma T^4$ zwischen abgestrahlter Leistung L, Oberfläche A und der Temperatur an. Der Zahlenwert der *Stefan-Boltzmann-Konstanten* ist

$$\sigma = 5{,}670373(21) \cdot 10^{-8}\,\mathrm{Wm^{-2}\,K^{-4}}. \tag{18.17}$$

---

[1] Josef Stefan, 1835–1893, österreichischer Mathematiker und Physiker.

Dementsprechend gilt für die Leuchtkraft eines Sterns

$$L = 4\pi R^2 \sigma T_{\text{eff}}^4.$$ (18.18)

Dabei hätte ein schwarzer Körper mit der effektiven Temperatur T_{eff} die gleiche Leuchtkraft wie der jeweilige Stern. Für die Sonne ist $T_{\text{eff}} \approx 5800$ K. Die Sonne hält ihre Temperatur im Wesentlichen konstant, obwohl sie entsprechend (18.18) kontinuierlich Energie abstrahlt. Das ist nur möglich, wenn die Sonne im Inneren diese Strahlungsverluste aus einem Energiereservoir heraus kompensiert. Wir bezeichnen mit $L(r)$ den Anteil der Leuchtkraft, der bis zum Radius r produziert wird, analog zur umschlossenen Masse $M(r)$. Völlig analog zu (18.8) für den Gradienten für $M(r)$ gilt dann die Relation

$$\frac{\mathrm{d}L(r)}{\mathrm{d}r} = 4\pi r^2 \varepsilon(r).$$ (18.19)

Dabei ist $\varepsilon(r)$ die *Energieerzeugungsrate*. In Kap. 19 zeigen wir, dass Sterne mit Hilfe von Kernfusion Energie produzieren.

Wir werden sehen, dass die Fusionsrate R und damit $\varepsilon(r)$ von der Dichte der beteiligten Reaktionspartner und der Temperatur abhängt. Dadurch ist (18.19) an die anderen Größen im Sterninneren gekoppelt. Die Dichte und Temperatur und damit die Energieerzeugungsrate sind im Inneren des Sterns am höchsten. Die erzeugte Energie muss dann aus dem Inneren des Sterns nach außen transportiert werden.

Ein möglicher Prozess für den Wärmetransport ist Diffusion. Voraussetzung dafür ist ein Temperaturgradient. Unter Annahme eines diffusiven Wärmetransports ergibt sich für diesen die Bestimmungsgleichung

$$\frac{\mathrm{d}T(r)}{\mathrm{d}r} = -\frac{3\kappa(r)\rho_{\mathrm{m}}(r)}{16\sigma T^3(r)} \frac{L(r)}{4\pi r^2}.$$ (18.20)

Die Herleitung dieser Beziehung findet sich z. B. in [6]. Wir sehen, dass der Temperaturgradient wie der Druckgradient negativ ist, d. h. die Temperatur nimmt nach innen zu. Es ist anschaulich klar, dass diese Bedingung für Wärmetransport von innen nach außen notwendig ist.

Ein weiterer Mechanismus für die Wärmeleitung in Gasen und Flüssigkeiten ist Konvektion. Auch in Sternen spielt dieser eine wichtige Rolle, eine quantitative Behandlung des Wärmetransports ist daher allein mit (18.20) nicht möglich. Wir sehen aber, wie die verschiedenen Parameter, die die Sternmaterie beschreiben, durch verschiedene Gleichungen miteinander verknüpft sind und dementsprechend gemeinsam behandelt werden müssen.

In (18.20) taucht noch eine weitere Größe auf, die *Opazität* $\kappa(r)$. Sie gibt an, wie durchlässig das Material im Stern für Strahlung ist. Für massearme Sterne gibt es die Abschätzung $\kappa(r) \sim \rho_{\mathrm{m}}(r)T(r)^{-3,5}$, für massereiche Sterne $\kappa(r) \sim$ const [5]. Um detaillierte Sternmodelle zu entwickeln, sind aber numerische Berechnungen der Opazität nötig.

Abb. 18.2 zeigt die Ergebnisse quantitativer Rechnungen für die Sonne [1]. Dargestellt sind die Entwicklung von Druck, Temperatur und Dichte in Abhängigkeit

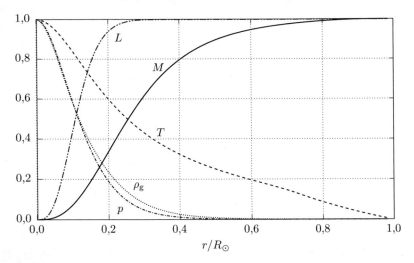

Abb. 18.2 Zustandsgrößen im Inneren der Sonne normiert auf den Maximalwert in Abhängigkeit von der radialen Position normiert auf den Sonnenradius. Die Kurve M gibt den bis r umschlossenen Anteil an der Gesamtmasse an, die Kurve L den bis dorthin produzierten Anteil der Gesamtleuchtkraft [2]

von der radialen Position in diesem Modell, sowie der beim jeweiligen Radius umschlossene Anteil $M(r)$ der Gesamtmasse und der bis zum Radius r erzeugte Anteil der Leuchtkraft $L(r)$. In (18.13) haben wir für den Druck im Zentrum der Sonne eine Abschätzung $p_z \sim 3 \cdot 10^9$ atm gefunden. Die genaue Berechnung ergibt einen deutlich höheren Wert von

$$p_z^\odot = 2,34 \cdot 10^{16}\,\mathrm{Pa} = 2,31 \cdot 10^{11}\,\mathrm{atm}, \qquad (18.21)$$

d. h. etwa 231 Milliarden mal der Luftdruck auf der Erdoberfläche. Aus diesen Rechnungen folgen weiter die Werte

$$T_z^\odot = 1,548 \cdot 10^7\,\mathrm{K} \qquad (18.22)$$

und

$$\rho_z^\odot = 1,502 \cdot 10^5\,\mathrm{kg\ m}^{-3} \qquad (18.23)$$

für Temperatur und Dichte im Zentrum der Sonne.

Man erkennt in Abb. 18.2, dass Druck und Temperatur nach außen hin sehr stark abfallen, damit ist die Annahme eines linearen Druckgradienten in (18.9) sehr ungenau. Das ist der Grund dafür, dass die Abschätzung (18.13) nur eine grobe untere Schranke liefert.

Da die Dichte im Zentrum der Sonne viel größer ist als in äußeren Schichten, befindet sich ein großer Anteil an der Gesamtmasse im Zentrum der Sonne, z. B. enthält die innere Kugel mit $r \approx 0,25\,R_\odot$ bereits etwa 50 % der Gesamtmasse. Ebenso wird der allergrößte Teil der von der Sonne abgestrahlten Leistung im Zentrum erzeugt.

18.3   Zustandsgleichung für Sternmaterie

Mit (18.15) haben wir bereits eine einfache Abschätzung für die Zustandsgleichung für Sternmaterie hergeleitet. Jetzt betrachten wir diese noch etwas detaillierter.

Aufgrund der hohen Temperatur im Sterninneren ist in vielen Fällen die Wechselwirkungsenergie der Teilchen untereinander sehr klein gegen die kinetische Energie und kann daher vernachlässigt werden. In diesem Fall ist die Beschreibung als ideales Gas eine sehr gute Näherung. Dessen Zustandsgleichung lautet

$$pV = Nk_{\mathrm{B}}T \tag{18.24}$$

mit der Anzahl N an Gasteilchen. Wir dividieren durch N und erweitern über $V/N = (V/M)(M/N) = \langle m \rangle / \rho_m$. Dabei bezeichnet $\langle m \rangle$ die mittlere Masse pro Gasteilchen. Gl. (18.24) wird dann zu

$$p(r) = \frac{\rho_{\mathrm{m}}(r)}{\langle m \rangle} k_{\mathrm{B}}T(r). \tag{18.25}$$

Dabei haben wir wieder die Abhängigkeit vom Radius explizit eingesetzt. Die mittlere Teilchenmasse $\langle m \rangle$ kann sich natürlich streng genommen auch an verschiedenen Orten innerhalb des Sterns unterscheiden und dann auch eine radiusabhängige Funktion sein. So besteht die Sonne etwa in ihren äußeren Schichten überwiegend aus Wasserstoff, während im Zentrum der Anteil von Helium überwiegt (s. Abb. 19.5).

Wir können prüfen, wie genau das Innere der Sonne durch (18.25) beschrieben wird, indem wir die Werte für Druck, Temperatur und Dichte aus (18.21) bis (18.23) einsetzen. Aufgelöst ergibt sich dann

$$\langle m \rangle = \frac{k_{\mathrm{B}}T_z^{\odot}\rho_z^{\odot}}{p_z^{\odot}} \approx 1{,}37 \cdot 10^{-27} \text{ kg}. \tag{18.26}$$

Das ist etwas weniger als die Masse des Protons und damit zumindest in der korrekten Größenordnung für ein Gemisch aus Wasserstoff und Helium.

Für einen Stern in der Wasserstofffusionsphase (s. Abschn. 19.4) ist es eine akzeptable Näherung, für die mittlere Teilchenmasse die Masse des Wasserstoffatoms einzusetzen. Mit dem Druck aus (18.25) wird die Zustandsgleichung (18.16) des vorhergehenden Abschnittes dann zu

$$f[\rho_{\mathrm{m}}(r),T(r)] = \frac{p(r)}{\rho_{\mathrm{m}}(r)c^2} = \frac{k_{\mathrm{B}}T(r)}{m_{\mathrm{H}}c^2}. \tag{18.27}$$

Diese Zustandsgleichung ist nur von der Temperatur $T(r)$ abhängig. Wenn wir in (18.27) die gemittelte Temperatur $\langle T \rangle$ einsetzen und den Zusammenhang $f \approx r_{\mathrm{s}}/R$ aus (18.15) verwenden, erhalten wir die Abschätzung

$$f(T) = \frac{k_{\mathrm{B}}T}{m_{\mathrm{H}}c^2} \approx \frac{r_{\mathrm{s}}}{R}. \tag{18.28}$$

Radius und Temperatur sind also im Gleichgewicht über $T \sim 1/R$ miteinander verknüpft. Wir sehen außerdem, dass das Verhältnis von kinetischer Energie $k_B T$ zu Ruheenergie $m_H c^2$ der Atome den Radius des Sterns bestimmt. Bei einem *Hauptreihenstern*, der Energie aus der Fusion von Wasserstoff gewinnt, haben wir etwa eine Temperatur von $T \approx 1{,}5 \cdot 10^7$ K, was einer thermischen Energie $k_B T \approx 1{,}3$ keV entspricht. Außerdem beträgt die Ruheenergie von Protonen und Neutronen etwa $m_p c^2 \approx m_n c^2 \approx 1$ GeV . Dann ergibt sich für das Verhältnis (18.28)

$$f(T) \approx \frac{1{,}3\,\text{keV}}{1\,\text{GeV}} \approx \frac{10^3}{10^9} = 10^{-6}. \tag{18.29}$$

Für die Sonne ist $r_s^{\odot} \approx 3$ km und $R \approx 7 \cdot 10^5$ km. Damit haben wir $f_{\odot} \approx 4{,}3 \cdot 10^{-6}$. Die Sonne erfüllt (18.29) also ziemlich gut.

18.4 Entartetes Elektronengas

Die zweite Zustandsgleichung, die wir besprechen wollen, kommt ins Spiel, wenn die Dichte der Materie sehr hoch wird. Wir haben bereits in Abb. 18.2 gesehen, dass im Inneren der Sonne die Dichte sehr viel größer als in äußeren Schichten ist. Zwar ist in der Sonne durchgehend eine Beschreibung als ideales Gas angebracht, in anderen Sternen ist es aber möglich, dass für die inneren Bereiche diese Beschreibung nicht mehr zutrifft.

Hier können die Elektronen aufgrund ihrer quantenmechanischen Eigenschaften einen Druck aufbauen. Der entscheidende Punkt wird sein, dass dieser Druck unabhängig von der Temperatur ist, d. h. auch bei $T \approx 0$ verhindert dieser *Entartungsdruck* der Elektronen einen weiteren Kollaps. Bevor wir uns diesem Zustand quantitativ nähern, wollen wir die Entstehung des Entartungsdrucks in einem anschaulichen Bild besser verstehen.

18.4.1 Anschauliche Interpretation des Entartungsdrucks

Durch die hohe Dichte überlappen an einem bestimmten Punkt die Wellenfunktionen der Elektronen (s. Abb. 18.3). Dieser Zustand entspricht einer globalen Wellen-

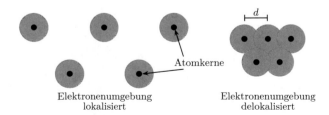

Abb. 18.3 Delokalisierung der Elektronen zu einem Fermigas beim Kollaps eines Sterns für sehr kleine Atomabstände d durch die Überlappung der Elektronenhüllen

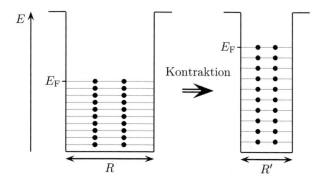

Abb. 18.4 Die Entstehung des Fermi-Drucks lässt sich stark vereinfacht im Potentialtopfmodell für die Elektronen (*schwarz*) verstehen, wobei die Breite R des Topfes mit dem Radius der entarteten Region im Stern verknüpft ist. Sinkt der Radius, so steigt die Energie der Niveaus im Topf an. Es muss also Energie aufgebracht werden, um den Stern zu kontrahieren

funktion und ist dem der Valenzelektronen in einem Metall ähnlich. Die frei beweglichen Elektronen lassen eine Behandlung des Gases als *freies Elektronengas* oder *Fermi-Gas*, analog zu der Situation in Metallen, zu. Elektronen sind Fermionen, für sie gilt das *Pauli-Prinzip*,[2] d. h. es können nicht zwei Elektronen im gleichen Quantenzustand sein. Allgemein spricht man bei Materie, die so hohe Dichte aufweist, dass sie aufgrund von quantenmechanischen Effekten stabilisiert wird, von *entarteter Materie*.

Die Eigenschaft der Fermionen, einen Gegendruck gegen die Gravitation aufzubauen, lässt sich in einer Modellbetrachtung qualitativ verstehen. In einem Stern steht den Elektronen als möglicher Aufenthaltsort nur das Sternvolumen zur Verfügung. Wie im einfachen Modell des Potentialtopfes sind dadurch die möglichen Energieniveaus der Fermionen diskret.

Wir können die grundlegenden Eigenschaften der entarteten Materie deshalb bei der Betrachtung von quantenmechanischen Teilchen in einem dreidimensionalen Kastenpotential der Breite L ableiten (s. Abb. 18.4). Die Vorgehensweise in diesem Abschnitt wird oft völlig analog auch in der Festkörperphysik bei der Behandlung des freien Elektronengases verwendet, siehe z. B. [3]. Die Lösung der Schrödingergleichung für diesen Fall führt zu den Eigenfunktionen

$$\Psi_k(r) = \exp\left(i\mathbf{k} \cdot \mathbf{r}\right), \tag{18.30}$$

also zu ebenen Wellen. Für die Komponenten des Wellenvektors gelten periodische Randbedingungen, d. h.

$$k_i = \frac{2\pi}{L} n, \quad \text{mit} \quad n \in \mathbb{Z} \quad \text{und} \quad i \in \{x, y, z\}. \tag{18.31}$$

---

[2] Wolfgang Ernst Pauli, 1900–1958, österreichischer Physiker, Nobelpreis 1945.

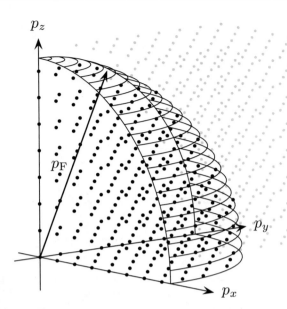

Abb. 18.5   Alle Zustände mit $p < p_F$ liegen in einer Kugel mit Radius $R = p_F$ im Impulsraum. Zur einfacheren Darstellung ist die Skizze auf Zustände mit $p_i \geq 0$ beschränkt

Durch die Randbedingung an die Komponenten des Wellenvektors kann sichergestellt werden, dass die Wellenfunktionen an den Rändern des Kastenpotentials verschwinden. Als ebene Wellen sind die Ψ_k auch Eigenfunktionen des Impulsoperators $\hat{p} = -i\hbar\nabla$ mit den als Vektor darstellbaren Eigenwerten

$$p = \hbar k. \tag{18.32}$$

Die von Teilchen besetzten Zustände lassen sich am anschaulichsten im Impulsraum darstellen. Dort liegen diese Zustände alle innerhalb einer Kugel mit Radius $R = |p_F|$, der *Fermi-Kugel* (s. Abb. 18.5). Der *Fermi-Impuls* p_F ist dabei der zum höchsten besetzten Zustand gehörende Impuls. Aufgrund der Bedingung $k_i = 2\pi n/L$ in (18.31) und des Zusammenhangs (18.32) zwischen Wellenvektor und Impuls nimmt jeder erlaubte Zustand ein Volumen $(h/L)^3$ im Impulsraum ein. Wegen des Pauli-Prinzips können nur jeweils zwei Fermionen mit unterschiedlichem Spin einen solchen Zustand besetzen. Sind alle Zustände mit gegebenem Impuls besetzt, so müssen die weiteren Teilchen Zustände mit höherem Impuls belegen. In einer Kugel mit Volumen $V = 4\pi p_F^3/3$ liegen demnach

$$N = 2\frac{4\pi p_F^3/3}{\left(\frac{h}{L}\right)^3} = \frac{8}{3}\pi\frac{V}{h^3}p_F^3 \tag{18.33}$$

Zustände. Im zweiten Schritt haben wir dabei das Volumen $V = L^3$ des Kastens eingesetzt. Wir lösen nach dem Fermi-Impuls auf und erhalten

$$p_{\mathrm{F}} = \left(\frac{3N}{8\pi} \frac{h^3}{V} \right)^{1/3}. \tag{18.34}$$

Die Fermi-Energie ist über die *relativistische Energie-Impuls-Beziehung*

$$E_{\mathrm{F}} = \sqrt{m^2 c^4 + c^2 p_{\mathrm{F}}^2}, \tag{18.35}$$

die wir in Abschn. 6.6 diskutiert haben, mit dem Fermi-Impuls verknüpft. Steigt der Fermi-Impuls, so steigt auch die Fermi-Energie. Um die entarteten Elektronen weiter zu komprimieren, muss also Energie aufgebracht werden.

18.4.2 Voll entartetes ideales Fermigas

In diesem Abschnitt folgen wir der Argumentation in [7]. Da in diesem Abschnitt Druck und Impuls gleichzeitig vorkommen und wir für beide das Symbol p verwenden, schreiben wir in diesem Abschnitt den Druck immer als p_{e}. Wir knüpfen an das oben Gesagte an und betrachten jetzt die Anzahldichte $\mathrm{d}\mathcal{R}/\mathrm{d}^3 r\,\mathrm{d}^3 p)$ der Fermionen im Phasenraum. Diese ist verknüpft mit einer Verteilungsfunktion $f(\boldsymbol{r}, \boldsymbol{p}, t)$ definiert über

$$\frac{\mathrm{d}\mathcal{R}}{\mathrm{d}^3 r\,\mathrm{d}^3 p} = \frac{2}{h^3} f. \tag{18.36}$$

Dabei ist h^3 das bereits eingeführte Volumen einer Zelle im Phasenraum, der Faktor zwei resultiert aus den beiden möglichen Spineinstellungen für Elektronen. Für f kennen wir bereits einen Ausdruck, denn für Fermionen gilt die *Fermi-Dirac-Statistik*,[3] d. h.

$$f(E) = \frac{1}{\exp\left(\dfrac{E - \mu}{k_{\mathrm{B}} T} \right) + 1}, \tag{18.37}$$

dabei ist μ das chemische Potential. Es gibt an, um welchen Betrag sich die Energie ändert, wenn ein Fermion aus dem System entfernt wird. Im entarteten Fall können wir deshalb $\mu \approx E_{\mathrm{F}}$ setzen. Je kleiner die Temperatur wird, desto größer wird der Faktor $1/(k_{\mathrm{B}} T)$ in der Exponentialfunktion in (18.37). Die Funktion f nähert sich dadurch immer mehr einer Stufenfunktion an. Im Grenzfall völlig entarteter Fermionen ($T \to 0$, $\mu/k_{\mathrm{B}} T \to \infty$) gilt schließlich

$$f(E) = \begin{cases} 1, & E \leq E_{\mathrm{F}}, \\ 0, & E > E_{\mathrm{F}}, \end{cases} \tag{18.38}$$

---

[3] Paul Adrien Maurice Dirac, 1902–1984, britischer Physiker, Nobelpreis 1933.

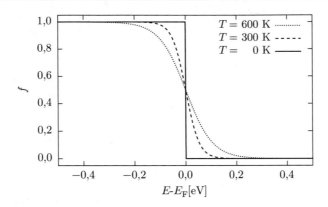

Abb. 18.6 Fermi-Dirac-Verteilungsfunktion für verschiedene Temperaturen. Je kleiner die Temperatur wird, desto mehr nähert sich f einer Stufenfunktion an. Für $T \to 0$ K sind alle Zustände mit $E < E_F$ besetzt und alle Zustände mit $E > E_F$ unbesetzt

d. h. alle Zustände mit $E < E_F$ sind besetzt und alle Zustände mit $E > E_F$ sind unbesetzt (s. Abb. 18.6).

Für die Anzahldichte der Fermionen gilt

$$n = \int \frac{\mathrm{d}\mathcal{R}}{\mathrm{d}^3 r \, \mathrm{d}^3 p} \mathrm{d}^3 p. \tag{18.39}$$

Für den Druck in einem System mit isotrop verteilten Impulsen ist weiter

$$p_e = \frac{1}{3} \int p v \frac{\mathrm{d}\mathcal{R}}{\mathrm{d}^3 r \, \mathrm{d}^3 p} \mathrm{d}^3 p. \tag{18.40}$$

Der Faktor $1/3$ folgt dabei aus der Isotropie und für die Geschwindigkeit können wir wegen $p = m\gamma v$ und $E = m\gamma c^2$ (s. (6.35))

$$v = pc^2/E \tag{18.41}$$

schreiben.

Mit (18.38) und (18.39) ist die Elektronendichte gegeben über

$$n_e = \int \frac{\mathrm{d}\mathcal{R}}{\mathrm{d}^3 r \, \mathrm{d}^3 p} \mathrm{d}^3 p = \int_0^{p_F} \frac{2}{h^3} f(E) \mathrm{d}^3 p = \int_0^{p_F} \frac{2}{h^3} 4\pi p^2 \mathrm{d}p = \frac{8\pi}{3h^3} p_F^3. \tag{18.42}$$

Aus (18.38) folgt dabei die obere Integrationsgrenze p_F, da Zustände mit größerem Impuls nicht besetzt sind. Wenn der Fermi-Impuls der Elektronen sehr groß wird, dann verhalten sich die Elektronen relativistisch. Um die Stärke relativistischer Einflüsse zu charakterisieren, führt man einen dimensionslosen Relativitätsparameter

$$x = \frac{p_F}{m_e c} \tag{18.43}$$

ein. Dieser gibt den Fermi-Impuls in Einheiten des nichtrelativistischen Impulses eines Elektrons, das sich mit Lichtgeschwindigkeit bewegt, an. Damit ist

$$n_e = \frac{8\pi m_e^3 c^3}{3h^3} x^3 = \frac{1}{3\pi^2 \lambdabar_e^3} x^3 = \frac{1}{3\pi^2} n_{e,c} x^3. \tag{18.44}$$

In dieser Gleichung haben wir die reduzierte *Compton-Wellenlänge* des Elektrons

$$\lambdabar_e = \frac{\hbar}{m_e c} = 3{,}8615926800\,(25) \cdot 10^{-13}\,\mathrm{m} \tag{18.45}$$

eingeführt. Sie unterscheidet sich nur um einen Faktor 2π von der Compton-Wellenlänge, die wir in (6.59) kennengelernt haben. Die Größe $\lambdabar_e$ heißt reduziert, weil in ihrer Definition $\hbar$ statt h steht, analog zu den beiden Formen des Planck'-schen Wirkungsquantums. Im Folgenden sprechen wir einfach von der Compton-Wellenlänge. Wir sehen daran, dass wir die Anzahldichte n_e in Einheiten einer charakteristischen Anzahldichte

$$n_{e,c} = \lambdabar_e^{-3} \tag{18.46}$$

messen, die einem Elektron in einem Würfel mit Kantenlänge $\lambdabar_e$ entspricht. Zu $n_{e,c}$ gehören eine entsprechende charakteristische Massendichte und Energiedichte

$$\rho_{e,c} = m_e n_{e,c} = \frac{m_e}{\lambdabar_e^3} \quad \text{und} \quad \varepsilon_{e,c} = m_e c^2 n_{e,c} = \frac{m_e c^2}{\lambdabar_e^3}. \tag{18.47}$$

Mit den jetzt eingeführten Größen können wir den Druck auswerten. Mit dem Impuls $p = y m_e c$ ergibt sich aus (18.40) zusammen mit (18.41) der Ausdruck

$$p_e = \frac{1}{3} \frac{2}{h^3} \int_0^{p_F} p \frac{p}{\sqrt{p^2 c^2 + m_e^2 c^4}} 4\pi p^2 \, dp = \frac{\varepsilon_{e,c}}{3\pi^2} \int_0^x \frac{y^4 \, dy}{\sqrt{1+y^2}}. \tag{18.48}$$

Das in diesem Ausdruck vorkommende Integral ist analytisch lösbar. Man findet

$$\phi(x) \equiv \frac{1}{3\pi^2} \int_0^x \frac{y^4 \, dy}{\sqrt{1+y^2}} = \frac{1}{8\pi^2}\left[x\sqrt{1+x^2}\left(\frac{2}{3}x^2 - 1\right) + \mathrm{arsinh}(x)\right]. \tag{18.49}$$

Den Vorfaktor $1/(3\pi^2)$ haben wir mit in die Funktion $\phi(x)$ gezogen, denn dann ist

$$p_e = \varepsilon_{e,c}\phi(x). \tag{18.50}$$

Wir sind mit diesem Ausdruck allerdings noch nicht ganz am Ziel, denn wir möchten einen Ausdruck $p_e(\rho_m)$. Wir können zwar x mit Hilfe von (18.46) und (18.47) in Abhängigkeit von der Elektronendichte ρ_e ausdrücken. In Sternmaterie liefert diese aber nicht den dominanten Beitrag zur Gesamtmassendichte, sondern im Gegenteil einen nahezu vernachlässigbaren Anteil. Selbst wenn der Druck also fast ausschließlich von den entarteten Elektronen verursacht wird, dominiert die Dichte der Ruhemasse der Ionen die Gesamtdichte

$$\rho_{\text{ges}} = \sum_i n_i m_i.$$

(18.51)

In diesem Ausdruck sind n_i und m_i die Anzahldichte und Masse der Ionen vom Typ i. Bereits an dieser Stelle sehen wir, dass die Eigenschaften entarteter Materie von der chemischen Zusammensetzung abhängen, denn die Anzahl an Kernbausteinen pro Ion und die Ionendichte zusammen legen die Gesamtdichte fest. Um (18.51) geschickt zu formulieren, führen wir die mittlere Baryonenmasse

$$m_{\text{Bar}} = \frac{1}{n_{\text{Bar}}} \sum_i n_i m_i$$

(18.52)

ein. Dabei ist die Baryonendichte

$$n_{\text{Bar}} = \sum_i n_i A_i$$

(18.53)

über die Anzahldichten n_i und Massenzahlen A_i der einzelnen Bestandteile der Materie definiert. Die Gesamtdichte ist jetzt einfach

$$\rho_{\text{ges}} = n_{\text{Bar}} m_{\text{Bar}}.$$

(18.54)

Um jetzt diesen Ausdruck wieder mit der Elektronendichte zu verknüpfen, führen wir die mittlere Elektronenzahl pro Baryon Y_e ein. Mit $n_{\text{Bar}} = n_e Y_e$ erhalten wir dann

$$\rho_{\text{ges}} = \frac{n_e}{Y_e} m_{\text{Bar}}.$$

(18.55)

Mit n_e aus (18.44) führt das auf

$$\rho_{\text{ges}}(x) = \rho_c x^3,$$

(18.56)

wobei wir die *kritische Massendichte*

$$\rho_c = \frac{1}{3\pi^2} \frac{n_{\text{e,c}} m_{\text{Bar}}}{Y_e} = \frac{1}{3\pi^2} \frac{m_{\text{Bar}}}{\lambda_e^3} Y_e$$

(18.57)

eingeführt und im zweiten Schritt (18.46) eingesetzt haben. Damit können wir

$$x = \left(\frac{\rho_{\text{ges}}}{\rho_c} \right)^{1/3}$$

(18.58)

schreiben. Für die Baryonenmasse können wir ohne nennenswerten Fehler die atomare Masseneinheit [4]

$$m_u = 1{,}660538921(73) \cdot 10^{-27} \text{ kg}$$

(18.59)

einsetzen. Für jedes Isotop eines Elementes mit Kernladung Z und Massenzahl A ist die mittlere Elektronenzahl pro Baryon gegeben über $Y_e = Z/A$. Für eine Vielzahl an Isotopen, z. B. ^{4}He, ^{6}C und ^{8}O, ist $A = 2Z$ und daher $Y_e = 1/2$. Gegenbeispiele sind etwa der in Sternen dominant vorhandene Wasserstoff ^{1}H mit $Y_e = 1$ und ^{56}Fe mit

$Y_e = 0{,}46$, das als Fusionsendprodukt sehr massereicher Sterne in Abschn. 19.5.2 eine wichtige Rolle spielt. Tatsächlich sind aber die drei genannten Isotope von Helium, Kohlenstoff und Sauerstoff diejenigen, die in entarteter Materie die wichtigste Rolle spielen. Wir können daher in (18.56) $Y_e = 0{,}5$ setzen. Wie wir außerdem am Beispiel von Eisen sehen, ist dieser Zahlenwert außer für Wasserstoff auch für die meisten anderen Isotope relativ genau.

Es ergibt sich dann

$$\rho_c = 1{,}94786 \cdot 10^9 \, \mathrm{kg\,m^{-3}}. \tag{18.60}$$

Um ein Gefühl für die Größe von ρ_c zu bekommen, vergleichen wir mit der Dichte $\rho_z^\odot$ im Zentrum der Sonne in (18.23). Es ist $\rho_c \simeq 1{,}3 \cdot 10^4 \rho_z^\odot$.

Die Gl. (18.50) und (18.56) sind die gesuchte Zustandsgleichung in parametrischer Form, wobei wir natürlich den Ausdruck für x in (18.58) in p_e einsetzen können und dann direkt die gesuchte Formel $p_e(\rho_m)$ erhalten. Aufgrund der relativ komplizierten Funktion $\phi(x)$ aus (18.49) ergibt sich aber ein unschöner Ausdruck.

Wir können für die beiden Grenzfälle $x \ll 1$, d. h. nichtrelativistische Elektronen, und $x \gg 1$, d. h. hochrelativistische Elektronen, aber sehr einfache Ausdrücke erhalten, wenn wir $\phi(x)$ für diese Fälle nähern. Im ersten Fall ergibt eine einfache Taylorreihe um $x = 0$

$$\phi(x) \approx \frac{x^5}{15\pi^2} \quad \text{für} \quad x \ll 1. \tag{18.61}$$

Um eine Näherung für den hochrelativistischen Grenzfall zu erhalten, verwenden wir $\sqrt{1+x^2} \approx x$ für große x. Da außerdem der $\mathrm{arsinh}(x)$ für große x ungefähr wie $\ln(2x)$ läuft, können wir diesen Beitrag vernachlässigen und finden den dominanten Term

$$\phi(x) \approx \frac{x^4}{12\pi^2} \quad \text{für} \quad x \gg 1. \tag{18.62}$$

Das führt dann insgesamt auf

$$p_e(x) = \frac{\varepsilon_{e,c}}{3\pi^2} \cdot \begin{cases} \dfrac{x^5}{5} & \text{für } x \ll 1, \\[2mm] \dfrac{x^4}{4} & \text{für } x \gg 1. \end{cases} \tag{18.63}$$

Wenn wir schließlich die Definition (18.58) einsetzen, finden wir

$$p_e(\rho_m) = \frac{\varepsilon_{e,c}}{3\pi^2} \cdot \begin{cases} \dfrac{1}{5}\left(\dfrac{\rho_m}{\rho_c}\right)^{5/3} & \text{für } \rho_m \ll \rho_c, \\[3mm] \dfrac{1}{4}\left(\dfrac{\rho_m}{\rho_c}\right)^{4/3} & \text{für } \rho_m \gg \rho_c. \end{cases} \tag{18.64}$$

Zustandsgleichungen der Form

$$p_e \sim \rho^\Gamma, \quad \text{d. h.} \quad p_e V^{-\Gamma} = \text{const} \tag{18.65}$$

werden in der Thermodynamik als *polytrope Zustandsgleichungen* bezeichnet und dieser Begriff wird deshalb für die Form (18.64) ebenfalls verwendet. Grundsätzlich muss mit steigender Dichte der Druck eines Sterns steigen, ansonsten wäre er instabil. Gl. (18.64) erfüllt diese Bedingung, aber der funktionale Zusammenhang zwischen Druck und Dichte ist nicht in beiden Grenzfällen gleich. Man bezeichnet Zustandsgleichungen, bei denen der Druck mit der Dichte stark steigt als hart, und solche, bei denen er langsam steigt, als weich. Die Zustandsgleichung für den hochrelativistischen Grenzfall ist also weicher als im nichtrelativistischen Grenzfall. Diese Aussage gilt natürlich auch für die ungenäherte Gleichung und spielt eine entscheidende Rolle für weiße Zwerge: Sternreste, die durch den Entartungsdruck der Elektronen stabilisiert werden und die wir in Kap. 20 besprechen. Dort führt das „relativistische Aufweichen" der Zustandsgleichung dazu, dass diese Sterne nicht beliebig massiv werden können.

In Zahlenwerten ergibt (18.64)

$$p_e(\rho_m) = \begin{cases} 3{,}16 \cdot 10^6 \, \rho_m^{4/3} \; [\mathrm{kg\,m^{-3}}] \, \mathrm{Pa}, \\ 4{,}93 \cdot 10^9 \, \rho_m^{5/3} \; [\mathrm{kg\,m^{-3}}] \, \mathrm{Pa}. \end{cases} \tag{18.66}$$

Wenn wir in (18.66) wieder den Wert der Dichte im Zentrum der Sonne aus (18.23) in die nichtrelativistische Näherung einsetzen, so finden wir

$$p_e(\rho_z^\odot) \approx 0{,}06 \, p_z^\odot, \tag{18.67}$$

mit dem Druck $p_z^\odot$ im Sonneninneren aus (18.21). Aus dieser einfachen Abschätzung wird klar, dass der Druck im Inneren der Sonne nicht vom Entartungsdruck der Elektronen, sondern vom Gasdruck entsprechend (18.25) verursacht wird.

Abschließend geben wir noch den Ausdruck für die Zustandsgleichungsfunktion $f = p_e/(\rho_m c^2)$ im genäherten Fall an. Wir verknüpfen den Faktor $1/c^2$ mit der Energiedichte im Vorfaktor und finden dann

$$f(\rho_m) = \frac{1}{3\pi^2} \cdot \begin{cases} \dfrac{1}{5}\left(\dfrac{\rho_m}{\rho_c}\right)^{2/3} & \text{für } \rho_m \ll \rho_c, \\[3mm] \dfrac{1}{4}\left(\dfrac{\rho_m}{\rho_c}\right)^{1/3} & \text{für } \rho_m \gg \rho_c. \end{cases} \tag{18.68}$$

18.5   Zusammenfassung

Mit (18.27) für das ideale Gas und (18.64) für das entartete Elektronengas haben wir zwei völlig unterschiedliche Zustandsgleichungen für Sternmaterie gefunden. Es fällt sofort ein wesentlicher Unterschied auf: Während f in (18.27) nur eine Funktion der Temperatur ist, hängt (18.64) nur von der Dichte ab. Dieser Unterschied bleibt natürlich auch gültig, wenn wir in (18.64) den allgemeinen Ausdruck für den Druck einsetzen.

Die Entwicklung eines Sterns hängt von der jeweiligen Stärke der beiden Drücke $p \sim \rho_m T$ in (18.25) und $p \sim \rho_m^{n/3}$ in (18.64) ab. Ein kontrahierender, nicht entarteter Stern wird entsprechend (18.25) solange seine Temperatur erhöhen, bis dadurch Fusionsprozesse in Gang kommen und einen weiteren Kollaps verhindern. Wenn allerdings der Entartungsdruck so groß wird, dass er einen weiteren Kollaps verhindern kann, bevor die Temperatur für einen bestimmten Fusionsprozess hoch genug ist, so kann es zu diesem nicht kommen. Im Wesentlichen entscheidet die Masse eines Sterns darüber, welche dieser beiden Möglichkeiten stattfindet. In Kap. 19 kommen wir auf dieses Thema bei der Diskussion der Energieproduktion in Sternen zurück.

Literatur

1. Bahcall, J.N., Serenelli, A.M., Basu, S.: New solar opacities, abundances, helioseismology, and neutrino fluxes. Astrophys. J. Lett. **621**(1), L85 (2005)
2. Bahcall, J.N., Serenelli, A.M., Basu, S.: BS2005 Sonnenmodell [1]. http://www.sns.ias. edu/~jnb/
3. Kittel, C.: Einführung in die Festkörperphysik, 14. Aufl. Oldenbourg Wissenschaftsverlag (2005)
4. Mohr, P.J., Taylor, B.N., Newell, D.B.: CODATA recommended values of the fundamental physical constants: 2010. Rev. Mod. Phys. **84**, 1527–1605 (2012)
5. Ryan, S.G., Norton, A.J.: Stellar Evolution and Nucleosynthesis. Cambrigde University Press, Cambridge (2010)
6. Salaris, M., Cassisi, S.: Equation of State of the Stellar Matter, S. 31–47. Wiley, Chichester (2006)
7. Shapiro, S.L., Teukolsky, S.A.: Black Holes, White Dwarfs, and Neutron Stars: The Physics of Compact Objects. Wiley-Interscience, New York (1983)

Energieproduktion in Sternen

19

Inhaltsverzeichnis

In diesem Kapitel befassen wir uns mit den physikalischen Prozessen, mit deren Hilfe Sterne Energie gewinnen. Wir haben bereits in Abschn. 1.5.1 einen Eindruck von den unglaublichen Energiemengen erhalten, die Sterne freisetzen. So hat die Sonne nach (1.58) eine Leuchtkraft von etwa $L_\odot \approx 4 \cdot 10^{26}$ W. Um im Gleichgewicht zu bleiben, muss sie also mit gleicher Leistung Energie freisetzen.

Heute wissen wir, dass Sterne diese Energie durch Kernfusionsprozesse gewinnen, die in ihrem Inneren ablaufen. Eine erste quantitative Untersuchung dieser Vorgänge wurde in den 1930er Jahren durch *Weizsäcker*[1] und *Bethe*[2] [6] vorgenommen. 1957 veröffentlichten *Burbidge*,[3] *Burbidge*,[4] *Fowler*[5] und *Hoyle*[6] eine umfassende

---

[1] Carl Friedrich Freiherr von Weizsäcker, 1912–2007, deutscher Physiker und Philosoph. Bruder des ehemaligen Bundespräsidenten Richard von Weizsäcker.

[2] Hans Albrecht Bethe, 1906–2005, deutsch-amerikanischer Physiker, erhielt für seine Berechnungen zur Energieproduktion in Sternen 1967 den Nobelpreis für Physik.

[3] Margaret Burbidge, 1919–2020, US-amerikanische Astrophysikerin.

[4] Geoffrey Burbidge, 1925–2010, US-amerikanischer Astrophysiker, Ehemann von Margaret Burbidge.

[5] William Alfred Fowler, 1911–1995, US-amerikanischer Astrophysiker, Nobelpreis 1983.

[6] Fred Hoyle, 1915–2010, britischer Astronom und Mathematiker.

© Springer-Verlag GmbH Deutschland, ein Teil von Springer Nature 2022
S. Boblest et al., *Spezielle und allgemeine Relativitätstheorie*,
https://doi.org/10.1007/978-3-662-63352-6_19

Untersuchung der Fusionsprozesse in Sternen [7]. Entsprechend der Autorennamen wird diese Veröffentlichung auch als B^{2}HF-Paper bezeichnet. Dabei ist das Verständnis dieser Prozesse nicht nur bedeutsam, um den Aufbau und die Entwicklung von Sternen zu verstehen, sondern vor allem auch um die Entstehung und die Häufigkeit der verschiedenen in der Natur vorkommenden Elemente zu erklären.

Wir beginnen unsere Diskussion mit grundlegenden Überlegungen zu den Bedingungen, unter denen Kernfusionsprozesse ablaufen und warum bei ihnen Energie freigesetzt werden kann, bevor wir dann einige wichtige Reaktionen detaillierter betrachten.

19.1   Kernfusion als Energiequelle

Sterne wie die Sonne leuchten für mehrere Milliarden Jahre mit fast konstanter Leuchtkraft. Sie müssen die dafür nötige Energie also aus einem sehr großen Reservoir beziehen. Wie wir gleich sehen werden, ist die bei Kernfusionsreaktionen freiwerdende Energiemenge viel größer als etwa bei chemischen Reaktionen. Zum Vergleich: Bei der Verbrennung von 1 kg Steinkohle wird beispielsweise eine Energiemenge $E \approx 2{,}9 \cdot 10^7$ J = 1 SKE (eine Steinkohleeinheit) frei. Wenn die ganze Sonne aus Steinkohle bestünde, ergäbe das bei ihrer jetzigen Leuchtkraft genug Energie, um etwa 4600 Jahre zu leuchten, also viel zu kurz im Vergleich zu ihrem Alter von etwa $4{,}6 \cdot 10^9$ y [5].

Im 19. Jahrhundert war Kernfusion noch unbekannt und dementsprechend die Frage nach der Energiequelle der Sonne ein ungelöstes Problem. Wir können das besser verstehen, wenn wir untersuchen, wie lange die Sonne ihre Energie aus anderen Energiequellen beziehen könnte. Chemische Reaktionen sind nach dem gerade gesehenen Beispiel ungeeignet. Eine weitere naheliegende Energiequelle ist die gravitative Bindungsenergie. Wir haben in Abschn. 1.4.3 hergeleitet, dass eine homogene Vollkugel mit Masse M und Radius R die gravitative Bindungsenergie $E_m = -(3/5)GM^2/R$ besitzt, die beim Kollaps freigeworden sein muss. Für die Sonne ergibt dies mit $R_\odot \approx 7 \cdot 10^8$ km und $M_\odot = 2 \cdot 10^{30}$ kg (s. (1.55) und (1.54)) eine während des Kollapses freigewordene Energie von

$$E_m^\odot \approx 2{,}29 \cdot 10^{41} \text{ J}. \tag{19.1}$$

Diese Energiemenge wäre ausreichend, damit die Sonne mit ihrer gegenwärtigen Leistung für einen Zeitraum

$$\tau_{\text{KH}} = \frac{E_m}{L_\odot} \approx 5{,}9 \cdot 10^{14} \text{ s} \approx 1{,}88 \cdot 10^7 \, \text{y} \tag{19.2}$$

leuchten könnte. Das Verhältnis τ_{KH} von Gravitationsbindungsenergie zu Leuchtkraft heißt *Kelvin-Helmholtz-Zeitskala*[7,8].

---

[7] William Thomson, 1. Baron Kelvin, 1824–1907, britischer Physiker.
[8] Hermann von Helmholtz, 1821–1894, deutscher Physiologe und Physiker.

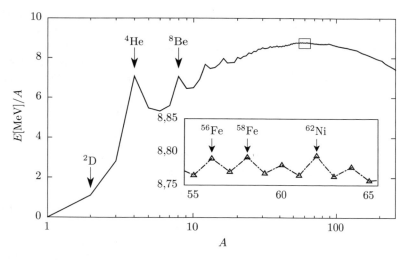

Abb. 19.1 Bindungsenergie pro Nukleon für Nuklide mit verschiedenen Massenzahlen A. Für jede Massenzahl ist jeweils das Nuklid mit der höchsten Bindungsenergie gewählt. Der Ausschnitt zeigt den Bereich von $A = 55$–65 mit den drei am stärksten gebundenen Nukliden ^{62}Ni, ^{58}Fe und ^{56}Fe. Die Daten für die Abbildung stammen aus [3]

Als reiner Gravitationseffekt ergäbe sich also eine Lebensdauer für Sterne im Bereich von einigen zehn Millionen Jahren. Das ist deutlich länger als es mit chemischen Reaktionen möglich wäre, aber immer noch viel zu kurz um das geschätzte Alter der Sonne von etwa $4{,}57 \cdot 10^9$ y zu erklären. Tatsächlich gewinnen aber Protosterne, wie wir gesehen haben, ihre Energie aus diesem Reservoir, bevor sie heiß genug werden, dass Fusionsprozesse beginnen können. Im 19. Jahrhundert war kein größeres Energiereservoir bekannt, aus dem die Sonne ihre Strahlungsenergie beziehen könnte. Das sich ergebende Sonnenalter war aber unverträglich mit geologischen Erkenntnissen zum Alter der Erde und Darwins Untersuchungen zur Evolution.

Wie lässt sich aber nun mit Kernfusion Energie gewinnen? Abb. 19.1 zeigt die Bindungsenergie pro Nukleon für Atomkerne mit verschiedenen Massenzahlen A, wobei für jedes A der am stärksten gebundene Kern ausgewählt wurde. Da der Wasserstoffkern nur aus einem Proton besteht, ist seine Bindungsenergie natürlich Null. Dagegen weist der doppelt magische ^{4}He-Kern pro Nukleon eine Bindungsenergie von etwa 7 MeV auf. Wenn man also vier Protonen zu einem Heliumkern fusioniert, wobei zwei Protonen in Neutronen umgewandelt werden müssen, so kann man mit einer freiwerdenden Energie in der Größenordnung von 28 MeV rechnen. Der tatsächliche Wert liegt etwas niedriger, weil die bei der Fusion freiwerdenden Neutrinos nicht mit der Sternmaterie wechselwirken und so einen Teil der Energie abführen. Außerdem sind mehrere Reaktionswege von den 4 Protonen zum Heliumkern möglich, die eine leicht unterschiedliche Energiebilanz aufweisen. Wir nehmen für die folgenden Überlegungen deshalb eine freiwerdende Energie von 26 MeV an.

Wenn wir von einem anfänglichen Wasserstoffanteil der Sonne von 70 % ausgehen und weiter die Leuchtkraft $L_\odot = 3{,}86 \cdot 10^{26}$ W als konstant annehmen, so können wir berechnen, wie lange die Sonne durch Wasserstofffusion strahlen kann.

Umgerechnet in Joule ergibt sich die freiwerdende Energie $E_{4p \to He} = 26$ MeV $= 4{,}2 \cdot 10^{-12}$ J pro entstehendem Heliumkern. Pro Sekunde müssen also

$$N_s = 3{,}86 \cdot 10^{26} \text{ J}/E_{4p \to He} = 9{,}3 \cdot 10^{37} \tag{19.3}$$

solcher Reaktionen stattfinden, um den Strahlungsverlust auszugleichen. Die maximal mögliche Anzahl solcher Reaktionen ist ungefähr

$$N_{4p \to He} = \frac{0{,}7 M_\odot}{4 m_p} = 2{,}1 \cdot 10^{56}. \tag{19.4}$$

Das führt auf die grobe Abschätzung

$$t_H = \frac{N_s}{N_{4p \to He}} \text{ s} \approx 7{,}1 \cdot 10^{10} \text{ y}. \tag{19.5}$$

Die Sonne könnte also bei gleichbleibender Leuchtkraft für etwa 71 Milliarden Jahre ihren Energiebedarf aus der Wasserstofffusion decken. Die tatsächliche Lebensdauer der Sonne ist um etwa einen Faktor 7 geringer, weil Sterne nur etwa 10 % ihres Wasserstoffs fusionieren, entscheidend ist aber das im Vergleich zur Gravitationsenergie um ein Vielfaches größere Energiereservoir der Kernfusion.

Anhand von Abb. 19.1 sehen wir aber auch, dass bei der Fusion von Wasserstoff zu Helium mit großem Abstand mehr Energie pro Nukleon frei wird, als bei der Fusion schwererer Elemente, etwa Helium zu Kohlenstoff. Solche Reaktionen finden statt, wenn ein Stern seinen Wasserstoffvorrat im Zentrum im Wesentlichen verbraucht hat. Aufgrund der viel kleineren Energieausbeute reicht der Energievorrat dieser Reaktionen aber nur für sehr viel kürzere Zeiträume. Auf diese Aspekte gehen wir etwas ausführlicher in Abschn. 19.5 ein.

Zuvor möchten wir aber analysieren, welche Voraussetzungen gegeben sein müssen, damit Fusionsreaktionen überhaupt stattfinden können.

19.2   Voraussetzungen für Fusionsprozesse

In der Sonne herrschen Temperaturen in der Größenordnung von $T \sim 10^7$ K (s. (18.22)). Dies entspricht einer thermischen Energie $E \gtrsim 800$–900 eV, also weit über der Ionisierungsenergie von Wasserstoff. Die leichten Atome werden in Sternen also ionisiert vorliegen. Protonen stoßen sich aber aufgrund der elektromagnetischen Wechselwirkung ab. Nähert sich ein Proton einem anderen, so muss es den *Coulomb-Wall* überwinden, d. h. die beiden Protonen müssen sich so nahe kommen, dass die kurzreichweitige starke Wechselwirkung zur Kernreaktion führen kann.

Um abzuschätzen, wie groß der Coulomb-Wall ist, nehmen wir für den Radius eines Protons etwa $r_p \simeq 10^{-15}$ m an, was für eine Abschätzung völlig ausreichend mit aktuellen Werten übereinstimmt [2].

Bei „Berührung" der Protonen haben die Mittelpunkte einen Abstand von $2r_p$. Damit ergibt sich für die potentielle Energie

$$V(2r_p) = \frac{e^2}{4\pi\varepsilon_0} \frac{1}{2r_p}. \tag{19.6}$$

Wir wollen diese Energie mit der Bindungsenergie des Wasserstoffatoms vergleichen. Dazu drücken wir den Protonenradius r_p durch den *Bohr-Radius* $a_B \simeq 0,529 \cdot 10^{-10}$ m aus (7.56) aus.

Es ist also $r_p \simeq 2a_B \cdot 10^{-5}$ und wir erhalten

$$V(2r_p) = \frac{e^2}{4\pi\varepsilon_0} \frac{1}{2a_B} \frac{1}{2} \cdot 10^5 = \frac{\alpha^2}{2} m_e c^2 \frac{1}{2} \cdot 10^5 = \frac{1}{2} E_{Ry} \cdot 10^5 \tag{19.7}$$

mit der *Rydberg-Energie*[9]

$$E_{Ry} = \alpha^2 m_e c^2 / 2 = 13{,}60569253(30) \text{ eV} \tag{19.8}$$

und der Feinstrukturkonstante α in (1.18). Der Coulomb-Wall beträgt also etwa $V(2r_p) = 6{,}8 \cdot 10^5$ eV und ist demnach viel größer als die thermischen Energien im Bereich von 1 keV.

Dass dennoch Fusionsprozesse stattfinden, hat zwei Gründe. Zum einen haben nicht alle Protonen bzw. Atomkerne die gleiche Geschwindigkeit, sondern es liegt eine Geschwindigkeitsverteilung vor. Zum anderen kann es durch den quantenmechanischen Tunneleffekt auch zu Fusionsprozessen kommen, wenn die Energie dafür klassisch nicht ausreichend wäre.

19.2.1 Geschwindigkeitsverteilung der Nukleonen

Wir haben bereits diskutiert, dass die Materie in einem Stern in guter Näherung als ideales Gas beschrieben werden kann. Dementsprechend gehorchen die auftretenden Geschwindigkeiten der *Maxwell-Boltzmann-Verteilung* und für die Beträge der Geschwindigkeiten ergibt sich deshalb die Wahrscheinlichkeitsdichte

$$\mathcal{P}(v)\, dv = 4\pi \left(\frac{m}{2\pi k_B T} \right)^{3/2} v^2 \exp\left(-\frac{mv^2}{2k_B T} \right) dv. \tag{19.9}$$

Für Fusionsprozesse sind nicht die Geschwindigkeiten der Teilchen im Ruhsystem, sondern die Relativgeschwindigkeiten im Schwerpunktsystem relevant, die aber

---

[9]Johannes Rydberg, 1854–1919, schwedischer Physiker.

ebenfalls einer Maxwell-Verteilung gehorchen. Wir müssen lediglich den Übergang von der Masse m zur reduzierten Masse

$$m_\mathrm{r} = \frac{m_\mathrm{A} m_\mathrm{B}}{m_\mathrm{A} + m_\mathrm{B}} \tag{19.10}$$

vornehmen. Weil wir uns mit Atomkernen beschäftigen, ist es zweckmäßig, die reduzierte Masse über die Massenzahlen auszudrücken. Mit $m_\mathrm{A,B} = A_\mathrm{A,B} m_\mathrm{u}$, wobei m_u die atomare Masseneinheit aus (18.59) bezeichnet, ergibt sich

$$m_\mathrm{r} = \frac{A_\mathrm{A} A_\mathrm{B}}{A_\mathrm{A} + A_\mathrm{B}} m_\mathrm{u} = A_\mathrm{r} m_\mathrm{u}. \tag{19.11}$$

Außerdem ist es von Vorteil, die Maxwell-Verteilung auf die Energie umzuformulieren, wobei wir hier den nichtrelativistischen Zusammenhang $E = p^2/2m_\mathrm{r}$ verwenden. Wir erhalten dann

$$\mathcal{P}(E)\,\mathrm{d}E = 2\sqrt{\frac{E}{\pi k_\mathrm{B}^3 T^3}} \exp\!\left(-\frac{E}{k_\mathrm{B} T}\right) \mathrm{d}E. \tag{19.12}$$

Der Anteil hochenergetischer Teilchen nimmt exponentiell mit der Energie ab, es gibt aber immer einen kleinen Anteil an Teilchen, mit sehr hoher Energie. In Abb. 19.2 ist die Maxwell-Energieverteilung skizziert. Eine kleine Randbemerkung ist hier angebracht: Die Maxwell-Verteilung (19.9) ist nichtrelativistisch, sie erlaubt auch Geschwindigkeiten $v > c$. Bei nicht zu hohen Temperaturen ist der Anteil hoher Geschwindigkeiten verschwindend klein und diese Abweichung spielt keine Rolle. Bei den hohen Temperaturen in Sternen ist diese Annahme allerdings unter Umständen problematisch. Für unsere qualitative Diskussion ist die nichtrelativistische Betrachtung aber sicherlich ausreichend. Für eine einführende Diskussion über die Vereinheitlichung von Relativitätstheorie und Thermodynamik verweisen wir interessierte Leser auf [8].

Abb. 19.2 Skizze der Maxwell-Energieverteilung. Auch wenn die thermische Energie viel kleiner als der Coulomb-Wall ist, existiert immer ein kleiner Anteil von Teilchen mit sehr hoher Energie, die dann fusionieren können

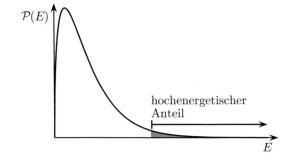

19.2.2 Tunneleffekt

In der klassischen Physik ist es einem Teilchen nur möglich, einen Potentialwall der Höhe V zu überwinden, wenn seine kinetische Energie größer ist als V. In der Quantenmechanik gilt diese Einschränkung nicht mehr, mit einer kleinen Wahrscheinlichkeit kann hier ein Teilchen durch den Potentialwall tunneln. Sowohl bei Kernzerfällen als auch bei Kernfusion spielen diese Tunnelprozesse eine zentrale Rolle.

Die erste quantitative Untersuchung des Tunneleffektes bei Prozessen im Atomkern führte Gamow 1928 durch [9]. Er studierte den radioaktiven α-Zerfall, bei dem ein ^{4}He-Kern den Kern verlässt. Wir betrachten hier Fusionsprozesse und damit genau den gegenteiligen Ablauf, aber die entsprechenden Ergebnisse zum Tunneleffekt bleiben auch in umgekehrter Richtung gültig.

Ein einfaches eindimensionales Beispielsystem in der Quantenmechanik ist ein freies Teilchen mit Energie E und ein Rechteckpotential mit $V > E$. Im Bereich des Potentials lautet die Schrödingergleichung dann

$$\frac{-\hbar^2}{2m}\psi''(x) + V\psi(x) = E\psi(x), \tag{19.13}$$

mit der Lösung

$$\psi(x) = \psi_0 \exp\left(-\sqrt{\frac{2m}{\hbar^2}(V-E)}\,x\right). \tag{19.14}$$

Die Amplitude der Wellenfunktion nimmt also exponentiell ab, und zwar umso schneller, je größer die Differenz $V - E$ ist. Der Faktor ψ_0 muss so bestimmt werden, dass ψ normiert ist, aber das spielt für uns keine Rolle. Entscheidend ist, dass die Wahrscheinlichkeit, das Teilchen im Intervall $[x, x + dx]$ zu finden durch $|\psi(x)|^2 dx$ gegeben ist. Wenn sich das Rechteckpotential von x_1 bis x_2 erstreckt, ergibt sich dann die Tunnelwahrscheinlichkeit zu

$$\mathcal{P} = \frac{|\psi(x_1)|^2}{|\psi(x_2)|^2} = \exp\left[-2\sqrt{\frac{2m}{\hbar^2}(V-E)}(x_2 - x_1)\right]. \tag{19.15}$$

Die Tunnelwahrscheinlichkeit sinkt also zum einen mit der Höhe des Potentials $V - E$ über der Energie und zum anderen mit der Breite $x_2 - x_1$.

Wenn wir diese einfache Betrachtung auf die Fusion zweier geladener Teilchen übertragen möchten, so müssen wir das Rechteckpotential durch das Coulomb-Potential

$$V(r) = \frac{Z_A Z_B}{4\pi\varepsilon_0}\frac{e^2}{r} \tag{19.16}$$

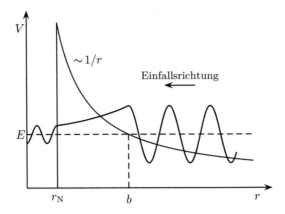

Abb. 19.3 Der Tunneleffekt bei Fusionsprozessen. Mit einer gewissen Wahrscheinlichkeit kann ein einfallendes Teilchen durch den Coulomb-Wall des Zielteilchens tunneln, in den Einflussbereich der starken Wechselwirkung gelangen und die beiden Teilchen können fusionieren. Der Potentialverlauf ist in dieser Skizze vereinfacht dargestellt

ersetzen (s. Abb. 19.3). Dabei sind Z_A und Z_B die Ladungen der beiden Teilchen. Aufgrund des nichtkonstanten Potentials können wir nicht so einfach wie in (19.14) die Schrödingergleichung lösen, inbesondere kennen wir den genauen Potentialverlauf in Kernnähe nicht.

Die detaillierte Rechnung ergibt [13]

$$\mathcal{P}_T \approx \exp\left(-\sqrt{E_G/E}\right),\tag{19.17}$$

mit der *Gamow-Energie*

$$E_G = 2\pi^2\alpha^2 m_u c^2 A_r Z_A^2 Z_B^2 = 979 \text{ keV} \cdot A_r Z_A^2 Z_B^2,\tag{19.18}$$

wobei wir A_r aus (19.11) verwendet haben. Oft wird in der astrophysikalischen Literatur auch die Notation $2\pi\eta = \sqrt{E_G/E}$ eingeführt. Wir folgen dieser Konvention hier allerdings nicht. Bei der Fusion zweier Protonen ist $A_r = 1/2$ und $Z_A = Z_B = 1$ und man erhält $E_{G,pp} \approx 489{,}6$ keV. Im Zentrum der Sonne bei der Temperatur T_z aus (18.22) liegt die thermische Energie bei etwa $E \approx k_B T_z \approx 1{,}3$ keV. Sie ist also um ein Vielfaches kleiner als die Gamow-Energie. Damit ist $\mathcal{P}_T \approx \exp(-19{,}2) \approx 4{,}8 \cdot 10^{-9}$. Die Wahrscheinlichkeit für ein Durchtunneln der Coulomb-Barriere ist also sehr klein.

Die Gamow-Energie steigt mit der Ladungszahl der beteiligten Reaktionspartner, dementsprechend sinkt die Tunnelwahrscheinlichkeit stark. Bei der Fusion zweier ^{4}He-Kerne ist die Gamow-Energie wegen $Z_A = Z_B = 2$ und weiter $A_r = 1/2$ bereits 16-mal so hoch wie bei zwei Protonen. Damit dennoch Fusionsreaktionen höher geladener Teilchen möglich werden, muss deshalb die mittlere Teilchenenergie und damit die Temperatur in entsprechenden Sternen viel höher sein.

19.3 Bestimmung von Reaktionsraten

Die Diskussion in den letzten beiden Abschnitten hat aufgezeigt, dass in Sternen Fusionsprozesse ablaufen können. Entscheidend ist aber, mit welcher Rate bestimmte Fusionsreaktionen ablaufen. Bei der Untersuchung der Fusionsraten orientieren wir uns an der Abhandlung in [13].

In der Physik charakterisiert man die Reaktionswahrscheinlichkeit bei Streuprozessen über den *Wirkungsquerschnitt* σ. Im vorliegenden Fall muss dieser proportional zu $\mathcal{P}_T$ in (19.17) sein. Daneben spielen aber noch die genauen kernphysikalischen Abläufe bei der jeweiligen Fusionsreaktion eine Rolle. Diese werden in einem Faktor $S(E)$ zusammengefasst, der in einer Kombination von Experiment und Theorie bestimmt werden muss, da die Bedingungen im Inneren von Sternen kaum im Labor realisiert werden können und daher Laborergebnisse aufgrund theoretischer Überlegungen extrapoliert werden.

In vielen Fällen ändert sich $S(E)$ nur schwach mit der Energie und kann dann über weite Energiebereiche als konstant angesehen werden. Ausnahmen von dieser Regel sind Energien, die angeregten Niveaus in den beteiligten Kernen entsprechen. Die Werte von $S(E)$ für verschiedene Reaktionen sind umfangreich tabelliert [1]. In der angegebenen Referenz findet sich auch eine umfassende Diskussion der Bestimmungsmethoden und der Unsicherheiten in den jeweiligen Werten. Insgesamt fasst man diese Größen dann im Wirkungsquerschnitt

$$\sigma(E) = \frac{S(E)}{E} \exp\left[-\left(\frac{E_G}{E}\right)^{1/2}\right] \tag{19.19}$$

zusammen.

Die Rate R_{AB}, mit der Fusionen zwischen Teilchen der Sorten A und B stattfinden, wird aber nicht nur durch den Wirkungsquerschnitt bestimmt, sondern auch durch die Häufigkeit, mit der sich zwei solche Teilchen nahe kommen. Diese Rate ist umso größer, je höher die jeweiligen Teilchendichten sind und je höher die relativen Geschwindigkeiten der Teilchen zueinander sind, d. h.

$$R_{AB} \sim n_A n_B \sigma v_r. \tag{19.20}$$

Wie die Geschwindigkeiten der Teilchen gehorchen auch die Relativgeschwindigkeiten und damit die Energien einer Maxwell-Verteilung. Um einen Ausdruck für die Reaktionsrate pro Einheitsvolumen zu erhalten müssen wir den Ausdruck σv_r also entsprechend mitteln. Da wir den Wirkungsquerschnitt als Funktion der Energie erhalten haben, drücken wir die Geschwindigkeit über $v_r = \sqrt{2E/m_r}$ über die Energie aus und verwenden die Energieform (19.12) der Maxwell-Verteilung. Dann haben wir

$$
\sigma v_{\mathrm{r}}(E) \;=\; \left(\frac{8}{\pi m_{\mathrm{r}} k_{\mathrm{B}}^{3} T^{3}}\right)^{1/2} \int_{0}^{\infty} \sigma(E) E \exp\left(-\frac{E}{k_{\mathrm{B}} T}\right) \mathrm{d}E
$$

$$
=\; \left(\frac{8}{\pi m_{\mathrm{r}} k_{\mathrm{B}}^{3} T^{3}}\right)^{1/2} \int_{0}^{\infty} S(E) \exp\left[-\frac{E}{k_{\mathrm{B}} T} - \left(\frac{E_{\mathrm{G}}}{E}\right)^{1/2}\right] \mathrm{d}E.
\tag{19.21}
$$

Selbst wenn wir $S(E)$ als konstant annehmen, können wir dieses Integral nicht direkt berechnen. Wir suchen deshalb nach einer geeigneten Näherung. Im Argument der Exponentialfunktion in der zweiten Zeile treten zwei Terme auf, zum einen $-E/k_{\mathrm{B}}T$ aus der Maxwell-Verteilung und zum anderen $-(E_{\mathrm{G}}/E)^{1/2}$ aus der Tunnelwahrscheinlichkeit. Der Maxwell-Anteil divergiert für große Energien gegen minus Unendlich, der Tunnelanteil geht gegen Null, bei kleinen Energien ist das Verhalten genau umgekehrt. Das führt dazu, dass der Integrand in (19.21) nur in einem begrenzten Energiebereich einen relevanten Beitrag liefert. Physikalisch bedeutet dies, dass der Anteil von Teilchen mit einer sehr großen Energie sehr klein ist und dass auf der anderen Seite die Tunnelwahrscheinlichkeit für Teilchen mit kleiner Energie sehr gering ist.

Das Maximum des Exponenten liegt bei

$$
E_{\mathrm{P}} = \left[E_{\mathrm{G}} \left(\frac{k_{\mathrm{B}} T}{2}\right)^{2} \right]^{1/3},
\tag{19.22}
$$

mit dem Funktionswert

$$
\exp(E_{\mathrm{P}}) = \exp\left[-3\left(\frac{E_{\mathrm{G}}}{4 k_{\mathrm{B}} T}\right)^{1/3} \right].
\tag{19.23}
$$

Dieses Maximum heißt *Gamow-Peak*. Wir entwickeln den Exponenten um das Maximum und finden

$$
\frac{E}{k_{\mathrm{B}} T} + \left(\frac{E_{\mathrm{G}}}{E}\right)^{1/2} \approx 3\left(\frac{E_{\mathrm{G}}}{4 k_{\mathrm{B}} T}\right)^{1/3} + 3\left(\frac{1}{16 E_{\mathrm{G}} (k_{\mathrm{B}} T)^{5}}\right)^{1/3} (E - E_{\mathrm{P}})^{2}.
\tag{19.24}
$$

Wenn wir diesen Ausdruck wieder in die Exponentialfunktion einsetzen und etwas umformen, ergibt sich ein konstanter Beitrag multipliziert mit einer Gauß-Funktion, d. h.

$$
\langle \sigma v_{\mathrm{r}}(E) \rangle \approx \left(\frac{8}{\pi m_{\mathrm{r}} k_{\mathrm{B}}^{3} T^{3}}\right)^{1/2} \int_{0}^{\infty} S(E) \exp\left[-3\left(\frac{E_{\mathrm{G}}}{4 k_{\mathrm{B}} T}\right)^{1/3} \right]
$$

$$
\cdot \exp\left[-\frac{1}{2}\left(\frac{E - E_{\mathrm{P}}}{\sigma_{\mathrm{G}}}\right)^{2} \right] \mathrm{d}E,
\tag{19.25}
$$

dabei ist die Varianz gegeben über

$$\sigma_G = 3^{-1/2} \left[2E_G (k_B T)^5 \right]^{1/6}.$$

(19.26)

Der Energiebereich $E \in [E_P \pm \Delta_G/2]$, in dem die Exponentialfunktion mindestens einen Funktionswert größer als $1/e$ des Maximalwertes annimmt, wird als *Gamow-Fenster* bezeichnet. Aus der Definition der Gauß-Funktion sieht man, dass $\Delta_G = 2\sqrt{2}\sigma_G$ gilt. In diesem Energieintervall findet der dominante Anteil der Fusionsreaktionen statt. In Abb. 19.4 sind diese Zusammenhänge skizziert.

An dieser Stelle verwenden wir jetzt die schwache Energieabhängigkeit des S-Faktors und setzen $S(E) \approx S(E_P)$. Dann können wir diesen Ausdruck zusammen mit der ersten Exponentialfunktion, die nicht von E abhängt, vor das Integral ziehen. Die Integration ist dann nur noch über eine reine Gauß-Funktion auszuführen und wir erhalten

$$\langle \sigma v_r(E) \rangle \approx \left(\frac{4}{m_r k_B^3 T^3} \right)^{1/2} S(E_P) \exp\left[-3\left(\frac{E_G}{4k_B T} \right)^{1/3} \right]$$
$$\cdot \sigma_G \left[1 + \mathrm{erf}\left(\frac{E_P}{\sqrt{2}\sigma_G} \right) \right].$$

(19.27)

Für das Argument der Fehlerfunktion $\mathrm{erf}(x)$ finden wir mit (19.22) und (19.26) $E_P/(\sqrt{2}\sigma_G) \approx 0{,}69(E_G/k_B T)^{1/6} \approx 1{,}93$ für unsere oben berechneten Werte $E_G \approx 490\,\mathrm{keV}$ und $k_B T_z \approx 1{,}3\,\mathrm{keV}$. Insgesamt führt das dann auf $\mathrm{erf}(E_P/(\sqrt{2}\sigma_G)) \approx 0{,}99 \approx 1$. Wegen der Potenz $1/6$ ändert sich dieses Verhältnis mit dem Verhältnis von Gamow-Energie zu thermischer Energie nur sehr schwach und wir können in einem sehr weiten Bereich unsere Näherung verwenden.

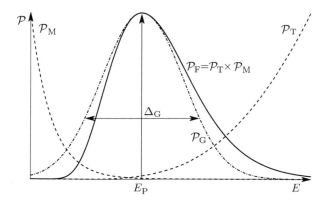

Abb. 19.4 Die allermeisten Fusionsreaktionen finden in einem relativ kleinen Energiefenster um den Gamow-Peak bei $E = E_P$ statt, da aufgrund der Maxwell-Verteilung $\mathcal{P}_M$ nur sehr wenige sehr energiereiche Teilchen vorhanden sind und bei niedrigen Energien die Tunnelwahrscheinlichkeit $\mathcal{P}_T$ extrem klein wird. Zur quantitativen Auswertung wird das Produkt $\mathcal{P}_F$ um das Maximum herum als Gauß-Funktion entwickelt. In dieser Skizze ist $\mathcal{P}_F$ skaliert dargestellt

Um den restlichen Ausdruck übersichtlicher darstellen zu können, erweitern wir mit $(E_G/E_G)^{1/2}$. Zusammen mit dem Faktor $E_G^{1/6}$ aus σ_G erhalten wir dann für E_G wie für $k_B T$ die Potenz $2/3$. Den verbleibenden Faktor $E_G^{-1/2}$ fassen wir mit $m_r^{-1/2}$ zusammen über $(m_r E_G)^{1/2} = \sqrt{2}\pi m_r c\alpha Z_A Z_B$ und drücken im nächsten Schritt m_r wieder über $m_r = A_r m_u$ aus. Um tabellierte Werte für S verwenden zu können, müssen wir noch von den SI-Einheiten $[S] = \text{J m}^2$ auf die dort üblichen Einheiten $[S] = \text{keV b}$ umrechnen, wobei $1\,\text{b} = 1\text{barn} = 10^{-28}\,\text{m}^2$, d. h. $S_{SI} = 1{,}60 \cdot 10^{-44}\,S_{tab}$. Unter Berücksichtigung aller Zahlenfaktoren inklusive der Zahlenwerte von c, m_u und α ergibt sich schlussendlich

$$\langle \sigma v_r(E) \rangle \simeq \frac{6{,}48 \cdot 10^{-24}}{A_r Z_A Z_B} \left(\frac{E_G}{4 k_B T} \right)^{2/3} \exp\left[-3 \left(\frac{E_G}{4 k_B T} \right)^{1/3} \right] \frac{S_{tab}(E_P)}{\text{keV b}} \; \text{m}^3 \text{s}^{-1}. \tag{19.28}$$

Mit diesem Ausdruck ist dann die Reaktionsrate gegeben durch

$$R_{AB} = \frac{n_A n_B}{1 + \delta_{AB}} \langle \sigma v_r(E) \rangle. \tag{19.29}$$

In (19.29) ist über das Kronecker-Delta δ_{AB} auch der Fall der Fusion gleicher Teilchen berücksichtigt. In diesem Fall wird aus $n_A n_B$ der Ausdruck $n_A^2 / 2$, da sonst die Reaktion von Teilchen ① mit Teilchen ② doppelt gezählt würde, einmal als ① + ② und einmal als ② + ①.

Um die Rate für eine bestimmte Reaktion zu berechnen, müssen wir neben der Temperatur die Teilchendichten der beteiligten Nuklide kennen. Als Beispiel betrachten wir die Fusion zweier Protonen im Zentrum der Sonne. Mit den oben berechneten Werten für die thermische Energie und die Gamow-Energie ist $E_{G,pp}/4k_B T_z \simeq 94$. Wir brauchen jetzt noch die Teilchendichte n_p im Zentrum der Sonne. Dazu müssen wir den Massenanteil des Wasserstoffs dort kennen. In der astrophysikalischen Literatur wird der Wasserstoffmassenanteil üblicherweise mit X bezeichnet, entsprechend bezeichnen Y den Heliumanteil und Z den aller anderen Elemente.

Da die Sonne bereits seit etwa 5 Milliarden Jahren Wasserstoff verbrennt, ist der Wasserstoffanteil im Zentrum im Vergleich zur Oberfläche kleiner. Abb. 19.5 zeigt die Entwicklung der Massenanteile von Wasserstoff und Helium in Abhängigkeit von der Radialposition in der Sonne entsprechend dem Sonnenmodell aus [5]. Im Zentrum der Sonne liegt der Wasserstoffanteil demnach heute bei etwa 36 %. Mit der Dichte im Sonnenzentrum $\rho_z^\odot = 1{,}502 \cdot 10^5\,\text{kg m}^{-3}$ in (18.23) ergibt sich dann $n_p = \rho_z X_z/m_p \simeq 3{,}27 \cdot 10^{31}\,\text{m}^{-3}$. Weiter verwenden wir den Tabellenwert [1]

$$S_{pp} = (4{,}01 \pm 0{,}04) \cdot 10^{-22}\ \text{keV b}, \tag{19.30}$$

Abb. 19.5 Massenanteil von Wasserstoff X und Helium Y bei verschiedenen Abständen zum Sonnenmittelpunkt. Im Zentrum ist der Wasserstoffanteil bereits auf etwa 36 % abgefallen. Die Daten für die Abbildung stammen aus [5]

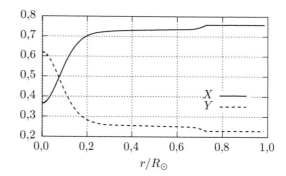

und finden

$$R_{pp} \simeq 6{,}83 \cdot 10^{13} \text{ m}^{-3} \text{ s}^{-1}. \tag{19.31}$$

Dieser Wert von etwa $7 \cdot 10^{13}$ Fusionsreaktionen pro Kubikmeter und Sekunde erscheint auf den ersten Blick sehr groß, muss aber mit den etwa $3 \cdot 10^{31}$ Protonen pro Kubikmeter verglichen werden. Die Wahrscheinlichkeit für ein Proton in einem bestimmten Zeitraum an einer Fusionsreaktion beteiligt zu sein ist also tatsächlich sehr klein. Das konnten wir erwarten, da wir bereits abgeschätzt haben, dass die Sonne ihren Energiebedarf für viele Milliarden Jahre durch Wasserstoffbrennen decken kann. Wenn wir berücksichtigen, dass pro Fusionsreaktion zwei Protonen verbraucht werden, so ergibt sich die mittlere Protonenlebensdauer bezüglich der Proton-Proton-Reaktion zu

$$t_{pp} = \frac{n_p}{2R_{pp}} \simeq 7{,}6 \cdot 10^{9}\,\text{y}, \tag{19.32}$$

wobei die Reaktionsrate über diesen langen Zeitraum natürlich nicht konstant sein wird.

19.4   Fusion von Wasserstoff

Wir wissen bereits, dass die Fusion von Wasserstoff zu Helium für mehrere Milliarden Jahre die von der Sonne abgestrahlte Energie liefern kann. Tatsächlich gewinnen alle Sterne während des größten Teils ihres Lebens ihre Energie aus der Fusion von Wasserstoff zu Helium.

Bereits vor der eigentlichen Wasserstofffusion kommt es zu einer weiteren Reaktion, dem *Deuteriumbrennen* ab einer Temperatur von etwa $T \sim 6 \cdot 10^{6}$ K. Dabei wird über die Reaktion

$$^{2}\text{D} + {}^{1}\text{H} \rightarrow {}^{3}\text{He} + \gamma \tag{19.33}$$

das im Stern vorhandene Deuterium zu Helium verbrannt. Diese Reaktion kann auch in sehr kleinen Sternen mit etwa $M \simeq 0{,}012 M_{\odot}$ stattfinden [11], die in ihrem

Inneren keine ausreichende Temperatur für die weiteren Fusionsreaktionen erzeugen können. Solche Sterne, die nicht über die Deuteriumbrennphase hinauskommen, werden als *braune Zwerge* bezeichnet. Der Grund dafür, dass in braunen Zwergen die Dichte nicht hoch genug wird, damit die Wasserstofffusion zünden kann, ist das Einsetzen der Elektronenentartung. Der Entartungsdruck der Elektronen in (18.64) ist temperaturunabhängig und verhindert, dass die Temperatur hoch genug wird. Die Konkurrenz zwischen Entartungsdruck und Gasdruck spielt auch bei der weiteren Entwicklung zu späteren Brennphasen eine wichtige Rolle, wie wir weiter unten sehen werden.

In Sternen, die für die Wasserstofffusion zu Helium heiß genug werden, sind dann zwei verschiedene Prozesse wichtig: Die Proton-Proton-Kette und der CNO-Zyklus.

19.4.1 Proton-Proton-Kette

Leichte Sterne wie die Sonne fusionieren Wasserstoff überwiegend über die Proton-Proton-Kette oder kurz pp-Kette. Dabei werden über verschiedene Zwischenstufen vier Protonen zu einem Heliumkern verschmolzen. Es gibt zwei Ausgangsreaktionen für diese Kette, die um ein Vielfaches bedeutendere ist die direkte Fusion zweier Protonen

$$^1\text{H} + {}^1\text{H} \rightarrow {}^2\text{D} + e^+ + \nu_e. \tag{19.34}$$

Für diese Reaktion haben wir die Reaktionsrate bereits besprochen, in der Sonne findet diese mit einem Anteil von 99,76 % statt. In sehr viel kleinerem Umfang von 0,24 % findet eine weitere Reaktion statt, bei der ein Elektron beteiligt ist und entsprechend kein Positron entsteht:

$$^1\text{H} + e^- + {}^1\text{H} \rightarrow {}^2\text{D} + \nu_e. \tag{19.35}$$

In beiden Reaktionen entsteht ein Deuteriumkern. Dieser kann jetzt wieder über die Reaktion (19.33) zu einem ^{3}He-Kern weiterreagieren.

An dieser Stelle gibt es drei mögliche Folgereaktionen, die wieder sehr unterschiedliche relative Häufigkeiten haben (s. a. Abb. 19.6). Bei der Proton-Proton-Reaktion I (ppI) fusionieren mit einer Lebensdauer, d. h. der mittleren Zeit, bis ein ^{3}He-Kern an dieser Reaktion teilnimmt, von etwa 10^6 Jahren, zwei ^{3}He-Kerne zu ^{4}He über

$$^3\text{He} + {}^3\text{He} \rightarrow {}^4\text{He} + {}^1\text{H} + {}^1\text{H}. \tag{19.36}$$

Dieser Prozess ist in der Sonne dominant. Die zweite Möglichkeit (ppII) ist eine dreistufige Reaktionskette. Hier wird mit einem als Katalysator wirkenden ^{4}He-Kern ein weiterer ^{4}He-Kern erzeugt:

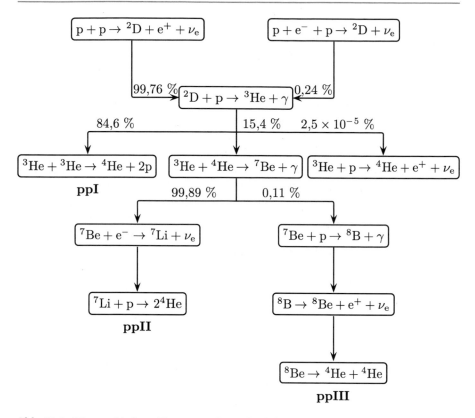

Abb. 19.6 Die verschiedenen Untertypen der pp-Reaktionskette (ppI-ppIII) mit ihren jeweiligen Anteilen in der Sonne. Die Angaben wurden aus [10] entnommen. Die Reaktion eines ^{3}He-Kerns mit einem Proton zu einem ^{4}He-Kern hat einen so kleinen Anteil, dass sie nicht zur eigentlichen pp-Kette gezählt wird

$$^3\text{He} + {}^4\text{He} \quad \rightarrow {}^7\text{Be} + \gamma, \tag{19.37a}$$

$$^7\text{Be} + \text{e}^- \quad \rightarrow {}^7\text{Li} + \nu_\text{e}, \tag{19.37b}$$

$$^7\text{Li} + {}^1\text{H} \quad \rightarrow {}^4\text{He} + {}^4\text{He}. \tag{19.37c}$$

Diese Reaktionskette läuft in der Sonne etwa 6-mal weniger häufig ab als ppI. Alternativ kann nach dem ersten Teilschritt von ppII der entstandene ^{7}Be-Kern mit einem weiteren Proton zu ^{8}B fusionieren. Diese ppIII-Reaktionskette ist

$$^3\text{He} + {}^4\text{He} \quad \rightarrow {}^7\text{Be} + \gamma, \tag{19.38a}$$

$$^7\text{Be} + {}^1\text{H} \quad \rightarrow {}^8\text{B} + \gamma, \tag{19.38b}$$

$$^8B \rightarrow \ ^8Be + e^+ + \nu_e, \qquad\qquad (19.38c)$$

$$^8Be \rightarrow \ ^4He + ^4He. \qquad\qquad (19.38d)$$

Beryllium hat die Kernladungszahl 4, die Gamow-Energie für diese Reaktion ist deshalb sehr hoch im Vergleich zu den anderen Reaktionen. Deshalb findet die ppIII-Reaktionskette nur mit einem sehr kleinen Anteil statt, sie wird bei höheren Temperaturen aber bedeutend. Der entstandene ^{8}B-Kern ist instabil und zerfällt nach (19.38c) über inversen Betazerfall zu ^{8}Be.

Im letzten Teilschritt (19.38d) zerfällt der ^{8}Be-Kern mit einer mittleren Lebensdauer von $6{,}7 \cdot 10^{-17}$ s in zwei ^{4}He-Kerne. Wäre die Masse des ^{8}Be-Kerns nur um den Bruchteil $1 : 10^{-5}$ kleiner und dieser Kern damit stärker gebunden, so wäre dieser Zerfall nicht möglich. Dies hätte weitreichende Folgen, denn dann könnten in Sternen während der Wasserstofffusion, aber auch schon nach dem Urknall, schwerere Elemente gebildet werden und die heutige Elementzusammensetzung des Universums sähe völlig anders aus. Dieser Zusammenhang trägt den Namen *Berylliumbarriere*. Da ^{8}Be instabil ist, können in Sternen und auch in der Frühphase des Universums nur Elemente bis Lithium erbrütet werden. Erst am Ende seines Lebens, wenn einem Stern der Wasserstoffvorrat im Zentrum langsam zur Neige geht, kann die Fusion schwerer Elemente bis Eisen bzw. vor allem in Supernovae auch darüberhinaus stattfinden (s. Abschn. 19.6).

19.4.2 Bethe-Weizsäcker-Zyklus

Neben der gerade besprochenen Reaktionskette gibt es noch einen weiteren bedeutenden Zyklus, der schwerere Elemente als Katalysator mit einschließt. Da wegen der Berylliumbarriere in Sternen nur Elemente bis einschließlich Lithium entstehen können, müssen diese schwereren Elemente bei der Entstehung des Sterns bereits vorhanden sein, um den Bethe-Weizsäcker-Zyklus zu ermöglichen. Das ist möglich, wenn der entsprechende Stern Supernovareste eines vorher explodierten Sterns enthält. Diese Reaktionskette kann also bei den ersten Sternen im Universum, die nur aus H und He bestanden, nicht stattgefunden haben. Des Weiteren können Reaktionen von ^{4}He mit ^{1}H nicht stattfinden, da kein Nuklid mit Massenzahl $A = 5$ mit ausreichender Lebensdauer existiert. So zerfällt ^{5}He durch Neutronenemission in etwa $8 \cdot 10^{-22}$ s wieder zu ^{4}He und ^{5}Li innerhalb von $3 \cdot 10^{-22}$ s unter Emission eines Protons ebenfalls zu ^{4}He und das Wasserstoffisotop ^{5}H zerfällt noch schneller.

Die Reaktionen von Protonen mit Deuterium, Lithium, Beryllium und Bor laufen alle sehr schnell ab und verbrauchen die Reaktionspartner daher in kurzer Zeit. Aus diesem Grund sind diese Elemente sowohl in der Sonne als auch auf der Erde relativ selten. Kohlenstoff dagegen ist ein relativ häufiges Element und hat einen Anteil von etwa 1 % an neu gebildeten Sternen. Der Grund dafür ist die Existenz eines Zyklus, bei dem Kohlenstoff als Katalysator für die Fusion von Protonen zu Helium wirkt:

$$^{12}C + {}^1H \rightarrow {}^{13}N, \tag{19.39a}$$

$$^{13}N \rightarrow {}^{13}C + e^+ + \nu_e, \tag{19.39b}$$

$$^{13}C + {}^1H \rightarrow {}^{14}N + \gamma, \tag{19.39c}$$

$$^{14}N + {}^1H \rightarrow {}^{15}O + \gamma, \tag{19.39d}$$

$$^{15}O \rightarrow {}^{15}N + e^+ + \nu_e, \tag{19.39e}$$

$$^{15}N + {}^1H \rightarrow {}^{12}C + {}^4He. \tag{19.39f}$$

Diese Reaktionskette wird als *Bethe-Weizsäcker-Zyklus* oder nach den beteiligten Elementen als CNO-Zyklus bezeichnet. Alle an dieser Reaktion beteiligten Nuklide werden periodisch erzeugt und vernichtet. Allerdings sind die Reaktionsraten der einzelnen Reaktionen sehr unterschiedlich. Hat sich aber eine Gleichgewichtssituation eingestellt, so bleiben die Teilchendichten der schweren Nuklide konstant. Für die Fusionsreaktionen der Stickstoff- bzw. Kohlenstoffkerne mit einem Proton ist die Gamow-Energie viel höher als bei den Reaktionen der pp-Kette. In der Sonne ist dieser Zyklus deshalb nur sehr gering an der Energiefreisetzung beteiligt. Allerdings sind die Temperaturabhängigkeiten der pp-Reaktionen und des CNO-Zyklus sehr unterschiedlich, so gilt $R_{pp} \sim T^4$ und $R_{CNO} \sim T^{16-20}$ [13]. Wenn die Temperatur nur etwas steigt, nimmt der Anteil der CNO-Reaktionen daher stark zu. Im Verlauf der weiteren Entwicklung wird auch die Temperatur im Zentrum der Sonne steigen und der Anteil des CNO-Zyklus an der Energieproduktion auf etwa 20 % anwachsen [4]. Abb. 19.7 fasst die Reaktionen des CNO-Zyklus zusammen. Hier wird die periodische Abfolge der Reaktionen besonders deutlich. Massereichere Sterne erreichen in ihrem Zentrum höhere Temperaturen. Der Anteil des CNO-Zyklus wird wegen seiner stärkeren Temperaturabhängigkeit daher mit steigender Sternmasse sehr schnell dominant gegenüber den pp-Reaktionen. Der Ablauf der Wasserstofffusion unterscheidet sich daher in massearmen und massereichen Sternen grundlegend.

19.4.3 Dauer der Wasserstoffbrennphase

Die starke Temperaturabhängigkeit der bei der Wasserstofffusion auftretenden Reaktionen führt zu verschiedenen Zeitdauern der Wasserstoffbrennphase für unterschiedlich massereiche Sterne. Abb. 19.8 zeigt die Dauer der Wasserstoffbrennphase t_H normiert auf die Dauer $t_H^{\odot}$ bei der Sonne. Bereits für Sterne, die nur 10 % masseärmer als die Sonne sind, dauert die Wasserstoffbrennphase länger als das Alter des Universums von etwa 13,8 Milliarden Jahren. Dagegen durchläuft ein Stern mit $M = 10 M_{\odot}$ diese Phase in nur etwa 18 Millionen Jahren.

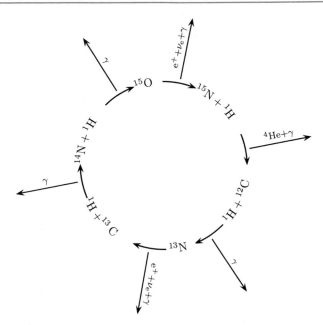

Abb. 19.7 Der Bethe-Weizsäcker-Zyklus. Unter Verwendung von Kohlenstoff, Stickstoff und Sauerstoff als Katalysatoren werden effektiv 4 Protonen zu einem ⁴He-Kern fusioniert. Wegen der hohen Kernladungszahlen der beteiligten Nuklide läuft dieser Prozess erst bei höheren Temperaturen als die pp-Kette effektiv ab

19.5   Kernfusion nach dem Wasserstoffbrennen

Wenn einem Stern der Wasserstoff im Kern zur Neige geht, findet, je nach Masse, eine Abfolge weiterer Fusionsreaktionen statt, die wir jetzt kurz diskutieren wollen.

19.5.1 Heliumbrennphase

Durch die fortlaufende Fusion von Wasserstoff steigt der Heliumanteil im Zentrum eines Sterns immer weiter und es bildet sich schließlich ein Sternkern aus Helium. Dort steigen die Dichte und die Temperatur so lange, bis Heliumnuklide zu Kohlenstoff fusionieren können. Voraussetzung dafür ist wie für das Einsetzen der Wasserstofffusion, dass die Temperatur im Kern des Sterns hoch genug wird, bevor der Elektronenentartungsdruck eine weitere Kontraktion und damit Temperaturerhöhung unmöglich macht. Da für die Fusion von Helium höhere Temperaturen nötig sind als bei Wasserstoff, ist auch die Mindestmasse höher und liegt bei etwa $M \approx 0{,}5 M_\odot$. Leichtere Sterne können kein Helium fusionieren. Allerdings wird aus Abb. 19.8 klar, dass so leichte Sterne in unserem Universum noch für sehr lange Zeit in der Wasserstoffbrennphase sind. Lediglich wenn ein Stern während seiner Entwicklung Materie verliert, etwa an einen Begleiter, ist diese Begrenzung daher

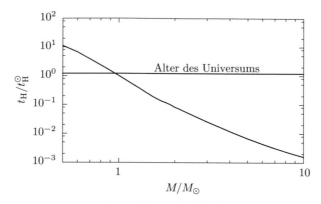

Abb. 19.8 Dauer des Wasserstoffbrennens in Abhängigkeit von der Sternmasse im Vergleich zum Wert für die Sonne $t_H^\odot \approx 1{,}15 \cdot 10^{10}$ y für Sternmodelle mit chemischer Zusammensetzung wie die Sonne. Die Dauer dieser Phase ist bereits für Sterne mit $M \lesssim 0{,}9 M_\odot$ länger als das Alter des Universums von etwa $13{,}8 \cdot 10^9$ y [12], während massereichere Sterne diese Phase sehr viel schneller durchleben. Die Daten für die Abbildung stammen aus [17]

bisher relevant. Allerdings spielt auch bei Sternen im Massenbereich der Sonne der Elektronenentartungsdruck beim Übergang zum Heliumbrennen bereits eine wichtige Rolle. Wenn im teilweise entarteten Heliumkern des Sterns die Kernfusion einsetzt und die Temperatur steigt, so erhöht dies den Fermi-Druck nicht, da dieser nur dichteabhängig ist. Gleichzeitig erhöht sich mit der Temperatur aber die Reaktionsrate und damit wieder die Temperatur. Diese Kettenreaktion führt zu einer Folge von kurzen extremen Anstiegen der Luminosität des Sternzentrums, man spricht vom *Heliumflash*. Bei jedem dieser Flashes steigt die Temperatur in einer Schale um den Kern so weit, dass die Elektronenentartung wieder keine Rolle mehr spielt und am Ende der Flashphase ist sie aufgehoben. Durch die Flashes ändert sich nicht die von außen gesehene Leuchtkraft des Sterns, aber diese Phase hat großen Einfluss auf die Sternentwicklung. Wir werden in Abschn. 20.4 sehen, wie weiße Zwerge, die Überreste massearmer Sterne, aufgrund eines ähnlichen Prozesses explodieren können.

Die Fusion von Helium wird auch als Triple-α-Prozess bezeichnet und läuft in zwei Schritten ab:

$$^4\text{He} + {}^4\text{He} \rightarrow {}^8\text{Be}, \tag{19.40a}$$

$$^8\text{Be} + {}^4\text{He} \rightarrow {}^{12}\text{C}^*, \tag{19.40b}$$

$$^{12}\text{C}^* \rightarrow {}^{12}\text{C} + 2\gamma. \tag{19.40c}$$

Dabei ist (19.40a), die Fusion zweier Heliumkerne zu Beryllium, genau die Umkehrung des letzten Schrittes der ppIII-Kette in (19.38d). Dieser Schritt ist endotherm und benötigt etwa 92 keV Energie. Da der ^{8}Be-Kern innerhalb von $6{,}7 \cdot 10^{-17}$ s zerfällt, muss die Folgereaktion (19.40b) praktisch gleichzeitig erfolgen, effektiv fusionieren also drei Heliumkerne gleichzeitig zu Kohlenstoff [16]. Das Kohlenstoffnuklid entsteht in einem angeregten Zustand und zerfällt meistens direkt wieder, nur in wenigen Fällen erfolgt die Abregung in den Grundzustand unter Abgabe von Gammastrahlung wie in (19.40c).

Neben dem Triple-α Prozess laufen in der Heliumbrennphase auch noch weitere Reaktionen ab, in denen der entstandene Kohlenstoff mit einem weiteren Heliumkern weiter fusioniert:

$$^{12}\text{C} + {}^{4}\text{He} \rightarrow {}^{16}\text{O} + \gamma, \tag{19.41a}$$

$$^{16}\text{O} + {}^{4}\text{He} \rightarrow {}^{20}\text{Ne} + \gamma, \tag{19.41b}$$

$$^{16}\text{Ne} + {}^{4}\text{He} \rightarrow {}^{24}\text{Mg} + \gamma, \tag{19.41c}$$

$$^{16}\text{Mg} + {}^{4}\text{He} \rightarrow {}^{28}\text{Si} + \gamma. \tag{19.41d}$$

Insbesondere die Reaktion (19.41a) ist von großer Bedeutung, denn durch sie ändert sich das Verhältnis von Kohlenstoff zu Sauerstoff im Stern, das großen Einfluss auf die weitere Entwicklung hat. Gleichzeitig ist für diese Reaktion die Bestimmung des S-Faktors aber relativ schwierig [16].

19.5.2 Spätere Fusionsphasen

Je größer die Kernladung der zu fusionierenden Elemente ist, desto massereicher muss der entsprechende Stern sein, um die dafür nötige Temperatur in seinem Inneren erzeugen zu können. Im Anschluss an das Heliumbrennen kann die Fusion von Kohlenstoff einsetzen, wenn der Stern die dafür nötigen Temperaturen von $T \approx 5 \cdot 10^8$ K erzeugen kann. Dafür muss er etwa eine Masse von 8 $M_\odot$ besitzen. In diesem Fall verschmelzen zwei Kohlenstoffkerne zu einem hochangeregten ^{24}Mg-Kern, der dann in verschiedene leichtere Nuklide zerfällt:

$$^{12}\text{C} + {}^{12}\text{C} \rightarrow {}^{24}\text{Mg} \rightarrow \begin{cases} {}^{23}\text{Mg} + \text{n}, \\ {}^{20}\text{Ne} + {}^{4}\text{He}, \\ {}^{23}\text{Na} + \text{p}. \end{cases} \tag{19.42}$$

Bei noch höheren Temperaturen $T \approx 10^9$ K in Sternen mit $M \gtrsim 10\ M_\odot$ kann das entstandene Neon durch Gammastrahlung aufgespalten werden, dies nennt man *Photodesintegration*:

$$^{20}\text{Ne} + \gamma \rightarrow {}^{16}\text{O} + {}^{4}\text{He}. \tag{19.43}$$

Das entstandene Helium und auch freie Neutronen können dann mit weiteren Nukliden reagieren:

$$^{20}\text{Ne} + {}^{4}\text{He} \;\rightarrow\; {}^{24}\text{Mg} + \gamma, \tag{19.44a}$$

$$^{20}\text{Ne} + \text{n} \;\rightarrow\; {}^{21}\text{Ne} + \gamma, \tag{19.44b}$$

$$^{21}\text{Ne} + {}^{4}\text{He} \;\rightarrow\; {}^{24}\text{Mg} + \text{n}. \tag{19.44c}$$

Es schließen sich die Phasen des Sauerstoff- und des Siliziumbrennens an. Dabei fusionieren zuerst Sauerstoffkerne zu schwereren Nukliden über

$$^{16}\text{O} + {}^{16}\text{O} \rightarrow {}^{32}\text{S} \rightarrow \begin{cases} {}^{31}\text{S} + \text{n}, \\ {}^{31}\text{P} + \text{p}, \\ {}^{30}\text{P} + {}^{2}\text{D}, \\ {}^{28}\text{Si} + {}^{4}\text{He}. \end{cases} \tag{19.45}$$

Nach der Fusion von zwei Siliziumkernen in der Reaktion

$$^{28}\text{Si} + {}^{28}\text{Si} \;\rightarrow\; {}^{56}\text{Ni} + \gamma \tag{19.46}$$

und den möglichen Photodesintegrationen

$$^{28}\text{Si} + \gamma \;\rightarrow\; {}^{27}\text{Al} + {}^{1}\text{H}, \tag{19.47a}$$

$$^{28}\text{Si} + \gamma \;\rightarrow\; {}^{24}\text{Mg} + {}^{4}\text{He}, \tag{19.47b}$$

bzw. den β^{+}-Zerfällen

$$^{56}\text{Ni} \;\rightarrow\; {}^{56}\text{Co} + \text{e}^{+} + \nu_{\text{e}}, \tag{19.48a}$$

$$^{56}\text{Co} \;\rightarrow\; {}^{56}\text{Fe} + \text{e}^{+} + \nu_{\text{e}} \tag{19.48b}$$

entsteht im Stern schließlich der hochgebundene ^{56}Fe-Kern, einer der stabilsten Kerne, wie wir in Abb. 19.1 gesehen haben. An diesem Punkt kann durch Fusion keine weitere Energie freigesetzt werden. Was dann passiert, werden wir in Kap. 21 besprechen. Generell setzen die späteren Brennphasen viel weniger Energie frei als die Fusion von Wasserstoff. Die Zeiträume dieser Fusionsphasen sind deshalb viel kürzer als die des Wasserstoffbrennens. In Tab. 19.1 sind die Brenndauern der einzelnen Phasen für unterschiedlich massive Sterne aufgelistet. Ein Stern mit etwa einer Sonnenmasse fusioniert also nach der etwa 11 Milliarden Jahre dauernden H-Brennphase etwa weitere 100 Millionen Jahre Helium, wobei er sich etwa auf den zehnfachen Radius aufbläht.

Tab. 19.1 Überblick über die verschiedenen Fusionsphasen für Sterne mit Anfangsmassen von $1M_\odot$–$75M_\odot$. Gezeigt sind in allen Fällen die Temperatur in der Brennphase, die Sternmasse am Anfang der Brennphase, die aufgrund von Masseverlusten kleiner sein kann als die Anfangsmasse, sowie die Dauer der jeweiligen Phase. Das mit * gekennzeichnete Modell ist ein sehr metallarmer Stern mit 0, 01 % des Gehalts schwererer Elemente der Sonne. (Die Daten für die Tabelle stammen aus [20])

M_{init} [$M_\odot$]	T [K]	M [$M_\odot$]	τ	T [K]	M [$M_\odot$]	τ
	H-Brennphase			He-Brennphase		
1	$1{,}57 \cdot 10^7$	1,00	$1{,}10 \cdot 10^{10}$ y	$1{,}25 \cdot 10^8$	0,71	$1{,}10 \cdot 10^8$ y
13	$3{,}44 \cdot 10^7$	12,9	$1{,}35 \cdot 10^7$ y	$1{,}72 \cdot 10^8$	12,4	$2{,}67 \cdot 10^6$ y
25	$3{,}81 \cdot 10^7$	24,5	$6{,}70 \cdot 10^6$ y	$1{,}96 \cdot 10^8$	19,6	$8{,}39 \cdot 10^5$ y
75	$4{,}26 \cdot 10^7$	67,3	$3{,}16 \cdot 10^7$ y	$2{,}10 \cdot 10^8$	16,1	$4{,}78 \cdot 10^5$ y
75*	$7{,}60 \cdot 10^7$	75,0	$3{,}44 \cdot 10^7$ y	$2{,}25 \cdot 10^8$	74,4	$3{,}32 \cdot 10^5$ y
	C-Brennphase			Ne-Brennphase		
13	$8{,}15 \cdot 10^8$	11,4	$2{,}82 \cdot 10^3$ y	$1{,}69 \cdot 10^9$	11,4	0,341 y
25	$8{,}41 \cdot 10^8$	12,5	$5{,}22 \cdot 10^2$ y	$1{,}57 \cdot 10^9$	12,5	0,891 y
75	$8{,}68 \cdot 10^8$	6,37	$1{,}07 \cdot 10^3$ y	$1{,}62 \cdot 10^9$	6,36	0,569 y
75*	$10{,}4 \cdot 10^8$	74,4	$2{,}7 \cdot 10^1$ y	$1{,}57 \cdot 10^9$	74	0,026 y
	O-Brennphase			Si-Brennphase		
13	$1{,}89 \cdot 10^9$	11,4	4,77 y	$3{,}28 \cdot 10^9$	11,4	17,8 d
25	$2{,}09 \cdot 10^9$	12,5	0,402 y	$3{,}65 \cdot 10^9$	12,5	0,733 d
75	$2{,}04 \cdot 10^9$	6,36	0,908 y	$3{,}55 \cdot 10^9$	6,36	2,09 d
75*	$2{,}39 \cdot 10^9$	74	0,010 y	$3{,}82 \cdot 10^9$	74	0,209 d

Die noch späteren Brennphasen bei massereicheren Sternen spielen sich in noch deutlich kürzeren Zeiträumen ab. Die Dauer des Siliziumbrennens liegt in der Größenordnung von Tagen.

19.6   Entstehung schwerer Elemente

Wir haben gerade gesehen, dass bei der Fusion in Sternen nur Elemente bis etwa Eisen und Nickel entstehen können. Schwerere Elemente werden bei der Fusion nicht produziert, da dabei keine Energie frei wird. Außerdem ist für entsprechende Reaktionen die Gamow-Energie aus (19.18) und damit die Coulomb-Barriere sehr hoch und die Wahrscheinlichkeit für Tunnelprozesse entsprechend sehr klein.

Da aber dennoch Elemente mit sehr viel höheren Kernladungszahlen in nicht vernachlässigbaren Mengen existieren, müssen diese durch andere Prozesse entstehen, und zwar hauptsächlich durch den Einfang von freien Neutronen. Da Neutronen ungeladen sind, müssen sie keine Coulomb-Barriere durchtunneln, und sie können daher auch mit schweren Kernen reagieren.

Wenn ein Isotop $_Z^A X$ ein Neutron einfängt, so entsteht dabei allerdings ein schwereres Isotop des gleichen Elements in der Reaktion

$$_Z^A X + n \;\rightarrow\; _Z^{A+1} X + \gamma. \tag{19.49}$$

Das entstehende Isotop $_Z^{A+1}X$ ist dabei oft hochangeregt und emittiert deshalb Gammastrahlung, um in den Grundzustand zu gelangen. Auf diese Weise ist also noch kein neues Element entstanden. Allerdings sind Isotope mit sehr hohem Neutronenüberschuss, d. h. solche, die sehr viel mehr Neutronen besitzen als Protonen, instabil gegen β^--Zerfall:

$$_Z^A X \rightarrow {}_{Z+1}^A Y + e^- + \bar{\nu}_e. \tag{19.50}$$

Wenn durch Neutroneneinfang ein solches radioaktives Isotop entsteht, kann daraus also ein Isotop eines schwereren Elementes entstehen.

Man kategorisiert diese Einfangsprozesse in zwei Unterkategorien.

19.6.1 s-Prozess

Wenn die mittlere Zeitdauer zwischen Neutroneneinfangreaktionen sehr viel größer ist als die mittlere Zerfallszeit für den β^--Zerfall, d. h. $\tau_n \gg \tau_{\beta^-}$, so spricht man vom *s-Prozess* (s für slow).

In diesem Fall haben Isotope, die β^--instabil sind, nicht genug Zeit, weitere Neutronen einzufangen, bevor sie zerfallen. Abb. 19.9 zeigt eine mögliche Reaktionskette im s-Prozess vom ^{56}Fe-Isotop aus. Die Eisenisotope ^{57}Fe und ^{58}Fe sind ebenfalls stabil und können daher weiter Neutronen einfangen. Das Isotop ^{59}Fe ist aber instabil und zerfällt zu ^{59}Co, das wiederum stabil ist. Wenn dieses Isotop dann ein Neutron einfängt, entsteht der instabile Kern ^{60}Co, der dann zu ^{60}Ni zerfällt. Auf diese Weise können immer schwerere Isotope erzeugt werden. Allerdings können auf diese Weise keine Isotope entstehen, für die ein stabiles Isobar existiert, d. h. ein Isotop eines leichteren Elementes mit gleicher Massenzahl. In Abb. 19.9 trifft dies auf ^{58}Ni und ^{74}Se zu. Ebenso führt der s-Prozess nicht zu stabilen Isotopen, bei denen es ein leichteres β^--instabiles Isotop gibt, da dieses vorher zum um 1 höherwer-

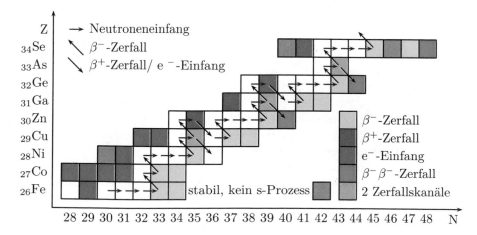

Abb. 19.9 Der s-Prozess ausgehend vom ^{56}Fe-Isotop

tigen Isobar zerfällt. Dieser Fall entspricht ^{80}Se. Solche Isotope sind gegenüber dem s-Prozess *abgeschirmt*.

Abb. 19.9 zeigt der Vollständigkeit halber auch Isotope mit anderen Zerfallskanälen. Isotope mit einem Protonenüberschuss zerfallen über β^+-Zerfall

$$\,^A_Z X \;\rightarrow\; \,^A_{Z-1}Y + e^+ + \bar\nu_e \tag{19.51}$$

oder durch Elektroneneinfang

$$\,^A_Z X + e^- \;\rightarrow\; \,^A_{Z-1}Y + \nu_e. \tag{19.52}$$

Für einige neutronenreiche Elemente ist der einfache Betazerfall energetisch verboten, weil das nächsthöherwertige Isobar eine niedrigere Bindungsenergie hat. Solche Elemente können doppelten Betazerfall zeigen, bei dem sie direkt in das übernächste Isobar übergehen. Diese Reaktion ist allerdings sehr unwahrscheinlich, und diese Isotope haben daher sehr lange Halbwertszeiten im Bereich 10^{20} y und können daher selbst für den s-Prozess als stabil betrachtet werden.

Dazu noch eine Randbemerkung: Interessant ist der doppelte Betazerfall insbesondere, weil man hofft, sogenannten neutrinolosen doppelten Betazerfall nachweisen zu können, d. h. statt der Reaktion

$$\,^A_Z X \;\rightarrow\; \,^A_{Z+2}Z + 2e^- + 2\bar\nu_e \tag{19.53}$$

die Reaktion

$$\,^A_Z X \;\rightarrow\; \,^A_{Z+2}Z + 2e^-, \tag{19.54}$$

die nur möglich ist, wenn Neutrinos ihre eigenen Antiteilchen sind. Der Nachweis des neutrinolosen doppelten Betazerfalls wäre ein Hinweis auf Physik jenseits des Standardmodells.

19.6.2 r-Prozess

Wenn die mittlere Zeitdauer zwischen Neutroneneinfangreaktionen dagegen sehr viel kleiner ist als die mittlere Zerfallszeit für den β^--Zerfall, d. h. $\tau_n \ll \tau_{\beta^-}$, so spricht man vom *r-Prozess* (r für rapid).

In diesem Fall können β^--instabile Isotope weitere Neutronen einfangen, bevor sie zerfallen, und es entstehen Isotope mit noch höherem Neutronenüberschuss, die dann zu höherwertigen Elementen zerfallen, wenn etwa der Neutronenfluss sinkt. Abb. 19.10 skizziert diesen Fall. Auch gegen den r-Prozess sind Isotope mit stabilen Isobaren niederwertigerer Elemente abgeschirmt, in der Abbildung z. B. ^{86}Sr.

Welcher dieser beiden Extremfälle abläuft, hängt letztlich von der Anzahl freier Neutronen ab, die die Reaktionsrate nach (19.29) bestimmt. Der s-Prozess findet in Sternen in späten Brennphasen statt. Dort entstehen freie Neutronen, etwa in den

Abb. 19.10 Der r-Prozess. Die Legende ist analog zu Abb. 19.9. Grau markierte Isotope sind in diesem Fall durch andere stabile oder sehr langlebige Isotope abgeschirmt. Das braun markierte Isotop $^{87}_{37}$Rb zerfällt zwar über β^--Zerfall aber mit einer sehr hohen Halbwertszeit von $4{,}81 \cdot 10^{10}$ y und kann deshalb $^{87}_{38}$Sr abschirmen

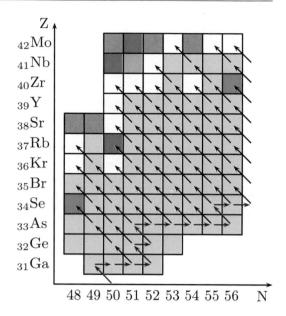

von uns diskutierten Reaktionen (19.42), (19.44c) und (19.45), aber vor allem auch in anderen Reaktionen, die wir nicht besprochen haben, siehe z. B. [15]. Freie Neutronen sind allerdings selbst instabil und zerfallen mit eine Halbwertszeit von ungefähr 10 Minuten:

$$n \rightarrow p + e^- + \bar{\nu}_e. \tag{19.55}$$

Der r-Prozess findet vermutlich in Supernovae statt, die wir in den Kap. 20 und 21 kurz besprechen. Durch den r-Prozess frisch synthetisierte Elemente konnten in den Spektren der beim Verschmelzen zweier Neutronensterne gebildeten Kilonova AT2017gfo nachgewiesen werden, wie wir in Abschn. 15.5.4 bereits diskutiert haben.

19.7 Neutrinooszillationen

Die bei den pp-Reaktionen freiwerdenden Elektronneutrinos können in umfangreichen Experimenten, vornehmlich dem Sudbury Neutrino Observatory [18] in Kanada und dem Super-Kamiokande-Detektor [19] in Japan, auf der Erde nachgewiesen werden. Dabei stellte sich heraus, dass nur etwa ein Drittel des erwarteten Elektronneutrinostroms auf der Erde ankommt. Der Grund dafür sind die sogenannten *Neutrinooszillationen*. Im Standardmodell der Teilchenphysik sind die drei Neutrinoarten ν_e, ν_μ und ν_τ masselos, in vielen Ansätzen für eine Erweiterung der Standardmodells ergeben sich aber kleine von Null verschiedene Neutrinomassen. Bei Prozessen der schwachen Wechselwirkung wie den oben beschriebenen

Fusionsreaktionen entstehen die Neutrinos in einem der Flavoreigenzustände $\{\nu_e, \nu_\mu, \nu_\tau\}$. Ihre Propagation durch den Raum erfolgt aber in Eigenzuständen mit definierter Masse, die nicht mit den Flavoreigenzuständen übereinstimmen. Ein auf der Sonne entstehendes Elektronneutrino oszilliert daher während des Fluges zur Erde zwischen den Flavorzuständen hin und her und kann hier auch als Myon- oder Tauneutrino im Detektor nachgewiesen werden. Neutrinooszillationen werden im Wesentlichen über die drei Mischungswinkel θ_{12}, θ_{13} und θ_{23} und die entsprechenden quadrierten Massendifferenzen beschrieben. Die genaue Messung dieser Größen ermöglicht daher zum einen Untersuchungen von Physik jenseits des Standardmodells und zum anderen ein verbessertes Verständnis der Fusionsprozesse in Sternen. Referenz [10] ist ein aktueller Übersichtsartikel zu diesem Thema.

Für die Entdeckung der Neutrinooszillationen wurden die Leiter der kanadischen und der japanischen Arbeitsgruppe, A. B. McDonald[10] und T. Kajita,[11] 2015 mit dem Nobelpreis für Physik ausgezeichnet [21].

Literatur

1. Adelberger, E.G., et al.: Solar fusion cross sections. II. The *pp* chain and CNO cycles. Rev. Mod. Phys. **83**, 195–245 (2011)
2. Antognini, A., et al.: Proton structure from the measurement of 2S-2P transition frequencies of muonic hydrogen. Science **339**(6118), 417–420 (2013)
3. Audi, G., Wapstra, A.H., Thibault, C.: The Ame2003 atomic mass evaluation: (II). Tables, graphs and references. Nucl. Phys. A **729**, 337–676 (2003)
4. Bahcall, J.N., Pinsonneault, M.H., Basu, S.: Solar models: current epoch and time dependences, neutrinos, and helioseismological properties. Astrophys. J. **555**(2), 990 (2001)
5. Bahcall, J.N., Serenelli, A.M., Basu, S.: New solar opacities, abundances, helioseismology, and neutrino fluxes. Astrophys. J. Lett. **621**(1), L85 (2005)
6. Bethe, H.A.: Energy production in stars. Phys. Rev. **55**(5), 434–456 (1939)
7. Burbidge, E.M., Burbidge, G.R., Fowler, W.A., Hoyle, F.: Synthesis of the elements in stars. Rev. Mod. Phys. **29**, 547–650 (1957)
8. Dunkel, J.: Relativ heiß. Physik Journal **10**, 49–53 (2011)
9. Gamow, G.: Zur Quantentheorie des Atomkernes. Z. Phys. **51**(3–4), 204–212 (1928)
10. Haxton, W.C., Hamish Robertson, R.G., Serenelli, A.M.: Solar neutrinos: status and prospects. Annu. Rev. Astron. Astrophys. **51**(1), 21–61 (2013)
11. Luhman, K.L.: The formation and early evolution of low-mass stars and brown dwarfs. Annu. Rev. Astron. Astrophys. **50**(1), 65–106 (2012)
12. Planck Collaboration: Planck 2013 results. I. Overview of products and scientific results. Astron. Astrophys. **571**, A1 (2014)
13. Ryan, S.G., Norton, A.J.: Stellar Evolution and Nucleosynthesis. Cambrigde University Press, Cambridge (2010)
14. Salaris, M., Cassisi, S.: Evolution of Stars and Stellar Populations. Wiley, Chichester (2006)
15. Salaris, M., Cassisi, S.: The advanced evolutionary phases. In: Equation of State of the Stellar Matter, S. 187–237. Wiley, Chichester (2006)

---

[10]Arthur B. McDonald, ⋆ 1943, kanadischer Physiker.

[11]Takaaki Kajita, ⋆ 1959, japanischer Physiker.

16. Salaris, M., Cassisi, S.: The helium burning phase. In: Equation of State of the Stellar Matter, S. 161–186. Wiley, Chichester (2006)
17. Salaris, M., Cassisi, S.: The hydrogen burning phase. In: Equation of State of the Stellar Matter, S. 117–159. Wiley, Chichester (2006)
18. Homepage des Sudbury Neutrino Observatory: https://falcon.phy.queensu.ca/SNO/
19. Homepage von Super-Kamiokande: http://www-sk.icrr.u-tokyo.ac.jp/sk/index-e.html
20. Woosley, S.E., Heger, A., Weaver, T.A.: The evolution and explosion of massive stars. Rev. Mod. Phys. **74**, 1015–1071 (2002)
21. https://www.nobelprize.org/prizes/physics/2015/press-release/

Weiße Zwerge

20

Inhaltsverzeichnis

Weiße Zwerge sind das Endstadium der Entwicklung massearmer Sterne. Da es sehr viel mehr massearme als massereiche Sterne gibt, werden die allermeisten Sterne, vermutlich mehr als 97 %, inklusive unserer Sonne als weißer Zwerg enden [1].

Nach der Wasserstoffbrennphase dehnen sich Sterne stark aus und werden zu *roten Riesen*. In den äußeren Schichten wird weiter Wasserstoff fusioniert, weiter innen bei immer höheren Temperaturen Helium und Kohlenstoff. Die äußere Hülle ist dabei nur noch schwach gravitativ an den Kern gebunden. Wenn der Kern heiß genug wird, kann er das umliegende Gas ionisieren. Es entsteht ein planetarischer Nebel. Abb. 20.1 zeigt ein Bild eines planetarischen Nebels, des Ringnebels in der Leier. Weil massearme Sterne nicht die gesamte Fusionskette bis zur Siliziumfusion durchlaufen können, besteht ihr Kern am Ende der Fusionskette aus den Produkten der letzten Fusionsreaktionen, je nach Masse des Sterns ein Kern vorwiegend aus Helium, Kohlenstoff oder Sauerstoff. Der planetarische Nebel selbst wird relativ schnell unsichtbar, da das ionisierte Gas wieder rekombiniert. Übrig bleibt dann der hochkompakte Kern, ein weißer Zwerg ist entstanden, der durch den Elektronenentartungsdruck stabilisiert wird.

© Springer-Verlag GmbH Deutschland, ein Teil von Springer Nature 2022
S. Boblest et al., *Spezielle und allgemeine Relativitätstheorie*,
https://doi.org/10.1007/978-3-662-63352-6_20

Abb. 20.1 Der Ringnebel in der Leier ist ein planetarischer Nebel. In seinem Zentrum befindet sich ein junger weißer Zwerg. (©NASA, ESA, and the Hubble Heritage (STScI/AURA) – ESA/Hubble Collaboration)

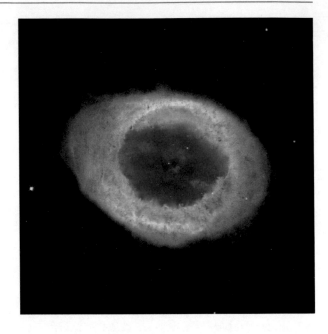

Die ersten Hinweise auf weiße Zwerge ergaben sich um das Jahr 1914. *Russell*[1] entdeckte damals den Stern 40 Eridani B, der gleichzeitig eine sehr hohe effektive Oberflächentemperatur und eine sehr kleine Leuchtkraft besitzt [17].

Das Stefan-Boltzmann-Gesetz $L = 4\pi R^2 \sigma T_{\text{eff}}^4$ in (18.18) verknüpft die effektive Temperatur T_{eff} und die Leuchtkraft eines Sterns mit seinem Radius. Bei gleichzeitig hoher effektiver Temperatur und geringer Leuchtkraft muss der Radius des Sterns sehr klein sein. Aus diesem Grund wurde der Name „weißer Zwerg" für diese Sternklasse eingeführt. In einem weißen Zwerg finden keine Fusionsprozesse mehr statt wie in Hauptreihensternen und Zwischenstadien, und er kann auch nicht durch weitere Kontraktion Energie gewinnen wie Protosterne. Er kann daher nur aufgrund seiner hohen Temperatur weiter leuchten, d. h. weiße Zwerge haben nur noch ein thermisches Energiereservoir und kühlen im weiteren Verlauf langsam ab.

Erste quantitative Abschätzungen für den Radius und die Dichte eines weißen Zwerges, allerdings mit großem Fehler wie sich später herausstellte, gelangen bei Sirius B, dem Begleiter des hellsten Sterns am Nachthimmel (s. Tab. 1.5), zwischen 1915 und 1925 [10]. Abb. 20.2 zeigt eine Aufnahme des Hubble-Teleskops von Sirius A und B. Aktuelle Werte für diesen Stern sind $M_{\text{Sirius B}} \approx 0,98\ M_\odot$ und $T_{\text{Sirius B}} \approx 25.200$ K [4]. Die Masse lässt sich dabei sehr genau bestimmen, weil Sirius B Teil eines Binärsystems ist. Bei einem isolierten Stern ist das deutlich schwieriger. Mit den Werten für T und M und dem Stefan-Boltzmann-Gesetz kann dann der Radius bestimmt werden.

---

[1] Henry Norris Russell, 1877–1957, amerikanischer Astronom. Nach ihm ist auch das Hertzsprung-Russell-Diagramm mitbenannt (s. Kap. 22).

Abb. 20.2 Eine Aufnahme des Hubble-Teleskopes des hellen Sirius A und seines leuchtschwachen Begleiters, des weißen Zwerges Sirius B. (©NASA, ESA, H. Bond and E. Nelan (Space Telescope Science Institute, Baltimore, Md.); M. Barstow and M. Burleigh (University of Leicester, U.K.); and J.B. Holberg (University of Arizona))

Eine weitere Möglichkeit, den Radius bei gegebener Masse zu bestimmen, führt über Absorptionslinien im Spektrum des weißen Zwerges. Diese lassen sich mit atomaren Übergängen identifizieren, was allerdings nicht trivial ist, (s. Abschn. 20.5.2). Aus einem Vergleich mit den entsprechenden Energiewerten im Labor lässt sich die Rotverschiebung des Spektrums bestimmen.

Aus (13.86) folgt außerdem für einen weit entfernten Beobachter

$$z = \frac{\Delta\lambda}{\lambda} = \frac{1}{\sqrt{1 - r_s / R}} - 1. \tag{20.1}$$

Die Rotverschiebung ist also eine Funktion des Quotienten r_s/R bzw. M/R. Bei bekannter Masse lässt sich aus der Rotverschiebung daher der Radius bestimmen. Für Sirius B ist der aktuelle Wert

$$R_{\text{Sirius B}} \approx 6000 \text{ km}. \tag{20.2}$$

Damit ergibt sich

$$\rho_{\text{Sirius B}} \approx 2{,}2 \cdot 10^9 \text{ kg m}^{-3}. \tag{20.3}$$

Das entspricht in etwa dem 15.000-fachen der Dichte im Zentrum der Sonne in (18.23) und in etwa dem Wert $\rho_c = 1{,}95 \cdot 10^9$ kg m^{-3} der kritischen Dichte aus (18.60). Ein Stück Materie dieses Sterns von der Größe eines Würfelzuckers hat eine Masse von etwa 2 Tonnen!

20.1   Qualitative Betrachtung

Bereits kurz nach diesen Entdeckungen verstand man, dass bei diesen extremen
Dichten der Entartungsdruck der Elektronen für die Stabilisierung verantwortlich
ist. Wir werden die Zustandsgleichung des entarteten Elektronengases aus Abschn.
18.4 heranziehen, um die Eigenschaften von weißen Zwergen zu verstehen. Wir
können bereits aus einer groben Abschätzungsrechnung wesentliche Eigenschaften
von weißen Zwergen herleiten. Dazu verwenden wir den Zusammenhang $f(\rho_m) \sim$
$p/\rho_m \approx r_s/R$ aus (18.15) und vergleichen ihn mit den polytropen Zustandsgleichungen für den nichtrelativistischen und hochrelativistischen Fall aus (18.68). Wir vernachlässigen dabei alle konstanten Faktoren, da wir diese bei der Herleitung von
(18.15) ebenfalls nicht betrachtet haben. Aus (18.68) wird dann $f \sim \rho_m^{n/3}$ mit $n = 2$
im nichtrelativistischen und $n = 1$ im hochrelativistischen Fall. Wir drücken jetzt
den Radius über $R = \left(M / \rho_m \right)^{1/3}$ durch Masse und Dichte aus und erhalten wegen
$r_s \sim M$ die Relation $f(\rho_m) \sim M^{2/3} \rho_m^{1/3}$. Aufgelöst nach der Masse ergibt das

$$M \sim f^{3/2} \rho_m^{-1/2}. \tag{20.4}$$

Wenn wir $f \sim \rho_m^{n/3}$ in (20.4) einsetzen, ergibt sich $M \sim \rho_m^{1/2}$, im nichtrelativistischen Fall kleiner Dichten $\rho_m \ll \rho_c$ und $M \sim$ const, im hochrelativistischen Fall
großer Dichten $\rho_m \gg \rho_c$. Im hochrelativistischen Fall ist die Masse also unabhängig
von der Dichte gleich einer Grenzmasse M_c. Für $\rho_m \to \rho_c$ muss der nichtrelativistische Ausdruck sich dem hochrelativistischen annähern, sodass wir

$$M \approx M_c \cdot \begin{cases} \left(\rho_m / \rho_c \right)^{1/2} & \text{für } \rho_m \ll \rho_c, \\ 1 & \text{für } \rho_m \gg \rho_c \end{cases} \tag{20.5}$$

schreiben können. Die maximale Masse M_c für weiße Zwerge heißt *Chandrasekhar-
Grenzmasse* nach *Chandrasekhar*,[2] der in seinen Arbeiten in den 1930er Jahren den
Wert für M_c quantitativ hergeleitet hat.

Eine sehr einfache physikalische Begründung für die Existenz einer Maximalmasse für weiße Zwerge und gleichzeitig eine Abschätzung dieser Masse wurde von
Landau[3] 1932 vorgelegt [11]. Wir folgen hier der auf Landaus Arbeit aufbauenden
Argumentation in [20] und betrachten einen Stern mit Radius R, der N Elektronen
enthalten soll. Wieder lassen wir alle Zahlenfaktoren weg. Für die Teilchendichte
gilt $n \sim N/R^3$ und deshalb für jedes einzelne Teilchen in jeder Raumdimension
$\Delta x \sim n^{-1/3}$. Mit der *Heisenberg'schen Unschärferelation*[4]

$$\Delta x \Delta p \geq \frac{\hbar}{2} \tag{20.6}$$

folgt daraus $p \sim \hbar n^{1/3}$.

---

[2] Subrahmanyan Chandrasekhar, 1910–1995. Amerikanischer Astrophysiker. Physik-Nobelpreis
1983 für seine Arbeiten zur Sternentwicklung.

[3] Lew Dawidowitsch Landau, 1908–1968, sowjetischer Physiker, Nobelpreis 1962.

[4] Werner Karl Heisenberg, 1901–1976, deutscher Physiker, Nobelpreis 1932.

Wenn die Elektronen hochrelativistisch sind, ist $E_F \approx p_F c \sim \hbar c n^{1/3} \sim (\hbar c/R)\, N^{1/3}$. Der zweite Beitrag zur Gesamtenergie ist die Gravitationsbindungsenergie E_G. Diese wird durch die Masse der Baryonen bestimmt, d. h. $E_G \sim -GMm_{Bar}/R$ pro Baryon. Die Anzahl der Baryonen ist proportional zur Anzahl der Elektronen, d. h. es ist $M \sim N m_{Bar}$ und damit $E_G \sim -GN m_{Bar}^2/R$. Für die Gesamtenergie pro Baryon erhalten wir dann

$$E \approx \frac{\hbar c}{R} N^{1/3} - G\frac{N m_{Bar}^2}{R}. \tag{20.7}$$

Entscheidend ist die unterschiedliche N-Abhängigkeit von Fermi-Energie und Gravitationsenergie. Für kleine N dominiert der Beitrag der Fermi-Energie und die Gesamtenergie wird positiv. Da beide Terme in (20.7) die gleiche R-Abhängigkeit besitzen, kann der Stern durch Expansion seine Energie absenken. Bei genügender Expansion werden die Elektronen nichtrelativistisch, d. h. es wird $E_F \approx p_F^2 \sim \hbar^2 n^{2/3} \sim R^{-2}$. Die Fermi-Energie fällt dann stärker mit R ab als die Gravitationsenergie und wird vernachlässigbar. Die Gesamtenergie wird dann ab einem bestimmten R negativ und geht dann für $R \to \infty$ wieder gegen Null. Das impliziert ein Energieminimum und damit ein stabiles Gleichgewicht.

Auf der anderen Seite ist für große Teilchenzahlen N die Gesamtenergie immer kleiner als Null. Dann geht $E \to -\infty$ für $R \to 0$ und es existiert keine Gleichgewichtssituation, es kommt zum Gravitationskollaps. Um die maximal mögliche Teilchenzahl N abzuschätzen, setzen wir $E = 0$ in (20.7). Das führt auf

$$N_c = \left(\frac{\hbar c}{G m_{Bar}^2}\right)^{3/2} \approx 2{,}3 \cdot 10^{57} \tag{20.8}$$

und damit die ungefähre (überschätzte) Maximalmasse

$$M_c \sim N m_{Bar} \approx 1{,}9 M_\odot. \tag{20.9}$$

In Abb. 20.3 ist der Energieverlauf $E(N, R)$ skizziert, um diese Argumentation zu veranschaulichen.

In Abschn. 1.4 haben wir die Parallelen zwischen Gravitation und Elektrostatik aufgezeigt und dabei die Feinstrukturkonstante der Gravitation in (1.22) eingeführt. Mit dieser Konstante können wir die Chandrasekhar-Grenzmasse bis auf noch unbekannte numerische Vorfaktoren sehr kompakt darstellen als

$$M_c \sim \left(\alpha_G\right)^{-3/2} m_p. \tag{20.10}$$

Den kleinen Unterschied zwischen m_u und m_p vernachlässigen wir dabei. In die Definition von α_G geht das Planck'sche Wirkungsquantum, eine in der Quantenmechanik bedeutende Größe, ein. Daran wird deutlich, dass der Wert des Planck'schen Wirkungsquantums nicht nur die Struktur des Mikrokosmos bestimmt, sondern auch die Massenskala und den Aufbau entarteter Sterne. Das muss natürlich so sein, denn der Fermi-Druck ist wegen des Pauli-Prinzips ein quantenmechanischer Effekt. Sterne aus entarteter Materie sind somit quantenmechanisch bestimmte, makroskopische Objekte.

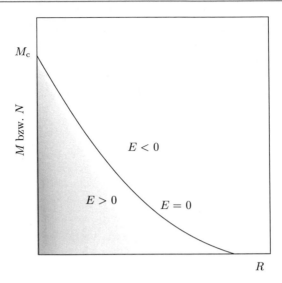

Abb. 20.3 Veranschaulichung der Begründung für die Existenz einer maximalen Masse für weiße Zwerge nach Landau [11, 20]. Bei großen Radien dominiert die Gravitationsenergie, sodass die Gesamtenergie negativ ist. Für große Teilchenzahlen divergiert die Energie für $R \rightarrow 0$, d. h. der Stern kollabiert. Im Fall kleiner, massearmer Sterne mit $M < M_c$ wird die Energie für kleine Radien positiv, sodass ein Energieminimum, also ein Gleichgewichtspunkt existiert. Zur Orientierung ist die Linie $E = 0$ eingezeichnet, die zur Abschätzung der Maximalmasse verwendet wird

Wie groß ist nun ein weißer Zwerg? Um diese Frage zu beantworten, verwenden wir wieder $R(\rho_m) = \left(M(\rho_m)/\rho_m \right)^{1/3}$ mit $M(\rho_m)$ aus (20.5). Dann folgt im nichtrelativistischen Fall

$$ R(\rho_m) = \left(\frac{M_c \left(\rho_m / \rho_c \right)^{1/2}}{\rho_m} \right)^{1/3} = \left(\frac{M_c}{\rho_c} \right)^{1/3} \cdot \left(\frac{\rho_c}{\rho_m} \right)^{1/6} = R_c \cdot \left(\frac{\rho_c}{\rho_m} \right)^{1/6} . \quad (20.11) $$

Im zweiten Schritt haben wir dabei eine Eins in der Form ρ_c/ρ_c eingeschoben. Mit R_c bezeichnen wir den kritischen Radius oder *Chandrasekhar-Radius*. Mit dem Ausdruck für ρ_c aus (18.57) und M_c aus (20.10) finden wir

$$ R_c \sim \alpha_G^{-1/2} \lambda_e. \quad (20.12) $$

Einsetzen der entsprechenden Werte ergibt

$$ R_c \approx 5 \cdot 10^3 \text{ km.} \quad (20.13) $$

Wir erwarten also für weiße Zwerge einen Radius im Bereich einiger tausend Kilometer, was der Größe der kleinen Planeten im Sonnensystem entspricht und sehr gut mit dem Wert für den Radius von Sirius B in (20.2) übereinstimmt. Aus (20.5) und (20.11) folgt weiter

Abb. 20.4 Ungefähre Massenfunktion $M(R)$ nach den Ergebnissen in hochrelativistischer und nichtrelativistischer Näherung. Für $R \rightarrow 0$ würde bei konstanter Masse $\rho_{\mathrm{m}} \rightarrow \infty$ folgen, die Kurve ist in diesem Bereich also unphysikalisch

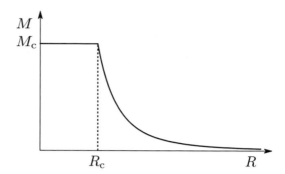

$$M(\rho_{\mathrm{m}})R(\rho_{\mathrm{m}})^3 = M_{\mathrm{c}}\left(\frac{\rho_{\mathrm{m}}}{\rho_{\mathrm{c}}}\right)^{1/2} R_{\mathrm{c}}^3 \left(\frac{\rho_{\mathrm{m}}}{\rho_{\mathrm{c}}}\right)^{-1/2} = M_{\mathrm{c}}R_{\mathrm{c}}^3 = \text{const}, \quad (20.14)$$

bzw. der funktionale Zusammenhang

$$M(R) \sim M_{\mathrm{c}}\left(\frac{R_{\mathrm{c}}}{R}\right)^3 \quad (20.15)$$

im nichtrelativistischen Fall. Die Radien weißer Zwerge *fallen* also mit steigender Masse (s. a. Abb. 20.4).

20.2 Numerisches Lösen der Zustandsgleichung

Bei einer quantitativen Auswertung erwarten wir nur Korrekturfaktoren vor den bis jetzt hergeleiteten Ausdrücken, insbesondere für M_{c}. Neben reinen Zahlenfaktoren haben wir bisher auch die mittlere Baryonenzahl pro Elektron Y_{e}, die im Ausdruck für die kritische Massendichte (18.57) steht und damit auch in die Zustandsgleichung $p(\rho_{\mathrm{m}})$ eingeht, vernachlässigt. Je nach Zahlenverhältnis von Baryonen zu Elektronen ergibt sich ein etwas anderer Zusammenhang zwischen Druck und Dichte. Der Wert von Y_{e} muss sich daher auch auf die maximale Masse eines weißen Zwerges auswirken.

Eine genauere Analyse der Struktur weißer Zwerge geht von der Bedingung für hydrostatisches Gleichgewicht in (18.7) aus. Diese verknüpft den Druckgradienten bei der Radialkoordinate r mit der Dichte dort und der bis dahin umschlossenen Masse. Daneben haben wir mit (18.8) einen Ausdruck für den Gradienten der umschlossenen Masse. Die beiden Relationen

$$\frac{\mathrm{d}p}{\mathrm{d}r} = -G\frac{\rho_{\mathrm{m}}(r)M(r)}{r^2} \quad \text{und} \quad \frac{\mathrm{d}M(r)}{\mathrm{d}r} = \rho_{\mathrm{m}}(r)4\pi r^2 \quad (20.16)$$

können wir kombinieren. Dazu formen wir die Bedingung für hydrostatisches Gleichgewicht um zu

$$\frac{r^2}{\rho_{\mathrm{m}}(r)}\frac{\mathrm{d}p}{\mathrm{d}r} = -GM(r).$$ (20.17)

Wir leiten diesen Ausdruck nochmals nach r ab und setzen auf der rechten Seite den Ausdruck für den Gradienten der umschlossenen Masse ein. Damit gelangen wir zu

$$\frac{1}{r^2}\frac{\mathrm{d}}{\mathrm{d}r}\left(\frac{r^2}{\rho_{\mathrm{m}}(r)}\frac{\mathrm{d}p}{\mathrm{d}r}\right) = -4\pi G\rho_{\mathrm{m}}(r),$$ (20.18)

wobei wir auf beiden Seiten noch durch r^2 dividiert haben. An dieser Stelle können wir jetzt die Zustandsgleichung $p(\rho_{\mathrm{m}})$ für das entartete Elektronengas einsetzen, die wir in parametrischer Form in (18.50) und (18.56) gefunden haben. Die Lösung der resultierenden Differentialgleichung für ρ_{m} ist nicht analytisch möglich. Die numerische Integration startet mit einer gewählten Zentrumsdichte ρ_{z} bei $r = 0$ und erfolgt dann bis zur Oberfläche des Sterns, d. h. bis die Bedingung $p = 0$ erfüllt ist. Damit ist der Radius dieses Sterns und über den Dichteverlauf auch die Masse bestimmt. Wenn man diese Methode für verschiedene Startdichten ausführt, so erhält man schließlich die Masse-Radius-Beziehung $M(R)$ für weiße Zwerge.

Einen weniger komplizierten, allerdings ebenfalls nur numerisch lösbaren Ausdruck finden wir bei Verwendung der nichtrelativistischen bzw. hochrelativistischen Näherung für $p(\rho_{\mathrm{m}})$ in (18.64).

Für den nichtrelativistischen Grenzfall finden wir dann als Präzisierung von (20.15) [20]

$$\begin{aligned}M(R) &= 2{,}8709\,(2Y_{\mathrm{e}})^5\,\frac{\hbar^6}{G^3 m_{\mathrm{Bar}}^5 m_{\mathrm{e}}^3}\cdot R^{-3}\\[1mm] &= 0{,}699808\,(2Y_{\mathrm{e}})^5\,M_\odot\,\frac{R^{-3}}{(10^4\,\mathrm{km})^{-3}}.\end{aligned}$$ (20.19)

Im hochrelativistischen Fall finden wir wieder einen konstanten Ausdruck für die Masse. Es ist

$$\begin{aligned}M &= 0{,}774495\,(2Y_{\mathrm{e}})^2\,m_{\mathrm{Bar}}\left(\frac{\hbar c}{G m_{\mathrm{Bar}}^2}\right)^2\\[1mm] &= 1{,}45549\,(2Y_{\mathrm{e}})^2\,M_\odot.\end{aligned}$$ (20.20)

In beiden Gleichungen haben wir die Abhängigkeit von Y_{e} über den Faktor $2Y_{\mathrm{e}}$ ausgedrückt. Wir haben bereits gesehen, dass für viele wichtige Nuklide wie Helium, Kohlenstoff und Sauerstoff $Y_{\mathrm{e}} = 0{,}5$ gilt, sodass dieser Faktor dann gleich 1 ist. Da wir außerdem höchstens Nuklide mit $Y_{\mathrm{e}} < 0{,}5$ finden, außer Wasserstoff, das aber in weißen Zwergen kaum vorkommt, da es in den Kernen der früheren Sterne verbrannt wurde, erhalten wir für die Chandrasekhar-Grenzmasse den genaueren Wert

$$M_{\mathrm{c}} \simeq 1{,}46 M_\odot.$$ (20.21)

Es ist zu berücksichtigen, dass die angegebene Grenzmasse für den weißen Zwerg, also für die Restmasse eines Sterns, der in sein Endstadium übergeht, gilt. Da der Stern vor diesem Vorgang seine Hülle abstößt und dabei einen erheblichen Teil seiner Masse verliert, kann die Masse des ursprünglichen Sterns durchaus deutlich größer sein als 1,5 $M_\odot$ grob etwa bis 8 $M_\odot$ [21].

Die Grenzmasse kann außerdem noch etwas größer sein, falls der weiße Zwerg sehr schnell rotiert, da dann die Zentrifugalkraft die Gravitation zum Teil kompensiert, oder wenn er ein starkes Magnetfeld besitzt, da sich in diesem die elektronischen Zustände verändern [2].

20.3 Korrekturen der Zustandsgleichung

Die Genauigkeit der bisher betrachteten Masse-Radius-Beziehung kann mit weiteren Korrekturen noch erhöht werden. Diese wurden umfassend von *Salpeter*[5] ausgearbeitet [18] und dann auf Sternmodelle angewendet [3]. Er betrachtete verschiedene Korrekturen der Fermi-Energie. Unter Berücksichtigung dieser Korrekturen ergibt sich der Ausdruck

$$E_F = E_0 + E_{Coul} + E_{TF} + E_{ex} + E_{cor}. \tag{20.22}$$

Dabei ist E_0 unser bisheriger Ausdruck für die Fermi-Energie, und die weiteren Terme sind Korrekturanteile. Der größte Anteil ist die Coulomb-Wechselwirkungsenergie E_{Coul}, die von der Interaktion mit den Ionen im Sternmaterial herrührt. Die Thomas-Fermi-Energie E_{TF} berücksichtigt die Polarisierung der Elektronenverteilung durch die Ionen und ist genau genommen eine Korrektur der Coulomb-Wechselwirkungsenergie. Die Austauschenergie E_{ex} rührt von der Ununterscheidbarkeit der Elektronen her, und die Korrelationsenergie E_{cor} ist ein Effekt der Elektron-Elektron-Wechselwirkung.

Ein veränderter Ausdruck für die Fermi-Energie führt auch zu einem veränderten Elektronenentartungsdruck. Abb. 20.5 zeigt das Verhältnis des Wertes p_S von Salpe-

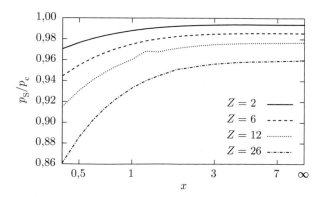

Abb. 20.5 Verhältnis des Elektronenentartungsdrucks p_S mit den Korrekturen von Salpeter [18] zum einfacheren Ergebnis p_c von Chandrasekhar für verschiedene Kernladungen als Funktion des Relativitätsparameters $x = p_F/m_e c$ aus (18.43). Die Korrekturen steigen mit der Kernladungszahl und sind für hochrelativistische Elektronen kleiner

---

[5] Edwin Ernest Salpeter, 1924–2008, US-amerikanischer Astrophysiker österreichischer Abstammung.

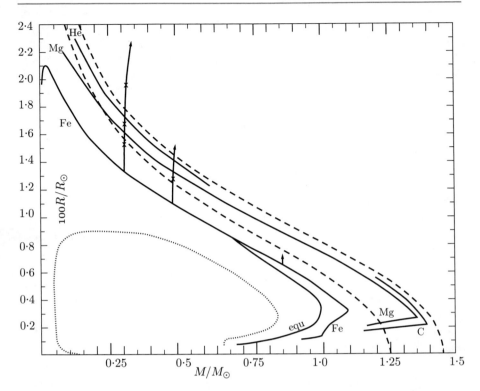

Abb. 20.6 Masse-Radius-Beziehungen für weiße Zwerge mit verschiedener chemischer Zusammensetzung. Die beiden *gestrichelten Kurven* zeigen die einfache Chandrasekhar-Zustandsgleichung für $Y_e = 0{,}5$ (*oben*) und $Y_e = 0{,}465$ (*unten*), was etwa dem Nuklid ^{56}Fe entspricht. (Aus Hamada und Salpeter [3], © AAS. Reproduced with permission)

ter zum einfacheren Chandrasekhar-Ergebnis p_c. Durch die veränderte Zustandsgleichung ändert sich auch die Masse-Radius-Beziehung. Abb. 20.6 zeigt das Ergebnis von Salpeter und Hamada [3] für weiße Zwerge mit unterschiedlichen chemischen Zusammensetzungen. Im Vergleich zur Chandrasekhar-Kurve knicken die Salpeter-Hamada-Funktionen bei großen Massen ab. Die Ursache dafür ist ein weiteres „Aufweichen" der Zustandsgleichung. Bei sehr hohen Dichten können die Gitterionen in der Materie des weißen Zwerges allein aufgrund ihrer quantenmechanischen Nullpunktsbewegung um die Gitterplätze Fusionsreaktionen durchführen, man spricht von *Pycnonuklearen Reaktionen*.

Noch wichtiger ist das Einsetzen von inversem β-Zerfall. Wenn die Fermi-Energie der Elektronen die Massendifferenz der Kerne (A, Z) und $(A, Z-1)$ überschreitet, dann wird dadurch die Reaktion

$$^{A}_{Z}X + \mathrm{e}^- \rightarrow {}^{A}_{Z-1}Y + \nu_{\mathrm{e}} \tag{20.23}$$

möglich. Das bei der Reaktion beteiligte Elektron trägt dann nicht mehr zum Entartungsdruck bei und die maximale Masse wird weiter abgesenkt.

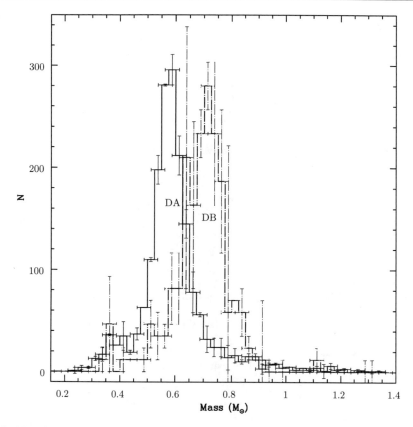

Abb. 20.7 Massenverteilung weißer Zwerge aus dem Sloan Digital Sky Survey (SDSS). Die Bezeichnungen DA und DB stehen für weiße Zwerge mit Wasserstoff- bzw. Heliumlinien im Spektrum. (Aus Kepler et al. [8], © 2007 by RAS. Reproduced with permission)

Uns soll dieser kleine Einblick in weitere Verfeinerungen der Zustandsgleichung weißer Zwerge genügen, auch wenn wir einige wichtige Punkte, z. B. den Einfluss endlicher Temperaturen, nicht betrachtet haben. Die wesentlichen Gesichtspunkte bleiben durch diese weiteren Korrekturen unberührt. Leser, die an weiteren Details interessiert sind, verweisen wir auf [1, 10, 20].

Abb. 20.7 zeigt die Verteilung der ermittelten Massen für weiße Zwerge anhand von Daten aus dem Sloan Digital Sky Survey (SDSS) [8]. Man erkennt eine deutliche Häufung im Bereich $0{,}6$–$0{,}8 M_\odot$. Der leichteste bekannte weiße Zwerg hat eine Masse von $0{,}17 M_\odot$ [9], der massereichste von $1{,}33 M_\odot$. Tatsächlich liegen alle hier aufgeführten Objekte also unter der Chandrasekhar-Massengrenze.

In Abb. 20.8 sind für einige weiße Zwerge Masse und Radius mit den Zustandsgleichungen von Salpeter und Hamada [3] verglichen. Man erkennt eine gute Übereinstimmung mit den theoretischen Vorhersagen innerhalb der relativ großen Fehlergrenzen.

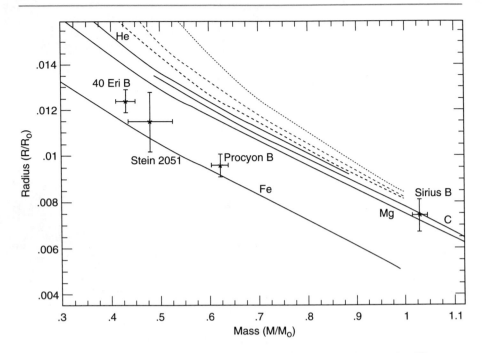

Abb. 20.8 Massen und Radien einiger weißer Zwerge bestimmt aus Daten des Hipparcos-Kataloges im Vergleich zu den Zustandsgleichungen von Salpeter und Hamada [3, 18] in Abb. 20.6. (Aus Provencal et al. [16], © AAS. Reproduced with permission)

20.4   Typ Ia Supernovae

Unter einer *Supernova* (SN) versteht man die Explosion eines Sterns. Die Klassifizierung von Supernovae stammt aus den Anfängen der Supernovaforschung und unterteilt sie nach Eigenschaften des Spektrums. Supernovae vom Typ I haben keine Wasserstofflinien in ihrem Spektrum, solche vom Typ II dagegen schon.

Supernovae vom Typ I werden dann weiter in die drei Subtypen Ia, Ib und Ic unterteilt, wobei wieder Eigenschaften des Spektrums dafür herangezogen werden. Typ II Supernovae sind Explosionen massereicher Sterne, bei denen ein Neutronenstern oder ein schwarzes Loch entsteht. Darauf kommen wir in Kap. 21 zurück. Typ Ib und Ic sind vermutlich ähnliche Prozesse, bei denen aber ein Stern explodiert, dessen äußere Wasserstoffhülle fehlt, bzw. durch einen Begleiter abgezogen wurde.

Typ Ia Supernovae (SN Ia) dagegen stellen die Explosion eines weißen Zwerges dar, der von einem Begleiter soviel Materie akkretiert hat, dass eine Explosion ausgelöst wird. Da ein weißer Zwerg aus Helium, Kohlenstoff oder Sauerstoff besteht, ist er im Prinzip noch fusionsfähig, kann aber wegen des Elektronenentartungsdrucks nicht die dazu nötigen extrem hohen Temperaturen erreichen. Wenn ein weißer Zwerg jedoch von einem Begleiter Materie abzieht, bis er die Chandrasekhar-

Grenzmasse überschreitet, so kann er sich nicht mehr gegen den Gravitationskollaps stemmen. Beim Kollaps werden die Temperaturen dann hoch genug, dass wieder Kernfusionsprozesse gezündet werden können. Wie beim in Abschn. 19.5.1 angesprochenen Heliumflash zu Beginn der Heliumbrennphase massearmer Sterne können die einsetzenden Fusionsprozesse den Stern aber nicht stabilisieren, weil der Entartungsdruck nicht temperaturabhängig ist. Die Fusionsgeschwindigkeit erhöht sich daher in einem selbstverstärkenden Prozess immer weiter, bis der Stern schließlich explodiert und dabei völlig zerstört wird.

Ihre besondere Bedeutung finden SN Ia in der Kosmologie. Da die Maximalmasse von weißen Zwergen gut bekannt ist, sollte auch die Helligkeit jeder SN Ia ähnlich sein. Weil diese Sternexplosionen sehr hell sind, lassen sie sich außerdem auch in sehr großen Entfernungen noch beobachten und können daher zur Entfernungsbestimmung weit entfernter Galaxien dienen. Was man aus diesen Untersuchungen lernen kann, diskutieren wir in Kap. 28.

Aufgrund dieses Verwendungszwecks ist das Interesse an SN Ia sehr groß. Die genauen Details der Entstehung und des Ablaufs dieser Supernovae sind noch nicht geklärt. So haben umfangreiche Untersuchungen gezeigt, dass doch nicht jede SN Ia gleich hell ist, sondern im Gegenteil erhebliche Unterschiede in der maximalen Helligkeit bestehen. Jedoch besteht offenbar eine enge Beziehung zwischen der maximalen Helligkeit und der zeitlichen Abnahme der Leuchtkraft. Abb. 20.9 zeigt

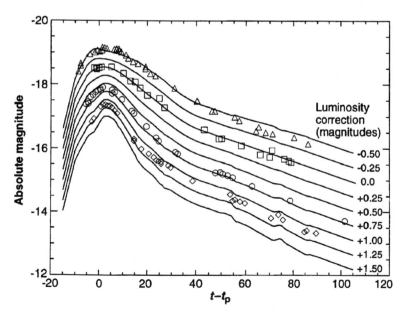

Abb. 20.9 Supernovae Ia zeigen einen charakteristischen Zusammenhang zwischen maximaler Helligkeit und Abklingzeit der Leuchtkraft. Das Bild zeigt empirische Leuchtkraftverläufe für verschiedene SN Ia Typen. Die *Symbole* repräsentieren Messwerte verschiedener Supernovae. (Aus Nomoto et al. [14], © AAAS. Reproduced with permission)

Abb. 20.10 Aufnahmen der Supernova SN2011fe in der Galaxie Messier 101 am 23., 24. und 25. August 2011. (Aus Nugent et al. [15], Reprinted by permission from Macmillan Publishers Ltd: © 2011)

verschiedene Modellkurven zusammen mit Messwerten einiger SN Ia. Mit Hilfe dieser Leuchtkurven lässt sich einigermaßen präzise die absolute Helligkeit bestimmen, allerdings nur aus empirischen Daten und nicht aufgrund detailliert verstandener physikalischer Abläufe. So ist es insbesondere nicht klar, ob SN Ia in Doppelsystemen zweier weißer Zwerge entstehen, oder ob ein weißer Zwerg etwa von einem Hauptreihenstern begleitet wird. Die Untersuchung dieser Zusammenhänge wird dadurch erschwert, dass SN Ia sehr selten sind, im Schnitt findet in unserer Galaxie etwa ein solches Ereignis in 100 Jahren statt. Weit entfernte SN Ia sind relativ häufig, einfach deshalb, weil man viele weit entfernte Galaxien beobachten kann. Um aber zu klären, was das Ausgangssystem war, werden Beobachtungsdaten vor dem Stattfinden der Explosion benötigt, und das ist nur bei kleineren Entfernungen möglich. Aus diesem Grund wird aktiv nach SN Ia in möglichst nahen Galaxien gesucht, z. B. im Projekt „Nearby Supernova Factory" [13]. Abb. 20.10 zeigt die zeitliche Entwicklung von SN2011fe. Diese fand in der Galaxie Messier 101 in nur etwa 22 Millionen Lichtjahren Entfernung statt. Aufgrund dieser relativ kleinen Entfernung wurde diese Supernova sehr früh entdeckt und konnte in ihrem zeitlichen Verlauf über 40 Tage untersucht werden [15].

20.5   Erhaltungsgrößen beim Kollaps

Beim Kollaps des Sternrestes zum weißen Zwerg bleiben sein Drehimpuls und der magnetische Fluss näherungsweise erhalten. Das hat erheblichen Einfluss auf die Eigenschaften weißer Zwerge.

20.5.1 Drehimpulserhaltung

Weiße Zwerge sind deutlich kleiner als die Sterne, aus denen sie hervorgegangen sind. Während der Kern des Sterns immer kompakter wird, bleibt der Gesamtdrehimpuls des Sterns erhalten, denn durch diesen Prozess wird kein Drehmoment verursacht. Für den Drehimpuls gilt also

$$L = \Theta\omega = aMR^2\omega \approx \text{const.} \tag{20.24}$$

Dabei ist Θ das *Trägheitsmoment*, das bis auf konstante Vorfaktoren der Masse des Sterns mal seinem Radius im Quadrat entspricht. Für eine homogene Vollkugel ergibt sich z. B. $\Theta = 2MR^2/5$. Da kein äußeres Drehmoment vorliegt, d. h. $\dot{L} = 0$, finden wir die Relation

$$\omega R^2 \sim \text{const} \quad \text{bzw.} \quad P \sim R^2, \tag{20.25}$$

wegen $\omega \sim 1/P$, mit der Periodendauer P. Wenn wir für den Stern in der Wasserstoffbrennphase den Sonnenradius ansetzen und mit dem typischen Radius weißer Zwerge in (20.13) vergleichen, finden wir $R_H/R_{wz} \approx R_\odot/R_{wz} \approx 10^2$. Beim Übergang zum weißen Zwerg erfolgt also etwa eine Reduktion des Radius um einen Faktor 100.

Betrachten wir als typische Rotationsdauer eines Sterns die Periodendauer der Sonne $P_\odot \approx 28$ d $\approx 2{,}5 \cdot 10^6$ s, d. h. Periodendauern in der Größenordnung $P \approx 10^6$ s bis 10^7 s. Für einen weißen Zwerg erhalten wir dann entsprechend eine um einen Faktor 10^4 verkürzte Periodendauer

$$P_{wz} \approx 10^2 - 10^3 \text{ s}, \tag{20.26}$$

d. h. im Bereich von Minuten bis Stunden. Tatsächlich ist diese Abschätzung eher zu niedrig, da wir nicht berücksichtigt haben, dass der Stern einen erheblichen Teil seiner Masse und damit des Drehimpulses abstößt, während der Kern zum weißen Zwerg wird. Gemessene Werte liegen im Bereich von 20 Minuten bis einige Tage [6], größenordnungsmäßig liegen wir also richtig.

20.5.2 Erhaltung des magnetischen Flusses

Genaue Untersuchungen von weißen Zwergen in den 1970er Jahren zeigten außerdem auf, dass einige weiße Zwerge extrem starke Magnetfelder im Bereich $B \lesssim 7 \cdot 10^4$ T haben [7], also um ein Vielfaches stärker, als sie auf der Erde im Labor realisiert werden können.

Wir können anhand einer anschaulichen Überlegung verstehen, wie derartig starke Felder entstehen können. Der magnetische Fluss eines Magnetfeldes $\boldsymbol{B}$ durch die Fläche $\boldsymbol{F}$ ist gegeben als

$$\Phi = \int \boldsymbol{B}\mathrm{d}\boldsymbol{F}. \tag{20.27}$$

Man kann nun unter der Annahme, dass das Plasma im Inneren eines Sterns aufgrund der vielen freien Ladungsträger ein sehr guter elektrischer Leiter ist, zeigen, dass der magnetische Fluss durch eine sich mit dem Plasma mitbewegende Fläche bei der Entwicklung zum weißen Zwerg näherungsweise erhalten bleibt.

Das *Ohm'sche Gesetz*[6]

$$j = \sigma(E + v \times B) \tag{20.28}$$

liefert die Beziehung zwischen elektrischem und magnetischem Feld und der elektrischen Stromdichte, dabei ist σ die elektrische Leitfähigkeit. Wir nehmen als Extremfall $\sigma \to \infty$ an.

Damit dann dennoch die Stromdichte endlich bleibt, muss $E = -v \times B$ gelten. Im realen Fall gilt dieser Zusammenhang natürlich nur näherungsweise. Mit dem Induktionsgesetz $\nabla \times E = -\dot{B}$ aus (1.5a) folgt

$$\dot{B} = \nabla \times (v \times B), \quad \text{bzw.} \quad 0 = \dot{B} - \nabla \times (v \times B). \tag{20.29}$$

Wir integrieren diesen Ausdruck jetzt über ein Flächenelement, das sich im Plasma mitbewegt, bzw. die Teilchen, die seinen Rand definieren, sollen sich mit dem Plasma mitbewegen. Dann ist

$$0 = \int \dot{B} \cdot dF - \int \nabla \times (v \times B) \cdot dF = \int \dot{B} \cdot dF - \int (v \times B) \cdot ds. \tag{20.30}$$

Dabei haben wir im zweiten Schritt den Satz von Stokes verwendet und ds ist das Linienelement auf dem Rand ∂F von F. Unter Ausnutzung der Regel für das Spatprodukt $(v \times B) \cdot ds = -B \cdot (v \times ds)$ können wir weiter umformen zu

$$0 = \int \dot{B} \cdot dF + \int B \cdot (v \times ds). \tag{20.31}$$

Zur Interpretation des zweiten Terms betrachten wir Abb. 20.11. Die Fläche, die das Linienelement ds in der Zeit dt überstreicht, ist d$v \times$ ds dt, das bedeutet wir haben

$$\frac{dF}{dt} = v \times ds. \tag{20.32}$$

Das zweite Integral in (20.31) charakterisiert also die Änderung der Fläche bei der Fortbewegung. Insgesamt haben wir damit

Abb. 20.11 Die Änderung der gerichteten Fläche F während der Bewegung ist durch den Term $v \times$ ds dt gegeben

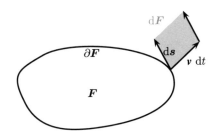

---

[6] Georg Simon Ohm, 1789–1854, deutscher Physiker.

$$\int \dot{B} \cdot dF + \int B \cdot (v \times ds) = \frac{d}{dt} \int B \cdot dF = \dot{\Phi} = 0. \qquad (20.33)$$

Der magnetische Fluss durch die bewegte Fläche ist also erhalten. Die Magnetfeldlinien sind im Plasma als ideal leitendes Medium „eingefroren" (frozen magnetic flux), das heißt, sie nehmen an seiner Bewegung unmittelbar teil. Dieses Ergebnis heißt auch *Alfvéns Theorem*.[7]

Wir wenden nun dieses Resultat auf die Situation während der Entwicklung zum weißen Zwerg an. Seien B_H und R_H das Magnetfeld und der Radius des Sterns während des Wasserstoffbrennens und B_{wz} und R_{wz} Magnetfeld und Radius des entstandenen weißen Zwerges. Jede beliebige Fläche im Stern ändert sich mit dem Radius wie $F \sim R^2$. Das führt uns auf

$$B_H F \propto B_H R_H^2 = \Phi_0 = B_{wz} R_{wz}^2 \qquad (20.34)$$

und damit

$$B_{wz} = B_H \left(\frac{R_H}{R_{wz}} \right)^2 . \qquad (20.35)$$

Als typische Magnetfeldstärke eines Sterns in der Wasserstoffbrennphase können wir die Werte für die Sonne verwenden, d. h.

$$B_H \sim 10^{-1} - 10^0 \, T. \qquad (20.36)$$

Außerdem ist $R_H/R_{wz} \approx R_\odot/R_{wz} \approx 100$ wie oben. Für einen weißen Zwerg erhalten wir dann aus (20.35)

$$B_{wz} \sim 10^3 - 10^4 \, T. \qquad (20.37)$$

Damit werden die beobachteten Magnetfelder verständlich. Man geht heute davon aus, dass mindestens 10 % aller weißen Zwerge Magnetfelder mit $B \geq 10^2 \, T$ aufweisen [5, 12]. Diese magnetischen weißen Zwerge ermöglichen es das Verhalten von Materie in Magnetfeldern zu untersuchen, die viel stärker sind als sie im Labor auf der Erde erzeugt werden können.

Abb. 20.12 zeigt Ergebnisse von Rechnungen zur Entwicklung der Übergangswellenlängen der Balmer-Serie für das Wasserstoffatom [19]. Im Feldstärkebereich magnetischer weißer Zwerge ist das Wellenlängenspektrum sehr kompliziert. Ergebnisse wie die in Abb. 20.12 können verwendet werden, um gemessene Spektren von weißen Zwergen zu modellieren. Dieses Wechselspiel von Astrophysik und Atomphysik ermöglicht ein besseres Verständnis weißer Zwerge, aber auch des Verhaltens von Materie in starken Magnetfeldern.

---

[7] Hannes Olof Gösta Alfvén, 1908–1995, schwedischer Physiker, Nobelpreis 1970.

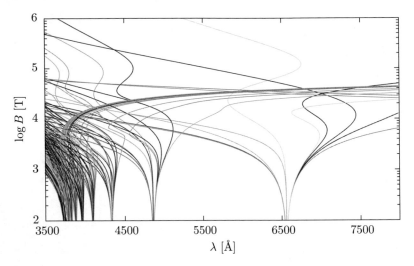

Abb. 20.12 Übergangswellenlängen der Balmer-Serie in Abhängigkeit von der Magnetfeldstärke. Die Daten für die Abbildung stammen aus [19]. (Wir danken Christoph Schimeczek für die zur Verfügung gestellten Daten)

20.6   Übungsaufgaben

20.6.1 Masse-Radius-Beziehung für weiße Zwerge

In dieser Übung lösen wir (20.18) numerisch für eine polytrope Zustandsgleichung der Form (18.65) um damit die Masse-Radius-Beziehung für weiße Zwerge herzuleiten. Diese Aufgabe ist relativ umfangreich. Eine schrittweise Anleitung und Diskussion findet sich auf der Buchwebseite.

Literatur

1. Althaus, L.G., Córsico, A.H., Isern, J., García-Berro, E.: Evolutionary and pulsational properties of white dwarf stars. Astron. Astrophys. Rev. **18**(4), 471–566 (2010)
2. Das, U., Mukhopadhyay, B.: New mass limit for white dwarfs: super-Chandrasekhar type Ia supernova as a new standard candle. Phys. Rev. Lett. **110**, 071102 (2013)
3. Hamada, T., Salpeter, E.E.: Models for zero-temperature stars. Astrophys. J. **134**, 683–698 (1961)
4. Presseveröffentlichung zur Beobachtung von Sirius B mit dem: Hubble-Teleskop. http://hubblesite.org/newscenter/archive/releases/2005/36/text/
5. Jordan, S., et al.: The fraction of DA white dwarfs with kilo-Gauss magnetic fields. Astron. Astrophys. **462**(3), 1097–1101 (2007)
6. Kawaler, S.D.: White dwarf rotation: observations and theory. In: Stellar Rotation Proceedings IAU Symposium, S. 215 (2003)
7. Kemp, J.C., Swedlund, J.B., Landstreet, J.D., Angel, J.R.P.: Discovery of circularly polarized light from a white dwarf. Astrophys. J. **161**, L77–L79 (1970)

8. Kepler, S.O., et al.: White dwarf mass distribution in the SDSS. Mon. Not. R. Astron. Soc. **375**, 1315–1324 (2007)
9. Kilic, M., Prieto, C.A., Brown, W.R., Koester, D.: The lowest mass white dwarf. Astrophys. J. **660**(2), 1451–1461 (2007)
10. Koester, D., Chanmugam, G.: Physics of white dwarf stars. Rep. Prog. Phys. **53**(7), 837 (1990)
11. Landau, L.D.: On the theory of stars. Phys. Z. Sowjet. **1**, 285 (1932)
12. Liebert, J., Bergeron, P., Holberg, J.B.: The true incidence of magnetism among field white dwarfs. Astron. J. **125**(1), 348 (2003)
13. Homepage der Nearby Supernova Factory: http://snfactory.lbl.gov
14. Nomoto, K., Iwamoto, K., Kishimoto, N.: Type Ia supernovae: their origin and possible applications in cosmology. Science **276**, 1378–1382 (1997)
15. Nugent, P.E., et al.: Supernova SN 2011fe from an exploding carbon–oxygen white dwarf star. Nature **480**, 344–347 (2011)
16. Provencal, J.L., Shipman, H.L., Høg, E., Thejll, P.: Testing the white dwarf mass-radius relation with hipparcos. Astrophys. J. **494**(2), 759 (1998)
17. Russel, H.N.: Relations between the spectra and other characteristics of the stars. Popular Astron. **22**, 275–294 (1914)
18. Salpeter, E.E.: Energy and pressure of a zero-temperature plasma. Astrophys. J. **134**, 669–682 (1961)
19. Schimeczek, C., Wunner, G.: Atomic data for the spectral analysis of magnetic DA white dwarfs in the SDSS. Astrophys. J. Supp. Ser. **212**(2), 26 (2014)
20. Shapiro, S.L., Teukolsky, S.A.: Black Holes, White Dwarfs, and Neutron Stars: The Physics of Compact Objects. Wiley-Interscience, New York (1983)
21. Woosley, S.E., Heger, A., Weaver, T.A.: The evolution and explosion of massive stars. Rev. Mod. Phys. **74**, 1015–1071 (2002)

Neutronensterne

21

Inhaltsverzeichnis

21.1 Entstehung von Neutronensternen

Sterne, die in die Neonbrennphase übergehen, sind so massereich, dass sie nicht als weißer Zwerg enden können, d. h. zu keinem Zeitpunkt der weiteren Entwicklung kann der Kern dieser Sterne durch den Elektronenentartungsdruck stabilisiert werden. Diese Sterne durchlaufen deshalb im Zentrum alle Fusionsphasen bis hin zu Eisen. In äußeren Schichten erfolgt weiterhin die Fusion leichterer Elemente. Am Ende des Siliziumbrennens im Kern besteht dieser hauptsächlich aus Eisen und der gesamte Stern weist eine Schichtstruktur auf, wie sie in Abb. 21.1 skizziert ist. In jeder Schicht kommt ein bestimmtes Element dominant vor.

Ergänzende Information Die elektronische Version dieses Kapitels enthält Zusatzmaterial, auf das über folgenden Link zugegriffen werden kann https://doi.org/10.1007/978-3-662-63352-6_21. Die Videos lassen sich mit Hilfe der SN More Media App abspielen, wenn Sie die gekennzeichneten Abbildungen mit der App scannen.

Abb. 21.1 Schichtenauf-
bau eines massiven Sterns
vor dem Kernkollaps. Die
Breite der einzelnen
Schichten ist nicht
maßstabsgetreu

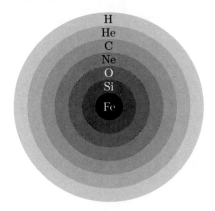

Der Eisenkern kann jetzt durch weitere Fusionsprozesse keine Energie mehr gewinnen und dadurch auch keinen Strahlungsdruck mehr aufbauen, um den
Gravitationsdruck zu kompensieren. Da auch der Elektronenentartungsdruck den
Kern nicht stabilisieren kann, gerät er aus dem hydrostatischen Gleichgewicht und
kollabiert. Während des Kollapses des Kerns steigt die Fermi-Energie der Elektronen über den kritischen Wert

$$E_c \geq (m_n - m_p - m_e)c^2 = 782{,}33(43) \text{ keV} \qquad (21.1)$$

und es sind wieder, wie bei sehr massereichen weißen Zwergen, die energetischen
Voraussetzungen für den inversen β-Zerfall

$$e^- + p \rightarrow n + \nu_e \qquad (21.2)$$

gegeben. Beim weißen Zwerg entstehen beim inversen β-Zerfall neue Nuklide, die
gegen weiteren inversen β-Zerfall stabil sind. Da jetzt der Kern aber immer weiter
kollabiert, entstehen immer mehr Neutronen. Auch Neutronen sind Fermionen und
können deshalb einen Entartungsdruck aufbauen. Wir werden gleich sehen, dass
dieser den Stern stabilisieren kann, wenn der Kern auf einen Radius von ungefähr
$R_{ns} \approx 10$ km kollabiert ist. Während also bei weißen Zwergen die Stabilisierung
durch den Fermi-Druck der Elektronen zustande kommt, werden Neutronensterne
durch den entsprechenden Druck der Neutronen stabilisiert. Den Vorgang des Kern-
kollapses können wir in Fortsetzung der Überlegung in Abb. 18.4 wieder im
Potentialtopfmodell anschaulich verstehen (s. Abb. 21.2). Während des Kollapses
verschwinden immer mehr Elektronen, während Neutronen entstehen. Deshalb
steigt die Fermi-Energie der Elektronen nicht weiter an. Die entstehenden Neutronen besetzen in ihrem eigenen Potentialtopf Energieniveaus mit immer höherer
Energie. Wenn die Fermi-Energie der Neutronen groß genug wird, stoppt der
Kollaps.

Die bei diesem Kollaps freiwerdende gravitative Bindungsenergie ist ungeheuer
groß. Wenn wir den Neutronenstern vereinfacht als homogene Vollkugel betrachten
mit der Bindungsenergie $E_G = -3M^2G/(5R)$ aus (1.44) und außerdem berücksichtigen, dass $R_{ns} \ll R_{Fe}$, d. h. der Radius des Eisenkerns nach dem Kollaps ist viel
kleiner als davor, dann können wir die freiwerdende Energie abschätzen zu

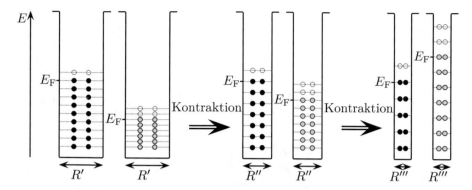

Abb. 21.2 Kollaps zum Neutronenstern: Wir knüpfen hier an Abb. 18.4 an. Übersteigt die Dichte der entarteten Materie im kollabierenden Kern einen kritischen Wert, so findet inverser β-Zerfall statt und es bilden sich Neutronen (*grau*, jeweils rechter Topf) aus Elektronen (*schwarz*, jeweils linker Topf) und Protonen. Die entstehenden Neutronen sind wie die Elektronen Fermionen und besetzen bisher leere Energieniveaus (*weiß*) in ihrem eigenen Potentialtopf. Schließlich wird der Fermi-Druck der Neutronen so groß, dass er den Stern stabilisiert

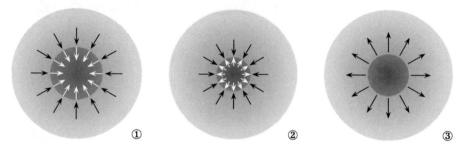

Abb. 21.3 Stark vereinfachter Ablauf einer Supernova: ① Der Eisenkern übersteigt die Chandrasekhar-Grenzmasse und kollabiert. Die äußeren Schichten des Sterns stürzen nach. ② Der Kernkollaps wird durch den Neutronenentartungsdruck aufgehalten, der überdichtete Kern vergrößert sich wieder etwas. Die nachstürzenden Schichten prallen auf den sich wieder ausdehnenden Kern. ③ Es wird eine Schockwelle ausgelöst, der Stern explodiert und nur der jetzt entartete Kern bleibt übrig

$$\Delta E_{\mathrm{m}} = \frac{3}{5} GM_{\mathrm{Fe}}^2 \left(\frac{1}{R_{\mathrm{ns}}} - \frac{1}{R_{\mathrm{Fe}}} \right) \simeq \frac{3}{5} \frac{GM_{\mathrm{Fe}}^2}{R_{\mathrm{ns}}} \approx 3 \cdot 10^{46}\,\mathrm{J}! \qquad (21.3)$$

Wenn wir diesen Wert mit der Sonnenleuchtkraft $L_{\odot}$ in (1.58) vergleichen, so sehen wir, dass dies der Energiemenge entspricht, die die Sonne in ungefähr $3 \cdot 10^{12}$ y abstrahlt. In einer Abfolge sehr komplizierter physikalischer Prozesse explodiert der Stern in einer *Supernova*. Der genaue Ablauf dieser Sternexplosionen ist noch immer Gegenstand aktueller Forschung. Ein grundlegender Prozess ist wohl, dass der Kern bis zu einer Überdichte kollabiert und dann wieder etwas expandiert. Das nachfallende Material des Sterns trifft auf diesen sich wieder ausdehnenden Kern und wird in einer Schockwelle nach außen weggeschleudert (s. Abb. 21.3). Eine

Abb. 21.4 Der Krebsnebel im Sternbild Stier ist der Überrest einer Supernova, die im Jahr 1054 auf der Erde selbst tagsüber beobachtet werden konnte. In seinem Zentrum befindet sich ein Neutronenstern. Weil der Krebsnebel einer beobachteten Supernova zugeordnet werden kann, ist sein Alter exakt bekannt. (©NASA, ESA, J. Hester and A. Loll (Arizona State University))

umfassende Diskussion der Explosion massereicher Sterne findet sich in [30]. Ein ganz berühmter Supernovaüberrest ist der Krebsnebel im Sternbild Stier (s. Abb. 21.4).

Nur ein kleiner Anteil der freiwerdenden Energie (21.3) wird als elektromagnetische Strahlung frei, der allergrößte Teil geht vermutlich in Form von Neutrinos verloren. Der Strahlungsanteil ist dennoch groß genug, dass eine Supernova für einige Tage so hell wie eine Galaxie werden kann.

21.2 Radien von Neutronensternen

Warum sind nun Neutronensterne so viel kleiner als weiße Zwerge? Die Antwort ergibt sich aus der Definition der charakteristischen Anzahldichte der Elektronen in entarteter Materie in (18.46). Diese entspricht einem Elektron in einem Würfel mit einer Kantenlänge gleich der Compton-Wellenlänge des Elektrons $\lambda_{\mathrm{e}} = \hbar/(m_{\mathrm{e}}c)$. Für Neutronen können wir analog eine charakteristische Anzahldichte

$$n_{\mathrm{n,c}} = \lambda_{\mathrm{n}}^{-3} \tag{21.4}$$

definieren, mit der reduzierten Compton-Wellenlänge für Neutronen

$$\lambda_n = \frac{\hbar}{m_n c}. \tag{21.5}$$

Es ist dann

$$\frac{n_{n,c}}{n_{e,c}} = \frac{\lambda_e^3}{\lambda_n^3} = \frac{m_n^3}{m_e^3}. \tag{21.6}$$

Das Massenverhältnis von Neutron zu Elektron ist $m_n/m_e \simeq 1839$ und damit

$$n_{n,c} \approx 6 \cdot 10^9 n_{e,c}. \tag{21.7}$$

Im Unterschied zum weißen Zwerg müssen wir beim Neutronenstern nicht weiter zwischen den für die Massendichte verantwortlichen Baryonen und den für den Entartungsdruck verantwortlichen Elektronen unterscheiden, da hier in beiden Fällen die Neutronen entscheidend sind. Aus einer um den Faktor $6 \cdot 10^9$ höheren Anzahldichte folgt dann auch eine etwa um den Faktor $6 \cdot 10^9$ höhere Massendichte, denn es ist $\rho_{n,c} = m_n n_{n,c}$, bzw.

$$\rho_{n,c} = \frac{m_n}{\lambda_n^3} \cong 10^{18} - 10^{19} \ \text{kg m}^{-3}. \tag{21.8}$$

Im Ausdruck für die Chandrasekhar-Grenzmasse (20.10) ist die Elektronenmasse nicht enthalten. Für den Neutronenstern erwarten wir deshalb eine entsprechende Maximalmasse und etwa den Zusammenhang

$$M \sim M_c \cdot \begin{cases} \left(\rho_m/\rho_{n,c}\right)^{1/2} & \text{für } \rho_m \ll \rho_{n,c}, \\ 1 & \text{für } \rho_m \gg \rho_{n,c}. \end{cases} \tag{21.9}$$

Der Radius eines Neutronensterns ergibt sich dann analog aus (20.12) wenn wir λ_e durch λ_n ersetzen:

$$R_{ns} \approx \alpha_G^{-1/2} \lambda_n \approx 10 \ \text{km}. \tag{21.10}$$

Dabei haben wir großzügig aufgerundet. Tatsächlich werden wir gleich sehen, dass wir einige sehr wichtige Einflüsse auf den Aufbau von Neutronensternen noch nicht berücksichtigt haben und die Radien deshalb eher größer sind als unsere ganz einfache Abschätzung.

21.3   Rotationsperioden und Magnetfelder

Wir haben in Abschn. 20.5 aus sehr einfachen Überlegungen heraus hergeleitet, dass weiße Zwerge im Vergleich zu Hauptreihensternen eine um den Faktor $R_H^2/R_{wz}^2 \approx 10^4$ kürzere Rotationsperiode im Stundenbereich und um den gleichen Faktor stärkere Magnetfelder aufweisen können. Diese Überlegungen können wir direkt auf Neutronensterne übertragen. Dann finden wir mögliche Rotationsdauern

$$P_{\mathrm{ns}} \gtrsim 10^{-3}\ \mathrm{s}. \tag{21.11}$$

Diese extrem kurze Periodendauer bedeutet eine Rotationsgeschwindigkeit am Äquator von $v = 2\pi R_{\mathrm{ns}}/T_{\mathrm{ns}} \approx 0{,}2c$! Als Nebenbedingung an die Periodendauer müssen wir allerdings stellen, dass die Zentripetalbeschleunigung $a_{\mathrm{zp}} = R\omega^2$ nicht größer wird als die Gravitation, da sonst der Stern auseinanderbrechen würde. Die Relation

$$\frac{GM_{\mathrm{ns}}}{R_{\mathrm{ns}}^2} = R_{\mathrm{ns}}\omega_{\mathrm{max}}^2 \tag{21.12}$$

führt auf eine minimale Periode

$$P_{\mathrm{min}} = \frac{2\pi}{\omega_{\mathrm{max}}} = 2\pi \left(\frac{R_{\mathrm{ns}}^3}{GM_{\mathrm{ns}}} \right)^{1/2}. \tag{21.13}$$

Für $M_{\mathrm{ns}} = 1{,}5 M_{\odot}$ und $R_{\mathrm{ns}} = 10$ km ergibt sich als untere Grenze $P \approx 0{,}4$ ms. Der aktuell am schnellsten rotierende bekannte Neutronenstern PSR J1748-2446ad [7] hat eine Periodendauer von ca. 1,4 ms, liegt also tatsächlich im abgeschätzten Bereich.

Man muss sich klar machen, welch große Energiemenge in einem so schnell rotierenden Neutronenstern steckt. Die Rotationsenergie ist definiert als $E_{\mathrm{rot}} = \Theta\omega^2/2$, mit dem Trägheitsmoment Θ. Wir nehmen wieder vereinfacht den Neutronenstern als homogene Vollkugel an mit $\Theta = 2MR^2/5$. Mit den Werten $M_{\mathrm{ns}} = 1{,}5 M_{\odot}$ und $R_{\mathrm{ns}} = 10$ km und der Rotationsfrequenz von PSR J1748-2446ad führt das auf

$$E_{\mathrm{rot}} \approx 10^{45}\ \mathrm{J}, \tag{21.14}$$

d. h. von der Größenordnung her nur um einen Faktor 10 niedriger als die bei der Supernova freiwerdende Energie.

Daneben erhalten wir als Abschätzung möglicher Magnetfeldstärken

$$B_{\mathrm{ns}} \lesssim 10^9 - 10^{10}\ \mathrm{T}. \tag{21.15}$$

Auch diese Vorhersage wird durch Beobachtungen gestützt, wie wir in Abschn. 21.5 sehen werden.

21.4   Masse-Radius-Beziehung für Neutronensterne

Bei weißen Zwergen haben wir mit sehr grundlegenden Überlegungen zur Masse-Radius-Beziehung bereits eine relativ gute Übereinstimmung mit Beobachtungen erreicht. Bei Neutronensternen ist dies aber nicht der Fall. Tatsächlich sind diese sehr viel weniger gut verstanden als weiße Zwerge, weil eine Vielzahl bisher nicht betrachteter physikalischer Effekte wichtig wird.

Die erste wichtige Korrektur ergibt sich durch allgemein-relativistische Effekte. Für einen Neutronenstern mit $M \approx 1{,}5\ M_{\odot}$ und $R \approx 10$ km ist das Verhältnis von Schwarzschild-Radius zum Radius

$$\frac{r_s}{R_{ns}} \approx \frac{1}{3}. \tag{21.16}$$

Wir können also von sehr starken allgemein-relativistischen Effekten ausgehen, während bei einem weißen Zwerg mit

$$\frac{r_s}{R_{wz}} \approx 10^{-3} \tag{21.17}$$

diese noch relativ unbedeutend sind. Für die allgemein-relativistische Behandlung müssen die Einstein'schen Feldgleichungen für eine sphärisch symmetrische Massenverteilung *innerhalb* der Masse gelöst werden. Dieser Fall führt aber nicht auf die Schwarzschild-Metrik, welche die Raumzeit einer sphärisch symmetrischen Massenverteilung außerhalb der Masse beschreibt. Am Ende führen diese Überlegungen auf eine modifizierte Bedingungsgleichung für das hydrostatische Gleichgewicht.

21.4.1 Hydrostatisches Gleichgewicht in relativistischer Form

Wir untersuchen jetzt, wie sich die in Abschn. 18.1 hergeleitete Bedingung für das hydrostatische Gleichgewicht eines Sterns verändert, wenn wir relativistische Effekte berücksichtigen. Die entsprechende Rechnung wurde von *Tolman*,[1] *Oppenheimer*[2] und *Volkoff*[3] 1939 [17, 23], bereits im Hinblick auf die Behandlung von Neutronensternen, durchgeführt. Die Vorgehensweise ist hier ähnlich wie bei der Herleitung der Schwarzschild-Metrik in Kap. 13. Wir starten ebenfalls bei dem Ansatz

$$g_{\mu\nu} = \begin{pmatrix} -e^{2\Phi(r)}c^2 & 0 & 0 & 0 \\ 0 & e^{2\Psi(r)} & 0 & 0 \\ 0 & 0 & r^2 & 0 \\ 0 & 0 & 0 & r^2 \sin^2(\vartheta) \end{pmatrix} \tag{21.18}$$

für eine sphärisch-symmetrische statische Metrik.

Da wir uns jetzt aber nicht mehr im Außenraum, d. h. im Vakuum um die Massenverteilung herum, befinden, verschwindet der Energie-Impuls-Tensor nicht mehr. Wir gehen vereinfachend davon aus, dass wir die Sternmaterie als ideale Flüssigkeit beschreiben können. Das bedeutet, wir vernachlässigen Beiträge zum Energie-Impuls-Tensor durch Spannungen. Dieser Ansatz führt auf die Form

---

[1] Richard Chace Tolman, 1881–1948, US-amerikanischer Physiker.

[2] Julius Robert Oppenheimer, 1904–1967, US-amerikanischer Physiker. Bekannt ist er vor allem durch seine leitende Rolle im Manhattan-Projekt.

[3] George Michael Volkoff, 1914–2000, kanadischer Physiker.

$$T_{\mu\nu} = (\rho_{\mathrm{m}}c^2 + p)u_\mu u_\nu + pg_{\mu\nu}. \tag{21.19}$$

Die Materie des Sterns soll ruhen, d. h. alle Raumkomponenten der Vierergeschwindigkeit sind Null, und aufgrund unserer Koordinatenwahl gilt $u^\mu = (1, 0, 0, 0)$ und $u_\mu = (-1, 0, 0, 0)$ im Ruhsystem der Materie. Wir weichen an dieser Stelle jetzt aber von der Rechnung in Kap. 13 ab und gehen von den Einstein'schen Feldgleichungen in der Form $G^\mu{}_\nu = \kappa T^\mu{}_\nu$ aus. Damit folgen wir der Konvention in der Literatur. Insbesondere folgen wir eng der Rechnung in [17].

Für den Energie-Impuls-Tensor ergibt sich so die sehr einfache Form

$$T^\mu{}_\nu = \mathrm{diag}(-\rho_{\mathrm{m}}c^2, p, p, p). \tag{21.20}$$

Die Berechnung des Einstein-Tensors aus dem zum Metriktensor (21.18) gehörenden Ricci-Tensor (13.6) über den Zusammenhang $G_{\mu\nu} = R_{\mu\nu} - Rg_{\mu\nu}/2$ aus (12.39) ist in diesem Fall allerdings aufgrund sehr langer mathematischer Ausdrücke sehr langwierig. Wir starten daher bei dem Ergebnis

$$G^t{}_t = \mathrm{e}^{-2\Psi}\left(-\frac{2\Psi_r}{r} + \frac{1}{r^2}\right) - \frac{1}{r^2}, \tag{21.21a}$$

$$G^r{}_r = \mathrm{e}^{-2\Psi}\left(\frac{2\Phi_r}{r} + \frac{1}{r^2}\right) - \frac{1}{r^2}, \tag{21.21b}$$

$$G^\vartheta{}_\vartheta = \frac{-\Psi_r + \Phi_r + \Phi_{rr}r - \Psi_r\Phi_r r + \Phi_r^2 r}{r\mathrm{e}^{2\Psi}}, \tag{21.21c}$$

$$G^\varphi{}_\varphi = G^\vartheta{}_\vartheta. \tag{21.21d}$$

Für die weitere Rechnung benötigen wir nur die Gleichungen $G^t{}_t = -\kappa\rho_{\mathrm{m}}c^2$ und $G^r{}_r = \kappa p$. Druck und Dichte müssen später zusätzlich wieder über eine Zustandsgleichung $p = p(\rho_{\mathrm{m}})$ verknüpft werden. Das allein reicht uns aber noch nicht. Wir benötigen noch eine Differentialgleichung für den Druckgradienten, denn dieser muss ja gerade die Anforderung des hydrostatischen Gleichgewichtes erfüllen. Wir haben glücklicherweise noch eine Bedingung übrig, die uns eine solche Gleichung liefert, denn wir wissen, dass der Energie-Impuls-Tensor divergenzfrei sein muss, d. h. $T^{\mu\nu}{}_{;\nu} = 0$, mit

$$T^{\mu\nu} = \mathrm{diag}(\rho_{\mathrm{m}}\mathrm{e}^{-2\Phi}, p\mathrm{e}^{-2\Psi}, p/r^2, p/(r^2\sin^2(\vartheta))). \tag{21.22}$$

Wir werten diese Gleichung für die Radialkomponente aus und finden mit der Definition der Divergenz in (11.85)

$$\begin{aligned} T^{r\nu}{}_{;\nu} &= T^{r\nu}{}_{,\nu} + T^{\sigma\nu}\Gamma^r{}_{\sigma\nu} + T^{r\sigma}\Gamma^\nu{}_{\sigma\nu} \\ &= T^{rr}{}_{,r} + T^{tt}\Gamma^r{}_{tt} + T^{rr}\Gamma^r{}_{rr} + T^{\vartheta\vartheta}\Gamma^r{}_{\vartheta\vartheta} + T^{\varphi\varphi}\Gamma^r{}_{\varphi\varphi} + T^{rr}\Gamma^\nu{}_{r\nu}. \end{aligned} \tag{21.23}$$

Mit dem Zusammenhang

$$\frac{\mathrm{d}}{\mathrm{d}r}T^{rr} = \frac{\mathrm{d}}{\mathrm{d}r}\left(p\,\mathrm{e}^{-2\Psi}\right) = \frac{\mathrm{d}p}{\mathrm{d}r}\mathrm{e}^{-2\Psi} - 2p\Psi_r\mathrm{e}^{-2\Psi} \qquad (21.24)$$

und den Komponenten des Energie-Impuls-Tensors aus (21.22) sowie den Christoffel-Symbolen aus (13.5) vereinfacht sich diese Gleichung zu

$$\frac{\mathrm{d}}{\mathrm{d}r}p = -\Phi_r\left(\rho_\mathrm{m}c^2 + p\right). \qquad (21.25)$$

Die relativ komplizierte Form von $G^t_{\ t}$ können wir stark vereinfachen durch die Substitution

$$u(r) = \frac{1}{2}r\left(1 - \mathrm{e}^{-2\Psi}\right), \quad \text{bzw.} \quad \mathrm{e}^{-2\Psi} = 1 - 2\frac{u}{r}. \qquad (21.26)$$

Mit

$$\frac{\mathrm{d}u}{\mathrm{d}r} = \mathrm{e}^{-2\Psi}\left(-\frac{1}{2} + r\Psi_r\right) + \frac{1}{2} \qquad (21.27)$$

sehen wir, dass

$$G^t_{\ t} = -\frac{2}{r^2}\frac{\mathrm{d}u}{\mathrm{d}r} \qquad (21.28)$$

gilt. Also wird aus $G^t_{\ t} = \kappa T^t_{\ t}$ die Gleichung

$$\frac{\mathrm{d}u}{\mathrm{d}r} = \frac{\kappa}{2}r^2\rho_\mathrm{m}c^2. \qquad (21.29)$$

Mit (21.25) und (21.26) können wir in $G^r_{\ r}$ jetzt Φ_r und $\mathrm{e}^{-2\Psi}$ ersetzen und gelangen zu

$$\frac{\mathrm{d}p}{\mathrm{d}r} = -\left(\rho_\mathrm{m}c^2 + p\right)\frac{u + \dfrac{\kappa}{2}pr^3}{r(r - 2u)}. \qquad (21.30)$$

Dieses Ergebnis ist die *Tolman-Oppenheimer-Volkoff-Gleichung* (TOV-Gleichung). Wir können diese Gleichung noch etwas umformulieren, um sie besser mit dem nichtrelativistischen Ergebnis vergleichen zu können. Dazu betrachten wir zunächst nochmals (21.29). Wir kennen zwar die genaue Form der Metrik innerhalb der Massenverteilung nicht, da wir Ψ und Φ nicht kennen, wir wissen aber, dass sie auf der Oberfläche bei $r = R$ in die Schwarzschild-Metrik übergehen muss, d. h.

$$\mathrm{e}^{-2\Psi(R)} = 1 - \frac{r_s}{R} = 1 - 2\frac{u}{R}, \qquad (21.31)$$

unter Verwendung von (21.26). Aus diesem Zusammenhang schließen wir für alle r

$$u(r) = \frac{GM(r)}{c^2}. \tag{21.32}$$

Damit und mit $\kappa = 8\pi G/c^4$ aus (12.37) wird (21.29) zu

$$\frac{\mathrm{d}M(r)}{\mathrm{d}r} = 4\pi r^2 \rho_\mathrm{m}, \tag{21.33}$$

d. h. wir erhalten den gleichen Zusammenhang für die bis zum Radius r umschlossene Masse wie im nichtrelativistischen Fall in (18.8). Wir setzen die Definition (21.32) und $\kappa = 8\pi G/c^4$ in (21.30) ein und ziehen einen Faktor $M(r)$ und eine Faktor $\rho_\mathrm{m}(r)$ vor. Dann erhalten wir die Form

$$\frac{\mathrm{d}p(r)}{\mathrm{d}r} = -G\frac{\rho_\mathrm{m}(r)M(r)}{r^2}\left(1 + \frac{p(r)}{\rho_\mathrm{m}(r)c^2}\right)\left(1 + \frac{4\pi r^3 p(r)}{M(r)c^2}\right)\left(1 - 2\frac{GM(r)}{c^2 r}\right)^{-1} \tag{21.34}$$

der TOV-Gleichung. Dabei entspricht der erste Faktor genau dem Newton'schen Resultat (18.7), das mit zwei Faktoren größer als eins multipliziert und durch einen Faktor kleiner als eins dividiert wird, d. h. der relativistische Druckgradient ist größer als der nichtrelativistische.

Bei der Herleitung der TOV-Gleichung sind wir von einem nichtrotierenden Stern ausgegangen. Für schnell rotierende Neutronensterne ergeben sich daher noch weitere Korrekturen, auf die wir aber nicht eingehen möchten.

21.4.2 Relativistische Einflüsse auf die Beobachtung von Neutronensternen

Auch bei der Beobachtung von Neutronensternen sind allgemein-relativistische Effekte relevant. Wir haben bereits diskutiert, dass bei weißen Zwergen aus der gravitativen Rotverschiebung ihrer Spektren auf ihren Radius geschlossen werden kann. Dabei ist diese Rotverschiebung für weiße Zwerge aber sehr klein im Bereich $z \approx 10^{-4}$. Für Neutronensterne dagegen ergibt sich aus (20.1) für $r_\mathrm{s}/R_\mathrm{ns} \approx 1/3$ die starke Rotverschiebung

$$z_\mathrm{ns} \approx 0{,}22. \tag{21.35}$$

Das führt zu einer scheinbaren Temperaturänderung des Sterns in der Form

$$T_\mathrm{eff}^\infty = T_\mathrm{eff}\sqrt{1 - r_\mathrm{s}/R_\mathrm{ns}}. \tag{21.36}$$

Dabei ist die effektive Temperatur T_eff so definiert, dass ein schwarzer Körper mit dieser Temperatur die gleiche Leuchtkraft wie der Stern hätte (s. Abschn. 18.2).

Schließlich ergibt sich aufgrund der Lichtablenkung ein scheinbar vergrößerter Radius

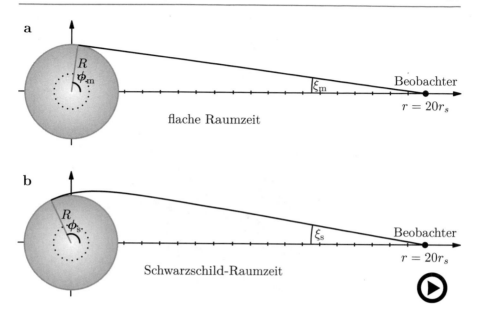

Abb. 21.5 Die scheinbare Größe eines Neutronensterns mit Radius $R = 2{,}65 r_s$ aus der Sicht eines Beobachters am Ort $r_{\text{beob}} = 20 r_s$. Im flachen Raum (**a**) ist der Sichtwinkel $2\xi \approx 15{,}23°$ und der Beobachter sieht weniger als die Hälfte der Oberfläche, $\phi_m \approx 82{,}39°$. In der Schwarzschild-Raumzeit (**b**) ist der Sichtwinkel $2\xi \approx 18{,}84°$ und der Beobachter sieht mehr als die Hälfte, $\phi_s \approx 115{,}74°$ (▶ https://doi.org/10.1007/000-324)

$$R^\infty = R(1 + z_{\text{ns}}) \qquad (21.37)$$

und es lässt sich mehr als die Hälfte der Oberfläche des Sterns beobachten (s. Abb. 21.5). Da der Radius eines gewöhnlichen Neutronensterns wie für einen weißen Zwerg mit der Masse *sinkt*, gleichzeitig dann aber die Rotverschiebung steigt, ergibt sich ein minimal möglicher Wert des beobachteten Radius für jede Neutronensternmasse [18] unabhängig vom tatsächlichen Radius.

21.4.3 Neutronensternmodelle für Zustandsgleichungen

Der Übergang von (18.7) zu (21.34) verkompliziert die numerisch zu lösende Gleichung (20.18), stellt aber kein grundlegendes Problem dar. Ein sehr viel schwierigeres Problem ergibt sich, da Neutronen Baryonen sind und deshalb der starken Wechselwirkung unterliegen. Die Dichte in einem Neutronenstern entspricht der in einem Atomkern, oder liegt sogar darüber. Der Einfluss der starken Wechselwirkung ist daher entscheidend, gleichzeitig ist ihre theoretische Behandlung im Rahmen der Quantenchromodynamik sehr schwierig. Aus diesem Grund ist die Zustandsgleichung $p(\rho_m)$ für Neutronensternmaterie nicht genau bekannt. Es existieren verschiedene Neutronensternmodelle, je nachdem welche Annahmen und mathemati-

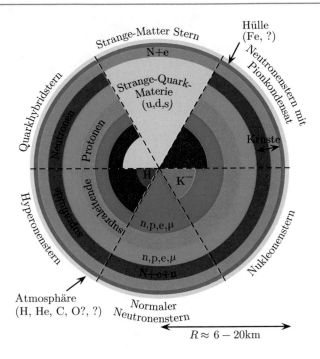

Abb. 21.6 Aufbau verschiedener Neutronensterntypen. Für die unterschiedlichen Modelle variieren unter anderem auch die angenommenen Radien stark. Unsicherheiten sind durch Fragezeichen angedeutet [27]

schen Methoden in die theoretische Berechnung der Zustandsgleichung einfließen [12].

Grob unterteilen lassen sich die Modelle in drei Gruppen (s. Abb. 21.6).

- Normale Neutronensterne bestehen aus hadronischer Materie. An der Oberfläche gehen der Druck und die Dichte gegen Null. Die allermeisten bisher bekannten Neutronensterne gehören vermutlich in diese Kategorie. Wie bei weißen Zwergen sinkt ihr Radius mit steigender Masse.
- Als Modifikation der ersten Gruppe gibt es Modelle, die im Zentrum des Neutronensterns exotische Materiezustände voraussagen, unter anderem das Auftreten verschiedener Baryonresonanzen ($\Sigma, \Lambda, \Xi, \Delta$), darunter Strange-Quarks enthaltende Hyperonen (Σ, Λ, Ξ), oder sogar Quarkmaterie bestehend aus Up-, Down- und Strange-Quarks und Dibaryonteilchen (H) [27].
- Die letzte Gruppe sind Neutronensterne, die bis auf eine mögliche kleine Kruste komplett aus Strange-Quark-Materie (SQM) bestehen. Bei diesen Sternen steigt der Radius mit der Masse. Wenn solche Sterne existieren, so ist ihre Dichte möglicherweise auch an der Oberfläche noch größer als in einem Atomkern, jedoch sprechen neueste Beobachtungen eher gegen ihre Existenz, wie Abb. 21.7 zeigt.

Ein großes Problem bei der genauen Bestimmung der Zustandsgleichung rührt auch daher, dass man im Labor zwar Atomkerne genau untersuchen kann, d. h. man hat prinzipiell Zugang zu Materie im Dichtebereich von Neutronensternen, auch wenn diese vermutlich eine bis zu zehnfache Dichte im Vergleich zu Atomkernen haben. Allerdings bestehen Atomkerne etwa zu gleichen Teilen aus Protonen und Neutronen, die Materie in Neutronensternen aber hat nur einen Protonenanteil von wenigen Prozent, und die Auswirkungen dieses Unterschiedes auf die Eigenschaften der Materie sind nicht gut verstanden. Aus den genannten Gründen ist auch die maximale Masse für Neutronensterne nur sehr ungenau bekannt. Berechnungen im Rahmen der ART limitieren die maximale Masse auf $M \leq 3M_\odot$, der massereichste

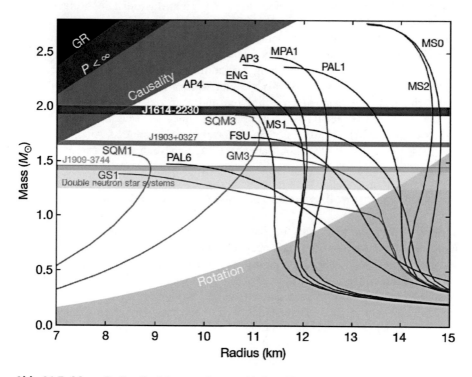

Abb. 21.7 Masse-Radius-Beziehungen für verschiedene Neutronensternmodelle. Blaue Linien stehen für Nukleonenmodelle, pinkfarbene Linien für Modelle mit exotischer Materie und grüne Linien für Strange-Quark-Sterne. Die grau unterlegten Bereiche sind aus anderen Überlegungen ausgeschlossen. Der Radius lässt sich aus verschiedenen Überlegungen nach unten begrenzen. Diese sind: GR: Die allgemein-relativistische Forderung $R > r_s$; $P < \infty$: Die Forderung nach endlichem Druck führt auf die stärkere Bedingung $R > (9/8)r_s$; Kausalität: Die Forderung einer Schallgeschwindigkeit kleiner als c führt auf die noch stärkere Bedingung $R > 1{,}45 r_s$. Daneben schränkt der mit „Rotation" bezeichnete Bereich den Radius bei gegebener Masse nach oben ein, indem die maximal mögliche Rotationsfrequenz durch Vergleich mit dem oben genannten Stern PSR J1748-2446ad [7] begrenzt wird. Weitere Details zu diesen Überlegungen finden sich z. B. in [13]. Die Entdeckung des $2M_\odot$-Sterns J1614-2230 [4] (*roter Balken*) schließt bereits einige Modelle komplett aus, bei denen so große Massen nicht möglich sind. (Aus Demorest et al. [4], Reprinted by permission from Macmillan Publishers Ltd: © 2010)

bekannte Neutronenstern J1614-2230 [4] hat eine Masse von etwa $2M_\odot$, also in jedem Fall deutlich über dem Chandrasekhar-Limit. Die Fülle an physikalisch extremen Phänomenen macht Neutronensterne zu einem Gegenstand sehr vielfältiger Forschung; hier kommen Fragestellungen aus unterschiedlichsten Teilgebieten der Physik zusammen. Plasmaphysik, Kern- und Teilchenphysik und Atomphysik sind bei der Beschreibung des Sterns selbst bedeutsam. Um den Aufbau der äußeren Kruste aus unterschiedlichen, zum Teil sehr exotischen Nukliden zu verstehen, sind sehr genaue Kenntnisse der Bindungsenergien dieser Kerne nötig, die in Experimenten bestimmt werden müssen [29]. Der Aufbau der noch weiter innen liegenden Schichten, also des äußeren und inneren Kerns, wird mit Modellen der Teilchenphysik untersucht [27]. Unter Annahme einer bestimmten Zustandsgleichung kann für die einzelnen Neutronensternmodelle wieder eine Masse-Radius-Relation bestimmt werden. Abb. 21.7 zeigt die Ergebnisse solcher Rechnungen.

Um die möglichen Zustandsgleichungen weiter einzugrenzen, wäre es von großer Bedeutung, die Masse und insbesondere den Radius eines Neutronensterns genau zu bestimmen. Die Beobachtung der thermischen Emission von Neutronensternen ist allerdings schwieriger als die von weißen Zwergen, da sie Strahlung hauptsächlich im Röntgenbereich emittieren und sehr viel kleiner sind als weiße Zwerge. Der rote Balken in Abb. 21.7 kennzeichnet die Masse $M = 2M_\odot$ des Neutronensterns J1614-2230, dessen Radius aber nicht bekannt ist. Allein die Existenz eines so massiven Sterns schließt aber bereits einige Neutronensternmodelle aus.

21.4.4 Zwischen weißen Zwergen und Neutronensternen

In dem großen Wertebereich für die Dichte zwischen weißen Zwergen und Neutronensternen, in dem die Gleichgewichtsmasse mit größer werdender Dichte kleiner wird, d. h. für Dichten 10^{11} kg m^{-3} < ρ_m < 10^{16} kg m^{-3}, können keine stabilen Sterne existieren. Man kann dies verstehen, wenn man betrachtet, wie ein solcher Stern auf eine kleine Störung reagieren würde. Bei einer kleinen Erhöhung der Dichte in einem bestimmten Bereich des Sterns sinkt die zugehörige stabile Masse, was zu einer weiteren Verkleinerung des Sterns und einer weiteren Erhöhung der Dichte führt. Wenn sich die Dichte dagegen verringert, so ist eine größere Masse stabil, der Stern verkleinert seine Dichte dann weiter. Dieses Verhalten veranschaulicht Abb. 21.8.

21.4.5 Dichten jenseits der Neutronensterne

Wenn die Sternmasse so groß ist, dass auch der Fermi-Druck der Neutronen ihn nicht mehr stabilisieren kann, gibt es nach heutigem Kenntnisstand der Physik keinen Prozess mehr, der den Kollaps aufhalten könnte. Als ein hypothetischer Zwischenschritt werden zwar noch Quarksterne diskutiert, die teilweise aus einem Quark-Gluon-Plasma bestehen. Diese sind allerdings, falls sie existieren sollten, nur sehr schwer von einem gewöhnlichen Neutronenstern zu unterscheiden. Der

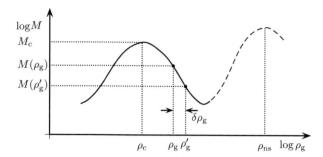

Abb. 21.8 In dem Dichtebereich zwischen weißen Zwergen und Neutronensternen fällt die Gleichgewichtsmasse $M(\rho_{\mathrm{m}})$ mit zunehmender Dichte. Es gibt daher in diesem Bereich keine stabilen Sterne. Vergrößert sich die Dichte eines Sterns aufgrund einer Störung in diesem Bereich etwas, so ist bei der neuen Dichte $\rho_{\mathrm{m}}' = \rho_{\mathrm{m}} + \delta\rho_{\mathrm{m}}$ nur noch eine kleinere Masse $M(\rho_{\mathrm{m}}')$ stabil, der Stern kollabiert. Verringert sich die Dichte aber, so ist eine größere Masse stabil, der Stern verringert seine Dichte dann weiter

Stern kollabiert dann immer weiter und es entsteht ein *Schwarzes Loch*, wie wir es in Abschn. 13.3 diskutiert haben, bzw. aufgrund der Drehimpulserhaltung ein Kerr'sches Schwarzes Loch.

21.5 Pulsare

Die meisten Neutronensterne, die man heute kennt, senden sehr regelmäßig wiederkehrende Signale im Radiobereich aus. Der erste dieser Radiopulsare wurde 1967 von *Bell*[4] in der Arbeitsgruppe von *Hewish*[5] an der Cambridge University entdeckt und trägt heute die Bezeichnung PSR B1919+21. Die extreme Regelmäßigkeit der Signale stellte die Forscher vor ein Rätsel, und nachdem eine Quelle auf der Erde als Ursache ausgeschlossen werden konnte, wurde sogar kurzzeitig sogar eine Botschaft außerirdischer Wesen als mögliche Erklärung angenommen. Daher bekam der erste Pulsar die Bezeichnung LGM1 für „Little Green Men 1" [8]. Bereits kurze Zeit später schlug Gold einen rotierenden Neutronenstern als Quelle der Signale vor [6].

Wir wissen bereits, dass Neutronensterne mit sehr kurzen Periodendauern im Bereich einer Sekunde und deutlich darunter existieren, und dass sie außerdem extrem starke Magnetfelder im Bereich 10^8 T und darüber aufweisen können. Daneben besitzen sie mit ihrer Rotationsenergie ein riesiges Energiereservoir. Wenn wir diese Informationen verknüpfen, können wir die Eigenschaften von Pulsaren qualitativ gut verstehen. Dazu nehmen wir für das Magnetfeld vereinfacht eine reine Dipolstruktur an. Wenn die Rotationsachse des Neutronensterns nicht mit der Magnetfeldachse übereinstimmt, sondern gegen diese um einen Winkel θ gekippt ist, wie in

---

[4] Jocelyn Bell Burnell, ⋆ 1943, britische Radioastronomin.

[5] Antony Hewish, 1924–2021, britischer Radioastronom, Nobelpreis 1974 zusammen mit Martin Ryle.

Abb. 21.9 Wenn die
Rotationsachse und die
Magnetfeldachse eines
Pulsars um einen Winkel θ
gegeneinander verkippt
sind, so emittiert der Stern
elektromagnetische Pulse

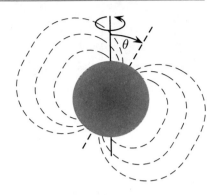

der Skizze in Abb. 21.9, dann führt dies zur Abstrahlung elektromagnetischer Strahlung mit der Leistung [20]

$$\dot{E}_{str} = \frac{2}{3c^3}\frac{\mu_0}{4\pi}m^2\sin^2(\theta)\,\omega^4. \tag{21.38}$$

Dabei bezeichnet m das *Dipolmoment* des Sterns und μ_0 ist die magnetische Feldkonstante aus (1.7). Diese Energie stammt aus der Rotationsenergie des Pulsars, d. h. es ist

$$\dot{E}_{str} = -\dot{E}_{rot} = -\Theta\omega\dot{\omega}. \tag{21.39}$$

Da $\dot{E}_{str} > 0$ ist, muss $\dot{E}_{rot} < 0$ sein und damit $\dot{\omega} < 0$, d. h. die Rotationsfrequenz nimmt ab. Aus der Änderung der Rotationsfrequenz kann deshalb das magnetische Dipolmoment des Sterns abgeschätzt werden. Allerdings ergibt sich nur eine untere Schranke für m, da nur der Ausdruck $m\sin(\theta)$ abgeschätzt werden kann und θ unbekannt ist.

Bei bekanntem Dipolmoment können wir auf der Oberfläche des Neutronensterns die Magnetfeldstärke dann über die Formel für die Feldstärke eines magnetischen Dipols

$$B = \frac{\mu_0 m}{4\pi R^3}\left(1 + 3\cos^2(\vartheta)\right)^{1/3} \tag{21.40}$$

abschätzen. Dabei bezeichnet ϑ den Winkelabstand zum magnetischen Pol. Vom Pol bis zum Äquator ergibt die ϑ-Abhängigkeit eine Abnahme der Feldstärke um etwa 37 %. Wir betrachten diese Winkelabhängigkeit in unserer weiteren Abschätzung nicht weiter, da wir mit dem Radius R und dem Winkel θ andere, vermutlich größere Unsicherheiten haben. Es ist dann

$$B = \frac{\mu_0}{4\pi R^3}\left(-\frac{3}{2}c^3\frac{4\pi}{\mu_0}\Theta\frac{\dot{\omega}}{\omega^3}\right)^{1/2}\frac{1}{\sin(\theta)}. \tag{21.41}$$

Wegen der Abhängigkeit von $1/\sin(\theta)$ ist die Abschätzung der Magnetfeldstärke eine untere Schranke.

Aus der Abnahme der Rotationsfrequenz kann auch das Alter des Pulsars abgeschätzt werden. Wenn wir (21.38) und (21.39) kombinieren, ergibt sich

$$\Theta \omega \dot{\omega} = -\frac{2}{3c^3} \frac{\mu_0}{4\pi} m^2 \sin^2(\theta) \, \omega^4, \tag{21.42}$$

d. h. es gilt die Beziehung

$$\dot{\omega} = -A\omega^3 \quad \text{mit} \quad A = \frac{2}{3c^3} \frac{\mu_0}{4\pi} \frac{m^2 \sin^2(\theta)}{\Theta}. \tag{21.43}$$

Wir trennen die Variablen und integrieren über das Alter τ des Pulsars:

$$\int_{\omega_0}^{\omega} \frac{d\omega'}{\omega'^3} = -A \int_0^{\tau} dt. \tag{21.44}$$

Dabei sei ω_0 die Kreisfrequenz des Pulsars bei seiner Entstehung. Aufgelöst nach dem Pulsaralter ergibt sich

$$\tau = \frac{1}{2A} (\omega^{-2} - \omega_0^{-2}) = \frac{1}{2} \frac{\omega}{\dot{\omega}} \left[\left(\frac{\omega}{\omega_0} \right)^2 - 1 \right]. \tag{21.45}$$

Im zweiten Schritt haben wir dabei den Zusammenhang $A = -\dot{\omega}/\omega^3$ aus (21.43) verwendet. Die Anfangsfrequenz ω_0 ist natürlich unbekannt. Eine obere Schranke für das Alter des Pulsars ergibt sich unter der Annahme, dass die Rotationsfrequenz bei der Entstehung viel größer war als heute, d. h. $\omega/\omega_0 \approx 0$. Das führt auf

$$\tau \leq -\frac{1}{2} \frac{\omega}{\dot{\omega}}, \tag{21.46}$$

wobei wir wieder beachten müssen, dass $\dot{\omega} < 0$ ist.

Statt als Funktion von ω und $\dot{\omega}$ können wir B und τ auch als Funktion der Periodendauer und ihrer Änderungsrate $\dot{P}$ angeben. Mit $\omega = 2\pi/P$ ergibt sich $\dot{\omega} = -2\pi \dot{P} P^{-2}$ und deshalb $\dot{\omega}/\omega = -\dot{P}/P$ und $\dot{\omega}/\omega^3 = -\dot{P}P/(4\pi^2)$.

Wir setzen in (21.41) noch $\Theta = (2/5)MR^2$ ein und finden dann die beiden Relationen

$$\tau \leq \frac{1}{2} \frac{\dot{P}}{P} \tag{21.47}$$

und

$$B \simeq \frac{1}{R^2} \left(\frac{3}{80\pi^3} \mu_0 M c^3 \right)^{1/2} \frac{1}{\sin(\theta)} \left(P\dot{P} \right)^{1/2}. \tag{21.48}$$

Aus der gemessenen Periodendauer und ihrer Zunahme können wir also Schätzwerte für das Alter und die Magnetfeldstärke eines Pulsars ableiten. Durch langjährige Beobachtungen einzelner Pulsare kann insbesondere die Periodendauer mit sehr hoher Genauigkeit im Bereich von 10 signifikanten Stellen bestimmt werden. Allerdings ergibt sich insbesondere für Pulsare in Binärsystemen eine Einschränkung. Bildet ein Pulsar z. B. ein Binärsystem mit einem Hauptreihenstern wie Hercules X-1, den wir gleich besprechen, so ist es möglich, dass er von seinem Begleiter Material und damit auch Drehimpuls abzieht, sodass seine Periodendauer stark sinken kann. Oftmals sind deshalb gerade die am schnellsten rotierenden Pulsare viel älter als nach (21.47) abgeschätzt. In der englischen Literatur wird dann treffend von „recycled pulsars" gesprochen.

Abb. 21.10 zeigt eine doppelt logarithmische Darstellung der Pulsare mit bekannter Periode und bekannter Periodenzunahme. Die beiden Relationen (21.47) und (21.48) führen in logarithmischer Darstellung auf Geraden konstanten Alters, bzw. konstanten Magnetfeldes über

$$\log(2\tau) = \log(\dot{P}P^{-1}) = \log(\dot{P}) - \log(P) \tag{21.49}$$

und

$$\log(\text{const} \cdot B^2) = \log(\dot{P}P) = \log(\dot{P}) + \log(P). \tag{21.50}$$

Linien konstanten Alters sind also Geraden positiver Steigung und Linien konstanten Magnetfeldes sind Geraden negativer Steigung. In der Abbildung sind die aufgelisteten Pulsare weiter nach Subtypen unterteilt. Wir sehen, dass sehr viele Pulsare in Binärsystemen entdeckt wurden (rote Dreiecke). In Abschn. 21.5.2 werden wir sehen, dass Pulsare in Binärsystemen hochgenaue Tests der ART ermöglichen. Bei einigen relativ jungen Pulsaren, unter anderem beim Krebspulsar, ist noch ein Supernovaüberrest zuzuordnen (orange Punkte). Besonders extreme Eigenschaften weist die Gruppe der Magnetare auf (cyanfarbene Dreiecke). Diese Gruppe von Neutronensternen besitzt Magnetfelder mit $B \gtrsim 10^{10}$ T. Eine weitere ganz ungewöhnliche und für die Forschung interessante Gruppe sind die „glorreichen Sieben" (grüne Rauten). Die Vertreter dieser Gruppe, von denen bisher nur 7 Vertreter bekannt sind, weisen ein fast rein thermisches Emissionsspektrum auf [26]. In Abb. 21.10 sind 6 dieser 7 Objekte gezeigt.

Die genaue Messung der Periodendauer hat noch ein weiteres Phänomen zutage gefördert: Bei vielen Pulsaren steigt die Rotationsfrequenz von Zeit zu Zeit sprunghaft um etwa einen Faktor $1 + 10^{-6}$ an. Die Ursache für diese *Pulsar-Glitches* ist nicht bekannt, muss aber in einer Veränderung der inneren Struktur des Sterns begründet liegen. Die Untersuchung dieser Glitches sollte weitere Informationen über den inneren Aufbau von Neutronensternen liefern können, deshalb wird dieses Phänomen auch sehr genau studiert, siehe z. B. [5].

21.5.1 Röntgenpulsar Hercules X-1

Um zu veranschaulichen, welche Fülle an Informationen man durch detaillierte Beobachtungen von Pulsarsystemen erhalten kann, betrachten wir ein System genauer, nämlich den Röntgenpulsar Hercules X-1, der einen normalen Stern umkreist. Das

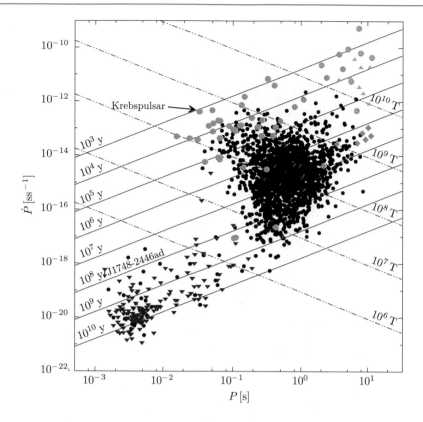

Abb. 21.10 *P-* *Ṗ*-Diagramm aller Pulsare, bei denen beide Größen bekannt sind zusammen mit verschiedenen Abbremsaltern entsprechend (21.47) (*blaue Linien*) und Magnetfeldstärken entsprechend (21.48) (*rote Linien*). *Rote Dreiecke* kennzeichnen Pulsare in Binärsystemen, *cyane Dreiecke* stellen Magnetare dar. Die *grünen Rauten* repräsentieren diejenigen 6 der „glorreichen Sieben" bei denen *P* und *Ṗ* bekannt sind [26]. *Orange Kreise* sind Pulsare mit bekanntem zugehörigem Supernovaüberrest. Der Krebspulsar ist ein wichtiger Vertreter dieser Gruppe. Der am schnellsten rotierende Pulsar PSR J1748-2446ad [7] ist zum Vergleich mit abgebildet. Bei ihm ist für *Ṗ* nur eine obere Schranke bekannt, was durch den Pfeil angedeutet wird. (Dieser Abbildung liegen Daten des *ATNF Pulsar Katalog* zugrunde [1, 16])

Wechselspiel dieser beiden Himmelskörper führt zu einer Vielzahl interessanter Eigenschaften.

In den 1970er Jahren wurde nahe dem bereits bekannten normalen Stern HZ Her im Sternbild Herkules mit dem Röntgensatelliten Uhuru eine neue Röntgenquelle gefunden. Es wurde ein Röntgensignal gemessen, dessen Intensität mit einer Periode von 1,24 s schwankte (Abb. 21.11a). Langzeitbeobachtungen zeigten weiter, dass die Intensität der Röntgenstrahlung alle 1,7 Tage für 5,7 Stunden auf Null zurückging. Bereits vorher war bekannt, dass die Intensität des Sterns im optischen Bereich mit der gleichen Periode schwankte. Mit dem Rückgang der Röntgen-

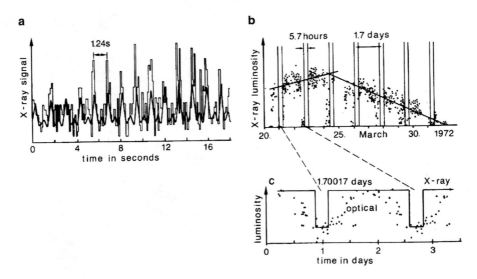

Abb. 21.11 Messungen des Uhuru-Satelliten am HZ Her-System. (**a**) Kurzzeitmessungen des Röntgensignals zeigen eine Periodizität der Intensität von $t = 1,24$ s. (**b**) Langzeitmessungen zeigen zusätzlich eine Unterbrechung des Röntgensignals für 5,7 Stunden alle 1,7 Tage (*oben*), die einhergeht mit einer Abnahme der Intensität im optischen Bereich. (Aus [19]; mit freundlicher Genehmigung von © Springer-Verlag Berlin Heidelberg 1994. All Rights Reserved)

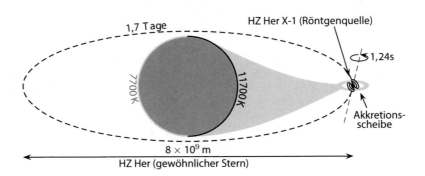

Abb. 21.12 Das Hercules-System besteht aus einem normalen Stern, der von einem Neutronenstern umkreist wird, der wiederum mit einer Periode von 1,24 s rotiert. Die starke Röntgenstrahlung des Neutronensterns erhitzt jeweils die ihm zugewandte Seite des normalen Sterns. Dessen Temperatur und Leuchtkraft schwanken daher. Der Neutronenstern zieht Materie vom normalen Stern ab, um ihn bildet sich eine Akkretionsscheibe

intensität ging ein Rückgang der Intensität im optischen Bereich einher (Abb. 21.11b).

Die Messergebnisse wurden so interpretiert, dass HZ Her von einem Neutronenstern begleitet wird, der mit einer Periodendauer von 1,24 s rotiert und den Stern in 1,7 Tagen umkreist (Abb. 21.12). Der Neutronenstern zieht Materie vom Stern ab, und um ihn herum bildet sich eine Akkretionsscheibe.

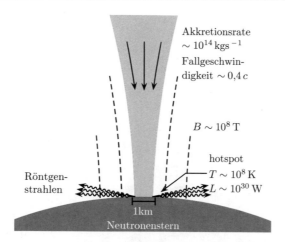

Abb. 21.13 Materie aus der Akkretionsscheibe stürzt entlang der Magnetfeldlinien auf die Pole des Neutronensterns. Dabei erreicht sie eine Fallgeschwindigkeit im Bereich von 0,4c. Beim Aufprall der geladenen Teilchen auf die Oberfläche des Sterns wird Röntgenbremsstrahlung frei

Durch das starke Magnetfeld des Neutronensterns wird Materie aus der Scheibe zu seinen Polen transportiert. Auf diese Weise stürzen pro Sekunde etwa 10^{11} Tonnen Materie auf den Neutronenstern, wobei sie eine Freifallgeschwindigkeit von etwa 40 % der Lichtgeschwindigkeit erreicht (Abb. 21.13), wie wir es bereits in Abschn. 1.4.4 abgeschätzt haben. Beim Aufprall der ionisierten Materie auf die Oberfläche des Neutronensterns entsteht Röntgenbremsstrahlung („hot spot"), die abgestrahlte Leistung beträgt etwa 10^{30} W, entspricht also etwa dem 2000-fachen der Sonnenleuchtkraft.

Die Röntgenstrahlung erhitzt den normalen Stern von einer Seite, dadurch schwanken seine Temperatur und Leuchtintensität. Wenn der Pulsar sich hinter dem Stern befindet, fällt zum einen das Röntgensignal aus, zum anderen ist dann die kalte, leuchtschwächere Seite des normalen Sterns der Erde zugewandt.

Im Röntgenspektrum des Neutronensternes konnten außerdem Absorptionslinien bei 54 keV und 108 keV nachgewiesen werden. Abb. 21.14 zeigt die entsprechenden Messergebnisse. Zur Erklärung dieser Absorptionslinien wurden drei Möglichkeiten untersucht: atomare Übergänge und Kernübergänge sowie magnetische Übergänge zwischen Landauniveaus. Ein möglicher atomarer Übergang wäre die stark gravitationsrotverschobene Lyman-α-Emission bei 77-fach ionisiertem Platin mit nur noch einem Elektron. Die Existenz einer ausreichenden Menge Platin auf dem Neutronenstern, um die Intensität des Features zu erklären, erscheint aber völlig abwegig. Einen Kernübergang mit passender Energie besitzt z. B. Americium 241, aber auch dieser Ursprung ist wenig einleuchtend. Die überzeugendste Erklärung sind Zyklotronübergänge, d. h. Übergänge von Elektronen zwischen verschiedenen Landau-Niveaus, den Eigenzuständen eines freien Elektrons im starken Magnetfeld [24]. Nimmt man diesen Ursprung als korrekt an, so kann man aus der Energiedifferenz des Übergangs über die *Zyklotronfrequenz*

Abb. 21.14 Röntgen-
spektrum von Her X-1: Es
zeigen sich Absorptions-
dips bei 54 keV und
108 keV. Die Inter-
pretation als Zyklotron-
übergänge gibt einen
Hinweis auf die ent-
sprechenden Magnetfeld-
stärken. (Aus Trümper
et al. [25], © AAS. Reproduced with permission)

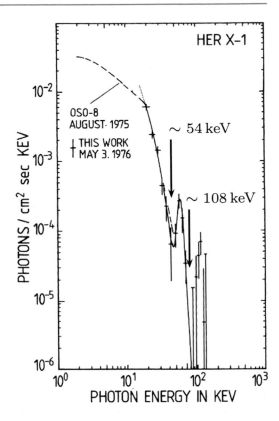

$$\omega = \frac{eB}{m_e} \tag{21.51}$$

und mit dem Zusammenhang $E = \hbar\omega$ die Magnetfeldstärke auf dem Neutronenstern
berechnen. Aus einer Energiedifferenz von 54 keV folgt eine Magnetfeldstärke von
$B = 5 \cdot 10^5$ T. Dies war die erste direkte Messung eines solch starken Magnetfeldes.
Die 108 keV -Absorptionslinie lässt sich dann als zweite Harmonische des Übergangs erklären.

21.5.2 Präzisionstests der ART an Pulsarbinärsystemen

Pulsare in Binärsystemen, insbesondere in Systemen mit einem weiteren Neutronenstern oder einem weißen Zwerg, sind ideal geeignet, um Vorhersagen der allgemeinen Relativitätstheorie zu überprüfen und diese mit Vorhersagen anderer
Gravitationstheorien zu vergleichen. Durch die mit äußerster Präzision messbare
Periodendauer des Pulsars verfügt man über eine hochpräzise Uhr im Gravitationsfeld des Begleiters. Durch Beobachtungen über lange Zeiträume bis hin zu mehre-

ren Jahrzehnten können dann sehr genau die Bahnparameter vermessen und mit Rechnungen verglichen werden.

Wir möchten in diesem Abschnitt diskutieren, welche Informationen man aus dem Studium von Pulsarbinärsystemen gewinnen kann. Konkret betrachten wir dabei zwei Systeme. Das berühmteste, weil als erstes entdeckte, Binärsystem aus einem Pulsar und einem weiteren Neutronenstern ist PSR B1913+16. Der Name des Systems gibt dabei seine Position am Himmel an: Die neueste veröffentlichte Position [28] des Systems ist bei einer Rektaszension

$$\delta = 16°06'27'',3871(1)$$

und Deklination

$$\alpha = 19^{h}15^{m}27^{s}9,9928(9).$$

Die Bedeutung dieser Größen wurde in Abschn. 1.5.7 erläutert.

PSR B1913+16 wurde von *Hulse*[6] und *Taylor*[7] in den 1970er-Jahren mit Hilfe des Arecibo-Radioteleskops in Puerto Rico entdeckt [9] und seitdem kontinuierlich untersucht. Für ihre Forschungen an PSR B1913+16 erhielten die beiden 1993 den Physik-Nobelpreis. Das System besteht aus zwei Neutronensternen, die sich auf nahezu elliptischen Bahnen umrunden, wobei der projizierte Bahndurchmesser etwa 700.000 km und die Umlaufzeit etwa 7,75 h beträgt. Einer der beiden Neutronensterne ist ein Radiopulsar und so ausgerichtet, dass von der Erde aus Signale mit einer Periode von etwa $P = 60$ ms empfangen werden können (Abb. 21.15). Da das System ein Doppelsternsystem aus zwei Neutronensternen ist, wird oft etwas irreführend von einem Doppelpulsar gesprochen, obwohl nur einer der beiden Sterne ein Pulsar ist. Das zweite System ist PSR J0737-3039. Dieses spielt eine besonders wichtige Rolle, weil es der bisher einzige bekannte echte Doppelpulsar ist, d. h. beide Sterne sind Pulsare, deren Signale wir empfangen können.

In der Newton'schen Mechanik kann die Bahnkurve durch die Angabe von 5 Größen, den *Kepler'schen Parametern*, relativ zu einer vorgegebenen Ebene beschrieben werden. Als Referenzebene verwenden wir hier die Tangentenebene an die Himmelskugel, die auch Himmelsebene genannt wird. Sie steht senkrecht auf der Blickrichtung hin zum Doppelsternsystem. Gegen die Himmelsebene ist die Orbitebene, in der sich das System bewegt, um einen Winkel i verkippt. Die Kepler'schen Parameter sind dann die projizierte Halbachse $a \sin i$, die Exzentrizität e der Bahn, der Winkel Ω von einer Referenzrichtung zum Schnittpunkt der Bahnkurve mit der Himmelsebene, die Periodendauer P_{b} eines Umlaufs sowie der Winkelabstand ω des Periastrons zur Himmelsebene und der Zeitpunkt, bei dem das Periastron bei jedem Umlauf erreicht wird. In Abb. 21.16 ist die dreidimensionale Lagebeziehung verdeutlicht.

Die Abweichung der Bahn von der Newton'schen Vorhersage charakterisiert man durch weitere Größen, die *Post-Kepler'schen Parameter* (PK). Einen Effekt der ART auf die Bahnbewegung im Gravitationspotential, die Verschiebung des Perihels, haben

---

[6] Russel Alan Hulse, ★ 1950, US-amerikanischer Physiker, Nobelpreis 1993.
[7] Joseph Hooton Taylor Jr., ★ 1941, US-amerikanischer Physiker, Nobelpreis 1993.

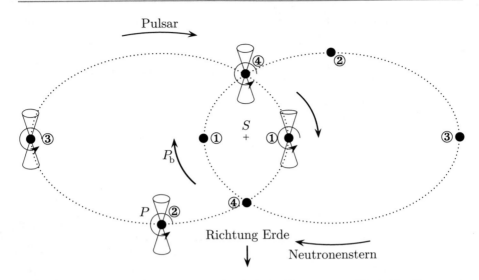

Abb. 21.15 Veranschaulichung der Situation in Pulsarbinärsystemen. Die beiden Neutronensterne umrunden sich mit einer Periodendauer P_{b}, bei PSR B1913+16 ist z. B. $T = 7{,}75$ h. Mindestens einer der beiden Neutronensterne ist ein Pulsar mit Rotationsperiode P, der so ausgerichtet ist, dass Signale auf der Erde ankommen. Bei PSR B1913+16 ist $P \approx 60$ ms. Die Zahlen in der Abbildung entsprechen den Konstellationen der beiden Sterne, wenn bestimmte Effekte verstärkt auftreten, siehe dazu die Diskussion im Text

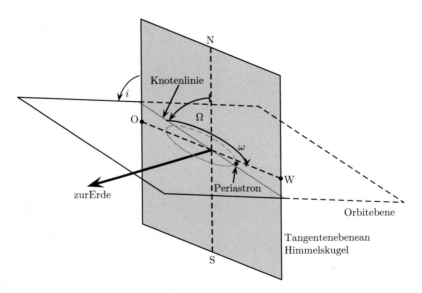

Abb. 21.16 Skizze zu den Bahnparametern von Binärsystemen. Bei der Beobachtung von Pulsarbinärsystemen von der Erde aus ergibt sich nur Information über die projizierte Halbachse $a_{\perp}$

wir in Abschn. 13.4.2 für Merkur bereits diskutiert. Im Bezug auf einen Stern in einem Doppelsternsystem spricht man beim Punkt größter Annäherung vom *Periastron* statt vom Perihel und entsprechend heißt der Punkt größter Entfernung *Apastron*, aber der entsprechende Effekt ist natürlich analog zu beobachten. Da der Winkel zum Periastron mit ω bezeichnet wird, wird für diesen PK das Symbol $\dot{\omega}$ verwendet.

Bei einer Umlaufzeit von circa 8 Stunden und einer projizierten großen Halbachse im Bereich von 700.000 km ergeben sich bei PSR B1913+16 Geschwindigkeiten des Pulsars relativ zum Schwerpunkt des Systems in der Größenordnung $v \approx 100\text{–}500$ km s^{-1}, wobei die Geschwindigkeit wegen der großen Bahnexzentrizität an verschiedenen Punkten der Bahn sehr unterschiedlich ist. Diese hohe Geschwindigkeit führt zu einem relativ starken relativistischen Dopplereffekt nach (8.13). Die Frequenz der Signale erhöht sich, wenn sich die beiden Sterne im *Periastron* befinden (Situation ① in Abb. 21.15) und wird niedriger im *Apastron* (Situation ③). Diese Modifikationen sind allerdings speziell-relativistische Effekte und geben daher keine Information über die Gravitation.

Eine weitere nicht von der Gravitation abhängige Modulation der Signale ergibt sich durch die sich verändernde Entfernung zur Erde. Die Signale treffen früher bei der Erde ein, wenn der Pulsar der Erde am nächsten ist. Im Gegensatz dazu trifft das Signal verspätet ein, wenn er sich am erdfernsten Punkt befindet (Situation ④). Bei PSR B1913+16 summiert sich dieser Effekt auf etwa 2 s.

Neben dem longitudinalen Dopplereffekt tritt aber auch der transversale Dopplereffekt auf, d. h. auch in Situation ② kommt es aufgrund der Relativgeschwindigkeit des Pulsars zu einer Frequenzveränderung. Zusammen mit der durch den Begleiter verursachten Gravitationsrotverschiebung fasst man diesen Effekt im PK γ zusammen. In Situation ④ kommt es außerdem zur Shapiro-Laufzeitverzögerung, wie bei den Abstandsmessungen zur Venus in Abschn. 13.4.4. Die Shapiro-Laufzeitverzögerung ist abhängig von der Masse des Begleiters, aber natürlich auch vom Winkel i, denn von ihm hängt es ab, wie genau der Pulsar maximal hinter dem Begleiter steht. Bei $i = 0°$ wäre die Shapiro-Laufzeitverzögerung am schwächsten, bei $i = 90°$ am stärksten. Die Laufzeitverzögerung wird durch zwei Parameter s (shape), d. h. die Form der Zeitverzögerung, und r (range), d. h. die Größe der Zeitverzögerung, beschrieben. Abb. 21.17 zeigt Messungen der Shapiro-Laufzeitverzögerung an einem anderen Doppelpulsarsystem [22]. Man vergleiche auch mit der theoretisch bestimmten Kurve in Abb. 13.13.

Die beiden umeinander rotierenden Massen verlieren Energie durch die Abstrahlung von Gravitationswellen, wodurch sich die Bahnperiode ändert. Diese Änderung $\dot{P}_{\mathrm{b}}$ ist ein weiterer PK. Außerdem kommt es zur geodätischen Präzession der Rotationsachse des Pulsars durch relativistische Spin-Bahn-Kopplung, d. h. analog zur Kopplung von Spin und Bahndrehimpuls des Elektrons im Atom koppeln der Drehimpuls aufgrund der Eigenrotation des Pulsars und der Bahndrehimpuls aneinander.

Die Rotationsachse des Pulsars ist also nicht raumfest, sondern zeitabhängig. Die Änderungsrate dieses Winkels ist der PK $\Omega_{\mathrm{SO,pu}}$. Innerhalb der ART lassen sich quantitative Ausdrücke für die einzelnen PKs bestimmen. Die wichtigsten davon sind [11]

Abb. 21.17 Messungen
der Shapiro-
Laufzeitverzögerung bei
dem System PSR 1855+09
im Vergleich zum
berechneten Ergebnis.
(Aus Taylor [22], ©
APS. Reproduced with
permission)

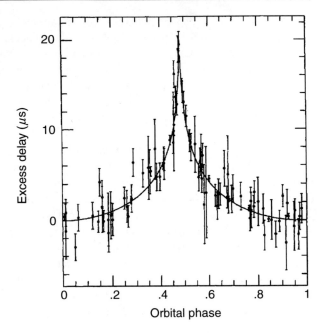

$$\dot{\omega} = 3T_{\odot}^{2/3}\left(\frac{P_{b}}{2\pi}\right)^{-5/3}\frac{(m_{pu}+m_{ns})^{2/3}}{1-e^{2}}, \qquad (21.52a)$$

$$\gamma = T_{\odot}^{2/3}\left(\frac{P_{b}}{2\pi}\right)^{1/3}e\frac{m_{ns}(m_{pu}+2m_{ns})}{(m_{pu}+m_{ns})^{4/3}}, \qquad (21.52b)$$

$$r = T_{\odot}m_{ns}, \qquad (21.52c)$$

$$s = \sin i = T_{\odot}^{-1/3}\left(\frac{P_{b}}{2\pi}\right)^{-2/3}x_{pu}\frac{(m_{pu}+m_{ns})^{2/3}}{m_{ns}}, \qquad (21.52d)$$

$$\dot{P}_{b} = -\frac{192}{5}T_{\odot}^{5/3}\left(\frac{P_{b}}{2\pi}\right)^{-5/3}f(e)\frac{m_{pu}m_{ns}}{(m_{pu}+m_{ns})^{1/3}}, \qquad (21.52e)$$

Tab. 21.1 Eigenschaften des Doppelpulsars PSR B1913+16 [28]

	Symbol	Wert
Projizierte große Halbachse	$a_\perp$ [km]	701.901,0(9)
Rotationsperiode	P [s]	0,0590300032180(6)
Änderung der Periode	$\dot{P}$ [s s^{-1}]	8,628(4) $\cdot 10^{-18}$
Bahnexzentrizität	e	0,6171334(5)
Bahnperiode	P_b [s]	27906,979586(4)
Masse des Pulsars	m_p	1,4398(2) $M_\odot$
Masse des Begleiters	m_{ns}	1,3886(2) $M_\odot$
Post-Kepler'sche Parameter		
Änderung der Bahnperiode	$\dot{P}_b$ [s s^{-1}]	$-2,423(1) \cdot 10^{-12}$
Mittlere Periastrondrehung	$\langle \dot{\omega} \rangle$	4,226598(5)°y^{-1}
Gravitationsrotverschiebung und Dopplereffekt	γ [ms]	4,2919(8)

$$\Omega_{\text{SO,pu}} = T_\odot^{2/3} \left(\frac{P_b}{2\pi} \right)^{-5/3} \frac{1}{1-e^2} \frac{m_{ns}(4m_{pu} + 3m_{ns})}{2(m_{pu} + m_{ns})^{4/3}}, \qquad (21.52f)$$

mit

$$f(e) = \frac{1 + (73/24)e^2 + (37/96)e^4}{(1-e^2)^{7/2}} \qquad (21.52g)$$

und

$$T_\odot = \frac{GM_\odot}{c^3} = 4,925490947\mu s. \qquad (21.52h)$$

Dabei sind die Massen der Sterne in Einheiten der Sonnenmasse einzusetzen und x_{pu} ist die projizierte große Halbachse der Pulsarbahn. Wir sehen, dass die Ausdrücke in (21.52) jeweils nur Funktionen der beiden zunächst unbekannten Sternmassen, der Bahnexzentrizität und der Periode P_b sind.

Wenn zwei PKs bestimmt sind, kann man daraus also die Sternmassen bestimmen. Jeder weitere gemessene PK liefert dann einen Test der ART! Tab. 21.1 listet die Parameter des Systems PSR B1913+16 inklusive der ermittelten PKs auf.

Die große Bedeutung von PSR B1913+16 ergibt sich durch die Bestimmung von $\dot{P}_b$ über einen Zeitraum von inzwischen über drei Jahrzehnten. Eine Abnahme der Bahnperiode bedeutet, dass sich die beiden Sterne näherkommen und das System Energie verliert. Die Übereinstimmung zwischen theoretischer Vorhersage und der experimentellen Beobachtung ist exzellent (s. Abb. 21.18). Diese Messungen stellen den ersten indirekten Nachweis der Existenz von Gravitationswellen dar! Aufgrund des Energieverlustes nähern sich die beiden Sterne einander pro Umlauf etwa 3,1 mm, d. h. 3,5 m pro Jahr und werden in etwa 300 Millionen Jahren verschmelzen. In den Jahren nach der Entdeckung des Binärsystems PSR B1913+16 wurden meh-

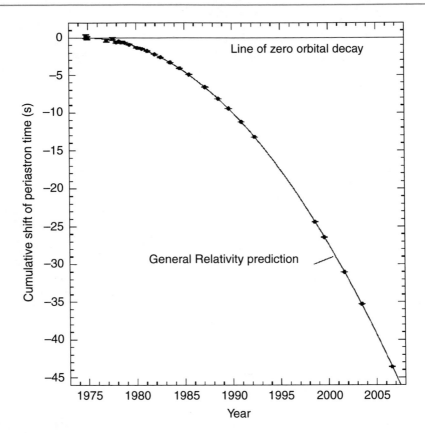

Abb. 21.18 Veränderung der Rotationsdauer beim System PSR B1913+16. Gezeigt ist die verfrühte Ankunft im Periastron im Vergleich zur Newton'schen Mechanik. Diese resultiert aus der Verkürzung der Bahnperiode durch Verlust von Energie. Die Messpunkte liegen exzellent auf der mit Hilfe von (21.52e) theoretisch berechneten Kurve, die unter Annahme der Energieabstrahlung durch Gravitationswellen erstellt wurde. Die entsprechenden Messungen werden auch heute noch fortgeführt, 2007 betrug die Zeitdifferenz zur Newton'schen Vorhersage etwa 45 s. (Aus Weisberg, Nice und Taylor [28], © AAS. Reproduced with permission)

rere weitere Systeme gefunden, in denen ein Pulsar mit einem Neutronenstern oder einem weißen Zwerg ein Doppelsystem bildet. Inzwischen kennt man etwa 10 Systeme aus zwei Neutronensternen [14].

Auf ein einzigartiges System, den echten Doppelpulsar PSR J0737-3039, möchten wir noch kurz etwas genauer eingehen. Im Jahr 2003 konnte in diesem Doppelsystem aus zwei Neutronensternen einer der Sterne als Pulsar mit einer Pulsfrequenz von etwa 22 ms identifiziert werden [3]. Die Bedeutung des Systems wurde noch deutlich größer, als kurz darauf nachgewiesen werden konnte, dass auch der zweite Stern dieses Systems ein Pulsar ist [15]. Dieser hat eine längere Rotationsperiode

Tab. 21.2 Eigenschaften des Doppelpulsarsystems PSR J0737-3039 [11]

	Symbol	Wert
Projizierte große Halbachse Pulsar A	$a_{\perp A}$	424.126,8(3) km
Projizierte große Halbachse Pulsar B	$a_{\perp B}$	454.419(480) km
Rotationsperiode Pulsar A	P_A	0,022699378599624(2) s
Rotationsperiode Pulsar B	P_B	2,77346077007(8) s
Änderung der Periode Pulsar A	$\dot{P}_A$	$1,75993(6) \cdot 10^{-18}$ s s^{-1}
Änderung der Periode Pulsar B	$\dot{P}_B$	$8,92(8) \cdot 10^{-16}$ s s^{-1}
Bahnexzentrizität	e	0,0877775(9)
Bahnperiode	P_b	8834,53500(5) s
Änderung der Bahnperiode	$\dot{P}_b$	$-2,423(1) \cdot 10^{-12}$ s s^{-1}
Masse Pulsar A	m_A	1,3381(7) $M_\odot$
Masse Pulsar B	m_B	1,2489(7) $M_\odot$

Tab. 21.3 Werte der Post-Kepler'schen Parameter für das Doppelpulsarsystem PSR J0737-3039 im Vergleich zu den Vorhersagen der ART. Alle Werte sind aus [11]

	Beobachtung	ART	Verhältnis
$\langle \dot{\omega} \rangle$ [°y^{-1}]	16,89947(68)	–	–
$\dot{P}_b$ [s s^{-1}]	1,252(17)	1,24787(13)	1,003(14)
γ [ms]	0,3856(26)	0,38418(22)	1,0036(68)
s	$0,99974^{+16}_{-39}$	$0,99987^{+13}_{-48}$	0,99987(50)
r [µs]	6,21(33)	6,153(26)	1,009(55)
$\Omega_{\mathrm{SO,B}}$ [°y^{-1}]	$4,77^{+0,66}_{-0,65}$	5,0734(7)	0,94(13)

von 2,8 s. In diesem System hat man daher zwei hochpräzise Uhren, die sich im gegenseitigen Gravitationspotential bewegen. Die beiden Sterne umrunden sich in nur etwa 147 Minuten, d. h. in einer deutlich kürzeren Zeit als PSR B1913+16, was stärkere relativistische Effekte erwarten lässt. In Tab. 21.2 sind die Eigenschaften dieses Systems aufgelistet. Bereits in der kurzen Zeit seit der Entdeckung war wegen der Pulsareigenschaft beider Sterne die Bestimmung aller 6 PKs in (21.52) möglich und damit 4 unabhängige Tests der ART (s. Tab. 21.3).

Jeder bestimmte PK definiert nach (21.52) eine Kurve in der (m_A, m_B)-Ebene. Innerhalb der Fehlertoleranz müssen sich diese Kurven alle in einem Punkt schneiden. Anderenfalls ist die ART als korrekte Gravitationstheorie widerlegt. Abb. 21.19 zeigt die beeindruckende Übereinstimmung zwischen Theorie und Experiment.

Durch weitere Beobachtungen des Doppelpulsars in den folgenden Jahren ist zu erwarten, dass sich die Unsicherheiten der einzelnen PK noch stark verkleinern. Möglicherweise kann sogar das Trägheitsmoment eines der Sterne bestimmt werden, was weitere wichtige Informationen zur Zustandsgleichung liefern würde.

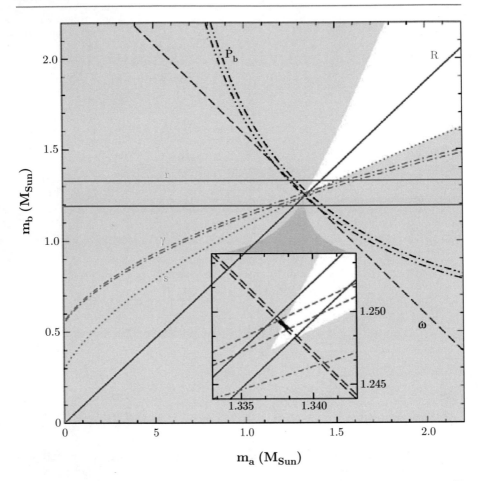

Abb. 21.19 Auswertung der Post-Kepler'schen Parameter für das Doppelpulsarsystem PSR J0737-3039. Die im Rahmen der ART berechneten Kurven für die einzelnen PKs schneiden sich innerhalb der Unsicherheit alle in einem Punkt, wodurch die ART als korrekte Theorie der Gravitation bestätigt wird. Der zusätzliche Parameter R gibt das Verhältnis der Halbachsen der Bahnen beider Pulsare an und ist nur bei dem echten Doppelpulsarsystem bestimmbar [11]. (Aus Kramer und Stairs [10], © 2008 by Annual Reviews. All rights reserved. Reproduced with permission)

21.6   Ergänzung: Die Masse-Radius-Beziehung von Monden und Planeten

Mit weißen Zwergen und Neutronensternen haben wir jetzt Objekte bestehend aus entarteter Materie diskutiert und mit Hauptreihensternen Gaskugeln, bei denen wir in guter Näherung die Zustandsgleichung des idealen Gases verwendet haben.

In diesem Abschnitt betrachten wir ergänzend kurz die Zusammenhänge für deutlich kleinere Massen, den Massenbereich von Monden und Gesteinsplaneten. Die Argumentation in diesem Kapitel ist angelehnt an die Ausführungen in [21].

Die Zustandsgleichung (18.50) für entartete Materie sagt für verschwindende Dichte einen verschwindenden Druck voraus. Tatsächlich stellt man aber fest, dass die Dichte kalter Materie auch bei verschwindendem Druck nicht Null wird, d. h. es ist $\rho_m(p=0) = \rho_p \neq 0$. Der Grund dafür ist, dass die Dichte dann im Wesentlichen von der chemischen Zusammensetzung abhängig ist. Beispielsweise gilt für Wasserstoffatome im Abstand $a_B = \lambda_e/\alpha$

$$\rho_p = \frac{m_p}{a_B^3} \approx 8000 \text{ kg m}^{-3} = 8 \text{ g cm}^{-3}. \tag{21.53}$$

Dieser Wert ist in etwa typisch für Planeten und Monde. Für die Erde erhalten wir z. B. mit den Werten aus Tab. 1.3 $\rho_\delta = 5{,}5$ g cm⁻³. Die Stabilität dieser Objekte ist durch den atomaren Aufbau, d. h. durch die elektromagnetische Wechselwirkung und nicht durch den Fermi-Druck bestimmt. Innerhalb gewisser Grenzen ist also der atomare Aufbau unabhängig vom Druck und auch in guter Näherung von der Temperatur. Wenn allerdings die Masse zu groß wird, bricht die atomare Struktur zusammen und auch solche Objekte werden kollabieren, bis der Fermi-Druck der Elektronen sie wieder stabilisiert. Unterhalb eines bestimmten kritischen Drucks $p < p_p$ gilt also $\rho_m = \rho_p$, sowie die Masse-Radius-Beziehung für Monde und Planeten. Diese ist nichts anderes als die aus dem Alltag bekannte Relation

$$\text{Masse} = \text{Dichte} \cdot \text{Volumen},$$

d. h.

$$M \cong \rho_p R^3 \quad \text{also} \quad M \sim R^3. \tag{21.54}$$

Für $p > p_p$ geht die Zustandsgleichung aber in diejenige für nichtrelativistische entartete Materie in (18.64) über, d. h.

$$p(\rho_m) = \frac{\varepsilon_{e,c}}{3\pi^2} \cdot \frac{1}{5} \left(\frac{\rho_m}{\rho_c} \right)^{5/3} \tag{21.55}$$

und wir kommen zur Masse-Radius-Beziehung für weiße Zwerge mit entarteter Materie $M \sim R^{-3}$ zurück. Durch den Vergleich mit weißen Zwergen können wir die maximale Masse und den maximalen Radius von Planeten also abschätzen.

Dazu setzen wir in der qualitativen Masse-Dichte-Beziehung (20.5) $\rho_m = \rho_p$, d. h.

$$M_p \approx M_c \cdot \left(\rho_p/\rho_c \right)^{1/2} \approx 6 \cdot 10^{27} \text{ kg}. \tag{21.56}$$

Gleichzeitig haben wir mit M_p auch eine ungefähre untere Massengrenze für weiße Zwerge. Darunter reicht die Dichte nicht aus, um ein entartetes Elektronengas zu erzeugen. Wie bereits erwähnt, hat der leichteste bekannte weiße Zwerg eine Masse von etwa $M = 0{,}17 M_\odot \approx 3{,}4 \cdot 10^{29}$ kg, ist also deutlich massereicher. Unsere jetzt ermittelte Untergrenze ist aber auch nur auf rein physikalischen Eigenschaften weißer Zwerge begründet und vernachlässigt Betrachtungen zur möglichen Entstehung eines so massearmen weißen Zwerges. Wir wissen ja bereits, dass kein so massearmer Stern bisher das Hauptreihenstadium durchlebt haben kann, weil dafür das

Universum zu jung ist. Weiße Zwerge können also nur in dem engen Massenbereich $M_p < M_{wz} < M_c$ überhaupt existieren, wobei der real existierende Massebereich noch deutlich kleiner ist. Im Vergleich zur Masse der Sonne ergibt dies

$$3 \cdot 10^{-3} M_\odot < M_{wz} < 1{,}5\, M_\odot. \qquad (21.57)$$

Das sind drei Größenordnungen. Der Massenbereich für Planeten ist dagegen enorm und bewegt sich im Bereich von 54 Größenordnungen, wobei die Masse des Wasserstoffatoms die (extreme) Untergrenze darstellt:

$$2 \cdot 10^{-27}\ \mathrm{kg} < M_p < 6 \cdot 10^{27}\ \mathrm{kg}. \qquad (21.58)$$

Diese Definition entspricht natürlich nicht der strengeren Kategorisierung eines Planeten als einem näherungsweise kugelförmigen Objekt, das zusätzlich seine Umlaufbahn dominiert, d. h. sie von weiteren Objekten größtenteils befreit hat, und nach der auch Pluto kein Planet ist. Unsere Definition hier schließt Kleinplaneten, Asteroiden und ähnliche Körper ein.

Um den maximalen Radius R_P für Planeten abzuschätzen, nutzen wir den Zusammenhang $\rho_p \simeq M_p / R_p^3$, d. h.

$$R_p = \left(\frac{M_p}{\rho_p} \right)^{1/3} \approx 10^8\ \mathrm{m}. \qquad (21.59)$$

Für den Chandrasekhar-Radius haben wir in (20.13) $R_c \approx 5 \cdot 10^6$ m gefunden, also etwa eine Größenordnung kleiner.

Einen Eindruck von der Genauigkeit dieser Abschätzungen können wir aus dem Vergleich mit Jupiter, dem größten Planeten im Sonnensystem erhalten, für den $M_{\mathrm{2\!\!\downarrow}} = 1{,}899 \cdot 10^{27}$ kg und $R_{\mathrm{2\!\!\downarrow}} \simeq 7{,}1.10^7$ m gilt, er ist also relativ nahe an dieser Grenze.

Abb. 21.20 Masse-Radius-Beziehungen von Planeten und weißen Zwergen schematisch. Weiße Zwerge können nur im Massenbereich $M_p < M_{wz} < M_c$ existieren. Für Planeten gilt $M \sim R^3$, für weiße Zwerge dagegen $M \sim R^{-3}$

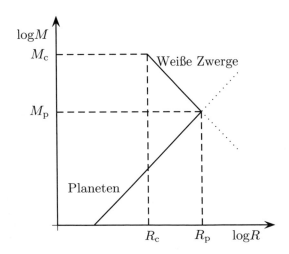

Eine übersichtliche Darstellung dieser Zusammenhänge erhält man durch logarithmische Auftragung der Masse-Radius-Beziehungen für Planeten und für weiße Zwerge in einem Diagramm (s. Abb. 21.20). Wenn wir die in Kap. 18 besprochenen Zustandsgleichungen und die jetzt noch kurz angerissenen Zusammenhänge zusammenfassen, dann ergibt sich die Relation

$$f(\rho_{\rm m}, T) = \frac{p}{\rho_{\rm m} c^2} = \begin{cases} f(T_{\rm m}), & \text{für normale Sterne, s. (18.27)} \\ f(\rho), & \text{für entartete Sterne, s. (18.68)} \\ \sim p & \text{für planetenartige Objekte.} \end{cases} \qquad (21.60)$$

Natürlich haben wir hier an einigen Stellen starke Näherungen verwendet. So verhalten sich große Gasplaneten wie etwa Jupiter sicherlich ganz anders als kleine Planeten wie die Erde. Insbesondere muss es einen Übergangsbereich zwischen diesen Planeten und kleinen Sternen geben, die massereich genug sind, um Kernfusionsprozesse zu ermöglichen.

21.7 Übungsaufgaben

21.7.1 TOV-Gleichung für konstante Dichte

Im allgemeinen Fall ist die TOV-Gleichung (21.34) nicht analytisch lösbar. Unter der stark vereinfachenden Annahme einer konstanten Dichte ist dies aber möglich.

Finden Sie diese Lösung und vergleichen Sie mit dem nichtrelativistischen Ergebnis, das aus (18.7) folgt.

21.7.2 Millisekundenpulsar

Ein Millisekundenpulsar habe die Periodendauer $P = 1{,}558$ ms und außerdem $\dot{P} = 1{,}051 \cdot 10^{-19}$ s s^{-1}.

(a) Der Kammerton a^1 hat eine Frequenz von 440 Hz. Welcher Klavierton kommt der Frequenz des Pulsars am nächsten?
(b) Wie lange dauert es bei gleichbleibendem $\dot{P}$, bis der Pulsar um einen Halbton tiefer „singt"?

Literatur

1. ATNF Pulsar Katalog: http://www.atnf.csiro.au/people/pulsar/psrcat
2. Becker, W. (Hrsg.): Neutron Stars and Pulsars. Astrophysics and Space Science Library, Bd. 357. Springer, Berlin (2009)
3. Burgay, M., et al.: An increased estimate of the merger rate of double neutron stars from observations of a highly relativistic system. Nature **426**(6966), 531–533 (2003)

4. Demorest, P.B., et al.: A two-solar-mass neutron star measured using Shapiro delay. Nature **467**, 1081–1084 (2010)
5. Espinoza, C.M., Lyne, A.G., Stappers, B.W., Kramer, M.: A study of 315 glitches in the rotation of 102 pulsars. Mon. Not. R. Astron. Soc. **414**(2), 1679–1704 (2011)
6. Gold, T.: Rotating neutron stars as the origin of the pulsating radio sources. Nature **218**, 731–732 (1968)
7. Hessels, J.W.T., et al.: A radio pulsar spinning at 716 Hz. Science **311**(5769), 1901–1904 (2006)
8. Hewish, A.: Pulsars and high density physics. Rev. Mod. Phys. **47**, 567–572 (1975)
9. Hulse, R.A. Jr., Taylor, J.H.: Discovery of a pulsar in a binary system. Astrophys. J. **195**, L51–L53 (1975)
10. Kramer, M., Stairs, I.H.: The double pulsar. Annu. Rev. Astron. Astrophys. **46**(1), 541–572 (2008)
11. Kramer, M., Wex, N.: The double pulsar system: a unique laboratory for gravity. Class. Quantum Grav. **26**(7), 073001 (2009)
12. Lattimer, J.M., Prakash, M.: Neutron star structure and the equation of state. Astrophys. J. **550**, 426–442 (2001)
13. Lattimer, J.M., Prakash, M.: Neutron star observations: prognosis for equation of state constraints. Phys. Rep. **442**(1–6), 109–165 (2007)
14. Lorimer, D.R.: Binary and millisecond pulsars. Living. Rev. Relativ. **11**, 1–90 (2008)
15. Lyne, G., et al.: A double-pulsar system: a rare laboratory for relativistic gravity and plasma physics. Science **303**, 1153–1157 (2004)
16. Manchester, R.N., Hobbs, G.B., Teoh, A., Hobbs, M.: The Australia telescope national facility pulsar catalogue. Astron. J. **129**(4), 1993 (2005)
17. Oppenheimer, J.R., Volkoff, G.M.: On massive neutron cores. Phys. Rev. **55**, 374–381 (1939)
18. Potekhin, A.Y.: The physics of neutron stars. Physics-Uspekhi **53**(12), 1235 (2010)
19. Ruder, H., Wunner, G., Herold, H., Geyer, F.: Atoms in Strong Magnetic Fields. Springer, Berlin (1994)
20. Ryan, S.G., Norton, A.J.: Stellar Evolution and Nucleosynthesis. Cambrigde University Press, Cambridge (2010)
21. Sexl, R., Sexl, H.: Weiße Zwerge – Schwarze Löcher. Rowohlt Taschenbuch Verlag (1975)
22. Taylor, J.H. Jr.: Binary pulsars and relativistic gravity. Rev. Mod. Phys. **66**(3), 711–719 (1994)
23. Tolman, R.C.: Static solutions of Einstein's field equations for spheres of fluid. Phys. Rev. **55**, 364–373 (1939)
24. Trümper, J., et al.: Evidence for strong cyclotron emission in the hard X-ray spectrum of Her X-1. Ann. N. Y. Acad. Sci. **302**(1), 538–544 (1977)
25. Trümper, J., Pietsch, W., Reppin, C., Voges, W.: Evidence for strong cyclotron line emission in the hard X-ray spectrum of Hercules X-1. Astrophys. J. **219**, L105–L110 (1978)
26. Turolla, R.: Isolated neutron stars: the challenge of simplicity. In: Becker, W. (Hrsg.) Neutron Stars and Pulsars. Astrophysics and Space Science Library, Bd. 357, S. 141–163. Springer, Berlin (2009)
27. Weber, F., Negreiros, R., Rosenfield, P.: Neutron star interiors and the equation of state of superdense matter. In: Becker, W. (Hrsg.) Neutron Stars and Pulsars. Astrophysics and Space Science Library, Bd. 357, S. 213–245. Springer, Berlin (2009)
28. Weisberg, J.M., Nice, D.J., Taylor, J.H. Jr.: Timing measurements of the relativistic binary pulsar PSR B1913+16. Astrophys. J. **722**, 1030–1034 (2010)
29. Wolf, R.N., et al.: Plumbing neutron stars to new depths with the binding energy of the exotic nuclide ^{82}Zn. Phys. Rev. Lett. **110**, 041101 (2013)
30. Woosley, S.E., Heger, A., Weaver, T.A.: The evolution and explosion of massive stars. Rev. Mod. Phys. **74**, 1015–1071 (2002)

Klassifizierung von Sternen

Inhaltsverzeichnis

Bei der Beobachtung und Erforschung von Sternen ist es, wie in jeder anderen Wissenschaft, sehr hilfreich, eine Unterteilung in bestimmte Typen vorzunehmen. Von der Erde aus erhalten wir von einem Stern Informationen über seine scheinbare Helligkeit und sein Spektrum. Vereinfacht erscheinen eher kühlere Sterne rötlich, sehr heiße Sterne bläulich. Man unterscheidet hier dann verschiedene Spektralklassen von Sternen. Wie wir bereits in Abschn. 1.5.3 gesehen haben, liefert die scheinbare Helligkeit eines Sterns natürlich keine Aussage über seine physikalischen Eigenschaften, weil sie von der Entfernung abhängt. Es ist daher sinnvoller, Sterne nach ihrer absoluten Helligkeit zu klassifizieren. Das setzt allerdings voraus, dass diese ausreichend genau bestimmt werden kann, man also die Entfernung zum jeweiligen Stern bestimmen kann.

22.1 Hertzsprung-Russell-Diagramm

Trägt man Sterne entsprechend ihrer absoluten Helligkeit und der Spektralklasse in einem Bild auf, so ergibt sich das *Hertzsprung-Russell-Diagramm*[1] (HRD).

Abb. 22.1 zeigt ein Beispiel für ein solches Diagramm. Die Namen der Spektralklassen sind historisch begründet und haben keine physikalische Bedeutung. Ein Merkspruch für diese Klassen lautet

---

[1] Ejnar Hertzsprung, 1873–1967, dänischer Astronom. Führte den Begriff der absoluten Helligkeit ein und konnte erstmals die Entfernung eines Cepheiden in der kleinen Magellanschen Wolke bestimmen.

© Springer-Verlag GmbH Deutschland, ein Teil von Springer Nature 2022
S. Boblest et al., *Spezielle und allgemeine Relativitätstheorie*,
https://doi.org/10.1007/978-3-662-63352-6_22

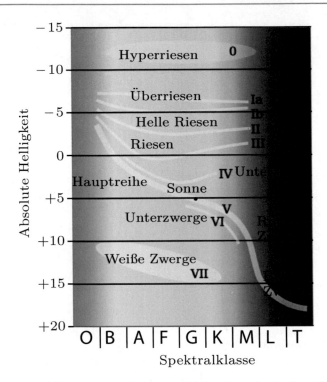

Abb. 22.1 Im Hertzsprung-Russell-Diagramm sind Sterne nach absoluter Helligkeit und Spektralklassen sortiert. (Diese Abbildung basiert auf einer gemeinfreien Vorlage [3], mit freundlicher Genehmigung)

Oh Be A Fine Girl Kiss Me!

Dabei sind die Klassen L und T nicht eingeschlossen. Sie umfassen die lichtschwachen braunen und roten Zwerge und wurden erst später eingeführt. Trägt man eine große Menge bekannter Sterne in dieser Form auf, so erkennt man, dass die meisten Sterne auf einer Linie von rechts unten nach links oben im Diagramm liegen, der sogenannten Hauptreihe. Diese Sterne heißen dementsprechend *Hauptreihensterne*. Die kleinsten Sterne auf der Hauptreihe sind die roten Zwerge. In Objekten noch geringerer Masse kann keine Wasserstofffusion stattfinden. In diesem Zwischenbereich zwischen Sternen und Planeten liegen die braunen Zwerge ohne Wasserstofffusion, möglicherweise aber mit Deuteriumfusion, die bereits bei niedrigeren Temperaturen ablaufen kann. Allerdings ist die Energieproduktion durch Fusion in braunen Zwergen nur klein und die Helligkeit dieser Objekte daher sehr niedrig. Unterhalb der Hauptreihe liegen die heißen aber dennoch sehr leuchtschwachen weißen Zwerge, darüber die Riesen. Die Sonne ist ein Stern vom Spektraltyp G und hat, wie bereits erwähnt, eine absolute Helligkeit von 4,7^m.

Neben der Auftragung der absoluten Helligkeit über der Spektralklasse werden auch Diagramme mit anderen, verwandten Größen verwendet. So existiert ein Zusammenhang zwischen der Spektralklasse und der effektiven Temperatur, die wir in (18.18) eingeführt haben, und die absolute Helligkeit ist ein Maß für die Leuchtkraft, die man wiederum zweckmäßigerweise in Einheiten der Sonnenleuchtkraft darstellen kann. Weiter gibt man statt der effektiven Temperatur auch oft die B-V-Helligkeit an. Dabei vergleicht man die Magnitude des Sterns bei kürzeren (blauen) Wellenlängen mit der im visuellen Bereich. Eine hohe Leuchtkraft in einem Bereich bedeutet eine kleine Magnitude. Für heiße Sterne ist die B-Magnitude daher kleiner als die V-Magnitude und der B-V-Wert dementsprechend klein, für kühlere Sterne gilt das Gegenteil. Abb. 22.2 zeigt als Beispiel ein HRD aller Sterne im Hipparcos-Katalog [4] mit einer Entfernung bis 100 Lichtjahre, das sind etwa 1700 Sterne. Man erkennt eine deutliche Häufung auf einer Kurve von rechts unten nach links oben im Diagramm, auf der die Hauptreihensterne liegen.

Der Hipparcos-Satellit hatte von 1989 bis 1993 die Sternorte, Parallaxen und Eigenbewegungen von über 118.000 Sternen mit einer zuvor unerreichten Präzision von etwa 0,003″ bzw. 0,002″/Jahr vermessen. Sein wissenschaftlicher Nachfolger war der 2013 gestarte Gaia-Satellit, der diese Beobachtungen auf 1,8 Milliarden

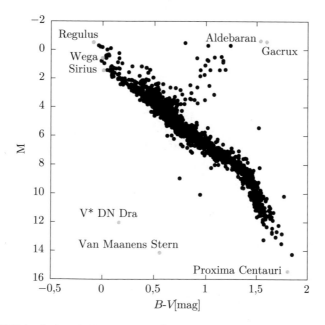

Abb. 22.2 HRD der Sterne mit bis zu 100 Lichtjahren Entfernung von der Erde. Gezeigt sind nur Sterne mit einem maximalen Parallaxenfehler von 5 % und einem maximalen Fehler der B-V-Helligkeit von 0,025^m. Proxima Centauri ist ein roter Zwerg der Spektralklasse M am Südhimmel. Sirius der hellste Stern am Nachthimmel und Teil des Wintersechsecks, Wega ist der Hauptstern der Leier. V* DN Dra und der nach seinem Entdecker benannte Van Maanens Stern sind zwei weiße Zwerge. Die Daten stammen aus dem Hipparcos-Katalog [4], abgerufen über das *Nasa HEASARC* [5]

Abb. 22.3 Das mit dem
Gaia-Satelliten gewonnene
HRD von vier Millionen
Sternen mit bis zu 5000
Lichtjahren Entfernung
von der Erde. BP und RP
bezeichnen die vom blauen
bzw. roten Photometer
gemessen Magnituden.
(©ESA/Gaia/DPAC, CC
BY-SA 3.0 IGO)

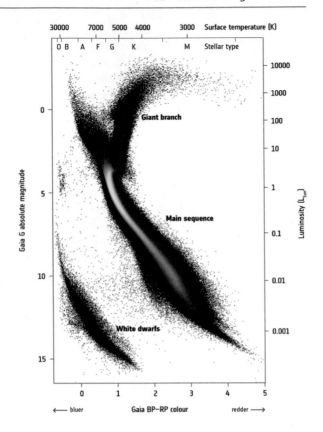

Sterne erweitern konnte. Ein auf diesen Messungen beruhendes verfeinertes HRD
von vier Millionen Sternen mit einer Entfernung bis 5000 Lichtjahren von der Erde
zeigt Abb. 22.3.

22.2   Evolution von Sternen

Da sich die Eigenschaften von Sternen, etwa beim Übergang zwischen verschiedenen Fusionsphasen im Laufe der Zeit verändern, bleiben Sterne im Laufe
ihres Lebens nicht immer an der gleichen Stelle im HRD, sondern durchlaufen
einen bestimmten Pfad darin, etwa aus der Hauptreihe zu den Riesen und von dort
zu den weißen Zwergen. Abb. 22.4 zeigt als Beispiel die Trajektorien für drei Sterne
mit $M = 0{,}6M_\odot$, $M = 1M_\odot$ und $M = 5M_\odot$ bei ähnlicher chemischer Zusammensetzung
wie die Sonne. Wir sehen anhand der in Abb. 22.4 gezeigten Kurven wieder, dass
massearme Sterne sehr viel höhere Lebensdauern haben als massereiche Sterne.

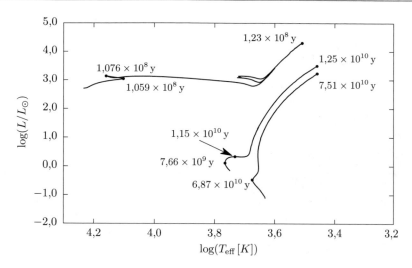

Abb. 22.4 Evolution dreier Sterne mit ähnlicher chemischer Zusammensetzung wie die Sonne durch das HRD vom Beginn des Wasserstoffbrennens bis zum Ende des Heliumbrennens. Gezeigt sind Sterne mit $M = 0{,}6M_\odot$ (*unten*), $M = 1M_\odot$ (*Mitte*) und $M = 5M_\odot$ (*oben*). Für einige Punkte auf den Trajektorien ist die vergangene Zeit angegeben, seit der Stern auf der Hauptreihe angelangt ist. Man erkennt die extrem hohe Lebensdauer massearmer und die relativ kurze Lebensdauer massereicher Sterne, die schon in Abb. 19.8 deutlich wurde. (Die Daten stammen aus [1, 2])

Abschließend fasst Abb. 22.5 den Lebenszyklus von Sternen nochmals zusammen. Aus einer Gaswolke entstehen durch Kontraktion und Fragmentation Protosterne. Die Masse des Protosterns entscheidet darüber, ob dieser die Wasserstofffusion zünden kann und zum Hauptreihenstern wird. Am Ende des Wasserstoffbrennens bläht sich der Stern zum roten Riesen auf und endet schließlich je nach Masse als weißer Zwerg, Neutronenstern oder als Schwarzes Loch. Die beim Übergang vom Riesen zum weißen Zwerg bzw. Neutronenstern abgestoßenen Gasanteile des Sterns stehen dann als Ausgangsmaterial für neue Sterne zur Verfügung.

Die verschiedenen Typen von Sternen haben wir in unserer Diskussion praktisch völlig ausgelassen. Weitere Details zur Sternentwicklung und den verschiedenen Sterntypen finden interessierte Leser z. B. in [6, 7].

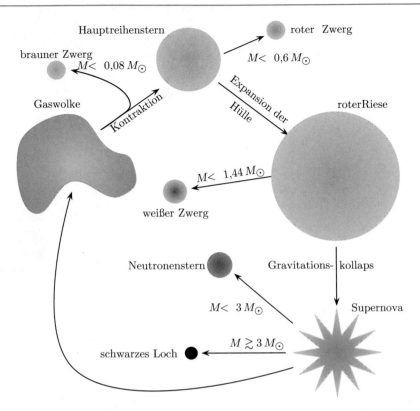

Abb. 22.5 Lebenszyklus von Sternen von der Entstehung als Protostern bis zum Ende als weißer Zwerg, Neutronenstern oder Schwarzes Loch. Dabei entscheidet die Masse des verbleibenden Kerns nach der Riesenphase darüber, welches Endprodukt entsteht

Literatur

1. Bertelli, G., Nasi, E., Girardi, L., Marigo, P.: Scaled solar tracks and isochrones in a large region of the Z-Y plane. Astron. Astrophys. **508**(1), 355–369 (2009)
2. Bertelli, G., Girardi, L., Marigo, P., Nasi, E.: Scaled solar tracks and isochrones in a large region of the Z-Y plane. Astron. Astrophys. **484**(3), 815–830 (2008)
3. Gemeinfreie Abbildung: http://de.wikipedia.org/wiki/Hertzsprung-Russell-Diagramm
4. Homepage des Hipparcos-Katalogs: http://www.rssd.esa.int/index.php?project=HIPPARCOS&page=index
5. Homepage des *Nasa High Energy Astrophysics Science Archive Research: Center*. http://heasarc.gsfc.nasa.gov
6. Ryan, S.G., Norton, A.J.: Stellar Evolution and Nucleosynthesis. Cambridge University Press, Cambridge (2010)
7. Weigert, A., Wendker, H.J., Wisotzki, L.: Astronomie und Astrophysik – Ein Grundkurs, 4. Aufl. VCH Verlagsgesellschaft (2005)

Teil IV

Kosmologie

Hinführung zur Kosmologie

23

Inhaltsverzeichnis

Die Kosmologie beschäftigt sich mit dem Aufbau sowie der Entstehung und Entwicklung des Kosmos als Ganzem. Sie versucht zu verstehen, wie sich das Universum in den Zustand entwickelt hat, den wir heute beobachten, und wie die zukünftige Entwicklung aussehen wird.

Der Mensch hat sich über diese Fragen in der einen oder anderen Form schon immer Gedanken gemacht. Bereits in der Antike gab es Modelle für unser Universum, insbesondere die Philosophen in Griechenland beschäftigten sich mit solchen Fragen. *Ptolemäus*[1] entwickelte ein Weltbild, in dem sich die Erde im Mittelpunkt des Weltalls befindet und vom Mond, der Sonne und allen Planeten umkreist wird. Diese Vorstellung setzte sich durch, obwohl zum Beispiel *Aristarchos von Samos*[2] bereits ein heliozentrisches Weltbild vertrat. Erst *Kopernikus*[3] und Kepler entdeckten das heliozentrische Weltbild mit der Sonne im Mittelpunkt des Weltalls wieder.

---

[1] Claudius Ptolemäus, ca. 100–160, griechischer Mathematiker, Astronom und Philosoph.

[2] Aristarchos von Samos, ca. 310 v. Chr.–230 v. Chr., griechischer Astronom und Mathematiker.

[3] Nikolaus Kopernikus, 1473–1543, polnischer Domherr, Arzt, Mathematiker und Astronom.

© Springer-Verlag GmbH Deutschland, ein Teil von Springer Nature 2022
S. Boblest et al., *Spezielle und allgemeine Relativitätstheorie*,
https://doi.org/10.1007/978-3-662-63352-6_23

23.1   Überblick

Seit Beginn des 20. Jahrhunderts ist es mit Hilfe immer leistungsstärkerer Teleskope im Zusammenspiel mit der neu entwickelten ART möglich geworden, die Kosmologie als auf Beobachtungen basierte Naturwissenschaft zu betreiben, nachdem sie vorher eher eine philosophische Disziplin war. Einen besonders starken Einfluss auf die Entwicklung der Kosmologie hatten die Galaxienbeobachtungen von Hubble. Er konnte nachweisen, dass sich praktisch alle Galaxien von uns wegbewegen und zwar umso schneller, je weiter sie von uns entfernt sind. Auf seine Beobachtungen gehen wir in Abschn. 23.3 ein.

Die ART wurde im kosmologischen Rahmen erstmals von Einstein 1917 angewendet [2]. Da auf kosmologischen Längenskalen die Gravitation die dominierende Wechselwirkung ist, fußt die Kosmologie auf der ART, denn sie ist nach derzeitigem Wissen diejenige Theorie, die die Gravitation am besten beschreibt. Bei unserer Behandlung der ART haben wir gesehen, dass diese uns mit den Feldgleichungen eine Relation zwischen der Geometrie des Raumes und der Materie-, bzw. allgemeiner der Energieverteilung im Raum vorgibt. Allerdings legt die ART die Energieverteilung im Universum nicht fest. Durch Symmetriebetrachtungen werden wir in Kap. 24 die Menge der möglichen Energieverteilungen auf eine physikalisch begründete Untermenge einschränken, die wir dann mathematisch genauer untersuchen können. Die entsprechenden Überlegungen hat bereits Einstein im oben zitierten Artikel [2] vorgenommen. Wir werden sehen, dass auch nach dieser Einschränkung noch eine Vielzahl an freien Parametern übrig bleibt.

Die ART liefert uns also nicht ein Bild unseres Universums, sondern eine ganze Vielzahl möglicher Modelle. Aus den Einstein'schen Feldgleichungen können wir aber unter den erwähnten Symmetriebetrachtungen einfachere Differentialgleichungen herleiten, die diese Modelle beschreiben. In den Kap. 25 und 26 leiten wir diese Gleichungen her und besprechen verschiedene Lösungen. Die letztliche Auswahl desjenigen Modells, das unser Universum am besten beschreibt, muss anhand von Beobachtungsergebnissen folgen. In Kap. 27 besprechen wir dazu, wie man Beobachtungen des Universums mit diesen Modellen vergleichen kann.

Besonders in den letzten beiden Jahrzehnten haben neue Erkenntnisse unsere Vorstellungen über das Universum sehr erweitert und verändert. Beobachtungen weit entfernter Supernovae mit dem Hubble Space Telescope ließen den Schluss zu, dass unser Universum entgegen allen Erwartungen beschleunigt expandiert. Diesen Beobachtungen ist Kap. 28 gewidmet.

Die Entdeckung des Mikrowellenhintergrundes in den sechziger Jahren lieferte starke Hinweise darauf, dass das Universum aus einem Urknall hervorgegangen ist, und die genaue Analyse des Mikrowellenhintergrundes insbesondere mit den Satelliten COBE, WMAP und vor kurzem *Planck* lieferte und liefert detaillierte Informationen über das junge Universum, wie wir in Kap. 29 sehen.

Selbst über die allerersten Sekundenbruchteile nach dem Urknall werden heute Überlegungen angestellt und mit Beobachtungen verglichen. Wir werden aber sehen, dass für die Entwicklung des ganz jungen Universums, aber auch bei der Diskussion der möglichen Zukunft unseres Universums, noch weitere Überlegungen notwendig sind, die zum Teil auch über die ART hinausgehen und die Berücksichtigung von quantenmechanischen Effekten nötig machen, für die noch keine umfassende Theorie vorliegt. Mit diesen Überlegungen befassen wir uns in Kap. 30.

Beginnen möchten wir unsere Diskussion aber mit einem jahrhundertealten Problem, das im Laufe der Zeit einer großen Zahl von Forschern Kopfzerbrechen bereitet hat und ein erstes Gefühl für die Problemstellungen in der Kosmologie vermitteln soll.

23.2 Olbers' Paradoxon

Dieses nach *Heinrich Olbers*[4] benannte Problem können wir vereinfacht in Form einer Frage formulieren: Warum ist es in der Nacht dunkel? Olbers beschäftigte sich anfangs des 19. Jahrhunderts mit diesem Problem, vor ihm war es aber schon vielen anderen Forschern bekannt, und es lässt sich mindestens bis Thomas Digges und Johannes Kepler im 16. Jahrhundert zurückdatieren.

Auf den ersten Blick mag die Antwort auf diese Frage offensichtlich sein: Nachts ist es dunkel, weil die Sonne hinter der Erde steht und uns ihr Licht nicht erreichen kann. Gleichzeitig sind die anderen Sterne viel zu weit entfernt, um eine, im Vergleich zur Sonne, nennenswerte Lichteinstrahlung zu verursachen. Allein zu erkennen, dass die Antwort auf diese Frage bei weitem nicht so einfach ist, ist daher schon eine Leistung, die großen Respekt verdient.

Bei einer genaueren Betrachtung ergeben sich nämlich für diese Argumentation Probleme. Angenommen, unser Universum sei unendlich groß und die Dichte n der Sterne sei im Mittel konstant im ganzen Universum. Wir wollen auch die unterschiedlichen Sterntypen vernachlässigen und annehmen, alle Sterne im Universum hätten die gleiche Leuchtkraft L. Der uns von einem Stern in der Entfernung r erreichende Strahlungsstrom S hängt dann über

$$S(r) = \frac{L}{4\pi r^2} \qquad (23.1)$$

mit der Entfernung zusammen. Wir kennen diesen Zusammenhang bereits aus Kap. 1, wo wir analog in (1.59) die Solarkonstante aus der Sonnenleuchtkraft berechnet haben.

Um den gesamten Strahlungsstrom dS_{ges} aller Sterne in einer Entfernung zwischen r und $r + dr$ zu berechnen, müssen wir den Strahlungsstrom eines dieser Sterne mit der Anzahl der Sterne $dN = n\, dV$ in der Kugelschale zwischen r und $r + dr$ multiplizieren. Da die Oberfläche der Kugel $O = 4\pi r^2$ quadratisch mit r steigt (s. Abb. 23.1), erhalten wir $dV = 4\pi r^2\, dr$ und weiter

$$dS_{ges} \sim S(r)dN(r) \sim \frac{n4\pi r^2}{4\pi r^2} dr = n\, dr. \qquad (23.2)$$

---

[4] Heinrich Wilhelm Olbers, 1758–1840, deutscher Arzt und Astronom.

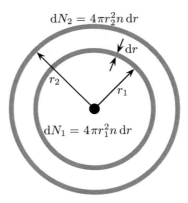

Abb. 23.1 Bei homogener Sterndichte im Universum steigt die Anzahl dN der Sterne im Volumen zwischen den Kugeln mit Radius r und $r + dr$ quadratisch mit r, während der Fluss pro Stern quadratisch mit r abnimmt. In der Abbildung gilt also d$N_2/$d$N = r_2^2/r_1^2$ aber für einen Stern bei r_2 und einen Stern bei r_1 ergibt sich das Strahlungsstromverhältnis $S_2/S_1 = r_1^2/r_2^2$ bei der Erde. Für den gesamten Strahlungsstrom S_{ges} auf der Erde liefert daher jede Kugelschale den gleichen Beitrag und dieser divergiert daher

Für alle Sterne des von uns angenommenen Universums erhalten wir dann den Strahlungsstrom

$$S_{ges} \sim \int_0^\infty n \, \mathrm{d}r \to \infty. \tag{23.3}$$

Nach unserer einfachen Überlegung müsste der Nachthimmel also unendlich hell sein. Wie können wir diese offensichtliche Diskrepanz zum beobachteten, dunklen Nachthimmel erklären?

Ein erster Schritt ist zu erkennen, dass wir gerechnet haben, als wenn Sterne punktförmige Gebilde wären. Wenn wir berücksichtigen, dass reale Sterne ausgedehnte Objekte sind, dann ändert das unsere Vorhersage erheblich. Sehr weit entfernte Sterne werden jetzt mit einer mit der Entfernung steigenden Wahrscheinlichkeit von näher bei uns gelegenen Sternen verdeckt. Egal wohin wir schauen, nach einer bestimmten Entfernung landen wir auf der Oberfläche eines Sterns. Damit können weiter entfernte Sterne nicht mehr zum Strahlungsstrom auf der Erde beitragen. Ein anschauliches Analogon zu dieser Situation ist ein Wald. Egal in welche Richtung man schaut, irgendwann steht ein Baum im Weg und verhindert, dass man aus dem Wald herausschauen kann, solange der Wald nur groß genug ist. Bei einem unendlich großen Wald spielt es keine Rolle, wie dünn verteilt die Bäume sind oder ob sie in Gruppen angeordnet sind, so wie Sterne sich in Galaxien sammeln. Irgendwann kommt in jeder Richtung ein Baum. In Abb. 23.2 ist diese Situation für einen Himmelsausschnitt veranschaulicht. In diesem Fall könnten wir aber dann immer noch einen Nachthimmel erwarten, der in jeder Richtung etwa so hell ist wie die

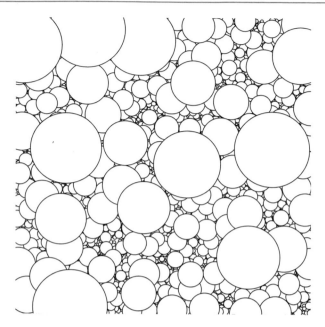

Abb. 23.2 In einem unendlich großen Universum mit ausgedehnten Sternen liegt in beliebiger Blickrichtung irgendwo die Oberfläche eines Sterns, ähnlich wie in einem Wald in jeder Richtung irgendwo ein Baum im Blick steht

Sonne. Hier ist die Entfernung zu den Sternen nicht entscheidend, wie man sich leicht klarmachen kann. Befindet man sich nämlich im Inneren einer Kugel, deren Innenoberfläche homogen mit konstanter Leistung leuchtet, so erscheint diese Kugel einem unabhängig von ihrem Radius mit einer bestimmten Helligkeit. Die Argumentation ist auch hier die, dass von einer doppelt so großen Kugel pro Fläche nur ein Viertel der Strahlungsleistung bei uns ankommt, gleichzeitig die Fläche der Kugel aber viermal so groß ist. Da die Sonne nur etwa 1/180.000 des Himmels ausfüllt, würde auf die Erde in diesem Fall das 180.000-fache ihrer Strahlungsleistung fallen, genug um alle Ozeane zu verdampfen und auch die Erde in kurzer Zeit zu schmelzen.

Allein die Berücksichtigung der endlichen Größe von Sternen hilft uns also nicht, das Paradoxon aufzulösen. Auch die Annahme, dass etwa interstellarer Staub unsere Sicht auf weit entfernte Sterne verdunkelt, hilft uns nicht weiter. Dieser Staub würde sich solange erhitzen, bis er die gleiche Temperatur wie die Sternoberflächen hätte und dementsprechend gleich hell strahlen würde.

Wir müssen also noch zusätzliche Annahmen ins Spiel bringen, um das Paradoxon aufzulösen, diese gehen aber letztlich alle in die gleiche Richtung: Wenn der Himmel dunkel ist, dann liegt nicht in jeder Richtung am Himmel ein Stern, den wir sehen können.

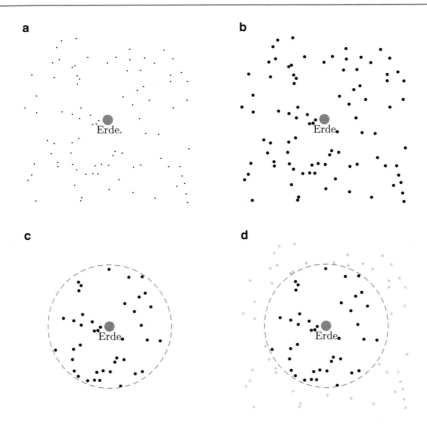

Abb. 23.3 Skizzen zur Erklärung des Olber'schen Paradoxons. (**a**) In einem unendlich ausgedehnten Universum mit punktförmigen, unendlich alten Sternen wäre der Himmel unendlich hell. (**b**) Durch die endliche Ausdehnung der Sterne ist die Sicht zu weiter hinten liegenden Sternen durch weiter vorn liegende verdeckt. (**c**) In einem endlich großen Universum gibt es in manchen Richtungen am Himmel keinen Stern. (**d**) Ähnliches gilt auch in einem endlich alten Universum, dort hatte das Licht weit entfernter Sterne nicht genug Zeit, den Beobachter zu erreichen

Wenn das so ist, dann muss eine unserer Vorbedingungen falsch sein. Es könnte etwa sein, dass die Strahlungsleistung von Sternen schneller als mit dem Quadrat des Abstandes abnimmt. Wie wir sehen werden, ist das in gewissen kosmologischen Modellen aufgrund der Raumkrümmung tatsächlich so. Oder es gibt ab einer bestimmten Entfernung von der Erde keine Sterne mehr. Eine Lösung des Paradoxons könnte also ein endlich großes Universum sein. Kepler ging von diesem Fall aus [6]. Es ist aber auch möglich, dass unser Universum zwar unendlich groß, aber nicht unendlich alt ist, sodass das Licht sehr weit entfernter Sterne noch nicht genug Zeit hatte, um uns zu erreichen. Aus dem Olber'schen Paradoxon erhalten wir also bereits einen Hinweis darauf, dass unser Universum möglicherweise nicht unendlich groß, bzw. nicht statisch oder nicht unendlich alt ist. In Abb. 23.3 finden sich Skizzen, die die gerade diskutierten Fälle veranschaulichen.

Wie bereits erwähnt, hat das Olber'sche Paradoxon im Laufe von Jahrhunderten sehr viele Forscher beschäftigt und es wurden die unterschiedlichsten Lösungsansätze vorgeschlagen. Der interessierte Leser findet in einem Artikel von Harrison [5] einen kurzen geschichtlichen, aber auch wissenschaftlichen Überblick. Wer sich noch mehr in das Thema vertiefen möchte, dem sei das Buch „Darkness at Night: A Riddle of the Universe" [6] des selben Autors empfohlen.

23.3 Edwin Hubbles Entdeckungen

Die Entdeckungen *Hubbles*[5] haben in den 1920er und 1930er Jahren starken Einfluss auf das Bild, das sich die Wissenschaft vom Universum machte, gehabt. So konnte er eine damals zentrale Frage der Kosmologie beantworten: Besteht das Universum nur aus der Milchstraße oder gibt es noch andere Galaxien? Seine wohl wichtigste Beobachtung aber war die Feststellung, dass weit entfernte Galaxien sich von uns fortbewegen. Damit legte er den Grundstein für die Idee eines expandierenden Universums. Der erste, der sich mit dieser Idee beschäftigte, war er allerdings nicht, bereits 1927 hatte sich Lemaître Gedanken über ein expandierendes Universum gemacht. Hubble benutzte für seine Arbeit das 1917 in Betrieb genommene *Hooker Teleskop* am Mt. Wilson Observatorium mit einem 2,5 m großen Spiegel, das bis 1948 das größte Teleskop der Welt war [9].

23.3.1 Entdeckung anderer Galaxien

Als Hubble 1919 an das Mt. Wilson Observatorium kam, war die vorherrschende Meinung, dass das Universum nur aus der Milchstraße bestehe. Hubble gelang es, in mehreren Spiralnebeln, von denen damals unklar war, ob sie einfach Nebel innerhalb der Milchstraße oder eigene Galaxien waren, veränderliche Sterne, so genannte *Cepheiden*, zu entdecken. 1908 hatte *Leavitt*[6] mehrere Cepheiden in der großen und kleinen Magellanschen Wolke beobachtet. Dabei hatte sie bemerkt, dass eine enge Relation zwischen der Periodendauer P der Sterne und ihrer absoluten Helligkeit M in der Form

$$M = M_0 - f \log P \tag{23.4}$$

besteht [3, 8]. Die Konstante f lässt sich dabei leicht aus der Messung mehrerer Cepheiden bestimmen. Für Distanzbestimmungen ist dieser Zusammenhang aber erst geeignet, wenn auch die absolute Helligkeit M_0 eines Referenz-Cepheiden mit Periode P_0 bestimmt werden kann. Dazu muss die Entfernung zu diesem Stern bestimmt werden. Eine erste solche Messung führte Shapley [12] durch. Damit können Cepheiden als *Standardkerzen* verwendet werden. Darunter versteht man Objekte, deren absolute Helligkeit aus bestimmten Eigenschaften hergeleitet werden

---

[5] Edwin Hubble, 1889–1953, amerikanischer Astronom.
[6] Henrietta Swan Leavitt, 1868–1921, amerikanische Astronomin.

kann, ohne ihre Entfernung zu uns zu kennen. Aus der scheinbaren Helligkeit kann man dann die Entfernung zu einem solchen Objekt bestimmen. Dafür spielen Cepheiden bis heute eine wichtige Rolle. Eine weitere Standardkerze sind die in Abschn. 20.4 angesprochenen Supernovae Typ Ia, auf deren kosmologische Anwendung wir in Kap. 28 eingehen.

Hubble beobachtete in den Jahren 1922–23 mehrere solcher veränderlichen Sterne, unter anderem im Andromedanebel, und konnte nun nachweisen, dass diese viel zu weit entfernt waren, als dass sie Teil der Milchstraße sein konnten. Hubble stellte seine Ergebnisse 1925 bei einer Konferenz der American Astronomical Society vor und veränderte damit die Vorstellung über unser Universum einschneidend.

23.3.2 Entfernungsabhängige Rotverschiebung

Bereits 1912 hatte *Slipher*[7] begonnen, die spektrale Verschiebung von Galaxien zu beobachten. Seine erste Messung, die er 1913 veröffentlichte, führte er am Andromedanebel durch. Zufälligerweise ist dies eine der wenigen blauverschobenen Galaxien, da der Andromedanebel sich auf uns zubewegt [13]. In den Folgejahren analysierte Slipher aber die Spektren vieler Galaxien und entdeckte, dass die meisten rotverschoben waren.

Hubble machte sich 1929 daran, eine mögliche Relation zwischen der Rotverschiebung von Galaxien und ihrer Entfernung von uns zu finden. Während die Messung der Rotverschiebung einer Galaxie relativ leicht möglich ist, ist die Bestimmung ihrer Entfernung eine sehr viel schwierigere und mit größeren Fehlern behaftete Aufgabe. Eine der Methoden, mit der Hubble dies versuchte, basierte auf der gerade erwähnten *P-M*-Relation [7]. Hubble fand tatsächlich einen einfachen linearen Zusammenhang zwischen Rotverschiebung und Entfernung, und zwar waren die Galaxien umso stärker rotverschoben, je größer ihre Entfernung war. Bei den Objekten, die Hubble beobachtete, war die Rotverschiebung klein, etwa in der Größenordnung $z < 0{,}04 \ll 1$. Wenn man, wie Hubble es tat, als Ursache für die Rotverschiebung den Dopplereffekt annimmt, so kann man einer bestimmten Rotverschiebung über den in Abschn. 8.1.3 gefundenen Zusammenhang $z \approx \beta$ (s. (8.17)) eine Geschwindigkeit, mit der sich die entsprechende Galaxie von uns entfernt, zuordnen.

Hubble fand also heraus, dass sich alle Galaxien, bis auf wenige nicht sehr weit entfernte Ausnahmen, von uns entfernen, und zwar um so schneller, je weiter sie von uns entfernt sind. Dabei gilt zwischen dieser *Fluchtgeschwindigkeit* genannten Geschwindigkeit v und der Entfernung d der lineare Zusammenhang

$$v = H_0 d. \tag{23.5}$$

Der Proportionalitätsfaktor H_0 heißt *Hubble-Konstante*. Aus (23.5) sieht man sofort, dass die Hubble-Konstante die Einheit s^{-1} (eins pro Sekunde) haben muss. Aus historischen und praktischen Gründen gibt man ihren Wert aber meist in der etwas

---

[7]Vesto Slipher, 1875–1969, amerikanischer Astronom.

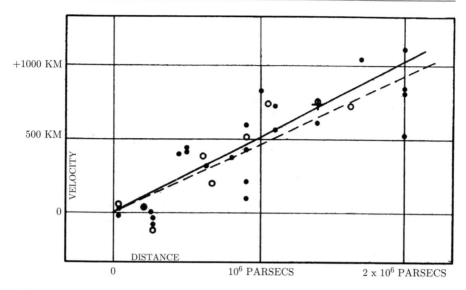

Abb. 23.4 Originaldarstellung von Edwin Hubble zur entfernungsabhängigen Fluchtgeschwindigkeit von Galaxien. Später zeigte sich, dass die von ihm angenommenen Entfernungen viel zu klein waren. (Aus Hubble [7], mit freundlicher Genehmigung)

ungewohnten, aber natürlich äquivalenten, Einheit km s^{-1} Mpc^{-1} an. Abb. 23.4 zeigt eine Skizze aus Hubbles Veröffentlichung von 1929. Aus dem Bild wird die große Streuung der gemessenen Geschwindigkeiten im Vergleich zur für die jeweilige Entfernung erwarteten Geschwindigkeit deutlich. Dies liegt daran, dass die Galaxien zufällige Geschwindigkeitsanteile aufweisen können, so wie sich der Andromedanebel etwa auf uns zubewegt. Diese nicht von der Expansion des Universums herrührenden, für jedes Objekt verschiedenen, Geschwindigkeiten heißen *Pekuliargeschwindigkeit*, in der englischen Literatur wird von „peculiar velocity" gesprochen. Der Ursprung dieser Bezeichnung ist das lateinische Adjektiv „peculiaris", das mit „eigentümlich" übersetzt werden kann. Die Pekuliargeschwindigkeit ist also eine jedem Objekt eigentümliche Geschwindigkeit und unabhängig von der Dynamik des Universums. Objekte, die keine Pekuliarbewegung durchführen, bzw. solche, die so weit von uns entfernt sind, dass ihre Pekuliargeschwindigkeit vernachlässigbar ist gegen die Fluchtgeschwindigkeit, heißen *mitbewegte Objekte* bzw. englisch „comoving objects." Die Pekuliargeschwindigkeit kann benutzt werden, um Strukturen im Universum zu definieren. So wurde ganz aktuell in [14] untersucht, wie groß der Bereich um unsere Galaxie herum ist, in dem die Pekuliargeschwindigkeiten nach innen zeigen. Diese uns umgebende Region des Universums erhielt den Namen *Laniakea*. Sie hat einen Durchmesser von etwa 160 Mpc.

Aus seinen Messwerten bestimmte Hubble den Wert von H_0 auf etwa 500 km s^{-1} Mpc^{-1}. Die von ihm bestimmten Entfernungen zu den beobachteten Galaxien waren allerdings viel zu klein, sein Wert war daher deutlich zu groß. Der genaueste Wert für H_0, der im Wesentlichen mit Hubbles Methode bestimmt wurde, lautet $H_0 = 72 \pm 8$ km s^{-1} Mpc^{-1} [4]. Für diese Beobachtungen wurde das *Hubble Space Teleskop* benutzt. Noch genauere Werte ergeben sich aus Beobachtungen der kosmischen Mikrowellenhintergrundstrahlung, und zwar aus den 9-Jahresdaten der WMAP-Mission [1] sowie den Messungen des *Planck*-Satelliten [10] mit (s. Kap. 29)

$$H_{0,\text{WMAP}} = 69,32 \pm 0,80 \text{ kms}^{-1} \text{ Mpc}^{-1},$$
$$H_{0,Planck} = 67,66 \pm 0,042 \text{ kms}^{-1} \text{ Mpc}^{-1}. \tag{23.6}$$

Bei diesen Beobachtungen blickt man in das *frühe* Universum zurück. Bestimmungen der Hubble-Konstanten im *lokalen* Universum haben dagegen in jüngster Zeit zu dem viel größeren Wert $74,22 \pm 1,82 \text{ km s}^{-1} \text{ Mpc}^{-1}$ geführt [11]. Wir werden auf diese sogenannte Hubble-Kontroverse in Kap. 29 zurückkommen.

Bei den kleinen Rotverschiebungen, die Hubble beobachtete, lag die Interpretation als Dopplerverschiebung nahe. Wir werden sehen, dass mit heutigen Instrumenten Objekte beobachtet werden, für die $z \gg 1$ gilt. In diesem Fall entspräche dies einer Geschwindigkeit $v > c$. Eine Fluchtgeschwindigkeit größer als die Lichtgeschwindigkeit steht allerdings nicht im Widerspruch zur SRT, weil wir als Ursache die Ausdehnung des Raumes betrachten, relativ zu dem die jeweiligen Galaxien in Ruhe sind. Außerdem ist die Definition einer Geschwindigkeit zweier Beobachter an verschiedenen Orten nur im flachen Raum trivial möglich, wie wir in Abschn. 11.2.7 bereits diskutiert haben. Wir gehen auf dieses Thema später nochmals genauer ein, wenn wir die Rotverschiebung quantitativ diskutieren.

Wenn sich alle Galaxien voneinander mit einer zu ihrer Entfernung proportionalen Geschwindigkeit entfernen, so müssen sie früher offensichtlich näher beisammen gewesen sein. Wenn wir annehmen, dass ihre Geschwindigkeit sich nicht verändert hat, so können wir über die Bedingung

$$vt = H_0 dt \stackrel{!}{=} d \tag{23.7}$$

berechnen, wie lange sie jeweils gebraucht haben, um ihre heutige Entfernung von uns zu erreichen. Wir finden also

$$t = H_0^{-1}. \tag{23.8}$$

Anders gesagt: Vor einer Zeit $t = H_0^{-1}$, die *Hubble-Zeit* heißt, waren alle Galaxien in Kontakt, vorausgesetzt, dass sie sich seitdem mit konstanter Geschwindigkeit voneinander entfernen. Die Zeit H_0^{-1} kann daher als Abschätzung für das Alter des Universums verwendet werden. Die Metriken, die wir zur Beschreibung des Universums verwenden (s. Abschn. 24.2), enthalten einen zeitabhängigen Skalenfaktor $a(t)$. Der Abstand zwischen Galaxien beispielsweise ist dann proportional zu diesem Skalenfaktor, $d \sim a(t)$, und die Fluchtgeschwindigkeit zur Zeitableitung, $v \sim a_{,t}(t) = \dot{a}(t)$. Analog zur Hubble-Konstante können wir dann den *Hubble-Parameter* definieren als

$$H(t) = \frac{a_{,t}(t)}{a(t)}. \tag{23.9}$$

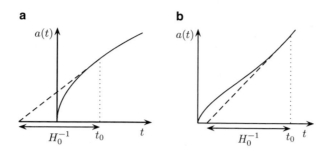

Abb. 23.5 Mit der Hubble-Zeit $H_0^{-1} = a(t_0)/\dot{a}(t_0)$ kann das Alter des Universums abgeschätzt werden. (**a**) Bei abgebremster Expansion ist der Schätzwert für das Weltalter zu groß. (**b**) Bei beschleunigter Expansion ist eine Überschätzung, aber auch eine Unterschätzung möglich

Der Wert der Hubble-Konstante ergibt sich dann als Wert des Hubble-Parameters heute:

$$H_0 = H(t_0). \tag{23.10}$$

Wenn wir für ein bestimmtes Modell den Skalenfaktor $a(t)$ haben, so hat die Tangente an die Kurve $a(t)$ an einer Stelle t_0 die Steigung $a_{,t}(t_0)$. Der Wert von H_0^{-1} wäre also das Alter des Universums, wenn es sich für alle Zeit linear ausgedehnt hätte, denn dann wäre $a(t_0) = a_{,t}(t_0)t_0$. Bei abgebremster Expansion wird bei dieser Abschätzung das Alter des Universums überschätzt, bei beschleunigter Expansion ist sowohl eine Überschätzung als auch eine Unterschätzung möglich. Abb. 23.5 zeigt diese beiden Fälle. Mit dem Wert für die Hubble-Konstante aus (23.6) erhalten wir als Abschätzung für das Alter unseres Universums

$$H_0^{-1} = (1{,}41 \pm 0{,}02) \cdot 10^{10}\,\text{y}. \tag{23.11}$$

Um diesen Wert zu erhalten, müssen wir H_0 in Einheiten von s^{-1}, bzw. y^{-1} umrechnen, mit Hilfe des Zusammenhangs $1\,\text{Mpc} = 3{,}2616 \cdot 10^6\,\text{ly}$. Wie wir später sehen werden, ist (23.11) eine sehr gute Abschätzung.

Wir können noch eine wichtige Größe aus (23.5) ableiten, und zwar sehen wir sofort, dass für $d = c/H_0$ die Fluchtgeschwindigkeit, mit der sich eine Galaxie von uns fortbewegt, gleich der Lichtgeschwindigkeit wird. Diese charakteristische Entfernung heißt *Hubble-Distanz*. Aus (23.11) sehen wir, dass die Hubble-Distanz in unserem Universum

$$cH_0^{-1} = (1{,}41 \pm 0{,}02) \cdot 10^{10}\,\text{ly} \tag{23.12}$$

beträgt. Da H_0^{-1} aber eine Abschätzung für das Alter des Universums ist, ist die Hubble-Distanz auch eine Abschätzung für die maximale Strecke, die ein Lichtstrahl im Universum bisher zurücklegen konnte. Aus Regionen, die weiter von uns entfernt sind, konnte uns noch keine Information erreichen. Sie liegen hinter einem Horizont, ähnlich wie die Regionen mit $r < r_s$ in der Schwarzschild-Metrik. Man nennt diesen den *Teilchenhorizont*.

Literatur

1. Bennett, C.L., et al.: Nine-year Wilkinson microwave anisotropy probe (WMAP) observations: final maps and results. Astrophys. J. Suppl. Series **208**(2), 20 (2013)
2. Einstein, A.: Kosmologische Betrachtungen zur Allgemeinen Relativitätstheorie. Sitz. Preuß. Akad. Wiss. Berlin, 142–152 (1917)
3. Feast, M.W., Catchpole, R.M.: The cepheid period-luminosity zero-point from *Hipparcos* trigonometrical parallaxes. Mon. Not. R. Astron. Soc. **286**, L1–L5 (1997)
4. Freedman, W.L., et al.: Final results from the Hubble Space Telescope key project to measure the Hubble Constant. Astrophys. J. **553**, 47–72 (2001)
5. Harrison, E.R.: The dark night sky paradox. Am. J. Phys. **45**(2), 119–124 (1977)
6. Harrison, E.R.: Darkness at Night: A Riddle of the Universe. Harvard University Press, Cambridge, MA (1987)
7. Hubble, E.: A relation between distance and radial velocity among extra-galactic nebulae. Proc. Nat. Acad. Sci. **15**, 168–173 (1929)
8. Leavitt, H.S.: 1777 variables in the magellanic clouds. Ann. Harv. Coll. Obs. **60**, 87–108 (1908)
9. Homepage des Mount Wilson Observatoriums: http://www.mtwilson.edu
10. Planck Collaboration, Aghanim, N., et al: *Planck* 2018 results. I. Overview and the cosmological legacy of *Planck*. Astron. Astrophys. **641**, A1 (2020)
11. Riess, A.G., et al.: Large Magellanic Cloud cepheid standards provide a 1% foundation for the determination of the Hubble constant and stronger evidence for physics beyond ΛCDM. Astrophys. J. **876**, 85 (2019)
12. Shapley, H.: Studies based on the colors and magnitudes in stellar clusters. VII. The distances, distribution in space and dimensions of 69 globular clusters. Astrophys. J. **48**, 154–181 (1918)
13. Slipher, V.M.: The radial velocity of the Andromeda Nebula. Lowell Obs. Bull. **58**, 56–57 (1913)
14. Tully, R.B., Courtois, H., Hoffman, Y., Pomarède, D.: The Laniakea supercluster of galaxies. Nature **513**(7516), 71–73 (2014)

Modellannahmen zur Struktur des Universums

24

Inhaltsverzeichnis

Wir haben in Kap. 12 gesehen, dass die Feldgleichungen der ART nichtlineare, gekoppelte Differentialgleichungen sind und sich nur in Sonderfällen analytisch lösen lassen. Gleichzeitig wissen wir, dass unser Universum ein äußerst kompliziertes Gebilde ist. Unser Sonnensystem besteht aus der Sonne, Planeten und vielen kleineren Körpern. Zusammen mit zahlreichen weiteren Sternen, über deren Systeme wir allenfalls teilweise Informationen haben, bildet unsere Sonne die Milchstraße. Auf Größenskalen jenseits der Milchstraße bilden viele Galaxien noch größere Strukturen von Haufen und Superhaufen. Es ist also offensichtlich, dass eine mathematische Beschreibung des Universums und seiner Dynamik mit Hilfe der ART nur möglich sein kann, wenn dazu vereinfachende Annahmen getroffen werden. Diese Annahmen müssen natürlich durch Beobachtungen des tatsächlichen Universums gestützt werden bzw. darauf begründet sein.

24.1   Homogenität und Isotropie des Universums

Eine Antwort darauf, wie solche Annahmen aussehen können, gab Einstein 1917 mit dem *kosmologischen Prinzip* in seinem Artikel „Kosmologische Betrachtungen zur Allgemeinen Relativitätstheorie" [1], einer der ersten Arbeiten, in der die ART auf kosmologische Fragen angewendet wurde. In seiner Grundaussage ist das kosmologische Prinzip deutlich älter, schon im antiken Griechenland gab es solche

Gedankengänge, aber Einstein verwendete es zum ersten Mal im Rahmen der ART. Die Aussage des kosmologischen Prinzips lautet:

> Der Raum ist homogen und isotrop, d. h. es ist kein Punkt und auch keine Richtung ausgezeichnet.

Anders formuliert, aber mit der gleichen Grundaussage, können wir auch sagen:

> Wir auf der Erde sind nicht an einem speziellen Platz des Universums. Auf großen Längenskalen sieht das Universum für Beobachter an beliebigen Punkten gleich aus.

Diese Annahme ist ganz zentral und wird uns durch unsere gesamte Diskussion der Kosmologie begleiten. Es lohnt sich daher, sie genauer zu betrachten. Als erstes machen wir uns klar, dass das kosmologische Prinzip offensichtlich Beobachtungen des Universums widerspricht, sowohl auf der Erde als auch auf deutlich größeren Längenskalen.

So ist unser Sonnensystem weder homogen noch isotrop: Die Sonne als der mit Abstand massereichste und hellste Körper im Sonnensystem gibt eine Vorzugsrichtung vor. Die Materie im Sonnensystem ist auch in keinster Weise homogen verteilt, die Sonne vereint weit über 99 % der Gesamtmasse auf sich. In unserem Sonnensystem ist die Erde darüberhinaus auch mit Sicherheit ein besonderer Punkt, auf keinem anderen Planeten könnten wir überleben. Aber auch wenn wir noch größere Längenskalen betrachten, ist der Raum nicht homogen oder isotrop: Nachts erkennen wir am Himmel das Band der Milchstraße. Das Zentrum der Milchstraße gibt uns wieder eine Vorzugsrichtung vor.

Offensichtlich müssen wir also noch größere Längenskalen betrachten. Astronomen haben festgestellt, dass Galaxien sich zu Haufen und Superhaufen zusammenschließen und daher riesige inhomogene und anisotrope Strukturen bilden. In Abschn. 23.3.2 haben wir gesehen, dass man um uns herum in einem Raumbereich mit einem Durchmesser von etwa 160 Mpc anhand der Pekuliargeschwindigkeiten eine zusammengehörende Struktur definieren kann. Die typische Längenskala, ab der die Näherung, die im kosmologischen Prinzip steckt, gut wird, beträgt damit etwa 10^8 oder mehr Lichtjahre, als Richtgröße merken wir uns $d \gtrsim 100$ Mpc, also eine sehr große Entfernungsskala. Dennoch werden wir sehen, dass diese Skalen immer noch deutlich kleiner sind als die Ausdehnung des sichtbaren Universums.

Die Vorstellung ganze Galaxien oder Ansammlungen von Galaxien „wegzumitteln", fällt anfangs fast zwangsweise schwer. Andererseits sind wir aber in diesem Teil unserer Diskussion am Universum als Ganzem interessiert, und die Ausdehnung einer Galaxie ist verschwindend klein im Vergleich zu den Distanzen zu den am weitesten entfernten Objekten, die wir heute kennen. Hinter den Überlegungen in den folgenden Kapiteln steht also immer ein Bild des Universums, in dem es homogen mit Materie und Energie gefüllt ist, wobei wir noch diskutieren müssen, welche Formen von Energie denkbar sind.

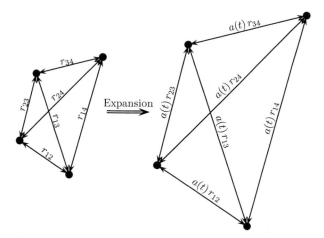

Abb. 24.1 Die von Hubble gefundene Beziehung widerspricht nicht dem kosmologischen Prinzip. So wie wir beobachten, dass sich alle Galaxien mit einer Geschwindigkeit proportional zu ihrer Entfernung von uns entfernen, beobachten das auch alle Beobachter in anderen Galaxien. Die Expansion ist homogen und isotrop

Ein weiterer Punkt könnte einigen Lesern aufgefallen sein. Die Tatsache, dass sich alle Galaxien von uns entfernen, scheint im Widerspruch zum kosmologischen Prinzip zu stehen, denn dadurch wird scheinbar zum einen ein Punkt, nämlich wir als Zentrum dieser Bewegungen, und zum anderen eine Richtung, hin zu uns als dem Zentrum der Bewegung, ausgezeichnet. Dass dem nicht so ist, erkennt man leicht anhand von Abb. 24.1. Wir betrachten 4 Galaxien und ihre gegenseitigen Entfernungen r_{ij} in einem Universum in dem das Hubble-Gesetz (23.5) gilt. Nach einer bestimmten Zeit t haben sich diese Entfernungen um einen gemeinsamen Faktor $a(t)$ geändert zu $a(t)r_{ij}$. Alle Beobachter in allen Galaxien sehen also, dass sich alle anderen Galaxien mit einer Geschwindigkeit proportional zur Entfernung von ihnen fortbewegen. Diese einfache Überlegung zeigt uns, dass auch die von Hubble beobachtete Expansion bzw. die entfernungsabhängige Fluchtgeschwindigkeit homogen und isotrop ist. Der Streckungsfaktor $a(t)$ ist im gesamten Universum und in jeder Richtung gleich. Man kann sich diese Situation anhand eines Beispiels im Zweidimensionalen weiter veranschaulichen. Wir stellen uns einen Ameisenschwarm vor. Die Ameisen in diesem Schwarm sollen annähernd gleichverteilt ungeordnet auf einer Ebene bzw. auf der Oberfläche einer Kugel herumlaufen, während die Kugel größer oder kleiner wird, d. h. ihr Radius ist $a = a(t)$. Bei der Ebene wäre $a(t)$ analog ein Streckungsfaktor. Das Koordinatennetz auf der Kugel wird mit „aufgeblasen" oder geschrumpft, abhängig von der zeitlichen Entwicklung von a, die Ameisen entfernen sich zwar voneinander, sind aber lokal bezüglich des Koordinatennetzes an jedem Punkt der Kugeloberfläche im Mittel in Ruhe. Von jedem Punkt aus gesehen laufen alle anderen Punkte „radial" weg oder kommen auf ihn zu.

24.2   Friedmann-Lemaître-Robertson-Walker-Metrik

Die allgemeinste Form einer mit den gerade eingeführten Annahmen verträglichen Metrik ist die *Friedmann-Lemaître-Robertson-Walker-Metrik*[1,2,3] [3–6]. Im Folgenden schreiben wir verkürzt FLRW-Metrik. Bei Verwendung der Koordinaten $(t, r, \vartheta, \varphi)$ lautet ihr Linienelement

$$\mathrm{d}s^2 = -c^2 \mathrm{d}t^2 + a^2(t) \left[\frac{\mathrm{d}r^2}{1 - qr^2} + r^2 \left(\mathrm{d}\vartheta^2 + \sin^2(\vartheta)\mathrm{d}\varphi^2 \right) \right] \qquad (24.1)$$

mit $q = 0, \pm 1$. Dabei hat $a(t)$ die Dimension einer Länge, während r, ϑ und φ dimensionslos sind. Der Parameter q heißt *Krümmungsindex* und kann nur die drei angegebenen Werte $0, \pm 1$ annehmen. Wir werden sehen, dass die FLRW-Metrik Räume mit konstanter Krümmung beschreibt, wobei je nach Wert des Krümmungsindex drei Fälle unterschieden werden: Für $q = 0$ erhält man einen euklidischen Raum, für $q = 1$ einen sphärischen Raum und für $q = -1$ einen pseudosphärischen Raum. An dieser Stelle darf aber nicht der Eindruck entstehen, die konstante Krümmung des Raumes wäre eine diskrete Größe. Der Wert von q gibt vielmehr nur das Vorzeichen einer eventuellen Krümmung an, die Größe der Krümmung wird über den *Krümmungsradius* festgelegt. Dieser entspricht bei unserer Koordinatenwahl dem Skalierungsfaktor $a(t)$. Die funktionelle Form von $a(t)$ kann nicht aus der Homogenitäts- und Isotropieforderung bestimmt werden. Dazu werden wir die Feldgleichungen der ART benötigen. Wir möchten jetzt schrittweise überlegen, welche Struktur der Metrik mit den Forderungen des kosmologischen Prinzips nach Homogenität und Isotropie verträglich ist und wie man aus diesen Überlegungen auf die Form (24.1) kommt.

24.2.1 Existenz einer universellen Zeit

Wenn kein Punkt und keine Richtung im Universum ausgezeichnet sein sollen, so folgt, dass es eine universelle Zeitkoordinate t geben muss, die nicht vom Ort abhängt, d. h. die Zeit verstreicht an jedem Punkt in der selben Weise. Wäre dies nicht so und an einem Punkt würde die Zeit z. B. langsamer vergehen, ähnlich wie etwa bei der Schwarzschild-Metrik aus Kap. 13, so wäre die Homogenität des Raumes gebrochen und das kosmologische Prinzip verletzt. Wenn eine universelle Zeit existieren soll, so müssen Raum und Zeit in der Metrik entkoppeln, d. h. die Metrik hat allgemein die Form

---

[1] Alexander Friedmann, 1888–1925, russischer Kosmologe und Mathematiker.
[2] Georges Lemaître, 1894–1966, belgischer Astrophysiker und katholischer Priester. Er schlug als erster die Urknalltheorie vor, die daraufhin von vielen Wissenschaftlern zunächst mit der Begründung abgelehnt wurde, dass sie zu sehr an die christliche Schöpfungslehre angelehnt sei.
[3] Howard Percy Robertson, 1903–1961, amerikanischer Physiker und Mathematiker.

$$ds^2 = -c^2 dt^2 + g_{ij} dx^i dx^j = -c^2 dt^2 + dl^2, \tag{24.2}$$

mit dem räumlichen Abstand dl^2. Es folgt allerdings nicht, dass sich das Universum bei verstreichender Zeit nicht verändern darf. Die Veränderungen müssen nur im Mittel überall in gleicher Weise erfolgen, damit die Homogenität und die Isotropie erhalten bleiben. Die strengere Forderung einer „zeitlichen Homogenität" würde bedeuten, dass unser Universum zu allen Zeiten gleich aussah. Diese Annahme, das sogenannte *perfekte kosmologische Prinzip* ist Grundlage der Steady-State-Theorie, die in den 50er und 60er Jahren des 20. Jahrhunderts populär war (s. Abschn. 26.7.6).

24.2.2 Homogene und isotrope Räume

Nachdem wir gesehen haben, dass unsere Metrik in eine g_{tt}-Komponente und g_{ij}-Komponenten zerfallen muss, können wir uns jetzt mit der möglichen Struktur des Raumanteiles $dl^2 = g_{ij} dx^i dx^j$ befassen. Die Eigenschaften der FLRW-Metrik lassen sich gut anschaulich im zweidimensionalen Fall diskutieren. Wir betrachten in diesem Abschnitt daher die zu den möglichen Werten $q = 0, \pm 1$ gehörenden Metriken für zweidimensionale Räume mit den Koordinaten (r, φ). Aus (24.1) erhalten wir dann das Linienelement

$$dl^2 = a^2(t) \left[\frac{dr^2}{1 - qr^2} + r^2 d\varphi^2 \right]. \tag{24.3}$$

Es ist anschaulich klar, dass nur Räume mit konstanter Krümmung die Bedingungen der Homogenität und Isotropie erfüllen, im zweidimensionalen Fall also z. B. die Ebene mit Krümmung Null oder die Kugeloberfläche mit Krümmung $1/a$, wobei a den Kugelradius bezeichnet.

Auf der Ebene und auf der Kugeloberfläche sind kein Punkt und keine Richtung ausgezeichnet. Dagegen würde eine ortsabhängige Krümmung die Homogenität zerstören.

Euklidische Ebene

Setzen wir in (24.3) $q = 0$, so erhalten wir

$$dl^2 = a^2(t) \left[dr^2 + r^2 d\varphi^2 \right]. \tag{24.4}$$

Man erkennt sofort die Metrik der euklidischen Ebene in Polarkoordinaten, allerdings mit einem zusätzlichen Skalenfaktor $a(t)$. Die Abstände zwischen auf der Ebene ruhenden Punkten können sich also mit der Zeit ändern.

Metrik der Kugeloberfläche

Wir betrachten als nächstes den Fall $q = 1$, die Metrik einer Kugeloberfläche. Wir denken uns die Kugel in einen dreidimensionalen euklidischen Raum eingebettet.

Dieser Schritt soll uns hier aber nur helfen, möglichst anschaulich zu bleiben. In diesen Koordinaten leiten wir dann die Metrik für die Kugeloberfläche her und zeigen, dass wir sie in die Form (24.3) mit $q = 1$ bringen können. Keinesfalls sollte daraus geschlossen werden, dass auch die FLRW-Metrik der vierdimensionalen Raumzeit in einen höherdimensionalen Raum eingebettet ist. Zur Beschreibung des dreidimensionalen Raumes verwenden wir die Koordinaten $\hat{x}_1$, $\hat{x}_2$ und $\hat{x}_3$, wobei die Kennzeichnung mit dem Dach ^ darauf hinweisen soll, dass dies Einbettungskoordinaten sind. Der Radius unserer Kugel sei a. Für den Abstand zweier infinitesimal benachbarter Punkte auf der Kugeloberfläche gilt dann

$$dl^2 = d\hat{x}_1^2 + d\hat{x}_2^2 + d\hat{x}_3^2, \tag{24.5}$$

mit der Nebenbedingung, dass die betrachteten Punkte auf der Kugeloberfläche liegen, d. h.

$$\hat{x}_1^2 + \hat{x}_2^2 + \hat{x}_3^2 = a^2 \quad \text{bzw.} \quad \hat{x}_1 d\hat{x}_1 + \hat{x}_2 d\hat{x}_2 + \hat{x}_3 d\hat{x}_3 = 0. \tag{24.6}$$

Damit kann man die abhängige Variable $\hat{x}_3$ und ihr Differential $d\hat{x}_3$ aus dem Linienelement eliminieren und erhält

$$
\begin{aligned}
dl^2 &= d\hat{x}_1^2 + d\hat{x}_2^2 + \frac{(\hat{x}_1 d\hat{x}_1 + \hat{x}_2 d\hat{x}_2)^2}{a^2 - \hat{x}_1^2 - \hat{x}_2^2} \\
&= \frac{(a^2 - \hat{x}_2^2) d\hat{x}_1^2 + 2\hat{x}_1 \hat{x}_2 d\hat{x}_1 d\hat{x}_2 + (a^2 - \hat{x}_1^2) d\hat{x}_2^2}{a^2 - \hat{x}_1^2 - \hat{x}_2^2}.
\end{aligned}
\tag{24.7}
$$

Wir transformieren auf sphärische Polarkoordinaten über

$$\hat{x}_1 = a\sin(\vartheta)\cos(\varphi), \quad \hat{x}_2 = a\sin(\vartheta)\sin(\varphi), \quad [\hat{x}_3 = a\cos(\vartheta)]. \tag{24.8}$$

Dabei haben wir die Transformationsgleichung für $\hat{x}_3$ nur der Vollständigkeit halber angegeben. Eine elementare Umrechnung ergibt dann

$$dl^2 = a^2 \left(d\vartheta^2 + \sin^2(\vartheta)\, d\varphi^2 \right). \tag{24.9}$$

Dies ist die Metrik der Oberfläche einer Kugel mit Radius a und entsprechender Krümmung $1/a$.

Wir führen eine weitere Transformation durch über die Zuordnung

$$r = \sin(\vartheta), \quad dr = \cos(\vartheta)\, d\vartheta, \quad d\vartheta^2 = \frac{dr^2}{1 - r^2} \tag{24.10}$$

und erhalten dadurch

$$dl^2 = a^2(t) \left(\frac{dr^2}{1 - r^2} + r^2\, d\varphi^2 \right), \tag{24.11}$$

mit der Beschränkung $r \in [0, 1]$.

In dieser Form erkennen wir die FLRW-Metrik im zweidimensionalen Fall für $q = 1$. Die Bezeichnung „sphärischer" Raum wird über den Zusammenhang zur Kugeloberfläche klar. Die Koordinatenlinien entsprechen dabei denen in Polarkoordinaten, lediglich der r-Maßstab ist durch den Faktor $\left(1 - r^2\right)^{-1/2}$ gedehnt. Für das Raumintervall zwischen dem Punkt bei $r = 0$ und einem zweiten Punkt bei $r = r_1$ mit beliebigem φ folgt daher

$$l = \int_0^{r_1} \frac{\mathrm{d}r}{\sqrt{1 - r^2}} = \arcsin(r_1).$$ (24.12)

Die Radialkoordinate hat also, wie bei der Schwarzschild-Metrik, nicht direkt die Bedeutung eines räumlichen Abstandes. Hier können wir dies besonders leicht erkennen, weil wir von der Winkelkoordinate ϑ auf die Koordinate r transformiert haben. Abb. 24.2 zeigt Kreisbögen, bei denen sich das Raumintervall jeweils um einen konstanten Wert ändert. Die Radialkoordinate r dagegen ändert sich nicht äquidistant. Der maximal zulässige Wert für r ist auch in diesem Diagramm natürlich 1.

Metrik der Pseudosphäre

Im Fall $q = -1$ verlieren wir leider einen Großteil der Anschaulichkeit. Wir würden jetzt gerne einen zweidimensionalen Raum mit konstant negativer Krümmung in den euklidischen Raum $\mathbb{R}^3$ einbetten. Nach einem Theorem von *Hilbert*[4] ist das aber unmöglich [2]. Wir behelfen uns dadurch, dass wir eine andere Metrik als die rein euklidische annehmen. Wir starten mit einer zu (24.6) analogen Nebenbedingung an unsere Einbettungskoordinaten, nämlich

$$\hat{x}_1^2 + \hat{x}_2^2 - \hat{x}_3^2 = -a^2 \quad \text{bzw.} \quad \hat{x}_1 \mathrm{d}\hat{x}_1 + \hat{x}_2 \mathrm{d}\hat{x}_2 - \hat{x}_3 \mathrm{d}\hat{x}_3 = 0.$$ (24.13)

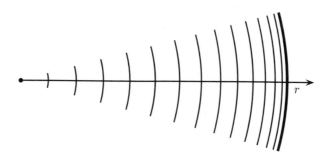

Abb. 24.2 Äquidistante Raumintervalllinien in der Metrik der Kugeloberfläche. Die Kreisbögen haben jeweils bezüglich der Metrik (24.11) den gleichen Raumabstand. Man sieht aber sofort, dass die Radialkoordinaten nicht äquidistant sind. Alle betrachteten Kreisbögen liegen im Wertebereich $r \in [0, 1]$

---

[4]David Hilbert, 1862–1943, deutscher Mathematiker.

Abb. 24.3 Zweischaliges
Rotationshyperboloid
$\hat{x}_1^2 + \hat{x}_2^2 - \hat{x}_3^2 = -a^2$ mit
Einbettungszylinder
$\hat{x}_3^2 = \hat{x}_1^2 + \hat{x}_2^2$. Die beiden
Pole N und S befinden
sich bei $\hat{x}_3 = \pm a$

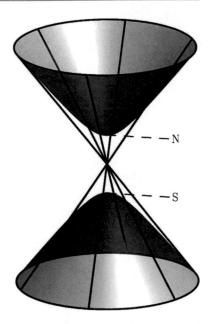

Diese Randbedingung charakterisiert ein zweischaliges Rotationshyperboloid, auch
Pseudosphäre genannt. Abb. 24.3 zeigt ein solches Rotationshyperboloid. Unsere
Metrik ist jetzt nicht euklidisch sondern *pseudo-euklidisch* und hat die Form

$$\mathrm{d}l^2 = \mathrm{d}\hat{x}_1^2 + \mathrm{d}\hat{x}_2^2 - \mathrm{d}\hat{x}_3^2. \tag{24.14}$$

Auch auf dem Rotationshyperboloid gilt im euklidischen Raum natürlich weiter
$\mathrm{d}l^2 = \mathrm{d}\hat{x}_1^2 + \mathrm{d}\hat{x}_2^2 + \mathrm{d}\hat{x}_3^2$. Erst unsere spezielle Wahl der Metrik führt aber wie bereits
gesagt auf eine konstante negative Krümmung. Analog zur Kugeloberfläche führen
wir neue Koordinaten ein über

$$\hat{x}_1 = a\sinh(\vartheta)\cos(\varphi), \quad \hat{x}_2 = a\sinh(\vartheta)\sin(\varphi), \quad [\hat{x}_3 = a\cosh(\vartheta)]. \tag{24.15}$$

Wieder lässt sich die $\hat{x}_3$ Koordinate durch die Nebenbedingung (24.13) eliminieren. Entsprechend dem vorherigen Abschnitt kommen wir damit auf das räumliche
Abstandsquadrat

$$\mathrm{d}l^2 = a^2\left(\mathrm{d}\vartheta^2 + \sinh^2(\vartheta)\mathrm{d}\varphi^2\right). \tag{24.16}$$

Statt der Transformation in (24.10) benutzen wir dieses Mal analog

$$r = \sinh(\vartheta), \quad \mathrm{d}r = \cosh(\vartheta)\,\mathrm{d}\vartheta, \quad \mathrm{d}\vartheta^2 = \frac{\mathrm{d}r^2}{1+r^2} \tag{24.17}$$

und kommen auf

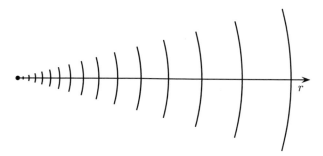

Abb. 24.4 Äquidistante Raumintervalllinien in der Metrik der Pseudosphäre. Die Kreisbögen haben jeweils bezüglich der Metrik (24.18) den gleichen Raumabstand. In diesem Fall ist die Radialkoordinate nicht beschränkt

$$dl^2 = a^2(t)\left(\frac{dr^2}{1+r^2} + r^2 d\varphi^2 \right).$$ (24.18)

Wieder erkennen wir die zweidimensionale Form der FLRW-Metrik, hier für $q = -1$. Die Koordinatenlinien entsprechen wieder denen in Polarkoordinaten bis auf eine Stauchung des r-Maßstabs durch den Faktor $\left(1+r^2\right)^{-1/2}$. Für das Raumintervall zwischen dem Punkt bei $r = 0$ und einem zweiten Punkt bei $r = r_1$ mit beliebigem φ folgt in diesem Fall

$$l = \int_0^{r_1} \frac{dr}{\sqrt{1+r^2}} = \operatorname{arsinh}(r_1),$$ (24.19)

(s. a. Abb. 24.4).

24.2.3 FLRW-Raumzeit

Man kann allgemein beweisen, dass aus der Forderung von Homogenität und Isotropie die von uns anschaulich gefundenen Lösungen mit verschwindender bzw. konstant positiver oder konstant negativer Krümmung folgen. Wir betrachten abschließend $ds^2 = -c^2\,dt^2 + dl^2$ in der vierdimensionalen Raumzeit. Die Ergebnisse der vorangegangenen Abschnitte lassen sich leicht auf den dreidimensionalen Fall mit den Raumkoordinaten (r, ϑ, φ) bzw. $(\chi, \vartheta, \varphi)$ übertragen.

Alle Fälle lassen sich dann in folgenden Darstellungen der FLRW-Metrik zusammenfassen: Zum einen die Form

$$ds^2 = -c^2 dt^2 + a^2(t)\left[\frac{dr^2}{1-qr^2} + r^2\left(d\vartheta^2 + \sin^2(\vartheta) d\varphi^2\right) \right]$$ (24.20a)

für $q = 0, \pm 1$. Mit der Koordinatentransformation $r = \chi$, $\sin(\chi)$, $\sinh(\chi)$ ergibt sich die zweite Form

$$ds^2 = -c^2dt^2 + a^2(t)\left[d\chi^2 + \begin{Bmatrix} \sin^2(\chi) \\ \chi^2 \\ \sinh^2(\chi) \end{Bmatrix}\left(d\vartheta^2 + \sin^2(\vartheta)d\varphi^2\right)\right] \quad (24.20b)$$

mit $q = 1$ (oben), $q = 0$ (Mitte) und $q = -1$ (unten). Schließlich können wir noch eine weitere Transformation auf *konform-euklidische Koordinaten* durchführen (s. Übung 24.3.1) und erhalten die dritte Form

$$ds^2 = -c^2dt^2 + \frac{a^2(t)}{\left(1+q\dfrac{\bar{r}^2}{4}\right)^2}\left(dx^2 + dy^2 + dz^2\right) \quad (24.20c)$$

mit $\bar{r} = 2\tan(\chi/2)$ für $q = 1$ und $\bar{r} = \tanh(\chi/2)$ für $q = -1$.

Die Metriken in (24.20a) und (24.20b) sind der Ausgangspunkt für die folgenden Betrachtungen.

Eine wesentliche Aufgabe der Kosmologie ist es nun, den Wert der Krümmung q und die Form des Skalenfaktors $a(t)$ zu bestimmen. Dazu sind wie bereits gesagt Beobachtungen und Experimente nötig, zum anderen aber auch theoretische Überlegungen und weitere Modellannahmen, um die experimentellen Ergebnisse mit diesen Größen in Form von mathematischen Gleichungen zu verknüpfen.

24.3 Übungsaufgaben

24.3.1 FLRW-Metrik in konform-euklidischen Koordinaten

In dieser Übung zeigen wir, dass sich die FLRW-Metrik auf die Form (24.20c) bringen lässt. Der Einfachheit halber beschränken wir uns wieder auf den zwei-dimensionalen Fall.

(a) Verwenden Sie für positive Krümmung die Transformation

$$\bar{r} = 2\tan(\vartheta/2) \quad (24.21)$$

und drücken Sie in (24.9) den Ausdruck $\sin^2(\vartheta)$ durch $\bar{r}$ aus unter Verwendung der trigonometrischen Relationen

$$
\begin{aligned}
\sin^2(\vartheta) &= 4\sin^2(\vartheta/2)\cos^2(\vartheta/2), \\
\sin^2(\vartheta/2) &= \frac{\tan^2(\vartheta/2)}{1+\tan^2(\vartheta/2)}, \\
\cos^2(\vartheta/2) &= \frac{1}{1+\tan^2(\vartheta/2)}.
\end{aligned}
\quad (24.22)
$$

Verwenden Sie dann

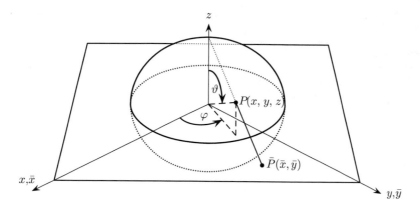

Abb. 24.5 Stereographische Projektion des Punktes P der Kugeloberfläche auf den Punkt $\bar{P}$ in der $\bar{x}\,\bar{y}$ -Ebene

$$\bar{x} = \bar{r}\cos(\varphi), \quad \bar{y} = \bar{r}\sin(\varphi), \quad \bar{r}^2 = \bar{x}^2 + \bar{y}^2, \tag{24.23}$$

um auf

$$dl^2 = \frac{a^2(t)}{\left(1 + \dfrac{\bar{r}^2}{4}\right)^2}\left(d\bar{x}^2 + d\bar{y}^2\right) \tag{24.24}$$

zu kommen. Diese *konform-euklidischen Koordinaten* entsprechen einer stereographischen Projektion der Kugeloberfläche auf die Ebene (s. Abb. 24.5).
(b) Gehen Sie analog für negative Krümmung mit

$$\bar{r} = 2\tanh(\vartheta/2) \tag{24.25}$$

vor, um zu

$$dl^2 = \frac{a^2(t)}{\left(1 - \dfrac{\bar{r}^2}{4}\right)^2}\left(dx^2 + dy^2\right) \tag{24.26}$$

zu gelangen.

Literatur

1. Einstein, A.: Kosmologische Betrachtungen zur Allgemeinen Relativitätstheorie. Sitz. Preuß. Akad. Wiss. Berlin, 142–152 (1917)

2. Hilbert, D.: Ueber Flächen von constanter Gaussscher Krümmung. Trans. Am. Math. Soc. **2**, 87–99 (1901)
3. Robertson, H.P.: Kinematics and world-structure. Astrophys. J. **82**, 284–301 (1935)
4. Robertson, H.P.: Kinematics and world-structure 2. Astrophys. J. **83**, 187–201 (1936)
5. Robertson, H.P.: Kinematics and world-structure 3. Astrophys. J. **83**(4), 257–271 (1936)
6. Walker, A.G.: On Milne's theory of world-structure. Proc. Lond. Math. Soc. **42**, 90–127 (1937)

Feldgleichungen für die FLRW-Metrik 25

Inhaltsverzeichnis

Wir werden in diesem Kapitel die Feldgleichungen aus Kap. 12 für die FLRW-Metrik explizit aufstellen und für einige Fälle lösen. Wir gehen dabei von der Form der Feldgleichungen $R_{\mu\nu} = \kappa T^*_{\mu\nu}$ in (12.40b) mit $\kappa = 8\pi G/c^4$ aus (s. (12.37)). Wir müssen den Ricci-Tensor $R_{\mu\nu}$ aus der Form der FLRW-Metrik berechnen und für den Energie-Impuls-Tensor $T^*_{\mu\nu} = T_{\mu\nu} - g_{\mu\nu} T/2$ einen geeigneten Ansatz aus unseren Grundannahmen zur Struktur des Universums finden.

Mit diesen Größen werden wir dann allgemeine Feldgleichungen erhalten, die aufgrund der hohen Symmetrie der FLRW-Metrik eine relativ einfache Form aufweisen.

25.1 Ricci-Tensor der FLRW-Metrik

Um den Ricci-Tensor der FLRW-Metrik zu berechnen, erinnern wir uns an die Definition der Christoffel-Symbole zweiter Art

$$\Gamma^{\sigma}{}_{\mu\nu} = \frac{1}{2} g^{\sigma\alpha} \left(g_{\alpha\mu,\nu} + g_{\alpha\nu,\mu} - g_{\mu\nu,\alpha} \right) \tag{11.63}$$

und des Ricci-Tensors

$$R_{\mu\nu} = \Gamma^{\alpha}{}_{\mu\alpha,\nu} - \Gamma^{\alpha}{}_{\mu\nu,\alpha} - \Gamma^{\alpha}{}_{\sigma\alpha} \Gamma^{\sigma}{}_{\mu\nu} + \Gamma^{\alpha}{}_{\sigma\nu} \Gamma^{\sigma}{}_{\mu\alpha}. \tag{11.100}$$

© Springer-Verlag GmbH Deutschland, ein Teil von Springer Nature 2022
S. Boblest et al., *Spezielle und allgemeine Relativitätstheorie*,
https://doi.org/10.1007/978-3-662-63352-6_25

Für die Metrik (24.20a) haben wir die nichtverschwindenden Metrikkomponenten

$$g_{tt} = -c^2, \quad g_{rr} = \frac{a(t)^2}{1-qr^2}, \quad g_{\vartheta\vartheta} = a(t)^2 r^2, \quad g_{\varphi\varphi} = a(t)^2 r^2 \sin^2(\vartheta). \quad (25.1)$$

Die zugehörigen Komponenten der Inversen ergeben sich wegen der Diagonalgestalt der Metrik einfach zu

$$g^{tt} = -\frac{1}{c^2}, \quad g^{rr} = \frac{1-qr^2}{a(t)^2}, \quad g^{\vartheta\vartheta} = \frac{1}{a(t)^2 r^2}, \quad g^{\varphi\varphi} = \frac{1}{a(t)^2 r^2 \sin^2(\vartheta)}. \quad (25.2)$$

Einsetzen in die Definition der Christoffel-Symbole führt auf die nichtverschwindenden Ausdrücke

$$\Gamma^t{}_{rr} = \frac{aa_{,t}}{c^2(1-qr^2)}, \quad \Gamma^t{}_{\vartheta\vartheta} = \frac{r^2 aa_{,t}}{c^2}, \quad \Gamma^t{}_{\varphi\varphi} = \frac{aa_{,t}r^2 \sin^2(\vartheta)}{c^2}, \quad (25.3a)$$

$$\Gamma^r{}_{tr} = \frac{a_{,t}}{a}, \quad\quad\quad \Gamma^r{}_{rr} = \frac{qr}{1-qr^2}, \quad \Gamma^r{}_{\vartheta\vartheta} = -(1-qr^2)r,$$

$$\Gamma^r{}_{\varphi\varphi} = -(1-qr^2)r\sin^2(\vartheta), \quad\quad\quad\quad\quad\quad\quad\quad (25.3b)$$

$$\Gamma^\vartheta{}_{t\vartheta} = \frac{a_{,t}}{a}, \quad\quad\quad\quad \Gamma^\vartheta{}_{r\vartheta} = \frac{1}{r}, \quad\quad\quad \Gamma^\vartheta{}_{\varphi\varphi} = -\sin(\vartheta)\cos(\vartheta), \quad (25.3c)$$

$$\Gamma^\varphi{}_{t\varphi} = \frac{a_{,t}}{a}, \quad\quad\quad\quad \Gamma^\varphi{}_{r\varphi} = \frac{1}{r}, \quad\quad\quad \Gamma^\varphi{}_{\vartheta\varphi} = \cot(\vartheta). \quad (25.3d)$$

Damit ergibt sich für den Ricci-Tensor

$$R_{tt} = -3\frac{a_{,tt}}{a}, \quad R_{rr} = \frac{\mathcal{A}}{c^2(1-qr^2)}, \quad R_{\vartheta\vartheta} = \frac{r^2}{c^2}\mathcal{A}, \quad R_{\varphi\varphi} = \frac{r^2}{c^2}\sin^2(\vartheta)\mathcal{A}, \quad (25.4)$$

mit

$$\mathcal{A} = aa_{,tt} + 2a_{,t}^2 + 2qc^2. \quad (25.5)$$

Die einfache Struktur des Ricci-Tensors ist natürlich kein Zufall. In ihr spiegelt sich die Annahme eines homogenen und isotropen Raumes wider, die wir als Bedingung an die FLRW-Metrik gestellt hatten. Auch wenn wir ihn nicht für die folgenden Rechnungen benötigen, bilden wir noch den Ricci-Skalar. Dieser ergibt sich zu

$$R = 6\frac{aa_{,tt} + a_{,t}^2 + qc^2}{a^2 c^2} \quad (25.6)$$

und hängt über den Skalenfaktor nur von der t-Koordinate und nicht von r, ϑ und φ ab, wie wir es für eine Metrik konstanter Krümmung erwarten.

25.2 Energie-Impuls-Tensor der Materie

Unsere zweite Aufgabe ist es, einen Ansatz für den Energie-Impuls-Tensor zu finden. Auch hier müssen wir natürlich das kosmologische Prinzip berücksichtigen und über so große Längenskalen mitteln, dass wir das Universum als homogen und isotrop annehmen können.

Als Beiträge zum Energie-Impuls-Tensor sind grundsätzlich alle Formen von Energie, die das Universum enthält, von Bedeutung. Wir werden noch sehen, dass in unserem Universum verschiedene Energieformen relevant sind. Als Einstieg beschränken wir uns aber auf die Materie und hier nur auf die Ruheenergie, die kinetische Energie vernachlässigen wir, d. h. wir betrachten nur nichtrelativistische Materie mit

$$E_{\text{kin}} \ll mc^2. \tag{25.7}$$

Diese Einschränkung ist von unserer jetzigen Position einsichtig, Materie scheint die dominante Energieform zu sein. Als zusätzlichen Beitrag könnten wir bisher nur elektromagnetische Strahlung, d. h. im Wesentlichen Sternlicht, berücksichtigen. Es ist aber anschaulich klar, dass die von Sternen ausgesandte Strahlungsenergie sehr viel kleiner ist, als die der Masse dieser Sterne entsprechende Energiedichte. Außerdem hat Materie einige Eigenschaften, die ihre Behandlung sehr vereinfachen. Insbesondere wollen wir annehmen, dass die Staubteilchen keinen Druck erzeugen. Wenn wir später Energieformen mit Druck diskutieren, müssen wir den Energie-Impuls-Tensor dann um zusätzliche Beiträge erweitern. Wir können leicht abschätzen, wie gut die Näherung $p = 0$ ist. Dazu knüpfen wir an unsere Überlegungen in Abschn. 18.3 an und betrachten wieder die ideale Gasgleichung

$$pV = Nk_{\text{B}}T \tag{25.8}$$

in der Form

$$p = \frac{\rho_{\text{m}}}{\langle m \rangle} k_{\text{B}}T, \tag{25.9}$$

mit der mittleren Teilchenmasse $\langle m \rangle$. Für ein nichtrelativistisches Gas gilt die Maxwell-Verteilung aus Abschn. 19.2.1 und für das mittlere Geschwindigkeitsquadrat $\langle v^2 \rangle$ daher der Zusammenhang

$$3k_{\text{B}}T = \langle m \rangle \langle v^2 \rangle. \tag{25.10}$$

Wir setzen diese Relation in (25.9) ein und finden

$$p = \frac{\langle v^2 \rangle}{3c^2} \varepsilon_{\text{m}}. \tag{25.11}$$

Der Druck und die Energiedichte

$$\varepsilon_{\text{m}} = c^2 \rho_{\text{m}} \tag{25.12}$$

hängen also linear zusammen, wobei die Proportionalitätskonstante $\langle v^2\rangle/(3c^2)$ ist.

Wir können als Abschätzung die Situation im Inneren eines Hauptreihensterns betrachten, die wir in Abschn. 18.2 diskutiert haben. Mit $T \approx 10^7$ K fanden wir dort $k_\mathrm{B}T \approx 0,8$ keV. Damit ergibt sich z. B. für Protonen mit einer Ruheenergie von etwa 1 GeV bei dieser Temperatur

$$\frac{k_\mathrm{B}T}{m_\mathrm{p}c^2} \approx 8 \cdot 10^{-10} \lll 1. \tag{25.13}$$

Der Fehler, den wir durch die Näherung $p = 0$ machen, ist also von der Größenordnung $1 : 10^{-9}$ und daher völlig unbedeutend, da sowieso alle relevanten Messgrößen nur mit relativen Genauigkeiten im Prozentbereich bekannt sind.

Wir betrachten jetzt also unser Universum homogen mit Materie gefüllt. Lokale Dichteschwankungen werden vernachlässigt. Zusätzlich wollen wir annehmen, dass es keine Wechselwirkung der Materieteilchen untereinander gibt. Unser Modell entspricht dann einem homogen mit wechselwirkungsfreiem Staub erfüllten Universum.

In dem von uns verwendeten mitbewegten Koordinatensystem, das durch die Koordinaten der FLRW-Metrik vorgegeben ist, soll die nichtrelativistische Materie außerdem, wenn man ihre ungeordnete Pekuliarbewegung vernachlässigt, die zum einen viel kleiner als die Lichtgeschwindigkeit ist und zum anderen ungeordnet statistisch verteilt sein soll, lokal immer in Ruhe sein. Offensichtlich ist eine derartige Wahl für ein isotropes Modell vernünftig. Bei einer anderen Wahl würde die Geschwindigkeitsrichtung der Materie eine Nichtäquivalenz der verschiedenen Richtungen im Raum hervorrufen. Alle unsere Annahmen hier lassen sich also wieder auf das kosmologische Prinzip zurückführen.

Der Energietensor ist dann ganz ähnlich, wie wir ihn für die Materie im Inneren eines Neutronensterns bereits in Abschn. 21.4.1 betrachtet haben, nämlich

$$T^\mu{}_\nu = \mathrm{diag}(-\varepsilon_\mathrm{m}, 0, 0, 0), \tag{25.14a}$$

und

$$T^{\mu\nu} = \mathrm{diag}(\varepsilon_\mathrm{m}/c^2, 0, 0, 0), \tag{25.14b}$$

sowie

$$T_{\mu\nu} = \mathrm{diag}(\varepsilon_\mathrm{m}c^2, 0, 0, 0). \tag{25.14c}$$

Dabei haben wir zum Hoch- und Herunterziehen der Indices die FLRW-Metrik aus (25.1) bzw. (25.2) verwendet. Außerdem haben wir für die vollständige Kontraktion von $T_{\mu\nu}$ dann

$$T = g^{\mu\nu}T_{\mu\nu} = g^{tt}T_{tt} = -\varepsilon_\mathrm{m} \tag{25.15}$$

und damit für $T^*_{\mu\nu} = T_{\mu\nu} - (1/2)g_{\mu\nu}T$ den Ausdruck

$$T^*_{\mu\nu} = \frac{\varepsilon_\mathrm{m}}{2}\,\mathrm{diag}\!\left(c^2, \frac{a^2}{1-qr^2}, a^2r^2, a^2r^2\sin^2(\vartheta)\right). \tag{25.16}$$

25.3 Friedmann-Gleichung für das Materieuniversum

Nachdem wir den Ricci-Tensor für die FLRW-Metrik und den Energie-Impuls-Tensor für unser Materiemodell berechnet haben, können wir nun die Einstein'schen Feldgleichungen diskutieren. Dabei vernachlässigen wir bis auf weiteres immer noch die kosmologische Konstante Λ aus Kap. 12. Auf ihren Einfluss auf die Lösungen gehen wir dann in Kap. 26 ein. Mit $R_{\mu\nu}$ aus (25.4) und $T^{*}_{\mu\nu}$ aus (25.16) ergibt sich

$$-3\frac{a_{,tt}}{a} = \frac{\kappa}{2}\varepsilon_m c^2, \tag{25.17a}$$

$$\frac{1}{c^2(1-qr^2)}\mathcal{A} = \frac{\kappa}{2}\varepsilon_m \frac{a^2}{1-qr^2}, \tag{25.17b}$$

$$\frac{r^2}{c^2}\mathcal{A} = \frac{\kappa}{2}\varepsilon_m a^2 r^2, \tag{25.17c}$$

$$\frac{r^2}{c^2}\sin^2(\vartheta)\mathcal{A} = \frac{\kappa}{2}\varepsilon_m a^2 r^2 \sin^2(\vartheta), \tag{25.17d}$$

mit $\mathcal{A} = aa_{,tt} + 2a_{,t}^2 + 2qc^2$ aus (25.5). Die Gleichungen sind für die Nichtdiagonalelemente mit $\mu \neq \nu$ trivial erfüllt. Für $\mu = \nu$ erhält man im Fall $\mu = \{1, 2, 3\}$ dieselbe Gleichung, nämlich $\mathcal{A} = \kappa\varepsilon_m c^2 a^2/2$ bzw.

$$aa_{,tt} + 2a_{,t}^2 + 2qc^2 = \frac{\kappa}{2}\varepsilon_m c^2 a^2. \tag{25.18}$$

Es ist kein Zufall, dass alle Raumkomponenten auf dieselbe Gleichung führen, sondern ergibt sich daraus, dass die FLRW-Metrik explizit für einen homogenen und isotropen Raum aufgestellt wurde und unser Materiemodell ebenfalls homogen und isotrop ist. Für $\mu = \nu = 0$ erhalten wir weiter

$$a_{,tt} = -\frac{\kappa}{6}\varepsilon_m c^2 a. \tag{25.19}$$

Nun setzen wir (25.19) in (25.18) ein, um $a_{,tt}$ aus dieser Gleichung zu eliminieren. Daraus erhalten wir

$$a_{,t}^2 + qc^2 - \frac{\kappa}{3}\varepsilon_m c^2 a^2 = 0. \tag{25.20}$$

Daneben haben wir für den Energie-Impuls-Tensor die Kontinuitätsgleichung $T^{\mu\nu}{}_{;\nu} = 0$ aus (12.18). Ausgeschrieben lautet diese Bedingung

$$T^{\mu\nu}{}_{,\nu} + T^{\omega\nu}\Gamma^{\mu}{}_{\omega\nu} + T^{\mu\omega}\Gamma^{\nu}{}_{\omega\nu} = 0. \tag{25.21}$$

In unserem Fall, bei dem nur $T^{tt} \neq 0$ ist, erhalten wir nur für $\mu = t$ eine nichttriviale Gleichung, nämlich

$$
\begin{aligned}
T^{tt}{}_{,t} + T^{tt}\Gamma^{t}{}_{tt} + T^{tt}\Gamma^{\nu}{}_{t\nu} &= \varepsilon_{m,t} + 0 + \varepsilon_m\left(\Gamma^{r}{}_{tr} + \Gamma^{\vartheta}{}_{t\vartheta} + \Gamma^{\varphi}{}_{t\varphi}\right) \\
&= \frac{1}{c^2}\left(\varepsilon_{m,t} + 3\varepsilon_m\frac{a_{,t}}{a}\right) = 0,
\end{aligned}
\tag{25.22}
$$

mit $\Gamma^{r}{}_{tr} = \Gamma^{\vartheta}{}_{t\vartheta} = \Gamma^{\varphi}{}_{t\varphi} = a_{,t}/a$ aus (25.3a, b, c & d). Dabei tritt auch die Zeitableitung der Ruheenergiedichte ε_m auf, von der wir sicher annehmen können, dass sie zeitabhängig ist, wenn sich der Skalenfaktor a mit der Zeit ändert. Den Zusammenhang (25.22) können wir in eine sehr einfach zu interpretierende Form bringen. Dazu multiplizieren wir die letzte Zeile mit a^3c^2. Das führt auf $\varepsilon_{m,t}a^3 + 3\varepsilon_m a^2 a_{,t} = 0$. In diesem Ausdruck erkennen wir die Zeitableitung von $\varepsilon_m a^3$. Schließlich erhalten wir also

$$\left(\varepsilon_m a^3\right)_{,t} = 3\varepsilon_m a^2 a_{,t} + \varepsilon_{m,t}a^3 = 0 \quad \text{und damit} \quad \varepsilon_m a^3 = \text{const} = \varepsilon_{m0}a_0^3. \tag{25.23}$$

Dabei bezeichnet der Index 0 jeweils Größen zum heutigen Zeitpunkt. Üblicherweise wird dabei der Skalenfaktor des Universums heute gleich 1 gesetzt, d. h. im Folgenden verwenden wir die Konvention $a_0 = a(t_0) = 1$. Dabei müssen wir allerdings mit den physikalischen Einheiten etwas vorsichtig sein. Wenn a_0 in den Gleichungen nicht mehr explizit auftaucht, verlieren wir Längeneinheiten. Für unsere Diskussion wird das nicht zu Problemen führen, Leser, die einzelne Rechnungen explizit nachvollziehen möchten, sollten es aber berücksichtigen.

Der Ausdruck $\varepsilon_m a^3/c^2$ hat die Dimension einer Masse. Betrachten wir ein der Expansion unterliegendes Volumen, so bleibt nach (25.23) die darin enthaltene Gesamtmasse erhalten. Es folgt aus der Kontinuitätsgleichung des Energie-Impuls-Tensors also die Massenerhaltung. Wir wissen daher wie sich die Massendichte mit dem Skalenfaktor verhält. Aus (25.23) erhalten wir sofort

$$\varepsilon_m(t) = \varepsilon_{m0}\frac{a_0^3}{a(t)^3}. \tag{25.24}$$

Tatsächlich ist diese Aussage aber auch in (25.20) enthalten. Das ist wenig überraschend, weil wir die Forderung der verschwindenden Divergenz bereits bei der Aufstellung der Feldgleichungen in Kap. 12 berücksichtigt haben. Um dies konkret zu sehen, bilden wir die Zeitableitung von (25.20). Das ergibt

$$2a_{,t}a_{,tt} - \frac{\kappa c^2}{3}\left(2\varepsilon_m a a_{,t} + \varepsilon_{m,t}a^2\right) = 0. \tag{25.25}$$

Wieder setzen wir $a_{,tt} = -\kappa\varepsilon_m c^2 a/6$ aus (25.19) ein und multiplizieren mit $-3/\kappa$ durch. Dann erhalten wir

$$\frac{c^2}{a}\left(3\varepsilon_m a^2 a_{,t} + \varepsilon_{m,t} a^3\right) = 0, \tag{25.26}$$

wobei wir als weiteren Schritt einen zusätzlichen Faktor c^2/a ausgeklammert haben. Wieder erkennen wir in der Klammer die Zeitableitung des Ausdrucks $\varepsilon_m a^3$. Das Ergebnis (25.24) setzen wir nun wieder in (25.20) ein und erhalten dann mit $a_0 = 1$ die *Friedmann-Gleichung* [2, 3]

$$a_{,t}^2 + qc^2 - \frac{\kappa}{3}\frac{\varepsilon_{m0}c^2}{a} = 0. \tag{25.27}$$

25.4 Qualitative Betrachtung der Friedmann-Gleichung

Unser Ziel ist es natürlich, die Friedmann-Gleichung (25.27) zu lösen. Wir werden zuerst aber die einzelnen Beiträge dieser Gleichung genauer anschauen und uns in einer klassischen Analogie ihre Bedeutung veranschaulichen.

25.4.1 „Energiebilanz" in der Friedmann-Gleichung

Wenn wir in (25.27) den Krümmungsindex q auf die rechte Seite bringen, erhalten wir

$$a_{,t}^2 - \frac{\kappa}{3}\frac{\varepsilon_{m0}c^2}{a} = -qc^2. \tag{25.28}$$

Diesen Zusammenhang können wir als Analogon zu einer Gleichung der Form $E_{kin} + E_{pot} = E_{ges}$ für ein Teilchen mit Geschwindigkeit $a_{,t}$ im $(-1/a)$-Potential auffassen. Der Wert des Krümmungsterms q bestimmt in diesem Bild die Gesamtenergie des Teilchens. Je nach Wert von q erhalten wir daher einen von drei Lösungstypen:

1. Für $q = 1$ ist die Gesamtenergie negativ. Dies entspricht einer gebundenen Bewegung des Teilchens. In unserem Fall bedeutet dies, dass das Universum sich bis zu einer maximalen Ausdehnung

$$a_{max} = \frac{\kappa}{3}\varepsilon_{m0} \tag{25.29}$$

ausdehnt und dann wieder kollabiert.

2. Für $q = 0$ ist die Gesamtenergie Null. Dies entspricht dem Grenzfall, in dem das Teilchen exakt die nötige Energie hat, um aus dem Potential zu entkommen. Für dieses Universum ergibt sich eine immer langsamer werdende Expansion, d. h. $a_{,t}$ geht gegen Null. Dennoch steigt der Skalenfaktor über alle Grenzen.

3. Für $q = -1$ ist die Gesamtenergie größer als Null. Dies entspricht einem unge-
   bundenen Teilchen. Auch in diesem Fall dehnt sich das Universum für alle Zeit
   aus, die Expansionsgeschwindigkeit $a_{,t}$ ist höher als im Fall $q = 0$ und erreicht im
   Grenzfall $t \to \infty$ den Grenzwert $a_{,t}^{\infty} = c$.

In Abb. 25.1 sind diese Zusammenhänge verdeutlicht. Daneben sehen wir, dass in
der Friedmann-Gleichung die Ableitung $a_{,t}$ nur quadratisch auftritt. Wir erhalten
also zu jeder mit der Zeit expandierenden Lösung eine zugehörige mit der Zeit kon-
trahierende Lösung oder anders gesagt, die Friedmann-Gleichung ist invariant unter
der Transformation $t \mapsto -t$. Ein weiterer wichtiger Punkt ist, dass für $a \to 0$ das Potential gegen $-\infty$ geht. Daraus sehen wir, dass alle Lösungen der Friedmann-
Gleichung für $a = 0$ unendliche Steigung haben müssen.

25.4.2 Newton'sche Analogie zur Friedmann-Gleichung

Wir wollen aus der Newton'schen Mechanik eine zur Friedmann-Gleichung analoge
Beziehung ableiten. Dazu betrachten wir eine homogene Kugel mit konstanter
Masse M, die isotrop expandiert oder kollabiert, d. h. in einer solchen Form, dass
die Kugelgestalt erhalten bleibt und die Dichte der Kugel zwar zeitabhängig, aber
zu einem bestimmten Zeitpunkt überall gleich ist. Der zeitabhängige Radius der
Kugel sei $a(t)$. Für ein Teilchen auf der Oberfläche erhalten wir dann die Bewegungsgleichung

$$a_{,tt} = -G \frac{M}{a(t)^2} . \tag{25.30}$$

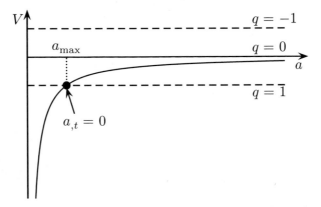

Abb. 25.1 Qualitative Betrachtung zu (25.27). Fasst man diese Gleichung analog zur Energiebilanz eines Teilchens im $-1/a$-Potential auf, so entspricht der Fall $q = 1$ negativer Gesamtenergie.
In diesem Fall erreicht das Universum daher eine maximale Ausdehnung und muss dann wieder
kollabieren. Die Fälle $q = 0$, bzw. $q = -1$ entsprechen verschwindender, bzw. positiver Gesamtenergie. Hier dehnt sich das Universum für alle Zeit aus

Wir multiplizieren beide Seiten dieser Gleichung mit $a_{,t}$ und können dann integrieren. Das führt auf

$$\frac{1}{2}a_{,t}^2 - G\frac{M}{a(t)} = E_{ges}. \tag{25.31}$$

Damit haben wir die Energiebilanz des Teilchens erhalten. Die Summe aus kinetischer und potentieller Energie pro Masse des Teilchens ist konstant und gleich der Gesamtenergie E_{ges} pro Masse des Teilchens, die sich als Integrationskonstante ergibt. Die Lösung für eine expandierende Kugel entspricht der Lösung einer kollabierenden Kugel, die rückwärts durchlaufen wird. Um die Äquivalenz zur Friedmann-Gleichung noch deutlicher zu machen, ersetzen wir die Masse durch den Zusammenhang

$$M = \frac{4}{3}\pi\frac{\varepsilon_{m0}}{c^2}a_0^3, \tag{25.32}$$

mit dem Anfangsradius a_0^3, den wir gleich 1 wählen. Wir multiplizieren die Gleichung mit 2 durch, führen κ ein und erhalten schließlich

$$a_{,t}^2 - \frac{\kappa}{3}\frac{\varepsilon_{m0}c^2}{a} = 2E_{ges}. \tag{25.33}$$

Diese Gleichung entspricht (25.27), wenn wir die Identifizierung $qc^2 = -2E_{ges}$ machen. Je nach Wert von E_{ges} ergeben sich analog zu oben wieder die drei möglichen Fälle einer Expansion bis zum Maximalwert

$$a_{max} = \frac{\kappa}{6}\frac{\varepsilon_{m0}c^2}{|E_{ges}|} \tag{25.34}$$

für $E_{ges} < 0$, bzw. unendliche Expansion mit gegen Null gehender Expansionsrate für $E_{ges} = 0$ oder unendliche Expansion mit $\dot{a}(t \to \infty) = \sqrt{2E_{ges}}$ für $E_{ges} > 0$.

25.5 Skalenfaktoren für Materieuniversen

In diesem Abschnitt werden wir die verschiedenen Lösungen der Friedmann-Gleichung (25.27) herleiten und diskutieren. Für die expliziten Rechnungen setzen wir

$$a_{ref} = \frac{\kappa}{6}\varepsilon_{m0} \tag{25.35}$$

und erhalten die kompaktere Ausgangsform

$$a_{,t}^2 = 2\frac{a_{ref}c^2}{a} - qc^2. \tag{25.36}$$

Die spezielle Wahl für a_{ref} führt auf eine übersichtliche Darstellung der Lösungen.

25.5.1 Verschwindende Krümmung

Für $q = 0$ erhalten wir

$$a_{,t} = \frac{da}{dt} = \pm c \sqrt{\frac{2a_{ref}}{a}}, \quad \text{bzw.} \quad \sqrt{a}\, da = \pm\sqrt{2a_{ref}}\; c\, dt. \qquad (25.37)$$

Die beiden Vorzeichen in dieser Gleichung unterscheiden zwischen mit zunehmender Zeit expandierenden und kollabierenden Universen. Wir möchten nur expandierende Universen betrachten und beschränken uns daher auf das positive Vorzeichen. Integration liefert dann

$$\frac{2}{3} a^{3/2} = \sqrt{2a_{ref}}\, c(t - t_0), \qquad (25.38)$$

mit der Integrationskonstanten t_0. Ausnahmsweise möchten wir hier die Randbedingung $a(0) = 0$ wählen, damit ergibt sich $t_0 = 0$. Mit unserer eigentlichen Konvention $a(0) = 1$ ergibt sich stattdessen

$$t_0 = -\frac{1}{3c} \sqrt{\frac{2}{a_{ref}}}. \qquad (25.39)$$

Auflösen nach a führt nun auf

$$a(t) = \left(\frac{9}{2} a_{ref} \right)^{1/3} c^{2/3} t^{2/3}. \qquad (25.40)$$

Weiter erhalten wir für die Zeitableitung des Skalenfaktors

$$a_{,t} = \frac{2}{3} \left(\frac{9}{2} a_{ref} \right)^{1/3} c^{2/3} t^{-1/3}. \qquad (25.41)$$

Da wir nun a und $a_{,t}$ kennen, können wir auch $H(t)$ berechnen und wir erhalten den Ausdruck

$$H(t) = \frac{a_{,t}}{a} = \frac{2}{3} \frac{1}{t}. \qquad (25.42)$$

für den Hubble-Parameter. Die Unterscheidung zwischen Hubble-Konstante und Hubble-Parameter ist sehr wichtig. Die Hubble-Konstante gibt an, wie stark das Universum heute expandiert und ist eine messbare Größe, der Hubble-Parameter dagegen folgt wie hier aus dem jeweiligen Modell des Universums. Aus (25.41) und (25.42) sehen wir weiter, dass $a_{,t} \to 0$ und $H \to 0$ für $t \to \infty$ gilt. Das betrachtete Modell zeigt also eine abgebremste Expansion, der Skalenfaktor a wächst aber dennoch über alle Grenzen, genau so wie wir es bei unserer Betrachtung in Abschn. 25.4.1 bereits vorhergesagt haben. Diese Lösung heißt *Einstein-de-Sitter-*

Universum.[1] Die beiden haben dieses Modell 1932 in einer gemeinsamen Arbeit vorgeschlagen [1].

25.5.2 Positive Krümmung

Im Fall $q = 1$ erhalten wir

$$a_{,t}^2 = 2\frac{a_{ref}c^2}{a} - c^2, \quad \text{bzw.} \quad \frac{da}{\sqrt{\dfrac{2a_{ref}}{a} - 1}} = \pm c\, dt. \tag{25.43}$$

Das in diesem Ausdruck vorkommende Integral lässt sich analytisch behandeln, aber die resultierenden Ausdrücke sind kompliziert. Wir benutzen stattdessen die Parametrisierung

$$a = a_{ref}(1 - \cos(\eta)) \quad \text{und} \quad da = a_{ref}\sin(\eta)\, d\eta. \tag{25.44}$$

Daraus folgt

$$\pm c\, dt = a_{ref}\frac{\sqrt{1 - \cos(\eta)}}{\sqrt{1 + \cos(\eta)}}\sin(\eta)\, d\eta. \tag{25.45}$$

An dieser Stelle führen wir über $x = \cos(\eta)$ und $dx = -\sin(\eta)\, d\eta$ eine weitere Transformation durch. Mit der Relation

$$\int \frac{\sqrt{1 - x}}{\sqrt{1 + x}}\, dx = \sqrt{1 - x^2} + \arcsin(x) \tag{25.46}$$

und bei Verwendung von $\arccos(x) = \pi/2 - \arcsin(x)$ für die Rücktransformation erhalten wir das Zwischenergebnis

$$\pm(ct - ct_0) = -a_{ref}\left(-\arccos(x) + \sqrt{1 - x^2}\right). \tag{25.47}$$

Mit dieser Form ergibt sich wegen $\arccos(x) = \eta$ einfach

$$\pm(ct - ct_0) = a_{ref}(\eta - \sin(\eta)). \tag{25.48}$$

Aus der Bedingung $a(0) = 0$ folgt $\eta_0 = 0$ als Anfangswert für η aus (25.44). Dies führt dann wieder auf $t_0 = 0$. Damit haben wir die Parameterdarstellung der Lösung

$$\begin{aligned} a &= a_{ref}(1 - \cos(\eta)) \\ ct &= a_{ref}(\eta - \sin(\eta)), \end{aligned} \tag{25.49}$$

gefunden, wobei hier der Fall mit positivem Vorzeichen dargestellt ist. Gl. (25.49) ist die Darstellung einer gewöhnlichen *Zykloide* mit dem Radius a_{ref} des rollenden

---

[1] Willem de Sitter, 1872–1934, niederländischer Astronom.

Kreises und dem Wälzwinkel η. Im Gegensatz zum Fall $q = 0$ ist dies also eine periodische Lösung, a wird erst größer, erreicht bei $ct = a_{ref}\pi$ den Maximalwert

$$a(\eta = \pi) = 2a_{ref} = \frac{\kappa}{3}\varepsilon_{m0}, \tag{25.50}$$

den wir bereits bei der qualitativen Untersuchung gefunden haben, und geht dann wieder auf Null zurück.

Der Fall $q = 1$ entspricht einem *geschlossenen Universum*, das ein endliches Volumen hat, sich bis auf einen Maximalwert ausdehnt, und dann wieder kollabiert. Um zu sehen, dass wir im Fall $q = 1$ ein endliches Volumen erhalten, benutzen wir die FLRW-Metrik in der Form (24.20b). Wir erhalten dann

$$V = \int\limits_{0}^{2\pi} \int\limits_{0}^{\pi} \int\limits_{0}^{\pi} \sin^2(\chi)\sin(\vartheta)\,\mathrm{d}\chi\,\mathrm{d}\vartheta\,\mathrm{d}\varphi = 2\pi^2 a(t)^3. \tag{25.51}$$

Für andere Werte von q divergiert dieses Integral offensichtlich, da dann statt $\sin(\chi)$ entweder χ oder $\sinh(\chi)$ steht und $\chi \in [0, \infty]$ gilt. Allgemein versteht man unter einem geschlossenen Universum ein Modell mit endlichem Volumen. In Kap. 26 werden wir die Friedmann-Gleichung erweitern, um allgemeinere Modelle diskutieren zu können. In diesem Fall muss ein geschlossenes Universum dann nicht mehr notwendigerweise wieder kollabieren.

25.5.3 Negative Krümmung

Das Vorgehen im Fall negativer Krümmung $q = -1$ ist analog zum Fall $q = 1$. Man erhält zuerst

$$a_{,t}^2 = 2\frac{a_{ref}c^2}{a} + c^2, \quad \text{bzw.} \quad \frac{\mathrm{d}a}{\sqrt{2\dfrac{a_{ref}}{a} + 1}} = \pm c\,\mathrm{d}t. \tag{25.52}$$

Der Ansatz

$$a = a_{ref}\left(\cosh(\eta) - 1\right) \quad \text{und} \quad \mathrm{d}a = a_{ref}\sinh(\eta)\,\mathrm{d}\eta \tag{25.53}$$

führt dann mit $x = \cosh(\eta)$, $\mathrm{d}x = \sinh(\eta)\,\mathrm{d}\eta$ auf

$$ct - ct_0 = a_{ref}\left[\sqrt{x^2 - 1} - \text{arcosh}(x)\right]. \tag{25.54}$$

Auch hier ist die Rücktransformation wegen $\text{arcosh}(x) = \eta$ sehr leicht und ergibt

$$ct - ct_0 = a_{ref}\left(\sinh(\eta) - \eta\right). \tag{25.55}$$

Aus der Bedingung $a(0) = 0$ folgt wieder $\eta_0 = 0$ als Anfangswert und es muss wieder $t_0 = 0$ sein. Damit haben wir die Parameterdarstellung der Lösung

$$\begin{aligned} a &= a_{ref}\left(\cosh(\eta) - 1\right) \\ ct &= a_{ref}\left(\sinh(\eta) - \eta\right), \end{aligned} \tag{25.56}$$

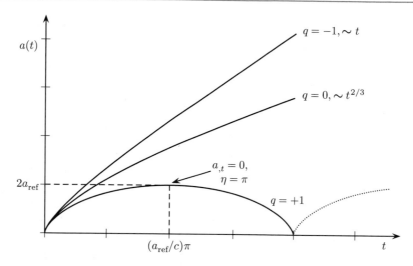

Abb. 25.2 Lösungen der Einstein-Gleichung. Für $q = 1$ ergibt sich ein geschlossenes Universum mit endlichem Volumen, dessen Skalenfaktor durch die Gleichung einer Zykloide beschrieben wird. Für $q = 0$ und $q = -1$ resultieren sich unendlich ausdehnende Universen, wobei für $q = 0$ die Expansionsrate für große Zeiten gegen Null und für $q = -1$ gegen c strebt

analog zur Darstellung im Fall $q = 1$. Aus (25.56) können wir ablesen, dass für große η

$$\frac{ct}{a} \simeq \tanh(\eta), \quad \text{und damit} \quad \lim_{\eta \to \infty} \frac{ct}{a} = 1. \tag{25.57}$$

Das bedeutet, für große Zeiten geht

$$a(t) \to ct, \quad \text{bzw.} \quad a_{,t}(t) \to c, \tag{25.58}$$

wie wir es ebenfalls bei der qualitativen Untersuchung bereits gesehen haben.

In Abb. 25.2 sind die drei möglichen reinen Materieuniversen dargestellt. Wir haben damit gesehen, dass alle Universen unabhängig von der Krümmung einen *Urknall* oder englisch „Big Bang" aufweisen, d. h. zu einem bestimmten Zeitpunkt, bei unserer Wahl zur Zeit $t = 0$, ist der Skalenfaktor gleich Null. Das ($q = 1$)-Modell endet auch bei $a = 0$, dem *Big Crunch*.

Literatur

1. Einstein, A., De Sitter, W.: On the relation between the expansion and the mean density of the universe. Proc. Natl. Acad. Sci. **18**(3), 213–214 (1932)
2. Friedmann, A.: Über die Krümmung des Raumes. Z. Physik **10**, 377–386 (1922)
3. Friedmann, A.: Über die Möglichkeit einer Welt mit konstanter negativer Krümmung des Raumes. Z. Physik **21**, 326–332 (1924)

Allgemeine Energieformen

26

Inhaltsverzeichnis

Bis hierher haben wir gesehen, dass durch die Beobachtungen von Hubble ein expandierendes Universum nahegelegt wurde, und dass wir außerdem mit unseren Materieuniversen zwei ewig abgebremst expandierende und eine für eine bestimmte Zeit expandierende Lösung der Friedmann-Gleichung hergeleitet haben. Diese Übereinstimmung von Theorie und Beobachtung sollte uns sehr zufriedenstellen. Allerdings haben Beobachtungen in den letzten Jahren stark daraufhin gedeutet, dass die Expansion des Universums sich beschleunigt. Das können wir im Rahmen unserer bisherigen Modelle nicht erklären. Daneben haben wir im letzten Kapitel nur den Beitrag der Materie zur Energiedichte berücksichtigt. Das erschien vernünftig, weil der Beitrag der Strahlungsenergiedichte sich leicht als vernachlässigbar klein abschätzen ließ und wir keine weiteren Energieformen erwartet hatten. Wir beleuchten diesen Punkt jetzt etwas genauer und werden sehen, dass wir unsere bisherigen Überlegungen erweitern müssen, wenn wir die Entwicklung des Universums umfassend verstehen wollen.

© Springer-Verlag GmbH Deutschland, ein Teil von Springer Nature 2022
S. Boblest et al., *Spezielle und allgemeine Relativitätstheorie*,
https://doi.org/10.1007/978-3-662-63352-6_26

26.1   Umformulierung der Friedmann-Gleichung

Für eine allgemeinere Betrachtung ist es zweckmäßig, die Friedmann-Gleichung umzuformulieren.

Wir werden noch sehen, dass nicht alle Energiedichten den Zusammenhang (25.24) erfüllen, also mit $1/a^3$ mit dem Skalenfaktor sinken. Die Umformungen von (25.20) hin zu (25.27) können wir deshalb nicht allgemein verwenden. Wir gehen daher zurück zu (25.20) und setzen zuerst $q = 0$. Dabei lassen wir für die Energiedichte jetzt aber schon beliebige Beiträge zu und verwenden daher einen allgemeinen Ausdruck ε. Dann haben wir

$$\frac{a_{,t}^2}{a^2} = \frac{\kappa}{3} c^2 \varepsilon(t). \tag{26.1}$$

Wenn wir in einem Modell den Wert von a und $a_{,t}$ kennen, so können wir über den Wert des Hubble-Parameters

$$H(t) = \frac{a_{,t}(t)}{a(t)} \tag{26.2}$$

zur Zeit $t_0 = t$ berechnen, welchen Wert die Hubble-Konstante H_0 in diesem Modelluniversum hat. Wir können (26.1) mit diesem Wissen in der Form

$$H(t)^2 = \frac{\kappa}{3} c^2 \varepsilon(t) \tag{26.3}$$

schreiben. Im flachen Universum gibt es also eine Proportionalität zwischen der Energiedichte und dem quadrierten Hubble-Parameter. Wir können diesen Zusammenhang aber auch so interpretieren, dass für einen gegebenen Hubble-Parameter eine *kritische Energiedichte* über

$$\varepsilon_c(t) = \frac{3}{\kappa c^2} H(t)^2 \tag{26.4}$$

definiert ist. Für die kritische Dichte heute führen wir das Symbol

$$\varepsilon_{c0} = \frac{3}{\kappa c^2} H_0^2 \tag{26.5}$$

ein. Die Dichte und die Hubble-Konstante des Universums sind Größen, die, zumindest prinzipiell, gemessen werden können. Gl. (26.4) sagt uns dann Folgendes: Wenn der Wert der Dichte größer ist als die kritische Dichte, so muss $q = 1$ gelten, damit die Friedmann-Gleichung in der Form

$$H(t)^2 = \frac{\kappa c^2}{3} \varepsilon(t) - \frac{q c^2}{a^2} \tag{26.6}$$

erfüllt ist. Analog folgt aus $\varepsilon(t) < \varepsilon_c(t)$, dass $q = -1$ sein muss, und für $\varepsilon(t) = \varepsilon_c(t)$ folgt schließlich $q = 0$. Wir erinnern uns hier nochmals daran, dass q nur das Vorzeichen der Krümmung festlegt, nicht aber den Krümmungsradius (s. Abschn. 24.2).

Mit dem Wert $H_{\text{WMAP,0}} = 69{,}32 \pm 0{,}80$ km s^{-1} Mpc^{-1} aus (23.6) für die Hubble-Konstante können wir die kritische Dichte berechnen und erhalten

$$\varepsilon_{c0} = (5{,}06 \pm 0{,}12) \text{ GeV m}^{-3}, \tag{26.7}$$

bzw. eine äquivalente Massendichte

$$\rho_{c0} = (9{,}03 \pm 0{,}21) \cdot 10^{-27} \text{ kg m}^{-3}. \tag{26.8}$$

Wenn wir mit der Ruheenergie des Protons $m_p c^2 = 938{,}272$ MeV vergleichen, so sehen wir, dass die kritische Dichte etwa 5 Wasserstoffatomen pro Kubikmeter entspricht.

Da die kritische Energiedichte eine so wichtige Größe ist, liegt es nahe, die tatsächliche Energiedichte in Einheiten der kritischen Dichte zu messen. Für diesen Quotient führen wir das Symbol

$$\Omega(t) = \frac{\varepsilon(t)}{\varepsilon_c(t)} \tag{26.9}$$

ein. Wenn man Ω in die Friedmann-Gleichung einführt, so nimmt sie die Form

$$\Omega(t) - 1 = \frac{qc^2}{a(t)^2 H(t)^2} \tag{26.10}$$

an. Diese Gleichung gilt zu allen Zeiten und damit auch speziell zum Zeitpunkt $t_0 = 0$. In diesem Fall haben wir wegen $a_0 = 1$ die Relation

$$q = \frac{H_0^2}{c^2}(\Omega_0 - 1). \tag{26.11}$$

Wir weisen an dieser Stelle nochmals auf die scheinbar nicht korrekten Einheiten aufgrund der Konvention $a_0 = 1$ hin. Es ist weiterhin q dimensionslos, aber wir messen a in Einheiten von a_0. Aus (26.11) können wir den Wert von q noch direkter ablesen als durch den Vergleich von kritischer Energiedichte und tatsächlicher Energiedichte. Der Krümmungsindex q kann während der Entwicklung des Universums seinen Wert nicht ändern. Da H_0^2 immer positiv ist, folgt aus $\Omega_0 \gtrless 1$ heute auch $\Omega(t) \gtrless 1$ für alle Zeiten. Speziell folgt aus $\Omega_0 = 1$, dass $q = 0$ sein muss, was dann ebenfalls für alle Zeiten gilt. Da wir bei der Herleitung von (26.11) keine Beschränkung auf Materie vorgenommen haben, gilt diese Gleichung für beliebige Energieformen.

Um der Möglichkeit mehrerer Beiträge zur Gesamtenergiedichte Rechnung zu tragen, schreiben wir die Energiedichte von nun an ohne Index, wenn wir die Summe aller möglichen Beiträge meinen:

$$\varepsilon = \sum_i \varepsilon_i. \tag{26.12}$$

Ebenso können wir den Ω-Parameter verallgemeinern über

$$\Omega = \sum_i \Omega_i. \tag{26.13}$$

Die einzelnen Summanden Ω_i geben hier an, wie groß die jeweilige Energiedichte relativ zur kritischen Dichte ist:

$$\Omega_i(t) = \frac{\varepsilon_i(t)}{\varepsilon_c(t)}. \tag{26.14}$$

Dabei wird angenommen, dass die einzelnen Komponenten nicht miteinander wechselwirken. Es ist klar, dass die Lösung der Friedmann-Gleichung viel schwieriger wird, wenn darin mehrere Energiedichtebeiträge mit unterschiedlicher Abhängigkeit von a vorkommen.

26.2 Verallgemeinerter Energie-Impuls-Tensor

Wenn wir beliebige Energieformen betrachten wollen, so können wir auch nicht mehr davon ausgehen, dass der Druck, den diese Energieformen verursachen, vernachlässigbar ist. Ein nichtverschwindender Druck, der natürlich auch zeitabhängig sein darf, ergibt einen Beitrag zum Energie-Impuls-Tensor, den wir daher verallgemeinern müssen. In Zukunft betrachten wir daher den Energie-Impuls-Tensor für eine ideale Flüssigkeit, der die Form

$$T^{\mu\nu} = (\varepsilon + p)u^\mu u^\nu + pg^{\mu\nu} \tag{26.15}$$

hat, die wir bereits aus (21.19) kennen, wo wir den gleichen Ansatz für das Neutronensterninnere gemacht haben. Wieder ist $u^\mu = (1, 0, 0, 0)$ und $u_\mu = (-1, 0, 0, 0)$ im Ruhsystem der Materie. Wir finden dann mit der Metrik aus (25.2) als Verallgemeinerung von (25.14) die Formen

$$T^\mu{}_\nu = \mathrm{diag}(-\varepsilon, p, p, p), \tag{26.16a}$$

$$T^{\mu\nu} = \mathrm{diag}\left(\varepsilon/c^2, p\frac{1-qr^2}{a^2}, \frac{p}{a^2 r^2}, \frac{p}{a^2 r^2 \sin^2(\vartheta)}\right) \tag{26.16b}$$

und

$$T_{\mu\nu} = \mathrm{diag}\left(\varepsilon c^2, p\frac{a^2}{1-qr^2}, pa^2 r^2, pa^2 r^2 \sin^2(\vartheta)\right), \tag{26.16c}$$

sowie durch Kontraktion

$$T = -\varepsilon + 3p. \tag{26.17}$$

Damit ist jetzt

$$T^*_{\mu\nu} = \frac{1}{2}\mathrm{diag}\left(c^2(\varepsilon + 3p), (\varepsilon - p)\frac{a^2}{1-qr^2}, (\varepsilon - p)a^2 r^2, (\varepsilon - p)a^2 r^2 \sin^2(\vartheta)\right) \tag{26.18}$$

als Verallgemeinerung des Ausdrucks in (25.16).

Durch die zusätzlichen Diagonaleinträge wird die Kontinuitätsgleichung $T^{\mu\nu}{}_{;\nu} = 0$, bzw. ausgeschrieben wie in (25.22), jetzt komplizierter. Für $\mu = t$ ergeben sich drei zusätzliche Terme durch den Beitrag

$$T^{tt}\Gamma^\nu{}_{t\nu} = 3p\frac{a_{,t}}{a}, \tag{26.19}$$

wobei wieder die Christoffel-Symbole aus (25.3) benutzt wurden. Damit ergibt sich jetzt die verallgemeinerte Gleichung

$$\varepsilon_{,t} + 3\frac{a_{,t}}{a}\left(\varepsilon + p\right) = 0. \tag{26.20}$$

Für $\mu = \{r, \vartheta, \varphi\}$ ergibt sich weiterhin direkt $T^{\mu\nu}_{;\nu} = 0$. Gl. (26.20) können wir analog zum Übergang von (25.22) zu (25.23) durch Multiplikation mit a^3 in die Form

$$\left(\varepsilon a^3\right)_{,t} = -3a^2 a_{,t} p \tag{26.21}$$

bringen. Wir multiplizieren noch auf beiden Seiten mit dt durch und erhalten

$$\mathrm{d}\left(\varepsilon a^3\right) = -3pa^2\mathrm{d}a. \tag{26.22}$$

Auf der linken Seite dieser Gleichung haben wir jetzt einen Term der Form dE mit $E = \varepsilon V$, wobei über $V = a^3$ bis auf konstante Vorfaktoren das Volumen eines beliebigen, groß genug gewählten Bereiches des Universums gegeben ist. Auf der rechten Seite erkennen wir den Ausdruck d$V = 3a^2\mathrm{d}a$ und können damit (26.22) formal schreiben als

$$\mathrm{d}E = -p\mathrm{d}V. \tag{26.23}$$

Diese Form entspricht dem ersten Hauptsatz der Thermodynamik

$$\mathrm{d}E = \mathrm{d}Q - p\mathrm{d}V \tag{26.24}$$

für d$Q = 0$. Prozesse, bei denen keine Wärme ausgetauscht wird, d. h. mit d$Q = 0$, heißen adiabatisch. Wir sehen also, dass die Expansion des Universums in diesem Bild ein adiabatischer Prozess ist. Wegen

$$\mathrm{d}S = \frac{\mathrm{d}Q}{T} \tag{26.25}$$

folgt daraus auch d$S = 0$. Bei einer homogenen und isotropen Expansion ändert sich die Entropie des Universums also nicht. Aufgrund der Analogie zum ersten Hauptsatz und weil (26.22) aus der Divergenzfreiheit des Energie-Impuls-Tensors folgt, nennen wir diesen Zusammenhang auch *Energiesatz der Kosmologie*.

Mit diesen Ergebnissen können wir die Feldgleichungen $R_{\mu\nu} = \kappa T^*_{\mu\nu}$ in (25.17) jetzt für beliebige Energieformen formulieren. Allerdings haben wir durch die Einführung von $p(t)$ eine weitere Unbekannte.

26.3 Zustandsgleichungen für den Druck

Das Problem, mehrere Größen, die ein System beschreiben, miteinander zu verknüpfen, ist uns schon einmal bei der Beschreibung von Sternen, weißen Zwergen und Neutronensternen in den Abschn. 18.3 und 18.4 begegnet. Dort haben wir verschiedene Zustandsgleichungen hergeleitet, die die Materiedichte ρ_{m} und den Druck p miteinander verknüpfen. In Abschn. 25.2 haben wir bereits beispielhaft auf die

Zustandsgleichung für Hauptreihensterne zurückgegriffen, um zu begründen, dass wir für nichtrelativistische Materie die Näherung $p \approx 0$ ansetzen können. Jetzt müssen wir eine allgemeine Relation zwischen der Energiedichte und dem Druck finden. An dem Zusammenhang $\varepsilon = \rho c^2$ sehen wir, dass wir hier ein völlig analoges Problem wie bei der Beschreibung der Sternmaterie haben. In der Kosmologie beschränken wir uns aber auf Zustandsgleichungen, die deutlich einfacher sind als die, die wir bei weißen Zwergen und Neutronensternen kennengelernt haben. Tatsächlich betrachten wir nur Zustandsgleichungen der Form

$$p = w\varepsilon, \qquad (26.26)$$

Dabei ist w eine dimensionslose, reelle Konstante. Nichtrelativistische Materie wird durch diese Zustandsgleichung mit $w = 0$ beschrieben. Diese einfache Form der Zustandsgleichungen führt dazu, dass wir weiterhin die Friedmann-Gleichung, zumindest in bestimmten Fällen, analytisch lösen können.

26.4   Dunkle Materie

Die Materie, die uns im alltäglichen Leben begegnet ist *baryonisch*, was im Wesentlichen bedeutet, dass sie aus Protonen und Neutronen zusammengesetzt ist. Dazu kommen noch die Elektronen, die aber aufgrund ihrer kleinen Masse nur einen kleinen Beitrag zur Ruheenergiedichte liefern.

Es gibt aber sehr starke Hinweise darauf, dass ein überwiegender Anteil der Materie im Universum nichtbaryonisch ist. Einen der ersten Hinweise auf die Existenz dieses nichtbaryonischen Materieanteils lieferte *Zwicky*.[1] Er stellte fest, dass die Gravitationswirkung der sichtbaren Materie im Coma-Haufen, einem Galaxienhaufen von etwa 1000 Galaxien, nicht ausreicht, um diesen zusammenzuhalten [9].

Andere Hinweise ergaben sich aus der Analyse der Umlaufgeschwindigkeiten von Sternen in Spiralgalaxien. Dabei wurde festgestellt, dass die Rotationsgeschwindigkeit in den Außenbereichen von Galaxien viel höher war als erwartet [8].

Schließlich kann man aus dem in Abschn. 13.4.3 diskutierten Gravitationslinseneffekt auf die Masse eines lichtablenkenden Objektes schließen. Auch solche Beobachtungen deuten auf einen sehr großen Anteil nichtbaryonischer Materie hin, der etwa 80 % der gesamten Materiedichte ausmachen soll.

Man spricht bei dieser Materie von *dunkler Materie*. Der Name bezieht sich auf ihre Eigenschaft, nur gravitativ wechselzuwirken und nicht etwa mit elektromagnetischer Strahlung. Präziser müsste man daher von *transparenter Materie* sprechen.

Woraus diese Materie besteht ist unklar. Ein möglicher Kandidat waren lange Zeit Neutrinos. Da sich diese mit relativistischen Geschwindigkeiten bewegen, spricht man dabei von *heißer dunkler Materie* bzw. englisch „hot dark matter" (HDM). Eher favorisiert sind heute aber noch unentdeckte Elementarteilchen, die nur der Gravitation und der schwachen Wechselwirkung unterliegen. Diese werden als *kalte dunkle Materie* bzw. englisch „cold dark matter" (CDM) bezeichnet. Ein

---

[1] Fritz Zwicky, 1898–1974, Schweizer Physiker und Astronom.

Kandidat für solche Teilchen sind supersymmetrische Partner bekannter Elementarteilchen, wie sie z. B. am Large Hadron Collider gesucht werden.

26.5 Strahlungsenergiedichte

Im heutigen Universum ist die Strahlungsenergiedichte ε_r sehr klein. Allerdings unterscheidet sie sich in einer wesentlichen Eigenschaft von der Materieenergiedichte. Für diese haben wir den Zusammenhang $\varepsilon_m a^3 = \varepsilon_{m0} a_0^3$ hergeleitet, der letztlich ein mathematischer Ausdruck der Massenerhaltung ist. Wir können uns leicht klarmachen, dass dieser Zusammenhang für die Strahlungsenergiedichte nicht gilt. Die Anzahldichte der Photonen nimmt bei der Expansion zwar ebenfalls mit a^{-3} ab. Gleichzeitig führt die Ausdehnung des Raumes aber auch zu einer Rotverschiebung der Photonen, wie sie Hubble bei seinen Beobachtungen fand. Wir werden die Rotverschiebung noch detailliert in Abschn. 27.4 herleiten, hier soll uns ein einfaches Bild genügen, das uns aber bereits auf das richtige Ergebnis führt.

Von einer Lichtquelle soll zu einem bestimmten Zeitpunkt t_e eine Lichtwelle mit Wellenlänge λ_e emittiert werden. Wenn diese Lichtwelle bei uns zum Zeitpunkt t_r ankommt, hat sich der Skalenfaktor a um einen Faktor $a(t_r)/a(t_e)$ vergrößert. Anfangs- und Endpunkt der Lichtwelle haben ihren Abstand dann um den gleichen Faktor vergrößert. Es gilt dann also

$$\lambda_r = \lambda_e \frac{a(t_r)}{a(t_e)}. \qquad (26.27)$$

Die bei uns empfangene Wellenlänge ändert sich also bezüglich der Wellenlänge bei Emission um das Verhältnis der Skalenfaktoren damals und heute. Wegen der Relation $\nu = c/\lambda$ gilt dann

$$\nu_r = \nu_e \frac{a(t_e)}{a(t_r)}. \qquad (26.28)$$

Der hier betrachtete Lichtstrahl ist natürlich in keiner Form ausgezeichnet. Ganz allgemein gilt für elektromagnetische Strahlung, dass die Frequenzänderung proportional zum Inversen der Änderung des Skalenfaktors ist. Wegen des Zusammenhangs $E = h\nu$ gilt dann für jedes einzelne Photon auch

$$E \sim a^{-1}. \qquad (26.29)$$

Wenn wir dies mit der Veränderung der Anzahldichte proportional zu a^{-3} verknüpfen, so finden wir für die Strahlungsenergiedichte $\varepsilon_r a^4 = \varepsilon_{r0} a_0^4$, bzw.

$$\varepsilon_r \sim a^{-4}. \qquad (26.30)$$

In Abb. 26.1 ist die Ursache für diesen Unterschied veranschaulicht. Wenn die Strahlungsenergiedichte bei Ausdehnung des Universums schneller sinkt als die Massenenergiedichte, so bedeutet dies umgekehrt, dass zu früheren Zeiten das Verhältnis $\varepsilon_r/\varepsilon_m$ höher war als heute. Wenn wir die Gesamtentwicklung des Universums verstehen wollen, so können wir die Strahlung nicht vernachlässigen.

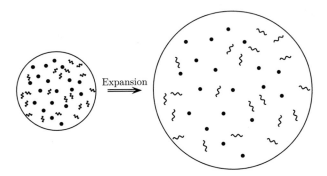

Abb. 26.1 Bei Ausdehnung des Universums nimmt die Dichte der Materie mit $\varepsilon_{\mathrm{m}} \sim a^{-3}$ ab. Photonen werden aber zusätzlich rotverschoben, es gilt daher $\varepsilon_{\mathrm{r}} \sim a^{-4}$

Wir benötigen jetzt noch den Wert des w-Parameters für die Strahlungsenergiedichte. Die Berechnung des Strahlungsdrucks des Photonengases ist eine Aufgabe der statistischen Physik. Um nicht zu weit vom Thema abzukommen, wählen wir einen etwas unsauberen Weg, der uns aber auf das richtige Ergebnis führt. Für Materie haben wir aus der idealen Gasgleichung abgeleitet, dass $p = \left\langle v^2 \right\rangle / \left(3c^2\right) \varepsilon_{\mathrm{m}}$ gilt (s. (25.11)). Diesen Beitrag haben wir dann wegen $v \ll c$ vernachlässigt. Wir erhalten für das Photonengas das korrekte Ergebnis, wenn wir einfach in (25.11) $v = c$ setzen, da sich Photonen mit Lichtgeschwindigkeit ausbreiten. Es ist dann

$$w_{\mathrm{r}} = \frac{1}{3}. \tag{26.31}$$

26.6 Einsteins kosmologisches Glied

Bevor wir die verallgemeinerte Friedmann-Gleichung hinschreiben und analysieren, wollen wir als letzte Erweiterung Einsteins *kosmologische Konstante* Λ mitberücksichtigen, die wir bei der Herleitung der Einstein'schen Feldgleichungen in Kap. 12 bereits eingeführt haben, bei allen bisherigen Diskussionen aber nicht betrachteten. Wir werden sehen, dass wir ihren Beitrag einfach als zusätzliche Energieform behandeln können, wenn auch mit sehr exotischen Eigenschaften. Wir möchten vorher aber kurz besprechen, aus welchem Grund Einstein Λ überhaupt ursprünglich eingeführt hatte.

Wir haben bei der Diskussion der Materieuniversen gesehen, dass wir für alle Werte von q zeitabhängige Skalenfaktoren erhalten. Zu Beginn des 20. Jahrhunderts war aber noch die Vorstellung eines statischen, ewig unveränderlichen Universums vorherrschend. Einstein hatte also das Problem, dass seine Theorie die Lösung, die er eigentlich erwartete, überhaupt nicht zuließ. Aus diesem Grund schlug er 1917 eine Modifikation seiner Feldgleichungen mit einem zusätzlichen Term $\Lambda g_{\mu\nu}$ vor [4]. Wir hatten in (12.40b) diesen Term bereits mitgeführt, da er mit allen Bedingungen an die Feldgleichungen verträglich ist, mit Ausnahme der Forderung, dass beim Übergang zur Minkowski-Raumzeit die linke Seite der Feldgleichungen wie $T_{\mu\nu}$ identisch verschwinden soll. Mit diesem Term verletzen wir diese Forderung. Ist Λ aber sehr klein, so ist der Unterschied experimentell nicht feststellbar.

An dieser Stelle soll kurz Einsteins Argumentation für die Einführung von Λ skizziert werden, weil wir diese an anderer Stelle noch einmal aufgreifen werden. Aus Überlegungen über das Verhalten des Newton'schen Gravitationspotentials im Unendlichen heraus, betrachtete Einstein statt der Poisson-Gleichung

$$\Delta\phi = 4\pi G \rho_\text{m} \tag{26.32}$$

die *Helmholtz-Gleichung*

$$\Delta\phi - \Lambda\phi = 4\pi G \rho_\text{m} \tag{26.33}$$

mit dem freien Parameter Λ. Die Lösung der Poisson-Gleichung (26.32) ergibt sich formal zu

$$\phi(\boldsymbol{r}) = \int \frac{\rho_\text{m}(\boldsymbol{r}')}{|\boldsymbol{r}-\boldsymbol{r}'|}\mathrm{d}^3 r'. \tag{26.34}$$

Für eine räumlich konstante Dichte $\rho_\text{m}(\boldsymbol{r}) = \rho_\text{m0}$ divergiert das Integral in (26.34). In der Newton'schen Mechanik ist es also nicht möglich, ein statisches Universum mit konstanter Dichte zu beschreiben, das dem kosmologischen Prinzip genügen würde. Um eine physikalische Lösung zu erhalten, müssen wir zusätzlich fordern, dass die Dichte im Unendlichen gegen Null geht. Die Lösung der Helmholtz-Gleichung dagegen lautet formal

$$\phi(r) = \int \frac{e^{-\sqrt{\Lambda}|r-r'|}}{|r-r'|} \rho_\text{m}(r')\mathrm{d}^3 r'. \tag{26.35}$$

Die Einführung der kosmologischen Konstante führt zu einem Abschirmungsterm. Gl. (26.35) beschreibt formal ein *Yukawa-Potential*,[2] wie es in der Teilchenphysik von Bedeutung ist und auch tatsächlich für die Gravitation immer wieder vorgeschlagen wurde [2]. Entscheidend ist, dass dieser Ausdruck auch für eine konstante Dichte konvergiert. Im Unterschied zur Poisson-Gleichung hat die Helmholtz-Gleichung also eine nichtverschwindende Lösung für eine räumlich konstante Dichte ρ_m0. Explizit findet man

$$\phi = -\frac{4\pi G}{\Lambda}\rho_\text{m0}. \tag{26.36}$$

Lokale Schwankungen der Materiedichte führen zu Korrekturen $\tilde{\phi}$ dieses Potentials. Für kleine Werte von Λ würde $\tilde{\phi}$ sich beliebig einem Newton'schen Gravitationspotential annähern. Man erkennt leicht den Sinn hinter dieser Überlegung: Mit dem Korrekturterm $\Lambda\phi$ wird ein statisches Universum mit überall konstanter Dichte möglich.

---

[2]Yukawa Hideki, 1907–1981, japanischer Physiker, Nobelpreis 1949.

Einstein selbst wendete den Weg über eine modifizierte Newton'sche Gravitationstheorie, der „an sich nicht beansprucht, ernst genommen zu werden" [4], nur zur Veranschaulichung an. In analoger Weise argumentierte er dann für einen zusätzlichen Term $\Lambda g_{\mu\nu}$ in den Einstein'schen Feldgleichungen. Tatsächlich kann man aber zeigen, dass die Helmholtz-Gleichung als nichtrelativistischer Grenzfall der Einstein'schen Feldgleichungen mit kosmologischer Konstante resultiert, d. h. man findet eine Newton'sche Gravitationstheorie mit kosmologischer Konstante als Grenzfall der allgemein-relativistischen Theorie mit kosmologischer Konstante. Wenn wir die nichtrelativistische Näherung des Einstein-Tensors (12.41) um den kosmologischen Term ergänzen, so ergibt sich

$$\Delta\phi - \Lambda\phi = 4\pi G\rho_{\mathrm{m}} + \frac{1}{2}\Lambda c^2. \tag{26.37}$$

Wir erhalten also eine Gleichung der Form (26.33), wobei die Materiedichte um einen konstanten Term $\Lambda c^2/2$ ergänzt wird.

Analog geht man in der ART vor und ergänzt die Feldgleichungen um die kosmologische Konstante, und erhält so

$$R_{\mu\nu} + \Lambda g_{\mu\nu} = \kappa T^*_{\mu\nu}, \tag{12.40b}$$

(s. Abschn. 12.2.4).

Wir wollen jetzt zeigen, dass wir den zusätzlichen Λ-Term als Beitrag zur Energiedichte behandeln können. Wenn wir ihn auf die rechte Seite bringen, haben wir

$$R_{\mu\nu} = \kappa\left(T^*_{\mu\nu} - \frac{\Lambda}{\kappa}g_{\mu\nu} \right). \tag{26.38}$$

Wir müssen den Term $T^*_{\mu\nu} - (\Lambda/\kappa)g_{\mu\nu}$ als Energie-Impuls-Tensor ausdrücken können, in dem die kosmologische Konstante berücksichtigt ist. Das heißt, wir müssen die Komponenten $(\Lambda/\kappa)g_{\mu\nu}$ analysieren, um den Zusammenhang von Energiedichte und Druck für Λ zu finden. Ausgeschrieben haben wir folgende Relationen, wenn wir die verschwindenden Nichtdiagonalelemente weglassen:

$$-\frac{\Lambda}{\kappa} = \frac{1}{2}(\varepsilon + 3p), \tag{26.39a}$$

$$\frac{\Lambda}{\kappa}\frac{a^2}{1-qr^2} = \frac{1}{2}(\varepsilon - p)\frac{a^2}{1-qr^2}, \tag{26.39b}$$

$$\frac{\Lambda}{\kappa}a^2r^2 = \frac{1}{2}(\varepsilon - p)a^2r^2, \tag{26.39c}$$

$$\frac{\Lambda}{\kappa}a^2r^2\sin^2(\vartheta) = \frac{1}{2}(\varepsilon - p)a^2r^2\sin^2(\vartheta). \tag{26.39d}$$

Zuerst sehen wir, dass die letzten drei Gleichungen äquivalent sind. Das ist wichtig, sonst könnten wir diese Zuordnung eben genau nicht widerspruchsfrei machen. Das Gleichungssystem (26.39) reduziert sich dann auf die beiden Bedingungen

$$-2\frac{\Lambda}{\kappa} = \varepsilon + 3p, \qquad (26.40a)$$

$$2\frac{\Lambda}{\kappa} = \varepsilon - p. \qquad (26.40b)$$

Durch Addition dieser beiden Gleichungen sehen wir sofort, dass

$$p_\Lambda = -\varepsilon_\Lambda \qquad (26.41)$$

sein muss, und daraus folgt direkt weiter

$$\varepsilon_\Lambda = \frac{\Lambda}{\kappa} = \frac{\Lambda c^4}{8\pi G}. \qquad (26.42)$$

Mit der kosmologischen Konstante ist also eine Energiedichte mit negativem Druck verbunden. Diese Energiedichte erfüllt (26.26) für $w = -1$. Diese sehr ungewöhnliche Eigenschaft führt dazu, dass durch ε_Λ die Expansion des Universums beschleunigt verlaufen kann.

Da Λ in den Feldgleichungen eine Konstante ist, sehen wir anhand von (26.42) auch sofort die Abhängigkeit von ε_Λ vom Skalenfaktor, oder besser gesagt die Unabhängigkeit, denn ε_Λ hängt eben nicht von a ab. Die zur kosmologischen Konstante gehörende Energiedichte ändert sich nicht bei Expansion des Universums. Wir erkennen daran, dass, da die Materie- und Strahlungsenergiedichte mit $\varepsilon_m \sim a^{-3}$ bzw. $\varepsilon_r \sim a^{-4}$ bei der Expansion abnehmen, die Bedeutung der kosmologischen Konstante bei der Expansion des Universums immer weiter zunimmt. Mit der Definition der kritischen Dichte $\varepsilon_c(t) = 3H(t)^2/(\kappa c^2)$ in (26.4) können wir ε_Λ außerdem noch einen Parameter

$$\Omega_\Lambda(t) = \frac{\varepsilon_\Lambda}{\varepsilon_c(t)} = \frac{\Lambda c^2}{3H(t)^2} \qquad (26.43)$$

zuweisen.

Nach der Entdeckung der Expansion des Universums durch Hubble verlor die kosmologische Konstante zunächst ihre Berechtigung und es wurde allgemein angenommen, dass sie verschwindet. Beobachtungen weit entfernter Supernovae in den 1990er Jahren legten allerdings nahe, dass das Universum beschleunigt expandiert und die kosmologische Konstante daher einen sehr kleinen aber nichtverschwindenden Wert besitzt, bzw. eine andere Energieform mit ähnlichen Eigenschaften, d. h. $w \approx -1$, existiert. Wir werden diese Beobachtungen und wie man daraus auf eine beschleunigte Expansion schließen kann, in Kap. 28 diskutieren. In der heutigen Kosmologie spielt die kosmologische Konstante also wieder eine wichtige Rolle, wenn auch eine ganz andere als von Einstein ursprünglich

beabsichtigt: Statt eine statische Lösung der Feldgleichungen zu ermöglichen, sorgt
die kosmologische Konstante, oder eine sich ähnlich verhaltende Energieform, nach
heutiger Ansicht für die Beschleunigung der Expansion.

Nach der Entdeckung, dass vermutlich $\Lambda \neq 0$ ist, drängt sich die Frage nach dem
Ursprung dieser Energiedichte mit ihren ungewöhnlichen Eigenschaften des negativen Drucks und der Konstanz bei der Expansion des Universums auf. Letztlich ist
dieses Problem noch völlig ungeklärt. Eine Idee ist, dass ε_Λ von der *Vakuumenergiedichte* herrührt, also

$$\varepsilon_\Lambda = \varepsilon_{\text{vak}}. \tag{26.44}$$

Dass dem Vakuum überhaupt eine von Null verschiedene Energiedichte zugeordnet
werden kann, ist ein Ergebnis der Quantenmechanik und rührt von virtuellen
Teilchen-Antiteilchen-Paaren her. Abschätzungen der daraus resultierenden Werte
von ε_Λ liegen aber um etwa 120 Größenordnungen neben dem tatsächlichen Wert,
siehe Kap. 30 für eine kurze Diskussion zu diesem Thema. Für uns soll es an dieser
Stelle genügen, zu akzeptieren, dass es diesen Energiebeitrag vermutlich gibt, er
dafür sorgt, dass die Expansion des Universums heute beschleunigt abläuft und wir
ihn daher in unserer Diskussion der möglichen Weltmodelle berücksichtigen müssen. Um einen einfachen Begriff für ε_Λ zu haben, sprechen wir aber im Folgenden
gleichbedeutend auch von der Vakuumenergiedichte. Weit verbreitet ist auch der
Begriff *dunkle Energie* analog zur dunklen Materie.

26.7 Friedmann-Lemaître-Gleichung

Wenn wir den neuen Ansatz für den Energie-Impuls-Tensor (26.18) in die Feldgleichungen einsetzen, ergibt sich das Gleichungssystem

$$-3\frac{a_{,tt}}{a} = \frac{\kappa}{2}(\varepsilon + 3p)c^2, \tag{26.45a}$$

$$\frac{\mathcal{A}}{c^2(1-qr^2)} = \frac{\kappa}{2}(\varepsilon - p)\frac{a^2}{1-qr^2}, \tag{26.45b}$$

$$\frac{r^2}{c^2}\mathcal{A} = \frac{\kappa}{2}(\varepsilon - p)a^2r^2, \tag{26.45c}$$

$$\frac{r^2}{c^2}\sin^2(\vartheta)\mathcal{A} = \frac{\kappa}{2}(\varepsilon - p)a^2r^2\sin^2(\vartheta), \tag{26.45d}$$

mit $\mathcal{A} = aa_{,tt} + 2a_{,t}^2 + 2qc^2$ aus (25.5) als Erweiterung von (25.17). Die Gleichungen für $\mu, \nu = \{1, 2, 3\}$ sind wieder identisch, an unserer Voraussetzung eines homogenen und isotropen Raumes hat sich schließlich nichts geändert. Nachdem wir jetzt den Druck in Abschn. 26.3 durch eine einfache Zustandsgleichung mit der Energiedichte verknüpft haben und außerdem neben der Materieenergiedichte auch die Strahlungsenergiedichte und die Vakuumenergiedichte ε_Λ als wichtige Beiträge diskutiert haben, können wir uns jetzt daran machen, diese allgemeine Form der Friedmann-Gleichung und ihre Lösungen zu untersuchen.

26.7.1 Skalenfaktorabhängigkeit der Energiedichten

Wir können den Zusammenhang zwischen Energiedichte und Skalenfaktor jetzt allgemein angeben. Wenn wir die Zustandsgleichung (26.26) in den Energiesatz (26.22) einsetzen und den Druckterm nach links bringen, erhalten wir

$$a^3 \, d\varepsilon + 3a^2 (1+w)\varepsilon \, da = 0. \tag{26.46}$$

Nach Trennung der Variablen folgt

$$\frac{d\varepsilon}{\varepsilon} = -3(1+w)\frac{da}{a}. \tag{26.47}$$

Wir integrieren diese Gleichung, passen die Integrationskonstante so an, dass $\varepsilon(1) = \varepsilon_0$ ist und erhalten

$$\varepsilon(a) = \varepsilon_0 a^{-3(1+w)}. \tag{26.48}$$

Der Energiesatz bestimmt also zusammen mit der Zustandsgleichung die funktionale Abhängigkeit der jeweiligen Energiedichte vom Skalenfaktor. Gl. (26.48) gilt aber nur jeweils für bestimmte Energieformen mit festem w. Tatsächlich wird sich in unserem Universum, wie bereits diskutiert, die Gesamtenergiedichte aus mehreren Komponenten zusammensetzen, d. h. $\varepsilon = \sum \varepsilon_i$. Jeder der einzelnen Beiträge ε_i hat sein eigenes w_i und erfüllt damit (26.48) getrennt, vorausgesetzt, die einzelnen Beiträge wechselwirken nicht miteinander, was wir annehmen wollen.

Speziell erhalten wir aus (26.48) für $w = 0$, $w = 1/3$ und $w = -1$ unsere bereits bekannten Ergebnisse $\varepsilon_m \sim a^{-3}$, $\varepsilon_r \sim a^{-4}$ und $\varepsilon_\Lambda \sim$ const.

26.7.2 Aufstellung der Gleichungen

Mit Hilfe der Zustandsgleichung ist es uns jetzt möglich, aus $T^*_{\mu\nu}$ in (26.45a, b, c & d) den Druck und die Energiedichte zu eliminieren. Wir schreiben die beiden Gleichungen zuerst noch einmal aus:

$$a_{,tt} = -\frac{\kappa c^2}{6}(\varepsilon + 3p)a \qquad\qquad (26.49a)$$

und

$$aa_{,tt} + 2a_{,t}^2 + 2qc^2 = \frac{\kappa c^2}{2}a^2(\varepsilon - p), \qquad\qquad (26.49b)$$

wobei wir $\mathcal{A}$ aus (25.5) eingesetzt haben. Wir sehen an (26.49a), dass sowohl die Energiedichte als auch ein positiver Druck die Expansion bremsen, da sie einen negativen Beitrag zu $a_{,tt}$ leisten. Bei den Materieuniversen haben wir ja auch nur Modelle mit gebremster Expansion gefunden.

Gleichzeitig sehen wir aber wegen $p = w\varepsilon$ auch, dass für $w < -1/3$ die zweite Ableitung des Skalenfaktors positiv wird. Energieformen, die diese Bedingung erfüllen, führen zu einer beschleunigten Expansion. Die Vakuumenergiedichte erfüllt mit $w = -1$ diese Bedingung. Wenn sie der dominante Beitrag zur Gesamtenergiedichte des Universums ist, ist also mit einer beschleunigten Expansion zu rechnen. Setzen wir in (26.49a) den Summenansatz für die Energiedichte sowie $p_i = w_i\varepsilon_i$ ein, so erhalten wir

$$a_{,tt} = -\frac{\kappa c^2}{6}a\sum_i \varepsilon_i(1 + 3w_i) \qquad\qquad (26.50a)$$

und

$$aa_{,tt} + 2a_{,t}^2 + 2qc^2 = \frac{\kappa c^2}{2}a^2\sum_i \varepsilon_i(1 - w_i). \qquad\qquad (26.50b)$$

Wenn wir (26.50a) in (26.50b) einsetzen und den ersten Term links auf die rechte Seite bringen, sehen wir, dass sich in der Summe die w_i-Terme kürzen und nur

$$a_{,t}^2 + qc^2 - \frac{\kappa c^2}{3}a^2\sum_i \varepsilon_i = 0 \qquad\qquad (26.51)$$

übrigbleibt. Das ist die logische Erweiterung von (25.27), in der wir nur die Materieenergiedichte mit $\varepsilon_m = \varepsilon_{m0}\, a^{-3}$ berücksichtigt haben. Wir hätten diese Form letztlich auch direkt hinschreiben können, aber nur aufgrund unserer ausführlichen Überlegungen mit Hilfe der Zustandsgleichung und des Energiesatzes sind wir jetzt in der Lage, in (26.51) die verschiedenen Anteile ε_i an der Gesamtenergiedichte durch Funktionen des Skalenfaktors zu ersetzen, um dann eine gewöhnliche Differentialgleichung für den Skalenfaktor zu erhalten. Diese lautet unter Verwendung von (26.48)

$$a_{,t}^2 + qc^2 - \frac{\kappa c^2}{3}a^2\sum_i \varepsilon_{i0}a^{-3(1+w_i)} = 0. \qquad\qquad (26.52)$$

Diese Gleichung heißt *Friedmann-Lemaître-Gleichung*. Wir bringen noch den Faktor a^2 vor dem dritten Term in die Summe und haben dann

$$a_{,t}^2 - \frac{\kappa c^2}{3} \sum_i \varepsilon_{i0} a^{-(1+3w_i)} = -qc^2.$$ (26.53)

26.7.3 Qualitative Betrachtung im Potentialbild

Wie für die Gleichungen ohne kosmologisches Glied wollen wir zuerst eine qualitative Diskussion durchführen. Dazu nutzen wir aus, dass (26.53) wieder als eine Energiebilanz betrachtet werden kann. Wir beschränken uns dazu auf die Fälle mit $\varepsilon_r = 0$, da wir auch anhand der Modelle, die nur Materie und kosmologische Konstante enthalten, die wesentlichen Punkte klarmachen können. Außerdem verwenden wir hier nochmals die Notation mit Λ statt ε_Λ, die wir mit dem Zusammenhang $\varepsilon_\Lambda = \Lambda/\kappa$ zwischen Vakuumenergiedichte und kosmologischer Konstante in (26.42) erhalten. In dieser Form wird aus (26.53) die Beziehung

$$a_{,t}^2 - \frac{\kappa c^2}{3} \frac{\varepsilon_{m0}}{a} - \frac{\Lambda c^2}{3} a^2 = -qc^2.$$ (26.54)

Hier haben wir im Vergleich zu (25.28) den zusätzlichen Potentialterm $-\Lambda c^2 a^2/3$. Solange aber neben dem Potentialbeitrag von Λ Anteile vorhanden sind, die für $a \to 0$ divergieren, gilt immer noch, dass alle diese Lösungen der Friedmann-Gleichung für $a = 0$ unendliche Steigung haben. Abb. 26.2 zeigt Potentialverläufe für verschiedene Werte von Λ. Das genaue Verhalten der Lösungen hängt stark vom Wert und vor allem vom Vorzeichen von Λ ab. Es ergeben sich folgende mögliche Lösungstypen:

1. Ist Λ groß genug, so dehnt sich das Universum unabhängig vom Wert von q für alle Zeit aus, dieser Fall entspricht Λ_1.

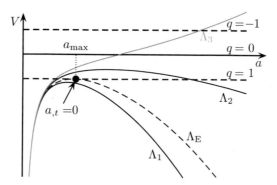

Abb. 26.2 Qualitative Betrachtung zur Friedmann-Lemaître-Gleichung (26.54). Für $\Lambda < 0$ sind nur Universen möglich, die wieder kollabieren (Λ_3). Für $\Lambda > 0$ expandieren alle Universen mit $q = 0$ oder $q = -1$. Für $q = 1$ existieren rekollabierende Lösungen (Λ_1), ewig expandierende Lösungen (Λ_2), sowie der Grenzfall Λ_E, ein asymptotisch bis auf einen Maximalwert expandierendes, bzw. bei geeigneten Anfangsbedingungen statisches Universum

2. Ist Λ kleiner, so gibt es für $q = 1$ wiederum ein geschlossenes Universum, das eine maximale Ausdehnung erreicht und dann wieder kollabiert (Λ_2).

3. Zwischen diesen beiden Fällen existiert ein Wert für Λ, bei dem das Maximum der potentiellen Energie für $q = 1$ exakt der Gesamtenergie entspricht. In diesem Fall nähert sich a asymptotisch dem Maximalwert, während $a_{,t}$ gegen Null geht (Λ_E). Es ergibt sich dann nach einer gewissen Zeit ein statisches Universum. Alternativ ergibt sich für die Anfangsbedingung $a_{,t} = 0$ ein völlig statisches Universum ohne Urknall, das exakt an diesem Punkt liegt. Das ist genau das von Einstein in Verbindung mit der Einführung der kosmologischen Konstante vorgeschlagene Modell. Es ist allerdings instabil, da jede Abweichung von Λ vom korrekten Wert das Universum entweder kollabieren oder expandieren lässt.

4. Der Fall $\Lambda < 0$ entspricht für alle Werte von q einem gebundenen Teilchen. Jede Lösung dieses Typs muss wieder kollabieren (Λ_3).

26.7.4 Formulierung mit Energiedichteanteilen

Wir möchten im Folgenden jetzt nicht nur Skalenfaktoren aus der Friedmann-Gleichung berechnen, sondern später unsere theoretischen Modelle mit Beobachtungen vergleichen. Im Wesentlichen werden das die Werte der Hubble-Konstante H_0, sowie die Ω_0-Parameter der verschiedenen Energieformen sein. Zur direkten Verwendung dieser Größen können wir (26.53) in eine praktische Form bringen. Dazu benutzen wir zuerst (26.11), um den Krümmungsindex q durch $\Omega_0 = \sum_i \Omega_{i0}$ und H_0 zu ersetzen. Als Zwischenergebnis haben wir dann

$$a_{,t}^2 + H_0^2 (\Omega_0 - 1) - \frac{\kappa c^2}{3} \sum_i \varepsilon_{i0} a^{-(1+3w_i)} = 0. \qquad (26.55)$$

Danach teilen wir durch H_0^2 und nutzen dabei den Zusammenhang

$$\frac{\kappa c^2}{3 H_0^2} = \frac{1}{\varepsilon_{c0}}, \qquad (26.56)$$

den wir aus (26.5) gewinnen, um den Vorfaktor vor dem dritten Term zu ersetzen. Es ist dann

$$\frac{a_{,t}^2}{H_0^2} + (\Omega_0 - 1) - \sum_i \frac{\varepsilon_{i0}}{\varepsilon_{c0}} a^{-(1+3w_i)} = 0. \qquad (26.57)$$

Die Quotienten $\varepsilon_{i0}/\varepsilon_{c0}$ entsprechen gerade den Werten Ω_{i0} der jeweiligen Ω_i-Parameter heute. Wir nehmen diese Ersetzung vor, bringen den zweiten und dritten Term auf die rechte Seite und multiplizieren mit H_0^2. Dann ist

$$a_{,t}^2 = H_0^2 \left[\sum_i \Omega_{i0} a^{-(1+3w_i)} + (1 - \Omega_0) \right]. \qquad (26.58)$$

Schließlich ziehen wir die Wurzel und separieren die Variablen. Dann gelangen wir zu

$$\frac{\mathrm{d}a}{\sqrt{\sum_i \Omega_{i0}\, a^{-(1+3w_i)} + (1-\Omega_0)}} = H_0 \mathrm{d}t. \tag{26.59}$$

Damit haben wir die Friedmann-Gleichung in eine Form gebracht, in der sie von den Messgrößen H_0 und Ω_{i0} abhängt. Formal lösen können wir sie durch Integration von (26.59), was auf

$$\int \frac{\mathrm{d}a}{\sqrt{\sum_i \Omega_{i0}\, a^{-(1+3w_i)} + (1-\Omega_0)}} = H_0 t + \mathcal{C} \tag{26.60}$$

führt. Dabei müssen wir die Integrationskonstante noch so wählen, dass $a_0 = 1$ ist. Je nachdem, welche und wieviele Beiträge Ω_{i0} in (26.60) berücksichtigt werden, ist die Integration auf der linken Seite analytisch möglich oder nicht. Im allgemeinen Fall bleibt nur die numerische Integration. Eine gute Diskussion verschiedener möglicher Energieformen findet sich in einem Artikel von Nemiroff [7]. Man sieht direkt, dass flache Universen mit nur einem Beitrag zur Energiedichte einen Skalenfaktor der Form

$$a(t) \sim t^{\frac{2}{3(1+w)}} \tag{26.61}$$

aufweisen.

Wir beschränken uns im Folgenden aber weiter auf die drei Formen, die wir bereits kennengelernt haben, d. h. Materie, Strahlung und kosmologische Konstante. In diesem Fall gilt also

$$\Omega_0 = \Omega_{m0} + \Omega_{r0} + \Omega_{\Lambda 0} \tag{26.62}$$

und wir bekommen als Ausgangsgleichung für die folgenden Betrachtungen die Relation

$$\int \frac{\mathrm{d}a}{\sqrt{\Omega_{m0}\, a^{-1} + \Omega_{r0}\, a^{-2} + \Omega_{\Lambda 0}\, a^2 + (1-\Omega_0)}} = H_0 t + \mathcal{C}, \tag{26.63}$$

unter Verwendung von $w_m = 0$, $w_r = 1/3$ und $w_\Lambda = -1$.

Genaue Werte für die verschiedenen Ω_0-Parameter wurden z. B. von der WMAP-Kollaboration (Ω_{m0} und $\Omega_{\Lambda 0}$), sowie vom COBE-Experiment (Ω_{r0}) bestimmt und lauten [1]

$$\begin{aligned}
\Omega_{\Lambda 0} &= 0{,}7135^{+0{,}0095}_{-0{,}0096}, \\
\Omega_{m0} &= 0{,}2865^{+0{,}0096}_{-0{,}0095}, \\
\Omega_{r0} &= 8{,}4 \cdot 10^{-5},
\end{aligned} \tag{26.64}$$

wobei die baryonische Materie nur einen Beitrag

$$\Omega_{\mathrm{bary}} = 0{,}04628 \pm 0{,}00093 \tag{26.65}$$

zur Materieenergiedichte liefert. Wie bereits erwähnt, kommt der überwiegende Beitrag zur Materiedichte also von der dunklen Materie, deren Ursprung nicht geklärt ist. In unserem Universum dominiert also die Vakuumenergiedichte, deren Ursprung ebenfalls nicht bekannt ist. Außerdem ergibt sich aus diesen Werten innerhalb der Fehlergrenzen, dass $\Omega_0 = 1$ in unserem Universum gilt. Das ist allerdings *nicht* gleichbedeutend mit $q = 0$, das würde nur bei einer exakten Gleichheit $\Omega_0 \equiv 1$ gelten. Aufgrund der Messfehler sind die Ergebnisse also mit $q = 0$ konsistent, schließen aber die beiden anderen Werte $q = \pm 1$ nicht aus. Auf die gerade genannten Experimente COBE und WMAP werden wir in Kap. 29 eingehen.

Nach dem gerade Gesagten ist der aktuelle Zustand der Kosmologie etwas kurios: Die aktuellen Modelle beschreiben die Beobachtungsergebnisse sehr gut, aber gleichzeitig sind etwa 95 % des Energieinhaltes des Universums unbekannten Ursprungs. Diese Situation ist sicherlich unbefriedigend und zeigt, wie viele Fragen in der modernen Physik noch ungeklärt sind.

Da wir die Abhängigkeit $\varepsilon_i(a)$ der einzelnen Energiedichten vom Skalenfaktor kennen, können wir mit den numerischen Werten aus (26.64) jetzt abschätzen, bei welchen Skalenfaktoren die jeweiligen Energiebeiträge gleich groß waren und damit die Phasen der unterschiedlichen Dominanzen voneinander abgrenzen. Aus $\Omega_r(a) = \varepsilon_{r0} a^{-4}/\varepsilon_c(a)$ und $\Omega_m(a) = \varepsilon_{m0} a^{-3}/\varepsilon_c(a)$ finden wir

$$a_{rm} = \frac{\Omega_{r0}}{\Omega_{m0}} \approx 3{,}1 \cdot 10^{-4}, \tag{26.66}$$

dabei kürzt sich die kritische Dichte heraus.

Analog ergibt sich mit $\Omega_\Lambda(a) = \Omega_{\Lambda 0}/\varepsilon_c(a)$

$$a_{m\Lambda} = \left(\frac{\Omega_{m0}}{\Omega_{\Lambda 0}}\right)^{1/3} \approx 0{,}74. \tag{26.67}$$

Als die Strahlungsenergiedichte und die Materieenergiedichte gleich groß waren, war das Universum also etwa 3000-mal kleiner als heute. Dagegen hatte das Universum bereits 74 % seiner heutigen Ausdehnung erreicht, als die Vakuumenergiedichte gleich groß wie die Materieenergiedichte wurde.

Mit Hilfe dieser beiden Zeitpunkte lässt sich die Entwicklungsgeschichte des Universums grob in 5 Phasen einteilen, zwischen denen die Übergänge natürlich fließend sind:

1. Die strahlungsdominierte Phase, als $\Omega_r \gg \Omega_m$ war.
2. Die Phase von Strahlung und Materie mit $\Omega_r \approx \Omega_m$.
3. Die materiedominierte Phase mit $\Omega_m \gg \Omega_r$ und $\Omega_m \gg \Omega_\Lambda$.
4. Die Phase mit vergleichbaren Beiträgen von Materie und Vakuumenergiedichte, d. h. $\Omega_m \approx \Omega_\Lambda$, in der wir uns heute befinden.
5. Die Phase dominierender Vakuumdichte, d. h. mit $\Omega_\Lambda \gg \Omega_m$.

In Abb. 26.3 sind diese verschiedenen Phasen mit den zugehörigen Werten des Skalenfaktors für die Werte aus (26.64) dargestellt. Im Folgenden werden wir die Friedmann-Gleichung separat für jede dieser Phasen lösen, wobei wir das materiedominierte Universum bereits kennengelernt haben, und die Eigenschaften dieser

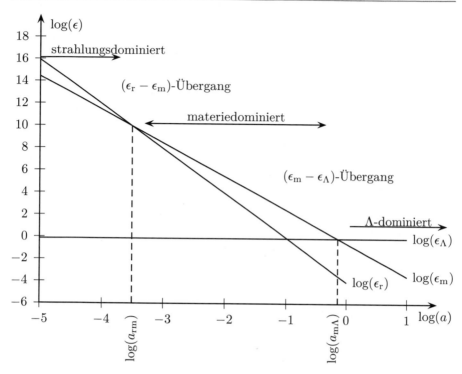

Abb. 26.3 Entwicklung von Strahlungsdichte, Materiedichte und der kosmologischen Konstante in Abhängigkeit vom Skalenfaktor. Wir befinden uns in diesem Diagramm an der Stelle $\log a = 0$ im Bereich des $(\varepsilon_m - \varepsilon_\Lambda)$-Übergangs

Universumsmodelle diskutieren. Daneben lohnt es sich aber auch, weitere Universumsmodelle zu betrachten, die für unser wirkliches Universum weniger von Bedeutung sind. Zum einen sind insbesondere die Modelle mit nichtverschwindender Krümmung wichtig, weil sie sich nicht aufgrund der Messergebnisse ausschließen lassen, zum anderen haben einige dieser Modelle sehr interessante Eigenschaften. Insbesondere werden wir auch Modelle mit $\Lambda < 0$, d. h. mit negativer Vakuumenergiedichte, kurz betrachten. Bis dahin wird in allen Rechnungen $\Lambda > 0$ angenommen.

Wir beginnen unsere Diskussion mit der Betrachtung der Grenzfälle $a \to 0$ und $a \to \infty$, d. h. dem strahlungsdominierten und dem Λ-dominierten Universum, jeweils mit $q = 0$, weil diese mathematisch am einfachsten zu behandeln sind. In allen Fällen wählen wir jetzt $a(0) = 1$.

26.7.5 Flaches Strahlungsuniversum

Wir haben bereits bei der Einführung der Strahlungsenergiedichte darauf hingewiesen, dass diese aufgrund ihres im Gegensatz zur Materiedichte schnelleren Abklingverhaltens für kleine Skalenfaktoren dominiert. Wenn wir nur den Strahlungsbeitrag in (26.63) berücksichtigen, d. h. ein Universum mit $\Omega_{r0} = \Omega_0 = 1$ betrachten, so erhalten wir die Gleichung

$$\int a\,\mathrm{d}a = H_0 t + \mathcal{C},$$ (26.68)

die wir sofort lösen können zu

$$a(t) = \sqrt{2H_0 t + 1}.$$ (26.69)

Für

$$t_{\mathrm{BBr}} = -\frac{1}{2} H_0^{-1}$$ (26.70)

ist $a = 0$, das Alter dieses Universums ist also t_{BBr} (BB = Big Bang). Ein flaches Universum, das nur Strahlung enthält, wird natürlich für alle Zeit durch (26.69) beschrieben.

26.7.6 Flaches Λ-Universum

Im Grenzfall sehr großer Skalenfaktoren gilt analog zum gerade betrachteten strahlungsdominierten Fall, dass in (26.63) der $\Omega_{\Lambda 0}$-Term dominiert. Für ein Universum mit $\Omega_{\Lambda 0} = \Omega_0 = 1$ ergibt sich

$$\int \frac{\mathrm{d}a}{a} = H_0 t + \mathcal{C}.$$ (26.71)

Auch hier ist die Lösung sehr einfach und wir finden, den Ausdruck

$$a(t) = \mathrm{e}^{H_0 t}.$$ (26.72)

Die Metrik mit diesem Skalenfaktor heißt *De-Sitter-Metrik*. Aus (26.72) folgt für den Hubble-Parameter in diesem Fall

$$H(t) = \frac{a_{,t}(t)}{a(t)} = H_0.$$ (26.73)

Bei der De-Sitter-Metrik ist der Wert des Hubble-Parameters für alle Zeit gleich der Hubble-Konstante. Die De-Sitter-Metrik beschreibt ein bis auf die Vakuumenergiedichte leeres und flaches Universum, der Wert der Hubble-Konstante ist in diesem Fall direkt mit dem Wert der kosmologischen Konstante verknüpft. Um dies zu sehen, nutzen wir, dass wenn $\Omega_0 = \Omega_{\Lambda 0} = 1$ gilt, damit auch $\varepsilon_{c0} = \varepsilon_\Lambda$ ist. Wenn wir (26.42) mit (26.56) kombinieren finden wir damit

$$H_0 = c\sqrt{\frac{\Lambda}{3}}.$$ (26.74)

Wir haben in Abschn. 24.2.1 bereits kurz das perfekte kosmologische Prinzip und das zugehörige *Steady-State-Modell* erwähnt, nachdem das Universum nicht nur räumlich homogen ist, sondern sich auch mit der Zeit nicht in wesentlichen Eigenschaften verändert. Mit der De-Sitter-Metrik haben wir jetzt ein Universumsmodell gefunden, bei dem diese Eigenschaft vorliegt. Insbesondere sehen wir auch, dass in der De-Sitter-Metrik, anders als in den anderen Modellen, die wir bisher kennengelernt haben, der Skalenfaktor in der Vergangenheit niemals Null war. Im De-Sitter-Modell gibt es also keinen Urknall. Bei allen anderen nichttrivialen Modellen ist $H(t)$ eine explizit zeitabhängige Funktion und das perfekte kosmologische Prinzip damit verletzt.

Im Steady-State-Modell [3] von *Bondi*[3] und *Gold*,[4] das 1948 vorgestellt wurde, soll die De-Sitter-Metrik zur Beschreibung eines nur Materie enthaltenden Universums dienen. Da sich die Materieenergiedichte bei der Expansion anders als die Vakuumenergiedichte verringert, ist dies nur möglich, wenn gleichzeitig Materie kontinuierlich neu entsteht, um die Dichte konstant zu halten.

In einem bestimmten Volumen V haben wir

$$M(t) = \rho_m(t)V(t) \tag{26.75}$$

für die darin enthaltene Gesamtmasse. Wenn nun bei Expansion die Materiedichte konstant bleiben soll, muss mit einer Rate

$$\dot{M}(t) = \rho_{m0}\dot{V}(t) \tag{26.76}$$

Materie entstehen. Mit $V(t) \sim a(t)^3$ folgt aus (26.72) $\dot{V}(t) = 3H_0 V(t)$ und deshalb

$$\dot{M}(t) = \rho_{m0}3H_0 V(t). \tag{26.77}$$

Mit der kritischen Massendichte $\rho_{c0} = (9,03 \pm 0,21) \cdot 10^{-27}$ kg m^{-3} aus (26.8) und $\Omega_{m0} = 0,2865$ aus (26.64) erhalten wir für unser Universum die Materiedichte

$$\rho_{m0} \approx 2,58 \cdot 10^{-27} \text{ kg m}^{-3}. \tag{26.78}$$

Dies entspricht grob der Masse von 2 Protonen pro Kubikmeter, wobei wir gesehen haben, dass der Großteil der Materie in unserem Universum nicht baryonischer Natur ist. Damit erhalten wir für die Materieerzeugungsrate pro Volumen

$$\frac{\dot{M}(t)}{V(t)} = 3\rho_{m0}H_0 \approx 5,50 \cdot 10^{-37} \text{ kg m}^{-3} \text{ y}^{-1} \tag{26.79}$$

also nicht ganz ein Proton pro Kubikkilometer und Jahr.

Letztlich führte die Entdeckung des kosmischen Mikrowellenhintergrundes, den wir in Kap. 29 besprechen, dazu, dass das Steady-State-Modell heute als unzutreffend angesehen wird. Da sich aber jedes unendlich expandierende Universumsmodell für große Skalenfaktoren asymptotisch wie die De-Sitter-Metrik verhält, ist

---

[3]Hermann Bondi, 1919–2005, britischer Mathematiker und Kosmologe österreichischer Abstammung.

[4]Thomas Gold, 1920–2004, US-amerikanischer Astrophysiker österreichischer Abstammung.

diese Metrik für uns trotzdem wichtig. Außerdem sind in der De-Sitter-Raumzeit aufgrund der sehr einfachen Zeitabhängigkeit des Skalenfaktors viele theoretische Rechnungen analytisch ausführbar, die für andere Raumzeiten nur numerisch möglich sind. Daher wird die De-Sitter-Metrik in vielen theoretischen Arbeiten als Beispiel betrachtet.

26.7.7 Flaches $(\Omega_{r0}\text{-}\Omega_{m0})$-Modell

Für kleine Skalenfaktoren können wir ein verbessertes Modell finden, wenn wir die Materiedichte als denjenigen Beitrag, der für $a \to 0$ am zweitstärksten beiträgt, mitberücksichtigen. Für $\Omega_{r0} + \Omega_{m0} = \Omega_0 = 1$ ersetzen wir Ω_{m0} durch $1 - \Omega_{r0}$ und finden nach einer umfangreicheren Rechnung dann

$$a_{rm}(t) = \mathcal{B}_{rm}\left\{4\cos^2\left[\frac{1}{3}\arctan2\left(\sqrt{4 - f(t)^2}, f(t)\right)\right] - 1\right\}, \qquad (26.80a)$$

mit

$$f(t) = \frac{3}{2}\frac{(H_0 t + \mathcal{C}_1)(\Omega_{r0} - 1)^2}{\Omega_{r0}^{3/2}} \qquad (26.80b)$$

und

$$\mathcal{C}_1 = \frac{2}{3}\frac{(1 - 2\mathcal{B}_{rm})\sqrt{\mathcal{B}_{rm}(1 + \mathcal{B}_{rm})}}{\sqrt{\Omega_{r0}}}, \qquad (26.80c)$$

sowie der Abkürzung

$$\mathcal{B}_{rm} = \frac{\Omega_{r0}}{1 - \Omega_{r0}}. \qquad (26.80d)$$

Bei dieser Definition nutzen wir aus, dass $\cos(ix) = \cosh(x)$ gilt, sodass der Ausdruck (26.80a) auch für $f(t) > 2$ reell ist, wenn das Argument des Arkustangens rein imaginär wird. Das Strahlung-Materie-Universum hat einen Urknall bei

$$t_{BBrm} = \frac{2}{3}\frac{3\Omega_{r0} - 1 - 2\Omega_{r0}^{3/2}}{(1 - \Omega_{r0})^2}H_0^{-1}. \qquad (26.81)$$

Für $\Omega_{r0} = 0$, d. h. $\Omega_{m0} = 1$ ergibt dieser Ausdruck $t_{BBrm} = -2H_0^{-1}/3$, also den Wert für das Materieuniversum und für $\Omega_{r0} \to 1$ ergibt sich mit dem *Grenzwertsatz von L'Hospital*[5] $t_{BBrm} = -H_0^{-1}/2$, das Alter des strahlungsdominierten Universums. Ein flaches Universum mit Energiebeiträgen von Strahlung und Materie ist also immer zwischen $H_0^{-1}/2$ und $2H_0^{-1}/3$ alt. In Abb. 26.4 ist der Skalenfaktor des $(\Omega_{r0}\text{-}\Omega_{m0})$-Uni-

---

[5] Guillaume François Antoine, Marquis de L'Hospital, 1661–1704, französischer Mathematiker.

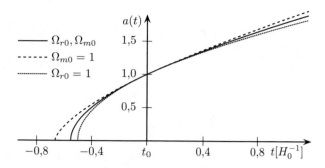

Abb. 26.4 Skalenfaktor $a(t)$ des $(\Omega_{r0}\text{-}\Omega_{m0})$-Universums mit $\Omega_{r0} = \Omega_{m0} = 0{,}5$ im Vergleich mit dem materiedominierten Universum und dem strahlungsdominierten Universum. Der Urknall liegt bei diesem Modell bei $t_{\mathrm{BBrm}}(0{,}5) \approx -0{,}552\, H_0^{-1}$ und damit zwischen den beiden Grenzfällen. Für große Skalenfaktoren wird das Verhalten zunehmend dem des Materieuniversums ähnlicher

versums zusammen mit seinen Grenzmodellen, dem reinen Strahlungsuniversum aus (26.69) und dem reinen Materieuniversum gezeigt.

26.7.8 Flaches $(\Omega_{m0}\text{-}\Omega_{\Lambda0})$-Modell

Analog zur gerade diskutierten Erweiterung für kleine Skalenfaktoren erhalten wir für große Skalenfaktoren ein verbessertes Modell, wenn wir die Materiedichte mitberücksichtigen. Anhand der Werte $\Omega_{\Lambda0} = 0{,}7135$ und $\Omega_{m0} = 0{,}2865$ aus (26.64) wird deutlich, dass dieses Modell für uns besonders wichtig ist, da es die wesentlichen Beiträge zur heutigen Energiedichte berücksichtigt. Wir gehen wie im letzten Abschnitt vor, setzen wegen $\Omega_{m0} + \Omega_{\Lambda0} = \Omega_0 = 1$ in allen Ausdrücken $\Omega_{m0} = \Omega_{\Lambda0} - 1$ ein, und finden den Skalenfaktor

$$a_{m\Lambda}(t) = \left[\frac{1}{\mathcal{B}_{m\Lambda}} \sinh^2\left(\frac{3}{2}\sqrt{\Omega_{\Lambda0}}\,(H_0 t + C_1) \right) \right]^{1/3}, \tag{26.82a}$$

mit

$$C_1 = \frac{2}{3}\frac{1}{\sqrt{\Omega_{\Lambda0}}}\operatorname{arsinh}\left(\sqrt{\mathcal{B}_{m\Lambda}} \right) \tag{26.82b}$$

und

$$\mathcal{B}_{m\Lambda} = \frac{\Omega_{\Lambda0}}{1 - \Omega_{\Lambda0}}. \tag{26.82c}$$

Eine alternative Form erhalten wir mit der trigonometrischen Relation $\sinh^2(x) = (\cosh(2x) - 1)/2$:

$$a_{m\Lambda}(t) = \left[\frac{1}{2\mathcal{B}_{m\Lambda}}\left(\cosh\left[3\sqrt{\Omega_{\Lambda 0}}\,(H_0 t + \mathcal{C}_1)\right] - 1\right)\right]^{1/3}. \qquad (26.82d)$$

Wegen $\sinh(0) = 0$ ergibt sich außerdem das Weltalter zu

$$t_{BBm\Lambda} = -\frac{2}{3\sqrt{\Omega_{\Lambda 0}}}\,\text{arsinh}\left(\sqrt{\mathcal{B}_{m\Lambda}}\right)H_0^{-1}. \qquad (26.83)$$

Für $\Omega_{\Lambda 0} = 0$ erhalten wir wieder das Alter des Materieuniversums mit $t_{BBm\Lambda} = -2H_0^{-1}/3$. Für $\Omega_{\Lambda 0} \to 1$ dagegen divergiert dieser Ausdruck. Das ist auch nicht überraschend, denn in diesem Grenzfall nähert sich dieses Modell dem De-Sitter-Universum, das keinen Urknall hat. Wir können aber festhalten, dass ein flaches Universum mit positiver kosmologischer Konstante und $\Omega_{m0} > 0$ immer vor endlicher Zeit einen Urknall hatte.

Wir können auch erkennen, dass $a(t)$ für $t \to t_{BBm\Lambda}$, d. h. $a \to 0$, das $t^{2/3}$-Verhalten des flachen Materieuniversums hat, wenn wir im Sinus Hyperbolicus die Näherungen $e^{at+c} \approx 1 + \alpha t$ und $e^{-(\alpha t+c)} \approx 1 - \alpha t$ einsetzen, was jeweils für t nahe bei $-c/\alpha$ gilt. Entsprechend ergibt sich für $t \to \infty$ bzw. $a \to \infty$ das De-Sitter-Universum, da dann $e^{-(\alpha t+c)} \to 0$ und

$$\sinh^{2/3}\left(\frac{3}{2}\sqrt{\Omega_{\Lambda 0}}\,(H_0 t + \mathcal{C}_1)\right) \approx e^{\sqrt{\Omega_{\Lambda 0}}\,(H_0 t + \mathcal{C}_1)} \qquad (26.84)$$

ist. In Abb. 26.5 ist das (Ω_{m0}-$\Omega_{\Lambda 0}$)-Universum zusammen mit seinen Grenzmodellen gezeigt.

Der Skalenfaktor in (26.82a, b, c & d) beschreibt ein anfangs abgebremst und später beschleunigt expandierendes Universum. Wie wir bereits erwähnt haben, wird heute für unser Universum genau diese Entwicklung des Skalenfaktors angenommen und die Beobachtungen sind zumindest mit einem flachen Universum konsistent.

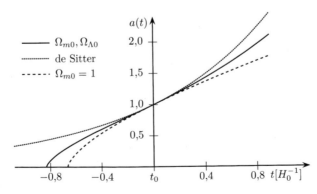

Abb. 26.5 Skalenfaktor $a(t)$ des (Ω_{m0}-$\Omega_{\Lambda 0}$)-Universums mit $\Omega_{m0} = \Omega_{\Lambda 0} = 0,5$ im Vergleich mit dem materiedominierten Universum und dem De-Sitter-Universum. Der Urknall liegt bei diesem Modell bei $t_{BBm\Lambda}(0,5) \approx -0,831\,H_0^{-1}$, es ist also älter als das Materieuniversum

Wenn wir untersuchen, wann die zweite Ableitung $a_{,tt}(t)$ des Skalenfaktors verschwindet, dann finden wir

$$t_{b(m\Lambda)} = \frac{2}{3\sqrt{\Omega_{\Lambda 0}}}\left[\text{arcosh}\left(\frac{1}{2}\sqrt{6}\right) - \text{arsinh}\left(\mathcal{B}_{m\Lambda}\right)\right]H_0^{-1}. \quad (26.85)$$

Vor diesem Zeitpunkt ist die Expansion abgebremst, danach beschleunigt, weiter gilt

$$a = \mathcal{B}_{m\Lambda}^{-1/3} = \left(\frac{\Omega_{m0}}{\Omega_{\Lambda 0}}\right)^{1/3} \approx 0,74 \quad (26.86)$$

für den Skalenfaktor bei Gleichheit von Materie- und Strahlungsenergiedichte zu diesem Zeitpunkt. Dieses Ergebnis haben wir bereits in Abschn. 26.7.4 gefunden. Wegen des sehr kleinen Anteils der Strahlungsenergiedichte in (26.64) ist dieses Modell für sehr große Zeitbereiche in die Vergangenheit eine exzellente Näherung für den Skalenfaktor des echten Universums, nur für sehr kleine Skalenfaktoren, in den Zeiten, in denen die Energiedichte der Strahlung wesentlich wird, ist das hier vorliegende Modell unzutreffend.

Mit den Werten der Ω-Parameter in (26.64) und der Hubble-Konstante in (23.6) können wir dieses Modell jetzt an unser Universum anpassen, wobei wir natürlich den Strahlungsenergiebeitrag vernachlässigen. Wir erhalten dann die Werte in Tab. 26.1. Abb. 26.6 zeigt die Entwicklung des Skalenfaktors bei Annahme dieser Werte. Wie bereits erwähnt ist das in weiten Bereichen eine sehr gute Näherung der tatsächlichen Entwicklung unseres Universums. Die Abweichung zwischen $t_{BBm\Lambda}$ und der eigentlich groben Abschätzung H_0^{-1} beträgt weniger als 4 %. Tatsächlich führt die Forderung $t_{BBm\Lambda} = -H_0^{-1}$ auf die Gleichung

$$\sqrt{\Omega_\Lambda} = \frac{2}{3}\text{arsinh}\left(\sqrt{\frac{\Omega_\Lambda}{1-\Omega_\Lambda}}\right), \quad (26.87)$$

mit der numerischen Lösung $\Omega_\Lambda \approx 0,737$, die fast innerhalb der Fehlergrenzen des WMAP-Wertes liegt.

Tab. 26.1 Aus den WMAP-Ergebnissen abgeleitete Werte für das $(\Omega_{m0}\text{-}\Omega_{\Lambda 0})$-Modell. Negative Zeiten bedeuten eine Zeitspanne in die Vergangenheit

Charakteristische Zeiten		in 10^9 y	in H_0^{-1}
Beginn beschleunigte Expansion	t_b	−10,81	−0,7775
Weltalter aus Modell	$t_{BBm\Lambda}$	−13,77	−0,9765
Abgeschätztes Weltalter	$-H_0^{-1}$	−14,1	−1,0

Skalenfaktor bei $t = t_b$: $a(t_b) = 0,572$

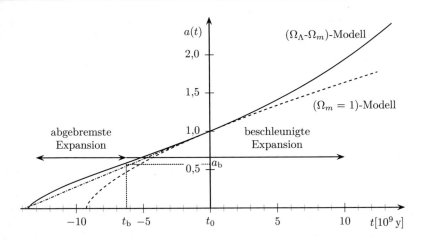

Abb. 26.6 Entwicklung des Skalenfaktors $a(t)$ im an unser Universum angepassten $(\Omega_m\text{-}\Omega_\Lambda)$-Modell in Einheiten von Milliarden von Jahren. Der Urknall fand in diesem Modell bei $t_{BBm\Lambda} \approx -0{,}9765\,H_0^{-1}$ statt. *Gestrichelt* ist zum Vergleich die Kurve für das $(\Omega_m = 1)$-Modell mit dem Urknall bei $t = -2H_0^{-1}/3$ gezeigt. Die Tangente an die Kurve zum heutigen Zeitpunkt, d. h. die Abschätzung des Weltalters über die Hubble-Zeit ist *gestrichelt-gepunktet*. Zum Zeitpunkt $t_b \approx -6{,}44 \cdot 10^9$ y fand der Übergang von gebremster zu beschleunigter Expansion statt

26.7.9 Flaches $(\Omega_{r0}\text{-}\Omega_{\Lambda0})$-Modell

Dieses Modell ist dem $(\Omega_{m0}\text{-}\Omega_{\Lambda0})$-Modell ähnlich. Für uns ist es eigentlich weit weniger wichtig, da in unserem Universum zu der Zeit, als Strahlungs- und Vakuumenergiedichte vergleichbar groß waren, die Materie dominierte. Dieses Modell hat aber den mathematischen Reiz, dass es, im Gegensatz zum $(\Omega_{m0}\text{-}\Omega_{\Lambda0})$-Modell, auch mit Krümmung noch analytisch behandelbar bleibt.

Mit $\Omega_{r0} + \Omega_{\Lambda0} = \Omega_0 = 1$ und $\mathcal{B}_{r\Lambda} = \Omega_{\Lambda0}/(1 - \Omega_{\Lambda0})$ finden wir den Skalenfaktor

$$a_{r\Lambda}(t) = \left\{ \frac{1}{\sqrt{\mathcal{B}_{r\Lambda}}} \sinh\left[2\sqrt{\Omega_{\Lambda0}} \left(H_0 t + \frac{\operatorname{arsinh}\left(\sqrt{\mathcal{B}_{r\Lambda}}\right)}{2\sqrt{\Omega_\Lambda}} \right) \right] \right\}^{1/2} . \qquad (26.88)$$

Daraus ersehen wir auch direkt das Weltalter

$$t_{BBr\Lambda} = -\frac{1}{2\sqrt{\Omega_\Lambda}} \operatorname{arsinh}\left(\sqrt{\mathcal{B}_{r\Lambda}}\right) H_0^{-1} . \qquad (26.89)$$

In Abb. 26.7 ist dieses Modell zusammen mit seinen Grenzmodellen dargestellt. Man erkennt das dem $(\Omega_{m0}\text{-}\Omega_{\Lambda0})$-Modell ähnliche Verhalten, wobei im aktuellen Fall die Expansionsrate anfangs größer ist. Der Wechsel von gebremster zu beschleunigter Expansion findet in diesem Modell bei

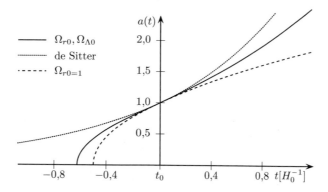

Abb. 26.7 Skalenfaktor $a(t)$ des $(\Omega_{r0}\text{-}\Omega_{\Lambda0})$-Universums mit $\Omega_{r0} = \Omega_{\Lambda0} = 0,5$ im Vergleich mit dem strahlungsdominierten Universum und dem De-Sitter-Universum. Der Urknall liegt bei diesem Modell bei $t_{BBr\Lambda}(0,5) \approx -0,623\,H_0^{-1}$, es ist also älter als das Strahlungsuniversum. Für große Skalenfaktoren erkennt man auch hier die Annäherung an das Verhalten des De-Sitter-Universums

$$t_{b(r\Lambda)} = \frac{1}{4\sqrt{\Omega_{\Lambda0}}}\left[\operatorname{arcosh}(3) - 2\operatorname{arsinh}\left(\sqrt{\mathcal{B}_{r\Lambda}}\right)\right]H_0^{-1} \qquad (26.90)$$

statt. Für $\Omega_{\Lambda0} = 0,5$, wie es im Bild verwendet wird, ergibt sich $t_{b(r\Lambda)} = 0$.

26.7.10 Modelle mit Krümmung

Modelle mit Krümmung ergeben sich in den Fällen, in denen $\Omega_0 = \sum \Omega_i \neq 0$ ist. Auch wenn wir später gute Argumente finden werden, die dafür sprechen, dass zumindest das für uns beobachtbare Universum flach ist, ist es praktisch unmöglich, eine nichtverschwindende Krümmung aus den Beobachtungsergebnissen auszuschließen, da dazu alle Größen exakt bekannt sein müssten. Wir möchten daher in diesem Abschnitt diskutieren, wie sich die bisherigen Modelle verändern, wenn ein Krümmungsterm hinzugenommen wird. Wir erinnern uns noch einmal daran, dass wegen (26.11) die Relationen $\Omega_0 > 1 \Leftrightarrow q = 1$ und $\Omega_0 < 1 \Leftrightarrow q = -1$ gelten.

Für das für uns eigentlich interessanteste Modell, das $(\Omega_{m0}\text{-}\Omega_{\Lambda0}\text{-}q)$-Universum lässt sich allerdings kein Skalenfaktor in analytischer Form mehr finden. Wir werden uns daher auf die Diskussion der anderen Modelle beschränken müssen, können aus den ähnlichen Eigenschaften des $(\Omega_{r0}\text{-}\Omega_{\Lambda0}\text{-}q)$-Modells aber viele qualitative Eigenschaften ableiten.

Strahlung und Krümmung
Für $q = 1$ finden wir die Funktion

$$a_{rqpos}(t) = \frac{1}{\sqrt{\Omega_{r0} - 1}}\sqrt{\Omega_{r0} - \left[(1 - \Omega_{r0})H_0 t + 1\right]^2}. \qquad (26.91)$$

Für dieses Modell ergeben sich wie beim analogen Materiefall mit positiver Krümmung zwei Zeitpunkte, an denen der Skalenfaktor Null wird. Zum einen

$$t_{\mathrm{BBr}qpos} = \frac{1-\sqrt{\Omega_{r0}}}{\Omega_{r0}-1} H_0^{-1} \tag{26.92}$$

als Zeitpunkt des Urknalls, zum anderen

$$t_{\mathrm{BC}r qpos} = \frac{1+\sqrt{\Omega_{r0}}}{\Omega_{r0}-1} H_0^{-1}, \tag{26.93}$$

zu dem das Universum in einem „Big Crunch" endet. Für $q = -1$ ergibt sich

$$a_{\mathrm{rgneq}}(t) = \frac{1}{\sqrt{1-\Omega_{r0}}} \sqrt{\left[(1-\Omega_{r0})H_0 t+1\right]^2 - \Omega_{r0}}, \tag{26.94}$$

wobei der Urknall dieses Modells ebenfalls bei

$$t_{\mathrm{BBr}qneg} = \frac{1-\sqrt{\Omega_{r0}}}{\Omega_{r0}-1} H_0^{-1} \tag{26.95}$$

liegt. Diese beiden Modelle sind in Abb. 26.8 zusammen mit dem flachen Strahlungsuniversum gezeigt. Die sehr hohe Wahl $\Omega_{r0} = 9$ für das Modell mit positiver Krümmung wurde dabei nur getroffen, um gut mit dem Modell für Materie und Krümmung vergleichen zu können.

Materie und Krümmung

Anhand dieser Modelle haben wir uns mit der Friedmann-Gleichung vertraut gemacht, sie sind uns bereits bekannt. Hier sind sie der Vollständigkeit halber nochmals aufgelistet, wobei wir sie an unsere jetzt verwendete Notation angepasst haben. So sieht man aus dem Vergleich von (25.36) mit (26.63), dass in unserer Notation

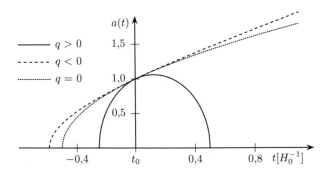

Abb. 26.8 Entwicklung des Skalenfaktors $a(t)$ der Strahlungsuniversen mit Krümmung. Das Modell mit positiver Krümmung, hier mit $\Omega_{r0} = 9$, kollabiert wieder. Mit dem hier gewählten Wert für Ω_{r0} findet der Kollaps bei $H_0^{-1}/2$ statt, was man leicht anhand von (26.93) sieht. Das Modell mit negativer Krümmung, hier mit $\Omega_{r0} = 0,5$, expandiert schneller als das flache Strahlungsuniversum

$$a_{\text{ref}} = \pm \frac{1}{2} \frac{\Omega_{m0}}{\Omega_{m0} - 1} \quad \text{für} \quad q = \pm 1 \tag{26.96}$$

gilt. Für $q = 0$ erhalten wir dann

$$a_{\text{m}}(t) = \left(\frac{3}{2} H_0 t + 1 \right)^{2/3}, \tag{26.97}$$

mit dem Urknall bei $-2H_0^{-1}/3$. Für die in Parameterform angegebenen Fälle finden wir aus der Bedingung $a(\eta_0) = 0$ jeweils einen Winkel η_0 und über die Bedingung $t(\eta_0) = 0$ dann die passende Konstante in der Form für t.

Für $q = 1$ wird damit aus (25.49)

$$t(\eta) = \frac{1}{2} \frac{\Omega_{m0}}{(\Omega_{m0} - 1)^{3/2}} H_0^{-1} \left[\eta - \sin(\eta) + \frac{2\sqrt{\Omega_{m0} - 1}}{\Omega_{m0}} - \arccos\left(\frac{2 - \Omega_{m0}}{\Omega_{m0}} \right) \right], \tag{26.98a}$$

$$a_{\text{mqpos}}(\eta) = \frac{1}{2} \frac{\Omega_{m0}}{\Omega_{m0} - 1} (1 - \cos(\eta)) \tag{26.98b}$$

und für $q = -1$ aus (25.56)

$$t(\eta) = \frac{1}{2} \frac{\Omega_{m0}}{(1 - \Omega_{m0})^{3/2}} H_0^{-1} \left[\sinh(\eta) - \eta + \text{arcosh}\left(\frac{2 - \Omega_{m0}}{\Omega_{m0}} \right) - \frac{2\sqrt{1 - \Omega_{m0}}}{\Omega_{m0}} \right], \tag{26.99a}$$

$$a_{\text{mqneg}}(\eta) = \frac{1}{2} \frac{\Omega_{m0}}{1 - \Omega_{m0}} (\cosh(\eta) - 1). \tag{26.99b}$$

Diese Skalenfaktoren sind in Abb. 26.9 dargestellt.

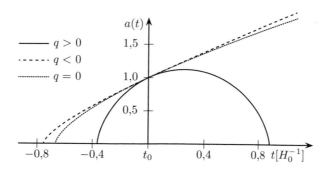

Abb. 26.9 Entwicklung des Skalenfaktors $a(t)$ der Materieuniversen mit Krümmung. Das Modell mit positiver Krümmung, hier mit $\Omega_{m0} = 9$, kollabiert wieder, das Modell mit negativer Krümmung, hier mit $\Omega_{m0} = 0{,}5$, expandiert schneller als das flache Modell

Kosmologische Konstante und Krümmung

Für diesen Fall lohnt sich noch einmal ein Blick auf das Potentialbild, das sich stark verändert, wenn nur eine Vakuumenergiedichte vorhanden ist. Statt dem Potentialverlauf in Abb. 26.2 für positive Λ mit einem Potentialmaximum für einen bestimmten Wert von a haben wir jetzt ein reines harmonisches Potential $V = -\Lambda c^2 a^2/3$. Zum einen gilt damit nicht mehr, dass für $a \to 0$ die Änderungsrate $a_{,t}$ gegen unendlich gehen muss, da jetzt auch das Potential in diesem Fall Null wird. Zum anderen führt dies dazu, dass für $q = 1$ ein minimal zulässiger Wert für a existiert, nämlich so, dass

$$qc^2 = \frac{\Lambda c^2}{3} a_{min} \tag{26.100}$$

gilt (s. Abb. 26.10). Mit den Relationen für Λ, q und ε_{c0} aus (26.5), (26.11) und (26.42) führt das auf

$$a_{min} = \sqrt{\frac{\Omega_{\Lambda 0} - 1}{\Omega_{\Lambda 0}}}, \tag{26.101}$$

wobei hier ja $\Omega_{\Lambda 0} > 1$ gilt. Aus der Friedmann-Gleichung ergibt sich jetzt unabhängig vom Vorzeichen von q der Skalenfaktor

$$a_{\Lambda q}(t) = \cosh(H_0\sqrt{\Omega_{\Lambda 0}}\, t) + \frac{1}{\sqrt{\Omega_{\Lambda 0}}} \sinh(H_0\sqrt{\Omega_{\Lambda 0}}\, t). \tag{26.102}$$

Im Fall $q = -1$ hat das Modell einen Urknall bei

$$t_{BB\Lambda q neg} = -\frac{\mathrm{arcosh}\left(\dfrac{1}{\sqrt{1 - \Omega_{\Lambda 0}}}\right)}{H_0\sqrt{\Omega_{\Lambda 0}}}. \tag{26.103}$$

Abb. 26.11 zeigt die Skalenfaktoren dieser Modelle.

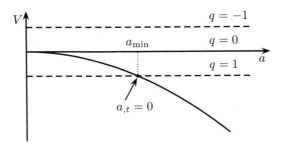

Abb. 26.10 Qualitative Betrachtung zum Λ-Universum mit Krümmung. Da ohne andere Beiträge zur Energiedichte das Potential für $\Lambda > 0$ eine nach unten geöffnete Parabel ist, existieren für $q = 1$ verbotene Skalenfaktorenwerte $a < a_{min}$

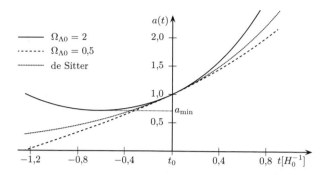

Abb. 26.11 Entwicklung des Skalenfaktors der Λ-Universen mit Krümmung. Im Gegensatz zum De-Sitter-Universum hat das Modell mit negativer Krümmung, hier mit $\Omega_{\Lambda 0} = 0{,}5$, einen Urknall. Dagegen kann der Skalenfaktor bei positiver Krümmung hier mit $\Omega_{\Lambda 0} = 2$, den Wert $a_{\min}$ aus (26.101) nicht unterschreiten

Strahlung, kosmologische Konstante und Krümmung

Das $(\Omega_{r0}\text{-}\Omega_{\Lambda 0})$-Modell mit Krümmung ist das komplexeste Modell, das wir analytisch untersuchen werden. Dies ist der einzige Fall, in dem wir Beiträge von zwei Energiedichten haben und diese frei wählen können. In unseren bisherigen Modellen mit zwei Energiebeiträgen Ω_{i0} und Ω_{j0} galt immer $\Omega_{i0} + \Omega_{j0} = 1$. Mit dieser neuen Freiheit finden wir den Skalenfaktor

$$a_{r\Lambda q}(t) = \frac{1}{2\sqrt{\Omega_{\Lambda 0}}}\left\{\left[(1+\sqrt{\Omega_{\Lambda 0}})^2 - \Omega_{r0}\right]e^{2\sqrt{\Omega_{\Lambda 0}}H_0 t}\right.$$
$$\left. + \left[(1-\sqrt{\Omega_{\Lambda 0}})^2 - \Omega_{r0}\right]e^{-2\sqrt{\Omega_{\Lambda 0}}H_0 t} - 2\Omega_q\right\}^{1/2}, \tag{26.104}$$

mit der Abkürzung

$$\Omega_q = 1 - \Omega_{r0} - \Omega_{\Lambda 0}. \tag{26.105}$$

Es ergeben sich die Zeiten

$$t_{\text{BBr}\Lambda q} = \frac{1}{2\sqrt{\Omega_{\Lambda 0}}H_0}\ln\left(\frac{\Omega_q + 2\sqrt{\Omega_{\Lambda 0}\,\Omega_{r0}}}{(1+\sqrt{\Omega_{\Lambda 0}})^2 - \Omega_{r0}}\right) \tag{26.106}$$

und

$$t_{\text{BCr}\Lambda q} = \frac{1}{2\sqrt{\Omega_{\Lambda 0}}H_0}\ln\left(\frac{\Omega_q - 2\sqrt{\Omega_{\Lambda 0}\,\Omega_{r0}}}{(1+\sqrt{\Omega_{\Lambda 0}})^2 - \Omega_{r0}}\right) \tag{26.107}$$

für Urknall bzw. Big Crunch. Je nach Wert der einzelnen Energiebeiträge sind diese Zeiten aber reell oder komplexwertig. So verschwindet in beiden Ausdrücken der Nenner des Logarithmus bei

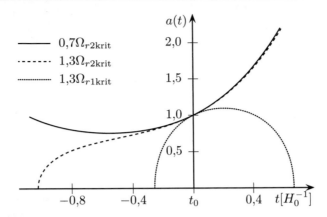

Abb. 26.12 Skalenfaktoren des Universumsmodells mit Strahlung, Vakuumdichte und Krümmung für $\Omega_{A0} = 3$. Je nach Wert der Parameter Ω_{r0} und Ω_{A0} haben die Modelle einen Urknall oder nicht, bzw. rekollabieren oder nicht

Tab. 26.2 Skalenfaktoren der leeren Weltmodelle mit Bezeichnung

Λ	q	Skalenfaktor $a(t)$	Name
0	0	$a_0 \in \mathbb{R}$	Leeres statisches Universum
0	-1	$-ct+1$	Milnes Modell [6]
Positiv	0	$\exp(H_0 t)$	De-Sitter-Universum
Positiv	1	$\cosh(H_0 t)$	–
Positiv	-1	$\sinh(H_0 t)$	–
Negativ	-1	$\sin(H_0 t)$	Anti-de-Sitter-Universum

$$\Omega_{r1krit} = (1 + \sqrt{\Omega_{A0}})^2 \qquad (26.108)$$

und für

$$\Omega_{r2krit} = (1 - \sqrt{\Omega_{A0}})^2 \qquad (26.109)$$

der Zähler des Logarithmus in (26.106). Es lassen sich also Modelle mit Urknall und Big Crunch, nur mit Urknall und auch solche mit einem minimalen Wert von a finden. Abb. 26.12 zeigt einige Beispiele.

26.7.11 Andere Modelle

Neben den bisher diskutierten Modellen existieren natürlich noch weitere. Eine Untergruppe sind die leeren Universen, die nur Vakuumenergiedichte enthalten, wie etwa das De-Sitter-Universum (s. Tab. 26.2). Für unsere weiteren Betrachtungen sind alle leeren Universen abgesehen vom De-Sitter-Universum weniger interessant. Einige dieser Modelle spielten aber historisch wichtige Rollen. So wurde das *Milne-Modell*[6] als ein ganz frühes sehr einfaches kosmologisches Modell vorgeschlagen [6]. Heutzutage spielt besonders die Anti-de-Sitter-Metrik wieder eine wichtige Rolle, allerdings außerhalb der Kosmologie im Rahmen der AdS/CFT-Korrespondenz, wobei hier aber eine fünfdimensionale Variante dieser Raumzeit betrachtet wird. Details zu diesem interessanten Thema auf einem verständlichen Niveau finden sich in [10].

Mit diesen Modellen sind aber die möglichen Lösungen der Friedmann-Gleichung noch bei weitem nicht ausgeschöpft. Allein der Klassifizierung aller Zweikomponentenuniversen für einen Anteil mit beliebigem w-Parameter in der Zustandsgleichung und zusätzlicher Vakuumenergiedichte ist ein umfangreicher Artikel gewidmet [5].

26.8 Übungsaufgaben

26.8.1 Big-Rip-Modelle

Wir haben in den diskutierten Modellen zwei Möglichkeiten für die zukünftige Entwicklung der Universen gesehen. Zum einen Modelle, die wieder kollabieren (*Big Crunch*), und solche, die ewig expandieren. Dieser Fall heißt auch *Big Chill*.

Zeigen Sie, dass der Skalenfaktor für Modelle, die nur einen Energiedichteanteil mit $w < -1$ besitzen, in *endlicher* Zeit unendlich groß wird. Dieser Fall heißt *Big Rip*.

26.8.2 Ereignishorizont der De-Sitter-Metrik

In einem Universum mit der De-Sitter-Metrik mit dem Skalenfaktor $a(t) = e^{H_0 t}$ aus (26.72) sende ein Beobachter bei $r = r_B$ zur Zeit $t = t_B$ ein Lichtsignal aus. Berechnen Sie, wann ein zweiter Beobachter bei $r = 0$ dieses Lichtsignal empfängt. Empfängt er alle Signale?

26.8.3 Details zum Modell mit Strahlung, kosmologischer Konstante und Krümmung

In dieser Übung betrachten wir das Modell mit Strahlung, kosmologischer Konstante und Krümmung nochmals genauer. Was für Lösungstypen ergeben sich wenn $\Omega_{r0} = \Omega_{r1krit}$ bzw. $\Omega_{r0} = \Omega_{r2krit}$ und wie hängen deren Eigenschaften vom Wert von Ω_{A0} ab?

---

[6]Edward Arthur Milne, 1896–1951, britischer Astrophysiker und Mathematiker.

Literatur

1. Bennett, C.L., et al.: Nine-year Wilkinson microwave anisotropy probe (WMAP) observations: final maps and results. Astrophys. J. Suppl. Ser. **208**(2), 20 (2013)
2. Berezhiani, Z., Nesti, F., Pilo, L., Rossi, N.: Gravity modification with Yukawa-type potential: dark matter and mirror gravity. J. High Energy Phys. **2009**(07), 083 (2009)
3. Bondi, H., Gold, T.: The steady-state theory of the expanding universe. Month. Not. R. Astron. Soc. **108**, 252–270 (1948)
4. Einstein, A.: Kosmologische Betrachtungen zur Allgemeinen Relativitätstheorie. Sitz. Preuß. Akad. Wiss. Berlin, 142–152 (1917)
5. Ha, T., et al.: Classification of the FRW universe with a cosmological constant and a perfect fluid of the equation of state $p = w\varrho$. Gen. Relativ. Gravit. **44**, 1433–1458 (2012)
6. Milne, E.A.: World-structure and the expansion of the universe. Z. Astrophys. **6**, 1–35 (1933)
7. Nemiroff, R.J., Patla, B.: Adventures in Friedmann cosmology: a detailed expansion of the cosmological Friedmann equations. Am. J. Phys. **76**(3), 265–276 (2008)
8. Vera, R.C., Ford, W.K. Jr.: Rotation of the Andromeda nebula from a spectroscopic survey of emission regions. Astrophys. J. **159**, 379–403 (1970)
9. Zwicky, F.: Die Rotverschiebung von extragalaktischen Nebeln. Helv. Phys. Acta **6**, 110–127 (1933)
10. Zwiebach, B.: A First Course in String Theory. Cambridge University Press, Cambridge (2009)

Überlegungen zur kosmologischen Beobachtung

27

Inhaltsverzeichnis

Im letzten Kapitel haben wir gesehen, wie unterschiedlich die Entwicklung der verschiedenen Universumsmodelle je nach Beitrag der einzelnen Energiedichten verläuft. Aus der Friedmann-Gleichung lassen sich also eine große Vielzahl ganz unterschiedlicher Modelle herleiten.

Um herauszufinden, durch welches Modell unser Universum am besten beschrieben wird, müssen wir aus Beobachtungen den Wert der Hubble-Konstante H_0 sowie die Werte der einzelnen Ω_{i0}-Parameter bestimmen. Diese Größen sind dabei aber nicht direkt messbar, sondern müssen aus anderen Größen abgeleitet werden. Möchte man etwa die Hubble-Konstante durch die Beobachtung weit entfernter Galaxien bestimmen, so steht man vor dem Problem, dass man zwar bei einer solchen Galaxie die Helligkeit und das Spektrum vermessen kann, die Entfernung der Galaxie aber nicht direkt bestimmbar ist.

In diesem Kapitel möchten wir daher Beziehungen zwischen den tatsächlich messbaren und den für die Theorie wichtigen Größen ableiten, sodass wir aus den Ergebnissen von Beobachtungen auf die Dynamik unseres Universums schließen können.

© Springer-Verlag GmbH Deutschland, ein Teil von Springer Nature 2022
S. Boblest et al., *Spezielle und allgemeine Relativitätstheorie*,
https://doi.org/10.1007/978-3-662-63352-6_27

27.1   Linearisierung des Skalenfaktors

Eines der Ziele der Kosmologie ist die Bestimmung des Skalenfaktors $a(t)$. Aus Messwerten den kompletten Verlauf einer Funktion zu extrapolieren, ohne weitere Modellannahmen einfließen zu lassen, ist aber sehr schwierig. Dagegen können wir das Verhalten des Skalenfaktors für kurze Zeiträume um t_0 herum leicht angeben, vorausgesetzt, wir kennen den Wert der Hubble-Konstanten. Es ist einfach $a(t) \approx 1 + H_0(t - t_0)$, das folgt direkt aus der Definition von H_0. Ein großer Schritt wäre es, Abweichungen von diesem linearen Verhalten messen zu können. Um dies quantitativ beschreiben zu können, entwickeln wir $a(t)$ um t_0 in zweiter Ordnung. Das ergibt die Taylorreihe:

$$
\begin{aligned}
a(t) &= 1 + H_0(t - t_0) + \frac{a_{,tt}(t_0)}{2}(t - t_0)^2 + \mathcal{O}\big((t - t_0)^3\big) \\
&= 1 + H_0(t - t_0) - \frac{1}{2}b\,H_0^2(t_0)(t - t_0)^2 + \mathcal{O}\big((t - t_0)^3\big).
\end{aligned}
\tag{27.1}
$$

Dabei haben wir die neue Größe

$$
b = -\frac{a_{,tt}(t_0)}{a_{,t}^2(t_0)} = -\frac{a_{,tt}(t_0)}{H_0^2}
\tag{27.2}
$$

eingeführt. Sie heißt *Bremsparameter*. Die Definition von b mit Minuszeichen führt auf $b > 0$, falls $a_{,tt} < 0$, wie es für unser Universum lange angenommen wurde, weil man aufgrund der begrenzten Beobachtungsmöglichkeiten von einem materiedominierten Modell ausgehen musste.

Das von uns als für unser Universum angenommene (Ω_{m0}-$\Omega_{\Lambda0}$)-Modell hat dagegen $b < 0$. Das sehen wir am einfachsten, wenn wir den Bremsparameter mit den Ω_{i0}-Parametern verknüpfen. Eine kleine Umformung von (26.49a) unter Verwendung von (26.5) führt auf

$$
b = \frac{1}{2}\sum_i \Omega_{i0}\,(1 + 3w_i).
\tag{27.3}
$$

Mit den Werten in (26.64) führt das auf

$$
b = \Omega_{r0} + \frac{1}{2}\Omega_{m0} - \Omega_{\Lambda0} \approx -0{,}592.
\tag{27.4}
$$

In Tab. 27.1 sind die Bremsparameter einiger der Modelle aus dem letzten Kapitel aufgelistet.

Tab. 27.1 Bremsparameter verschiedener Universumsmodelle. Betrachtet werden Modelle, bei denen die Ω-Parameter sich zu 1 addieren und alle Anteile gleich groß sind

Modell	b
Strahlung	1
Materie	$1/2$
De Sitter	-1
Ω_{r0}-Ω_{m0}	$3/4$
Ω_{m0}-$\Omega_{\Lambda0}$	$-1/4$
Ω_{r0}-$\Omega_{\Lambda0}$	0

27.2 Entfernungen auf kosmologischen Skalen

Wir haben in Abschn. 23.3 bereits gesehen, dass Hubble bei seiner Abschätzung des Wertes der Hubble-Konstanten weit daneben lag, weil er die Entfernungen zu den von ihm beobachteten Galaxien extrem unterschätzte.

Auch heute noch ist es für Astronomen und Kosmologen eine sehr schwere Aufgabe, die Entfernung zu einem weit entfernten Objekt genau zu bestimmen. Neben diesen methodischen Schwierigkeiten haben wir aber noch ein weiteres Problem. Es ist nicht einfach, auf kosmologischen Skalen überhaupt zu *definieren*, was die Entfernung zu einer weit entfernten Galaxie sein soll. Die einzige Information, die wir über solche Objekte haben, ist das Licht, das uns von ihnen erreicht. Ein mögliches Maß für die Entfernung wäre daher die Laufzeit dieses Lichts. Damit erhalten wir die *Lichtlaufdistanz*

$$d_{\mathrm{L}} = c(t_{\mathrm{r}} - t_{\mathrm{e}}). \qquad (27.5)$$

Während der Laufzeit des Lichtes von Emission bei t_{e} bis zum Empfang bei t_{r} verändert sich der Skalenfaktor des Universums aber kontinuierlich, nur dieses eine Signal braucht daher die Zeit $t_{\mathrm{r}} - t_{\mathrm{e}}$ zu uns, ein später startendes Signal braucht in einem expandierenden Universum z. B. länger (s. Abb. 27.1). Es ist daher klar, dass jede Entfernungsdefinition in einem expandierenden, oder auch kollabierenden, Universum eine Zeitabhängigkeit haben muss.

27.3 Eigendistanz zwischen Objekten

Eine mögliche Entfernungsdefinition führt zur Einführung der sogenannten *Eigendistanz* (englisch „proper distance") d_{ED} von Objekten im Universum. Diese ist einfach definiert als der räumliche Abstand bei festgehaltener Zeit, d. h. bei konstantem Skalenfaktor $a(t)$.

Um dies zu veranschaulichen, betrachten wir als einfaches Beispiel die Situation auf einer sich aufblasenden Kugel. Wenn wir etwa bei $\vartheta_{\mathrm{e}} = 0$ zum Zeitpunkt t_{e} ein Photon zu einem Objekt bei ϑ_{r} losschicken, das dort zur Zeit t_{r} ankommt, so hat das Photon dort die Distanz

$$d_{\mathrm{r}} = a(t_{\mathrm{r}})\vartheta_{\mathrm{r}} \qquad (27.6)$$

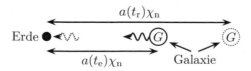

Abb. 27.1 Die Definition von Entfernungen auf kosmologischen Skalen wird durch den zeitabhängigen Skalenfaktor erschwert. Während ein Lichtstrahl von einer Galaxie zu uns unterwegs ist, dehnt sich das Universum kontinuierlich weiter aus, die Entfernung beim Empfang entspricht nicht einfach der Lichtlaufzeit mal der Lichtgeschwindigkeit

Abb. 27.2 Ein durch den Pfeil angedeutetes Photon startet zur Zeit $t = t_e$ bei $\vartheta_e = 0$ auf einer Kugeloberfläche zu einem Punkt bei $\vartheta = \vartheta_r$. Wenn es dort zum Zeitpunkt t_r ankommt, beträgt die Distanz zum Ausgangspunkt $d = a(t_r) \vartheta_r$ und nicht $c(t_r - t_e)$

zum Ausgangspunkt (s. Abb. 27.2). Diese ist aber natürlich nicht gleich der Laufzeit des Lichtstrahls multipliziert mit der Lichtgeschwindigkeit. Eine analoge Beziehung ergibt sich dann, wenn wir eine mitbewegte Galaxie bei den Koordinaten $(\chi_n, \vartheta_n, \varphi_n)$ beobachten, wobei wir die FLRW-Metrik in der Form (24.20b) verwenden wollen, die wir hier noch einmal anschreiben:

$$ds^2 = c^2 dt^2 - a^2(t) \left[d\chi^2 + \begin{Bmatrix} \sin^2(\chi) \\ \chi^2 \\ \sinh^2(\chi) \end{Bmatrix} \left(d\vartheta^2 + \sin^2(\vartheta)\, d\varphi^2 \right) \right] \begin{Bmatrix} \text{für } q = 1 \\ \text{für } q = 0 \\ \text{für } q = -1. \end{Bmatrix} \quad (24.20b)$$

Wir wollen dabei die Koordinaten so wählen, dass wir uns bei $\chi = \vartheta = \varphi = 0$ befinden. Wir finden dann

$$d_{ED} = a(t)\chi \quad (27.7)$$

als Eigendistanz einer mitbewegten Galaxie mit den Koordinaten $(\chi, \vartheta, \varphi)$. Wegen $a(t_0) = 1$ ist die Eigendistanz jeder Galaxie heute einfach gleich ihrer Koordinate χ:

$$d_{ED}(t_0) = \chi. \quad (27.8)$$

Der große Vorteil der Eigendistanz ist ihre sehr einfache Definition. Anschaulich ist die Eigendistanz auch am ehesten das, was man unter der Entfernung einer Galaxie verstehen würde, im Gegensatz beispielsweise zur Lichtlaufzeit. Ihr großer Nachteil ist, dass man sie nicht direkt messen kann, denn dazu müsste man in beliebig kurzer Zeit die Strecke zu einer weit entfernten Galaxie anhand irgendeines Maßstabes bestimmen. Eine rein theoretische Möglichkeit wäre es, viele, streng genommen unendlich viele, Beobachter zwischen uns und der betrachteten Galaxie zu positionieren und deren momentane Entfernungen zueinander bei einer bestimmten Zeit aufzusummieren.

Da die Eigendistanz als Produkt der für mitbewegte Objekte konstanten Koordinate χ und dem Skalenfaktor definiert ist, können wir das Hubble-Gesetz mit ihrer Hilfe formulieren. Es ist nämlich

$$\dot{d}_{ED} = \dot{a}(t)\chi \quad (27.9)$$

und damit auch

$$\dot{d}_{ED}(t) = H(t) d_{ED}(t). \quad (27.10)$$

Die zeitliche Änderung der Eigendistanz entspricht also der Fluchtgeschwindigkeit, wie sie Hubble aus der Rotverschiebung bestimmt hat (s. (23.5)). Hier ist sie aber nicht über eine Geschwindigkeit gegeben, sondern über die Änderung des Skalenfaktors, die betrachtete Galaxie ist ja lokal in Ruhe, da ihre Koordinaten konstant sind.

Wir haben mit der Eigendistanz eine sinnvolle Entfernungsdefinition, können diese Größe aber nicht direkt messen. Auch die Lichtlaufzeit können wir für ein empfangenes Signal nicht direkt bestimmen. Dies ist nur für die Rotverschiebung direkt möglich, mit der wir uns jetzt beschäftigen wollen. Mit ihrer Hilfe werden wir in der Lage sein, messbare Entfernungsdefinitionen einzuführen.

27.4 Kosmologische Rotverschiebung

Wir haben bereits kurz anschaulich erläutert, dass durch die Expansion des Raumes Lichtstrahlen rotverschoben werden. In diesem Abschnitt möchten wir die entsprechenden Zusammenhänge noch einmal detaillierter untersuchen. Im Gegensatz zur Entfernung einer Galaxie lässt sich die Rotverschiebung durch eine genaue Analyse des jeweiligen Spektrums und Vergleich mit Labordaten sehr genau bestimmen. Die Rotverschiebung ist deshalb eine der wichtigsten Informationsquellen bei der Beobachtung weit entfernter Objekte.

27.4.1 Interpretation als Dopplereffekt

Wie in Abschn. 23.3 diskutiert, interpretierte Hubble die von ihm beobachteten Rotverschiebungen als Dopplerverschiebungen aufgrund der sich von uns wegbewegenden Galaxien. Die Frequenzverschiebung aufgrund des longitudinalen Dopplereffektes ist nach (8.17) mit $\beta \ll 1$ gegeben durch

$$\omega_e = \omega_r \frac{\sqrt{1+\beta}}{\sqrt{1-\beta}} \approx \omega_r(1+\beta). \qquad (27.11)$$

Dabei ist die Geschwindigkeit als positiv definiert, wenn sich die Galaxie von uns entfernt. Für uns ist hier nur der longitudinale Dopplereffekt wichtig, denn die betrachtete mitbewegte Galaxie führt, abgesehen von einer möglichen Pekuliargeschwindigkeit, keine Bewegung senkrecht zur Verbindungslinie aus. Es ist dann

$$\omega_r = \frac{\omega_e}{1+\beta} < \omega_e \qquad (27.12)$$

und

$$z = \beta = \frac{v}{c}. \qquad (27.13)$$

Der Rotverschiebungsparameter gibt also die scheinbare Fluchtgeschwindigkeit in Einheiten der Lichtgeschwindigkeit an. Diese Überlegung ist allerdings nur für nahegelegene Galaxien mit $\dot{d} \ll c$ richtig.

Wegen $v = \dot{d}_{EH} = cz$ folgt weiter

$$H_0 = c\,\frac{z}{d_{EH}}. \tag{27.14}$$

Für $z = 1$ wäre nach diesen Überlegungen die Fluchtgeschwindigkeit gleich der Lichtgeschwindigkeit. Wenn wir überlegen, wie weit eine Galaxie entfernt sein muss, damit sie eine Rotverschiebung $z = 1$ hat, so gelangen wir wieder zur Hubble-Distanz cH_0^{-1} aus (23.12).

Die Interpretation als eine Fluchtgeschwindigkeit ist für $v \geq c$ schwierig. Im folgenden Abschnitt werden wir die Rotverschiebung deshalb allgemeiner behandeln und dieses Problem umgehen.

27.4.2 Interpretation als Effekt der Raumdehnung

In diesem Abschnitt möchten wir die Rotverschiebung mit der Veränderung des Skalenfaktors während der Laufzeit des Lichts verknüpfen. Wir werden sehen, dass für die Wellenlängen bei Emission und Empfang der Zusammenhang $\lambda_r = \lambda_e a(t_r)/a(t_e)$ gilt, wenn das Licht zum Zeitpunkt t_e ausgesandt wurde und uns zur Zeit t_r erreicht. Wir haben bereits in wenigen Sätzen in Abschn. 26.5 plausibel gemacht, warum diese Relation gelten sollte. Jetzt werden wir eine saubere Ableitung mit Hilfe der FLRW-Metrik nachholen.

Dazu betrachten wir einen Lichtstrahl, der von der oben eingeführten, weit entfernten Galaxie zu uns kommen soll. Für Licht gilt $ds = 0$ und es folgt daher $- c^2 dt^2 + a^2(t)d\chi^2 = 0$, bzw.

$$c\,dt = \pm a(t)d\chi. \tag{27.15}$$

Integration dieser Gleichung vom Emissionszeitpunkt bis zum Empfang bei uns liefert

$$\chi = c \int_{t_e}^{t_r} \frac{dt}{a(t)}. \tag{27.16}$$

Für den Fall, dass $a(t) = a = $ const gilt, ergibt sich einfach $\chi = (c/a)(t_r - t_r)$, bzw. die Lichtlaufdistanz $d_L = a\chi$.

Der Wert von χ ist aber in jedem Fall proportional zur Fläche unter der Kurve $a^{-1}(t)$ wie in Abb. 27.3 gezeigt. Der für uns entscheidende Punkt ist, dass die Koordinate χ der betrachteten Galaxie zeitunabhängig, d.h. fest im mitbewegten Koordinatensystem ist. Wir betrachten nun von dem von der Galaxie ausgesandten Licht genau einen Wellenzug der elektromagnetischen Welle. Der Anfang des Wellenzuges startet zur Zeit t_e und erreicht uns zur Zeit t_r, das Ende des Wellenzuges

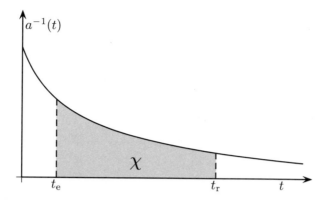

Abb. 27.3 Zur Berechnung der kosmologischen Rotverschiebung: Die Radialkoordinate χ einer beobachteten Galaxie ist proportional zur Fläche unter der Kurve $a^{-1}(t)$ über den Zeitraum der Lichtlaufzeit

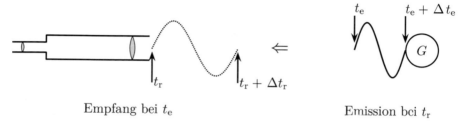

Empfang bei t_e Emission bei t_r

Abb. 27.4 Skizze zur Herleitung der kosmologischen Rotverschiebung. Wir betrachten Anfang und Ende eines Wellenzuges, der von einer Galaxie bei $t = t_e$ startet, zu uns läuft und zur Zeit $t = t_r$ ankommt

startet zur Zeit $t_e + \Delta t_e$ und erreicht uns zur Zeit $t_r + \Delta t_r$ (s. Abb. 27.4). Dabei wird wegen der Expansion $\Delta t_e \neq \Delta t_r$ sein. Da sich χ nicht ändert, muss gelten

$$\frac{\chi}{c} = \int\limits_{t_e}^{t_r} \frac{dt}{a(t)} = \int\limits_{t_e + \Delta t_e}^{t_r + \Delta t_r} \frac{dt}{a(t)},$$ (27.17)

wobei für typische Lichtfrequenzen ν_0 ungefähr

$$\Delta t_e = \frac{1}{\nu_e} \sim 10^{-10}\ \text{s}$$ (27.18)

gilt. Während dieser Zeitspanne kann die Expansion völlig vernachlässigt und a als konstant betrachtet werden. Die beiden Integrale in (27.17) unterscheiden sich nur um kleine Anteile, die in Abb. 27.5 veranschaulicht sind. Das erste Integral beinhaltet einen zusätzlichen Anteil $\Delta t_e/a(t_e)$, das zweite einen zusätzlichen Anteil $\Delta t_r/a(t_r)$. Damit folgt direkt

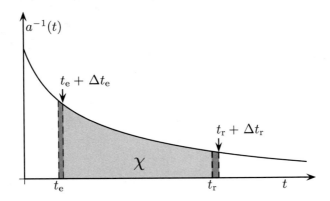

Abb. 27.5 Bestimmung der kosmologischen Rotverschiebung: Die in (27.17) vorkommenden Integrale unterscheiden sich nur um kleine Anteile. Die hellgraue Fläche ist in beiden Integralen beinhaltet, die linke dunkelgraue Fläche wird zusätzlich in der Integration von t_e bis t_r berücksichtigt und die rechte dunkelgraue bei der Integration von $t_e + \Delta t_e$ bis $t_r + \Delta t_r$

$$\frac{\Delta t_e}{a(t_e)} = \frac{\Delta t_r}{a(t_r)}, \quad \text{mit} \quad \Delta t_r = \frac{1}{\nu_r}, \tag{27.19}$$

d. h. wir haben

$$a(t_e)\nu_e = a(t_r)\nu_r, \quad \text{bzw.} \quad \frac{\omega_e}{\omega_r} = \frac{a(t_r)}{a(t_e)} \tag{27.20}$$

und für den Rotverschiebungsparameter ergibt sich

$$z = \frac{a(t_r)}{a(t_e)} - 1. \tag{27.21}$$

Da für uns nur solches Licht interessant ist, das uns heute bei $t_r = t_0$ erreicht, ist $a(t_r)$ $= a(t_0) = 1$ und daher

$$z = \frac{1}{a(t_e)} - 1. \tag{27.22}$$

Umgekehrt können wir aus der Rotverschiebung eines Lichtsignals über

$$a(t_e) = \frac{1}{1+z} \tag{27.23}$$

bestimmen, wie groß der Skalenfaktor war, als dieses Licht ausgesandt wurde. Weil die Energie der Photonen nach den Ausführungen in Abschn. 26.5 auch umgekehrt proportional zum Skalenfaktor ist, folgt weiter

$$E(t_0) = \frac{E(t_e)}{1+z} \tag{27.24}$$

für die Energie $E(t_0)$ eines Photons, das mit der Energie $E(t_e)$ ausgesandt wurde.

Je größer z ist, umso weiter blicken wir in die Vergangenheit zurück, als das Universum kleiner war. Das gilt allerdings nur, wenn unser Universum schon immer expandierte. Wir haben im vorangegangenen Kapitel Universumsmodelle kennengelernt, bei denen einer Expansionsphase eine Kontraktionsphase vorausging. Es deutet aber nichts darauf hin, dass dies bei unserem Universum der Fall war.

Dass die Rotverschiebung nur vom Verhältnis der Skalenfaktoren bei der Emission und bei der Ankunft abhängig ist, aber nicht von der zeitlichen Entwicklung in der Zwischenzeit, ist eine sehr große Erleichterung. Nur deshalb können wir aus einer beobachteten Rotverschiebung direkt auf den Skalenfaktor des Universums zum Emissionszeitpunkt schließen. Wäre das anders und die Rotverschiebung würde vom zeitlichen Verhalten des Skalenfaktors abhängen, so wären in der Rotverschiebung auch modellabhängige Informationen enthalten, die viel schwerer zu interpretieren wären.

Bei seinen Messungen 1929 betrachtete Hubble Galaxien mit Rotverschiebung bis etwa $z \leq 0{,}004$ [2]. Mit dem *Hubble-Weltraumteleskop* wurden Supernovae vom Typ Ia mit sehr großen Rotverschiebungen im Bereich bis $z \lesssim 1{,}7$ beobachtet. Aus (27.23) ergibt sich, dass das Universum nur etwa 37 % seiner heutigen Ausdehnung hatte, als die ältesten dieser Supernovae stattfanden. Wie wir sehen werden, erlauben diese Beobachtungen Rückschlüsse auf die Dynamik der Expansion des Universums. Der kosmische Mikrowellenhintergrund, dem wir Kap. 29 widmen, hat sogar eine Rotverschiebung von $z \gtrsim 1000$. Wenn wir ihn untersuchen, erhalten wir Informationen über das Universum, als es nur etwa 0,1 % seiner heutigen Ausdehnung hatte.

Im Prinzip ist die Rotverschiebung anhand des Spektrums eines Objekts relativ leicht zu bestimmen. Dazu muss man Anteile des Spektrums identifizieren und ihre Wellenlänge mit den Werten im Labor vergleichen.

Natürlich gibt es bei solchen Messungen verschiedene Fehlerquellen. So ist die Eigenbewegung unserer Milchstraße im lokalen Nebelhaufen zu berücksichtigen, die der kosmologischen Rotverschiebung einen Dopplereffekt überlagert. Ähnliches gilt für die galaktische Rotation, diese ergibt eine systematische Rot- oder Blauverschiebung mit $v \approx 215$ km s^{-1} je nach Beobachtungsrichtung. Besonders problematisch sind die Pekuliargeschwindigkeiten der beobachteten Galaxien, insbesondere bei kleinen Rotverschiebungen. Das lässt sich sehr gut an der großen Streuung der Messergebnisse von Hubble in Abb. 23.4 erkennen. Die Pekuliarbewegung der Galaxien lässt sich nur durch Beobachtung vieler Galaxien und anschließendes statistisches Mitteln in den Griff bekommen, dabei geht man davon aus, dass die Pekuliargeschwindigkeiten der einzelnen Galaxien zufällig verteilt sind. Diese Annahme lässt sich wieder aus dem kosmologischen Prinzip begründen.

27.4.3 Rotverschiebung im flachen (Ω_{m0}-$\Omega_{\Lambda 0}$)-Modell

Um einen besseren Eindruck von der Rotverschiebung zu bekommen, betrachten wir die Funktion $z(t)$ für das (Ω_{m0}-$\Omega_{\Lambda 0}$)-Modell mit dem Skalenfaktor aus (26.82d),

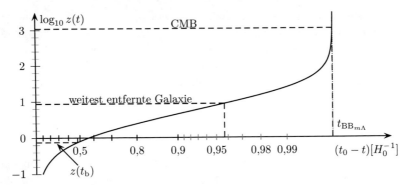

Abb. 27.6 Die Rotverschiebung $z_{m\Lambda}(t)$ des $(\Omega_{m0}\text{-}\Omega_{\Lambda0})$-Modells in logarithmischer Darstellung bezüglich der Hubble-Zeit. Gezeigt sind die Rotverschiebungswerte zum Zeitpunkt des Wechsels von abgebremster zu beschleunigter Expansion $z(t_b) \approx 0{,}39$, die am stärksten rotverschobene Galaxie mit $z \approx 8{,}68$ und die Rotverschiebung des CMB mit $z \approx 1090$

die wir, da es sich um ein analytisch bekanntes Modell handelt, sofort angeben können. Es ergibt sich

$$z_{m\Lambda}(t) = \left[\frac{1-\Omega_{\Lambda0}}{2\Omega_{\Lambda0}}\left(\cosh\left[3\sqrt{\Omega_{\Lambda0}}\,(H_0 t + C_1)\right]-1\right)\right]^{-1/3} - 1. \qquad (27.25)$$

Abb. 27.6 zeigt den Verlauf dieser Kurve in doppelt logarithmischer Darstellung. Die Rotverschiebung ist selbst für relativ lange Lichtlaufzeiten eine kleine Größe, solange die Signale lange Zeit nach dem Urknall ausgesendet wurden. So hat ein Lichtstrahl, der etwa eine Galaxie verließ, als gerade der Übergang von abgebremster zu beschleunigter Expansion stattfand, also vor über 6 Milliarden Jahren, dennoch nur eine Rotverschiebung von etwa 0,39, weil der Skalenfaktor damals bereits etwa 74 % des heutigen Wertes hatte. Erst für extrem alte Signale steigt die Rotverschiebung stark an. So hat die derzeit am weitesten entfernte bekannte Galaxie eine Rotverschiebung von etwa 8,68 [3]. Der kosmische Mikrowellenhintergrund, der etwa 380.000 Jahre nach dem Urknall entstanden ist, hat schließlich eine Rotverschiebung $z \approx 1090$.

27.5   Entfernungsbestimmung in der Kosmologie

In Abschn. 1.5.6 haben wir uns mit dem Problem der Entfernungsmessung auf astronomischen Skalen, d. h. für Objekte innerhalb des Sonnensystems bis zu Objekten in nahen Galaxien, beschäftigt. Hier möchten wir jetzt Methoden und Probleme diskutieren, die auftreten, wenn wir die Entfernung noch weiter entfernter Objekte bestimmen wollen. Natürlich sind die Grenzen hier fließend, wir werden aber jetzt solche Probleme ins Auge fassen, die wir erst mit den Zusammenhängen behandeln können, die wir im Rahmen der Kosmologie kennengelernt haben.

Für sehr weit entfernte Objekte ist die Parallaxenmethode wie bereits diskutiert nicht geeignet, da sich die hier auftretenden sehr kleinen Winkel nicht auflösen lassen. Weiterhin möglich ist aber die Entfernungsbestimmung mit Hilfe von *Standardkerzen*, also Objekten, deren absolute Helligkeit bekannt ist. In Abschn. 1.5.6 haben wir gesehen, dass wir bei bekannter Leuchtkraft L und auf der Erde gemessenem Strahlungsstrom pro Fläche S eines Objektes eine Entfernung über

$$d = \left(\frac{L}{4\pi S} \right)^{1/2} \tag{27.26}$$

bestimmen können. Dieser Formel lag zugrunde, dass die gesamte Leistung im Abstand d durch eine Kugel mit der Oberfläche $4\pi d^2$ fließen muss. Dieser einfache Zusammenhang gilt jetzt nicht mehr, wir müssen zwei Korrekturen anbringen.

Zum einen ist die Oberfläche einer Kugel mit Radius $d = a\chi$ im gekrümmten Raum nicht mehr allgemein durch den euklidischen Wert $O_{\text{Euk}} = 4\pi a^2 \chi^2$ gegeben, weil das verallgemeinerte Raumwinkelelement in (24.20b) über

$$d\Omega^2 = a^2 f^2(\chi)(d\vartheta^2 + \sin^2(\vartheta)\, d\varphi^2) \quad \text{mit} \quad f^2 = \begin{cases} \sin^2(\chi) & \text{für } q = 1 \\ \chi^2 & \text{für } q = 0 \\ \sinh^2(\chi) & \text{für } q = -1 \end{cases} \tag{27.27}$$

definiert ist. Da wir die jeweiligen Galaxien zur Zeit t_0 beobachten, können wir im Folgenden wieder $a = 1$ setzen. Für die Kugeloberfläche ergibt das

$$O = \begin{cases} 4\pi \sin^2(\chi) < O_{\text{Euk}} & \text{für } q = 1 \\ 4\pi \chi^2 = O_{\text{Euk}} & \text{für } q = 0 \\ 4\pi \sinh^2(\chi) > O_{\text{Euk}} & \text{für } q = -1. \end{cases} \tag{27.28}$$

Je nach Krümmung ist die Oberfläche kleiner, größer oder gleich dem Wert im euklidischen Raum (Abb. 27.7). Dementsprechend ist der ankommende Strahlungsstrom bei gleicher Leuchtkraft kleiner, größer oder gleich dem Wert im euklidischen Raum.

Zum anderen müssen wir die Veränderung der Energie der Photonen nach (27.24) berücksichtigen, was uns einen Faktor $(1 + z)^{-1}$ einbringt. Schließlich ändert sich aber nicht nur die Photonenenergie, sondern auch die Photonendichte: Wenn wir uns einen Lichtstrahl naiv als Abfolge von Photonen mit einem gewissen zeitlichen bzw. räumlichen Abstand vorstellen, so wird klar, dass sich dieser zeitliche bzw. räumliche Abstand mit $a(t)^{-1}$ ändert, da die Gesamtphotonendichte mit $a(t)^{-3}$ kleiner wird. Dies führt nochmals zu einem Faktor $(1 + z)^{-1}$, sodass wir für den Strahlungsstrom den Ausdruck

$$S = \frac{L}{4\pi f^2(\chi)} \frac{1}{(1+z)^2} \tag{27.29}$$

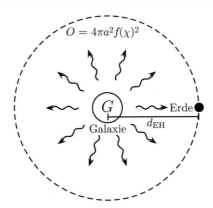

Abb. 27.7 Die auf der Erde auf einem Quadratmeter von einer Galaxie ankommende Leistung hängt mit der Gesamtstrahlungsleistung der Galaxie über die Oberfläche der Kugel mit Radius $r = d_{EH}$ zusammen. Wegen der Geometrie der Raumzeit und der Rotverschiebung sind die Zusammenhänge hier aber komplizierter als für einen nahen Stern, wie in Abb. 1.5

finden. Daraus können wir dann eine *Helligkeitsentfernung* definieren als

$$d_H = f(\chi)(1+z). \tag{27.30}$$

Wegen den Taylor-Entwicklungen $\sin(\chi) \approx \chi + \mathcal{O}(\chi^3)$ und $\sinh(\chi) \approx \chi + \mathcal{O}(\chi^3)$ gilt für Objekte mit $\chi \ll 1$ in jedem Fall $f(\chi) \approx \chi$ und wegen $d_{ED}(t_0) = \chi$ dann

$$d_H(t_0) = d_{ED}(t_0)(1+z), \tag{27.31}$$

die Helligkeitsentfernung überschätzt die Eigendistanz also um einen Faktor $1 + z$.

Eine weitere Möglichkeit zur Entfernungsbestimmung ergibt sich aus der Relation zwischen dem Winkeldurchmesser und der Entfernung. Die mathematischen Zusammenhänge sind im Wesentlichen die gleichen wie bei der Parallaxenmethode in Abschn. 1.5.6, nur dass man dabei nicht die Änderung des Beobachtungswinkels innerhalb eines Jahres bestimmt, diese ist für sehr große Entfernungen unmessbar klein, sondern den Öffnungswinkel, den ein Objekt bekannter Größe λ am Himmel einnimmt.

Für kleine Winkel $\Delta\vartheta$ ergibt dies im euklidischen Raum eine Entfernung

$$d = \frac{\lambda}{\Delta\vartheta}. \tag{27.32}$$

In einem gekrümmten Raum ist dieser Zusammenhang wie zu erwarten etwas komplizierter. Wir betrachten wieder ein Objekt mit den Koordinaten $(\chi_n, \vartheta_n, \varphi_n)$, dabei berücksichtigen wir jetzt aber dessen Ausdehnung, d. h. die gerade angegebenen Koordinaten sollen für das eine Ende gelten, das andere Ende liege bei $(\chi_n, \chi_n + \Delta\vartheta, \varphi_n)$.

Von beiden Enden des Objekts soll zur gleichen Zeit ein Lichtstrahl zu uns loslaufen. Beide Lichtstrahlen laufen radial auf uns zu, d. h. es ist jeweils nur $d\chi \neq 0$.
Dass dies so sein muss, folgt aus der Isotropie und Homogenität, aus Symmetriegründen können sich die ϑ- und φ-Koordinaten der Photonen nicht ändern. Die
Ausdehnung λ des Objekts ergibt sich für kleine Winkel $\Delta\vartheta$ zu

$$\lambda = a(t_e)f(\chi)\Delta\vartheta. \tag{27.33}$$

Die Korrektur zum euklidischen Ausdruck ist wieder der allgemeine Ausdruck $f(\chi)$
statt χ. Daneben müssen wir den Skalenfaktor $a(t_e)$ zum Zeitpunkt der Emission berücksichtigen, der wieder auf einen Faktor $(1 + z)^{-1}$ führt, sodass sich die *Winkelentfernung*

$$d_{\mathrm{W}} = \frac{f(\chi)}{1+z} \tag{27.34}$$

ergibt. Für $\chi \ll 1$ ist

$$d_{\mathrm{W}} = \frac{d_{\mathrm{EH}}(t_0)}{1+z} = d_{\mathrm{EH}}(t_e). \tag{27.35}$$

Mit Hilfe der Winkelentfernung ist es möglich, Rückschlüsse über die Krümmung
des Raumes zu ziehen. Beobachtet man ein weit entferntes Objekt mit bekannter
Größe l unter einem bestimmten Bogenwinkel am Himmel, so kann man mit dem
theoretisch erwarteten Winkel vergleichen. Man hat dann drei Möglichkeiten:

1. Der Winkel erscheint vergrößert. Dies deutet auf eine positive Krümmung des
   Raumes hin.
2. Der Winkel erscheint wie erwartet. Dies deutet auf einen flachen Raum hin.
3. Der Winkel erscheint verkleinert. Dies lässt auf einen negativ gekrümmten Raum
   schließen.

Diese Zusammenhänge werden in Abb. 27.8 veranschaulicht. Diese Methode lässt
sich auf Strukturen in der kosmischen Hintergrundstrahlung anwenden, die auf
Oszillationsphänomene einer bestimmten, unabhängig herleitbaren Wellenlänge λ
zurückzuführen sind (s. Kap. 29). Aus diesem Grund haben wir hier für die Ausdehnung das Symbol λ der Wellenlänge verwendet.

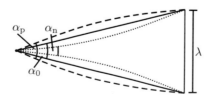

Abb. 27.8 Eine Struktur mit bekannter Ausdehnung λ erscheint je nach Raumkrümmung verschieden groß. Aus der Messung des Sichtwinkels eines Objektes bekannter Größe kann demnach
bestimmt werden, ob der Raum flach oder gekrümmt ist

27.6   Helligkeits-Rotverschiebungs-Beziehung

In allen Ausdrücken, die wir bis hierher hergeleitet haben, stand mindestens eine
Größe, die nicht direkt messbar ist. In diesem Abschnitt gehen wir von (27.29) aus.
Hier ist die unbekannte Größe $f(\chi)$. Wir beschränken uns auf $\chi \ll 1$, sodass modell-
unabhängig $f \approx \chi$ ist, aber immer noch haben wir die nicht messbare Koordinate χ.

Wir werden jetzt für χ einen genäherten Ausdruck finden, sodass nur noch direkt
messbare Parameter in unserem Ausdruck für S enthalten sind, der allerdings nur für
kleine Rotverschiebungen bzw. kleine χ oder kurze Lichtlaufzeiten $t_0 - t_e$ gültig ist.
Dazu benutzen wir den Ausdruck für χ in (27.17) und die Entwicklung des Skalenfaktors aus (27.1). Eingesetzt ergibt sich

$$\chi \approx c \int_{t_e}^{t_0} \frac{dt}{1 + H_0(t - t_0) - \frac{1}{2} b H_0^2 (t - t_0)^2}$$
$$\approx c \left[(t_0 - t_e) + \frac{H_0}{2}(t_0 - t_e)^2 \right]. \tag{27.36}$$

Der Bremsparameter hat für den Wert von χ erst in dritter Ordnung von $t_0 - t_e$ einen
Einfluss. Für die Rotverschiebung erhalten wir aus der Definition von z in (27.22)
unter Verwendung des genäherten Skalenfaktors

$$z \approx \frac{1}{1 + H_0(t_e - t_0) - \frac{1}{2} b H_0^2 (t_e - t_0)^2} - 1. \tag{27.37}$$

Umgeformt ist (27.37) eine quadratische Gleichung für $t_e - t_0$ mit der Lösung

$$t_e - t_0 \approx \frac{z}{H_0} \left[\left(1 + \frac{b}{2} \right) z - 1 \right]. \tag{27.38}$$

Weiter gilt dann

$$(t_e - t_0)^2 = \frac{z^2}{H_0^2} + \mathcal{O}(z^3). \tag{27.39}$$

Einsetzen von (27.38) und (27.39) in (27.36) führt auf

$$\chi \approx \frac{cz}{H_0} \left[1 - \frac{(1+b)z}{2} \right], \tag{27.40}$$

was zusammen mit $a(t_e) = (1 + z)^{-1}$ eingesetzt in den Strahlungsstrom auf den
Ausdruck

$$S \approx \frac{L}{4\pi} \frac{H_0^2}{c^2} \frac{1}{(1+z)^2} \frac{1}{z^2} \left[1 - \frac{(1+b)z}{2} \right]^{-2} \tag{27.41}$$

führt. Wir benutzen noch einmal die Voraussetzung $z \ll 1$ und führen die Näherungen

$$(1+z)^{-2} \approx 1 - 2z, \tag{27.42}$$

$$\left(1 - \frac{1+b}{2}z\right)^{-2} \approx 1 + (1+b)z \tag{27.43}$$

sowie

$$(1-2z)(1+(1+b)z) \approx 1 + (b-1)z \tag{27.44}$$

durch. Damit erhalten wir das Endergebnis

$$S = \frac{LH_0^2}{4\pi c^2}\frac{1-(1-b)z}{z^2}. \tag{27.45}$$

Üblicherweise betrachten wir statt der Strahlungsflussdichte die absolute Helligkeit eines kosmischen Objekts. Um auf einen Ausdruck für die absolute Helligkeit zu kommen, müssen wir (27.45) etwas ausführlicher umformen. Zuerst multiplizieren wir mit $4\pi c^2/(LH_0^2)$ durch, logarithmieren dann beide Seiten, wobei wir den Zehnerlogarithmus $\log_{10}$ benutzen, und multiplizieren mit -1. Auf der rechten Seite haben wir dann

$$\begin{aligned}-\log_{10}\left(\frac{1-(1-b)z}{z^2}\right) &= \log_{10}(z^2) - \log_{10}(1-(1-b)z) \\ &\approx 2\log_{10}(z) + (1-b)\log_{10}(e)z.\end{aligned} \tag{27.46}$$

Im zweiten Schritt haben wir dabei eine Taylor-Entwicklung vorgenommen. Wir gehen davon aus, dass $h = -(1-b)z \ll 1$ wegen $z \ll 1$ gilt. Dann können wir den Logarithmus um 1, d. h. $h = 0$ herum entwickeln und erhalten

$$\log_{10}(1+h) = \log_{10}(1) + \frac{\mathrm{d}}{\mathrm{d}h}\log_{10}(1+h)\,|_0\,h, \tag{27.47}$$

wobei für die Ableitung

$$\frac{\mathrm{d}}{\mathrm{d}h}\log_{10}(1+h) = \frac{\log_{10}(e)}{1+h} \tag{27.48}$$

gilt. Entsprechend der Definition des Unterschiedes zwischen Größenklassen in (1.69) multiplizieren wir dann noch mit 2,5 durch. Insgesamt sind wir dann bei

$$-2,5\log_{10}(S) + 2,5\log_{10}\left(\frac{LH_0^2}{4\pi c^2}\right) = 5\log_{10}(z) + 2,5\log_{10}(e)(1-b)z \tag{27.49}$$

angelangt. Der erste Term links stellt bereits die scheinbare Helligkeit m dar. Um auf die absolute Helligkeit zu kommen, erweitern wir den zweiten Term links mit einem, zunächst allgemein gehaltenen, Referenzradius im Quadrat durch und trennen ihn in zwei Teilterme auf:

$$-2{,}5\log_{10}(S) + 2{,}5\log_{10}\left(\frac{LH_0^2}{4\pi c^2}\right)$$

$$= m + 2{,}5\log_{10}\left(\frac{L}{4\pi R_{\text{ref}}^2}\right) + 2{,}5\log_{10}\left(\frac{H_0^2 R_{\text{ref}}^2}{c^2}\right) \qquad (27.50)$$

$$= m - M + 5\left[\log_{10}(R_{\text{ref}}) + \log_{10}\left(\frac{H_0}{c}\right)\right].$$

Im letzten Schritt müssten wir, um völlig korrekt vorzugehen, die Einheiten der Größen voneinander trennen, um zwei dimensionslose Größen in den beiden Logarithmen zu erhalten und $R_{\text{ref}} = 10$ pc setzen.

Wenn wir nun die linke und rechte Seite unserer ursprünglichen Gleichung wieder zusammenführen, erhalten wir den Zusammenhang

$$m = M - 5\left(1 + \log_{10}\frac{H_0}{c}\right) + 5\log_{10}(z) + 1{,}086(1-b)z + \mathcal{O}(z^2), \qquad (27.51)$$

mit $2{,}5\log_{10}(e) \approx 1{,}086$. Damit haben wir einen Ausdruck gefunden, der die bei uns beobachtete scheinbare Helligkeit m eines Objekts mit dessen absoluter Helligkeit M und seiner Rotverschiebung z verknüpft. Über die Hubble-Konstante H_0 und den Bremsparameter b geht auch die Dynamik des Universums in die Beziehung (27.51) ein. Bei gleichzeitiger Messung von m und z kann daher, vorausgesetzt die absolute Helligkeit des betrachteten Objekts ist bekannt, Rückschluss auf den Verlauf der Expansion des Universums gezogen werden.

27.7   Korrekturen der Helligkeits-Rotverschiebungs-Beziehung

Der bisher hergeleitete Ausdruck $S(z)$ für die Helligkeits-Rotverschiebungs-Beziehung ist noch in zwei Punkten zu sehr vereinfacht und erfordert eine Modifizierung durch Korrekturterme. Wir können in diesem Rahmen allerdings nur die Ursachen dieser Korrekturen begründen, die Diskussion der genauen Form würde ihn sprengen.

In (27.51) steht die über alle Wellenlängen integrierte scheinbare Helligkeit. Beobachtungsinstrumente sind aber nur in einem bestimmten Wellenlängenbereich sensitiv. Aufgrund der Rotverschiebung ist das bei uns empfangene Spektrum der Quelle ein anderes als am Ort der Quelle selbst, welches nicht direkt bekannt ist. In die Bestimmung dieser Korrektur müssen daher Modellannahmen eingehen. Zusammengefasst gehen diese Korrekturen dann als Term $K(z)$ in (27.51) ein.

Weiter steckt in (27.51) implizit die Annahme, dass sich die Leuchtkraft des beobachteten Objekts nicht mit der Zeit ändert. Dies kann nicht richtig sein, denn

Sterne ändern innerhalb ihres Lebens ihre Leuchtkraft. Dann ändert sich auch die Leuchtkraft einer Galaxie mit der Zeit. Je größer z für ein bestimmtes Objekt ist, desto früher in der Vergangenheit beobachten wir dieses Objekt und dementsprechend groß kann der Leuchtkraftunterschied aufgrund der Evolution des Objekts sein. Dieser Unterschied geht in Form des Evolutionstermes $E(z)$ in (27.51) ein. In diesen Term gehen Modelle zur Galaxienentwicklung und darüber auch Modelle zur Sternentwicklung ein.

Mit den gerade diskutierten Korrekturen erhält man die korrigierte Formel

$$m = M - 5\left(1 + \log_{10}\frac{H_0}{c}\right) + 5\log_{10}(z) + 1{,}086\,(1-b)z$$
$$-K(z) - E(z) + \mathcal{O}(z^2) \tag{27.52}$$

für den Zusammenhang zwischen scheinbarer Helligkeit und Rotverschiebung. Der Vergleich mit Beobachtungen zeigt, dass ohne diese Korrekturen keine Übereinstimmung mit den Messergebnissen erzielt werden kann. Der für uns wichtige Punkt ist, dass durch die beiden Terme K und E jetzt wieder modellabhängige Annahmen in (27.52) eingehen, die die Auswertung zusätzlich schwieriger machen. Weitere Details zu diesen Zusammenhängen finden sich im Buch von Goenner [1].

Literatur

1. Goenner, H.: Einführung in die Kosmologie. Spektrum Akademischer Verlag (1994)
2. Hubble, E.: A relation between distance and radial velocity among extra-galactic nebulae. Proc. Natl. Acad. Sci. **15**, 168–173 (1929)
3. Zitrin, A., et al.: Lyman-alpha emission from a luminous $z = 8.68$ galaxy: implications for galaxies as tracers of cosmic reionization. Astrophys. J. **810**, L12 (2015)

SN Ia als Standardkerzen für das junge Universum

28

Inhaltsverzeichnis

Mit Hilfe der Helligkeits-Rotverschiebungs-Beziehung aus dem letzten Kapitel haben in den 1990er-Jahren zwei Gruppen weit entfernte Supernovae untersucht. Zum einen das *Supernova Cosmology Project* [3] und zum anderen das *High-z Supernova Search Team* [2]. Ihre Ergebnisse sind ein starker Hinweis darauf, dass das Universum beschleunigt expandiert. Die Leiter der beiden Gruppen, Perlmutter[1] sowie Schmitt[2] und Riess[3] erhielten für diese Entdeckungen 2011 den Nobelpreis für Physik.

In diesem Kapitel wollen wir diese faszinierende Entdeckung und die Methode dahinter verstehen. Dazu müssen wir zum einen diskutieren, wie aus der Helligkeits-Rotverschiebungs-Beziehung auf die Dynamik des Universums geschlossen werden kann. Zum anderen haben wir bereits gesagt, dass wir für ihre Anwendung Objekte mit bekannter absoluter Helligkeit, also Standardkerzen brauchen. Da wir weit entfernte Objekte beobachten wollen, müssen sie zusätzlich noch eine sehr große absolute Helligkeit besitzen. Die beiden Gruppen benutzten dazu Supernovae vom Typ Ia.

---

[1] Saul Perlmutter, ★ 1959, US-amerikanischer Astrophysiker.
[2] Brian Paul Schmitt, ★ 1967, US-amerikanischer/australischer Astronom.
[3] Adam Guy Riess, ★ 1969, US-amerikanischer Astrophysiker.

© Springer-Verlag GmbH Deutschland, ein Teil von Springer Nature 2022
S. Boblest et al., *Spezielle und allgemeine Relativitätstheorie*,
https://doi.org/10.1007/978-3-662-63352-6_28

28.1   Aufklärung der Dynamik des Universums

Es ist klar und wurde bereits mehrfach gesagt, dass die Helligkeit eines Objekts ein Maß für seine Entfernung von uns ist. Bei einer gegebenen absoluten Helligkeit M wird uns ein Objekt umso dunkler erscheinen, je weiter es von uns entfernt ist. Tragen wir für Objekte mit bekannter absoluter Helligkeit die beobachteten scheinbaren Helligkeiten über $\log_{10}(z)$ auf, so erhalten wir nach (27.51), bzw. (27.52) für kleine Rotverschiebungen eine Gerade und können aus ihrem y-Achsenabschnitt den Wert von H_0 bestimmen. Um dies zu tun, wurden vom *Calan/Tololo Supernova Survey* SN Ia mit $z \lesssim 0,1$ beobachtet [4]. Für größere Werte von z werden sich Abweichungen von der Geradenform zeigen, aus denen wir den Bremsparameter bestimmen können und damit entscheiden, ob das Universum abgebremst oder beschleunigt expandiert.

Wir können uns sehr schön anschaulich klar machen, was hier passiert. Wir nehmen an, wir hätten ein kosmisches Objekt beobachtet und festgestellt, dass sein Spektrum eine Rotverschiebung von z. B. $z = 1$ aufweist. Aus (27.22) sehen wir dann, dass das Verhältnis des Skalenfaktors heute zum Skalenfaktor als das Licht vom Objekt ausgesandt wurde gleich 0,5 ist, unabhängig von der zeitlichen Entwicklung des Skalenfaktors in der Zwischenzeit.

Die Lichtlaufzeit und damit die Entfernung des Objekts von uns wird allerdings von der zeitlichen Entwicklung abhängen. Das wird mit Hilfe von Abb. 28.1 klar. In einem beschleunigt expandierenden Universum ist das Licht zu einem früheren Zeitpunkt t_b emittiert worden als in einem konstant beschleunigten Universum (t_k) oder einem abgebremst expandierenden Universum (t_g). Das beobachtete Objekt wird also in einem beschleunigt expandierenden Universum dunkler erscheinen als in einem konstant beschleunigten Universum, in einem abgebremst expandierenden Universum dagegen heller.

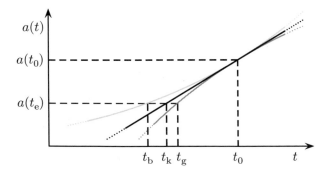

Abb. 28.1 Zusammenhang zwischen Helligkeit und Rotverschiebung eines kosmischen Objekts. Die Rotverschiebung des empfangenen Spektrums hängt nur vom Skalenfaktor $a(t_\mathrm{e})$ bei Emission des beobachteten Lichts ab. Die Helligkeit des beobachteten Objekts hängt aber von der Lichtlaufzeit ab, die in den verschiedenen Modellen unterschiedlich ist

28.2   Ergebnisse der Messungen an SN Ia

Abb. 28.2 zeigt Ergebnisse von Messungen der Helligkeits-Rotverschiebungs-Beziehungen von SN Ia des Supernova Cosmology Project. Die Messergebnisse sind verglichen mit theoretischen Kurven für verschiedene Universumsmodelle. Die Abkürzung CDM steht wieder für „Cold Dark Matter", also ein Universum, in dem die dunkle Materie von noch nicht entdeckten Elementarteilchen herrührt. Die einzelnen Modelle sind das flache S_{CDM}-Modell mit $\Omega_{m0} = 1$ und $\Omega_{\Lambda 0} = 0$, also das klassische materiedominierte Universums aus (26.97). Das Modell Λ_{CDM} entspricht unserem (Ω_{m0}-$\Omega_{\Lambda 0}$)-Modell, das wir in Abschn. 26.7.8 ausführlich behandelt haben, mit den konkreten Werten $\Omega_{m0} = 1/3$ und $\Omega_{\Lambda 0} = 2/3$, die sich etwas von unseren heutigen Werten unterscheiden, damals aber noch nicht so genau zu bestimmen waren. O_{CDM} ist das materiedominierte Modell mit negativer Krümmung in (26.98), speziell mit der Wahl $\Omega_{m0} = 1/3$. Die Resultate stimmen am besten mit dem Λ_{CDM}-Modell überein, auch wenn die Unsicherheiten groß sind.

Die beobachteten SN Ia haben so große Rotverschiebungen, dass unsere Näherungen bei der Herleitung der Helligkeits-Rotverschiebungs-Beziehung nicht mehr gelten. Die beiden Gruppen mussten daher für verschiedene Modelluniversen die m-z-Relation numerisch berechnen, d. h. letztlich ohne Näherungen in (27.36) und (27.37).

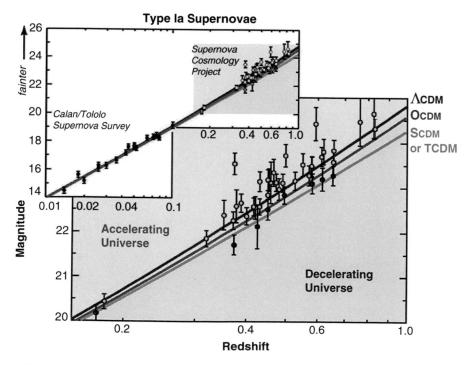

Abb. 28.2 Ergebnisse der Messung von Helligkeits-Rotverschiebungs-Beziehungen für Supernovae Ia. Die Ergebnisse lassen auf eine beschleunigte Expansion des Universums schließen. (Aus Bahcall et al. [1], © AAAS. Reproduced with permission)

Literatur

1. Bahcall, N.A., Ostriker, J.P., Perlmutter, S., Steinhardt, P.J.: The cosmic triangle: revealing the state of the universe. Science **284**, 1481–1488 (1999)
2. Homepage des High-z Supernova Search Team. https://www.cfa.harvard.edu/supernova/HighZ.html
3. Homepage des Supernova Cosmology Project. http://supernova.lbl.gov
4. Hamuy, M. et al.: The Hubble Diagram of the Calan/Tololo Type IA Supernovae and the Value of H_0. The Astronomical Journal **112**, 2398 (1996)

Kosmische Mikrowellenhintergrundstrahlung

29

Inhaltsverzeichnis

Nachdem die Beobachtungen von Hubble und die Überlegungen von Lemaître darauf hindeuteten, dass unser Universum expandiert, lag es nahe, anzunehmen, dass es aus einem Zustand sehr kleiner Ausdehnung und hoher Dichte hervorgegangen war. Bereits in den 1940er Jahren spekulierte Gamow, dass die Strahlung aus dieser Zeit heute noch erkennbar sein sollte und sagte eine Temperatur von etwa 5 K voraus [12]. Zusammen mit *Alpher*[1] [3] arbeitete er an Erklärungen zur Entstehung der Elemente, die schließlich als Alpher-Bethe-Gamow-Theorie[2] bekannt wurden [4]. Hervorzuheben sind auch die Arbeiten von Alpher zusammen mit *Herman*[3] [1, 2]. Die Vorhersage eines Strahlungshintergrundes blieb zu dieser Zeit aber relativ unbeachtet.

Der Nachweis der kosmischen Mikrowellenhintergrundstrahlung, im englischen „Cosmic Microwave Background" (CMB), gelang erst durch *Penzias*[4] und *Wilson*[5]

---

[1] Ralph Asher Alpher, 1921–2007, US-amerikanischer Kosmologe.

[2] Hans Bethe war an der Ausarbeitung dieser Theorie nicht beteiligt und wurde von Gamow nur scherzeshalber als Autor hinzugefügt, um Autorinitialen entsprechend den ersten Buchstaben α, β, γ des griechischen Alphabets zu erhalten.

[3] Robert Herman, 1914–1997, US-amerikanischer Physiker.

[4] Arno Allan Penzias, ⋆ 1933, US-amerikanischer Physiker, Nobelpreis 1978.

[5] Robert Woodrow Wilson, ⋆ 1936, US-amerikanischer Astronom, Nobelpreis 1978.

© Springer-Verlag GmbH Deutschland, ein Teil von Springer Nature 2022
S. Boblest et al., *Spezielle und allgemeine Relativitätstheorie*,
https://doi.org/10.1007/978-3-662-63352-6_29

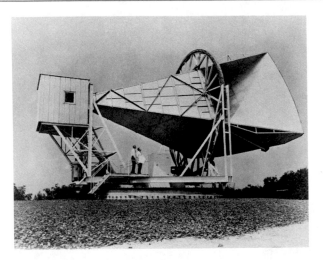

Abb. 29.1 Die Hornantenne, mit der Penzias und Wilson die kosmische Mikrowellenhintergrundstrahlung entdeckten. Sie ist heute ein *National historic landmark* der USA. (©NASA GRiN GPN-2003-00013)

im Jahr 1964 [21, 37]. Die beiden arbeiteten mit einer Radioantenne bei den Bell Laboratorien in New Jersey, USA (Abb. 29.1). Bei ihren Beobachtungen stellten sie ein Hintergrundrauschen mit einer effektiven Temperatur von $T = 3{,}5$ K bei einer Wellenlänge $\lambda = 7{,}35$ cm fest, das sie sich nicht erklären konnten und das sich auch nicht beseitigen ließ. Zur selben Zeit bereiteten in Princeton *Dicke*[6] und *Wilkinson*[7] zusammen mit anderen die Suche nach dem CMB vor. Die beiden Gruppen hörten voneinander, tauschten ihre Erkenntnisse aus, und publizierten gleichzeitig zwei Artikel in den *Astrophysical Journal Letters* [10, 22]. Penzias und Wilson erhielten für diese Entdeckung 1978 den Physiknobelpreis.

29.1   Spektrum des CMB

Nach der Entdeckung des CMB wurden mehrere erdgebundene oder in Ballonen untergebrachte Experimente gestartet, um den CMB genauer zu vermessen. Dabei konnte aber nie der gesamte Himmel beobachtet werden. 1989 wurde dann der *Cosmic Background Explorer* (COBE) gestartet, ein Satellit, der den CMB mehrere Jahre lang beobachtete. Abb. 29.2 zeigt das aus den Daten von COBE gewonnene Spektrum des CMB. Der CMB weist bis auf winzige Abweichungen ein hochpräzises, homogenes und isotropes Planck-Spektrum der Temperatur 2,725 K auf. Wie wir bereits diskutiert haben, wird uns durch den CMB daher ein bestimmtes Koordinatensystem „aufgedrängt", nämlich dasjenige, in dem die Temperatur des

---

[6] Robert Henry Dicke, 1916–1997, US-amerikanischer Physiker.
[7] David Todd Wilkinson, 1935–2002, US-amerikanischer Kosmologe.

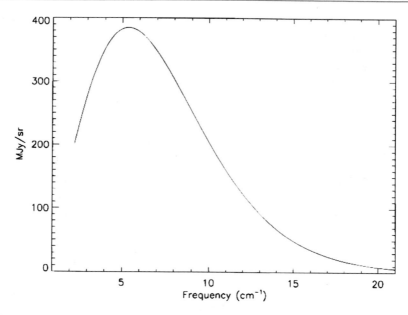

Abb. 29.2 Spektrum der kosmischen Mikrowellenhintergrundstrahlung gemessen von COBE. Die Abweichungen vom Schwarzkörperspektrum sind kleiner als die Breite der Linie im Diagramm. (Aus Fixsen et al. [11], © AAS. Reproduced with permission)

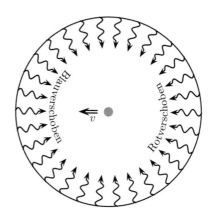

Abb. 29.3 Der CMB kann benutzt werden, um ein Referenzinertialsystem zu definieren. Ein Beobachter befindet sich relativ zu diesem in Ruhe, wenn der CMB isotrop ist. Ansonsten erscheinen Teilgebiete in Bewegungsrichtung blau- und Teilgebiete entgegen der Bewegungsrichtung rotverschoben

CMB in allen Richtungen gleich ist. Von der Erde aus beobachtet gilt dies nämlich nicht, weil wir uns relativ zum CMB bewegen und dadurch eine Dopplerverschiebung auftritt (Abb. 29.3). Unsere Bewegung setzt sich dabei aus verschiedenen Relativbewegungen zusammen. Explizit sind dies die Bewegung der Erde um die Sonne, die Rotation der Sonne um das Zentrum der Milchstraße, die Bewegung der Milchstraße relativ zum Schwerpunkt der lokalen Gruppe und schließlich die Bewegung der lokalen Gruppe selbst, die sich mit etwa $630 \, \text{km s}^{-1}$ auf den Virgo-Haufen zubewegt.

Wir werden uns im Rest dieses Abschnittes klarmachen, warum wir ein solches Spektrum für den CMB erwarten können. Danach werden wir die kleinen Abweichungen vom perfekten Schwarzkörperspektrum genauer betrachten. Wie wir sehen werden, sind diese von außerordentlicher Bedeutung für das Verständnis der Entwicklung des Universums.

Um das Spektrum des CMB verstehen zu können, müssen wir uns mit der Struktur des frühen Universums vertraut machen. Wir werden uns mit dem Zeitraum in der Entwicklung des Universums beschäftigen, in dem die Energiedichten von Strahlung und Materie vergleichbar hoch waren. Dabei ist aber nicht nur die Strahlungsenergiedichte höher gewesen, sondern auch die durchschnittliche Energie pro Photon, weil, wie wir bereits diskutiert haben, die Photonenenergie mit a^{-1} skaliert. Da es in dieser Entwicklungsphase des Universums noch keine Sterne gab, die schwerere Elemente erzeugen konnten, bestand der baryonische Anteil der Energiedichte im Wesentlichen aus Wasserstoff und Helium. Wenn die durchschnittliche Photonenenergie in die Größenordnung der Rydberg-Energie von 13,6 eV kommt, so ionisieren diese Photonen den Wasserstoff und es können sich nur für sehr kurze Zeit neutrale Atome bilden, im Wesentlichen liegt ein Plasma aus Photonen, Protonen, Elektronen und einigen Heliumkernen vor, das man als *Photon-Baryon-Fluid* (PBF) bezeichnet. Durch die häufige Wechselwirkung von Photonen mit den Elektronen ist das Universum undurchsichtig für Licht. Gleichzeitig sind durch die Wechselwirkung die Elektronen und Photonen im thermischen Gleichgewicht miteinander und mit den Protonen, da diese wiederum mit den Elektronen wechselwirken. Wir können dem gesamten System aus Photonen, Elektronen und Protonen daher die gleiche Temperatur T zuweisen. Ein Körper mit einer festen Temperatur strahlt elektromagnetische Strahlung ab, die ein Planck-Spektrum zeigt. Die Planck'sche Strahlungsformel ist gegeben durch

$$\mathrm{d}N_\nu(t) = \frac{8\pi\nu^2}{c^3}V(t)\frac{\mathrm{d}\nu}{\exp\left(\dfrac{h\nu}{k_\mathrm{B}T(t)}\right)-1}. \tag{29.1}$$

Dabei bezeichnet $\mathrm{d}N_\nu(t)$ die Anzahl der Photonen im Frequenzintervall $[\nu,\nu+\mathrm{d}\nu]$ in einem Referenzvolumen $V(t)$. Wenn sich das Universum ausdehnt, steigt der Skalenfaktor und damit sinkt die durchschnittliche Energie der Photonen. Für ein Planck-Spektrum ergibt sich die durchschnittliche Photonenenergie als Gesamtenergie durch die gesamte Zahl emittierter Photonen. Die Energie der $\mathrm{d}N_\nu(t)$ Photonen im Referenzvolumen ist über

$$\mathrm{d}E_\nu(t) = h\nu\,\mathrm{d}N_\nu(t) \tag{29.2}$$

gegeben. Die durchschnittliche Photonenenergie ist

$$\langle E_\mathrm{Ph}\rangle = \int_0^\infty \mathrm{d}E_\nu(t)\Big/ \int_0^\infty \mathrm{d}N_\nu(t). \tag{29.3}$$

Wenn wir (29.1) einsetzen, dann können wir oben und unten einen Faktor $8\pi V(t)/c^3$ vor das Integral ziehen und kürzen. So erhalten wir

$$\langle E_{\mathrm{Ph}} \rangle = \frac{\displaystyle\int_0^\infty h\nu^3 \left[\exp\left(\frac{h\nu}{k_{\mathrm{B}}T(t)}\right) - 1 \right]^{-1} \mathrm{d}\nu}{\displaystyle\int_0^\infty \nu^2 \left[\exp\left(\frac{h\nu}{k_{\mathrm{B}}T(t)}\right) - 1 \right]^{-1} \mathrm{d}\nu} = \frac{\pi^4}{30\,\zeta(3)} k_{\mathrm{B}}T(t) \approx 2{,}70\,k_{\mathrm{B}}T. \quad (29.4)$$

Dabei ist ζ die *Riemann'sche Zetafunktion* mit $\zeta(3) \approx 1{,}202$. Die Temperatur ist also direkt proportional zur durchschnittlichen Photonenenergie. Da wir bereits wissen, dass für Photonen $E \sim a^{-1}$ gilt, können wir daraus schließen, dass auch $T \sim a^{-1}$ ist. Wir haben damit aber noch nicht gezeigt, dass das ursprüngliche Planck-Spektrum auch bei der Expansion des Universums seine Planck-Form, nur mit veränderter Temperatur, beibehält. Wir betrachten dazu ein Referenzvolumen V. Die darin enthaltenen Photonen sollen zur Zeit t (29.1) erfüllen. Für dieselbe Gruppe Photonen ergibt sich zur Zeit t' wegen der kosmologischen Rotverschiebung die Frequenz $\nu' = a(t)/a(t')\nu$ und entsprechend $\mathrm{d}\nu' = a(t)/a(t')\,\mathrm{d}\nu$. Das Volumen hat sich in der Zwischenzeit geändert zu $V(t') = V(t)[a(t')/a(t)]^3$. Aus diesen Zusammenhängen folgt

$$V(t)\nu^2\mathrm{d}\nu = V(t')\nu'^2\mathrm{d}\nu'. \quad (29.5)$$

Gleichzeitig muss die Anzahl der Photonen gleich bleiben, d. h. $\mathrm{d}N'_{\nu'}(t') = \mathrm{d}N_\nu(t)$, denn ein effektiver Photonenstrom in oder aus dem betrachteten Volumen würde der Homogenität und Isotropie des Universums widersprechen. Dies gilt natürlich nur, wenn wir ein Volumen auf Skalen $V \gtrsim (100\ \mathrm{Mpc})^3$ wählen. Einsetzen dieser Relationen in (29.1) ergibt mit der Temperatur $T' = T(a/a')$

$$\mathrm{d}N'_{\nu'}(t') = \frac{8\pi}{c^3}\nu'^2 V' \frac{\mathrm{d}\nu'}{\exp\left(\dfrac{h\nu'}{k_{\mathrm{B}}T'}\right) - 1}. \quad (29.6)$$

Die Planck-Form des Spektrums bleibt also wie behauptet erhalten, lediglich die Temperatur ändert sich mit $a^{-1}(t)$.

Wie weit muss die Temperatur nun absinken, damit Strahlung und Materie entkoppeln können? Ausgehend von der Ionisierungsenergie von Wasserstoff $E_{\mathrm{Ry}} = 13{,}6\ \mathrm{eV}$ ergibt sich eine ganz grobe Abschätzung aus der Relation

$$2{,}70\,k_{\mathrm{B}}T = E_{\mathrm{Ry}}, \quad (29.7)$$

d. h.

$$T = \frac{E_{\mathrm{Ry}}}{2{,}70\,k_{\mathrm{B}}} \approx 58.000\ \mathrm{K}. \quad (29.8)$$

Die tatsächliche Temperatur bei der Entkopplung liegt aber viel niedriger. Das liegt daran, dass zum einen ein geringer Anteil an Photonen im Planck-Spektrum eine sehr viel höhere Energie als das durchschnittliche Photon hat und zum anderen die

Anzahldichte an Photonen etwa $2 \cdot 10^9$-mal größer ist als die Anzahldichte der Baryonen. Selbst wenn also nur ganz wenige Photonen relativ zur Gesamtzahl eine zur Ionisierung von Wasserstoff ausreichende Energie haben, reicht dies immer noch, wenn ihre Anzahl vergleichbar groß ist wie die der Baryonen.

Für interessierte Leser findet sich in [30] eine umfassendere, gut nachvollziehbare Rechnung mit Mitteln der statistischen Mechanik, sowie eine deutlich umfassendere Diskussion der Physik der Rekombination. Wenn man quantitative Rechnungen durchführt, so findet man schließlich

$$T_{\text{Entk}} \approx 3000 \text{ K}, \tag{29.9}$$

dies entspricht einer mittleren Photonenenergie von etwa 0,7 eV. Da wir den Zusammenhang zwischen Temperatur und Skalenfaktor bzw. Rotverschiebung wissen, können wir dann leicht berechnen, wie groß das Universum zur Zeit der Entkopplung war. Es ergibt sich

$$a_{\text{Entk}} = \frac{T_{\text{CMB}}}{T_{\text{Entk}}} \approx 10^{-3} \tag{29.10}$$

und analog

$$z_{\text{Entk}} \approx 10^3. \tag{29.11}$$

Die kosmische Mikrowellenhintergrundstrahlung stammt also aus einer Epoche, als das Universum nur 0,1 % seiner heutigen Ausdehnung hatte, und die Photonen des CMB sind etwa um einen Faktor 10^3 rotverschoben. Der Wert der WMAP-Gruppe ist [5]

$$z_{\text{Entk}} = 1091{,}64^{+0{,}47}_{-0{,}47}. \tag{29.12}$$

Zu diesem Zeitpunkt war die Photonenenergie also so niedrig, dass Wasserstoff nicht mehr ionisiert werden konnte. Aus den Protonen und Elektronen bildete sich neutraler Wasserstoff. Das PBF spaltete sich in Wasserstoffgas und Photonen auf. Diese beiden Bestandteile waren ab jetzt nicht mehr aneinander gekoppelt, das Universum wurde durchsichtig für Strahlung. CMB-Photonen, die uns heute erreichen, sind also seit der letzten Streuung an einem Elektron zu uns unterwegs. Man spricht daher vom *Horizont der letzten Streuung* (Abb. 29.4).

29.2 Anisotropien im CMB

Die hohe Homogenität und Isotropie des CMB kann uns nach unseren bisherigen Überlegungen nicht überraschen, ansonsten wäre das kosmologische Prinzip verletzt. Wir werden zwar später noch sehen, dass wir durchaus Probleme damit bekommen, diese hochgradige Homogenität zu erklären, nehmen sie jetzt aber als gegeben an.

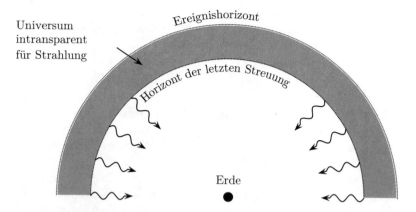

Abb. 29.4 Veranschaulichung zum Horizont der letzten Streuung. Photonen des CMB sind zu uns unterwegs, seit sie im PBF zum letzten Mal gestreut wurden. Weiter zurück in die Vergangenheit können wir mit Licht nicht schauen, denn davor war das Universum undurchlässig für elektromagnetische Strahlung

Abb. 29.5 Anisotropie der kosmischen Mikrowellenhintergrundstrahlung, gemessen vom COBE-Satellit. Die eigentlichen Anisotropien sind durch sehr große Störungen überlagert. (**a**) Dipolanisotropie aufgrund der Relativbewegung der Erde zum CMB. (**b**) Störungen durch Quellen innerhalb der Milchstraße. (**c**) Die eigentlichen Anisotropien des CMB. (©NASA-COBE Science Team [9])

Wir wissen, dass auf kleinen Skalen $d \lesssim 100$ Mpc im heutigen Universum das kosmologische Prinzip nicht gilt, denn wir sehen auf solchen Skalen Strukturen, konkret Galaxien und Galaxienhaufen. Damit diese Strukturen entstanden sein können, müssen auch im ganz jungen Universum schon kleine Inhomogenitäten und Anisotropien vorhanden gewesen sein. Etwas salopp formuliert erwarten wir, dass das kosmologische Prinzip sehr gut, aber nicht völlig exakt erfüllt ist. Auf den CMB übertragen heißt das, wir erwarten eine sehr hohe Homogenität und Isotropie, sollten aber dennoch winzige Abweichungen finden können.

29.2.1 Nachweis der Anisotropie des CMB

Als der COBE-Satellit 1989 gestartet wurde, war es das wichtigste Ziel der Mission, solche Anisotropien im CMB nachzuweisen. COBE vermaß den CMB dazu winkelaufgelöst über die ganze Himmelskugel. Abb. 29.5 zeigt die Ergebnisse dieser Messung. Die Messung der Anisotropien ist sehr schwierig. Zum einen sind sie wie erwartet sehr klein, COBE fand relative Temperaturschwankungen von

$$\left\langle \left(\frac{\Delta T}{T} \right)^2 \right\rangle^{1/2} \approx 10^{-5}. \tag{29.13}$$

Der mittleren Temperatur $T = 2{,}725$ K des CMB sind also Schwankungen um etwa 30 µK überlagert. Zum anderen ergeben sich massive Störsignale durch die Dopplerverschiebung aufgrund der Relativbewegung der Erde (Abb. 29.5a) und aufgrund von Strahlungsquellen innerhalb der Milchstraße (Abb. 29.5b), die erst herausgerechnet werden müssen, bevor sich die Struktur in Abb. 29.5c zeigt. Der Nachweis der Anisotropien im CMB war ein großer wissenschaftlicher Erfolg. 2006 erhielten Mather und Smoot den Nobelpreis in Physik für die Entdeckungen, die mit Hilfe von COBE gemacht wurden.

Die Anisotropien im CMB sind die Vorläufer der heutigen Strukturen im Universum. Wenn wir sie besser verstehen, lernen wir daher eine Menge über die Entwicklung des Universums insgesamt und der Galaxien und Galaxienhaufen darin. Der COBE-Satellit hatte eine Winkelauflösung von 7° und konnte die Anisotropien daher zwar nachweisen, aber keine Details sichtbar machen, die eine genaue Analyse ermöglicht hätten. Aus diesem Grund wurde 2001 der Nachfolger von COBE gestartet, die *Wilkinson Microwave Anisotropy Probe* (WMAP) [38], benannt nach Wilkinson, den wir zu Beginn dieses Kapitels kennengelernt haben und der kurz nach dem Start der Sonde verstorben war.

WMAP hatte eine im Vergleich zu COBE deutlich verbesserte Auflösung von 13′. 2009 schließlich wurde von der ESA der *Planck*-Satellit für eine zweijährige Mission in den Orbit gebracht [27]. Mit einer Winkelauflösung von bis zu 5′ konnte er die Anisotropien mit einer noch höheren Genauigkeit vermessen. Abb. 29.6 zeigt eine Karte der CMB-Anisotropien, wie sie aus WMAP-Daten gewonnen wurde, und Abb. 29.7

Abb. 29.6 WMAP-Karte der Anisotropien des CMB. Die Auflösung ist etwa 30-mal höher als bei COBE. (©NASA/WMAP Science Team [38])

Abb. 29.7 Karte der Anisotropien des CMB, wie sie aus den noch höher aufgelösten Daten des *Planck*-Satelliten gewonnen wurde. (Credit: Planck collaboration [24], reproduced with permission ©ESO)

zeigt die entsprechende Himmelskarte, die der *Planck*-Satellit lieferte. Es können offensichtlich noch sehr viel feinere Strukturen der Anisotropien aufgelöst werden.

Ein weiteres Highlight der *Planck*-Mission soll hier erwähnt werden: Der Planck-Satellit konnte die erste vollständige Himmelskarte der polarisierten Staubemission in der Milchstraße bei Sub-mm-Wellenlängen erstellen [35]. Sie bietet neue Einblicke in die Struktur des galaktischen Magnetfelds und die Eigenschaften von Staub sowie die erste statistische Charakterisierung des galaktischen Vordergrunds für die CMB-Polarisation.

29.2.2 Statistische Analyse der Anisotropien

Darstellungen der Temperaturverteilung wie in Abb. 29.6 und 29.7 sind beeindruckend, für wissenschaftliche Auswertungen müssen aber andere Werkzeuge benutzt werden. Die Analyse der Anisotropien des CMB erfolgt mit Hilfe statistischer Methoden. Wir wollen in Grundzügen die zugrundeliegende mathematische Theorie diskutieren, um einen Eindruck zu gewinnen, wie aus den CMB-Anisotropien wissenschaftliche Erkenntnisse gewonnen werden können. Insgesamt ist dies aber ein umfangreiches und äußerst komplexes Themengebiet, das wir nur vereinfacht darstellen können.

Grundlage für die Beschreibung der Temperaturfluktuationen der kosmischen Mikrowellenhintergrundstrahlung ist die Theorie gaußverteilter Zufallsfelder. Die heute favorisierten Universumsmodelle mit Inflationsphase (s. Kap. 30) sagen voraus, dass die Temperaturfluktuationen des CMB gaußverteilte Schwankungen um die mittlere Temperatur sind. Zwar wird nach Abweichungen von dieser Form gesucht, bisher konnten aber keine gefunden werden.

Wenn wir die Temperatur bestimmen, die dem Spektrum eines kleinen Himmelsausschnittes entspricht, so erhalten wir einen Wert $T = \langle T \rangle + \Delta T$, mit einer Ab-

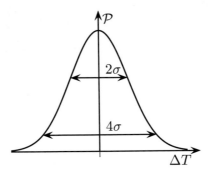

Abb. 29.8 Veranschaulichung der Gauß-Verteilung der Temperaturanisotropien. Wenn wir an vielen Punkten des Himmels die dem Spektrum entsprechende Temperatur bestimmen, so erhalten wir eine um den Mittelwert $\langle T \rangle$ liegende Gauß-Verteilung an Temperaturabweichungen zum Mittelwert

weichung ΔT vom Mittelwert. Wenn wir dies für viele Punkte am Himmel machen, so erhalten wir im Wesentlichen eine Gauß-Verteilung wie in Abb. 29.8. In einem Intervall $\Delta T \in [-\sigma, \sigma]$ liegen 68 % unserer Meßwerte und in einem Intervall $\Delta T \in [-2\sigma, 2\sigma]$ entsprechend 95 %. Wir betrachten diese Zusammenhänge etwas abstrakter, um dann auf die Behandlung für den CMB zurückzukommen. Unser Ausgangspunkt ist eine Zufallsvariable U mit einem kontinuierlichen, gaußverteilten Wertebereich. Wenn wir wissen wollen, mit welcher Wahrscheinlichkeit U einen Wert im Intervall $[u, u+du]$ annimmt, so erhalten wir dafür die Wahrscheinlichkeitsdichtefunktion

$$\mathcal{P}(u) = \frac{1}{\sqrt{2\pi\sigma^2}} \exp\left[-\frac{1}{2}(u - \mu)^2 \big/ \sigma^2 \right]. \tag{29.14}$$

Dabei bezeichnet μ den Mittelwert der Verteilung, in unserem Fall $\langle T \rangle$, und σ die *Standardabweichung*. Die statistischen Eigenschaften von U sind damit vollständig beschrieben.

Im nächsten Schritt verallgemeinern wir unsere Betrachtung auf p Zufallsvariablen, die jeweils einzeln gaußverteilt sein sollen. Das ist nötig weil wir nicht nur einen Punkt am Himmel betrachten wollen, sondern alle Punkte. Wenn wir für jede der Variablen den Mittelwert und die Varianz angeben, sind in diesem Fall die statistischen Eigenschaften noch nicht vollständig beschrieben. Wir benötigen noch Informationen über die *Korrelationen* bzw. die *Kovarianz* der Variablen. Die Korrelation ergibt sich dabei durch eine Normierung der Kovarianz und bedeutet eine statistische paarweise Abhängigkeit der Zufallsvariablen untereinander.[8] Die

---

[8] Es soll an dieser Stelle darauf hingewiesen werden, dass korrelierte Größen *nicht* auch kausal verknüpft sein müssen! Beispielsweise wird in heißen Sommern sowohl der Trinkwasserverbrauch, als auch die Anzahl der Menschen mit Kreislaufbeschwerden steigen. Aber dennoch verursacht ein hoher Wasserkonsum keine Kreislaufbeschwerden oder umgekehrt. In diesem Fall sind die beiden Größen indirekt über eine weitere Größe, die hohen Temperaturen, gekoppelt, es ist aber auch möglich, dass gar kein kausaler Zusammenhang besteht.

statistischen Abhängigkeiten der Variablen untereinander fasst man in der symmetrischen Kovarianzmatrix Σ zusammen:

$$\Sigma = \begin{pmatrix} \sigma_1^2 & \sigma_{12}^2 & \cdots \\ \sigma_{12}^2 & \sigma_2^2 & \cdots \\ \vdots & \vdots & \ddots \end{pmatrix}. \tag{29.15}$$

Eine positive Korrelation zwischen U_1 und U_2 bedeutet grob, dass für den Fall, dass U_1 einen Wert über dem Mittelwert annimmt, U_2 tendenziell auch einen Wert über dem Mittelwert annimmt und negative Korrelation entsprechend das Gegenteil. Die multivariate Gauß-Verteilung, d. h. die Wahrscheinlichkeit $\mathcal{P}(\boldsymbol{u})$, dass der p-komponentige Vektor $\boldsymbol{u}$ einen Wert im Intervall $[\boldsymbol{u}, \boldsymbol{u} + \mathrm{d}\boldsymbol{u}]$ annimmt, ist gegeben über

$$\mathcal{P}(\boldsymbol{u}) = \frac{1}{(2\pi)^{p/2}\sqrt{\det \Sigma}} \exp\left[-(\boldsymbol{u}-\mu)^{\mathrm{T}}\,\Sigma^{-1}\,(\boldsymbol{u}-\mu)\right]. \tag{29.16}$$

Die Korrelation zwischen den Zufallsvariablen bestimmt die Verteilung der Ergebnisse stark. Abb. 29.9 vergleicht Stichproben für den unkorrelierten und den stark positiv korrelierten Fall bei zwei Zufallsvariablen. Im unkorrelierten Fall gilt offensichtlich $\Sigma = \mathrm{diag}\left(\sigma_1^2, \sigma_2^2\right)$. In jedem Fall aber sind die einzelnen Variablen normalverteilt, gehorchen also einer Wahrscheinlichkeitsdichtefunktion wie in (29.14).

Nun gehen wir zu einem zweidimensionalen Kontinuum von Zufallsvariablen über, d. h. jeder Punkt $\boldsymbol{x}$ auf der Ebene, bzw. der Kugeloberfläche ist eine eigene Zufallsvariable. Das bedeutet, der Vektor der Mittelwerte geht in eine Funktion über und analog die Kovarianzmatrix in die Kovarianzfunktion:

$$\mu \mapsto \mu(\boldsymbol{x}) \quad \text{und} \quad \Sigma \mapsto \Sigma(\boldsymbol{x}_1, \boldsymbol{x}_2) = \mathrm{cov}(\boldsymbol{x}_1, \boldsymbol{x}_2). \tag{29.17}$$

Für die kosmische Mikrowellenhintergrundstrahlung nehmen wir Homogenität, bzw. auf der Kugeloberfläche Isotropie der statistischen Eigenschaften an. Dies

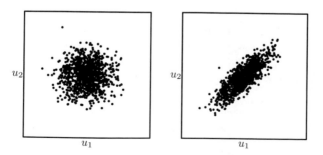

Abb. 29.9 Darstellung multivariater Gauß-Verteilungen von zwei Zufallsvariablen u_1 und u_2. Links: Keine Korrelation zwischen u_1 und u_2. Rechts: Starke positive Korrelation der beiden Variablen. In beiden Fällen sind die Grenzdichten reine Gauß-Verteilungen. Darunter versteht man die Verteilung der Werte u_1 bzw. u_2 bei Mittelung über die jeweils andere Variable

folgt direkt aus dem kosmologischen Prinzip. Dann muss der Mittelwert ortsunabhängig sein, d. h.

$$\mu(\boldsymbol{x}) = \mu = \langle T \rangle, \tag{29.18}$$

und die Kovarianzfunktion darf nur vom Abstand der Punkte $\boldsymbol{x}_1$ und $\boldsymbol{x}_2$ abhängen:

$$\operatorname{cov}(\boldsymbol{x}_1, \boldsymbol{x}_2) = \operatorname{cov}\big(|\boldsymbol{x}_1 - \boldsymbol{x}_2|\big). \tag{29.19}$$

Auf der Kugeloberfläche entspricht der Abstand einer Winkeldifferenz ϑ_{12}. Die von diesem Zwischenwinkel abhängende Funktion $\operatorname{cov}(\vartheta_{12})$ heißt *Zweipunktkorrelationsfunktion*.

Wir gehen nach der eher allgemeinen Theorie im vorherigen Abschnitt wieder konkreter auf die Betrachtung des CMB ein. Die Temperaturabweichung ΔT vom Mittelwert $\langle T \rangle$ können wir als Funktion der Blickrichtung $\hat{\boldsymbol{n}}$ schreiben, d. h. $\Delta T = \Delta T(\hat{\boldsymbol{n}})$. Im Folgenden betrachten wir aber stattdessen die dimensionslose Funktion $\Theta(\hat{\boldsymbol{n}}) = \Delta T(\hat{\boldsymbol{n}})/\langle T \rangle$. Für die Untersuchung der Anisotropien ist der genaue Verlauf der Funktion Θ allerdings nicht entscheidend, denn die explizite Form der Anisotropien ist nur eine mögliche Realisierung einer Gauß'schen Verteilung oder anders ausgedrückt: Die genaue Form der Anisotropien, die wir sehen, könnte auch anders sein und trotzdem auf das gleiche Universumsmodell führen. Ein triviales Beispiel für eine andere Verteilung wäre eine Verschiebung um einen gewissen Winkel in eine bestimmte Richtung. Die resultierende Verteilung der Anisotropien würde natürlich auf das gleiche Universumsmodell führen.

Wichtig sind dagegen die statistischen Eigenschaften von Θ, die sich in Korrelationen ausdrücken. Man muss also die Zweipunktkorrelationsfunktion der Temperaturfluktuationen bestimmen. Zu diesem Zweck multiplizieren wir die Funktionswerte von Θ an zwei Punkten des Himmels in den Richtungen $\hat{\boldsymbol{n}}$ und $\hat{\boldsymbol{n}}'$, die durch einen bestimmten Winkel θ voneinander getrennt sind. Dabei sollen die Vektoren normiert sein. Dann ist $\cos(\theta) = \hat{\boldsymbol{n}} \cdot \hat{\boldsymbol{n}}'$. Anschließend mitteln wir das Ergebnis über alle Punkte mit dem Winkelabstand θ. Wir schreiben dafür

$$C(\theta) = \langle \Theta(\hat{\boldsymbol{n}}) \, \Theta(\hat{\boldsymbol{n}}') \rangle, \quad \text{mit} \quad \cos(\theta) = \hat{\boldsymbol{n}} \cdot \hat{\boldsymbol{n}}'. \tag{29.20}$$

Dabei ist $C(\theta)$ der Funktionswert der Zweipunktkorrelationsfunktion für um den Winkel θ getrennte Gebiete. Für diese Rechnung können wir Θ auch als Funktion der Winkel ϑ und φ auf der Kugeloberfläche angeben. Diese Funktion lässt sich dann nach Kugelflächenfunktionen Y_{lm} entwickeln, da die Menge der Kugelflächenfunktionen $\{Y_{lm}\}$ ein vollständiges Funktionensystem auf der Kugeloberfläche darstellt. Das heißt wir haben

$$\Theta(\vartheta, \varphi) = \sum_{l=0}^{\infty} \sum_{m=-l}^{l} a_{lm} Y_{lm}(\vartheta, \varphi). \tag{29.21}$$

An dieser Stelle wollen wir auf die explizite Rechnung verzichten und uns nur anschaulich klarmachen, was passiert. Man findet, dass sich die Korrelationsfunktion in der Form

$$C(\theta) = \frac{1}{4\pi} \sum_{l=0}^{\infty} (2l+1) C_l P_l(\cos(\theta)) \tag{29.22}$$

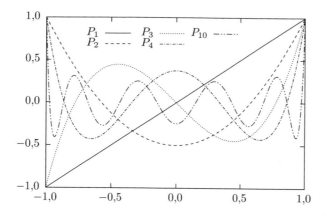

Abb. 29.10 Darstellung der ersten Legendre-Polynome P_1 bis P_4, sowie P_{10} zum Vergleich; $P_0 = 1$. P_l hat l Knoten, und unter Verwendung der ersten l Polynome können Winkelstrukturen bis hinunter zur Größenordnung π/l aufgelöst werden. Das n-te Legendre-Polynom ist auch ein Polynom n-ten Grades

darstellen lässt, sie hängt also nur von den Multipolmomenten l und nicht von m ab. Mit P_l bezeichnen wir die *Legendre-Polynome*. Man kann sich diesen Zusammenhang so ähnlich vorstellen wie bei einer Fourier-Entwicklung. Wird ein beliebiges Signal in ein Frequenzspektrum zerlegt, so interessieren meist nur die Frequenzen ω, die hier den Multipolmomenten l entsprechen, nicht aber eventuelle Phasenverschiebungen φ_ω. Diese entsprechen den m und würden dann herausgemittelt.

Mit Hilfe der Entwicklung (29.22) können wir die Korrelationsfunktion also auf die Multipolmomente C_l zurückführen. Dabei ist es wichtig, dass mit P_l in etwa Winkelstrukturen von der Größenordnung π/l aufgelöst werden können. Dies wird anhand von Abb. 29.10 deutlicher, in der die Legendre-Polynome P_0 bis P_4, sowie P_{10} abgebildet sind.

29.2.3 Das Winkelleistungsspektrum

Nach der genauen Messung des CMB wird entsprechend der im vorherigen Abschnitt diskutierten Methode die Zweipunktkorrelationsfunktion ausgewertet. Die Daten von WMAP und *Planck* umfassen die gesamte Himmelskugel, können also prinzipiell auf Korrelationen bis zum maximalen Wert von $\theta = \pi$ hin untersucht werden, was $l = 1$, dem Dipolterm, entsprechen würde. Dieser Fall ist allerdings nicht besonders interessant, da diese Korrelationen auf den Dopplereffekt zurückzuführen sind. Hin zu kleinen Winkelskalen ist die Grenze durch die Auflösung des Beobachtungsinstruments gegeben, die bei *Planck*, wie bereits erwähnt, bei etwa $5'$ liegt.

Die gewonnenen Entwicklungskoeffizienten C_l werden im so genannten *Winkelleistungsspektrum* dargestellt und können dann mit theoretischen, modellabhängigen Vorhersagen verglichen werden. Abb. 29.11 zeigt das Winkelleistungsspektrum, wie es aufgrund der Messergebnisse der *Planck*-Mission veröffentlicht wurde [24]. Gezeigt sind die Messdaten, sowie eine daran gefittete Kurve, die dem Λ_{CDM}-Modell entspricht.

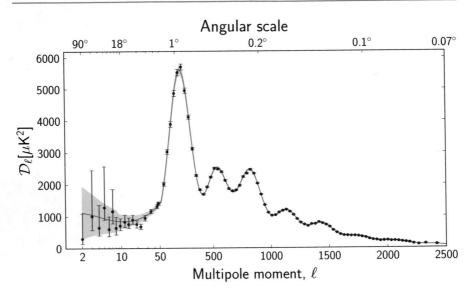

Abb. 29.11 Winkelleistungsspektrum aus den Daten der *Planck*-Mission mit sieben akustischen Peaks, deren Lage durch ein einfaches, sechsparametriges Λ_{CDM}-Modell gut reproduziert wird (durchgezogene Kurve.) Die auf der Ordinate aufgetragene Größe ist $l(l+1)C_l/2\pi$. (Credit: Planck collaboration [24], reproduced with permission ©ESO)

Man erkennt in Abb. 29.11 einen Bereich ohne ausgeprägte Struktur für kleine l, auf den mehrere ausgeprägte Peaks ab etwa $l = 200$ folgen.

Die Strukturen mit $l > 200$ sind auf andere Ursachen zurückzuführen als diejenigen mit $l < 200$. Kleinwinklige Temperaturfluktuationen können wir durch Oszillationen des PBF erklären, die dafür sorgen, dass die Dichte des PBF lokale Schwankungen aufweist. Großwinklige Temperaturfluktuationen rühren von Fluktuationen im Gravitationspotential der nichtbaryonischen dunklen Materie her. Dies ist der *Sachs-Wolfe-Effekt*[9],[10] [31].

29.2.4 Sachs-Wolfe-Effekt

In diesem Abschnitt orientieren wir uns teilweise an den Ausführungen in [36]. Der Zeitpunkt der Entkopplung fällt in die materiedominierte Phase des Universums. Die gesamte Materiedichte des Universums setzt sich aus einem kleinen Anteil baryonischer Materie und einem viel größeren Anteil nichtbaryonischer, der sogenannten dunklen Materie zusammen, die Energiedichte der nichtbaryonischen Materie war also bei der Entkopplung der dominante Beitrag.

---

[9] Rainer K. Sachs, ★ 1932, US-amerikanischer Astrophysiker deutscher Herkunft.

[10] Arthur M. Wolfe, 1939–2014, US-amerikanischer Astrophysiker.

Wir nehmen an, dass die Dichte der nichtbaryonischen Materie bei der Entkopplung kleine Schwankungen um den Mittelwert aufgewiesen hat, also in der Form

$$\varepsilon_{dM}(\boldsymbol{r}) = \langle \varepsilon_{dM} \rangle + \delta\varepsilon_{dM}(\boldsymbol{r}) \tag{29.23}$$

geschrieben werden kann. Diese Variation der Energiedichte führt dann über die Poisson-Gleichung

$$\Delta(\delta\phi) = \frac{4\pi G}{c^2}\delta\varepsilon_{dM}(\boldsymbol{r}) \tag{29.24}$$

zu Schwankungen des Gravitationspotentials $\delta\phi$, das die dunkle Materie verursacht und das auf das PBF einwirkt, wobei wir hier mathematisch eine Unsauberkeit begehen, da der Mittelwert ϕ des Gravitationspotentials in der Poisson-Gleichung einfach „verschwunden" ist. Mit diesem Problem befassen wir uns gleich noch in einem anderen Kontext (s. Abschn. 29.2.5).

Aus (12.9), der Metrik für schwache und zeitlich nahezu konstante Gravitationsfelder in der Newton'schen Näherung, sehen wir, dass ein Gravitationspotential aufgrund des Zusammenhanges

$$c\,d\tau = \sqrt{1 + 2\frac{\phi}{c^2}}\,c\,dt \approx \left(1 + \frac{\phi}{c^2}\right)c\,dt \tag{29.25}$$

wegen $\phi < 0$ zu einer Zeitdilatation führt. Eine lokale Veränderung der Zeit entspricht aber auch einer lokalen Änderung der Temperatur. Das können wir verstehen, wenn wir zum einen berücksichtigen, dass $T \sim a^{-1}$ ist, und zum anderen, bei Dominanz einer Energieform mit der Zustandsgleichung $p = w\varepsilon$ für den Skalenfaktor nach (26.61) $a \sim t^{2/[3(1+w)]}$ gilt.

Aus Ta = const können wir folgern, dass $(a + \delta a)(T + \delta T) = aT$ gilt. Daraus folgt direkt

$$\frac{a + \delta a}{a} = \frac{T}{T + \delta T} \tag{29.26}$$

und wegen $T/(T + \delta T) \approx 1 - \delta T/T$ dann

$$\frac{\delta a}{a} = -\frac{\delta T}{T}. \tag{29.27}$$

Mit der aus (26.61) folgenden Taylor-Entwicklung

$$\begin{aligned}
a(t + \delta t) &= t^{\frac{2}{3(1+w)}} + \frac{2}{3(1+w)}t^{\frac{2}{3(1+w)}-1}\,\delta t + \mathcal{O}(\delta t^2) \\
&= a(t) + \delta a + \mathcal{O}(\delta t^2)
\end{aligned} \tag{29.28}$$

ergibt sich dann mit $\delta t = (\phi/c^2)t$, dass

$$\frac{\delta a}{a} = \frac{2}{3(1+w)}\frac{\phi}{c^2},$$ (29.29)

bzw.

$$\frac{\delta T}{T} = -\frac{2}{3(1+w)}\frac{\phi}{c^2}.$$ (29.30)

Da die Entkopplung in der materiedominierten Phase stattfand, ist $w = 0$ und wir finden

$$\left.\frac{\delta T}{T}\right|_{m_{grav}} = -\frac{2}{3}\frac{\phi}{c^2}.$$ (29.31)

In der strahlungsdominierten Phase dagegen wäre $w = 1/3$ und damit

$$\left.\frac{\delta T}{T}\right|_{r_{grav}} = -\frac{1}{2}\frac{\phi}{c^2}.$$ (29.32)

In einem Minimum des Gravitationspotentials ist $\delta\phi < 0$, die durch die Zeitdilatation verursachte kleine Verschiebung δa des Skalenfaktors hin zu einem kleineren Wert führt also dazu, dass die Temperatur hier etwas höher als in der Umgebung ist. Ein etwas unkonventioneller Blick auf diese Situation ist, die Zeitdilatation als Veränderung des Horizonts der letzten Streuung aufzufassen (Abb. 29.12). Photonen aus Regionen mit höherer Dichte, d. h. $\delta\phi < 0$, sind später losgeflogen (d_-) als solche aus Regionen mit durchschnittlicher Dichte (d_0) oder niedrigerer Dichte (d_+)

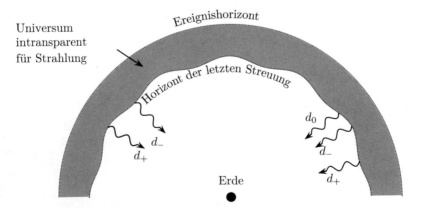

Abb. 29.12 Eine Interpretation des Sachs-Wolfe-Effekts. Durch die von Minima des Gravitationspotentials verursachte Temperaturerhöhung ändert sich der Zeitpunkt der Entkopplung, die Kugel des Horizontes der letzten Streuung wird leicht ortsabhängig gestört. In diesem Bild ist die Rotverschiebung durch das Austreten aus dem Gravitationspotential noch nicht berücksichtigt

und haben daher eine geringere Rotverschiebung. Diesem Teileffekt ist aber ein zweiter überlagert, der den ersten überkompensiert. Wenn das betrachtete Photon nämlich bei der Entkopplung losfliegt, so muss es aus dem Minimum des Gravitationspotentials herauslaufen und wird dadurch rotverschoben, und zwar genau um $\delta T/T = \phi/c^2$. Wenn es bei uns ankommt, sehen wir also eine effektive Temperaturfluktuation

$$\left.\frac{\delta T}{T}\right|_m = \frac{1}{3}\frac{\phi}{c^2}, \tag{29.33}$$

bzw.

$$\left.\frac{\delta T}{T}\right|_r = \frac{1}{2}\frac{\phi}{c^2}, \tag{29.34}$$

also eine effektiv niedrigere Temperatur als im Mittel. Temperaturfluktuationen auf großen Winkelskalen $\theta > 1°$ enthalten also Informationen über die Fluktuationen des Gravitationspotentials der dunklen Materie zum Zeitpunkt der Entkopplung.

29.2.5 Akustische Oszillationen

Auf kleineren Winkelskalen werden die Temperaturanisotropien durch das Verhalten des PBF stark beeinflusst. Dieses wiederum wird durch das dominante Gravitationspotential der dunklen Materie gesteuert. Das PBF wird sich dort verdichten, wo Minima des Gravitationspotentials der dunklen Materie vorliegen. Diese Verdichtung kann aber nicht beliebig hoch werden, denn es baut sich ein Gegendruck des PBF auf, der schließlich den Gravitationsdruck überkompensiert, sodass es zu periodischen Verdichtungen und Verdünnungen kommt. Man spricht hier von *akustischen Oszillationen*.

Um dieses Phänomen besser zu verstehen, betrachten wir die mathematische Behandlung von Wellenphänomenen in Fluiden unter dem Einfluss eines Gravitationspotentials. Dabei beschränken wir uns auf eine Behandlung im Rahmen der Newton'schen Theorie.

Wellenphänomene in Fluiden

In diesem Abschnitt orientieren wir uns an Rechnungen von Jeans [17]. Diese sind uns in Abschn. 17.2 zur Entstehung von Sternen schon einmal begegnet. Wir werden am Ende dieses Abschnittes sehen, was diese auf den ersten Blick völlig unterschiedlichen Gebiete miteinander zu tun haben. Zur quantitativen Betrachtung benötigen wir die Massendichte $\rho_m(r, t)$, bzw. die Energiedichte $\varepsilon_m = \rho_m c^2$, das Geschwindigkeitsfeld $v(r, t)$ und das Gravitationspotential $\phi(r, t)$ für das Fluid. Der Druck ergibt sich dann wie immer aus einer Zustandsgleichung $p = p(\rho_m)$.

Zur Beschreibung des Fluids haben wir drei miteinander gekoppelte Gleichungen. Zum einen die Kontinuitätsgleichung

$$\nabla \cdot \left(\rho_{\mathrm{m}} \boldsymbol{v} \right) + \frac{\partial \rho_{\mathrm{m}}}{\partial t} = 0, \tag{29.35}$$

d. h. in diesem Fall die mathematische Formulierung der Massenerhaltung. Daneben die *Euler-Gleichung*

$$\frac{\mathrm{d}\boldsymbol{v}}{\mathrm{d}t} = \frac{\partial \boldsymbol{v}}{\partial t} + \left(\boldsymbol{v} \cdot \nabla \right) \boldsymbol{v} = -\frac{1}{\rho_{\mathrm{m}}} \nabla p - \nabla \phi. \tag{29.36}$$

Diese beschreibt die Strömung eines reibungsfreien Fluids, dabei ist die totale Zeitableitung des Geschwindigkeitsfeldes gegeben über

$$\frac{\mathrm{d}\boldsymbol{v}}{\mathrm{d}t} = \frac{\partial \boldsymbol{v}}{\partial t} + \frac{\partial \boldsymbol{v}}{\partial x}\frac{\mathrm{d}x}{\mathrm{d}t} + \frac{\partial \boldsymbol{v}}{\partial y}\frac{\mathrm{d}y}{\mathrm{d}t} + \frac{\partial \boldsymbol{v}}{\partial z}\frac{\mathrm{d}z}{\mathrm{d}t}, \tag{29.37}$$

mit den Geschwindigkeitskomponenten $v_x = \mathrm{d}x/\mathrm{d}t$ usw. und lässt sich in der kompakten Form wie in (29.36) schreiben. Schließlich gilt für das Gravitationspotential ϕ die Poisson-Gleichung

$$\Delta \phi = 4\pi G \rho_{\mathrm{m}}, \tag{29.38}$$

die uns bereits mehrfach begegnet ist.

Zur Lösung der miteinander gekoppelten Gleichungen (29.35), (29.36) und (29.38) entwickeln wir alle vorkommenden Größen um eine noch nicht näher bestimmte Gleichgewichtslage. Das heißt, alle betrachteten Funktionen entsprechen einem orts- und zeitunabhängigen Mittelwert und einer kleinen Abweichung davon, die von Ort und Zeit abhängt:

$$\rho_{\mathrm{m}}(\boldsymbol{r},t) = \rho_{\mathrm{m}0} + \varepsilon \rho_{\mathrm{m}1}(\boldsymbol{r},t) + \mathcal{O}(\varepsilon^2) \tag{29.39a}$$

$$\boldsymbol{v}(\boldsymbol{r},t) = \boldsymbol{v}_0 + \varepsilon \boldsymbol{v}_1(\boldsymbol{r},t) + \mathcal{O}(\varepsilon^2) \tag{29.39b}$$

$$\phi(\boldsymbol{r},t) = \phi_0 + \varepsilon \phi_1(\boldsymbol{r},t) + \mathcal{O}(\varepsilon^2) \tag{29.39c}$$

$$p(\boldsymbol{r},t) = p_0 + \varepsilon p_1(\boldsymbol{r},t) + \mathcal{O}(\varepsilon^2). \tag{29.39d}$$

Im Gleichgewicht ist $\varepsilon = 0$. Wir wollen nun feststellen, ob eine zeitlich und räumlich konstante Lösung, d. h. mit $\rho_{\mathrm{m}0} = \mathrm{const} \neq 0$, $\boldsymbol{v}_0 = \mathrm{const}$, $\phi_0 = \mathrm{const}$ und $p_0 = \mathrm{const}$ möglich ist. Einsetzen konstanter Größen in (29.35) und (29.36) führt sofort auf die Identität. Diese sind also für konstante Größen erfüllt. Dagegen bekommen wir bei (29.38) ein Problem: Die linke Seite $\Delta \phi_0$ verschwindet identisch, daraus folgt $\rho_{\mathrm{m}0} = 0$, was wir explizit ausgeschlossen haben.

Um dieses Problem zu lösen, machen wir eine Annahme: In der Poisson-Gleichung sollen nur die Abweichungen von der konstanten Dichte $\rho_{\mathrm{m}0}$ eingehen. Wir nehmen diese Gleichung also erst ab der ersten Ordnung in ε mit. Diese Annahme haben wir bereits bei der Herleitung des Sachs-Wolfe-Effekts benutzt. Sie ist nicht einfach zu rechtfertigen, ihrer Diskussion ist deshalb ein eigener Abschnitt im Anschluss gewidmet.

Wir setzen weiter o. B. d. A. $v_0 = 0$. Dies ist prinzipiell durch eine Galilei-Transformation erreichbar. In erster Ordnung erhalten wir dann aus (29.35) den Zusammenhang

$$\nabla \cdot \left[\left(\rho_{m0} + \varepsilon \rho_{m1} \right) \varepsilon v_1 \right] + \varepsilon \frac{\partial \rho_{m1}}{\partial t} = 0. \tag{29.40}$$

Wir wollen nur Terme linear in ε mitnehmen und erhalten damit

$$\rho_{m0} \nabla \cdot v_1 + \frac{\partial \rho_{m1}}{\partial t} = 0. \tag{29.41}$$

Leiten wir diese Gleichung nochmals nach der Zeit ab, führt uns das auf

$$\rho_{m0} \nabla \cdot \frac{\partial v_1}{\partial t} + \frac{\partial^2 \rho_{m1}}{\partial t^2} = 0. \tag{29.42}$$

Unser Ziel wird es sein, aus dieser Gleichung eine Wellengleichung für ρ_{m1} zu machen. Dazu müssen wir $\partial v_1 / \partial t$ durch einen Ausdruck für die Dichte ersetzen. Dafür benutzen wir die Euler-Gleichung (29.36) in erster Ordnung in ε:

$$\frac{\partial v_1}{\partial t} = -\frac{\nabla p_1}{\rho_{m0}} - \nabla \phi_1. \tag{29.43}$$

Wir setzen diesen Ausdruck in (29.42) ein und verwenden $\nabla \cdot (\nabla p_1) = \Delta p_1$ und dieselbe Beziehung für ϕ_1. Dann haben wir

$$-\Delta p_1 - \rho_{m0} \Delta \phi_1 + \frac{\partial^2 \rho_{m1}}{\partial t^2} = 0. \tag{29.44}$$

Den Ausdruck $\Delta \phi_1$ können wir mit Hilfe der Poisson-Gleichung durch $4\pi G \rho_{m1}$ ausdrücken. Um außerdem Δp_1 zu ersetzen, betrachten wir den linearisierten Zusammenhang

$$p - p_0 = \left. \frac{\partial p}{\partial \rho_m} \right|_{\rho_{m0}} (\rho_m - \rho_{m0}). \tag{29.45}$$

Nach den Definitionen in (29.39) gilt $p - p_0 = \varepsilon p_1$ und $\rho_m - \rho_{m0} = \varepsilon \rho_{m1}$ und damit

$$p_1 = \left. \frac{\partial p}{\partial \rho_m} \right|_{\rho_{m0}} \rho_{m1}. \tag{29.46}$$

Wir setzen diesen Ausdruck in (29.44) ein, multiplizieren mit $-\left(\left. \frac{\partial p}{\partial \rho_m} \right|_{\rho_{m0}} \right)^{-1}$ durch und bringen den Term $4\pi G \rho_{m0} \rho_{m1}$ auf die andere Seite:

$$\Delta \rho_{m1} - \left(\frac{\partial p}{\partial \rho_m} \bigg|_{\rho_{m0}} \right)^{-1} \frac{\partial^2 \rho_{m1}}{\partial t^2} = -4\pi G \rho_{m0} \rho_{m1} \left(\frac{\partial p}{\partial \rho_m} \bigg|_{\rho_{m0}} \right)^{-1}. \qquad (29.47)$$

Damit haben wir eine inhomogene Wellengleichung für ρ_{m1}. Die homogene Lösung sind ebene Wellen mit der Ausbreitungsgeschwindigkeit

$$v_{Schall} = \sqrt{\frac{\partial p}{\partial \rho_m} \bigg|_{\rho_{m0}}}. \qquad (29.48)$$

Wir sprechen in diesem Zusammenhang etwas bildlich von der Schallgeschwindigkeit. Für das Photonengas ist nach (26.31) $p = \varepsilon/3 = \rho_r c^2/3$ und damit $\partial p / \partial \rho_r = c^2/3$. Damit erhalten wir für die Phasengeschwindigkeit den Wert

$$v_{Schall} = \frac{c}{\sqrt{3}}. \qquad (29.49)$$

Die Bezeichnung Schallgeschwindigkeit ist natürlich nicht willkürlich, wie man an einem einfachen Beispiel leicht sieht:

Die gerade behandelten Zusammenhänge gelten nämlich völlig analog auch für das ideale Gas: Mit der Teilchendichte n und der Molekülmasse μ folgt dort aus $p = n k_B T = \rho_m/\mu k_B T$ direkt $\partial p / \partial \rho_m = k_B T/\mu$ und damit die bekannte Form $v_{Schall} = \sqrt{k_B T/\mu}$ für die Schallgeschwindigkeit in Gasen. Dementsprechend erklärt sich auch die Bezeichnungen „akustische Oszillationen" für diese Phänomene.

Wir betrachten nun die Auswirkung der Inhomogenität näher. Wir wissen, dass die Lösungen der homogenen Wellengleichung ebene Wellen der Form

$$\rho_{m1}(\boldsymbol{r}, t) = \rho_{m10} e^{i(\boldsymbol{k} \cdot \boldsymbol{r} - \omega t)} \qquad (29.50)$$

sind. Wir wollen herausfinden, ob auch bei Mitnahme der Inhomogenität wellenförmige Dichtestörungen möglich sind. Dazu setzen wir in (29.47) ebene Wellen der Form (29.50) ein. Nach Bilden der Ableitungen führt das auf

$$\left(-\boldsymbol{k}^2 + \frac{1}{v_{Schall}^2} \omega^2 \right) \rho_{m1}(\boldsymbol{r}, t) = -4\pi \frac{G \rho_{m0}}{v_{Schall}^2} \rho_{m_1}(\boldsymbol{r}, t). \qquad (29.51)$$

Damit erhalten wir die *Dispersionsrelation* für die Wellenausbreitung in Fluiden mit gravitativer Wechselwirkung:[11]

$$\omega^2(\boldsymbol{k}) = v_{Schall}^2 \boldsymbol{k}^2 - 4\pi G \rho_{m0}. \qquad (29.52)$$

---

[11] Eine ganz ähnliche Dispersionsrelation ergibt sich für Dichtestörungen im Plasma, die Bohm-Gross-Dispersionsrelation: $\omega^2(\boldsymbol{k}) = 3v^2 \boldsymbol{k}^2 + n_e e^2/(\omega_0 m_e^*)$. Der zweite Term heißt Plasmafrequenz und m_e^* ist die effektive Elektronenmasse.

Dieses Ergebnis ist bemerkenswert, denn man sieht, dass für $k^2 < 4\pi G\rho_{m0}/v_{Schall}^2$ die Kreisfrequenz ω imaginär wird. Dies entspricht exponentiell anwachsenden bzw. abfallenden Lösungen. Die Dichtestörungen wachsen in diesem Fall also über alle Grenzen und das System wird instabil. Man spricht deshalb von der *Jeans-Instabilität*.

Wir definieren den Jeans-Wellenvektor über

$$|k_J| = \frac{\sqrt{4\pi G\rho_{m0}}}{v_{Schall}}. \tag{29.53}$$

Diesem entspricht eine Jeans-Wellenlänge

$$\lambda_J = 2\pi/|k_J|. \tag{29.54}$$

Wellenförmige Dichtestörungen können nur existieren für $|k| > |k_J|$, bzw. $\lambda < \lambda_J$. Die Jeans-Wellenlänge gibt eine typische Längenskala für Dichtestörungen an, Dichtestörungen mit größeren Wellenlängen können sich im PBF nicht ausbreiten.

Hier erkennt man auch den Zusammenhang zur Kontraktion von Sternen. Dort haben wir völlig analog berechnet, wann eine Gaswolke instabil wird, mit dem Unterschied, dass wir dort genau das erreichen wollten.

„Jeans-Swindle"

Bei der gerade betrachteten Herleitung haben wir eine sehr dubiose Näherung vorgenommen: Da wir für konstante Größen bei nichtverschwindender Dichte ρ_{m0} einen Widerspruch fanden, nahmen wir an, dass die Poisson-Gleichung nur für die Abweichung ρ_{m1} von der Gleichgewichtsdichte ρ_{m0} wichtig wird. Diese Annahme ist offensichtlich nicht korrekt, wir haben das ungestörte Gravitationsfeld einfach weggelassen.

Streng mathematisch lassen sich die Ergebnisse des letzten Abschnittes also nicht herleiten. Dennoch haben sich die damit verbundenen Vorhersagen als korrekt erwiesen. Dieser Umstand brachte dieser Argumentationskette den Namen „Jeans-Swindle" ein. Kiessling zeigte 2003, wie sich dieses Problem lösen lässt [18]. Dabei ging er von der Helmholtz-Gleichung (26.33) aus, die schon Einstein benutzt hatte, um die Einführung der kosmologischen Konstante zu begründen (s. Abschn. 26.6). Mit den Überlegungen dort wird klar, dass für die Helmholtz-Gleichung ein konstantes Gravitationspotential, das aus einer ebenfalls konstanten, nichtverschwindenden Materiedichte resultiert, existiert. Kiessling argumentiert weiter über eine Grenzbetrachtung $\Lambda \to 0$, um die Betrachtungen von Jeans mathematisch korrekt zu fundieren.

29.2.6 Akustische Oszillationen des PBF

Wir haben gesehen, wie es in Fluiden aufgrund von Fluktuationen des Gravitationspotentials zu Oszillationen kommen kann. Jetzt müssen wir verstehen, wie diese

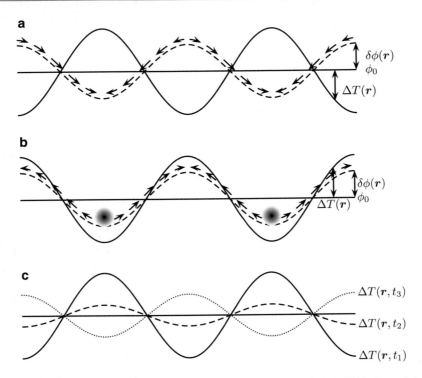

Abb. 29.13 Entstehung akustischer Oszillationen durch Fluktuationen $\delta\phi(r)$ des mittleren Gravitationspotentials ϕ_0 der CDM-Verteilung. (**a**) Das PBF (*Pfeile*) sammelt sich an den Minima des Potentials $\delta\phi$. Dort ist die Temperatur gegenüber dem Mittelwert erhöht. (**b**) Durch den sich aufbauenden Photonendruck (*dunkle Kreise*), kehrt sich die Bewegung des PBF um, bis Dichte und Temperatur an den Maxima des Gravitationspotentials am größten sind. (**c**) Die Temperaturfluktuationen $\Delta T(r, t)$ entsprechen einer stehenden Welle

Oszillationen sich als Temperaturfluktuationen im CMB bemerkbar machen. Die Fluktuationen in der Dichte der CDM, d. h. im Gravitationspotential, bewirken das Hineinfallen des Fluids in Regionen größerer Dichte, bzw. die Ausdünnung in Bereichen kleinerer Dichte. In den Bereichen höherer Dichte wird das PBF komprimiert, dadurch steigen seine Temperatur und der Photonendruck, bis der Photonendruck die Bewegung umkehrt. Es entsteht eine Oszillation des PBF, deren Periode proportional zu ihrer Wellenlänge ist, weswegen man von „akustischer Oszillation" spricht (s. Abb. 29.13).

Auch hier kann man diese Oszillation in einzelne Moden unterschiedlicher Frequenz zerlegen. Bei der Entkopplung rekombinieren die Elektronen mit den Protonen und die Photonen werden frei, die Beschreibung als PBF bricht zusammen, die früheren Bestandteile des Fluids entwickeln sich jetzt unabhängig voneinander weiter: Die Materie sammelt sich in den Regionen höherer CDM-Dichte und es kommt zur Strukturbildung. Die Photonen dagegen tragen das Bild der Temperaturverteilung bei der Entkopplung zu uns, bzw. an jeden Punkt des Universums.

Zum Zeitpunkt der Entkopplung wird die Oszillation des PBF eingefroren. Im C_l-Diagramm sieht man dann vor allem diejenigen Moden, die gerade an ihrem Maximum waren, der Einfluss der anderen Moden ist schwächer oder auch gar nicht vorhanden. Daraus ergibt sich die Abfolge der Peaks im C_l-Diagramm wie sie in Abb. 29.14 skizziert wird. Nach der Inflation ($t = t_I$), der ersten Phase der Entwicklung des Universums, die wir in Kap. 30 ansprechen, beginnen alle Moden mit der Oszillation. Je nach Größe der Mode variiert die Periode der Moden. Bei der Entkopplung werden die Photonen frei und enthalten die Information über die Temperaturverteilung zu diesem Zeitpunkt. Den größten Beitrag zu den Fluktuationen, d. h. den ersten Peak im C_l-Diagramm, liefert dabei diejenige Mode, die zum Zeitpunkt der Entkopplung gerade maximal komprimiert war. Der zweite Peak rührt von derjenigen Mode her, die gerade maximal verdünnt war, und so weiter. Die Moden mit Frequenzen dazwischen befinden sich weder in einem Maximum noch in einem Minimum und tragen wenig zur Temperaturverteilung bei. Das Gleiche gilt für eine Vielzahl weiterer Moden mit entsprechend höheren Frequenzen.

Eine weitere Verfeinerung des Modells ergibt sich, wenn man berücksichtigt, dass die Baryonen des PBF selbst auch Masse haben. Wenn sie sich in den Regionen hoher CDM-Dichte sammeln, so ballen sie sich zusätzlich aufgrund ihrer eigenen Masse zusammen, man spricht vom *Baryon Drag*. Die Baryonenmasse erhöht die Abweichung vom mittleren Gravitationspotential, die Mulde wird noch tiefer und

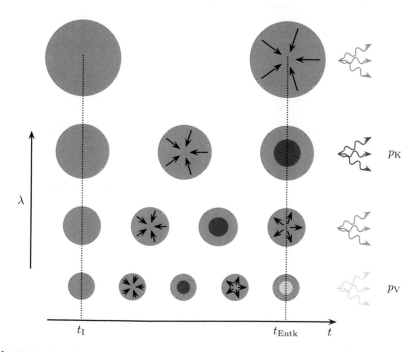

Abb. 29.14 Verschiedene Moden der akustischen Oszillationen des PBF. Den größten Beitrag zu den Fluktuationen, d. h. den ersten Peak im C_l-Diagramm, liefert dabei diejenige Mode, die zum Zeitpunkt der Entkopplung gerade maximal komprimiert war (p_K). Der zweite Peak rührt von derjenigen Mode her die gerade maximal verdünnt war (p_V) und so weiter

die Temperatur entsprechend noch höher. Umgekehrt ist die Situation nach Umkehrung der Bewegung durch den Photonendruck an den Stellen geringer CDM-Dichte. Dort schwächt die Baryonenmasse die Abweichung des Gravitationspotentials vom Mittelwert ab. Dies führt dazu, dass die Schwingungen des PBF nicht mehr symmetrisch sind, sondern die Kompressionspeaks im Vergleich zu den Verdünnungspeaks erhöht werden. In die Analyse des CMB geht nur die betragsmäßige Temperaturabweichung vom Mittelwert ein. Dementsprechend sind die Peaks im C_l-Diagramm überhöht oder abgeschwächt, je nachdem ob die betrachtete Mode bei der Rekombination gerade komprimiert oder verdünnt war. In Abb. 29.15 werden die Modifikationen durch die Baryonenmasse veranschaulicht.

Durch eine Vielzahl weiterer Effekte bildet sich eine große Zahl von kosmologischen Parametern im C_l-Diagramm ab. Beispielsweise kann eine eventuell vorhandene Krümmung des Raums an der Position des ersten Peaks abgelesen werden. Wir haben gesehen, dass man mit von der Kosmologie unabhängigen Methoden der Hydrodynamik die Wellenlänge der langwelligsten Mode berechnen kann. Ver-

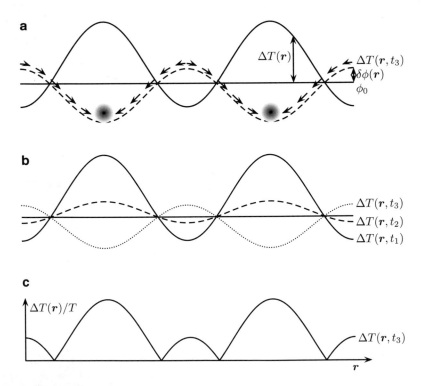

Abb. 29.15 Berücksichtigt man die Masse der Baryonen bei den bisherigen Betrachtungen in Abb. 29.13, so geht die Symmetrie in der Temperaturabweichung der über- und unterdichten Regionen verloren. (**a**) An den Orten höherer CDM-Dichte verstärkt die Baryonenmasse die Abweichung vom mittleren Gravitationspotential und schwächt sie umgekehrt an den Stellen geringerer CDM-Dichte ab. (**b**) Die stehende Welle der Temperaturverteilung $\Delta T(r, t)$ ist dann nicht mehr symmetrisch um die mittlere Temperatur. (**c**) Eine Mode, die gerade voll komprimiert ist, zeigt eine höhere Temperaturabweichung als eine voll verdünnte Mode

gleicht man dann mit der Größe der zugehörigen Korrelationen im CMB, so kann man unter Verwendung der Winkelentfernung aus Abschn. 27.5 in der allgemeinen Form (27.34) Informationen über die Krümmung erhalten.

29.2.7 Silk-Dämpfung

Wenn wir zu noch kleinwinkligeren Skalen gehen, so ändert sich die Situation noch einmal grundlegend. Dazu müssen wir die Betrachtung des PBF noch etwas verfeinern. Die Kopplung zwischen den Photonen und den Baryonen ist nämlich nicht vollständig, zwischen zwei Stößen mit Elektronen bewegen sich die Photonen frei durch das Fluid. Dadurch können heiße Photonen in kältere Bereiche gelangen und umgekehrt. Durch diese Durchmischung werden Anisotropien auf diesen Größenskalen wieder ausgelöscht, wie es in Abb. 29.16 veranschaulicht ist. Dieser Effekt wird als *Silk-Dämpfung*[12] bezeichnet.

Ein dazugehörendes weiteres Detail betrifft die Rekombination. Bisher haben wir diese immer als festen Zeitpunkt behandelt. Tatsächlich handelt es sich aber um einen, wenn auch kurzen, ausgedehnten Zeitraum in der Entwicklungsgeschichte des Universums, der etwa 20.000 Jahre dauerte. Während dieser Zeit sank der Ionisierungsgrad des PBF ständig, und damit auch die freie Weglänge der Photonen. Kleinwinklige Temperaturanisotropien wurden dadurch exponentiell gedämpft.

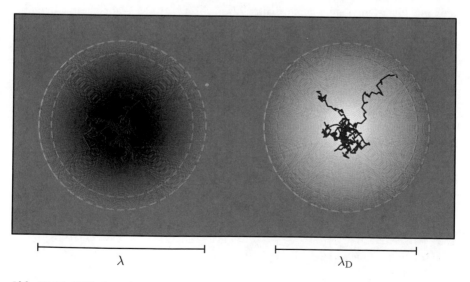

$$\lambda \qquad\qquad \lambda_D$$

Abb. 29.16 Diffusion mischt Photonen aus überdichten bzw. unterdichten Regionen. Dadurch werden Anisotropien mit Wellenlänge λ kleiner als die Diffusionslänge λ_D ausgelöscht. In der Skizze symbolisiert der jeweilige Grauton die variierende Dichte des PBF. Die rote und blaue Kurve repräsentieren den Diffusionspfad eines „heißen" und eines „kalten" Photons [15]

---

[12] Joseph Silk, ⋆ 1942, britischer Astronom.

Wie dieser Vorgang exakt abläuft, hängt dabei vom Verlauf der Rekombination ab, dazu gibt es wieder verschiedene Modellannahmen. Da während dieser Zeit aber die Kopplung der Photonen an die Baryonen dennoch weitgehend intakt war, wurden auch die Fluktuationen in der Materieverteilung ausgelöscht. Dies führt zu einer unteren Grenze für mögliche Strukturgrößen im frühen Universum.

Die Silk-Dämpfung spielt im Winkelleistungsspektrum etwa ab $l \simeq 800$ eine Rolle, alle Peaks bei höheren l sind im Vergleich zu denjenigen bei $l < 800$ stark abgeschwächt, dies lässt sich in Abb. 29.11 gut erkennen.

29.2.8 Kosmologische Parameter

Die durchgezogene Kurve in Abb. 29.11, und insbesondere die Lage der akustischen Peaks, hängt empfindlich von der Größe der kosmologischen Parameter ab. Diese können daher durch den Vergleich des Fits mit den Beobachtungsdaten sehr genau extrahiert werden. In Tab. 29.1 sind die kosmologischen Parameter, die aus der Analyse der Winkelleistungsspektren der WMAP- und *Planck*-Daten gewonnen wurden, gegenübergestellt.

Beide Auswertungen ergeben in etwa dasselbe Alter des Universums und einen mit 0 verträglichen Wert der Krümmung. Jedoch liefern die aktuelleren *Planck*-Daten niedrigere Werte für die Hubble-Konstante, die Baryonendichte und die Dichte der dunklen Energie, dafür aber einen größeren Wert für die gesamte Materiedichte. Insgesamt kann man festhalten, dass wir mit großer Wahrscheinlichkeit in einem Euklidischen Universum leben, das von der dunklen Energie dominiert wird und das daher beschleunigt expandiert, und dass die Materiedichte weitgehend von der dunklen Materie herrührt. Die baryonische Materie selbst macht nur etwa 4 % der gesamten Materie aus. Ungeklärt bleibt aber bis heute sowohl die Natur der dunklen Materie als auch die der dunklen Energie.

Großangelegte kosmologische Simulationen zur Entwicklung des Universums beginnend von den Anfangsbedingungen des Urknalls bis heute sind Gegenstand des Illustris-Projekts [16].

Tab. 29.1 Zusammenfassung der Ergebnisse für die kosmologischen Parameter unter Annahme des Λ_{CDM}-Modells entsprechend den 9-Jahresdaten der WMAP-Mission von 2013 [5] sowie den Daten der *Planck*-Mission von 2018 [25, 26]

Parameter	Symbol	WMAP	*Planck*
Alter des Universums [Gyr]	t_{BB}	$13{,}772 \pm 0{,}059$	$13{,}787 \pm 0{,}020$
Hubble-Konstante [km s^{-1} Mpc^{-1}]	H_0	$69{,}32 \pm 0{,}80$	$67{,}66 \pm 0{,}042$
Baryonendichte	Ω_{bm}	$0{,}04628 \pm 0{,}00093$	$0{,}04897 \pm 0{,}00031$
Materiedichte	Ω_{m}	$0{,}2865^{+0{,}0096}_{-0{,}0095}$	$0{,}3111 \pm 0{,}0056$
Dichte der dunklen Energie	Ω_Λ	$0{,}7135^{+0{,}0095}_{-0{,}0096}$	$0{,}6889 \pm 0{,}0056$
Krümmung	Ω_q	$-0{,}0027^{+0{,}0039}_{-0{,}0038}$	$0{,}0007 \pm 0{,}0019$
Rotverschiebung seit Entkopplung	z_{entk}	$1091{,}64 \pm 0{,}47$	
Zeitpunkt der Entkopplung [yr]	t_{entk}	374.935^{+1731}_{-1729}	

29.3   Die Hubble-Kontroverse

Bei den in Tab. 29.1 angegebenen Werten für die Hubble-Konstante blicken wir zurück ins frühe Universum, nämlich zu einer Rotverschiebung von $z \approx 1000$. Neuere Beobachtungen zur Helligkeits-Rotverschiebungs-Beziehung von Supernovae Typ Ia in *nahen* Galaxien bis $z \approx 0,15$ haben dagegen zu dem Wert $H_0 = 74{,}22 \pm 1{,}82$ km s^{-1} Mpc^{-1} geführt [29]. Die statistische Signifikanz der Diskrepanz zum Wert im frühen Kosmos beträgt 4,4 σ!

Dies ist die Hubble-Kontroverse.

Cepheiden in der Großen Magellanschen Wolke
Der größere Wert konnte bestimmt werden, weil die in Gl. (23.4) erwähnte Perioden-Leuchtkraft-(PL)-Beziehung von Cepheiden von der Gruppe um A. Riess durch Beobachtungen der scheinbaren Helligkeiten von 70 Cepheiden in der Großen Magellanschen Wolke[13] mit bisher nicht gekannter Präzision ausgemessen werden konnte [29]. Dabei half, dass das Team um G. Pietrzyński[14] die Entfernung zur Großen Magellanschen Wolke durch die Beobachtung von 20 bedeckungsveränderlichen Doppelsternen geometrisch auf besser als ein Prozent, nämlich $49{,}59 \pm 0{,}63$ kpc ($161{,}7 \cdot 10^3$ Lichtjahre), festlegen konnte [23]. Dadurch konnte auf die absoluten Helligkeiten der Cepheiden zurückgeschlossen und die genauere PL-Beziehung hergeleitet werden.

Anschließend wurden die Helligkeitsänderungen von Cepheiden in Galaxien mit Rotverschiebungen $0{,}01 < z < 0{,}15$ beobachtet, in denen auch Supernova Ia-Explosionen registriert worden waren. Mit Hilfe der neuen PL-Beziehung konnten die Entfernungen der Galaxien genauer bestimmt werden. Bei bekannter Leuchtkraft der Typ-Ia-Supernovae folgte der Wert der Hubble-Konstanten aus der für kleine z geltenden Helligkeit-Rotverschiebungs-Beziehung (27.51).

Mehrfachbilder von Quasaren
Der vergrößerte Wert der Hubble-Konstanten ergibt sich auch aus zeitversetzten Lichtkurven von Quasaren[15], die durch Gravitationslinsen, in diesem Falle gebildet aus Galaxien, mehrfach abgebildet werden. (H0LiCOW-Kollaboration: „H0 Lenses in COSMOGRAILs Wellspring", COSMOGRAIL: „COSmological Monitoring of GRAvItational Lenses") [13].

Die von Quasaren emittierte Strahlung ist nicht konstant, sondern „flackert". Wenn zwischen uns und dem Quasar eine Gravitationslinse liegt, so erfährt das Licht beim Durchqueren der Gravitationslinse eine Laufzeitverzögerung, die davon abhängt, welchen Weg das Licht durch die (natürlich nichtsymmetrische) Struktur der Gravitationslinse genommen hat. Daher kommt das Flackern auch in Abhängigkeit vom Weg zeitversetzt bei uns an.

---

[13] Die Große Magellansche Wolke ist eine Satelliten-Galaxie unserer Milchstraße.

[14] Grzegorz Pietrzyński, ★ 1971, polnischer Astronom.

[15] Ein Quasar besteht aus einem extrem massereichen Schwarzen Loch im Zentrum einer Galaxie, auf welches aus der Umgebung Materie stürzt und dabei im Optischen hell leuchtet.

Ein Beispiel ist der Quasar HE 0435-1223, der durch eine Gravitationslinse vierfach abgebildet wird [8]. Die zeitversetzten Lichtkurven der vier Bilder wurden ab 2010 über mehrere Jahre aufgenommen und analysiert.

Die zeitliche Versetzung der Lichtkurven hängt von der Zusammensetzung der Gravitationslinse ab. Hier ist nach Konstruktion eines Massenmodells für die Gravitationslinse die Zeitverzögerung direkt proportional zum Kehrwert der Hubble-Konstanten. Messungen für bisher fünf Systeme weisen auf einen hohen Wert von $H_0 = 72,5 \pm 2,2$ km s^{-1} Mpc^{-1} hin [8], verträglich mit dem von der Gruppe um A. Riess gewonnenen Wert.

Es stellt sich die Frage, warum sich das frühe Universum langsamer ausdehnte als das heutige lokale Universum. Wenig deutet darauf hin, dass sich die Diskrepanz einfach auflösen lässt [34]. Eine Lösung könnte neue Physik im kosmologischen Modell sein, etwa in Form zusätzlicher Energie, welche die Expansionsrate vor der Rekombination erhöht. Dies würde den Schallhorizont und so die Diskrepanzen verkleinern. Doch die dafür erforderlichen Modifikationen sind erheblich. Aber auch Erklärungsversuche mit einer weiteren Spezies relativistischer Teilchen oder mit einem Modell wechselwirkender Dunkler Materie sind nur bedingt in der Lage, die Diskrepanz von 6,6 km s^{-1} Mpc^{-1} zu überbrücken, vgl. Abb. 29.17.

Mit dem Problem befasste sich im November 2018 die Tagung „The Hubble Controversy". Interessierte Leser können sich auf der Homepage der Tagung [39] über weitere Lösungsvorschläge informieren.

29.4   Polarisation des Mikrowellenhintergrunds und Inflation

Die Temperaturanisotropien sind, wie wir gesehen haben, eine Folge der Fluktuationen der Massendichte der Dunklen Materie. Ohne die Temperaturanisotropien wäre die Hintergrundstrahlung völlig unpolarisiert, obwohl der Wirkungsquerschnitt für die letzte Streuung der Photonen an freien Elektronen, kurz bevor sie mit Protonen zu Wasserstoffatomen rekombinieren, polarisationsabhängig ist (Thompson-Streuung). Wegen der Temperaturanisotropien fliegen die Photonen an verschiedenen Orten aber zu unterschiedlichen Zeiten ab. Daher verschwindet das über alle Richtungen gemittelte unpolarisierte Signal nicht mehr, und es verbleibt eine kleine (10 %) räumlich variierende lineare Polarisation der Hintergrundstrahlung.

Polarisation entsteht also durch die von Dichteschwankungen des Photon-Baryon-Fluids erzeugten Temperaturfluktuationen. Um einen heißeren Punkt entsteht ein Polarisationsmuster, das tangential an konzentrische Kreise um diesen Punkt ist, während das Polarisationsmuster um einen kälteren Punkt radial ausgerichtet ist (vgl. Abb. 29.18 oben). Sowohl radiale als auch tangentiale Muster sind invariant unter Spiegelungen um diesen Punkt. In Analogie zu dem Verhalten des elektrischen Feldes unter Punktspiegelungen spricht man hier von E-Moden.

Die Polarisation der Hintergrundstrahlung wurde erstmals 2002 nachgewiesen von dem am Südpol stationierten DASI-Instrument (*Degree Angular Scale Interferometer*) [19] und wurde sowohl von WMAP als auch vom *Planck*-Satelliten bestätigt. Der Südpol ist wegen der vorherrschenden geringen Luftfeuchtigkeit ein idealer Ort, um Mikrowellenstrahlung zu untersuchen.

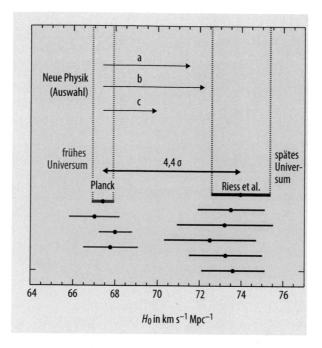

Abb. 29.17 Vergleich der Messwerte für die Hubble-Konstante H_0 im frühen Universum (Werte unter 70 km s^{-1} Mpc^{-1}) und im lokalen Universum (Werte über 70 km s^{-1} Mpc^{-1}). Gezeigt sind auch die von neuer Physik vorhergesagten Wertebereiche: (a) Zusätzliche relativistische Teilchen, (b) wechselwirkende Dunkle Materie, (c) zeitlich veränderliche Dunkle Energie und Raumkrümmung. (©2019 Wiley-VCH GmbH [34], Original: A. Riess et al. [29], Bearbeitung: Physik Journal, Mai 2019, S. 17, Reproduced with permission.)

Durch die Ablenkung der Mikrowellenphotonen im Gravitationsfeld von Massenansammlungen im Universum wandelt sich ein Teil der E-Moden in sogenannte B-Moden um, deren Polarisationsmuster (vgl. Abb. 29.18 unten) antisymmetrisch unter Punktspiegelungen ist (B, weil dies dem Punktspiegelungsverhalten eines Magnetfeldes entspricht). Dieser Effekt ist auf Winkelskalen im Leistungsspektrum von kleiner als 1° am stärksten ausgeprägt, wie Messungen am Südpol nachgewiesen haben [14, 28].

Eine noch nicht bestätigte Vorhersage der Inflation ist, dass sie einen Hintergrund an primordialen Gravitationswellen erzeugt hat [32]. Starobinskii[16] hatte 1979 erkannt [33], dass eine solche Phase exponentieller Ausdehnung Quantenfluktuationen der Raum-Zeit, speziell auch Gravitationswellen, mit Wellenlängen größer als dem Hubble-Radius einfriert. Nach dem Ende der Inflation wachsen die Wellenlängen dieser Moden langsamer als der Hubble-Radius an, so dass diese sich später als klassische Gravitationswellen im Universum ausbreiten. Gravitations-

---

[16]Alexei Starobinskii, ★ 1948, sowjetischer und russischer Astrophysiker und Kosmologe.

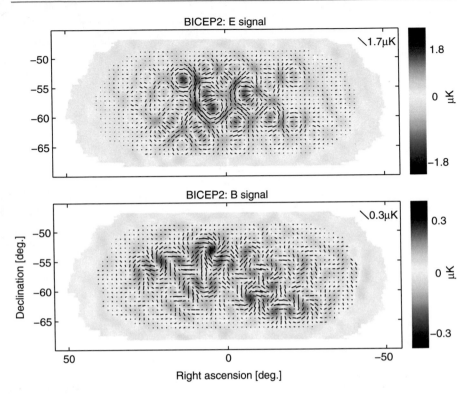

Abb. 29.18 Die vom BICEP2-Teleskop auf Winkelskalen von 1,5° bis 3,6° gemessenen Polarisationsmuster der *E*- und der schwächeren *B*-Moden der kosmischen Mikrowellenhintergrundstrahlung. Die schwarzen Striche geben die Stärke und die Richtung der linearen Polarisation an. (Aus: P. A. R. Ade et al. (BICEP2 Collaboration) [6] ©APS. Reused under the terms of the Creative Commons Attribution 3.0 License)

wellen, die eine Quadrupolanisotropie hervorrufen, können eine beliebig ausgerichtete lineare Polarisation und damit ein beliebiges Polarisationsmuster erzeugen, also sowohl *E*-Moden als auch *B*-Moden. Diese *B*-Moden, die auf Winkelskalen größer als 1° auftreten sollen, wären daher ein Hinweis auf die Existenz von Gravitationswellen, die während einer Phase kosmologischer Inflation im frühen Universum entstanden sind.

Die primordialen *B*-Moden zu entdecken ist das Ziel der BICEP2-Kollaboration. BICEP steht als Abkürzung für *„Background Imaging of Cosmic Extragalactic Polarization"*. Über drei Jahre lang untersuchte BICEP2 vom Südpol aus ab 2010 ein 380 Quadratgrad großes Gebiet. Dieses „südlich galaktische Loch" eignet sich gut, da es im Vordergrund nur mit wenig galaktischem Staub verschmutzt ist. Im März 2014 berichtete BICEP2 über die Entdeckung genau eines solchen Signals [6]. Aber nachfolgende Auswertungen der Beobachtungen des *Planck*-Satelliten zeigten, dass galaktischer Vordergrund (insbesondere Staub) für den größten Anteil der von BICEP2 beobachteten *B*-Moden verantwortlich ist [7].

Die Jagd nach den von der Inflation verursachten Gravitationswellen dauert daher noch an.

29.5 Übungsaufgaben

29.5.1 Dipol-Anisotropie der Hintergrundstrahlung

In Abb. 29.5a haben wir die Dipol-Anisotropie des CMB gesehen. Diese ist gegeben durch

$$\Delta T = \Delta T_{max} \cos(\theta), \tag{29.55}$$

mit $\Delta T_{max} = 3,369$ mK [11]. Wie groß muss daher die Relativgeschwindigkeit der Erde relativ zum Ruhsystem der Hintergrundstrahlung sein?

Literatur

1. Alpher, R.A., Herman, R.C.: Evolution of the universe. Nature **162**, 774–775 (1948)
2. Alpher, R.A., Herman, R.C.: Remarks on the evolution of the expanding universe. Phys. Rev. **75**, 1089–1095 (1949)
3. Alpher, R.A., Herman, R.C.: Theory of the origin and relative abundance distribution of the elements. Rev. Mod. Phys. **22**(22), 153–212 (1950)
4. Alpher, R.A., Bethe, H., Gamow, G.: The origin of chemical elements. Phys. Rev. **73**(7), 803–804 (1948)
5. Bennett, C.L., et al.: Nine-year Wilkinson microwave anisotropy probe (WMAP) observations: final maps and results. Astrophys. J. Suppl. Ser. **208**(2), 20 (2013)
6. BICEP2 collaboration: Detection of B-Mode polarization at degree scales by BICEP2. Phys. Rev. Lett. **112**, 241101 (2014). https://doi.org/10.1103/PhysRevLett.112.241101
7. BICEP2/Keck and Planck collaborations: Joint analysis of BICEP2/*Keck array* and *Planck* data. Phys. Rev. Lett. **114**, 101301 (2015)
8. Bonvin, B., et al.: H0LiCOW – V. New COSMOGRAIL time delays of HE 0435 – 1223: H_0 to 3.8 per cent precision from strong lensing in a flat ΛCDM model. Mon. Not. R. Astron. Soc. **465**, 4914 (2017)
9. Homepage der COBE-Mission: http://lambda.gsfc.nasa.gov/product/cobe/
10. Dicke, R.H., Peebles, P.J.E., Roll, P.J., Wilkinson, D.T.: Cosmic black-body radiation. Astrophys. J. Lett. **142**, 414–419 (1965)
11. Fixsen, D.J., et al.: The cosmic microwave background spectrum from the full COBE FIRAS data set. Astrophys. J. **473**, 576–587 (1996)
12. Gamow, G.: Half an hour of creation. Phys. Today **3**, 16 (1950)
13. Homepage der H0LiCOW-Kollaboration: http://shsuyu.github.io/H0LiCOW/site
14. Hansen, D., et al., (SPTpol Collaboration): Detection of B-mode polarization in the cosmic microwave background with data from the South Pole Telescope. Phys. Rev. Lett. **111**, 141301 (2013)
15. Hu, W.: Wandering in the background: a cosmic microwave background explorer. PhD thesis, University of California at Berkeley (1995)
16. Homepage des Illustris-Projekts: https://www.illustris-project.org
17. Jeans, J.H.: The stability of a spherical nebula. Phys. Trans. R. Soc. **199**, 1–53 (1902)
18. Kiessling, M.K.H.: The „Jeans swindle" A true story – mathematically speaking. Adv. Appl. Math. **31**, 132–149 (2003)
19. Kovac, J.M., et al.: Detection of polarization in the cosmic microwave background using DASI. Nature **420**, 772 (2002)
20. Larson, D., et al.: Seven-year Wilkinson microwave anisotropy probe (WMAP) observations: power spectra and WMAP-derived parameters. Astrophys. J. Suppl. **192**(2), 16 (2011)

21. Penzias, A.A.: The origin of the elements. Science **205**, 549–554 (1979)
22. Penzias, A.A., Wilson, R.W.: A measurement of excess antenna temperature at 4080 Mc/s. Astrophys. J. **142**, 419–421 (1965)
23. Pietrzyński, G., et al.: A distance to the Large Magellanic Cloud that is precise to one per cent. Nature **567**, 200 (2019)
24. Planck Collaboration, Ade, P.A.R., et al.: *Planck* 2013 results. I. Overview of products and scientific results. Astron. Astrophys. **571**, A1 (2014)
25. Planck Collaboration, Aghanim, N., et al.: *Planck* 2018 results. I. Overview and the cosmological legacy of *Planck*. Astron. Astrophys. **641**, A1 (2020)
26. Planck Collaboration, Aghanim, N., et al.: *Planck* 2018 results. VI. Cosmological parameters. Astron. Astrophys. **641**, A6 (2020)
27. Homepage der *Planck*-Mission: http://www.cosmos.esa.int/web/planck
28. POLARBEAR collaboration: A measurement of the cosmic microwave background *B*-mode polarization power spectrum at sub-degree scales with POLARBEAR. Astrophys. J. **794**, 171 (2014)
29. Riess, A.G., Casertano, S., Yuan, W., Macri, L.M., Scolnic, D.: Large Magellanic Cloud cepheid standards provide a 1% foundation for the determination of the Hubble constant and stronger evidence for physics beyond ΛCDM. Astrophys. J. **876**, 85 (2019)
30. Ryden, B.: Introduction to Cosmology. Addison Wesley (2004)
31. Sachs, R.K., Wolfe, A.M.: Perturbations of a cosmological model and angular variations of the microwave background. Astrophys. J. **147**, 73–90 (1967)
32. Schwarz, D. : Wellen der Inflation. Physik Journal **13** Nr. 5, 16 (2014)
33. Starobinskii, A.A.: Spectrum of relict gravitational radiation and the early state of the universe. J. Exp. Theor. Phys. Lett. **30**, 682 (1979)
34. Steinmetz, M.: Die Hubble-Kontroverse. Physik Journal **18** Nr. 5, 18 (2019). Wiley-VCH-Verlag Weinheim
35. The Galactic Magnetic Field as revealed by *Planck*: https://www.ias.u-psud.fr/soler/planckhighlights.html
36. White, M., Hu, W.: The Sachs-Wolfe effect. Astron. Astrophys. **321**, 89 (1997)
37. Wilson, R.W.: The cosmic microwave background radiation. Science **205**, 866–874 (1979)
38. Homepage der WMAP-Mission: http://map.gsfc.nasa.gov
39. http://www.we-heraeus-stiftung.de/veranstaltungen/tagungen/2018/hubble2018

Die ersten Momente

30

Inhaltsverzeichnis

In diesem Kapitel möchten wir uns mit einigen Aspekten des ganz jungen Universums befassen. Wir machen hier einen großen Sprung von der Zeit der Entkopplung bei etwa $t = 380.000$ y hin zu den allerersten Sekundenbruchteilen nach dem Urknall. Wir überspringen damit wesentliche Entwicklungsphasen des Universums, etwa den Zeitraum der *Primordialen Nukleosynthese*, als die Atomkerne der leichten Elemente, das Wasserstoffisotop Deuterium, verschiedene Heliumkerne und Spuren von Lithium, fusioniert wurden. Die damit verbundenen Fragestellungen sind natürlich für die Kosmologie auch von größter Bedeutung, sollen aber in diesem Rahmen nicht behandelt werden. Lesern, die sich einen Überblick über dieses Thema verschaffen möchten, finden z. B. in dem Buch von Ryden [7] eine Einführung und weiterführende Referenzen.

30.1   Auswirkung von Quanteneffekten

Wenn man immer frühere Stadien der Entwicklung des Universums betrachtet, so werden ab einem bestimmten Zeitpunkt Quanteneffekte wichtig sein. Um abschätzen zu können, bei welchen Längen- oder Zeitskalen dies der Fall ist, benötigen wir eine mit einem mikroskopischen Teilchen verknüpfte typische Länge. Wir haben in Abschn. 18.3 bei der Diskussion der Zustandsgleichung des entarteten Elektronengases die de-Broglie Wellenlänge $\lambda = h/p$ für ein Teilchen mit Impuls p

eingeführt. Für relativistische Impulse $p \simeq mc$ führte dies auf die Compton-Wellen-länge $\lambda = \hbar/(mc)$ als charakteristische Quantenlänge für eine Masse m. Des Weite-ren haben wir eine charakteristische Länge bei gravitativer Wechselwirkung, den Schwarzschild-Radius r_s. Man kann also davon ausgehen, dass Quanteneffekte dann wichtig sind, wenn diese beiden Größen etwa gleich sind. Um Zahlenfaktoren zu vermeiden, wählen wir die Bedingung $\lambda = r_s/2$. Damit können wir nach m auf-lösen. Der Wert, den wir dann erhalten, heißt *Planck-Masse*:

$$m_{\mathrm{Pl}} = \sqrt{\frac{\hbar c}{G}}. \tag{30.1}$$

Einsetzen der entsprechenden Zahlenwerte führt auf $m_{\mathrm{Pl}} = 2{,}17644 \cdot 10^{-8}$ kg. Ent-sprechend lässt sich auch die Planck-Energie definieren als

$$E_{\mathrm{Pl}} = m_{\mathrm{Pl}}c^2 = 1{,}2209 \cdot 10^{19} \text{ GeV}. \tag{30.2}$$

Um ein Gefühl für diese Größen zu bekommen, vergleiche man sie mit der Masse und entsprechenden Ruheenergie eines Protons: $m_{\mathrm{p}} = 1{,}672621 \cdot 10^{-27}$ kg und $E_{\mathrm{p}} = 938{,}272$ MeV. Es lassen sich dann noch weitere elementare Größen ableiten, die Planck-Länge als Compton-Wellenlänge eines Teilchens der Planck-Masse, die Planck-Zeit als die Zeit, die Licht benötigt, um die Planck-Länge zurückzulegen, die Planck-Temperatur über den Zusammenhang $k_{\mathrm{B}}T_{\mathrm{Pl}} = E_{\mathrm{Pl}}$ und die Planck-Dichte über $\sigma_{\mathrm{Pl}} = m_{\mathrm{Pl}}/l_{\mathrm{Pl}}^3$. Die Planck-Einheiten wurden erstmals von Planck eingeführt, nachdem er das Wirkungsquantum hergeleitet hatte. Sie stellen in einem gewissen Sinn „natürliche" Einheiten dar, denn in ihnen haben die fundamentalen Konstanten G, $\hbar$ und c jeweils den numerischen Wert 1. Um etwa die Planck-Länge zu konstru-ieren, sucht man Zahlen α, β und γ, sodass $l_{\mathrm{Pl}} = G^\alpha c^\beta \hbar^\gamma$ die Einheit einer Länge hat [10]. In Tab. 30.1 sind die Planck-Einheiten zusammengefasst. Die Planck-Dichte

Tab. 30.1 Zusammenfassung der Planck-Einheiten

Name	Term	SI-Einheiten	Spezielle Einheiten
Grundgrößen			
Masse	$m_{\mathrm{Pl}} = \sqrt{\hbar c/G}$	$2{,}1764 \cdot 10^{-8}$ kg	$1{,}311 \cdot 10^{19}$ u
Länge	$l_{\mathrm{Pl}} = \sqrt{\hbar G/c^3}$	$1{,}6163 \cdot 10^{-35}$ m	$3{,}054 \cdot 10^{-25}$ a_{B}
Zeit	$t_{\mathrm{Pl}} = \sqrt{\hbar G/c^5}$	$5{,}3912 \cdot 10^{-44}$ s	
Ladung	$q_{\mathrm{Pl}} = \sqrt{4\pi\varepsilon_0 \hbar c}$	$1{,}8756 \cdot 10^{-18}$ C	$1{,}171 \cdot 10^1$ e
Temperatur	$T_{\mathrm{Pl}} = \sqrt{\hbar c^5/k_{\mathrm{B}}^2 G}$	$1{,}4168 \cdot 10^{32}$ K	
Abgeleitete Größen			
Energie	$E_{\mathrm{Pl}} = \sqrt{\hbar c^5/G}$	$1{,}9561 \cdot 10^9$ J	$1{,}221 \cdot 10^{19}$ GeV
Leistung	$P_{\mathrm{Pl}} = c^5/G$	$3{,}628 \cdot 10^{52}$ W	
Impuls	$p_{\mathrm{Pl}} = \sqrt{\hbar c^3/G}$	$6{,}5249 \cdot 10^0$ kg m s^{-1}	
Dichte	$\sigma_{\mathrm{Pl}} = c^5/(\hbar G^2)$	$5{,}1550 \cdot 10^{96}$ kg m^{-3}	

spielt eine wichtige Rolle bei der Erklärung der Vakuumenergiedichte. Da die Planck-Einheiten natürliche Einheiten sind, liegt es nahe, für die Vakuumenergiedichte die Größenordnung

$$\varepsilon_{vak} \sim \frac{E_{Pl}}{l_{Pl}^3} = c^2 \sigma_{Pl} \tag{30.3}$$

anzunehmen. Die dabei resultierende Energiedichte

$$\varepsilon_{vak} \sim \frac{1,9561 \cdot 10^9 \text{ J}}{\left(1,6163 \cdot 10^{-35} \text{ m}\right)^3} = 4,63 \cdot 10^{113} \text{ Jm}^{-3} = 2,89 \cdot 10^{132} \text{ eV m}^{-3} \tag{30.4}$$

ist aber unglaublich hoch, so ergibt sich mit $\varepsilon_{c0} \approx 5,22 \cdot 10^9 \text{ eV m}^{-3}$ aus (26.7) das Verhältnis

$$\frac{\varepsilon_{vak}}{\varepsilon_{c0}} \approx 5 \cdot 10^{122}. \tag{30.5}$$

Die tatsächlich beobachtete Vakuumenergiedichte ist also, aus dieser Perspektive gesehen, winzig, auch wenn sie die dominante Energieform in unserem Universum ist. Diese Diskrepanz zwischen Theorie und Beobachtung stellt die vielleicht schlechteste theoretische Vorhersage in der Physik überhaupt dar.

Wir können festhalten, dass Quanteneffekte sicherlich wichtig sein werden, wenn die Temperatur die Größenordnung der Planck-Temperatur erreicht. Analoges kann man auch für die Dichte aussagen bzw. für Zeiträume in der Größenordnung der Planck-Zeit nach dem Urknall. Tatsächlich geht man davon aus, dass etwa die Planck-Zeit die kürzeste physikalisch sinnvolle Zeitspanne ist. Insbesondere, da bis heute keine Theorie existiert, die die Gravitation mit den drei anderen Grundkräften vereinigt, ist über diese Phase der Entwicklung des Universums nur sehr wenig bekannt.

Lesern, die sich für die physikalischen Gründe für die Existenz kürzester Längen- und Zeitskalen interessieren, finden in [8] weitere Informationen.

30.2 Inflation

Wir gehen jetzt wieder etwas weiter weg vom Urknall, bleiben aber in den allerersten Sekundenbruchteilen. Der Erfolg der Beschreibung des Universums mit Hilfe der FLRW-Metrik beruht letztlich auf der Gültigkeit des kosmologischen Prinzips, dessen Gültigkeit wir postuliert haben, um diese Beschreibung des Universums zu rechtfertigen. Möchte man detaillierter verstehen, wie es überhaupt zu der hohen Homogenität des Universums kommen kann, so stößt man auf ein Kausalitätsproblem. Ein weiteres Problem stellt sich, wenn man erklären möchte, wie der Wert $\Omega_0 \approx 1$, den wir heute beobachten, zustande kommt. In diesem Abschnitt möchten wir diese und andere Probleme der FLRW-Kosmologie kurz diskutieren und dann die Inflationstheorie vorstellen, die entwickelt wurde, um sie zu lösen. Sie besagt, dass unser Universum sehr kurz nach dem Urknall eine Phase extremer Expansion durchlief.

30.2.1 Flachheitsproblem

Anhand von (26.64) sehen wir, dass $\Omega_0 \approx 1$ ist, wobei der Fehler im niedrigen Prozentbereich liegt. Der Wert $\Omega_0 = 1$, also $q = 0$, ist durch keine physikalische Theorie bevorzugt, jeder andere Wert wäre erlaubt. Ein Problem ergibt diese Beobachtung, wenn wir überlegen, welche Anfangsbedingungen sehr früh in der Entwicklung des Universums vorgelegen haben müssen, damit wir heute $\Omega_0 \approx 1$ beobachten können. Dazu überlegen wir, wie der Wert des Parameters $\Omega(t)$ sich zeitlich entwickelt. Wenn wir (26.10) mit (26.11) verknüpfen, dann finden wir

$$1 - \Omega(t) = (1 - \Omega_0) \frac{H_0^2}{H(t)^2 a(t)^2}. \tag{30.6}$$

Daran sehen wir wieder, dass $\Omega_0 = 1$ eine besondere Anfangsbedingung ist, denn aus $\Omega_0 = 1$ folgt $\Omega(t) = 1$ für alle Zeiten. Jede beliebig kleine Abweichung von diesem Wert wird aber zu einer starken Zeitabhängigkeit von $\Omega(t)$ führen, wie wir uns jetzt weiter verdeutlichen können. Wir benutzen dazu die Friedmann-Gleichung in der Form (26.58) und dividieren beide Seiten durch $H_0^2 a^2$, um

$$\frac{H(t)^2}{H_0^2} = \sum_i \Omega_{i0} a^{-3(1+w_i)} + \frac{1 - \Omega_0}{a^2} \tag{30.7}$$

zu erhalten. Im jungen Universum war der Skalenfaktor klein und Strahlung und Materie die dominanten Beiträge zur Energiedichte, d. h. wir haben in dieser Phase

$$\frac{H(t)^2}{H_0^2} = \frac{\Omega_{r0}}{a^4} + \frac{\Omega_{m0}}{a^3}. \tag{30.8}$$

Mit diesem Zusammenhang wird aus (30.6) die Relation

$$1 - \Omega(a) = (1 - \Omega_0) \frac{a^2}{\Omega_{r0} + \Omega_{m0} a}. \tag{30.9}$$

Wegen $a(t) \sim t^{1/2}$ in der strahlungsdominierten Phase und $a(t) \sim t^{2/3}$ in der materiedominierten Phase finden wir damit

$$|1 - \Omega(t)| \sim \begin{cases} t^{1/2} & \text{in der strahlungsdominierten Phase,} \\ t^{2/3} & \text{in der materiedominierten Phase.} \end{cases} \tag{30.10}$$

In jedem Fall nimmt eine heute eventuell vorhandene Abweichung von Ω_0 von 1 stetig ab, wenn wir in die Vergangenheit zurückrechnen. Mit den Unsicherheiten der Ω_{i0}-Parameter in (26.64) können wir relativ sicher sagen, dass heute

$$|1 - \Omega_0| \lesssim 0,04 \tag{30.11}$$

erfüllt ist. Zum Zeitpunkt der Entkopplung war $a \approx 10^{-3}$. Das führt mit (30.9) auf

$$|1 - \Omega(t_{\text{entk}})| \approx 10^{-4}, \tag{30.12}$$

eine bereits bemerkenswert genaue Übereinstimmung mit exakt 0. Wenn wir noch
weiter zurückgehen, zur Zeit der Gleichheit von Materie- und Strahlungsenergiedichte mit $a_{rm} \approx 3,1 \cdot 10^{-4}$ aus (26.66), so ist bereits

$$|1 - \Omega(t_{rm})| \approx 2 \cdot 10^{-5}. \qquad (30.13)$$

Im Extremfall für die Planck-Zeit findet man schließlich [7]

$$|1 - \Omega(t_{Pl})| \approx 10^{-60}. \qquad (30.14)$$

Sicherlich ist es etwas gewagt, bis zu dieser extrem kurzen Zeitspanne zurückzu-
extrapolieren, aber auch für Zeiträume weit oberhalb der Planck-Skala erhalten wir
dann immer noch eine Genauigkeitsforderung im Bereich $1 : 10^{-50}$.

Diese extreme Festlegung $\Omega(t_{Pl}) = 1 \pm 10^{-50}$ ist das *Flachheitsproblem*. Diese
extrem hohe Sensibilität für die Anfangswerte stellt ein ästhetisches Problem dar.
Dieser präzise Wert muss als gegeben in die Theorie eingesetzt werden. Be-
friedigender wäre es, durch eine physikalische Theorie erklären zu können, warum
sich genau dieser Wert einstellen muss.

Wir müssen uns klarmachen, dass eine Abweichung von diesem Anfangswert
dramatische Folgen gehabt hätte. Das Resultat wäre entweder ein Universum, dass
viel zu schnell wieder kollabiert wäre, sodass kein Leben hätte entstehen können,
oder ein Universum, das so schnell expandiert wäre, dass sich keine Sterne hätten
bilden können, weil die Materiedichte viel zu schnell abgenommen hätte.

30.2.2 Horizontproblem

Ein weiteres Problem betrifft die hohe Homogenität des Universums. Für uns war
bisher die hohe Isotropie des CMB eine Bestätigung des kosmologischen Prinzips,
aber wenn wir versuchen, diese Isotropie zu *begründen*, dann stoßen wir auf Probleme. So ist die Distanz zum Horizont der letzten Streuung nur wenig kleiner als die
Hubble-Distanz aus (23.12), sie beträgt etwa 98 % dieser Strecke (s. Abb. 30.1).

Zwei einander auf der Himmelskugel gegenüberliegende Punkte haben daher
eine deutlich größere Eigendistanz zueinander als die Hubble-Distanz zum Ereignishorizont und sind daher kausal nicht verknüpft, da selbst Photonen seit dem Urknall maximal etwa die Hubble-Distanz zurücklegen konnten. Es ist sogar relativ
leicht zu zeigen, dass die zur Zeit der Rekombination kausal verknüpften Bereiche
heute nur einen Winkeldurchmesser von etwa 2° am Himmel haben (s. Übung
30.4.2). Dennoch ist die Mikrowellenhintergrundstrahlung über den gesamten Himmel homogen. Anders gesagt: Von überall erreicht uns ein Planck-Spektrum der
gleichen Temperatur, obwohl die betreffenden Regionen gar nicht die Möglichkeit
hatten in ein thermisches Gleichgewicht zu kommen.

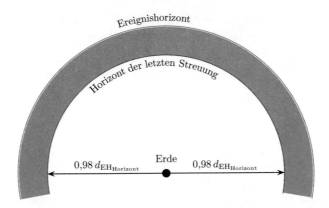

Abb. 30.1 Veranschaulichung zum Horizontproblem. Einander auf der Himmelskugel gegen-
überliegende Punkte des CMB sind kausal nicht miteinander verbunden, hatten also keine
Möglichkeit ins thermische Gleichgewicht zu kommen, zeigen aber dennoch die gleiche
Temperatur

30.2.3 Monopolproblem

Dieses Problem ist in Überlegungen begründet, die außerhalb des Rahmens dieses
Textes liegen. Eines der großen Ziele der Physik heute ist es, alle Grundkräfte in
einer vereinheitlichten Theorie zu beschreiben, die damit anders als das Standardmodell auch die Gravitation beinhaltet. Ein Zwischenschritt auf diesem Weg sind
Theorien, die die elektromagnetische, die schwache und die starke Kraft vereinen,
die sogenannten *Grand Unified Theories* (GUT). Alle Kandidaten für eine solche
Theorie sagen die Existenz sehr massereicher Teilchen voraus, die einen magnetischen Monopol darstellen. Die Energiedichte dieser Monopole müsste alle anderen
Energiedichten eigentlich bei weitem überragen, es wird aber nichts dergleichen
beobachtet.

30.2.4 Inflationäres Universum

Um all diese Probleme gleichzeitig zu lösen, machte Guth 1981 [2] den Vorschlag,
dass das Universum am Anfang seiner Entwicklung eine kurze inflationäre Phase
durchlebte, in der sich der Skalenfaktor enorm vergrößerte, etwa um einen Faktor
$\sim 10^{30}$. Es ist leicht einzusehen, wie dadurch die diskutierten Probleme gelöst werden können. Wenn die Inflationsphase nach der Erzeugung der Monopole stattfindet, so wird deren Dichte so stark verringert, dass sie im heutigen Universum
völlig vernachlässigbar sind. Die heute am Himmel kausal nicht verknüpften Bereiche wären vor der inflationären Phase viel kleiner gewesen und hätten Zeit gehabt, ins thermische Gleichgewicht zu kommen und alle Inhomogenitäten auf
Größenskalen zu beseitigen, die dann in der Inflationsphase auf die Größe des für
uns beobachtbaren Universums ausgedehnt wurden. Eine solche Phase macht es

auch verständlich, warum unser Universum heute so flach ist. Ähnlich wie man eine Kugel, deren Radius um einen Faktor 10^{30} erhöht wird, nicht mehr von einer Ebene unterscheiden kann, muss die Inflationsphase den Krümmungsradius unseres Universums nur weit größer gemacht haben als die Horizontentfernung, um die Krümmung für uns unsichtbar zu machen. Der Mechanismus hinter der Inflation beruht auf der Annahme einer Energiedichte ε_ϕ, die vom Wert eines Skalarfeldes ϕ abhängt und die im ganz frühen Universum dominant war. In der klassischen Inflationstheorie geht man dann davon aus, dass die Energiedichte ε_ϕ eine solche funktionale Abhängigkeit von ϕ hat, dass sie über einen weiten Bereich bei sich änderndem ϕ nahezu konstant ist. Man spricht im Englischen von einem *false vacuum* (FV), siehe die entsprechend bezeichnete Position in Abb. 30.2, im Gegensatz zum echten Vakuumzustand, der dem Minimum von ε_ϕ entspricht (Region ② in Abb. 30.2).

Wir kennen die zu einer konstanten Energiedichte gehörende Lösung der Friedmann-Gleichung bereits, es ist die De-Sitter-Metrik aus (26.72) mit

$$a(t) = e^{H_{\text{Inf}}t}, \tag{30.15}$$

wobei wir mit H_{Inf} die Hubble-Konstante in der Inflationsphase bezeichnen wollen. Während die Energiedichte ε_ϕ also dominant ist, dehnt sich das Universum exponentiell aus. Wir haben bereits gesehen, dass im De-Sitter-Universum der Hubble-Parameter zeitunabhängig ist. Wir können dies aber auch sofort nochmals an (30.7) sehen, wenn wir nur den Beitrag von $\Omega_{\Lambda 0}$ berücksichtigen, mit $w_\Lambda = -1$. Hier betrachten wir jetzt zwar nicht die Vakuumenergiedichte ε_Λ, aber ε_ϕ verhält sich analog. Wenn wir $a(t) \sim \exp(H_{\text{Inf}}t)$ und $H(t) \sim H_{\text{Inf}}$ in (30.6) einsetzen, so erhalten wir

$$\left|1 - \Omega(t)\right| \sim (1 - \Omega_0)e^{-2H_{\text{Inf}}t}. \tag{30.16}$$

Anders als in der strahlungsdominierten und materiedominierten Phase werden in der Inflationsphase Abweichungen von $\Omega(t)$ von 1 exponentiell abgedämpft! Inflationsmodelle können also viele der charakteristischen Eigenschaften unseres Universums erklären. Auch die Anisotropien im CMB werden von ihnen vorausgesagt und sind dann auf Quantenfluktuationen zurückzuführen, die durch die Inflation auf makroskopische bzw. astronomische Skalen ausgedehnt wurden.

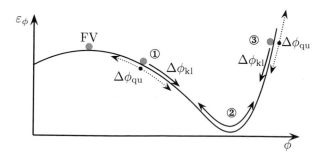

Abb. 30.2 Veranschaulichung zur Inflationstheorie. Grundlage dieser Modelle ist eine Energiedichte ε_ϕ, die vom Wert eines Skalarfeldes ϕ abhängt

Die Übereinstimmung des Inflationsmodells mit den Beobachtungsergebnissen ist sehr überzeugend, insbesondere, da viele andere vielversprechende Kandidaten anhand dieser Daten ausgeschlossen werden können. Ein Problem ergibt sich an dieser Stelle allerdings: Nach der Inflationsphase ist aufgrund der extremen Expansion die Temperatur und auch die Materiedichte extrem gesunken, das Universum ist im Wesentlichen leer. Im Inflationsmodell erzeugt daher die frei werdende Energiedichte des Skalarfeldes die Teilchen, die wir heute sehen. Dieser Prozess heißt im Englischen „reheating". Auf Details wollen wir hier jedoch nicht eingehen.

Neben ihren großen Erfolgen hat die Inflationstheorie auch Probleme, bzw. wirft neue Fragen auf. Zum einen natürlich nach der Natur des postulierten Skalarfeldes, für das es bisher keinen physikalischen Ursprung gibt. Daneben ist aber auch, wenn man die Existenz dieses Skalarfeldes voraussetzt, das heutige Bild der Inflation ein ganz anderes, als es in den achtziger Jahren war [3–5]. So wurden z. B. Modelle entwickelt, bei denen sich das Universum nicht in einem FV befinden muss (Situation ③ in Abb. 30.2). Die wichtigste zusätzliche Überlegung betrifft aber die Entwicklung des Skalarfeldes ϕ bei der Expansion. Im klassischen Bild wandert ϕ bei der Expansion in Richtung des Vakuumzustandes. In Abb. 30.2 sind diese Veränderungen als $\Delta\phi_{kl}$ bezeichnet. Daneben spielen aber auch quantenmechanische Effekte in dieser Phase eine Rolle, die zu Fluktuationen $\Delta\phi_{qu}$ führen, die gaußverteilt sind, und ϕ in jede Richtung ändern können. Wenn nun ein bestimmtes Teilvolumen des Universums inflationär soweit expandiert, dass die Inflation aufgrund der klassischen Entwicklung von ϕ enden würde, so können die Quantenfluktuationen in Teilbereichen des Universums dazu führen, dass dort die Inflation weitergeht. Diese Regionen werden durch die Inflation sehr groß und die Argumentation wiederholt sich: In Teilbereichen dieser Teilbereiche geht die Inflation immer noch weiter, sodass letztlich ein einmal gestarteter Inflationsprozess nie mehr aufhört. Letztlich kann der Bereich, in dem Inflation stattfindet aufgrund der Expansion sogar immer größer werden. Man spricht daher in diesem Kontext von der *ewigen Inflation*. Bei diesem Prozess entstehen ständig neue Teilbereiche, in denen die Inflation aufgehört hat und die kausal vom Rest der Raumzeit abgetrennt sind. Man spricht im Englischen von „pocket universes" oder „bubble universes". In dieser Form sagt die Inflationstheorie also die Existenz unendlich vieler Universen voraus, deren Anzahl außerdem ständig steigt. In Abb. 30.3 ist dieser Prozess im Eindimensionalen veranschaulicht. Unter anderem wegen dieser Unendlichkeit an Universen gibt es auch Kritik an der Inflationstheorie, siehe z. B. [9].

30.3 Schlussbemerkungen

In den vorangegangenen Kapiteln haben wir einen kleinen Einblick in die theoretischen Methoden und wichtige Beobachtungen erhalten, mit denen unser Wissen über das Universum gewonnen wurde.

Neben der Entwicklung des Universums bis heute stellt sich die Frage, wie sich das Universum in der Zukunft weiterentwickeln wird. Möchte man Aussagen über

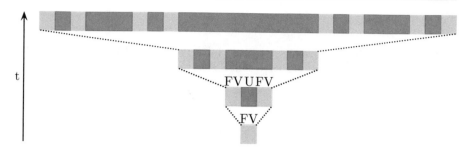

Abb. 30.3 Veranschaulichung zur Theorie der ewigen Inflation. Aufgrund von Quanten-fluktuationen hört in jedem Expansionsschritt die Inflation in Teilbereichen des Universums nicht auf, sodass das Gesamtgebiet mit Inflation sogar immer größer werden kann. Gleichzeitig entstehen immer mehr kausal voneinander abgetrennte Teiluniversen

die Zukunft des Universums machen, so ist die wichtigste zu beantwortende Frage die nach der Natur der dunklen Energie. Wenn sich diese zum Beispiel mit der Zeit ändert, so sind verschiedenste Entwicklungen der Expansion denkbar. Letztlich sind viele Aussagen über die Zukunft des Universums, wie generell Aussagen über die Zukunft, daher Spekulation.

Es ist aber klar, dass die Sterne im Universum den vorhandenen Kernbrennstoff mit der Zeit verbrauchen werden. Die letzten Sterne sollten dann in etwa 10^{14} Jahren ausbrennen und das Universum wieder dunkel werden, abgesehen von der schwachen Strahlung von weißen Zwergen und Neutronensternen sowie braunen Zwergen.

Falls die Protonen, wie von manchen Forschern vermutet wird, mit einer Halbwertszeit von über 10^{33} Jahren instabil sind, werden nach einem Zeitraum in dieser Größenordnung die stellaren Reste bis auf die Schwarzen Löcher zerstrahlen.

Da Schwarze Löcher durch Hawking-Strahlung Energie abstrahlen, ist auch ihre Lebenszeit endlich und liegt im Bereich von 10^{67} Jahren für stellare Schwarze Löcher, bis zu 10^{83} Jahren für Schwarze Löcher mit Massen im Bereich von Millionen Sonnenmassen und 10^{98} Jahren bei Massen im Bereich einer Galaxie. Nach einem Zeitraum in dieser Größenordnung sollten dann im Universum nur noch leichte Leptonen, Photonen und die Vakuumenergie vorhanden sein. Einen etwas detaillierteren Einblick in mögliche Zukunftsszenarien findet sich unter anderem in [6].

30.4 Übungsaufgaben

30.4.1 Bedeutung der Planck-Ladung

Zeigen Sie, dass sich die Gravitation und die Coulombkraft zwischen zwei Teilchen mit der Planck-Masse und Planck-Ladung gleichen Vorzeichens genau aufheben.

30.4.2 Homogenität des CMB

Schätzen Sie den im Text angegebenen maximalen Winkeldurchmesser von etwa 2°
von Regionen des CMB ab, die ohne inflationäre Phase im thermischen Gleichgewicht sein können.

Literatur

1. Bennett, C.L., et al.: Nine-year Wilkinson microwave anisotropy probe (WMAP) observations: final maps and results. Astrophys. J. Suppl. Ser. **208**(2), 20 (2013)
2. Guth, A.H.: Inflationary Universe: a possible solution to the horizon and flatness problem. Phys. Rev. D **23**(2), 347–356 (1981)
3. Guth, A.H.: Inflation and eternal inflation. Phys. Rep. **333**, 555–574 (2000)
4. Guth, A.H.: Eternal inflation and its implications. J. Phys. A: Math. Theor. **40**, 6811–6826 (2007)
5. Guth, A.H., Kaiser, D.I.: Inflationary cosmology: exploring the universe from the smallest to the largest scales. Science **307**, 884–890 (2005)
6. Hasinger, G.: Die Zukunft des Universums – eine Spekulation. In: Emmermann, R. (Hrsg.) An den Fronten der Forschung: Kosmos – Erde – Leben, S. 243–252. Deutscher Apotheker Verlag, Stuttgart (2003)
7. Ryden, B.: Introduction to Cosmology. Addison Wesley (2004)
8. Sprenger, M., Nicolini, P., Bleicher, M.: Physics on the smallest scales: an introduction to minimal length phenomenology. Eur. J. Phys. **33**, 853–862 (2012)
9. Steinhardt, P.J.: Kosmische Inflation auf dem Prüfstand. Spektrum der Wissenschaft (2011)
10. Zwiebach, B.: A First Course in String Theory. Cambridge University Press (2009)

A Zahlenwerte und Konstanten

Tab. A.1 Werte wichtiger Naturkonstanten. Alle Daten aus P.J. Mohr, B.N. Taylor und D.B. Newell: CODATA recommended values of the fundamental physical constants: 2010. Rev. Mod. Phys., **84**:1527–1605, (2012)

Name	Symbol	Zahlenwert	Definition
ART-Kopplungskonstante	κ	$2{,}07650(25) \cdot 10^{-43}$ s^2 m^{-1} kg^{-1}	$8\pi G/c^4$
Atomare Masseneinheit	m_u	$1{,}660538921(73) \cdot 10^{-27}$ kg	–
Bohr-Radius	a_B	$0{,}52917721092(17) \cdot 10^{-10}$ m	$\lambdabar_\mathrm{e}/\alpha$
Boltzmann-Konstante	k_B	$1{,}3806488(13) \cdot 10^{-23}$ J K^{-1}	–
Compton-Wellenlänge des Elektrons	λ_e	$2{,}4263102389(16) \cdot 10^{-12}$ m	$h/(m_\mathrm{e}c)$
reduziert	$\lambdabar_\mathrm{e}$	$3{,}8615926800(25) \cdot 10^{-13}$ m	$\hbar/(m_\mathrm{e}c)$
Compton-Wellenlänge des Neutrons	λ_n	$1{,}3195909068(11) \cdot 10^{-15}$ m	$h/(m_\mathrm{n}c)$
reduziert	$\lambdabar_\mathrm{n}$	$2{,}1001941568(17) \cdot 10^{-16}$ m	$\hbar/(m_\mathrm{n}c)$
Elektrische Feldkonstante	ε_0	$8{,}854187817\ldots \cdot 10^{-12}$ F m^{-1}	–
Elektronenmasse	m_e	$9{,}10938291(40) \cdot 10^{-31}$ kg	–
Energieäquivalent	$m_\mathrm{e}c^2$	$510{,}998928(11)$ ke V	–
Elektronenvolt	eV	$1{,}602176565(35) \cdot 10^{-19}$ J	–
Elementarladung	e	$1{,}602176565(35) \cdot 10^{-19}$ C	–
Feinstrukturkonstante	α	$7{,}2973525698(24) \cdot 10^{-3} \approx 1/137$	$\dfrac{e^2}{4\pi\varepsilon_0\hbar c}$
Gravitationskonstante	G	$6{,}67384(80) \cdot 10^{-11}$ m^3 kg^{-1} s^{-2}	–
Lichtgeschwindigkeit	c	$299.792.458$ m s^{-1}	–
Magnetische Feldkonstante	μ_0	$4\pi \cdot 10^{-7}$ N A^{-2}	–
Neutronenmasse	m_n	$1{,}674927351(74) \cdot 10^{-27}$ kg	–

© Springer-Verlag GmbH Deutschland, ein Teil von Springer Nature 2022
S. Boblest et al., *Spezielle und allgemeine Relativitätstheorie*,
https://doi.org/10.1007/978-3-662-63352-6

Tab. 7.6 (Fortsetzung)

Name	Symbol	Zahlenwert	Definition
Energieäquivalent	$m_{\mathrm{n}}c^2$	$939{,}565379(21)\,\mathrm{Me\,V}$	–
Planck'sches Wirkungsquantum	h	$6{,}62606957(29)\cdot 10^{-34}\,\mathrm{Js}$	–
reduziert	$\hbar$	$1{,}054571726(47)\cdot 10^{-34}\,\mathrm{Js}$	$h/(2\pi)$
Protonenmasse	m_{p}	$1{,}672621777(74)\cdot 10^{-27}\,\mathrm{kg}$	–
Energieäquivalent	$m_{\mathrm{p}}c^2$	$938{,}272046(21)\,\mathrm{Me\,V}$	–
Rydberg-Energie	E_{Ry}	$13{,}60569253(30)\,\mathrm{e\,V}$	$\alpha^2 m_{\mathrm{e}}c^2/2$
Stefan-Boltzmann-Konstante	σ	$5{,}670373(21)\cdot 10^{-8}\,\mathrm{W\,m^{-2}\,K^{-4}}$	$\dfrac{2\pi^5 k_{\mathrm{B}}^4}{15h^3 c^2}$

Stichwortverzeichnis

© Springer-Verlag GmbH Deutschland, ein Teil von Springer Nature 2022
S. Boblest et al., *Spezielle und allgemeine Relativitätstheorie*,
https://doi.org/10.1007/978-3-662-63352-6

Printed in the United States
by Baker & Taylor Publisher Services